简明化学实验教程

（第二版）

主　编　李清禄　江茂生
副主编　何海滨　谢勇平

厦门大学出版社
XIAMEN UNIVERSITY PRESS
国家一级出版社
全国百佳图书出版单位

图书在版编目（CIP）数据

简明化学实验教程 / 李清禄，江茂生主编. -- 2 版. -- 厦门：厦门大学出版社，2017.9(2025.7 重印)
ISBN 978-7-5615-6550-6

Ⅰ. ①简… Ⅱ. ①李…②江… Ⅲ. ①化学实验-高等学校-教材 Ⅳ. ①O6-3

中国版本图书馆CIP数据核字(2017)第201141号

责任编辑 陈进才
封面设计 李夏凌
电脑制作 张雨秋
技术编辑 许克华

出版发行 厦门大学出版社
社 址 厦门市软件园二期望海路 39 号
邮政编码 361008
总 机 0592-2181111 0592-2181406(传真)
营销中心 0592-2184458 0592-2181365
网 址 http://www.xmupress.com
邮 箱 xmup@xmupress.com
印 刷 厦门市竞成印刷有限公司

开本 787 mm×1 092 mm 1/16
印张 24.5
字数 628 千字
印数 25 501～27 500 册
版次 2011 年 8 月第 1 版 2017 年 9 月第 2 版
印次 2025 年 7 月第 11 次印刷
定价 48.00 元

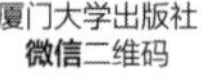
厦门大学出版社
微信二维码

厦门大学出版社
微博二维码

内容简介

本书为福建农林大学生命科学学院应用化学系编写的化学系列丛书之一，是根据本校农、林、水、生物、医和食品等专业实验化学课程长期教学实际和适应现代教育思想编写而成的。本书综合考虑了精英教育和大众化教育的不同需求，以基本操作技能训练为主，突出能力和素质培养，并兼顾学生个性发展。内容包含实验基本理论学习，化学实验技术学习，实验基本操作技能训练，以及现代仪器分析实验和“综合性、设计性、创新性”实验等知识模块。内容丰富、全面、系统、新颖，适用于不同学科与不同专业、不同年级与不同层次的学生分类教学，旨在培养学生具有熟练的实验操作技能，具有独立实验、综合和分析问题的能力。

本书可供高等农、林、水、医等院校各专业使用，也可供其他相关专业选用。

前 言

党的二十大报告指出，坚持为党育人、为国育才，全面提高人才自主培养质量，这是“加快建设教育强国”的宗旨。二十大报告将教育、科技、人才统合在“实施科教兴国战略，强化现代化建设人才支撑”部分，体现了党和国家对于新时代实施科教兴国战略的高度重视，对教育、科技、人才的高度重视。为响应二十大号召，落实教育部关于教育课程体系建设的精神，贯彻国家“十四五”教育事业发展规划暨中长期发展规划，并与现代教育思想相适应，提升教育教学质量，根据福建农林大学农、林、水、生物、医和食品等专业实验化学课程长期教学实际，综合考虑了精英教育和大众化教育的不同需求，编写了本书。

本书在编写时，既考虑到实验化学的独立性、系统性，又兼顾与各门理论课间的联系，将实验内容归类为基本操作技能、性质实验、物质的制备－提纯实验、定量分析实验、仪器分析实验、理化常数测定等几个部分。为了加强实验基本操作技能训练，突出能力和素质培养，笔者设立了与不同专业相对应的“综合性、设计性、创新性”实验知识模块，内容体现理农结合、理工结合，并与现代教育思想、社会需求相适应，以基本操作技能训练为主，重点培养学生的综合、分析和独立实验及创新能力，具有鲜明的特色。本书是一门较适应学生个性发展的实践性课程，可适用于不同学科与不同专业、不同年级与不同层次学生分类教学，重点培养学生具有熟练的实验基本操作技能，具有独立实验、综合问题和分析问题能力。

本书特别注重“综合性、设计性、创新性”，以及实验知识模块中实验内容的新颖性、实用性和创新性。其中部分实验内容引自全国化学化工学科组编写的《化学化工创新性实验》(南京大学出版社)。部分实验内容引自本系教师近几年指导学生完成的创新性实验项目，实现了科研成果走进课堂，展示学生的科研成果，体现学研相结合的重要性，激发学生的学习积极性和创造性。为便于学生学习，在编排上还部分参考吸收了由徐翠莲主编的《基础化学实验》(中国农业大学出版社)教材编写格式。在本书的编写过程中所有被引用、参考的教材、文献等，未能一一列出，在此向所有作者表示深深的谢意。

本书由主编李清禄、江茂生在原《实验化学》教材基础上，对内容进行重新设计、安排及最后定稿；由副主编何海滨、谢勇平进行统稿审定；陈杰博、林月绪、周学酬、王玉林、谢勇平、游纪萍、蔡向阳、林丽萍和陈进等老师参加修订。

随着科学技术的不断发展，实验教学的理论和实验技术不断更新，实验化学内容也必须与时俱进，不断丰富和创新，才能适应教育发展形势。由于编者水平有限，书中不妥和错误之处在所难免，敬请读者批评指正，以便修订时给予改正。

编者

2023 年 6 月

目　录

第一章

化学实验基础知识

化学是一门实践性很强的科学。而化学实验是构成化学学科的基础,现已发展成为一门独立的课程——实验化学。为了学好本课程,有必要熟悉化学实验基础知识,才能达到实验目的,按实验的程序和要求保质保量完成实验内容。实验过程中应严格遵守实验室规则和安全守则,正确应对实验中出现的意外事故。对基础化学实验常用玻璃仪器、试剂基本知识、有效数字、误差概念的了解有助于保证实验质量及对实验报告正确书写、表达提供基础知识。

1.1 实验室规则

(1)实验前清点仪器,如发现有破损或缺少,应立即报告教师,按规定手续向实验准备室补领。实验时仪器有损坏,应履行报损手续,填写报损单,由教师签出意见后向实验室换取新仪器。未经教师同意,不得拿用别的位置上的仪器。

(2)实验时保持肃静,集中思想,认真操作,仔细观察现象,如实记录结果,积极思考问题。

(3)实验时应保持实验室和桌面清洁整齐,火柴梗、废纸屑等应投入垃圾箱,废液应倒入废液缸中,严禁投放在水槽内,以防水槽和下水道堵塞和腐蚀。

(4)实验时要爱护国家财物,小心地使用仪器和实验设备,注意节约水、电、药品。使用精密仪器时,必须严格按照操作规则进行,要谨慎细致。发现仪器有故障应立即停止使用,及时报告教师处理。

药品应按规定用量取用,自瓶中取出药品后不应将药品倒回原瓶中,以免带入杂质;取用药品后,应立即盖上瓶塞,以免搞错瓶塞玷污药品,并立即将药瓶放回原处。

(5)实验时必须按正确方法进行,注意安全。

(6)实验完毕后将玻璃仪器洗涤干净,放回原处,整理好桌面,清洁水槽和地面,最后洗净双手。

(7)实验完毕后必须检查电插头或闸刀是否拉开,水龙头是否关闭等。实验室内的一切物品(仪器、药品和产物等)不得带离实验室。

<<< 1.2 实验室安全守则 >>>

化学药品中,有很多是易燃的、易爆的、有毒的或有腐蚀性的,所以在实验室工作时,必须在思想上十分重视安全问题,决不能麻痹大意。在实验前应该充分了解实验中的安全事项,在实验过程中要集中注意力,并严格遵守操作规程,才能避免事故的发生,确保实验正常进行。

(1)对于易燃、易爆的物质要安放在离火较远又安全的地方,操作时要严格遵守操作规程。

(2)涉及有毒、有刺激性气体都要在通风橱内或室内通风较安全的地方进行。有时要借助于嗅觉判别少量的气体,决不能将鼻子直接对着瓶口或管口,而应当用手将少量气体轻轻扇向自己的鼻孔后再嗅。

(3)加热、浓缩液体的操作要十分小心,不能俯视加热的液体、加热的试管口,更不能对着自己或别人。浓缩液体时,要不停地搅拌,避免液体或晶体溅出,受到伤害。

(4)有毒药品(如重铬酸钾、钡盐、铅盐、砷的化合物、汞及汞化合物、氰化物等)不得进入口内或接触伤口,剩余的药品及金属片不许倒入下水道,应倒入回收容器内集中处理。

(5)浓酸、浓碱具有强腐蚀性,使用时,切勿溅在衣服或皮肤上,尤其是眼睛上。稀释时应在不断搅拌下(必要时加以冷却)将它们慢慢倒入水中。特别是稀释浓硫酸时更要小心,千万不可把水加入浓硫酸里,以免溅出烧伤。

(6)使用酒精灯时,应随用随点,不用时则盖上灯罩,不要用点燃的酒精灯去点燃别的酒精灯,以免酒精流出而失火。

(7)严格按照实验的操作规程进行实验,绝对不允许随意混合各类化学药品。

(8)水、电及其他各种气、灯使用完毕应立即关闭。

(9)实验室内严禁饮食、吸烟,实验完毕应洗净双手后才能离开实验室。

<<< 1.3 实验室中意外事故处理 >>>

(1)如遇玻璃或金属割伤,伤口内若有碎片物,须先挑出,然后涂上红药水或紫药水,必要时在伤口撒上消炎粉并包扎。

(2)如遇烫伤,切勿用水冲洗,可用苦味酸溶液揩洗伤处,可涂上烫伤油膏。

(3)如遇酸(或碱)溶液溅到皮肤上,应立即用大量的自来水冲洗,再分别用稀碱(3%碳酸氢钠、稀氨水或肥皂水)或稀酸(1%醋酸或饱和硼酸溶液)洗,最后涂以凡士林或烫伤药。

如酸(或碱)溅入眼睛内,立即用大量的干净自来水冲洗,再用3%碳酸氢钠(或饱和硼酸溶液)冲洗,最后再用水冲洗净,然后送医务室治疗。

(4)若吸入溴蒸气、氯气、氯化氢气体,可立即吸入少量的酒精和乙醚的混合蒸气以解毒;若吸入硫化氢气体而感到不适或头晕时,应立即到室外呼吸新鲜空气。

(5)若遇有毒物质进入口内,把5～10 mL稀硫酸铜溶液加入一杯温水中,内服后,用手指伸入咽喉部，促使呕吐，然后立即送医院治疗。

(6)如遇触电事故，先应切断电源，同时应尽快用干燥木棒或竹竿使触电者与电源脱离接触，然后进行急救。

(7)实验室起小火时，要立即进行灭火，同时要防止火势扩展，切断电源，移走易燃物品。灭火方法要根据起火原因选用合适的方法。若遇有机溶剂(如酒精、苯、汽油、乙醚等)引起着火，应立即用湿布、石棉或砂子覆盖燃烧物，即可灭火。切勿泼水，泼水反而使火蔓延开。若遇电器设备着火，必须先切断电源，只能使用四氯化碳灭火器灭火，不能使用泡沫灭火器，以免触电。实验人员衣服着火时，切勿惊慌乱跑，立即脱下衣服，或用石棉布覆盖着火处(或就地卧倒打滚，也可起到灭火作用)。

(8)对伤势较重者，应立即送医院医治。

1.4　常用器皿及用具

(1)试管、离心管(图1-1和图1-2)：试管根据其玻璃化学组成和对热的稳定性及大小的不同，分为硬质试管和软质试管等。试管有卷口管、平口试管、具塞试管、刻度或无刻度试管等多种。

试管和离心管的规格常以管口外径(mm)×管长(mm)或管中内径(mm)×管长(mm)来表示，刻度试管和离心管还以最小分度(mL)表示。

试管用作少量试剂的反应容器，便于操作和观察。试管可以加热到高温，但不能骤热骤冷(使试管更易破裂)。加热时要不断移动试管，使其受热均匀。小试管一般用水浴加热。

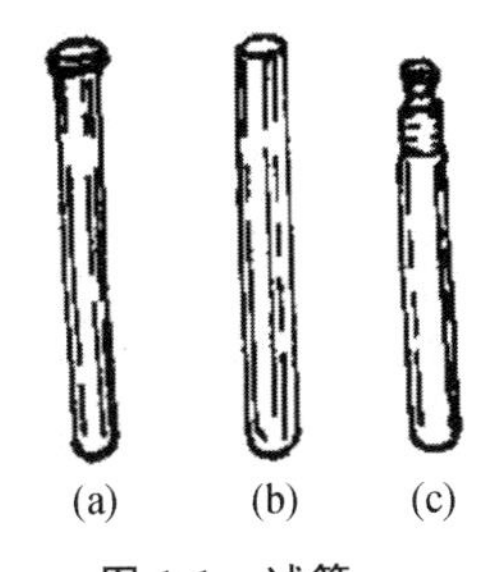

图1-1　试管

离心管有尖底或圆底离心管、有刻度或无刻度离心管等种类，可用作少量试剂的反应容器，少量沉淀的辨认和分离。离心管不能直接加热，只能用水浴加热。

(2)试管架、试管夹(图1-3和图1-4)：试管架有木料、塑料、金属或有机玻璃试管架多种，用于承放试管或离心管等。试管夹由木料和钢丝制成，用于加热试管时夹持试管用，使用时要防止烧损或锈蚀。

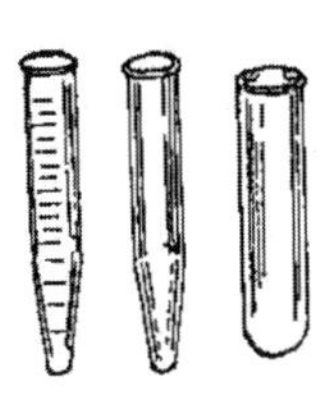
图1-2　离心管

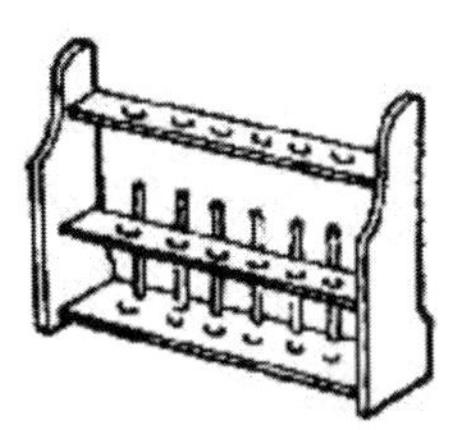
图1-3　试管架

图1-4　试管夹

(3)毛刷(图1-5)：毛刷的规格以大小和用途来区分，如试管刷、烧杯刷、滴定管刷等。各种毛刷有长、短、大、小之分。

(4)烧杯(图1-6)：烧杯规格以容量(mL)、全高(mm)、外径(mm)表示。烧杯用作反应物量多时的反应容器。加热时应在热源（如酒精灯）与杯底之间加隔石棉网，或使用其他热浴（如砂浴、水浴或油浴等），使其受热均匀，加热时勿使温度变化过于剧烈。

（5）试剂瓶（图 1-7 和图 1-8）：试剂瓶的规格以容量（mL）、瓶高（mm）、瓶外径（mm）表示。一般有无色试剂瓶和棕色试剂瓶，有广口（或大口）试剂瓶和细口（或小口）试剂瓶等种类。

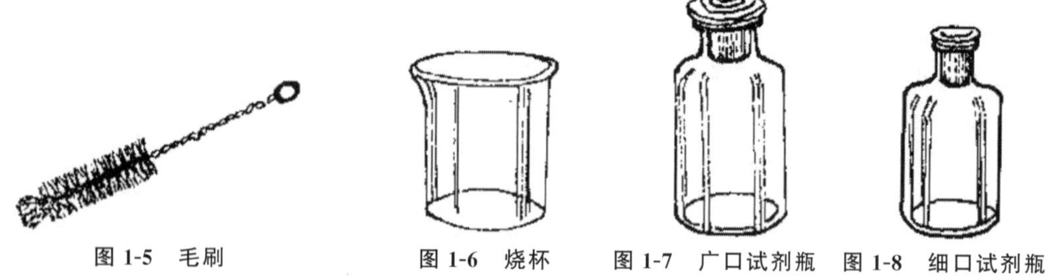

图 1-5　毛刷　　图 1-6　烧杯　　图 1-7　广口试剂瓶　　图 1-8　细口试剂瓶

棕色试剂瓶多用于盛装见光易分解的试剂或溶液（如碘、硝酸银、高锰酸钾、碘化钾等），广口试剂瓶多用于盛装固体试剂，细口试剂瓶盛装对玻璃侵蚀性小的液体试剂。试剂瓶盛装碱性物质时，应取下瓶塞，换用橡皮塞或软木塞（注意保存原瓶塞），或用塑料试剂瓶盛装。使用时要注意保持原瓶塞与瓶相符，瓶塞不能互换，以利密封。取用试剂时应将瓶塞倒放在桌上以免弄脏瓶塞。试剂瓶不能用火直接加热烘干，只能用恒温干燥器或电热吹风进行干燥，或用盛装溶液淌洗后使用。试剂瓶只能用于贮存试剂，不能用作加热器皿，也不能注入使其骤冷骤热的试剂。试剂瓶不用时，应清洗干净，并在瓶口与瓶塞之间隔一纸条以防因搁置久后互相粘结。

（6）滴管（图 1-9）：滴管由尖嘴玻璃管与橡皮乳头构成，用于吸取或滴加少量（数滴或 1～2 mL）试剂溶液，或吸取沉淀的上层清液以分离沉淀。用滴管加试剂时，应保持滴管垂直，避免倾斜，尤忌倒立。滴管除用于吸取蒸馏水和溶液外，不可接触其他器物，以免杂质玷污。

（7）滴瓶（图 1-10）：滴瓶的规格以其容量（mL）、瓶高（mm）、瓶外径（mm）表示。滴瓶有无色、棕色之分，用于盛装液体试剂。棕色滴瓶盛装见光易分解的试剂。用滴瓶盛装碱性试剂要用橡皮塞或软木塞，或用塑料滴瓶。滴瓶不能用火直接加热，可用恒温干燥箱或电吹风进行干燥。滴管不能互换，以利密封，避免溶液蒸发，更重要的是防止试剂互相混合使试剂变质。滴加试剂时，滴管应保持垂直，避免倾斜，尤忌倒立。除吸取和滴加滴瓶内试剂外，不可接触其他器物，以免杂质玷污。不使用时应清洗干净，并在滴管与瓶口之间夹一纸条，以防因搁置久后粘结。

（8）量筒（图 1-11）：量筒规格以其容量（mL）、筒高（mm）、筒身内径（mm）及最小分度（mL）表示。量筒有 5～2000 mL 等多种规格，用于量取一定体积的试剂用。在量取要求不太准确的液体时，使用量筒比较方便。使用时，必须选用合适规格的量筒，不要用大量筒量取小

图 1-9　滴管　　图 1-10　滴瓶　　图 1-11　量筒

体积，也不要用小量筒多次量取大体积的溶液，以免增加误差。量度体积时以液面的弯月面的最低处为准。量筒不能加热，不能注入使其骤冷骤热的液体，也不能作反应器。

(9)称量瓶(图 1-12 和图 1-13)：称量瓶规格以瓶外径(mm)、瓶身高(mm)表示。称量瓶有高型称量瓶和扁型称量瓶两种，用于准确称取一定量的固体样品或固体试剂。称量瓶不能用火直接烤干，应于恒温干燥箱内进行干燥，瓶口和瓶盖是磨口配套的，不能互换。干燥的称量瓶不能用手直接拿取，应用干净厚纸条带圈套在称量瓶瓶身上，左手拿住纸条，把称量瓶拿起。称量瓶盖也要用纸套住拿取。洗净并经烘干的称量瓶要冷至接近室温时，放入干燥器内，继续冷却至室温，称量时才从干燥器内取出直接置于天平盘上。

(10)干燥器(图 1-14 和图 1-15)：干燥器的规格以其器口内径(mm)、器高(mm)、器内磁板直径(mm)的大小表示。有普通干燥器和真空干燥器，两种各有无色和棕色之分。干燥器内放干燥剂，可保持样品、试剂和产物的干燥。棕色干燥器用于存放需避光的样品、试剂和产物。需要在减压条件下干燥的样品，应使用真空干燥器。使用时，要防止盖子滑动而打碎，灼热过的样品和物体放入干燥器前要待其冷至接近室温后方可放入，未完全冷却前要每隔一定时间开一开盖子，以调节器内的气压，使器内气压与外压相同。干燥器内的干燥剂失效时要及时更换。

图 1-12　高型称量瓶

图 1-13　扁型称量瓶

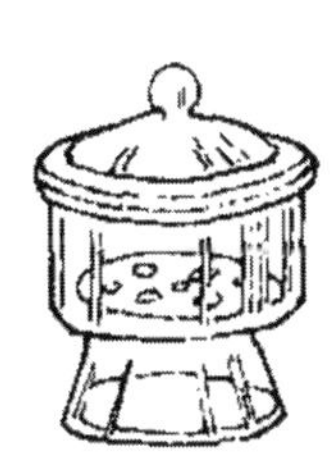

图 1-14　普通干燥器

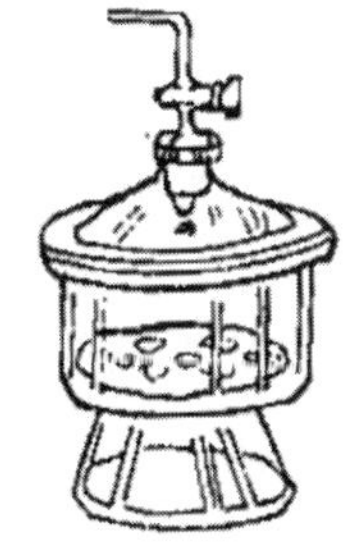

图 1-15　真空干燥器

(11)药勺(图 1-16)：药勺由牛角、瓷、玻璃、塑料或不锈钢制成，现多数是塑料制品，用于舀取固体药品。药勺两端各有一个勺，一大一小，可以根据取用药量多少选用。塑料或牛角的药勺不能用以取灼热的药品。药勺取用一种药品后，必须洗净，并用滤纸擦干后，才能取用另一种药品。

(12)表面皿(图 1-17)：表面皿以口径(mm)大小表示，用于盖在烧杯上，防止液体迸溅或其他用途，直径要略大于所盖容器。表面皿不能用火直接加热。

(13)普通漏斗(图 1-18)：普通漏斗简称漏斗，可分为短颈漏斗和长颈漏斗两种，漏斗的锥角一般为 60°，漏斗口直径规格通常在 60～80 mm 之间，是用于常压过滤、分离固体与液体的一种器皿。长颈漏斗的颈部较长，过滤时容易形成液柱，可以使滤速加快，因此常常用于重量分析实验中，短颈漏斗常用于加注液体。漏斗不能用火直接加热。

图 1-16　药勺

图 1-17　表面皿

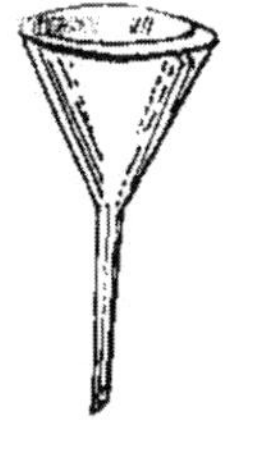

图 1-18　漏斗

(14)点滴板(图 1-19):点滴板又称比色板,规格有 6 孔与 12 孔,颜色有黑色与白色两种,是化学分析中简便快速的定性分析器皿。试剂反应在点滴板凹槽中进行,有色沉淀反应用白色点滴板,白色沉淀用黑色点滴板。

(15)坩埚、坩埚钳(图 1-20 和图 1-21):坩埚以容积(mL)大小表示,有瓷、石英、铁、镍或铂等不同质地的坩埚,可直接用为加热至高温,作为灼烧固体用的器皿,随固体性质不同可选用不同质地的坩埚。灼热的坩埚不可直接放在桌上,应放在石棉网上冷却。坩埚钳是铁制品,用于夹持坩埚。要夹持在高温下的坩埚时,须把坩埚钳放在火焰旁边预热一下,以免坩埚因骤冷而破裂。坩埚钳用完后应平放在石棉网上,尖嘴朝上。

(16)蒸发皿(图 1-22):蒸发皿的规格以皿口直径(mm)和皿高(mm)表示,有圆底蒸发皿(具嘴)和平底蒸发皿(具嘴)及瓷、石英、铂等不同质地的蒸发皿(瓷蒸发皿有带柄与无柄两种类型),供蒸发不同的液体时选用。蒸发皿能耐高温,但不宜骤冷,蒸发溶液时,一般放在石棉网上加热。

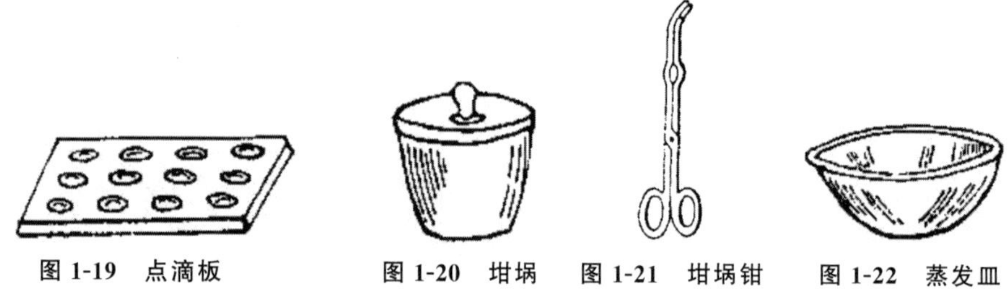

图 1-19　点滴板　**图 1-20　坩埚**　**图 1-21　坩埚钳**　**图 1-22　蒸发皿**

(17)吸滤瓶、布氏漏斗(图 1-23):吸滤瓶又称抽滤瓶,它的规格用容量(mL)、瓶高(mm)、瓶底外径(mm)和瓶颈外径(mm)大小表示。布氏漏斗为瓷质,规格以其容量(mL)和口径(mm)表示,中间有一块很多小孔的瓷板。布氏漏斗和抽滤瓶及抽气泵配套用于化合物制备中晶体或沉淀的减压过滤。

(18)石棉网(图 1-24):石棉网由铁丝编成铁丝网,中间涂有石棉,有大、小之分。石棉是热的不良导体,能使受热物体均匀受热,不致造成局部高温,引起受热液体迸溅。石棉网不能与水接触,以免石棉脱落和铁丝锈蚀。

(19)研钵(图 1-25):研钵的规格以其内径(mm)和钵身高(mm)表示。有瓷、玻璃、玛瑙或铁等不同质地的研体,用于研磨各种固体物质。研钵只能研而不能敲,也不能用火直接加热。

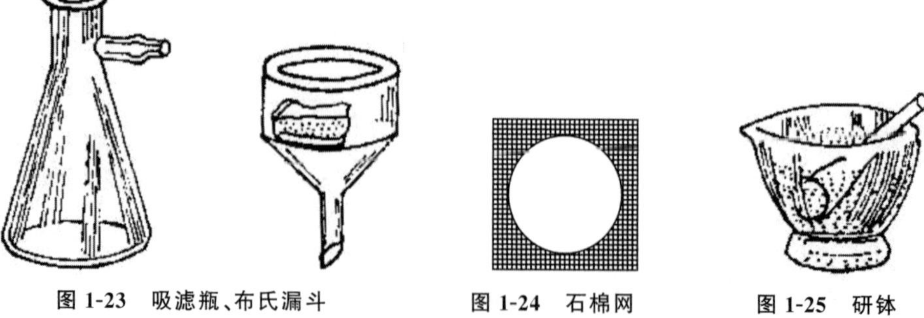

图 1-23　吸滤瓶、布氏漏斗　**图 1-24　石棉网**　**图 1-25　研钵**

(20)铁架台、铁环、铁夹(图 1-26):用于固定或放置反应容器,铁环还可以代替漏斗架放置漏斗用，铁架上的铁环换上滴定夹就可夹持滴定管。

(21)铁三脚架(图 1-27)：铁三脚架有大小、高低之分，比较牢固。在铁三脚架上放上石棉铁丝网或铁丝网等，在网上就可以放置反应容器，如烧杯、蒸发皿等。

(22)洗瓶(图图 1-28)：常用塑料制成压式洗瓶，其规格以容量(mL)表示，如 250 mL、500 mL、1000 mL 洗瓶。洗瓶盛装蒸馏水，用于洗涤沉淀和容器。

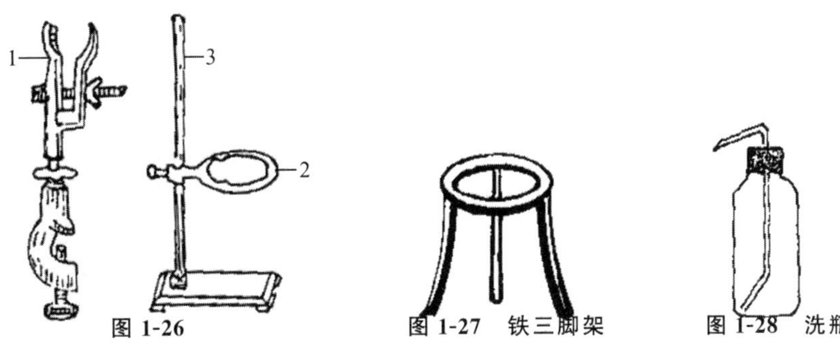

图 1-26　　图 1-27　铁三脚架　　图 1-28　洗瓶

1. 铁夹 2. 铁环 3. 铁架

(23)温度计(图 1-29)：温度计是专用于测量温度的仪器，其规格以计温范围、分度、管的全长(mm)和管径(mm)的大小来区别。化学实验中常用的温度计是细玻套水银温度计。温度计水银球部位的玻璃很薄，容易打破，使用时要特别注意保护。不能将温度计当搅拌棒使用，不能测定超过温度计所规定的温度。温度计用后要让它自然冷却，特别在测量高温之后，切不可骤冷，否则容易破裂。在测量高温后，应将温度计悬挂起来，让其慢慢冷却。温度计用后要洗净抹干，放置温度计盒内保存，盒底要垫上一小块棉花。如果是纸盒，放回温度计时要预先检查盒底是否完好。

(24)移液管、吸量管(图 1-30)：以其最大容积(mL)表示。吸量管有 10,5,2,1 mL 等，移液管有 50,25,20,10 mL 等，用于精确量取一定体积的液体。移液管与容量瓶配合使用，因此使用前常作两者的相对体积的校正。为了减少误差，吸量管每次都应从最上面刻度起往下放出所需体积。

(25)容量瓶(图 1-31)：以刻度以下的容积/mL 表示大小，如 1000,500,250,100,50,25 mL 等。用来配制准确浓度的溶液。不能受热，不能长期贮存溶液，不能在其中溶解固体。瓶塞与瓶是配套的，不能互换。

(26)滴定管、滴定管架(图 1-32)：滴定管分碱式(a)和酸式(b)、无色和棕色，以容积/mL 表示，如 50,25 mL 等，用于滴定或量取准确体积的溶液。滴定管架用于夹持滴定管。碱式滴定管盛碱性溶液或还原性溶液，酸式滴定管盛酸性溶液或氧化性溶液。碱式滴定管不能盛放氧化性溶液，见光易分解的滴定液宜用棕色滴定管。

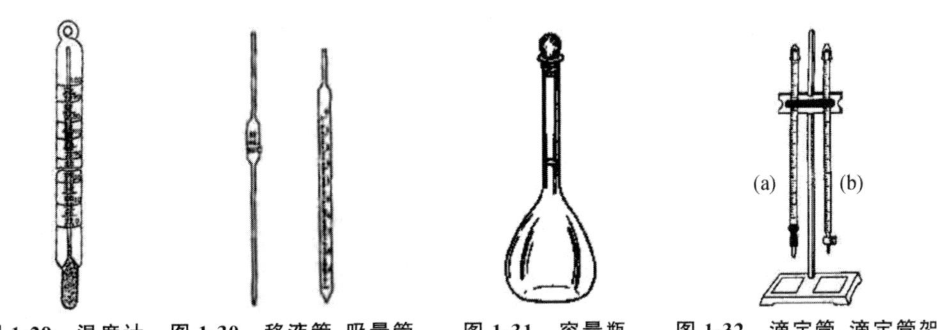

图 1-29　温度计　图 1-30　移液管、吸量管　图 1-31　容量瓶　图 1-32　滴定管、滴定管架

(27)锥形瓶(图 1-33):以容积/mL 表示,如 500,250,150 mL 等,作为反应容器,振荡方便,适用于滴定操作或做接受器。盛液体不能太多,加热时应放置在石棉网上。

(28)漏斗架(图 1-34):木制,有螺丝可固定于支架上。可移动位置,调节高度,过滤时承放漏斗用。固定漏斗板时,不要把它倒放。

(29)分液漏斗(图 1-35):以容积/mL 和形状(球形、梨形)表示,用于分离互不相溶的液体,或用作发生气体装置中的加液漏斗。不得加热,漏斗塞子、活塞不得互换。

图 1-33 锥形瓶

图 1-34 漏斗架

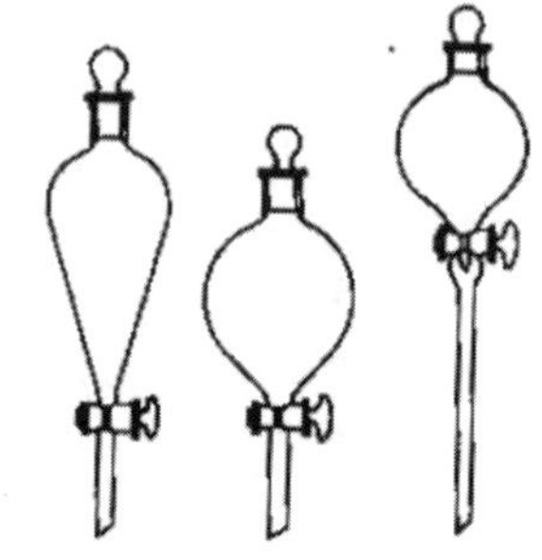

图 1-35 梨形分液漏斗、球形分液漏斗、滴液漏斗

(30)热水漏斗(图 1-36):由普通玻璃漏斗和金属外套组成,以口径(mm)大小表示,分 60,40,30 mm 等,用于热过滤操作,加水不超过其容积的 2/3。

(31) b 形管(图 1-37):以口径(mm)大小表示,用于测定固体化合物的熔点,所装溶液的液面应高于上支管处。

(32)泥三角(图 1-38):有大小之分,支承灼烧坩埚。

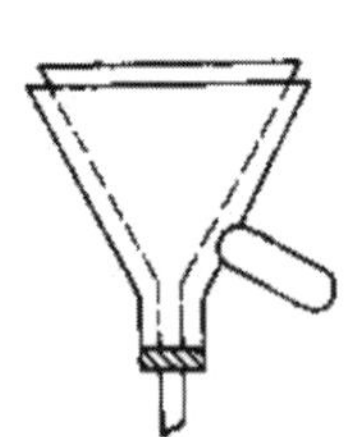

图 1-36 热水漏斗

图 1-37 b 形管

图 1-38 泥三角

1.5 化学试剂及有关知识

一、化学试剂

化学试剂是指具有一定纯度标准的各种单质和化合物,有时也可指混合物。化学药品(试剂)规格的划分,各国不一致,我国化学试剂等级划分可参阅表 1-1。

化学试剂根据分析仪器的要求,还有光谱纯、色谱纯之称。

在分析工作中,选择试剂的纯度除了要与所用方法相当外,其他如实验用水、操作器皿也要与之相适应。若试剂都选用 G. R. 级的,则不宜使用普通的蒸馏水或去离子水,而应使用经两次蒸馏制得的重蒸馏水。所用器皿的质地也要求较高，使用过程中不应有物质溶解到溶液中，以免影响测定的准确度。

表 1-1　化学试剂等级对照表

等级	名称	英文名称	符号	适用范围	瓶签颜色
一级品	优级纯		G.R.	纯度很高，适合于精密分作和科学研究	绿色
二级品	分析纯 （分析试剂）	Analytical reagents	A.R.	纯度仅次于一级品，适用于多数分析工作和科学研究工作	红色
三级品	化学纯	Chemical pure	C.P.	纯度较二级差些，适用于一般分析工作及化学教学实验	蓝色
四级品	实验试剂 生物试剂	Laboratorial reagents Biological reagents	L.R. B.R.或 C.R.	纯度较低，适用于一般要求不高的实验，可作辅助试剂	棕色或其他色 黄色或其他色

二、纯水

化学实验中所用的水及洗涤仪器时最后冲洗用的水，都是经过纯化处理的纯水。根据实验要求的不同，水的纯化方法也不同。

用蒸馏法获得蒸馏水，是最常用的纯化方法。一次蒸馏水可用来洗涤要求不十分严格的仪器和配制一般实验用的溶液。对于要求较高的实验，应将蒸馏水进行二次蒸馏，即为重蒸馏水。重蒸馏时在蒸馏水中加入适当试剂，以抑制某些杂质的挥发，或使某些杂质迅速挥发除去（如 NaOH 和 $KMnO_4$ 可破坏有机物，并防止 CO_2 蒸出，还可使铵盐分解排出 NH_3），只收集中间留出部分，以获得纯度较高的水。用于二次蒸馏的玻璃器皿必须是硬质玻璃。要求纯度更高的水，应在石英蒸馏器中进行。

用离子交换法制得的去离子水，是将普通软水或蒸馏水经过阳离子交换树脂和阴离子交换树脂的离子交换作用而除去水中的离子杂质。

纯水并不是绝对不含杂质，只不过是其杂质的含量极微少而已。随制备方法和所用仪器的材料不同，其杂质的种类和含量也有所不同。用玻璃蒸馏器蒸馏所得的水含较多的（相对而言）Na^+、SiO_3^{2-} 等离子；用铜蒸馏器制得的则含有较多的 Cu^{2+} 离子等；用离子交换法制备的水则含有微生物和某些有机物等。

蒸馏水的制备及质量检验，可查阅有关文献。

三、常用酸、碱的密度和浓度

见附录三。

1.6　有效数字

科学实验中，离不开使用各种不同准确度的仪器对有关物理量的测量，所以测量结果不仅要能表示量的大小，还要能正确反映测量的精确度。为此，科技工作中使用有效数字记录测量数据。有效数字，即实际能测量到的数字，规定其中仅最后一位数不甚准确，而其他各位数字均是确定的。例如，记录由 50 mL 滴定管中放液 21.34 mL，这四位数字中，前三位均根据刻线读出，是准确的，最后一位则是根据液面在滴定管两刻线间的位置估计出的，不甚准确，约有±0.02 mL 误差，但它并非臆造，即 21.34 这四个数字均为有效，所以称之为四位有效数字。

一、有效数字的保留

有效数字位数的保留，应根据仪器的准确度确定，所以根据有效数字最后一位是如何保留的，可大致判断测定的绝对误差及所用仪器的准确度。根据有效数字位数，可大致判断测定相对误差的大小。如由有效数字 0.4270 g，可知测定的绝对误差约±0.0002 g，相对误差约±0.05%，所用仪器为万分之一分析天平。若将之错记为 0.42700 g，则会被误认为绝对误差±0.00002 g，相对误差±0.005%，是用十万分之一天平称得；若错记为 0.427 g，则会被误认为绝对误差±0.002 g，相对误差为±0.5%，是用千分之一天平称得。可见若有效数字位数保留不当，会使测定的准确度人为不合理地提高或降低。

在确定有效数字位数时，需注意数字“0”的不同作用。若其作为普通数字使用，表示实际的测量结果，它就是有效数字；若其仅起定位作用，则不是有效数字。如 25.0 mg 中，“0”是测量得来，是有效数字，即此数据为三位有效数字；若将单位改用 g，应记为 0.0250 g，这时前面的两个“0”仅起定位作用，数据仍为三位有效数字，若将单位改用 μg，仍应保留三位有效数字，利用科学记数法记为 2.50×10^{4} μg。若写为 25000 μg，则错误地将之记为五位有效数字，人为将准确度提高了。

分析化学计算中常用到倍数关系。倍数非测量所得，不是有效数字，可作为无限多位有效数字使用。pH、pM、lg*K* 等对数数值，首数部分仅起定位作用，只尾数部分的位数决定有效数字位数。如 pH 2.02，为两位有效数字，换算为 H^+ 浓度时，为 9.5×10^{-3} mol·L^{-1}，仍为两位有效数字。

二、有效数字的运算和修约规则

分析测定的结果，是综合各测量值经一定运算得出的，所以各测量值的误差都要传递到最终计算结果中。为防止最终结果的准确度被错误地提高或降低，根据误差传递原理，总结出了有效数字运算规则，以便在运算中对有效数字位数合理保留。

1. 有效数字加减法运算　和或差的绝对误差大小，主要由绝对误差最大的数据决定。故数据相加减时，和或差的有效数字位数保留，应以绝对误差最大的数据为依据。例如：

$$0.0121+25.64+1.0651+11.015+10.225$$

其中，25.64 绝对误差最大，故计算结果中小数点后只应保留两位有效数字。

为简便，计算前应将各数据根据需要一次修约到位。如此例，运算前应先将各数据一次修约至两位小数。修约按“四舍五入”或“四舍六入五留双”规则进行。所谓“五留双”，意思为：若尾数为 5 或 5 后的数为 0，5 前面为偶数时则舍去尾数，5 前面为奇数时则入；若 5 后面数字不为 0 时，则入。故：

$$0.0121+25.64+1.0651+11.015+10.225$$
$$=0.01+25.64+1.07+11.02+10.22=47.96$$

2. 有效数字的乘除法运算　积或商的相对误差大小，主要由相对误差最大的数据决定。所以数据相乘除时，积或商有效数字位数应与有效数字位数最少的数据相同。例：

$$0.0121\times25.64\times1.0651\times11.015\times10.225$$

所得乘积应保留三位有效数字，即与0.0121一致：

$$\begin{aligned}&0.0121\times25.64\times1.0651\times11.015\times10.225\\&=0.0121\times25.6\times1.07\times11.0\times10.2=37.2\end{aligned}$$

定量分析中，各数据有效数字位数及所用仪器的准确度应根据实际要求及方法能达到的准确度来决定。如滴定分析的方法误差可达±0.1%以内，故量值和结果一般均应具四位有效数字，称量样品时应用万分之一天平；而用分析法测定土壤或生物体内微量元素含量时，误差小于±10%即可，则只需保留两位有效数字，称量样品时用百分之一天平就可满足要求。

分析实验中所用容量瓶、移液管等精密量器的容积，一般均可保证四位有效数字。在计算误差或偏差时，一般只保留一两位有效数字。进行化学平衡计算时，因平衡常数一般仅两三位有效数字，结果也只需保留两三位有效数字。

1.7　误差

为了表述测定结果的准确性，引入了准确度和精密度概念。

一、准确度及其表示——误差

准确度系指测定结果与真值的接近程度，准确度高低用误差来说明。误差表示测定结果(X)与真值(T)的差异，可用绝对误差(E)和相对误差(RE)两种方式表达。

$$\text{绝对误差 } E=X-T \tag{1-1}$$

$$\text{相对误差 } RE=\frac{E}{T} \tag{1-2}$$

相对误差常用百分数形式表示。一般人们总要对同一样品进行多次重复测定，并用各次测定结果的平均值 $\overline{X}$ 表示样品的测定结果，因此实际工作用 $\overline{X}-T$ 表示绝对误差。由于真值 T 永不能准确得知，实际工作中常用所谓标准值代替。标准值系由经验丰富的多名分析人员，在不同实验室采用多种可靠方法对试样反复分析，并对全部测定结果进行统计处理后得出的较准确的结果。纯物质中元素的理论含量也可作真值使用。

误差越小，表示测定结果与真值越接近，准确度越高。误差有正负之分，正误差表示测定结果偏高，负误差表示结果偏低。通常用相对误差来衡量测定的准确度，原因是可反映测定值与真值之差在测定结果中所占份数，能更合理地反映测定准确度。

例 1.1　用万分之一分析天平称量两试样，测得质量分别为0.0051 g和5.1251 g。两试样真实质量分别为0.0053 g和5.1253 g。计算两测定结果的绝对误差和相对误差。

解：

$$E_1=X_1-T_1=0.0051-0.0053=-0.0002\ \text{g}$$
$$E_2=X_2-T_2=5.1251-5.1253=-0.0002\ \text{g}$$

$$RE_1=\frac{E_1}{T_1}=\frac{-0.0002\ \text{g}}{0.0053\ \text{g}}=-4\%$$

$$RE_2=\frac{E_2}{T_2}=\frac{-0.0002\ \text{g}}{5.1253\ \text{g}}=-0.004\%$$

同为-0.0002 g 的绝对误差，由于第一个试样质量较小，故对其测定结果的准确度影响必然较大。RE_1与RE_2之差异合理地反映了这一点。

二、精密度及其表示——偏差

精密度系指对同一样品在相同条件下所做多次平行测定的各个结果间的接近程度，表现了测定结果的重复性。精密度高低常用偏差衡量，偏差越小，精密度越高，表示平行测定结果接近程度较好。偏差常用下列方法表示：

1. 绝对偏差和相对偏差

绝对偏差 d 为某单次测定结果 X_i 与平行测定各单次测定结果的平均值 $\overline{X}$ 之差；相对偏差 d_r 为绝对偏差与平均值之比，常用百分数形式表示。

$$d=X_i-\overline{X} \tag{1-3}$$

$$d_r=\frac{d}{\overline{x}} \tag{1-4}$$

一组平行测定，各单次测定结果偏差的代数和为 0。某次测定结果的偏差，只能反映该结果偏离平均值的程度，不能反映一组平行测定的精密度。

2. 平均偏差与相对平均偏差

为表示一组平行测定结果间接近程度或离散程度，引入平均偏差和相对平均偏差概念。平均偏差指各单次测定结果偏差绝对值的平均值：

$$\overline{d}=\frac{|d_1|+|d_2|+\cdots+|d_n|}{n}=\frac{\sum_{i=1}^{n}|d_i|}{n} \tag{1-5}$$

相对平均偏差为平均偏差与平均值之比，常以百分数形式表示：

$$\overline{d_r}=\frac{\overline{d}}{\overline{x}} \tag{1-6}$$

一般分析工作中，精密度常用相对平均偏差表示。

3. 分析结果的表达

在常规分析中，通常是一个试样平行测定 3 份，在不超过允许的相对误差范围内，取 3 份的平均值即可。

在非常规分析和科学研究中，分析结果应按统计学的观点，反映出数据的集中趋势和分散程度，以及在一定置信度下真实值的置信区间。通常用 n 表示测量次数，平均值用 $\overline{X}$ 表示，而用标准偏差 S 来衡量各数据的精密度。

$$S=\sqrt{\frac{\sum_{i=1}^{n}(x_i-\overline{x})^2}{n-1}}=\sqrt{\frac{\sum_{i=1}^{n}d_i^2}{n-1}} \tag{1-7}$$

例如：分析某试样中铁的质量分数，五次测定结果是 0.3910，0.3912，0.3919，0.3917，0.3922，报告其分析结果如下：

测量次数 $n=5$

平均值 $\overline{X}=0.3916$

标准偏差 $S=0.0005$

在置信度 $P=95\%$时，$f=n-1=4$，查表得 $t_{0.05,4}=2.78$，其置信区间为

$$\mu=\overline{X}\pm\frac{tS}{\sqrt{n}}=0.3916\pm\frac{2.78\times0.0005}{\sqrt{5}}=0.3916\pm0.0006$$

有时也可仅用置信区间，或仅用前三项表达分析结果。

1.8 实验预习、实验记录和实验报告

学生实验一般进程如下。

(1)预习：实验前应根据教材认真预习，掌握实验原理、仪器安装和使用方法、药品使用和安全、实验中可能出现的现象、注意事项等内容，并写出预习报告，方可进入实验室进行实验。预习报告应简明、扼要，可操作性强，应预留出记录实验现象、数据的空位。

(2)清点仪器药品和相关设备：进入实验室后，应仔细清点仪器药品和相关设备，并核实玻璃仪器的数量、完好状况，发现缺少、破损时及时予以补充、更换。

(3)听讲、观看：认真听指导教师对本实验的讲解和仪器操作示范演示，根据讲解核对预习报告，对缺、漏部分和更改内容及时在预习报告中予以修正。

(4)进行实验：根据教师讲解和实验教材及操作示范演示，认真完成实验内容，仔细观察实验现象，如实记录实验数据。

(5)实验记录：在预习报告的预留位置上详细、准确、如实地记录实验中出现的现象、数据，记录应做到简明扼要、字迹整洁、实事求是，还需注明实验日期和时间。实验结束后立即交指导教师审阅，由指导教师签字确认后方可离开。如实验结果不符合要求，应重做实验。

(6)实验报告：根据预习报告中的原始记录，按实验类型采用相应的实验报告格式(见附)，及时写出实验报告。实验目的、原理应简明、扼要，实验步骤可采用简要的流程示意图表示，实验装置图应使用铅笔按一定比例画图，工作曲线应使用坐标纸，讨论部分应根据实际情况分析实验成败原因，做出合理的解释，提出注意事项和改进意见。

附：几种常见实验报告格式

(一)性质实验报告格式

实验××××××××××××××××××××××

年级________ 专业________ 学号________ 姓名________ 日期________ 成绩________

一、实验目的

二、实验原理

三、实验仪器与试剂

四、实验内容

实验内容　　样品　　试剂	实验现象	实验原理或反应方程式	结论与解释

(二)基本操作实验报告格式

实验××××××××××××××××××××××

年级________　专业________　学号________　姓名________　日期________　成绩________

一、实验目的

二、实验原理

三、仪器仪器与试剂

四、实验步骤(可采用简要流程图)

五、实验装置图

六、结果与分析

七、讨论

(三)定量分析实验报告格式

实验××××××××××××××××××××××

年级________　专业________　学号________　姓名________　日期________　成绩________

一、实验目的

二、实验原理

三、实验仪器与试剂

四、实验步骤(可采用简要流程图)

五、结果与分析

六、讨论

(四)合成实验报告格式

实验××××××××××××××××××××××

年级________　专业________　学号________　姓名________　日期________　成绩________

一、实验目的

二、实验原理

三、实验仪器与试剂

四、实验步骤(可采用简要流程图)

五、实验装置图

六、结果与分析

七、讨论

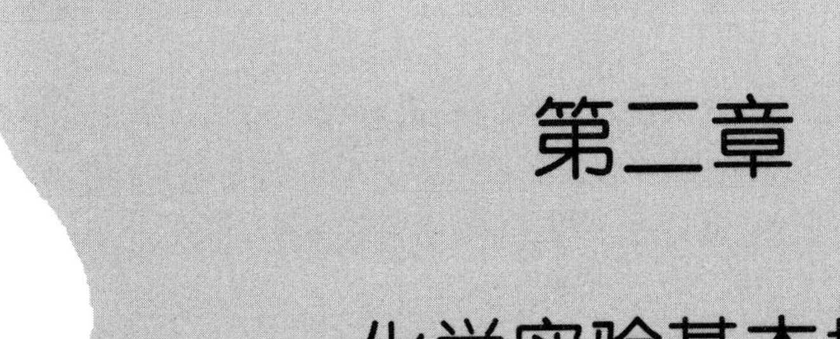

第二章 化学实验基本技能

简　介

通过实验培养学生具有独立思考和独立工作的能力，培养学生实事求是的科学态度、良好的工作习惯以及分析问题和解决问题的能力，逐步掌握科学研究的方法是我们教学的目的。为此本章安排了化学基本操作及基本技能训练实验。这些实验内容涵盖了化学实验中诸如仪器的洗涤与干燥，药品的取用、称量，搅拌，过滤，蒸发，结晶、重结晶，沉淀，萃取，蒸馏，加热方法，基本度量仪器的使用方法等最常见的、最基础的和最重要的操作技术。做好这类实验并强化这类实验的训练至关重要。因为它们不仅是提高实验操作技能的基础，而且是掌握化学实验方法与技术的根本，为随后更好地独立实验来发现问题、探索知识，提高自身的观察能力、思维能力和创造能力，形成良好的科学素质打下坚实的基础。

2.1　玻璃仪器的洗涤和干燥

一、玻璃仪器的洗涤

实验化学中经常使用各种玻璃仪器。如果使用不洁净的仪器，往往由于污物和杂质的存在而得不到正确的结果，因此，玻璃仪器的洗涤是实验化学中一项重要的内容。

玻璃仪器上的污物一般为尘土、可溶性物质、不溶性物质、有机物和油垢等，应根据实验要求，污物的性质和玷污的程度来选择合适的洗涤方法。

对于水溶性的污物，一般可以直接用水冲洗，冲洗不掉的物质，可以选用合适的毛刷刷洗，如果毛刷刷不到，可用碎纸捣成糊浆，放进容器，剧烈摇动，使污物脱落下来，再用水冲洗干净。

对于有油污的仪器，可先用水冲洗掉可溶性污物，再用毛刷蘸取肥皂液或合成洗涤剂刷洗。用肥皂或合成洗涤剂仍刷洗不掉的污物，或因口小、管细不便用毛刷刷洗的仪器，可用洗液或少量浓硝酸或浓硫酸浸洗。氧化性污物可选用还原性洗液洗涤，还原性污物则选用氧化性洗液洗涤。最常用的洗液是高锰酸钾洗液与重铬酸钾洗液。若污物是有机物一般选用高锰酸钾洗液，若污物为无机物则多选用重铬酸钾洗液。

特殊的玷污物应选择特殊试剂洗涤，如滴定管中由于经常承放高锰酸钾溶液，管壁会有一层黄色物质，可用过氧化氢溶液或酸性硫酸亚铁溶液洗涤。

洗涤仪器前，应尽可能倒尽仪器内残留的水分，然后向仪器内注入约 1/5 体积的洗液，使仪器倾斜并慢慢地转动，让内壁全部被洗液湿润，如果能浸泡一段时间或用热的洗液洗涤，则效果会更好。

洗液具有强腐蚀性，使用时千万不能用毛刷蘸取洗液刷洗仪器，如果不慎将洗液洒在衣物、皮肤或桌面时，应立即用水冲洗。废的洗液或洗液的首次冲洗液应倒在废液缸里，不能倒入水槽，以免腐蚀下水道。洗液用后，应倒回原瓶，可反复多次使用。多次使用后，重铬酸钾洗液会变成绿色(Cr^{3+} 颜色)，高锰酸钾洗液会变成浅红或无色，底部有时出现 MnO_2 沉淀，这时洗液已不具有强氧化性，不能再继续使用。

仪器经洗液洗涤后污物一般会去除得比较彻底，若有机物用洗液洗不干净，也可选用合适的有机溶剂浸洗。用上述方法洗去污物后的仪器，还必须同用自来水和蒸馏水冲洗数次后才能洗净。

已洗净的玻璃仪器应该是清洁透明的，其内壁可以被水均匀地完全湿润，且不挂水珠。凡已洗净的仪器，不能用布或纸擦拭，否则布或纸上的纤维及污物会玷污仪器。

二、玻璃仪器的干燥

有些实验要求仪器必须是干燥的，根据不同情况，可采用下列方法将仪器干燥。

(1)晾干：对于不急用的仪器，可将仪器插在仪器的格栅上或实验室的干燥架上晾干。

(2)吹干：将仪器倒置控去水分，并擦干外壁，用电吹风的热风将仪器内残留水分赶出。

(3)烘干：将洗净的仪器控去残留水，放在电烘箱的隔板上，将温度控制在 105 ℃左右烘干。

(4)用有机溶剂干燥：在洗净的仪器内加入少量有机溶剂(如酒精、丙酮等)，转动仪器，使仪器内的水分与有机溶剂混合，倒出混合液(回收)，仪器即迅速干燥。

必须指出，在实验化学中，许多情况下并不需要将仪器干燥，如量器、容器等，使用前先用少量溶液涮洗 2～3 次，洗去残留水滴即可。带有刻度的计量容器不能用加热法干燥，否则会影响仪器的精度。如需要干燥时，可采用晾干或有机溶剂干燥，冷风吹干等方法。

2.2 试剂的取用

一、固体试剂的取用

1. 用试剂匙

固体试剂通常用干净的试剂匙取用，而且最好每种试剂专用一个试剂匙，否则用过的试剂匙须洗净擦干后才能再用，以免玷污试剂。

常用试剂匙有塑料匙和牛角匙，其两端分为大小两个匙。取大量试剂时用大匙，取小量试剂时用小匙。试剂一旦取出，就不能再放回原瓶，可将多余的试剂放入指定的容器。试剂取出后，一定要把瓶塞盖严（注意：不要盖错盖子），并将试剂瓶放回原处。

试剂从试剂匙中倒入容器时，如果是大块试剂，应把容器倾斜，让块体沿器壁滑下，以免击碎容器；如果是粉状试剂，可用试剂匙直接将粉状试剂送入容器底部，勿让粉末沾在容器壁上。如容器为管状，可借助于一张对折的硬纸条，将粉末送进管底。

2. 用台秤称取

要求取用一定质量的固体时，可把固体试剂放在纸上或表面皿上，在台秤上称量。具有腐蚀性或易潮结的固体不能放在纸上，而应放在玻璃容器内进行称量。

3. 用分析天平称取

要求准确称取一定量的固体试剂时，可把固体试剂放在称量瓶中按差减法在分析天平上进行称量。

二、液体试剂的取用

液体试剂一般用量筒、移液管（吸量管）量取或用滴管吸取，它们的操作方法如下：

1. 滴管

从滴瓶中取液体试剂时，要用滴瓶中的滴管，不能用别的滴管。释放液体时，不要使滴管与接受容器的器壁接触，更不应使滴管伸入到其他液体中，以免玷污滴管（图 2-1）。与滴瓶配合使用的滴管的管口不能向上倾斜，以免液体回流到胶帽中，腐蚀胶帽，污染试剂。

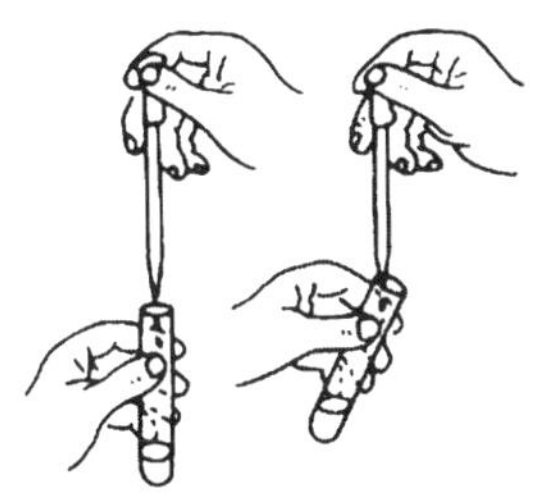

图 2-1　用滴管加液体

图 2-2　用量筒量取液体

2. 量筒

量筒用于量度一定体积的液体，可根据需要选用不同容量的量筒。取液时，如图 2-2 所示，先取下试剂瓶塞并把它倒置在桌上，一手拿量筒，一手拿试剂瓶（注意不要让瓶上的标签朝下），然后倒出所需量的试剂，最后将瓶口在量筒上靠一下，再使试剂瓶竖直，以免留在瓶口的液滴流到瓶的外壁（注意倒出的试液绝对不允许再倒回试剂瓶）。观看量筒内液体的容积时要按图 2-3 所示，使视线与量筒内液体的弯月面的最低处保持水平，偏高或偏低都会读不准而造成较大的误差。

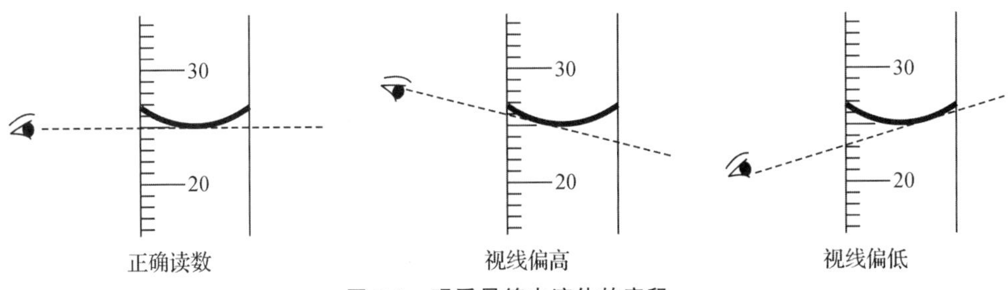

图 2-3　观看量筒内液体的容积

在某些实验中，不需要准确量取液体体积时，不必每次都用量筒，只要学会估计从瓶内取用的液体的量即可。如普通试管容量为 20 mL，则 5 mL 液体为试管容量的 1/4，标准滴管 20 滴约为 1 mL 等。

3. 移液管和吸量管

要求准确地移取一定体积的液体时，可用各种不同容量的移液管或吸量管。移液管和吸量管的使用方法见本章第五节。

三、特种试剂的取用

剧毒、强腐蚀性、易爆、易燃试剂的取用需要特别小心，必须采用其他适当的方法来处理，请参考有关书籍。

2.3 简单玻璃工操作与塞子钻孔

一、简单玻璃工操作

(1)玻璃管的截断：选择干净、粗细合适的玻璃管，平放在台面上，一手捏紧玻璃管，一手持锉刀，用锋利的边沿压在玻璃管截断处(图 2-4)，从与玻璃管垂直的方向用力向内(或向外)划出一锉痕(只能按单一方向划)。然后用两手握住玻璃管，锉痕向外，两拇指压于痕口背面，轻轻用力推压，同时两手向外拉，玻璃管即在锉痕处断开(图 2-5)。

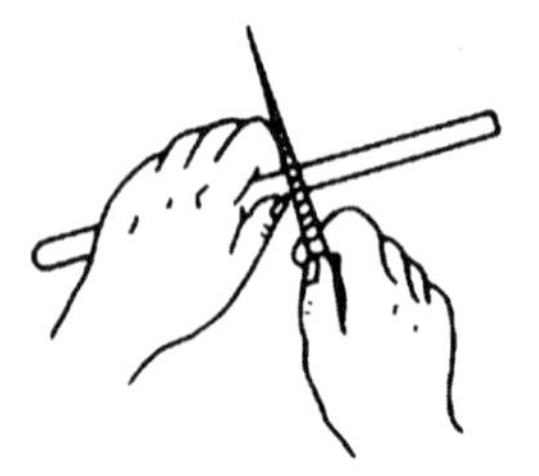

图 2-4　划痕

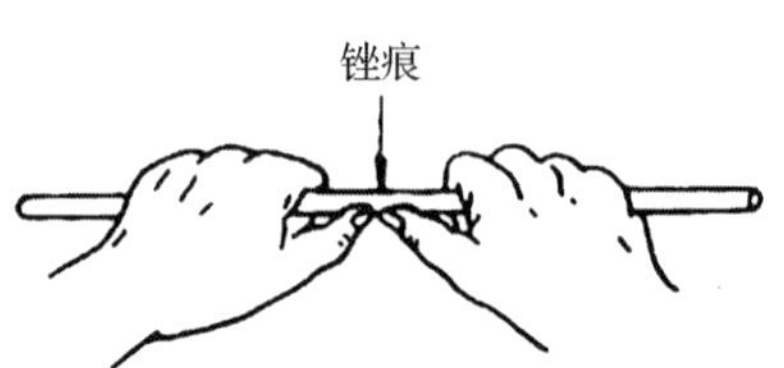

图 2-5　拇指齐放于锉痕的背后

如果玻璃管较粗，用上述方法截断较困难，可利用玻璃管骤热、骤冷易裂的性质，采用下列方法进行：将一根末端拉细的玻璃管在灯焰上加热至白炽，使成熔球，立即触及用水滴湿的粗玻璃管的锉痕处，锉痕处骤然受强热而断裂。

为了使玻璃管截断面平滑，可用锉刀轻轻将其锉平，或将断口放在火焰氧化焰的边缘，不断转动玻璃管，烧到管口微红使其变得光滑即可。注意不可烧得太久以免管口变形、缩小。

(2)玻璃管的弯曲：弯玻璃管时，先将玻璃管于弱火焰中左右移动预热，除去管中的水气，然后将欲弯曲的部位放在氧化焰中加热，并不断缓慢地移动玻璃管，使之受热均匀(为加宽玻璃管的受热面，可用鱼尾灯头)(图 2-6)。当玻璃管加热到适当软化但又不会自动变形时，迅速离开火焰，然后轻轻地顺势弯曲所需角度(图 2-7)，若玻璃管要弯成较小的角度时，可分几次弯成。玻璃管的弯曲部分，厚度和粗细必须保持均匀。

在玻璃管的加热和弯曲时，不要扭曲，否则弯管将不在同一平面内，此时可再对弯管处进行加热，加以修正，使弯管两侧于同一平面中。若遇到弯管内侧凹陷时，可将凹进去的部位在

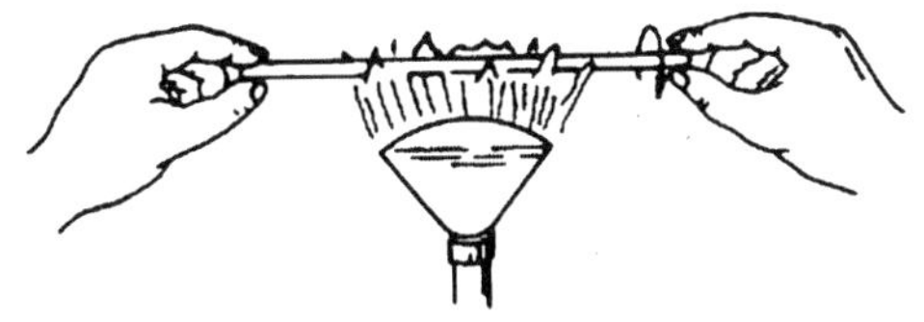
图 2-6　前后转动玻璃管，使四周受热均匀

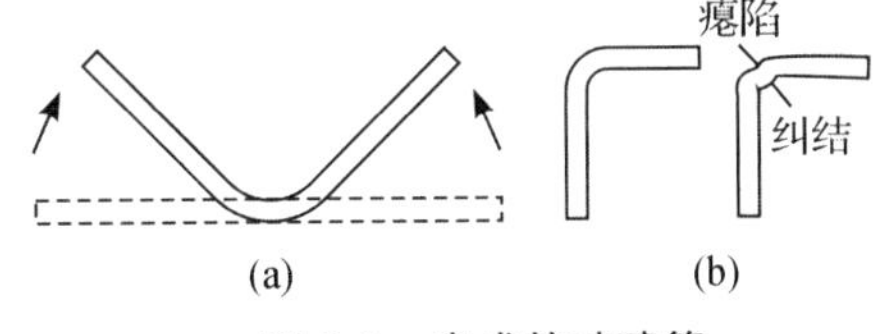

图 2-7　弯成的玻璃管

火焰中烧软，用手或塞子封住弯管的一端，用嘴向管内吹气，直至凹进去的部位变得平滑为止。

加工后的玻璃管应及时地进行退火处理，方法是将经过高温熔烧的玻璃管，趁热在弱火焰中加热或烘烤片刻，然后慢慢地移出火焰，再放在石棉网上冷却至室温。不退火的玻璃管质脆易碎。

(3)滴管的拉制：选取粗细、长度适当的干净玻璃管，两手持玻璃管的两端，将中间部位放入喷灯火焰中加热，并不断地朝一个方向慢慢转动，使之受热均匀（图 2-8），避免玻璃管软化后，由于重力作用而造成的下垂，等玻璃管烧至发黄变软时，立即离开火焰，两手以同样速度转动玻璃管，同时慢慢向两边拉伸，直到其粗细程度符合要求时为止。拉出的细管应与原来的玻璃管在同一轴上，不能歪斜（图 2-9）。待冷却后，从拉细部分中间切断，即得两根一头粗一头细的玻璃管，将尖嘴在弱火焰中烧圆，将粗的一端烧熔，在石棉网上垂直下压，使端头直径稍微变大，配上橡皮乳头，即得两根滴管。

(4)毛细管的拉制：取一直径约为 1 cm、壁厚约为 1 mm 的干净玻璃管，放在喷灯上加热，火焰由小到大，两手不断转动玻璃管，使玻璃管受热均匀，当玻璃管被烧到发黄软化时，立即离开火焰，两手以同样速度转动玻璃管，同时趁热拉伸，开始拉时稍慢，然后较快地拉长，直到拉成直径约为 1 mm 左右的毛细管（图 2-10），把拉好的毛细管按所需长度的两倍截断，两端用小火封闭，以免灰尘和湿气进入，使用时，从中间截断，即可得到熔点管或沸点管的内管。若拉成直径为 0.1 mm 左右的毛细管，可用于制作层析点样管。

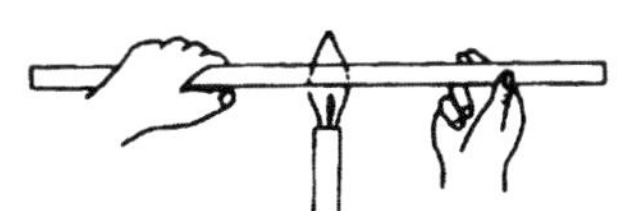
图 2-8　玻璃管加热

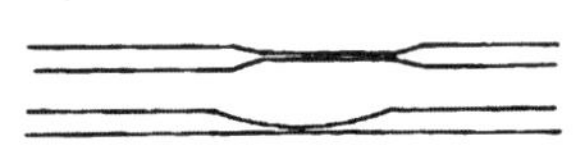
图 2-9　拉细后的玻璃管

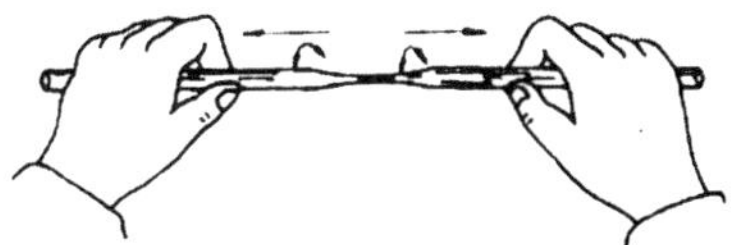
图 2-10　拉制毛细管

二、塞子的钻孔

有机化学实验常用的塞子有软木塞和橡皮塞两种，软木塞的优点是不易和有机化合物作用，但易漏气和易被酸碱腐蚀。橡皮塞虽然不易被酸碱腐蚀，但易被有机物所侵蚀或溶胀，各有优缺点，究竟选用哪一种塞子合适，要看具体情况而定。一般说来，比较多的使用软木塞，因为在有机化学实验中接触的主要是有机化合物，而橡皮塞适用于密封的仪器装置（如减压蒸馏等）。不论使用哪一种塞子，其大小的选择和钻孔的操作都是必须掌握的。

(1)塞子的选择：选择一个无裂缝（纹）的、大小与仪器的口径相适合的塞子，要求塞子进入瓶颈或管颈的部分不能少于塞子本身高度的 1/3，也不能多于 2/3（图 2-11），否则就不合用。使用新的软木塞时，只要能塞入 1/3～1/2 时就可以了，因为经过压塞机（图 2-12）压塞后就能塞入 2/3 左右了。

(2)钻孔器的选择：有机化学实验往往需要在塞子内插入导气管、温度计、滴液漏斗等，这就要在塞子上钻孔。钻孔用的工具叫钻孔器，也叫打孔器，这种钻孔器靠人力钻孔，也有

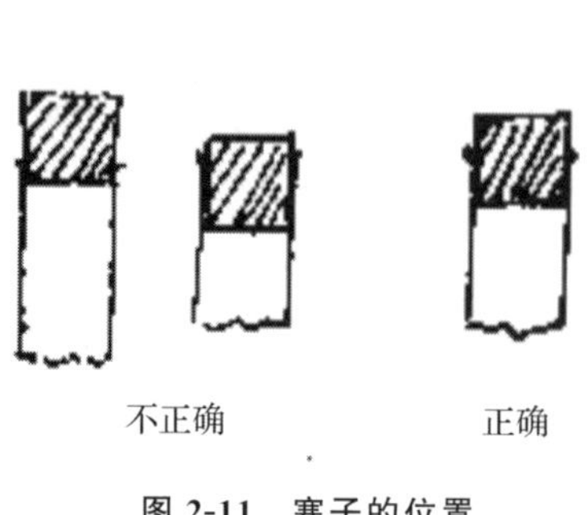

图 2-11 塞子的位置

图 2-12 压塞机

把钻孔器固定在简单的机械上，借此机械力来钻孔的，这种工具叫打孔机（图 2-13）。每套钻孔器约有五六支直径不同的钻嘴，以供选择。它们的刀刃均可通过磨刀修得更加锋利（图 2-14）。

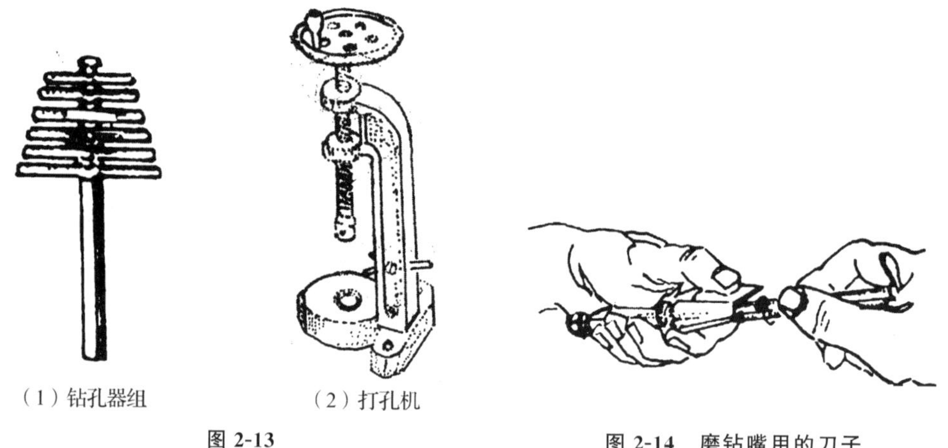

（1）钻孔器组　（2）打孔机

图 2-13

图 2-14 磨钻嘴用的刀子

钻软木塞上的孔，就要选用比欲插入的玻璃管等的外径稍小或接近的钻嘴。软木塞在钻孔之前，需用压塞机压紧，防止在钻孔时塞子破裂或在进行反应及蒸馏时，塞子吸收过多的液体。在橡皮塞上钻孔，则要选用比欲插入的玻璃管等的外径稍大一些的钻嘴，因为橡皮塞有弹性，孔道钻成后，会收缩使孔径变小。总之，塞子孔径的大小，应能使插入的玻璃管等紧密地贴合固定为度。

(3)钻孔的方法（图 2-15）：将塞子小的一端朝上，平放在桌面上的一块木板上，这块木板的作用是避免当塞子钻通后，钻坏桌面。钻孔时，左手持紧塞子平稳放在木板上，右手握住钻孔器的柄，先将打孔器用肥皂水润湿再在塞子上打孔印，“印”出孔的位置然后用力均匀将钻孔以顺时针的方向向下旋入，钻孔器要垂直于塞子的面，不能左右摆动，更不能倾斜，不然钻的孔道是偏斜的，等到钻至约塞子高度的一半时，拨出钻孔器，用杆通出钻孔器中的塞芯。拨出钻孔器的方法是将钻孔器边转边往后拨。然后在塞子大的一端钻孔，要对准小的那端的孔位，照上述同样的操作钻孔。直至钻通为止，拨出钻孔器，通出钻孔器内的塞芯。

为了减少钻孔时的摩擦，特别是橡皮塞钻孔时，可在钻孔器的刃口上擦些甘油或水。钻孔后，要检查孔道是否合用，如果不费力就能插入玻璃管时，这说明孔道过大，玻璃管和塞子之间

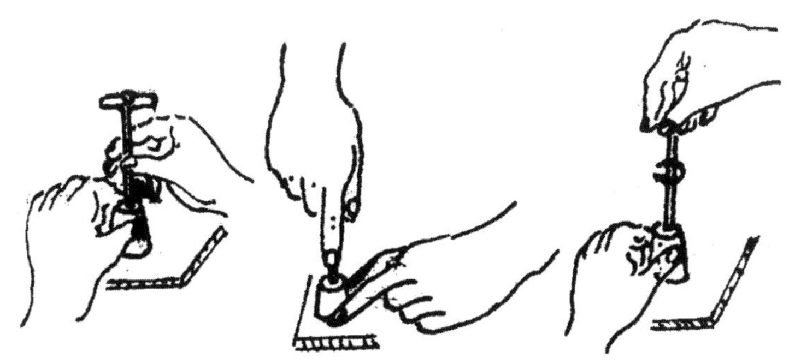

图 2-15　钻孔方法

不够紧密贴合会漏气，不能用。若孔道略小些或不光滑时，可用圆锉修整。

2.4　加热与制冷技术

一、液体的加热

液体采用什么方式加热，取决于液体的性质、盛放液体的器皿、液体量的大小和所需加热的程度，一般在高温下不分解的液体，可用火直接加热，受热易分解以及需要比较严格控制加热温度的液体只能在热浴上加热。

1. 直接加热

适用于在较高温度不分解的溶液或纯液体。一般把装有液体的器皿放在石棉网上，用酒精灯、煤气灯、电炉和电热套等直接加热（图 2-16）。

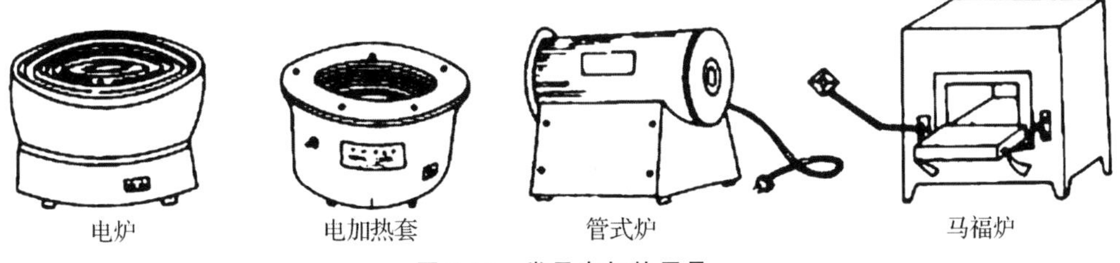

图 2-16　常见电加热用具

试管中的液体一般可直接放在火焰上加热（见图 2-17），但是易分解的物质或沸点较低的液体仍应放在水浴中加热。在火焰上加热试管中的液体时，应注意以下几点：

（1）应该用试管夹夹住试管的中上部，不能用手拿住试管加热。

（2）试管应稍微倾斜，管口向上。

（3）应使液体各部分受热均匀，先加热液体的中上部，再慢慢往下移动，然后不时地上下移动，不要集中加热某一部分，否则容易引起暴沸，使液体冲出管外。

（4）不要把试管口对着别人或自己的脸部，以免发生意外。

（5）试管中所盛液体不得超过试管高度的 1/2。

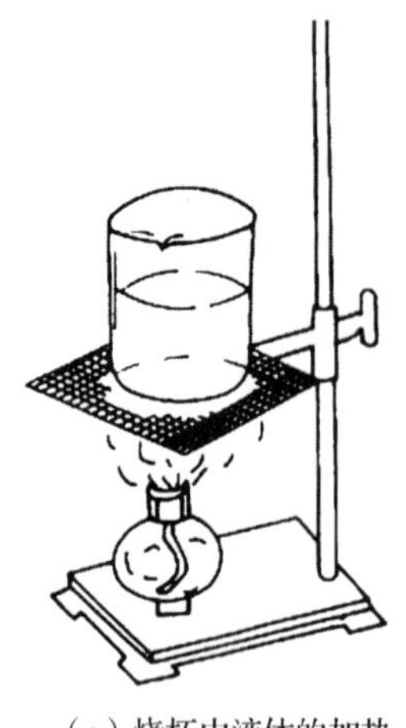

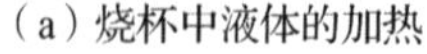

(a)烧杯中液体的加热

(b)试管中液体的加热

图 2-17　直接加热

2. 热浴加热

常用的热浴有水浴、油浴、砂浴、空气浴等。

(1)水浴:水浴常在水浴锅中进行(图 2-18(a)),有时为了方便常用规格较大的烧杯等代替(见图 2-18(b))。水浴锅一般为铜制外壳,内壁涂锡。盖子由一套不同口径的铜圈组成,可以按加热器皿的外径任意选用,使用时,锅下加热,受热器皿悬置在水中,可保持液温到 95 ℃左右的恒温。实验室常用的水浴锅一般为 6 孔或 8 孔的电加热式水浴锅。

(a)水浴加热

(b)烧杯代替水浴加热

图 2-18　水浴加热

使用水浴应注意如下事项:

①水浴锅内存水量应保持在总体积的 2/3 左右。

②受热玻璃器皿不能触及锅壁或锅底。

③水浴锅不能做油浴或砂浴用。

(2)油浴:油浴锅一般由生铁铸成,有时也可用大烧杯代替。油浴适用于 100～250 ℃加热,反应物的温度一般低于油浴液的 20 ℃左右,常用的油浴有:

①甘油,可以加热到 140～150 ℃,温度过高易分解。

②植物油,如菜油、蓖麻油和花生油,可以加热到 220 ℃。常加入 1%的对苯二酚等抗氧化剂,便于久用。温度过高时会分解,达到闪点可能燃烧,所以,使用时要十分小心。

③石蜡,能加热到 200 ℃左右,冷到室温则成为固体,保存方便。

④液体石蜡，可加热到 200 ℃左右，温度稍高并不分解，但较易燃烧。

使用油浴应特别小心防止着火。当油受热冒烟时，应立即停止加热，油量应适量，不可过多，以免油受热膨胀而溢出，浴锅外不能沾油，如若外面有油，应立即擦去，如遇油浴着火，应立即拆除热源，并用石棉网等盖灭火焰，切勿用水浇。

⑤硅油，硅油在 250 ℃时仍较稳定，透明度好，只是价格昂贵。

(3)砂浴：砂浴通常采用生铁铸成的砂浴盘。盘中盛砂子，使用前先将砂子加热熔烧，以去掉有机物。加热温度在 80 ℃以上者可以使用，特别通用于加热温度在 220 ℃以上者。砂浴的缺点是传热慢，温度上升慢，且不易控制。因此，砂层要薄些，特别注意，受热器不能触及浴盘底部。

(4)空气浴：沸点在 80 ℃以上的液体原则上均可采用空气浴加热。最简单的空气浴可用下法制作：取空的铁罐一只(用过的罐头盒即可)罐口边缘剪光后，在罐的底层打数行小孔，另将圆形石棉片(直径略小于罐的直径约 2～3 mm)放入罐中，使其盖在小孔上，罐的四周用石棉布包裹。另取直径略大于罐口的石棉板(厚约 2～4 mm)一块，在其中挖一个洞(洞的直径略大于被加热容器的颈部直径)，然后对切为二，加热时用以盖住罐口。使用时将此装置放在铁三脚架或铁支台的铁环上，用灯焰加热即可。注意蒸馏瓶或其他受热器在罐中切勿触及罐底，如图 2-19 所示。

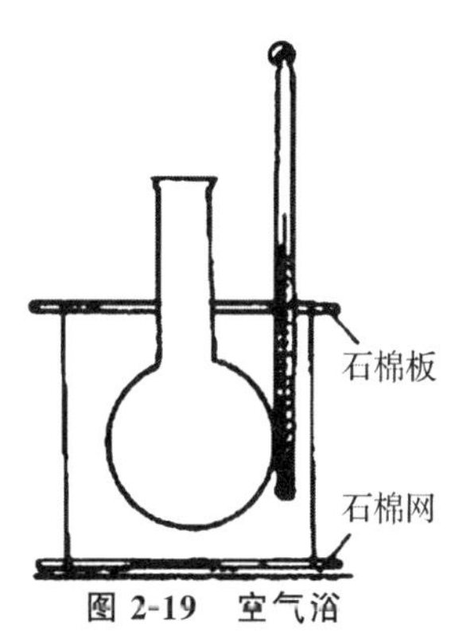

图 2-19　空气浴

(5)电热套加热：电热套是一种较好的热源，它是由玻璃纤维包裹着电热丝织成的碗状半圆形的加热器，有控温装置可调节温度。由于它不是明火加热，因此，可以加热和蒸馏易燃有机物，也可加热沸点较高的化合物，加热温度范围较广。

二、固体的加热

(1)在试管中加热：所盛固体药品不得超过试管容量的 1/3。块状或粒状固体，一般应先研细，并尽量将其在管内铺平。加热的方法与在试管中加热液体时相同，有时也可把盛固体的试管固定在铁架台上加热(图 2-20)。但是必须注意，应使试管口稍微往下倾斜，以免凝结在管口的水珠流至灼热的管底，使试管炸裂。加热时，先来回将整个试管预热，然后用氧化焰集中加热。一般随着反应进行，灯焰从试管内固体试剂的前部慢慢往后部移动。

(2)在蒸发皿中加热：当加热较多的物体时，可把固体放在蒸发皿中进行。但应注意充分搅拌，使固体受热均匀。

(3)在坩埚中灼烧：当需要在高温加热固体时，可以把固体放在坩埚中灼烧(图 2-21)。应该用煤气灯的氧化焰加热坩埚，而不要让还原焰接触坩埚底部(还原焰温度不高)。开始时，火不要太大，使坩埚均匀地受热，然后逐渐加大火焰，将坩埚烧至红热。灼烧一定时间后，停止加热，在泥三角上稍冷后，用坩埚钳夹持放在干燥器内。要夹持处在高温下的坩埚，必须先把坩埚钳放在火焰上预热一下。坩埚钳用后应将其尖端向上平放在石棉网上。

(4)在马福炉中灼烧：重量分析中沉淀的灼烧、灰化、恒重一般在马福炉中进行，马福炉一般可加热到 1000 ℃左右。

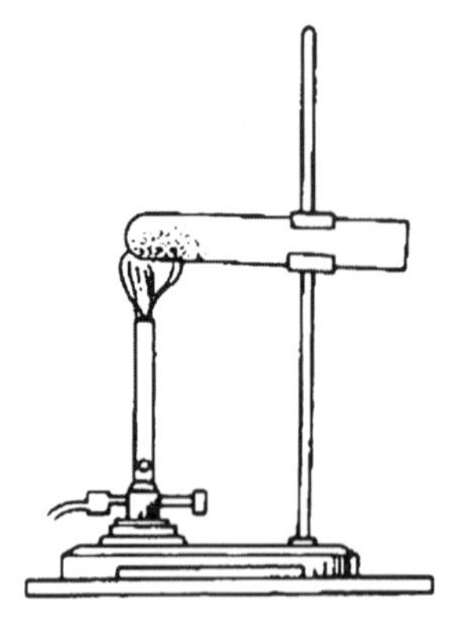
图 2-20 加热试管内的固体

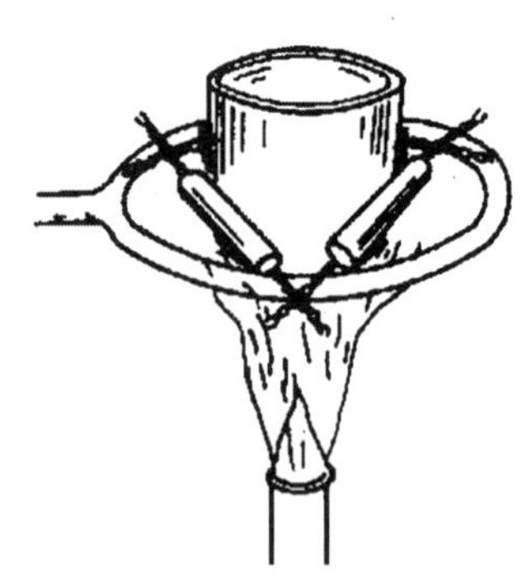
图 2-21 灼烧坩埚

三、致冷技术

实验化学中有些反应和分离、提纯要求在低温下进行，通常根据不同要求，选用合适的致冷技术。

(1)自然冷却：热的液体可在空气中放置一定时间，任其自然冷却至室温。

(2)吹风冷却和流水冷却：当实验需要快速冷却时，可将盛有溶液的器皿放在冷水流中冲淋或用鼓风机吹风冷却。

(3)冷冻剂冷却：要使溶液的温度低于室温时，可使用冷冻剂冷却。如使用冰盐溶液(100 g 碎冰和 30 g NaCl 混合)，温度可降至－20 ℃，更冷的致冷剂是干冰(固体 CO_2)加乙醇和丙酮，冷却温度可达－77 ℃，液态 N_2 能使温度降至－190 ℃。必须指出，温度低于－38 ℃时，不能用水银温度计，应改用内装有机液体的低温温度计。

(4)回流冷凝：许多有机化学反应需要使反应物在较长时间内保持沸腾才能完成。为了防止反应物以蒸气逸出，常用回流冷凝装置，使蒸气不断地在冷凝管内冷凝成液体，返回反应器中。为了防止空气中的湿气浸入反应器或吸收反应中放出的有毒气体，可在冷凝管上口连接 $CaCl_2$ 干燥管或气体吸收装置(图 2-22)。为了使冷凝管的套管内充满冷却水，应从下面的入口通入冷却水，水流速度能保持蒸气充分冷凝即可。进行回流操作时，也要控制加热，蒸气上升的高度一般不超过冷凝管的 1/3 为宜。也可采用循环水冷凝装置，可以节约用水。

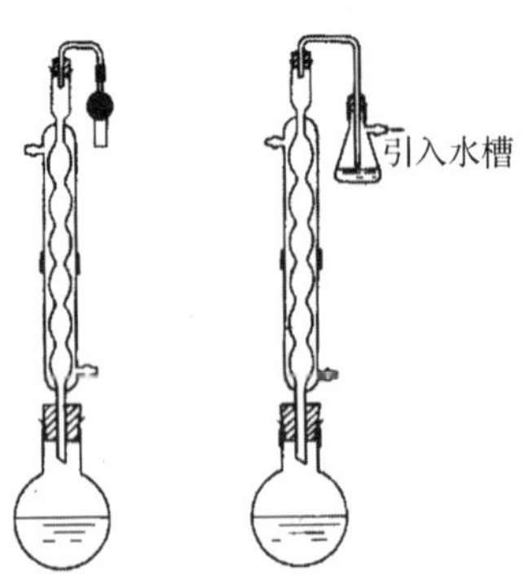

图 2-22 回流冷凝装置

2.5 滴定分析基本操作及常用度量仪器使用与校正

一、基本操作及度量仪器的使用

1. 滴定管

滴定管是滴定分析中最基本的量器。常量分析用的滴定管有 50 mL 及 25 mL 等几种规格，它们的最小分度值为 0.1 mL，读数可估计到 0.01 mL。此外，还有容积为 10 mL，5 mL，2 mL 和 1 mL 的半微量和微量滴定管，最小分度值为 0.05 mL，0.01 mL 或 0.005 mL。

滴定管一般分为酸式和碱式两种(见图 1-32)。酸式滴定管的刻度管和下端的尖嘴玻璃管通过玻璃活塞相连，适用于装盛酸性或氧化性溶液。碱式滴定管的刻度管与下端的尖嘴玻璃管之间用乳胶管连接，乳胶管内有一玻璃珠，用以控制溶液的流出速度。碱式滴定管用来装碱性溶液和无氧化性溶液，不能用来装 HCl、H_2SO_4、I_2、$KMnO_4$ 和 $AgNO_3$ 等对橡皮有侵蚀作用的液体。

滴定管的使用包括洗涤、检漏、涂油、排气泡、读数等步骤。

(1)洗涤：干净的滴定管如无明显油污，可用自来水冲洗或先用滴定管刷蘸肥皂水或其他洗涤剂刷洗(但不能用去污粉)，而后再用自来水冲洗。刷洗时应注意勿用刷头露出铁丝的毛刷以免划伤内壁。如有油污，则需用洗液浸洗。洗涤时向管内倒入 10 mL 左右洗液(碱式滴定管将乳胶管内玻璃珠向上挤压封住管口或将乳胶管换成乳胶滴头)，再将滴定管逐渐向管口倾斜，并不断旋转，使管壁与洗液充分接触，管口对着废液缸，以防洗液撒出。若油污较重，可装满洗液浸泡，浸泡时间的长短视玷污的程度而定。洗毕，洗液应倒回洗液瓶中，洗涤后需用大量自来水淋洗，并不断转动滴定管，至流出的水无色，再用蒸馏水润洗三遍，洗净后的管内壁应均匀地润上薄薄的一层水而不挂水珠。

(2)检漏：检查酸式滴定管是否漏水时，可将滴定管装水至“0”刻度左右，并将滴定管夹在管架上，直立约 2 min，观察活塞边缘和管端有无水珠渗出。将活塞旋转 180°，再观察一次，若无漏水现象，即可使用。如果发现漏水、活塞转动不灵，则取下活塞，将滴定管平放在实验台上，用干净的滤纸擦干活塞及塞套，然后分别在活塞的大头表面上和活塞套小口的内壁上均匀地涂上一层薄薄的凡士林(也可将凡士林涂在活塞的两头)(如图 2-23)。注意不要涂得过多，以免凡士林堵塞活塞孔及滴定管的出口。然后将活塞小心插入塞套中，单方向转动活塞，直至

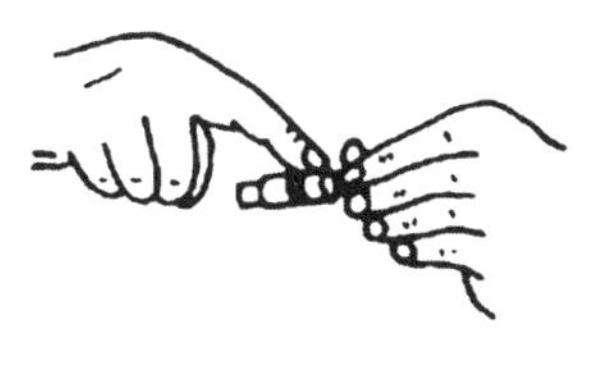

(1)活塞涂油

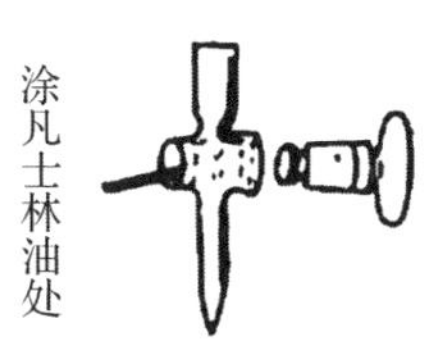

(2)活塞安装

(3)转动活塞

图 2-23　酸式滴定管涂油操作

活塞与塞套接触处全部透明为止。最后用橡皮圈(可从橡皮管上剪下一小圈)套在活塞小头一端的凹槽上,固定活塞,以防其滑落打碎。

如遇凡士林堵塞了尖嘴玻璃小孔,可将滴定管装满水,用洗耳球鼓气加压,或将尖嘴浸入热水中,再用洗耳球鼓气,便可以将凡士林排除。

碱式滴定管检漏时,只需装满水,并将滴定管夹在管架上,直立约 2 min,观察有无水珠渗出,再检查玻璃珠控制液滴是否灵活。不合要求时,可将下端的乳胶管取下,更换乳胶管或玻璃珠。

(3)装液与赶气泡:洗净后的滴定管在装液前,应先用待装溶液润洗内壁三次,用量依次为 10,5,5 mL 左右。润洗方法与用蒸馏水洗涤时相同。润洗完毕,装入滴定液至"0"刻度以上,检查活塞附近或橡皮管内有无气泡,如有气泡,应将其排除。排除气泡时,酸式滴定管使它倾斜成约 30°角,用手迅速打开活塞,使溶液冲出并带走气泡;碱式滴定管可将橡皮管向上弯曲,捏起乳胶管使溶液从管口喷出,即可排除气泡(如图 2-24 所示)。将排除气泡后的滴定管补加滴定溶液到零刻度以上,然后再调整至零刻度线位置。

(4)读数:读数前,滴定管应垂直静置 1 min。读数时,管内壁应无液珠,管出口的尖嘴内应无气泡,尖嘴外应不挂液滴,否则读数不准。读数方法是:取下滴定管捏住滴定管上部无刻度处,使滴定管保持垂直,并使自己视线、刻度和弯曲液面于同一水平上(如图 2-25(a))。不同的滴定管读数方法略有不同。对无色或浅色溶液,有乳白板蓝线衬背的滴定管读数应以两个弯月面相交的最尖部分为准(如图 2-25(b)所示),一般滴定管应读取弯月面最低点所对应的刻度。对深色溶液,则一律按液面两侧最高点相切处读取。对初学者,可使用读数卡,以使弯月面显得更清晰。读数卡是用贴有黑纸或涂有黑色的长方形(约 3 cm×15 cm)的白纸板制成。读数时,将读数卡紧贴在滴定管的后面,把黑色部分放在弯月面下面约 1 mm 处,使弯月面的反射层全部成为黑色,读取黑色弯月面的最低点,如图 2-25(c)所示。

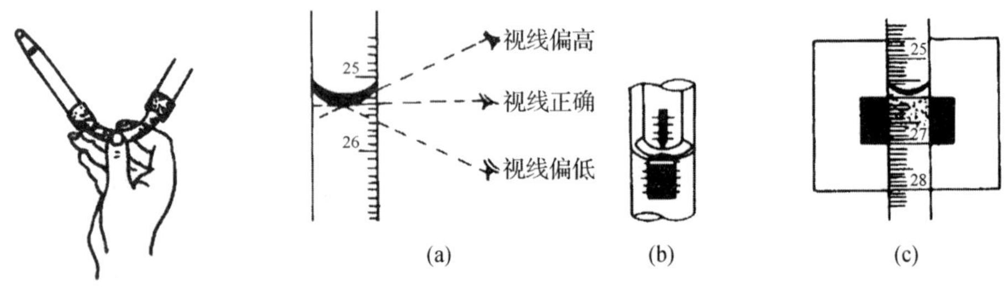

图 2-24 碱式滴定管赶走气泡

图 2-25 滴定管读数

(5)滴定:读取初读数之后,立即将滴定管下端插入锥形瓶(或烧杯)口内约 1 cm 处,再进行滴定。操作酸式滴定管时,左手拇指与食指跨握滴定管的活塞处,与中指一起控制活塞的转动,如图 2-26 所示。但应注意,不要过于紧张、用力过大,以免将活塞从大头推出造成漏水,而应将三手指略向手心回力,以塞紧活塞。操作碱式滴定管时,用左手的拇指与食指捏住玻璃珠外侧的乳胶管向外捏,形成一条缝隙,溶液即可流出,如图 2-27 所示。控制缝隙的大小即可控制流速,但要注意不能使玻璃珠上下移动,更不能捏玻璃珠下部的乳胶管以免产生气泡。滴定时,还应双手配合协调。当左手控制流速时,右手拿住锥形瓶颈,单方向旋转溶液,若用烧杯滴定,则右手持玻璃棒作圆周搅拌溶液,注意玻璃棒不要碰到杯壁和杯底(如图 2-28 所示)。

图 2-26 活塞的转动

图 2-27 碱管溶液的流出

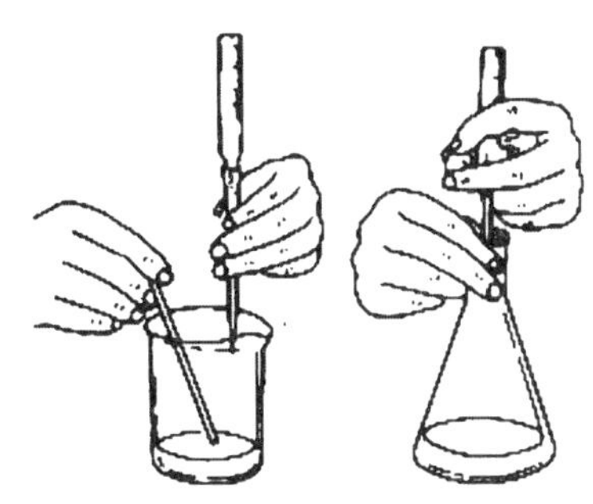

图 2-28 滴定操作

(6)滴定速度:滴定时速度的控制一般是:开始时 10 mL · min^{-1}左右,接近终点时,每加一滴摇匀一次,最后,每加半滴摇匀一次(加半滴操作,是使溶液悬而不滴,让其沿器壁流入容器,再用少量蒸馏水冲洗内壁,并摇匀)。仔细观察溶液的颜色变化,直至滴定终点为止。读取终读数,立即记录。注意,在滴定过程中左手不应离开滴定管,以防流速失控。

(7)平行实验:平行滴定时,应该每次都将初刻度调整到"0"刻度或其附近,这样可减少滴定管刻度的系统误差。

(8)最后整理:滴定完毕,应放出管中剩余的溶液,洗净,装满蒸馏水,罩上滴定管盖备用。

2. 容量瓶

在配制标准溶液或将溶液稀释至一定浓度时,需使用容量瓶。容量瓶的外形是一平底、细颈的梨形瓶,瓶口带有磨口玻璃塞或塑料塞,颈上有环形标线,瓶体标有体积,一般表示 20 ℃时液体充满至刻度时的容积。常见的有 10,25,50,100,250,500 和 1000 mL 等各种规格,此外还有 1,2,5 mL 的小容量瓶,但用得较少。

容量瓶的使用,主要包括如下几个方面:

(1)检查:使用容量瓶前应先检查其标线是否离瓶口太近,如果太近则不利于溶液混合,故不宜使用。另外还必须检查瓶塞是否漏水。检查时加自来水近刻度,盖好瓶塞用左手食指按住,同时用右手五指托住瓶底边缘(如图 2-29 所示),将瓶倒立 2 min,如不漏水,将瓶直立,把瓶塞转动 180°,再倒立 2 min,若仍不渗水即可使用。

(2)洗涤:可先用自来水刷洗,洗后,如内壁有油污,则应倒尽残水,加入适量的铬酸洗液(250 mL 规格的容量瓶可倒入 10～20 mL),倾斜转动,使洗液充分润洗内壁,再倒回原洗液瓶中,用自来水冲洗干净后再用蒸馏水润洗 2～3 次备用。

(3)配制:将准确称量好的药品,倒入干净的小烧杯中,加入少量溶剂将其完全溶解后再定量转移至容量瓶中。注意,如使用非水溶剂则小烧杯及容量瓶都应事先用该溶剂润洗 2～3 次。定量转移时,一手持玻璃棒悬空放入容量瓶内,玻璃棒下端靠在瓶颈内壁(但不能与瓶口接触),一手拿烧杯,烧杯嘴紧靠玻璃棒,使溶液沿玻璃棒流入瓶内沿壁而下(如图 2-30 所示)。烧杯中溶液流完后,将烧杯嘴沿玻璃棒上提,同时使烧杯直立。将玻璃棒取出放入烧杯内,用少量溶剂冲洗玻璃棒和烧杯内壁,也同样转移到容量瓶中,如此重复操作三次以上,然后补充溶剂,当容量瓶内溶液体积至 3/4 左右时,可初步摇荡混匀。再继续加溶剂至近标线,最后改用滴管逐滴加入,直到溶液的弯月面恰好与标线相切。若为热溶液应冷至室温后,再加溶剂至标线。盖上瓶塞,按图 2-29 将容量瓶倒置,待气泡上升至底部,再倒转过来,使气泡上升到顶部,如此反复 10 次以上,使溶液混匀。

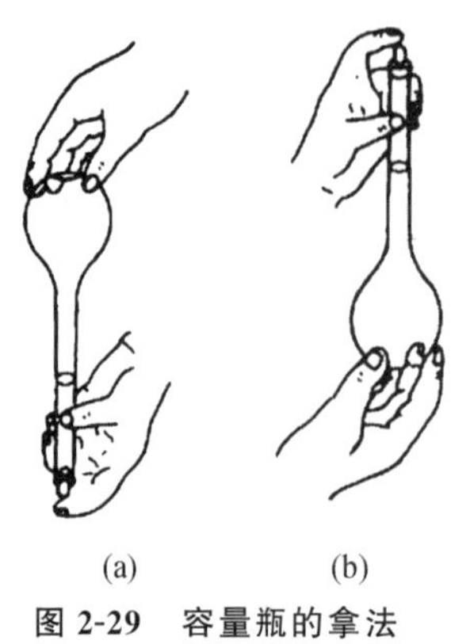

图 2-29　容量瓶的拿法

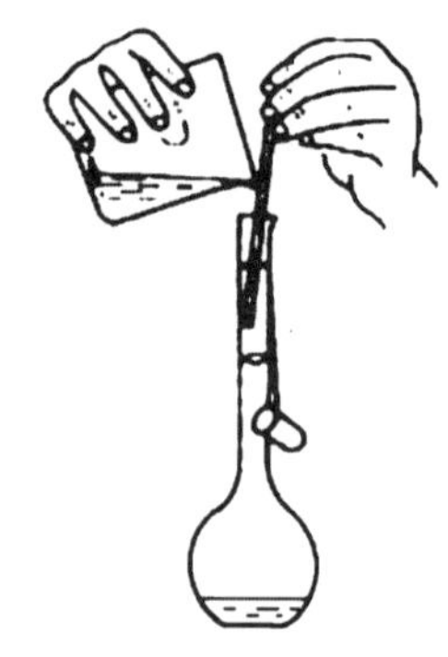
图 2-30　定量转移操作

(4)稀释:用移液管移取一定体积的浓溶液于容量瓶中,加水至标线,同上法混匀即可。

(5)注意事项:容量瓶不宜长期贮存试剂,配好的溶液如需长期保存应转入试剂瓶中。转移前须用该溶液将洗净的试剂瓶润洗三遍。用过的容量瓶,应立即用水洗净备用,如长期不用,应将磨口和瓶塞擦干,用纸片将其隔开。此外,容量瓶不能在电炉、烘箱中加热烘烤,如确需干燥可将洗净的容量瓶用酒精等有机溶剂润洗后晾干,也可用电吹风或烘干机的冷风吹干。

3. 移液管和吸量管

移液管是用来准确移取一定体积溶液的量器,准确度与滴定管相当。移液管有两种,一种中部具有"胖肚"结构,无分刻度,两端细长,只有一个标线。"胖肚"上标有指定温度下的容积。常见的规格为 5,10,25,50,100 mL 等。另一种是标有分刻度的直型玻璃管,通常又称吸量管或刻度吸管,在管的上端标有指定温度下的总体积。吸量管的容积有 1,2,5,10 mL 等,可用来吸取不同体积的溶液,一般只量取小体积的溶液,其准确度比"胖肚"移液管稍差。吸量管有单标线和双标线之分,单标线为溶液全流出式,双标线吸量管的分刻度不刻到管尖,属溶液不完全流出式。

(1)洗涤:移液管使用前也要进行洗涤,洗涤时,先用适当规格的移液管刷用自来水清洗,若有油污可用洗液洗涤。方法是吸入 1/3 容积洗液,平放并转动移液管,用洗液润洗内壁,洗毕将洗液放回原瓶,稍候,用自来水冲洗,再用蒸馏水清洗 2～3 次备用。

(2)润洗:洗净后的移液管移液前必须用吸水纸吸净尖端内、外的残留水,然后用待取液润洗 2～3 次,以防改变溶液的浓度。洗涤时,当溶液吸至"胖肚"约 1/4 处,即可封口取出。应注意勿使溶液回流,以免稀释溶液,润洗后将溶液从下端放出。

(3)移液:将润洗好的移液管插入待取溶液的液面下约 1～2 cm处(不能太浅以免吸空,也不能插至容器底部以免吸起沉渣),右手的拇指与中指拿住移液管标线以上部分,左手拿洗耳球,排出洗耳球内空气,将洗耳球尖端插入移液管上端,并封紧管口,逐步松开洗耳球,以吸取溶液(见图 2-31(a))。当液面上升至标线以上时,拿掉洗耳球,立即用食指堵住管口,将移液管提出液面,倾斜容器,将管尖紧贴容器内壁成约 45°角,稍待片刻,以除去管外壁的溶液,然后微微松动食指,并用拇指和中指慢慢转动移液管,使液面缓慢下降,直到溶液的弯月面与标线相切。此时,应立即用食指按紧管口,使液体不再流出。将接受容器倾斜 45°角,小心把移液管移入接受溶液的容器,使移液管的

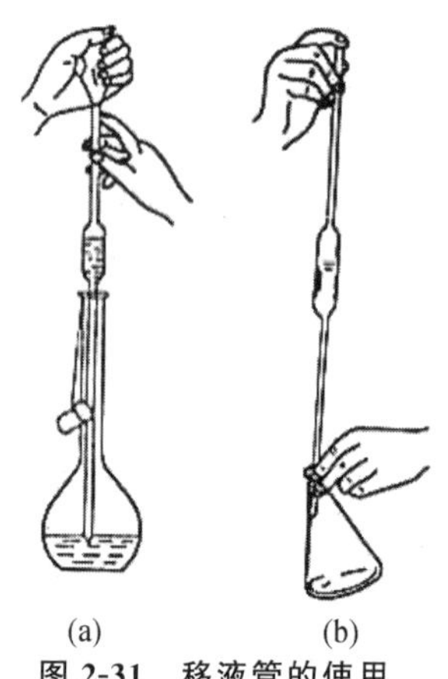

图 2-31　移液管的使用

下端与容器内壁上方接触(见图 2-31(b))。松开食指,让溶液自由流下,当溶液流尽后,再停15 s,并将移液管向左右转动一下,取出移液管。注意,除标有“吹”字样的移液管外,不要把残留在管尖的液体吹出,因为在校准移液管容积时,没有算上这部分液体。具有双标线的移液管,放溶液时应注意下标线。

二、容量器皿的校准

容量器皿的实际容积与它所标示的往往不完全相符,此外,通常的容器校正以 20 ℃为标准,但使用时的温度不一定是 20 ℃,温度改变时,容器的容积及溶液的体积都将发生改变,因此,精密分析时需进行容量器皿的校准。容器校准时,根据具体情况可采用相对校准和称量校准方法。

1. 相对校准

在分析化学实验中,经常利用容量瓶配制溶液,用移液管取其中一部分进行测定,最后分析结果的计算并不需要知道容量瓶和移液管的准确体积,只要知道二者的体积比是否为准确的整数。例如,25 mL 移液管其容积是否等于 250 mL 容量瓶的 1/10,因此,通常只需对容量瓶和移液管作相对校正。其方法如下:取一个已洗净、干燥的 250 mL 容量瓶,用 25 mL 移液管准确移取蒸馏水 10 次于容量瓶中,然后仔细观察溶液的弯月面下缘是否与容量瓶上的标线正好相切。如不一致,则应另作一标记。经相对校准后的容量瓶和移液管,应贴上标签,配套使用。

2. 称量校准

滴定管、容量瓶、移液管的实际容积往往采用称量校准方法。原理为:称取量器中所放出或所容纳水的质量,并根据该温度下水的密度,计算出该量器在 20℃(玻璃量器的标准温度)时的容积。但是,由质量换算成容积时必须考虑以下三个因素的影响:

(1)水的密度受温度的影响。

(2)在空气中称量时,空气浮力对质量的影响。

(3)玻璃器皿的容积受温度的影响。

为了方便计算,把上述三个因素综合校准后而得到的数值列表,见表 2-1。这样,根据表中的数值,便可以计算某一温度下,一定质量的纯水相当于 20 ℃ 时所占的实际容积。

表 2-1　在不同温度下用纯水充满 1 L* (20 ℃)玻璃容器的水的质量(空气中用黄铜砝码称重)

温度/℃	1 L 水的质量/g	温度/℃	1 L 水的质量/g	温度/℃	1 L 水的质量/g
0	998.24	14	998.04	28	995.44
1	998.32	15	997.93	29	995.18
2	998.39	16	997.80	30	994.91
3	998.44	17	997.66	31	994.68
4	998.48	18	997.51	32	994.34
5	998.50	19	997.35	33	994.05
6	998.51	20	997.18	34	993.75
7	998.50	21	997.00	35	993.44
8	998.48	22	996.80	36	993.12
9	998.44	23	996.60	37	992.80
10	998.39	24	996.38	38	992.46
11	998.32	25	996.17	39	992.12
12	998.23	26	995.93	40	991.77
13	998.14	27	995.69		

*:1 L=1.000028 dm^3(20 ℃)

例如，在 18 ℃ 称量 25 mL 移液管放出的纯水质量为 24.90 g，查表 2-1 得 18℃ 时 1 L 的水质量为 997.51g，即水的密度（已作校准）为 0.99751 g・mL^{-1}，那么该移液管在 20 ℃时的容积为：

$$\frac{24.90}{0.99751}=24.96(\text{mL})$$

同样地，滴定管、容量瓶的实际容积也可用上述方法进行容积校准。

三、移液器

移液器又称取液器，是一种精密计量器具，广泛应用于医药卫生、生化和科研单位，是生化测定、免疫实验及微量化学分析中定量移取各种化学试剂、生物制剂、无菌制剂及传染性、毒性和腐蚀性液体必不可少的工具。常见移液器规格与技术参数见表 2-2。

表 2-2　常见连续可调微量移液器规格与技术参数

量程范围	测试体积	准确度	精确度	外观颜色
0.1～2.5 μL	0.25 μL	±12.0%	≤6.0%	深灰色
	1.25 μL	±3.0%	≤3.0%	
	2.5 μL	±2.5%	≤2.0%	
0.5～10 μL	1 μL	±2.5%	≤1.5%	灰色
	5 μL	±1.5%	≤1.5%	
	10 μL	±1.0%	≤0.8%	
2.0～20 μL	2 μL	±3.0%	≤2.0%	黄色
	10 μL	±1.2%	≤1.0%	
	20 μL	±0.9%	≤0.4%	
10～100 μL	10 μL	±3.0%	≤1.0%	黄色
	50 μL	±1.0%	≤0.4%	
	100 μL	±0.8%	≤0.3%	
20～200 μL	20 μL	±3.0%	≤1.0%	黄色
	100 μL	±0.8%	≤0.3%	
	200 μL	±0.6%	≤0.2%	
100～1000 μL	100 μL	±2.0%	≤0.7%	蓝色
	500 μL	±0.7%	≤0.3%	
	1000 μL	±0.6%	≤0.2%	
1000～5000 μL	1000 μL	±0.7%	≤0.3%	黑色
	2500 μL	±0.6%	≤0.3%	
	5000 μL	±0.5%	≤0.15%	

移液器采用精密自锁微量计数结构，在容量范围内连续可调，数字显示，读数直观。移液器设有脱卸管嘴专用推顶杆，更换管嘴快捷简便，吸取过程安全。配套管嘴选用优质聚丙烯精密模压成型，适宜高温消毒。

图 2-32 为一种典型的移液器，移液器的取液量由手柄上数字显示窗口示出，操作时只有在移液器额定移液量的范围内进行设定和移液，才能取得精确的满意效果。任意过度用力旋

转和超额定范围的设定，都会损坏移液器并影响其精度。

移液器的使用方法如下：

(1)管嘴装到吸液杆上，套牢以免产生间隙。

(2)依据所需容量逐渐旋转操作按钮，使手柄上数字显示窗口显示体积与所需值相同。

(3)用拇指轻轻将按钮从起点位置压至第一停点位置(见图 2-33)。

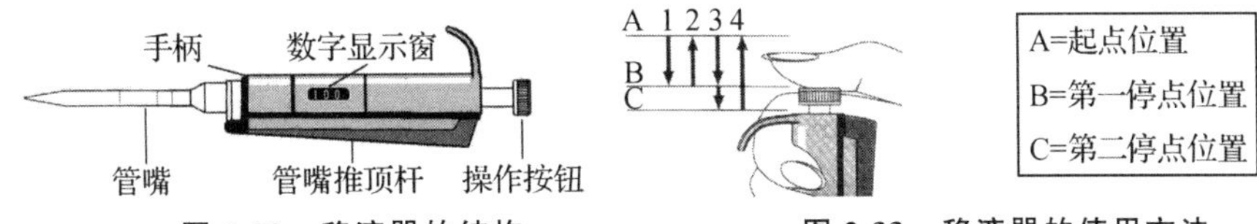

图 2-32　移液器的结构　　图 2-33　移液器的使用方法

(4)手持移液器垂直插入溶液中，管嘴浸入液面下 0.4～1 cm，缓慢松开操作按钮，操作按钮逐渐回到起点位置。溶液吸入管嘴后稍停再将管嘴缓慢移出液面。切记不可快速松开操作按钮，使溶液吸进移液器内部造成损坏。

(5)将移液器管嘴置于排液容器内，使管嘴尖紧贴容器内壁，轻轻压下按钮至第一停点位置，稍停后继续将按钮向下压至第二停点位置，排尽溶液，松开按钮，移出容器。

(6)移液完毕，按压管嘴推顶杆，将管嘴脱卸，把移液器挂在移液器架上，操作按钮朝上。

2.6　分离与提纯技术

一、过滤

(一)实验原理

当溶液和结晶(沉淀)的混合物通过过滤器(如滤纸)时，结晶(沉淀)就留在过滤器上，溶液则通过过滤器而漏入接收的容器中。于是，分离了结晶(沉淀)和溶液。过滤是最常用的固液分离方法之一。

溶液的黏度、温度、过滤时的压力、过滤器孔隙的大小和沉淀物的状态，都会影响过滤的速度。溶液的黏度越大，过滤越慢。热溶液比冷溶液容易过滤，减压过滤比常压过滤快。过滤器的孔隙要合适，太大时会透过沉淀，太小时则易被沉淀堵塞，使过滤难于进行。沉淀呈胶状时，需加热破坏后方可过滤，以免沉淀透过滤纸。总之，要考虑各方面的因素来选用不同的过滤方法。

(二)过滤方法

常用的方法有三种：常压过滤、减压过滤和热过滤。

1. 常压过滤

(1)用滤纸过滤。

①滤纸的选择：滤纸分定性滤纸和定量滤纸两种。质量分析中，当需将滤纸连同沉淀一起灼烧后称质量，就采用定量滤纸。根据沉淀的性质可选择不同类型的滤纸，如 $BaSO_4$，$CaC_2O_4 \cdot 2H_2O$ 等细晶形沉淀，应选用“慢速”滤纸过滤。而 $Fe_2O_3 \cdot nH_2O$ 等胶体沉淀，需选用“快

速”滤纸过滤。滤纸的大小应根据沉淀量多少来选择，沉淀一般不要超过滤纸圆锥高度的1/3，最多不得超过1/2。

②漏斗：锥体角度应为60°，颈的直径一般为3～5 mm，颈长为15～20 cm，颈口处磨成45°角度，如图2-34所示，漏斗的大小应与滤纸的大小相适。应使折叠后滤纸的上缘低于漏斗上沿0.5～1 cm，决不能超出漏斗边缘。

③滤纸的折叠和漏斗的准备：滤纸一般按四折法折叠，折叠时，应先将手洗干净，揩干，以免弄脏滤纸。滤纸的折叠方法是先将滤纸整齐地对折，然后再对折，这时不要把两角对齐，如图2-35(a)，将其打开后成为顶角稍大于60°的圆锥体，如图2-35(b)。

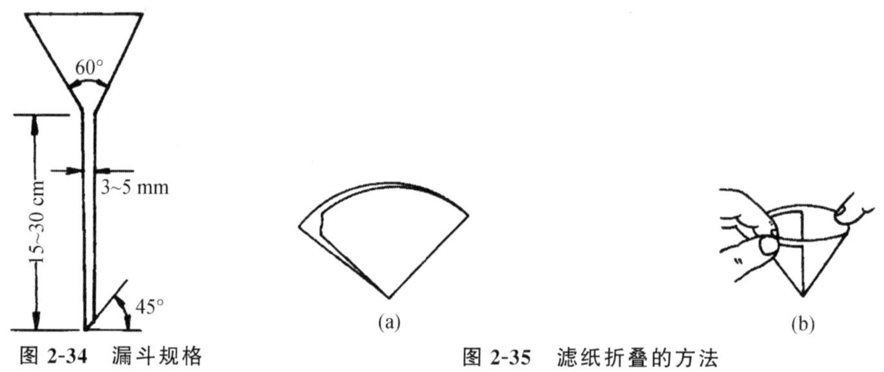

图2-34　漏斗规格

图2-35　滤纸折叠的方法

为保证滤纸和漏斗密合，第二次对折时不要折死，先把圆锥体打开，放入洁净而干燥的漏斗中，如滤纸圆锥体与漏斗不密合，可改变滤纸折叠的角度，直到与漏斗密合为止(这时可把滤纸折死)。为了使滤纸三层的那边能紧贴漏斗，常把这三层的外面两层撕去一角(撕下来的纸角保存起来，以备为擦烧杯或漏斗中残留的沉淀用)，如图2-35(a)。

将折叠好的滤纸放入漏斗中，用食指按紧三层的一边，用洗瓶吹入少量蒸馏水将滤纸润湿，然后，轻轻按滤纸边缘，使滤纸的锥体上部与漏斗间没有空隙(注意三层与一层之间处应与漏斗密合)。而下部与漏斗内壁形成隙缝。按好后，用洗瓶加水至滤纸边缘，这时空隙与漏斗颈内应全部被水充满，当漏斗中水全部流尽后，颈内水柱仍能保留且无气泡。

若不形成完整的水柱，可以用手堵住漏斗下口，稍掀起滤纸三层的一边，用洗瓶向滤纸与漏斗间的空隙里加水，直到漏斗颈和锥体的大部分被水充满，然后按紧滤纸边。放开堵住出口的手指，此时水柱即可形成。最后再用蒸馏水冲洗一次滤纸，然后将准备好的漏斗放在漏斗架上，下面放一洁净的烧杯承接滤液，使漏斗出口长的一边紧靠杯壁，漏斗和烧杯上均盖好表面皿，备用。

④过滤：过滤一般分三个阶段进行。第一阶段采用倾注法，尽可能地过滤清液，如图2-36所示；第二阶段是将沉淀转移到漏斗上；第三阶段是清洗烧杯和洗涤漏斗上的沉淀。

采用倾注法是为了避免沉淀堵塞滤纸上的空隙，影响过滤速度。待烧杯中沉淀下降以后，将清液倾入漏斗中，而不是一开始过滤就将沉淀和溶液搅混后进行过滤。溶液应沿着玻璃棒流入漏斗中，而玻璃棒的下端对着滤纸三层厚的一边，并尽可能接近滤纸，但不能接触滤纸，倾入的溶液一般不要超过滤纸的2/3，以免少量沉淀因毛细管作用越过滤纸上缘，造成损失，且不便洗涤。

暂停倾注溶液时，烧杯应沿玻璃棒使其嘴向上提起，至使烧杯直立，以免使烧杯嘴上的液滴流失。

过滤过程中，带有沉淀和溶液的烧杯放置方法，应如图2-37所示，即在烧杯下放一块木头,使烧杯倾斜,以利沉淀和清液分开,便于转移清液。同时玻璃棒不要靠在烧杯嘴上,避免烧杯嘴上的沉淀沾在玻璃棒上部而损失。倾注法如一次不能将清液倾注完时,应待烧杯中沉淀下沉后再次倾注。

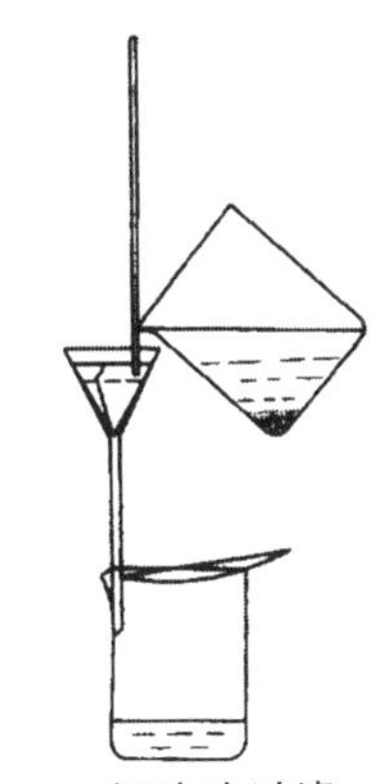

图 2-36　倾注法过滤

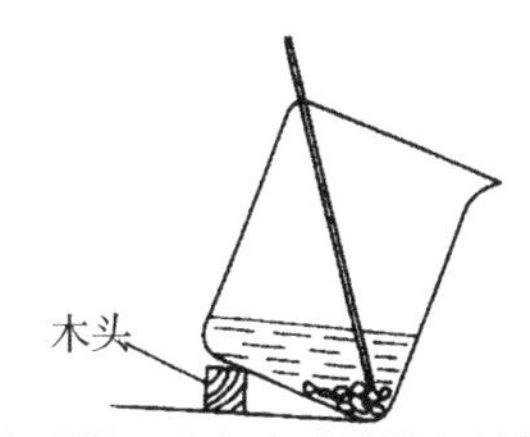

图 2-37　过滤时带沉淀和溶液的烧杯放置方法

倾注法将清液完全转移后,应对沉淀作初步洗涤。以蒸馏水作为洗涤剂为例,洗涤时,每次用蒸馏水约 10 mL 吹洗烧杯四周内壁,使粘附着的沉淀集中在烧杯底部,洗涤后同样用倾注法过滤。如此洗涤 3～4 次杯内沉淀,然后再加少量蒸馏水于烧杯中,搅动沉淀使之混匀,立即将沉淀和洗涤液一起,通过玻璃棒转移至漏斗上。再加入少量蒸馏水于烧杯中,搅拌混匀后再转移到漏斗上,如此重复几次,使大部分沉淀转移至漏斗中。然后,按图 2-38(a)所示的吹洗方法将沉淀吹洗至漏斗中。即用左手把烧杯拿在漏斗上方,烧杯嘴向着漏斗,拇指在烧杯嘴下方,同时,右手把玻璃棒从烧杯中取出横在烧杯口上,使玻璃棒伸出烧杯嘴约 2～3 cm。然后,用左手食指按住玻璃棒的较高位置,倾斜烧杯使玻璃棒下端指向滤纸三层一边,用右手以洗瓶吹洗整个烧杯壁,使蒸馏水和沉淀沿玻璃棒流入漏斗中,如仍有少量沉淀粘附在烧杯壁上,可将烧杯放在桌上,用沉淀帚(它是一头带橡皮的玻璃棒,如图 2-38(b))在烧杯内壁自上而下、从左至右擦拭,使沉淀集中在底部,再按图 2-38(a)操作将沉淀吹洗入漏斗上。对牢固地粘在杯壁上的沉淀,也可用前面折叠滤纸时撕下的滤纸角,来擦拭玻璃棒和烧杯内壁,将此滤纸角放在漏斗的沉淀上。

经吹洗、擦拭后的烧杯内壁,应在明亮处仔细检查是否吹洗、擦拭干净,包括玻璃棒、表面皿、沉淀帚和烧杯内壁在内,都要认真检查。

必须指出,过滤开始后,应随时检查滤液是否透明,如不透明,说明有穿滤。这时必须换另一洁净烧杯承接滤液,在原漏斗上将穿滤的滤液进行第二次过滤。如发现滤纸穿孔,则应更换滤纸重新过滤,而第一次用过的滤纸应保留。

⑤ 沉淀的洗涤:沉淀全部转移到滤纸上后,应对它进行洗涤。其目的在于将沉淀表面所吸附的杂质和残留的母液除去。其方法如图 2-39 所示,即洗瓶的水流从滤纸的多重边缘开始,螺旋形的往下移动,最后到多重部分停止,称为“从缝到缝”,这样,可使沉淀洗得干净且可将沉淀集中到滤纸的底部。为了提高洗涤效率,应掌握洗涤方法的要领。洗涤沉淀时要少量多次,即每次螺旋形往下洗涤时,用洗涤剂量要少,便于尽快沥干,沥干后,再行洗涤。如此反复多次,直至沉淀洗净为止。这通常称为“少量多次”原则。

选用什么洗涤剂洗涤沉淀,应根据沉淀的性质而定。即:

(a)对晶形沉淀,可用冷的稀沉淀剂洗涤,因为这时存在同离子效应,可使沉淀尽量减少溶

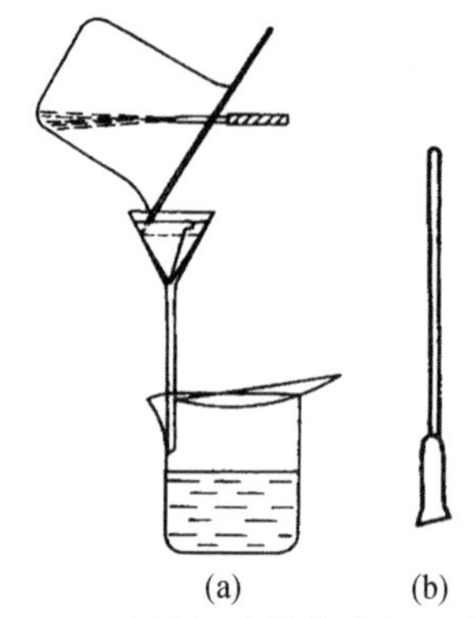

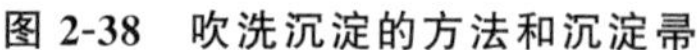

图 2-38 吹洗沉淀的方法和沉淀帚

图 2-39 漏斗中沉淀的洗涤

解。但是,如沉淀剂为不易挥发的物质,则只有用水或其他溶剂来洗涤。

(b)对非晶形沉淀,需用热的电解质溶液为洗涤剂,以防止产生胶溶现象,多数采用易挥发的铵盐作为洗涤剂。

(c)对于溶解度较大的沉淀,可采用沉淀剂加有机溶剂来洗涤,以降低沉淀的溶解度。

(2)用微孔玻璃漏斗(或坩埚)过滤。

凡是烘干后即可称量的沉淀可用微孔玻璃漏斗(或坩埚)过滤。微孔玻璃漏斗和坩埚如图 2-40 和图 2-41 所示。此种过滤器皿的滤板是用玻璃粉末在高温熔结而成。按照微孔的孔径,由大到小分为六级,$G_1 \sim G_6$(或称 1 号至 6 号)。1 号的孔径最大(80～12 μm),6 号孔径最小(2 μm 以下)。在定量分析中,一般用 $G_3 \sim G_5$ 规格(相当于慢速滤纸)过滤细晶形沉淀。使用此类过滤器时,需用抽气法过滤。

图 2-40 微孔玻璃漏斗

图 2-41 微孔玻璃坩埚

图 2-42 抽滤装置

不能用玻璃漏斗或坩埚过滤强碱性溶液,因它会损坏坩埚或漏斗的微孔。

①漏斗的准备:漏斗使用前,先用 HCl(或 HNO_3)处理,然后用水洗净。洗时应将微孔玻璃漏斗装入吸滤瓶的橡皮垫圈中,吸滤瓶再用橡皮管接于抽水泵上。当用 HCl 洗涤时,先注入酸液,然后抽滤。当结束抽滤时,应先拔出抽滤瓶上的橡皮管,再关抽水泵,如图 2-42 所示。

② 过滤:将已洗净、烘干且恒重的微孔玻璃坩埚,装入抽滤瓶的橡皮垫圈中,接橡皮管于抽水泵上,在抽滤下,用倾注法过滤,其余操作与用滤纸过滤时相同,不同之处是在抽滤下进行。

2. 减压过滤

减压过滤也称吸滤或抽滤,其装置如图 2-43 所示。水泵带走空气让吸滤瓶中压力低于大气压,使布氏漏斗的液面上与瓶内形成压力差,从而提高过滤速度。实验室现多采用循环水真空泵,可节约用水。在水泵和吸滤瓶之间往往安装安全瓶,以防止因关闭水阀或水流量突然变小时自来水倒吸入吸滤瓶，如果滤液有用，则被污染。

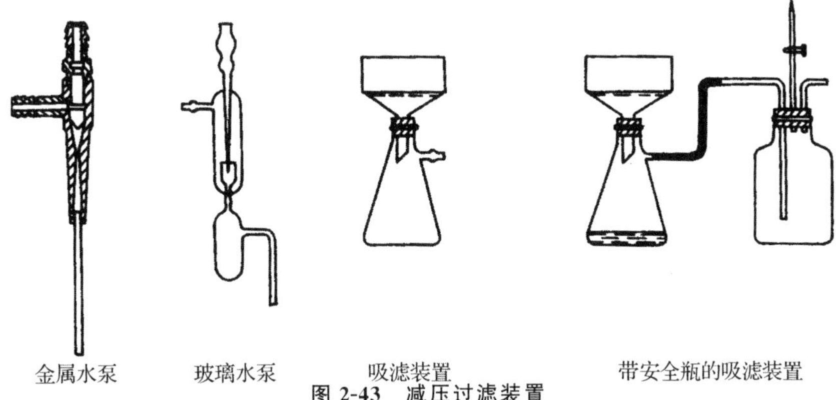

图 2-43　减压过滤装置

布氏漏斗通过橡皮塞与吸滤瓶相连接，橡皮塞与瓶口间必须紧密不漏气。吸滤瓶的侧管用橡皮管与安全瓶相连，安全瓶与水泵的侧管相连。停止抽滤或需用溶剂洗涤晶体时，先将吸滤瓶侧管上的橡皮管拔开，或将安全瓶的活塞打开与大气相通，再关闭水泵，以免水倒流入吸滤瓶内。布氏漏斗的下端斜口应正对吸滤瓶的侧管。滤纸要比布氏漏斗内径略小，但必须全部覆盖漏斗的小孔；滤纸也不能太大，否则边缘会贴到漏斗壁上，使部分溶液不经过过滤，沿壁直接漏入吸滤瓶中。抽滤前用同一溶剂将滤纸润湿后抽滤，使其紧贴于漏斗的底部，然后再向漏斗内转移溶液。

热溶液和冷溶液的过滤都可选用减压过滤。若为热过滤，则过滤前应将布氏漏斗放入烘箱（或用电吹风）预热，抽滤前用同一热溶剂润湿滤纸。

析出的晶体与母液分离，常用布氏漏斗进行减压过滤。为了更好地将晶体与母液分开，最好用清洁的玻璃塞将晶体在布氏漏斗上挤压，并随同抽气尽量除去母液。结晶表面残留的母液，可用很少量的溶剂洗涤，这时抽气应暂时停止。把少量溶剂均匀地洒在布氏漏斗内的滤饼上，使全部结晶刚好被溶剂覆盖为宜。用玻璃棒或不锈钢刮刀搅松晶体（勿把滤纸捅破），使晶体润湿，稍候片刻，再抽气把溶剂抽干。如此重复两次，就可把滤饼洗涤干净。

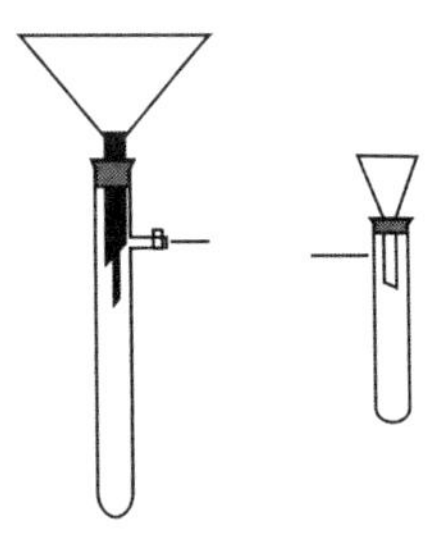

图 2-44　减压过滤装置

从漏斗上取出结晶时，为了不使滤纸纤维附于晶体上，常与滤纸一起取出，待干燥后，用刮刀轻敲滤纸，结晶即全部下来。

过滤少量的晶体，可用玻璃钉漏斗或小型多孔板漏斗以吸滤管代替吸滤瓶，见图 2-44。对玻璃钉漏斗，滤纸应较玻璃钉的直径稍大；对多孔板漏斗，滤纸应以恰好盖住小孔为宜。滤纸先用溶剂润湿，再用玻璃棒或刮刀挤压使滤纸的边沿紧贴于漏斗上，然后进行过滤。

3. 热过滤

如果不希望溶液中的溶质在过滤时留在滤纸上，这时就要趁热进行过滤。热过滤装置如图 2-45 所示，热过滤的方法有以下几种：

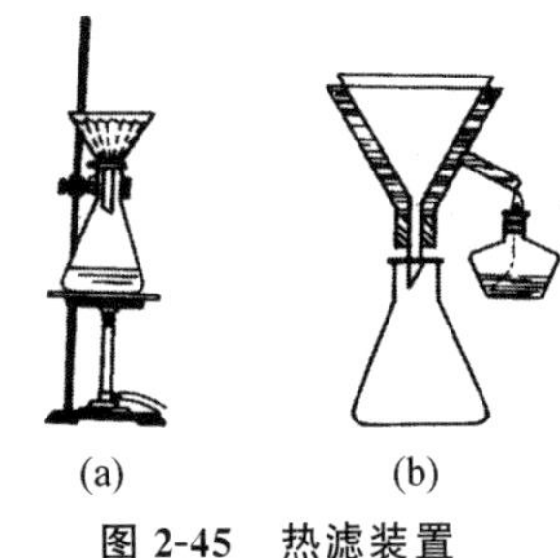

图 2-45　热滤装置

（1）少量热溶液的过滤，可选一颈短而粗的玻璃漏斗放在烘箱中预热后使用。在漏斗中放一折叠滤纸[1]，其向外的棱边应紧贴于漏斗壁上。见图 2-45(a)。使用前先用少量热溶剂润湿滤纸，以免干燥的滤纸吸附溶剂使溶液浓缩而析出晶体。然后迅速倒液[2]，用表面皿盖好漏斗，以减少溶剂挥发。

(2)如过滤的溶液量较多，则应选择保温漏斗。保温漏斗是一种减少散热的夹套式漏斗，其夹套是金属套内安装一个长颈玻璃漏斗而形成的。见图 2-45(b)。使用时将热水(通常是沸水)倒入夹套，加热侧管(如溶剂易燃，过滤前务必将火熄灭)。漏斗中放入折叠滤纸[1]，用少量热溶剂润湿滤纸[3]，立即把热溶液分批倒入漏斗[2]，不要倒得太满，也不要等滤完再倒，未倒的溶液和保温漏斗用小火加热，保持微沸。

热过滤时一般不要用玻璃棒引流，以免加速降温。接受滤液的容器内壁不要贴紧漏斗颈，以免滤液迅速冷却析出晶体，晶体沿器壁向上堆积，堵塞漏斗口，使之无法过滤。

若操作顺利，只会有少量结晶在滤纸上析出，可用少量热溶剂洗下，也可弃之，以免得不偿失。若结晶较多，可将滤纸取出，用刮刀刮回原来的瓶中，重新进行热过滤。滤毕，将溶液加盖放置，自然冷却。

进行热过滤操作要求准备充分，动作迅速。

注释：

[1] 滤纸的折叠方法如下：如图 2-46 将圆滤纸折成半圆形，再对折成圆形的四分之一，以 1 对 4 折出 5，3 对 4 折出 6，如图(a)；1 对 6 和 3 对 5 分别再折出 7 和 8，如图(b)；然后以 3 对 6，1 对 5 分别折出 9 和 10，如图(c)；最后在 1 和 10，10 和 5，5 和 7，…，9 和 3 间各反向折叠，稍压紧如同折扇，见图(d)；打开滤纸，在 1 和 3 处各向内折叠一个小折面，如图(e)。折叠时在近滤纸中心不可折得太重，因该处最易破裂。使用时将折好的滤纸打开后翻转，放入漏斗。

[2] 溶液切勿对准滤纸底尖倒下去，因底尖无所依托，极易被冲破。

[3] 习惯上不必润湿滤纸，因通常溶剂的用量略偏多。

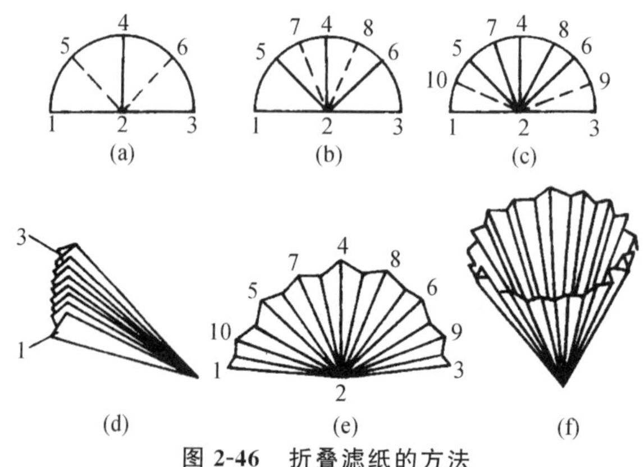

图 2-46　折叠滤纸的方法

二、重结晶

(一)实验原理

从制备或自然界得到的固体化合物，往往是不纯的，重结晶是提纯固体化合物常用的方法之一。

固体化合物在溶剂中的溶解度随温度变化而改变，一般温度升高溶解度增加，反之则溶解度降低。把固体化合物溶解在适当的溶剂中，经除去杂质离子，滤去不溶物质后进行蒸发浓缩制成饱和溶液，然后冷却至室温或室温以下，则溶解度下降，原溶液变成过饱和溶液，这时就会有结晶固体析出。利用溶剂对被提纯物质和杂质的溶解度的不同，使杂质在热过滤时被滤除或冷却后留在母液中与结晶分离，从而达到提纯的目的。

重结晶适用于提纯杂质含量在5%以下的固体化合物。杂质含量过多，常会影响提纯效果，须经多次重结晶才能提纯。因此，常用其他方法如水蒸气蒸馏、萃取等手段先将粗产品初步纯化，然后再用重结晶法提纯。

(二)操作步骤

1. 溶剂的选择

正确地选择溶剂是重结晶操作的关键。适宜的溶剂应具备以下条件：

(1)不与待提纯的化合物起化学反应。

(2)待提纯的化合物温度高时溶解度大，温度低或室温时溶解度小。

(3)对杂质的溶解度非常大(留在母液中将其分离)或非常小(通过热过滤除去)。

(4)得到较好的结晶。

(5)溶剂的沸点不宜过低，也不宜过高。过低则溶解度改变不大，不易操作；过高则晶体表面的溶剂不易除去。

(6)价格低，毒性小，易回收，操作安全。

选择溶剂时可查阅化学手册或文献资料中的溶解度，根据“相似相溶”原理选择。如没有充足的资料可用实验方法来确定。

选择溶剂的具体实验方法：取0.1 g结晶固体于试管中，用滴管逐滴加入溶剂，并不断振荡，待加入溶剂约为1 mL时，注意观察是否溶解。若完全溶解或间接加热至沸完全溶解，但冷却后无结晶析出，表明该溶剂是不适用的；若此物质完全溶于1 mL沸腾的溶剂中，冷却后析出大量结晶，这种溶剂一般认为是合适的；如果试样不溶于或未完全溶于1 mL沸腾的溶剂中，则可逐步添加溶剂，每次约加0.5 mL，并继续加热至沸，当溶剂总量达4 mL，加热后样品仍未全溶(注意未溶的是否是杂质)，表明此溶剂也不适用；若该物质能溶于4 mL以内热溶剂中，冷却后仍无结晶析出，必要时可用玻璃棒摩擦试管内壁或用冷水冷却，促使结晶析出，若晶体仍不能析出，则此溶剂也是不适用的。

按上述方法对几种溶剂逐一试验、比较，可选出较为理想的重结晶溶剂。常用的重结晶溶剂见表2-3。当难以选出一种合适溶剂时，常使用混合溶剂。混合溶剂一般由两种彼此可互溶的溶剂组成，其中一种对待提纯物质溶解度较大，另一种则较小。常用的混合溶剂有：C_2H_5OH-H_2O，C_2H_5OH-$(C_2H_5)_2O$，C_2H_5OH-CH_3COCH_3，$(C_2H_5)_2O$-石油醚，C_6H_6-石油醚等。

表2-3　常用的重结晶溶剂

溶　剂	沸点/℃	冰点/℃	相对密度	与水的混溶性	易燃性
H_2O	100	0	1.0	+	0
CH_3OH	64.96	<0	0.7914^{20}	+	+
95% C_2H_5OH	78.1	<0	0.804	+	++
冰 HAc	117.9	16.7	1.05	+	+
CH_3COCH_3	56.2	<0	0.79	+	+++
$(C_2H_5)_2O$	34.51	<0	0.71	−	++++

续表

溶　剂	沸点/℃	冰点/℃	相对密度	与水的混溶性	易燃性
石油醚	30～60	<0	0.64	－	＋＋＋＋
$CH_3COOC_2H_5$	77.06	<0	0.90	－	＋＋
C_6H_6	80.1	5	0.88	－	＋＋＋＋
$CHCl_3$	61.7	<0	1.48	－	0
CCl_4	76.54	<0	1.59	－	0

混合溶剂的适当比例，如果没有数据，可以这样试配：将混合物溶解于适当的易溶溶剂中，趁热过滤以除去不溶性杂质，然后逐渐加入热的难溶溶剂直到出现混浊状，加热混浊溶液使其澄清透明，再加入热的难溶溶剂至混浊后再加热澄清，最后，即使加热溶液仍呈混浊状，这时再加很少量易溶溶剂，使其刚好变透明为止，将此热溶液慢慢冷却即有结晶析出。

2. 热溶液的制备

将称量好的样品放于烧杯内，加入比计算量稍少些的选定溶剂，加热煮沸。若未完全溶解，可分批添加溶剂，每次均应加热煮沸，直至样品溶解。如果溶剂易燃，须熄火后方能添加。如果用的是有机溶剂，需安装回流装置[1]。

在重结晶中，若要得到比较纯的产品和比较好的收率，必须十分注意溶剂的用量。溶剂的用量需从两方面考虑，既要防止溶剂过量造成溶质的损失，又要考虑到热过滤时，因溶剂的挥发、温度下降使溶液变成过饱和，造成过滤时在滤纸上析出晶体，从而影响收率。因此溶剂用量不能太多，也不能太少，一般比需要量多15%～20%左右。

3. 脱色

溶液若含有带色杂质时，可加入适量活性炭脱色，活性炭可吸附色素及树脂状物质。使用活性炭应注意以下几点：

(1)加活性炭以前，首先将待结晶化合物加热溶解在溶剂中。

(2)待热溶液稍冷后，加入活性炭，搅拌，使其均匀分布在溶液中。再加热至沸，保持微沸5～10 min。切勿在接近沸点的溶液中加入活性炭，以免引起暴沸。

(3)加入活性炭的量视杂质多少而定，一般为粗品质量的1%～5%，加入量过多，活性炭将吸附一部分纯产品，加入量过少，若仍不能脱色可补加活性炭，重复上述操作。过滤时选用的滤纸要紧密，以免活性炭透过滤纸进入溶液中。若发现透过滤纸，加热微沸后应换好滤纸重新过滤。

(4)活性炭在水溶液中或在极性溶剂中进行脱色效果最好，也可在其他溶剂中使用，但在烃类等非极性溶剂中效果较差。

除用活性炭脱色外，也可采用层析柱来脱色，如氧化铝吸附色谱等。

4. 热过滤

为了除去不溶性杂质必须趁热过滤。热过滤装置及操作，见本章第一部分过滤中的有关内容。

5. 结晶的析出

将上述热过滤后的溶液静置，自然冷却，结晶慢慢析出。结晶的大小与冷却的温度有关，一般迅速冷却并搅拌，往往得到细小的晶体，表面积大，表面吸附杂质较多。如将热滤液慢慢冷却，析出的结晶较大，但往往有母液和杂质包在结晶内部。因此要得到纯度高、结晶好的产品，还需要摸索冷却的过程，但一般只要让热溶液静置冷却至室温即可。有时遇到放冷后也无结晶析出，可用玻璃棒在液面下摩擦器壁或投入该化合物的结晶作为晶种，促使晶体较快地析出；也可将过饱和溶液放置冰箱内较长时间，促使结晶析出。

6. 结晶的收集和洗涤

析出的晶体与母液分离，常用减压过滤。减压过滤的装置及操作见本章第一部分过滤中的有关内容。

7. 干燥、称量与测定熔点

减压过滤后的结晶，因表面还有少量溶剂，为保证产品的纯度，必须充分干燥。根据结晶的性质可采用不同的干燥方法，如自然晾干、红外灯烘干和真空恒温干燥等。

充分干燥后的结晶称其质量，测熔点，计算产率。如果纯度不符合要求，可重复上述操作，直至熔点符合为止。

注释：

[1] 回流装置是实验化学中常用的装置，主要用于需要保持沸腾时间较长的反应、重结晶及固－液萃取等方面，其作用为使蒸气不断地在冷凝管内冷凝而返回圆底烧瓶，防止试剂挥发损失。按实验要求不同有普通回流冷凝装置、干燥回流冷凝装置以及气体吸收回流冷凝装置等。回流冷凝管一般用球形冷凝管，冷凝管夹套内自下而上通入冷水，使夹套内充满水，水流速度只要能使蒸气充分冷凝即可。加热的程度也要控制，使冷凝管内上升蒸气的高度不要超过冷凝管的 1/3 为宜。

三、蒸馏与分馏

(一)普通蒸馏

蒸馏是加热物质至沸，使之汽化，再冷凝成液体，并于另一容器中收集冷凝液的操作过程。它是分离、提纯液体有机化合物最常用的方法之一。应用这一方法不仅可以把挥发性物质与不挥发性物质分离，而且可以把沸点不同的液体混合物分离[1]。

1. 实验原理

液体化合物的蒸气压只与体系的温度有关，而与体系中所存在的量无关。所以，当液体化合物受热时，其蒸气压会随温度的升高而增大。当液面蒸气压增大到与外界大气压相等时，就有大量气泡从液体内部逸出，即液体沸腾，这时的温度称为该液体的沸点。

蒸馏液态混合物时，由于低沸点组分比高沸点组分更易汽化，因此沸腾时蒸气中低沸点组分的相对含量要高一些，将此蒸气冷凝为液体(即馏出液)，其组成与蒸气的组成相同，故先蒸出的主要为低沸点组分。随着低沸点组分的蒸出，混合液中高沸点组分的比例增高，混合液的沸点也随之升高，当温度升至相对稳定时，再收集馏出液，则主要为高沸点组分。普通蒸馏是利用液态化合物的沸点的差异，对液态混合物进行分离、提纯。只有当混合液体各组分的沸点有显著的不同时(至少相差 30 ℃以上)，普通蒸馏才能将其有效分离。当一个二元或三元互溶的混合溶液各组分的沸点差别不大时，普通蒸馏难以将它们分离，此时，必须采用分馏的方法。

纯的液态化合物在一定压力下具有固定的沸点，所以蒸馏法还可以用于测定物质的沸点，检验物质的纯度。值得一提的是：具有固定沸点的物质不一定都是纯物质。这是因为某些有机化合物常常和其他组分形成二元或三元共沸混合物,这些混合物也具有固定的沸点(见表 2-4)。由于共沸混合物在气相中的组分含量与液体中的一样,所以不能用蒸馏的方法进行分离。

2. 操作步骤

蒸馏装置主要由蒸馏烧瓶、冷凝管和接受器三部分组成(见图 2-47)。

蒸馏烧瓶是蒸馏操作中最常用的容器,液体在瓶内受热汽化,蒸气经支管进入冷凝管。蒸馏烧瓶大小的选择应由待蒸馏液体的体积来决定,通常液体的体积应占蒸馏烧瓶容量的 1/3～2/3。冷凝管使蒸气冷凝成液体。以水作冷却剂时,冷凝水从冷凝管套管的下端流进,从其上端流出,且上端出水口应向上,以保证套管中充满水。

表 2-4　几种常见的共沸混合物

组成(沸点/℃)		共沸混合物	
		沸点/℃	各组分质量分数/%
二元共沸混合物	H_2O(100) C_2H_5OH(78.5)	78.2	4.4 95.6
	C_2H_5OH(78.5) C_6H_6(80.1)	67.8	32.4 67.6
	CH_3COCH_3(56.2) $CHCl_3$(61.2)	64.7	20.0 80.0
三元共沸混合物	H_2O(100) C_2H_5OH(78.5) C_6H_6(80.1)	64.6	7.4 18.5 74.1
	H_2O(100) n-C_4H_9OH(117.7) $CH_3COOC_4H_9$(126.5)	90.1	29.0 8.0 63.0

接受器包括接液管和接受瓶,二者之间应当与大气相通。

(1)仪器的安装。

①根据热源高度固定铁支架上铁圈的位置,其高度以加热时灯外焰能燃及石棉网为宜。

②将蒸馏烧瓶用铁夹固定在垫有石棉网的铁圈上[2],将温度计插入瓶颈中央,并使得水银球的上缘恰好与蒸馏瓶支管的下缘在同一水平线上。

③调整冷凝管的位置和角度,使之与蒸馏支管同轴,然后沿着此轴线方向将冷凝管和蒸馏头紧密连接。

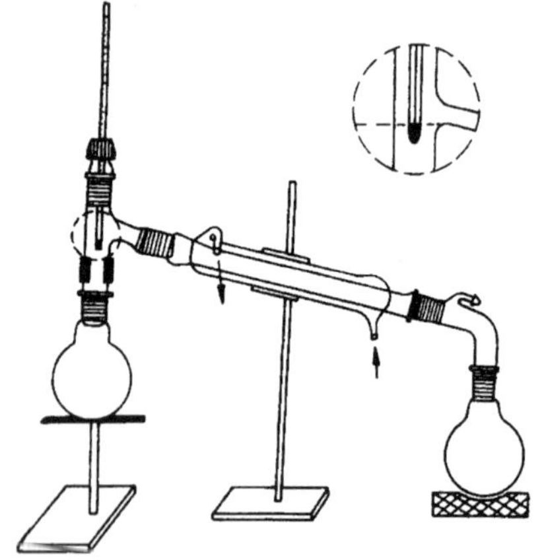

图 2-47　普通蒸馏装置

④安装接液管和接受瓶。整个装置要求端正,无论从正面或侧面观察,装置中各仪器的轴线都要成一直线,安装牢固。除接液管与接受瓶之间外,整个装置中的各部分都应装配紧密,防止有蒸气漏出而造成产品损失或其他危险。

(2)操作。

①加料:蒸馏装置安装好后,将待蒸馏液体经长颈漏斗倒入蒸馏烧瓶中(应避免液体流入冷凝管里),加入 2～3 粒沸石[3],然后装好温度计,检查装置各部分连接是否紧密。

②加热[4]：缓慢通入冷却水，然后开始加热。刚开始加热时，加热速度可以稍快，加热至沸腾后，温度计读数会快速上升，此时应调节加热速度，使馏出液的蒸出速度为 1～2 滴 · s^{-1} 为宜[5]。

③收集与记录：在记录本上记录第一滴馏出液滴入接受瓶时的温度并接受沸点较低的前馏分。当温度升至所需沸点范围并恒定时，更换另一接受瓶收集，并记录此时的温度范围，即馏分的沸点范围。收集馏分的沸点范围越窄，则馏分的纯度就越高。一般收集馏分的温度范围在 1～2 ℃，也可按规定的温度范围收集产品。

④停止蒸馏与拆卸仪器：当温度上升至超过所需范围，或烧瓶中仅残留少量液体时，即停止蒸馏。待温度降至 40 ℃左右时，先移去热源，再关闭冷却水，然后拆卸仪器。拆卸顺序与安装顺序相反。

微型蒸馏装置介绍：

微型蒸馏装置由微型蒸馏头和圆底烧瓶组成(如图 2-48 所示)。其中微型蒸馏头集冷凝管、接液管、馏出液接受瓶(即承接瓶)等功能于一体，显著地减少了器壁的粘附损失。承接瓶一次可容纳约 4 mL 馏出液。当需要收集某一温度下的馏分时，可把温度计伸入蒸馏头内，使水银球与蒸馏头上口平齐。

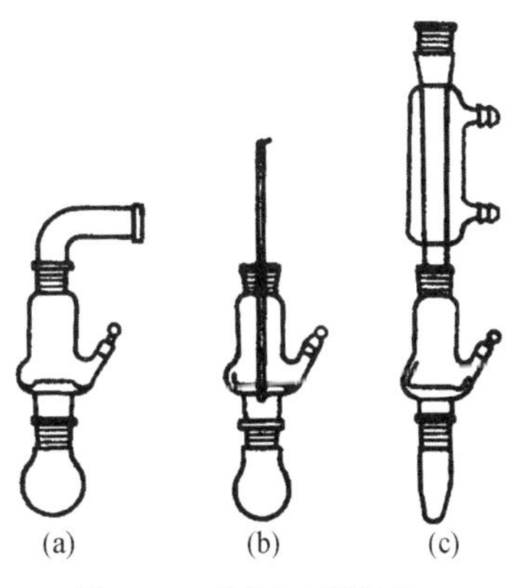

图 2-48　微型蒸馏装置

蒸馏时，先确定热源高度，将待蒸馏物质装入蒸馏烧瓶内，并将蒸馏烧瓶固定在铁架台上。按要求选择好加热方式，并在烧瓶内加入几粒碎瓷片，装好微型蒸馏头和温度计，塞好蒸馏头支管上的玻璃塞，然后开始加热。

蒸馏完毕，先移去热源，待体系冷却后，打开蒸馏头支管上的玻璃塞，用吸管将馏液吸出。然后拆下蒸馏头、烧瓶。

(二)分馏

分馏是采用分馏柱达到分离和提纯目的的方法。这种技术可以有效地分离沸点差别不大的液体混合物，但不能分离共沸混合物。

1. 实验原理

分馏是利用分馏柱将多次汽化—冷凝过程在一次操作中完成的方法。混合液受热沸腾后，当混合蒸气沿分馏柱上升时，由于柱外空气的冷却作用，部分蒸气被冷凝。冷凝液在下降途中与上升的蒸气接触，二者进行热交换，蒸气中高沸点组分被冷凝，低沸点组分仍呈蒸气上升；而冷凝液中低沸点组分受热汽化，高沸点组分仍呈液态下降。结果，上升蒸气中低沸点组分含量增多，而下降的冷凝液中高沸点组分增多。如此经过多次气—液两相间的热交换，就相当于连续多次的普通蒸馏过程，以致低沸点组分蒸气不断上升而被蒸馏出来，而高沸点组分则不断流回烧瓶中，从而达到分离的目的。

2. 操作步骤

分馏装置如图 2-49 所示，由圆底烧瓶、分馏柱、冷凝管及接受器四部分组成。

分馏操作方法与蒸馏相似，先将待分馏液体加入烧瓶中，放入 2～3 粒沸石，然后安装仪器。缓慢通入冷却水后，开始加热。当蒸气到达柱顶后，调节加热速度，使蒸馏速度以 1 滴 · (2～3 s)$^{-1}$ 为宜。收集所需温度范围的馏分，并作好记录。

要达到较好的分馏效果，应注意以下几点：

(1)分馏要缓慢进行,要控制好恒定的蒸馏速度。

(2)要选择合适的回流比。

(3)尽量减少分馏柱的热量散失,保持稳定的热源。

微型分馏装置如图 2-50 所示。

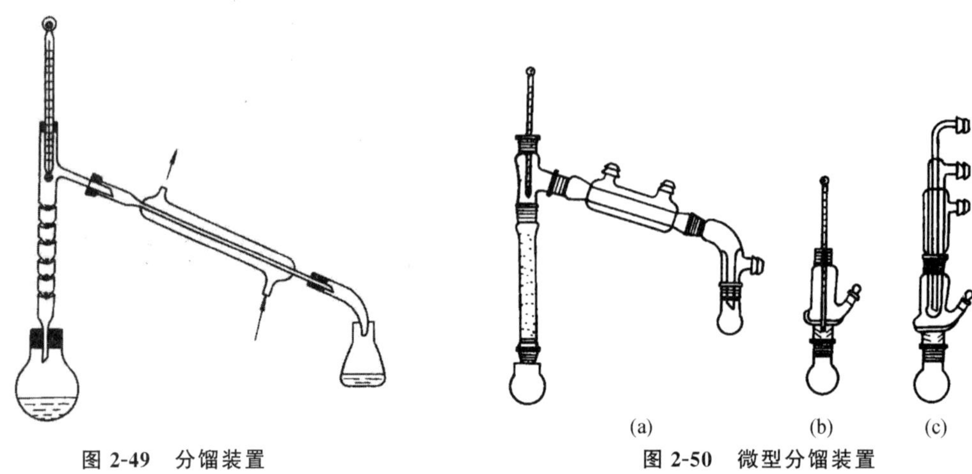

图 2-49　分馏装置　　　图 2-50　微型分馏装置

注释:

[1] 蒸馏方法只能将两种沸点至少相差 30 ℃的物质进行有效分离。若沸点差别不大,而又要达到较好的分离效果,则应选用分馏的方法。但是蒸馏和分馏均不能将共沸混合物分离,只有采用其他方法先破坏共沸组分后,再进行蒸馏或分馏,才能达到分离目的。

[2] 用铁夹夹持玻璃仪器时,应松紧适当,不应夹得过紧,以免造成仪器破碎。

[3] 在加热前应加入沸石(或无釉碎瓷),以防止暴沸。若加热前忘记加沸石,应使液体稍冷后补加(接近沸点温度时不能补加!),然后继续加热。若中途因故停止蒸馏,当再次蒸馏时不能延用烧瓶内原有沸石,而应重新加入沸石。

[4] 蒸馏低沸点易燃液体(如乙醚等)时,绝不能用明火加热,附近也严禁有明火。应用预先热好的水浴加热,为保持必需的温度,可以适时地向水浴中添加热水。

[5] 蒸馏速度过快,会使蒸气过热,破坏气一液平衡,影响分离效果。

(三)水蒸气蒸馏

在不溶或难溶于水但有一定蒸气压的有机物中通入水蒸气,使有机物在低于 100 ℃温度下,随着水蒸气一起蒸馏出来的过程称为水蒸气蒸馏。它是分离、提取有机物的重要方法之一,适用于下列情况:

(1)含有大量树脂状或不挥发性杂质,采用普通蒸馏或萃取等方法都难以分离的混合物。

(2)从较多固体反应物中分离出被吸附的液体。

(3)某些在常压下蒸馏可与杂质分离,但其本身易被破坏的高沸点有机物。

(4)从某些天然物中提取有效成分。

1. 实验原理

在物质微溶或不溶于水的情况下,通入水蒸气,则组成该混合物的各组分都具有一定的蒸气压。根据道尔顿分压定律,整个体系的总蒸气压 $p_{总}$ 等于水的蒸气压 $p(H_2O)$ 与待蒸馏物质

蒸气压力 p_A 之和。即

$$p_{总}=p(H_2O)+p_A \tag{2-1}$$

当总蒸气压与外界气压相等时，混合物沸腾。显然，混合物的沸点低于任何一个组分的沸点。因此，常压下应用水蒸气蒸馏，能在低于 100 ℃的情况将高沸点组分与水一起蒸馏出来。馏出液中有机物的质量 m_A 与水的质量 $m(H_2O)$ 之比，在理论上应等于两者的分压 p_A 和 $p(H_2O)$ 与各自的摩尔质量 M_A 和 $M(H_2O)$ 乘积之比。即

$$\frac{m_A}{m(H_2O)}=\frac{M_A \cdot p_A}{M(H_2O) \cdot p(H_2O)} \tag{2-2}$$

式中 $p(H_2O)$ 可通过手册查得，p_A 可近似的以大气压 $p_{(大气)}$ 与 $p(H_2O)$ 差计算（$P_A=p_{(大气)}-p_{(H2O)}$），$p_{(大气)}$ 可由气压计上读出。

例如，苯胺（$C_6H_5NH_2$）的沸点是 184.4 ℃，若将 $C_6H_5NH_2$ 进行水蒸气蒸馏，混合物在 98.4 ℃沸腾。在此温度下，$C_6H_5NH_2$ 的蒸气分压为 5.60 kPa，水的蒸气分压是 95.73 kPa，代入公式得馏出液中苯胺与水的质量比为：

$$\frac{m(C_6H_5NH_2)}{m(H_2O)}=\frac{5.60\ \text{kPa} \cdot 93\ \text{g} \cdot \text{mol}^{-1}}{95.73\ \text{kPa} \cdot 18\ \text{g} \cdot \text{mol}^{-1}}=\frac{1}{3.3}$$

即每蒸出 3.3 g 水能带出 1 g $C_6H_5NH_2$，占馏出液的 23.26%。由于 $C_6H_5NH_2$ 略溶于水，这个计算所得的仅是近似值。

由上述原理可见，使用水蒸气蒸馏提纯的有机物应具备下列条件：

(1)不溶或难溶于水。

(2)与水长时间煮沸不发生化学反应。

(3)在 100 ℃左右时，待提纯物应具有一定的蒸气压（一般不少于 1.3332 kPa）。

2. 操作步骤

水蒸气蒸馏装置如图 2-51 所示，主要由水蒸气发生器、蒸馏部分、冷凝部分和接收部分组成。水蒸气发生器一般用金属制成，也可用 1000 mL 圆底烧瓶代替。使用时其内盛水量不得超过容器的 3/4，瓶口配一双孔软木塞或橡皮塞，一孔插入长约 1 m、内径约 5 mm 的玻璃管（插入距圆底烧瓶底部 1 cm 处）作为安全管，以调节水蒸气发生器内部的压力；另一孔插入内径约 8 mm 的水蒸气导出管（90°弯管）。导出管与一个 T 形管[1]相连，T 形管的支管套一短橡皮管，并用螺丝夹夹住；T 形管的另一端与蒸馏部分的水蒸气导入管相连（这段水蒸气导入管应尽可能短些，以减少水蒸气的冷凝）。水蒸气导入管要几乎达到长颈蒸馏瓶[2]底部（距瓶底 8～10 mm），长颈蒸馏瓶要倾斜 45°，以防止飞溅起的液体进入馏出液导出管。蒸馏瓶中的液体不得超过容量的 1/3，馏出液导出管与冷凝器相连。

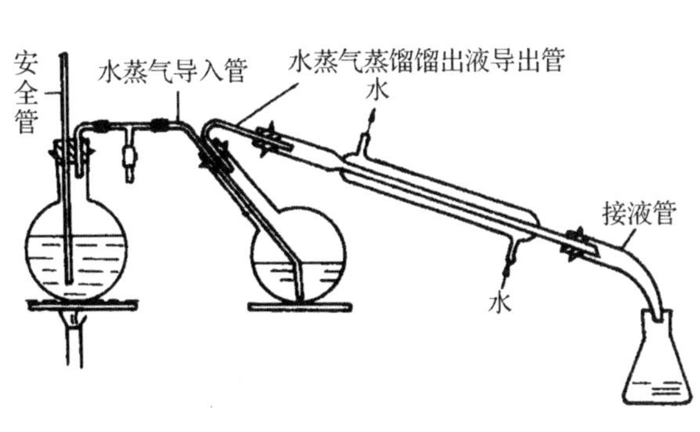

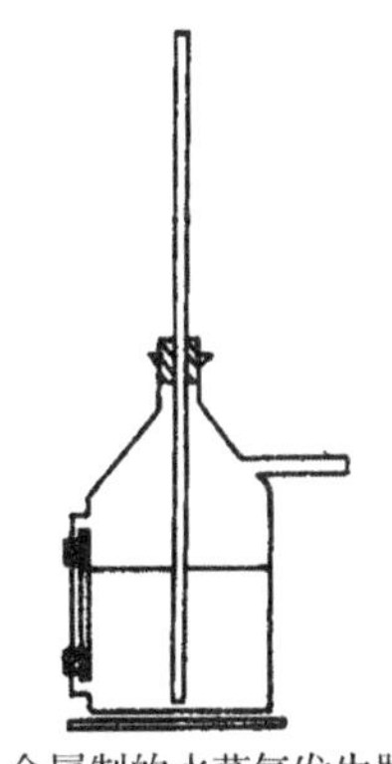

图 2-51　水蒸气蒸馏装置

加热水蒸气发生器前，先打开 T 形管橡皮管上的螺旋夹。大量水蒸气产生后，再用螺旋夹夹紧 T 形管上的橡皮管，让蒸气导入蒸馏瓶中。在水蒸气蒸馏过程中，由于水蒸气的冷凝而使蒸馏瓶液体增加时，可将蒸馏瓶隔石棉网用小火加热，同时，还应随时从 T 形管的橡皮管处放出冷凝下来的水，以防导入管堵塞或冷凝水过多的进入蒸馏瓶中。水蒸气蒸馏速度一般控制在 2～3 滴 · s^{-1} 为宜。

水蒸气蒸馏完毕，先打开 T 形橡皮管上的螺旋夹，然后再停止加热，以免蒸馏瓶中的液体倒吸入水蒸气发生器中。

注释：

[1] T 形管的作用：① 便于放掉蒸气导出管中的冷凝水；② 在操作时，如果发生不正常现象，可立即打开螺旋夹，使与大气相通，排除故障；③ 蒸馏完毕，打开螺旋夹，再停止加热，以免发生倒吸。

[2] 使用磨口仪器时，蒸馏部分中的长颈蒸馏瓶可改为圆底烧瓶、克氏蒸馏头，安装仪器时圆底烧瓶不用倾斜 45°。

(四)减压蒸馏

在低于大气压下进行蒸馏的操作过程称为减压蒸馏。减压蒸馏是分离、提纯液体或低熔点固体有机物的一种主要方法。它特别适用于在常压蒸馏时未达到沸点就已受热分解、氧化或聚合的物质。

1. 实验原理

液体化合物的沸点是指它的蒸气压等于外界大气压时的温度，因此，液体的沸点随外界压力的降低而降低。若将容器内液体表面上的压力降低，即可使液体在较低的温度下沸腾而被蒸馏出来。

减压蒸馏时物质的沸点与压力相关。一般高沸点(250～300 ℃)的有机物当压力降低到 2666 Pa 时，其沸点比常压(101.325 kPa)下低 100～120 ℃。也可根据图 2-52 所示的沸点一压力近似的关系图推算出不同物质在不同压力下的沸点。例如，苯甲醛在常压下的沸点为 179℃，欲查它在 2666 Pa 压力下的沸点。可在图的 B 线上找出相应 179℃的点，将此点与 C 线上 2666 Pa 处的点联成一直线，将此线延长与 A 线相交，其交点所示的温度就是在 2666 Pa 时苯甲醛的沸点，约为 75 ℃。

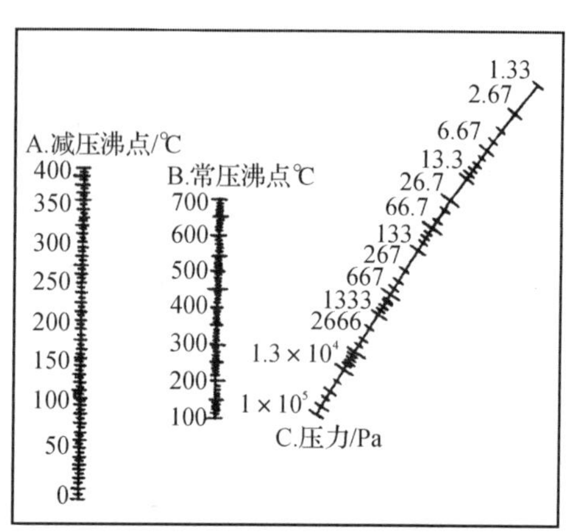

图 2-52 液体有机物沸点一压力近似关系图

2. 减压蒸馏装置

减压蒸馏装置由蒸馏、抽气以及在它们之间的保护和测压装置三部分组成，如图2-53(b)。如用水泵减压，简便的减压蒸馏装置如图 2-53(a)所示。

(1)蒸馏部分：蒸馏部分由圆底烧瓶、克氏蒸馏头、冷凝器、接受管和接受器组成。在克氏蒸馏头带有支管一侧的上口插温度计，另一口则插一根末端拉成毛细管的厚壁玻璃管[1]，毛细管的下端要伸到离瓶约 1～2 mm 处。毛细管的上端有一段带螺旋夹的橡皮管，在减压蒸馏时，调节螺旋夹，使极少量的空气经毛细管进入圆底烧瓶液体中，冒出小气泡，成为沸腾中心。同时又起一定的搅拌作用。这样可以防止液体暴沸，使液体保持平稳。

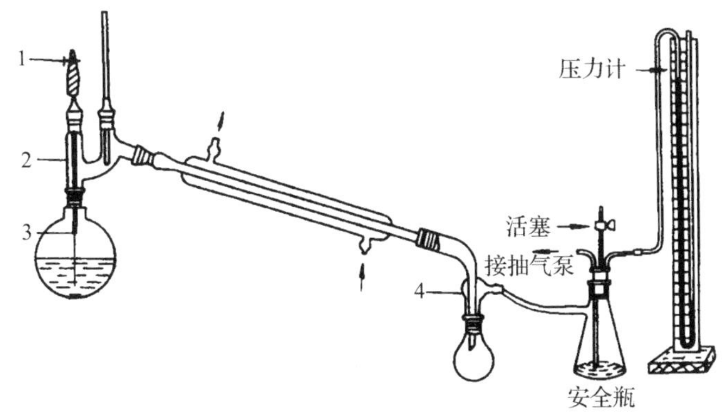

(a)

1—螺旋夹；2—克氏蒸馏头；3—毛细管；4—真空接受管。

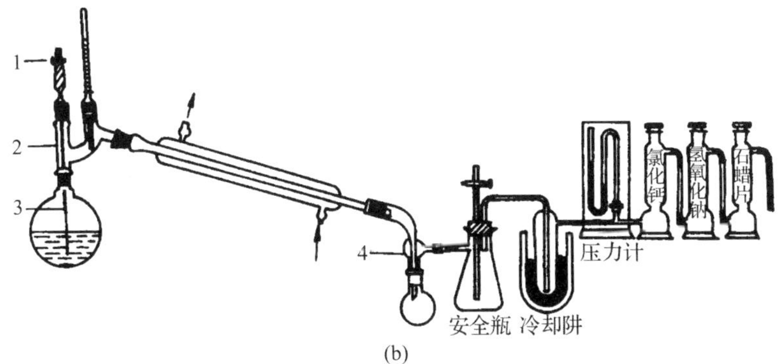

(b)

1—螺旋夹；2—克氏蒸馏头；3—毛细管；4—真空接受管。

图 2-53　减压蒸馏装置

在蒸馏装置中接受管一定要带有支管，该支管与抽气系统相连。在蒸馏中若要收集不同馏分，则可用多头接受管(图 2-54)。蒸馏时，根据馏程范围可转动多头接受管收取不同馏分。接受器可用圆底烧瓶、吸滤瓶等耐压器皿，但不能用锥形瓶。

图 2-54　多头接受管

(2)抽气部分：实验室通常用水泵或油泵减压。

①水泵：系用玻璃或金属制成。在水压很大时，水泵可以把压力减低到 2.0～2.7 kPa。这对一般减压蒸馏已经足够了。

②油泵：油泵可以把压力顺利地减低到 267～533 Pa，好的油泵甚至能减低到 13.3 Pa。使用油泵时需要注意防护保养，不使有机物、水及酸等蒸气进入油泵内。易挥发的有机物的蒸气被泵内油所吸收，就会增加油的蒸气压，影响真空效能；酸气会腐蚀油泵的机件；水蒸气凝结后与油形成浓稠的乳浊液，破坏了油泵的工作。

(3)保护及测压装置部分：当用油泵进行减压时，为了保护油泵，必须在接受器和油泵之间顺次安装安全瓶、冷却阱和几种吸收塔。其中安全瓶的作用是通过两通活塞供调节系统压力及放气，防止油泵中油倒吸之用。冷却阱的构造如图 2-55 所示，将它置于盛有冷却剂的广口保温瓶中，冷却阱的选择随需要而定，例如可用冰—水，冰—盐、干冰等。吸收塔(又称干燥塔)通常设两个，前一个装无水 $CaCl_2$(或硅胶)，后一个装粒状的 NaOH。有时为了吸除烃类气体，可再加一个石蜡片吸收塔。

实验室通常采用水银压力计来测量减压系统的压力。图 2-56(a)为开口式水银压力计，两臂汞柱高度之差即为大气压与体系压力之差，因此蒸馏系统内的实际压力(真空度)应是大气压力减去这一汞柱差。图 2-56(b)为封闭式水银压力计，两臂液面高度之差即为蒸馏系统中的压力。测定压力时，可将管后木座上的滑动标尺的零点调整到右臂的汞柱顶端线上，这时左臂的汞柱顶端线所指示的刻度即为系统的压力。

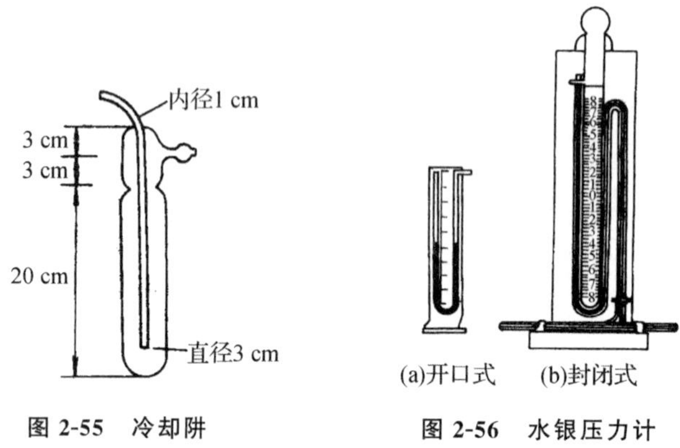

图 2-55　冷却阱

图 2-56　水银压力计

3. 操作步骤

当待蒸馏物中含有低沸点的物质时，应先进行普通蒸馏，然后用水泵减压蒸去低沸点物，最后再用油泵减压蒸馏。

在圆底烧瓶中，放入待蒸馏的液体不超过容积的 1/2。安装好仪器[2]后，旋紧毛细管上的螺旋夹，打开安全瓶上的二通活塞，然后开泵抽气。逐渐关闭二通活塞，从压力计上观察系统的真空度。如果是因为漏气而不能达到所需真空度，可检查各部位塞子、磨口或橡皮管连接处是否紧密，必要时可用熔融的固体石蜡密封橡皮管接口处。如果超过所需的真空度，可调节螺旋夹，使液体中有连续平稳的小气泡通过，并小心旋转二通活塞，以调节所需真空度。待压力平稳后，开启冷凝水，选择合适热源加热蒸馏。加热时，控制浴温，使蒸馏速度为 1～2 滴 · s^{-1}，当达到蒸馏物质沸点时，可转动多头接受管的位置，使馏出液流入不同的接受器中。在整个蒸馏过程中，要密切注意温度计和压力计的读数及整个蒸馏情况，并记录压力、沸点等有关数据。

蒸馏完毕，撤去热源，待冷却后，慢慢打开毛细管上的螺旋夹，并缓慢打开安全瓶上的活塞[3]，使体系内外压力平衡后方可关闭油泵。否则，由于体系中的压力较低，油泵中的油就有吸入干燥塔的可能。

注释：

[1] 减压蒸馏所用毛细管，按 2.1 简单玻璃工操作中毛细管拉制方法，拉成直径为 2 mm 的毛细管。

[2] 安装磨口减压蒸馏装置时，各磨口连接处都要涂少许真空脂密封。

[3] 减压蒸馏结束时，一定要缓慢打开安全瓶上的活塞放气，否则，系统内外压力变化较大，汞柱急速上升，有冲破压力计的危险。

(五)旋转蒸发仪

在有机化学实验以及天然产物有效成分提取分离过程中，常常遇到需要蒸发除去大量溶剂之类的问题，这是一项繁琐耗时的工作。而且由于长时间加热，有时会造成化合物的分解。为此，可以使用旋转蒸发仪(图 2-57)来完成蒸馏大量液体的工作。

1. 原理

旋转蒸发仪是采用旋转蒸发瓶，增大蒸发面积，在减压下置于水浴中一边旋转，一边加热的装置，使瓶内溶液扩散蒸发，蒸气通过冷凝管，冷凝成液体收集于收集瓶中。

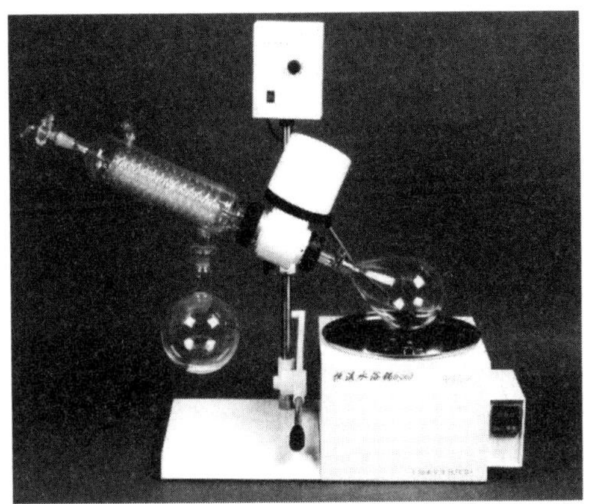

图 2-57 旋转蒸发仪

2. 安装结构图

旋转蒸发仪的安装结构图，如图 2-58 所示。

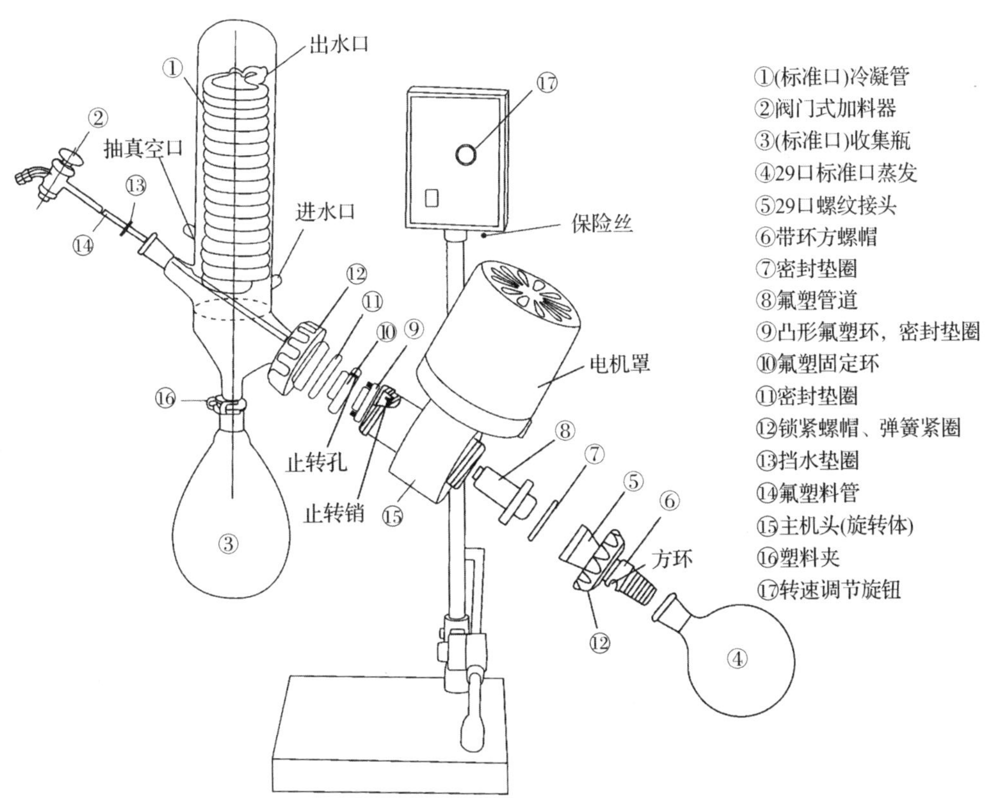

图 2-58 旋转蒸发仪结构图

3. 使用方法

(1)按图 2-57 与图 2-58,将仪器各部分固定并连接好。

(2)将需要蒸发的样品,加入蒸发瓶中。

(3)调整机头角度(推荐 30°倾斜角)与升降支点高度,把转速调节旋钮调到“0”,插上电源,打开开关,然后慢慢转动旋钮,到达所需转速停止转动。

(4)开启真空泵,关闭阀门式加料器阀门,抽气 1~2 分钟。

(5)打开冷凝水,根据样品中溶剂的沸点,调节恒温水浴的温度,开始蒸发。

(6)蒸发结束时,先停止加热,然后调慢转速直至停止。再打开阀门式加料器阀门,关闭真空泵,然后拆下蒸发瓶,关闭冷凝水,回收收集瓶中的蒸馏液。

四、干燥与干燥剂

物质在进行定性或定量分析、波谱分析之前均须干燥才会有准确结果。为防止少量水与液体有机物生成共沸混合物,或由于少量水与物质在加热下发生反应而影响产品纯度,因此,在蒸馏前必须干燥除去水分。另外有些反应需要在无水条件下进行,不但所有的原料及溶剂要干燥,而且还要防止空气中的潮气进入反应容器。因此在实验化学中,试剂和产品的干燥具有十分重要的意义。

干燥方法可分为物理方法和化学方法。物理方法有加热、真空干燥、冷冻、分馏、共沸蒸馏及吸附等。此外,离子交换树脂和分子筛也常用于脱水干燥。离子交换树脂(如苯磺酸钾型阳离子交换树脂)是一种不溶于水、酸、碱和有机物的高分子聚合物,分子筛是多种硅铝酸盐晶体。因为它们内部都有许多空隙或孔穴,可以吸附水分子。加热后,又可释放出水分子,故可反复使用。化学方法是用干燥剂来进行脱水。干燥剂按其脱水作用可分为两类:第一类能与水可逆地生成水合物,如 $CaCl_2$、Na_2SO_4、$MgSO_4$ 等;第二类与水反应后生成新的化合物,如金属 Na、P_2O_5 等。实验中,应用较广的是第一类干燥剂。

(一)液体有机物的干燥

1. 利用分馏或形成共沸混合物去水

对于不与水生成共沸混合物的液体有机物,例如甲醇和水的混合物,由于沸点相差较大,用分馏即可完全分开。还可以利用某些有机物与水形成共沸混合物的特性,向待干燥的有机物中加入另一有机物,利用此有机物与水形成最低共沸点的性质,在蒸馏时逐渐将水带出,从而达到干燥的目的。例如,工业上制备无水乙醇的方法之一就是将苯加入 95%乙醇中,利用乙醇,水和苯三者形成共沸混合物的特性,经共沸蒸馏将水除去。

2. 使用干燥剂脱水

(1)干燥剂的选择。液体化合物的干燥,通常是将干燥剂直接干燥,因而干燥剂不能与待干燥的物质发生任何化学反应或起催化作用,不溶于该液体中。例如酸性物质不能用碱性干燥剂。有的干燥剂能与某些待干燥的物质形成配合物,如 $CaCl_2$ 易与醇类、胺类化合物形成配合物,因而不能用来干燥这些物质。

在使用干燥剂时,还要考虑干燥剂的吸水容量和干燥效能。吸水容量是指单位质量干燥剂所吸收的水量;干燥效能是指达到平衡时液体被干燥的程度。对形成水合物的无机盐干燥剂,常用吸水后结晶水的蒸气压表示。例如,Na_2SO_4 能形成 10 个结晶水的水合物,吸水容量为 1.25,25 ℃时水蒸气压为 256.0 Pa。$CaCl_2$ 最多能形成 6 个结晶水的水合物,吸水容量为

0.97，25 ℃时的水蒸气压为 26.7 Pa。因此，Na_2SO_4 的吸水量较大，但干燥效能弱；$CaCl_2$ 吸水量较小但干燥效能强。所以在干燥含水量较多而又不易干燥的化合物时，常先用吸水量较大的干燥剂除去大部分水分，然后再用干燥效能强的干燥剂干燥。此外，选择干燥剂还要考虑干燥速度和价格。常用的干燥剂见表 2-5。

表 2-5　常用干燥剂的性能与应用范围

干燥剂	吸水作用	吸水容量	干燥效能	干燥速度	应用范围
$CaCl_2$	形成 $CaCl_2 \cdot nH_2O$ $n=1,2,4,6$	0.97，按 $CaCl_2 \cdot 6H_2O$ 计	中等	较快，但吸水后表面为薄层液体所盖，故放置时间长些为宜	能与醇、酚、胺、酰胺及某些醛、酮形成配合物，因而不能用于干燥这些化合物。工业品中可能含 $CaCl_2$ 和碱或 CaO，故不能用来干燥酸类
$MgSO_4$	形成 $MgSO_4 \cdot nH_2O$ $n=1,2,4,5,6,7$	1.05，按 $MgSO_4 \cdot 7H_2O$ 计	较弱	较快	中性，应用范围广，可代替 $CaCl_2$，并可用以干燥酯、醛、酮、腈、酰胺等不能用 $CaCl_2$ 干燥的化合物
Na_2SO_4	$Na_2SO_4 \cdot 10H_2O$	1.25	弱	缓慢	中性，一般用于有机液体的初步干燥
$CaSO_4$	$2CaSO_4 \cdot H_2O$	0.06	强	快	中性，常与 $MgSO_4$ 或 Na_2SO_4 配合，作最后干燥之用
K_2CO_3	$K_2CO_3 \cdot H_2O$	0.2	较弱	慢	弱碱性，用于干燥醇、酮、酯、胺及杂环等碱性化合物，不适于酸、酚及其他酸性化合物
KOH (NaOH)	溶于水	—	中等	快	强碱性，用于干燥胺、杂环等碱性化合物，不能用于干燥醇、酯、醛、酮、酸、酚等
金属 Na	$Na+H_2O=NaOH+\frac{1}{2}H_2O$	—	强	快	限于干燥醚、烃类中痕量水分。用时切成小块或压成钠丝
CaO	$Ca+H_2O=Ca(OH)_2$	—	强	较快	适用于干燥低级醇类
P_2O_5	$P_2O_5+3H_2O=2H_3PO_4$	—	强	快，但吸水后表面为黏浆液覆盖，操作不便	适用于干燥醚、烃、卤代烃、腈等中的痕量水分。不适用于醇、酰胺、酮等
分子筛	物理吸附	约 0.25	强	快	适用于各类有机化合物的干燥

(2)干燥剂的用量。确定干燥剂的用量可根据干燥剂的吸水量和水在液体中的溶解度以及液体的分子结构来估计。一般有机物结构中含有亲水基时，干燥剂应过量。由于液体中的水分含量不等，干燥剂的质量、颗粒大小和干燥时的温度不同，以及干燥剂也可能吸收一些副

产物(如 $CaCl_2$ 吸收醇)等,因此很难规定干燥剂的具体用量。大体上说,每 10 mL 液体约需 0.5～1 g 干燥剂。

(3)操作步骤。干燥前,要尽量除净待干燥液体中的水,不应有任何可见的水层。将液体置于锥形瓶中,加入适量的颗粒大小适中的干燥剂,塞紧瓶口,振摇片刻。如果发现干燥剂全部粘在一起,说明用量不够,需要再补加一些新的干燥剂,直到出现没吸水的、松动的干燥剂颗粒为止。在干燥过程中应多摇动几次,以便提高干燥效率。干燥时间至少要 0.5 h 以上,最好过夜。有时干燥前液体呈浑浊,干燥后变为澄清,以此作为水分已基本除去的标志。已干燥好的液体,可直接滤入干燥蒸馏瓶中进行蒸馏。

(二)固体化合物的干燥

1. 自然干燥

自然干燥适用于在空气中稳定、不分解、不吸潮的固体。干燥时,把待干燥的物质放在干燥洁净的表面皿或其他器皿上,薄薄摊开,让其在空气中慢慢晾干。这是最简便、最经济的干燥方法。

2. 加热干燥

适用于熔点较高且遇热不分解的固体。把待干燥的固体,放于表面皿中,用恒温烘箱或红外灯烘干。在烘干过程中,注意加热温度必须低于固体物质的熔点。

3. 干燥器干燥

易吸潮、分解或升华的物质,最好在干燥器内干燥。干燥器内常用的干燥剂见表 2-6。

表 2-6 干燥器内常用的干燥剂

干燥剂	吸去的溶剂或其他杂质
CaO	H_2O、酸、HCl
$CaCl_2$	H_2O、醇
NaOH	H_2O、酸、HCl、酚、醇
H_2SO_4	H_2O、酸、醇
P_2O_5	H_2O、醇
石蜡片	醇、醚、石油醚、C_6H_6、$C_6H_5CH_3$、C_6H_5Cl、CCl_4
硅胶	H_2O

干燥器类型有:

(1)普通干燥器。盖与缸身之间的平面经过磨砂,在磨砂处涂以凡士林,使之密闭。缸中有多孔瓷板,缸底放置干燥剂,瓷板上面放置被干燥的物质。由于其干燥效率不高且所需时间较长,一般用于保存易吸潮的药品。因不同的干燥剂具有不同的蒸气压,常根据被干燥物的要求加以选择。最常用的是硅胶,硅胶是硅酸凝胶(组成可用通式 $x\mathrm{SiO_2}\cdot y\mathrm{H_2O}$ 表示),烘干除去大部分水后,得到白色多孔的固体,具有很强的吸附能力。为了便于观察,将硅胶放在钴盐中浸泡,使之呈粉红色,烘干后变为蓝色。蓝色的硅胶具有较强的吸湿能力,当硅胶变为粉红色时,表示硅胶已经失效,应重新烘干至蓝色后再使用。

开启干燥器时,一手扶住干燥器,另一手握住盖上的圆球,向外平推干燥器盖,如图 2-59(a)。,取下盖子,放在桌子上(注意:要磨口向上,圆顶朝下,防止盖子滚落),取出物品后,要及时盖上干燥器盖。加盖时，也应一手扶住干燥器，另一手握住盖上的圆球，向外平推干燥器盖。搬动干燥器时，不应只捧着干燥器下部，而应同时按住盖子，如图 2-59(b)，以防止盖子滑落打碎。

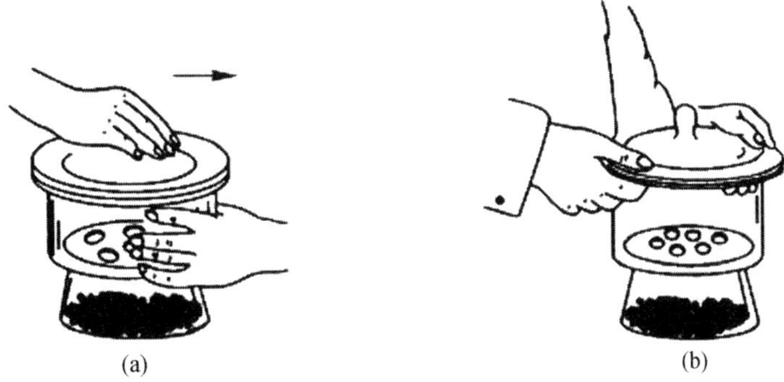

图 2-59　干燥器的开启与搬动

(2)真空干燥器。它的干燥效率较普通干燥器好。真空干燥器上有玻璃活塞，用以抽真空，活塞下端呈弯钩状，口向上，防止在通向大气时，因空气流入太快将固体冲散。使用时，真空度不宜过高，一般用水泵抽气。在抽气过程中，干燥器外围最好用布围住，以保证安全。启盖前，必须首先缓慢放入空气，然后启盖。

(3)真空恒温干燥箱。真空恒温干燥箱是在丁燥数量较多的物质时使用的一类仪器，有不同的型号和适用温度范围。使用时先将待干燥样品放入真空恒温干燥箱的隔板上，调节所需温度后关闭箱门，用真空泵抽真空，达到所需的真空度后将阀门关闭。如发现一段时间后真空度有所下降，可再次启动真空泵直至所需的真空度。

五、色谱法

色谱法又称色层法、层析法，是分离、提纯和鉴定化合物的重要方法之一。早期此法仅用于带颜色化合物的分离，由于显色方法的引入，现已广泛应用于有色和无色化合物的分离和鉴定。

色谱法是一种物理的分离方法，其基本原理是利用混合物各组分在某一物质中的吸附或溶解性能(分配)的不同，或其亲和性能的差异，使混合物的各组分随着流动的液体或气体(称流动相)，通过另一种固定不动的固体或液体(称固定相)，进行反复的吸附或分配作用，从而使各组分分离。根据其分离原理，色谱法可分为分配色谱、吸附色谱、离子交换色谱和排阻色谱等；根据操作条件的不同，又可分为柱色谱、纸色谱、薄层色谱、气相色谱及高效液相色谱等。

(一)柱色谱

柱色谱按其分离原理可分为吸附色谱和分配色谱两种，在此重点介绍吸附色谱。

1. 实验原理

吸附柱色谱装置如图 2-60 所示。吸附柱色谱通常在玻璃管(色谱柱)中填入表面积很大、经过活化的多孔或粉状固体吸附剂(固定相)，如 Al_2O_3、硅胶等。从柱顶加入样品溶液，当溶液流经吸附柱时，各组分被吸附在柱的上端，然后从柱上方加入洗脱剂，由于各组分吸附能力不同，在固定相上反复发生吸附—解析—再吸附—再解析的过程，由于各物质

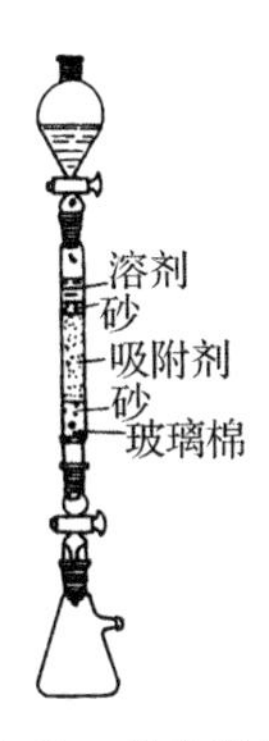

图 2-60　柱色谱装置

结构的不同，它们随着洗脱剂向下移动的速度也不同，于是形成了不同色带。继续用溶剂洗脱，已经分开的溶质可以从柱上分别洗出收集。对于柱上不显色的化合物分离时，可用紫外光照射后所呈现的荧光来检查，也可通过薄层色谱逐个鉴定。

2. 吸附剂

常用的吸附剂有 Al_2O_3、硅胶、MgO、$CaCO_3$ 和活性炭等。选择的吸附剂绝不能与待分离的物质及展开剂发生化学作用。吸附能力与颗粒大小有关，颗粒太小，表面积大，吸附能力高，但溶剂流速太慢。若颗粒太粗，流速快，分离效果差。柱色谱中应用最广泛的是 Al_2O_3，其颗粒大小通过 100～150 目筛孔为宜。Al_2O_3 分为酸性、中性和碱性三种，酸性 Al_2O_3 是用 1% HCl 浸泡后，用蒸馏水洗至悬浮液 pH 为 4～4.5，用于分离酸性物质；中性 Al_2O_3 pH 为 7.5，用于分离生物碱、碳氢化合物等。

吸附剂的活性与其含水量有关，含水量越低，活性越高。Al_2O_3 的活性分五级，其含水量分别为 0，3，6，10，15。将 Al_2O_3 放在高温炉(350～400 ℃)烘 3 h，得无水 Al_2O_3。加入不同量的水分，得不同程度活性 Al_2O_3，一般常用Ⅱ～Ⅲ级。硅胶也可用上法处理。吸附剂的活性和含水量的关系见表 2-7。

表 2-7　吸附活性和含水量的关系

活　性	Ⅰ	Ⅱ	Ⅲ	Ⅳ	Ⅴ
Al_2O_3 含水量/%	0	3	6	10	15
硅胶含水量/%	0	5	15	25	38

化合物的吸附能力与分子极性有关，分子极性越强，吸附能力越大。Al_2O_3 对各类化合物的吸附性按下列次序递减：

酸、碱＞醇、胺、硫醇＞酯、醛、酮＞芳香族化合物＞卤代物、醚＞烯＞饱和烃

3. 溶剂

溶剂的选择通常是从待分离化合物中各种成分的极性、溶解度和吸附剂的活性等因素来考虑，溶剂选择得合适与否将直接影响到色谱的分离效果。

先将待分离的样品溶解在非极性或极性较小的溶剂中，从柱顶加入，然后用稍有极性的溶剂，使各组分在柱中形成若干谱带，再用极性更大的溶剂或混合溶剂洗脱被吸附的物质。常用洗脱溶剂的洗脱能力按下列次序递增：

己烷和石油醚＜环己烷＜CCl_4＜$ClCH{=\!=}CCl_2$＜CS_2＜$C_6H_5CH_3$＜C_6H_6＜CH_2Cl_2＜$CHCl_3$＜$(C_2H_5)_2O$＜$CH_3COOC_2H_5$＜CH_3COCH_3＜$CH_3CH_2CH_2OH$＜C_2H_5OH＜CH_3OH＜H_2O＜C_5H_5N＜CH_3COOH

经洗脱出的溶液，可利用后面讲述的纸色谱、薄层色谱或气相色谱进一步鉴定各组分的成分。

4. 操作步骤

色谱柱的大小要根据处理量和吸附剂的性质而定，柱的长度与直径比一般为 7.5∶1。吸附剂用量一般为待分离样品的 30～40 倍，有时还可再多些。

装柱之前，先将空柱洗净干燥，柱底铺一层玻璃棉或脱脂棉，再铺一层约 0.5～1 cm 厚的砂子，然后将吸附剂装入柱内。装柱方法有湿法和干法两种：湿法是先将溶剂倒入柱内约为柱高的 3/4，然后再将一定量的溶剂和吸附剂调成糊状，慢慢倒入柱内，同时打开柱下活塞，使溶剂流出(控制 1 滴 · s^{-1})，吸附剂逐渐下沉。加完吸附剂后，继续让溶剂流出，至吸附剂不再下

沉为止；干法是在柱的上端放一漏斗，将吸附剂均匀装入柱内，轻敲柱管，使之填装均匀。加完后，加入溶剂，使吸附剂全部润湿。在吸附剂顶部盖一层约 0.5～1 cm 厚的砂子，再继续敲柱身，使砂子上层成水平。在砂子上面放一张与柱内径相当的滤纸。无论采用哪种方式装柱，都必须装填均匀，严格排除空气，吸附剂不能裂缝，否则将影响分离效果。一般说来，湿法比干法装得紧密均匀。

装好色谱柱后，当溶剂降至吸附剂表面时，把已配好的样品溶液，小心地加到色谱柱顶端，开启下端活塞，使液体慢慢流出。当溶液液面与吸附剂表面相齐时，再用溶剂洗脱，控制流速 1～2 滴·s^{-1}，分别收集各组分洗脱液。整个操作过程中，都应有溶剂覆盖吸附剂。

(二)纸色谱

纸色谱是以滤纸作为载体，让样品溶液在滤纸上展开而达到分离的目的。

1. 实验原理

纸色谱属分配色谱的一种。纸色谱的溶剂是由有机溶剂和水组成的。当有机溶剂和水部分溶解时，一相是以水饱和的有机溶剂相，一相是以有机溶剂饱和的水相。纸层析用滤纸作为载体，因为纤维和水有较大的亲和力，对有机溶剂则较差。水相为固定相，有机相(被水饱和)为流动相，称为展开剂。在滤纸的一定部位点上样品，当有机相沿滤纸流动经过原点时，即在滤纸上的水与流动相间连续发生多次分配，结果在流动相中具有较大溶解度的物质随溶剂移动的速度较快，而在水中溶解度较大的物质随溶剂移动的速度较慢，这样便能把混合物分开。

2. 展开剂

根据待分离物质的不同，要选用合适的展开剂。展开剂应对待分离物质有一定的溶解度，溶解度太大，待分离物质会随展开剂跑到前沿；太小，则会留在原点附近，使分离效果不好。选择展开剂应注意下列几点：

(1)能溶于水的化合物，以吸附在滤纸上的水作为固定相，以与水能混合的有机溶剂(如醇类)作展开剂。

(2)难溶于水的极性化合物，以非水极性溶剂(如甲酰胺、N，N-二甲基甲酰胺等)作固定相，以不能与固定相结合的非极性溶剂(如环己烷，C_6H_6，CCl_4，$CHCl_3$)作展开剂。

(3)对溶于水的非极性化合物，以非极性溶剂(如液体石蜡)作固定相，极性溶剂(如水，含水的乙醇，含水的酸等)作展开剂。

3. 操作步骤

(1)滤纸的选择：滤纸厚薄应该均匀，全纸平整无折痕，滤纸纤维松紧适宜，能够吸收一定量的水，可用新华 1 号滤纸。使用时将滤纸切成纸条，大小可自行选择，一般为 3 cm×20 cm，5 cm×30 cm 或 8 cm×50 cm。纸色谱的装置见图 2-61。

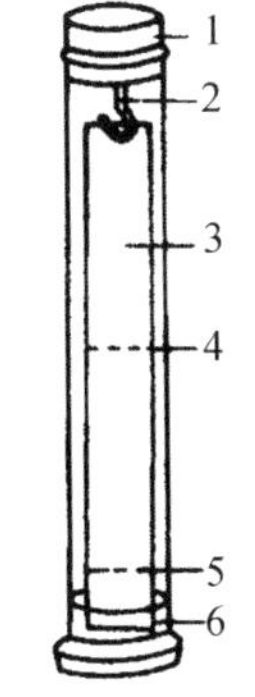

图 2-61 纸色谱装置

1. 橡皮塞 2. 玻璃勾
3. 纸条 4. 溶剂前沿
5. 起点线 6. 溶剂

(2)点样：取少量试样，用水或易挥发的溶剂(如乙醇，丙酮，乙醚等)溶解，配制成约为 1% 的溶液。用铅笔在滤纸一端 2～3 cm 处划线，标明点样位置，用毛细管吸取少量试样溶液，在起点线上点样，控制点样直径在 0.2～0.5 cm，然后将其晾干或在红外灯下烘干。

(3)展开：将已干燥好的滤纸悬挂在玻璃勾上，置于已被展开剂饱和的展开缸中，将点有样品的一端浸入展开剂中(约 1 cm)，但试样斑点必须在展开剂液面之上，展开剂在滤纸上上升，样品中各组分随之而展开。

(4)显色:展开完毕,取出层析滤纸,划出展开剂上升前沿。如果化合物本身有颜色。就可直接观察斑点。若本身无色,通常可用显色剂喷雾显色或在紫外灯下观察有无荧光斑点,并用铅笔在滤纸上划出斑点位置及形状。

(5)比移值(R_f):在固定的条件下,不同化合物在滤纸上依不同的速度移动,所以各个化合物的位置也各不相同,通常用距离表示移动的位置(见图 2-62)。比移值的计算公式如下

$$R_f=\frac{\text{溶质最高浓度中心至原点中心的距离}}{\text{溶剂上升前沿至原点中心的距离}} \tag{2-3}$$

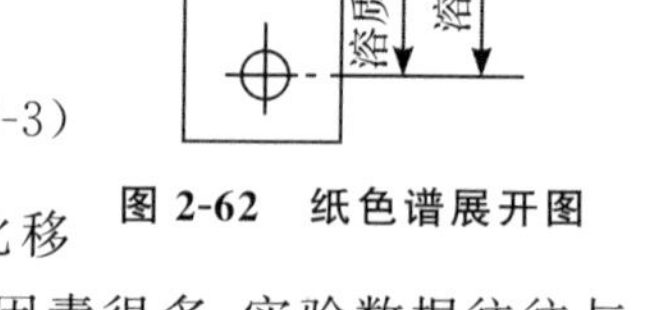

图 2-62 纸色谱展开图

当温度、滤纸质量和展开剂等都相同时,对于一个化合物的比移值是一个特定的常数,因而可做定性分析的依据。由于影响 R_f 的因素很多,实验数据往往与文献记载不完全相同。因此在未知物鉴定时,常采用标准样品在同一张滤纸上点样对照。

(三)薄层色谱

薄层色谱(薄层层析)是近年来发展起来的一种微量、快速、简便的分析分离方法。它兼有柱色谱和纸色谱的优点。薄层色谱不仅适用于小量样品(1~100 μg,甚至 0.01 μg)的分离,也适用于较大量样品的精制(可达 500 mg),特别适用于挥发性较小,或在较低温度下容易发生变化而又不能用气相色谱分离的化合物。

1. 实验原理

薄层色谱是将吸附剂均匀地涂在玻璃板上作为固定相,经干燥、活化后点样,在展开剂(流动相)中展开。当展开剂沿薄板上升时,混合样品中易被固定相吸附的组分移动较慢,而难被固定相吸附的组分移动较快。利用各组分在展开剂中溶解能力和被吸附能力的不同,最终将各组分分开。

2. 吸附剂

薄层色谱中常用的吸附剂有 Al_2O_3 和硅胶等。

硅胶是无定形多孔性物质,略具酸性。适用于酸性和中性物质的分离和分析。商品薄层色谱用的硅胶分为:硅胶 H,不含粘合剂和其他添加剂的层析用硅胶;硅胶 G,煅石膏($CaSO_4 \cdot H_2O$)作粘合剂的层析用硅胶;硅胶 HF_{254},荧光物质层析用硅胶;硅胶 GF_{254},含煅石膏、荧光物质的层析用硅胶,可在波长 254 nm 紫外光下观察荧光。

薄层色谱用的 Al_2O_3 也分为 Al_2O_3-G,$Al_2O_3-HF_{254}$ 及 $Al_2O_3-GF_{254}$。

3. 操作步骤

(1)薄层板的制备:薄层板制备的好坏直接影响色谱的结果,薄层应尽可能地均匀而且厚度(0.25~1 mm)要固定。否则展开时溶剂前沿不齐,色谱结果也不易重复。

薄层板分为干板和湿板。干板一般用 Al_2O_3 做吸附剂,涂层时不加水。湿板按铺层的方法不同又可分为平铺法、倾注法和浸涂法三种。

制湿板前首先要制备浆料。称取 3 g 硅胶 G,加 7 mL 蒸馏水立即在研钵中调成糊状物(可铺 3 cm×10 cm 载玻片两块)。

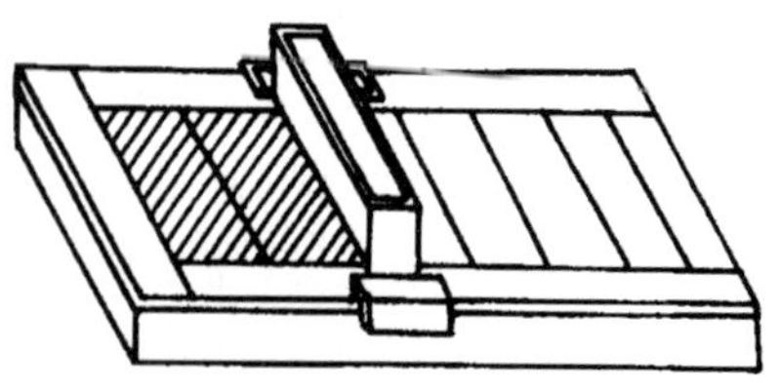
图 2-63 薄层涂布器

平铺法:用购置或自制的薄层涂布器见图 2-63。把洗净的几块玻璃板在涂布器中间摆

好，上下两边各夹一块比前者厚 0.25 mm 的玻璃板，在涂布器槽中倒入糊状物，将涂布器自左向右推，即可将糊状物均匀地涂在玻璃板上。

倾注法：将调好的糊状物迅速地倒在玻璃板上，用玻璃棒涂布在整块玻璃板上，用手拿玻璃板一端在桌边轻轻振荡，使吸附剂均匀地涂在玻璃板上，然后放于水平的桌面上晾干（约 0.5 h）。

浸渍法：将两块干净的载玻片对齐紧贴在一起，浸入浆料中，使载玻片上涂上一层均匀的吸附剂，取出分开，晾干。

（2）活化：将晾干的薄层板置于烘箱中加热活化。硅胶板在烘箱中一般要慢慢升温，维持 105～110 ℃活化 30 min。Al_2O_3板在 150～160 ℃活化 4 h。薄层板的活性与含水量有关，其活性随含水量的增加而下降。

（3）点样：在距薄层板一端 1 cm 处，作为起点线。用内径 1 mm 管口平齐的毛细管吸取 1%样品溶液，垂直地轻轻接触到起点线上，待第 1 次点的溶剂挥发后，再在原处重复点第二次（图 2-64），点样斑点直径一般不超过 2 mm。样品的用量对物质的分离有很大的影响，若样品量太小，有的成分不易显出；若量太多，斑点过大，易造成交叉和拖尾现象。一块薄层板可以点多个样，但点样点之间距离以 1～1.5 cm 为宜。

（4）展开：薄层板的展开在层析缸中进行。为便展开剂蒸气充满层析缸，并很快达到平衡，可在层析缸内衬一张滤纸，用展开剂浸透 5～10 min 后，将点好样品的薄层板倾斜放入层析缸中进行展开，一般薄层板浸至 0.5 cm 高度，勿使样品浸入展开剂中（图 2-65）。当展开剂上升到距薄层板顶端 1～1.5 cm 处，混合物各组分已明显分开时，取出薄层板，立即用铅笔划出展开剂前沿的位置，展开剂挥发后即可显色。

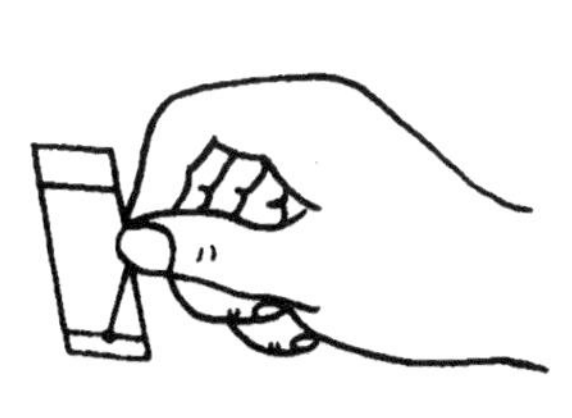

图 2-64　毛细管点样

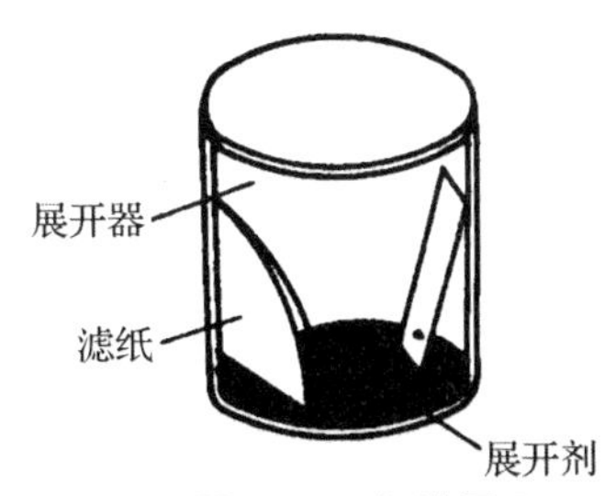

图 2-65　色谱展开

（5）显色：若样品各组分本身有颜色，则可直接观察斑点。若样品本身无色，则可在溶剂挥发后用显色剂显色；对于含有荧光的薄层板在紫外光下观察。斑点显色后，应立即用铅笔标出各斑点的位置。

（6）比移值（R_f）：按式（2-3）计算各组分的 R_f。

六、萃取

（一）实验原理

萃取是提取或提纯有机物的常用方法之一，其原理是利用待萃取物在两种互不相溶的溶剂中溶解度或分配比的不同，使其从一种溶剂转移到另一种溶剂中而与杂质分离。应用萃取可以从固体或液体中提取出所需要的物质，也可以用来洗去混合物中少量杂质，通常称前者为“抽提”或“萃取”，后者为“洗涤”。

萃取效率的高低取决于分配定律。即在一定温度、压力下，一种物质在两种互不相溶的溶剂“1”、“2”中的分配浓度之比是一常数。其关系式如下：

$$K=\frac{\rho_{1B}}{\rho_{2B}} \tag{2-4}$$

式中 K 是一常数，称分配系数，ρ_{1B} 为溶质 B 在溶剂“1”中的质量浓度，ρ_{2B} 为溶质 B 在溶剂“2”中的质量浓度。

利用式(2-4)可计算出每次萃取后溶液中溶质的剩余量。

假设：m_0 为待萃取物质(溶质)的总质量，V 为原溶液的体积，m_1 为第一次萃取后待萃取物质在原溶液中的剩余量，V_S 为每一次萃取所用萃取溶剂的体积。

$$\frac{\dfrac{m_1}{V}}{\dfrac{m_0-m_1}{V_S}}=K \text{ 即 } m_1=m_0\frac{KV}{KV+V_S}$$

同理，经二次萃取后，则有

$$\frac{\dfrac{m_2}{V}}{\dfrac{m_1-m_2}{V_S}}=K \text{ 即 } m_2=m_1\frac{KV}{KV+V_S}=m_0\left(\frac{KV}{KV+V_S}\right)^2$$

因此，经 n 次萃取后

$$m_n=m_0\left(\frac{KV}{KV+V_S}\right)^n \tag{2-5}$$

由式(2-5)可知，用一定量的溶剂进行萃取时，分多次萃取比一次萃取效率高。例如，15 ℃时，辛二酸在水与乙醚中的分配系数 K=1/4。若 4 g 辛二酸溶于 50 mL 水中，用 50 mL 乙醚萃取，则萃取后辛二酸在水中的剩余量为

$$m_1=4\text{ g}\times\frac{0.25\times50\text{ mL}}{0.25\times50\text{ mL}+50\text{ mL}}=0.80\text{ g}$$

萃取率为$\dfrac{4\text{ g}-0.80\text{ g}}{4\text{ g}}\times100\%=80\%$。

若用 50 mL 乙醚，分两次萃取，则萃取后辛二酸在水中的剩余量为

$$m_2=4\text{ g}\times\left(\frac{0.25\times50\text{ mL}}{0.25\times50\text{ mL}+50\text{ mL}}\right)^2=0.44\text{ g}$$

萃取率为

$$\frac{4\text{ g}-0.44\text{ g}}{4\text{ g}}\times100\%=89\%$$

此外，萃取效率还与萃取溶剂的性质有关。对溶剂的要求是纯度高、沸点低、毒性小，对待萃取物溶解度大，且与原溶剂不相溶。一般讲，难溶于水的物质用石油醚等萃取；较易溶于水者用苯或乙醚，易溶于水的物质用乙酸乙酯或类似溶剂。例如，用乙醚萃取水中的草酸效果较差，若改用乙酸乙酯效果较好。

萃取次数取决于分配系数，一般为 3～5 次。萃取后将各次萃取液合并，加入适当的干燥剂干燥，然后蒸去溶剂，所得有机物视其性质可再用蒸馏、重结晶等方法进一步提纯。

除上述液—液萃取外，还有液—固萃取和固相萃取。

液—固萃取用于从固相中提取物质，它利用溶剂对样品中待提取物和杂质溶解度的不同

来达到分离提纯目的。

固相萃取的原理与液相色谱相同，是色谱技术在样品净化、富集方面的应用。它利用多孔性固体介质（有时键合了特定的有机相）做固定相，当样品流过时，某些组分被固定相萃取，另一些组分随溶剂流出，被固定相萃取的组分经清洗后用少量洗脱液洗脱，达到提纯分离目的。固相萃取因其速度快、溶剂用量少、回收率高、重视性好等优点，使其在试样的净化、富集方面的应用越来越广泛。

（二）操作步骤

1. 液—液萃取

溶液中物质的萃取通常用分液漏斗来进行。操作时应选择容积较溶液体积大 1～2 倍的分液漏斗，在活塞上涂少许凡士林，转动活塞使其均匀透明。将分液漏斗顶端的玻璃塞与下端活塞用细绳套扎在漏斗上，并检查玻璃塞与活塞是否严密。然后将分液漏斗放在固定的铁环中，关好活塞，装入待萃取物和溶剂，盖好玻璃塞，振荡漏斗，使液层充分接触，振荡方法是先把分液漏斗倾斜，使上口略朝下，如图 2-66 所示，活塞部分向上并朝向无人处，右手捏住上口颈部，并用食指压紧玻璃塞，左手握住活塞。握持方式既要防止振荡时活塞转动或脱落，又要便于灵活地旋动活塞。振荡后，令漏斗仍保持倾斜状态，旋开活塞，放出因溶剂挥发或反应产生的气体，使内外压力平衡。如此重复数次，然后将分液漏斗静置于铁环上，使乳浊液分层，然后旋转顶端玻璃塞，对好放气孔，再慢慢旋开下端活塞，将下层液体自活塞放出。当液面的界线接近活塞时，关闭活塞，静置片刻或轻轻振摇，这时下层液体往往增多，再把下层液体仔细地放出。然后将上层液体从分液漏斗上口倒出。切不可经活塞放出，以免被漏斗活塞部所附着的残液污染。

在萃取中，上下两层液体都应该保留到实验完毕，以防中间操作发生错误，无法补救。

使用分液漏斗时，应防止几种错误的操作方法：用手拿住分液漏斗进行液体的分离；上层液体经漏斗的下端放出；上口玻璃塞未打开就旋开活塞。

分液漏斗若与 NaOH 或 Na_2SO_4 等碱性溶液接触后，必须冲洗干净，若较长时间不用，玻璃塞与活塞需用薄纸包好后再塞入，否则易粘在漏斗上而打不开。

2. 液—固萃取

实验室中常用索氏（Soxhlex）提取器进行液—固萃取。索氏提取器由烧瓶、抽提筒、回流冷凝管三部分组成，装置如图 2-67 所示。

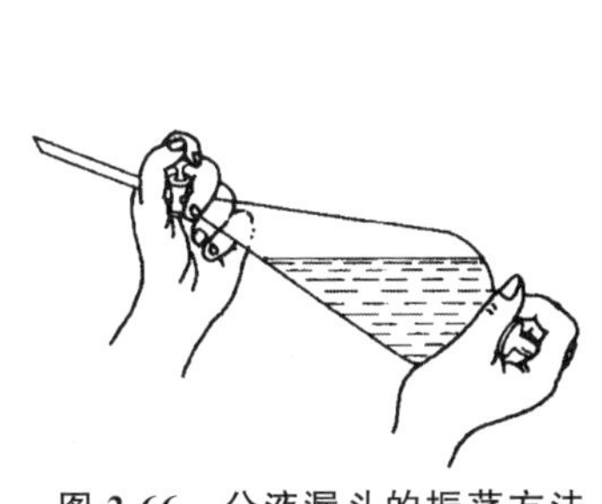

图 2-66　分液漏斗的振荡方法

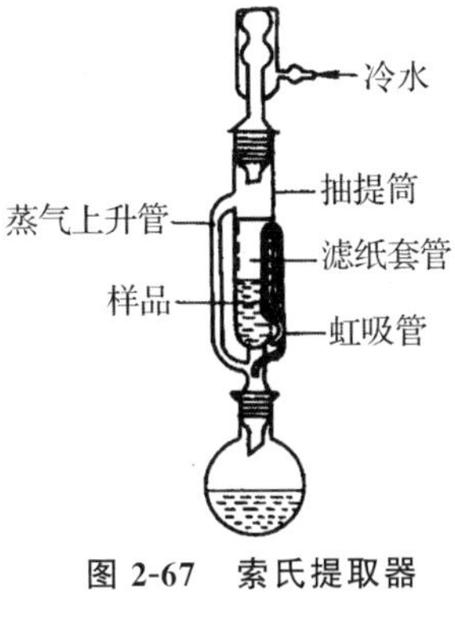

冷水
抽提筒
蒸气上升管
滤纸套管
样品
虹吸管

图 2-67　索氏提取器

索氏提取器是利用溶剂的回流及虹吸原理，使固体物质每次都被纯的热溶剂所萃取，减少了溶剂用量，缩短了提取时间，因而效率较高。萃取前，应先将固体物质研细，以增加溶剂浸溶的面积。然后将研细的固体物质装入滤纸筒[1]内，再置于抽提筒中。烧瓶内盛溶剂，并与抽提筒相连，抽提筒上端接冷凝管，溶剂受热沸腾，其蒸气沿抽提筒侧管上升至冷凝管，冷凝为液体，滴入滤纸筒中，并浸泡筒内样品。当液面超过虹吸管最高处时，即虹吸流回烧瓶，从而萃取出溶于溶剂的部分物质。如此多次重复，把要提取的物质富集于烧瓶内。提取液经浓缩除去溶剂后，即得产物，必要时可用其他方法进一步纯化。

注释：

[1] 滤纸筒的直径要略小于抽提筒的内径，其高度一般要超过虹吸管，但是样品不得高于虹吸管。如无现成的滤纸筒，可自行制作。其方法为：取脱脂滤纸一张，卷成圆筒状（其直径略小于抽提筒内径），底部折起而封闭（必要时可用线扎紧）装入样品，上口盖以滤纸或脱脂棉，以保证回流液均匀地浸透待萃取物。

七、升华

升华是纯化固体有机物的方法之一。某些物质在固态时有较高的蒸气压，当加热时，不经过液态而直接气化，蒸气遇冷又直接冷凝成固体，这个过程叫做升华。利用升华可除去不挥发性杂质，或分离不同挥发度的固体混合物。升华常可得到纯度较高的产品，但操作时间长，损失也较大，在实验室里只用于较少量（1～2 g）物质的纯化。

（一）实验原理

为了深入了解升华的原理，首先应研究固、液、气三相平衡，如图 2-68。图中曲线 *ST* 表示固相与气相平衡时固相的蒸气压曲线；*TW* 是液相与气相平衡时液体的蒸气压曲线；*TV* 为固相与液相的平衡曲线，三曲线相交于 *T*。*T* 为三相点，在这一温度和压力下，固、液、气三相处于平衡状态。三相点与物质的熔点（在大气压下固—液两项处于平衡时的温度）相差很小，通常只有几分之一度，因此在一定的压力下，*TV* 曲线偏离垂直方向很小。

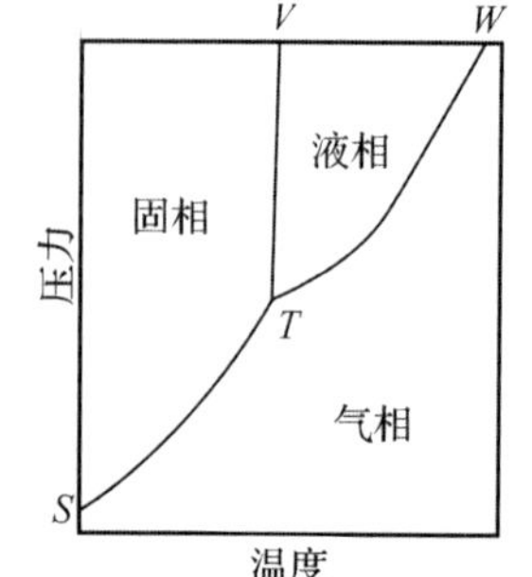

图 2-68 物质三相平衡曲线

在三相点以下，物质只有气、固两相。若降低温度，蒸气就不经过液态而直接变成固态；若升高温度，固态也不经过液态而直接变成蒸气。因此，一般的升华操作在三相点温度以下进行。若某物质在三相点以下的蒸气压很高，则气化速率很大，这样就很容易地从固态直接变成蒸气，而且此物质蒸气压随温度降低而下降，稍一降低温度，即可由蒸气直接变成固体，则此物质在常压下比较容易用升华方法来纯化。例如，樟脑（三相点温度是 179 ℃，此时的蒸气压为 49.33 kPa）在 160℃时蒸气压为 29.17 kPa，未达到熔点时已有相当高的蒸气压。因此，只要缓慢加热，使温度维持在 179 ℃以下，它可不经熔化而直接蒸发，蒸气遇冷即凝成固体。

有些物质在三相点温度时的蒸气压较低，例如，萘在熔点 80℃时的蒸气压只有 0.933 kPa，使用一般升华方法不能得到满意的结果，这时可采用减压升华的办法来纯化。

（二）操作步骤

1. 常压升华

常用的常压升华装置如图 2-69 所示。

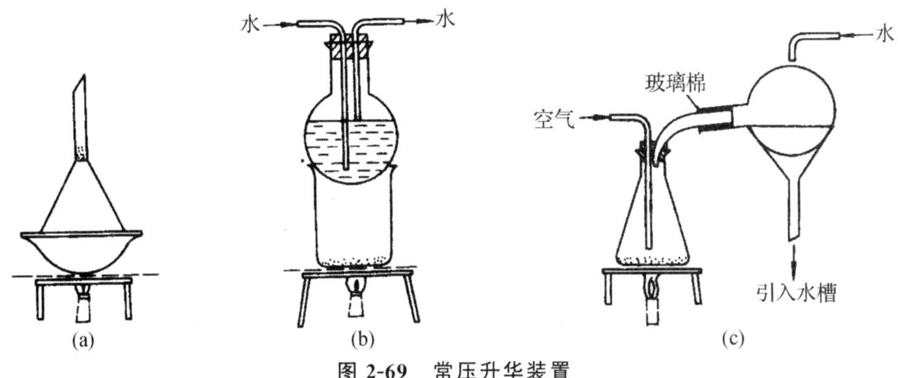

图 2-69 常压升华装置

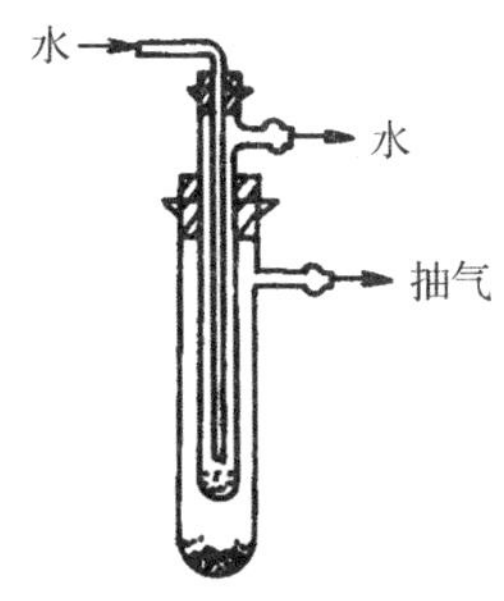

图 2-70 减压升华装置

图 2-69(a)中，将预先粉碎好的待升华物质均匀地铺放于蒸发皿中，上面覆盖一张穿有许多小孔的滤纸，然后将与蒸发皿口径相近的玻璃漏斗倒扣在滤纸上，漏斗颈口塞一小棉球或少许玻璃棉，以减少蒸气外逸。隔石棉网或用油浴、沙浴等缓慢加热蒸发皿，小心调节火焰，控制浴温低于升华物质的熔点，使其慢慢升华。蒸气通过滤纸孔上升，冷却后凝结在滤纸上或漏斗壁上。必要时漏斗外可用湿滤纸或湿布冷却。

较大量物质的升华，可在烧杯中进行。烧杯上放置一个通冷水的烧瓶。使蒸气在烧瓶底部凝结成晶体并附着在烧瓶底部，如图 2-69(b)。

在空气或惰性气体气流中进行升华的装置见图 2-69(c)。当物质开始升华时，通入空气或惰性气体，以带出升华物质，遇冷(或用自来水冷却)即冷凝于烧瓶壁上。

2. 减压升华

减压升华装置如图 2-70 所示。将固体物质放于吸滤管中，然后将装有“冷凝指”的橡皮塞严密地塞住吸滤管口，用水泵或油泵减压。接通冷凝水流，将吸滤管浸在水浴或油浴中加热，使之升华。升华结束后慢慢使体系与大气相通，以免空气突然冲入而把“冷凝指”上的晶体吹落。小心取出“冷凝指”，收集升华后的产品。

第三章

物质的化学性质实验

3.1 电解质溶液

一、实验目的

(1)了解弱电解质溶液的电离平衡及其移动。

(2)了解盐类水解的反应。

(3)验证缓冲溶液的性质。

(4)理解难溶电解质的溶解平衡,熟练掌握溶度积规则。

二、实验原理

1. 弱电解质的电离平衡

弱酸或弱碱在水中部分电离,$AB \rightarrow A^+ + B^-$。温度、弱电解质浓度及水溶液中 A^+、B^- 的浓度等因素可以影响其电离平衡的移动。电离反应是吸热反应,所以升高温度使平衡向电离方向移动;如果在弱电解质溶液中,加入某些强电解质(该电解质中含有与弱电解质组成中相同的离子)时,可使弱电解质的电离度降低,这种影响被称为同离子效应。利用同离子效应可使难溶电解质溶解度进一步减小。

2. 缓冲溶液

缓冲溶液是同离子效应的主要应用之一,即为弱酸(弱碱)及其盐所组成的混合溶液。缓冲溶液可以抵抗少量外来酸碱或稀释的影响,其 pH 值保持基本不变。例如 HAc($K_a=1.76\times10^{-5}$)和 NaAc 可组成缓冲溶液。缓冲溶液的酸度计算为:

$$pH = pK_a + \lg\frac{c_{盐}}{c_{酸}} \qquad pOH = pK_b + \lg\frac{c_{盐}}{c_{碱}}$$

当 $c_{酸}$($c_{碱}$)与 $c_{盐}$ 的比例为 1～10 之间时,溶液才具有较大的缓冲能力,以比例为 1 时的缓冲能力最大。因此所选弱电解质缓冲溶液的酸度范围与电离常数 $K_a(K_b)$ 的关系为：

$$pH = pK_a \pm 1 \qquad pOH = pK_b \pm 1$$

缓冲溶液的缓冲能力是有限的，大量外来酸碱或极度稀释会破坏其缓冲能力。

3. 盐类水解

某些盐电离出的离子可以与水电离出的 H^+ 或 OH^- 结合生成弱电解质，从而使盐溶液显出碱性或酸性，这就是盐类的水解。弱酸强碱盐水溶液呈碱性，强酸弱碱盐水溶液呈酸性，而弱酸弱碱盐的水溶液酸碱性则取决于相应生成的弱酸、弱碱的电离常数的相对大小，如 NH_4Ac 的水溶液呈中性（$K_a \approx K_b$），$(NH_4)_2S$ 的水溶液则呈碱性（$K_a < K_b$）。相应生成的弱酸碱越弱，则水解程度越大。当弱酸弱碱盐的正、负离子均发生水解时，“双水解”使平衡进行到底，水解完全。如：

$$2Al^{3+} + 3CO_3^{2-} + 6H_2O = 2Al(OH)_3\downarrow + 3CO_2\uparrow + 3H_2O$$

水解反应是吸热反应，所以升高温度可使平衡向水解方向移动；同时改变体系中的离子浓度，水解平衡也会发生移动。

4. 溶解平衡

在难溶电解质的饱和溶液中，如果还有未溶解的难溶电解质固体，那么溶解后的离子与未溶解的固体之间存在着沉淀溶解平衡。例如，在含有 Ag_2CrO_4 固体的 Ag_2CrO_4 饱和溶液中，存在如下平衡：

$$Ag_2CrO_4(s) \rightleftharpoons 2Ag^+(aq) + CrO_4^{2-}(aq)$$

其标准平衡常数表达式为：

$$K_{sp}^{\ominus} = \{c(Ag^+)/c^{\ominus}\}^2 \cdot \{c(CrO_4^{2-})/c^{\ominus}\}\text{（饱和溶液）}$$

式中 $K_{sp}^{\ominus}$ 简称为标准溶度积。

当溶液处于非饱和态（未饱和或过饱和）时，则用 Q_i 表示其离子积，其表式为：

$$Q_i = \{c(Ag^+)/c^{\ominus}\}^2 \cdot \{c(CrO_4^{2-})/c^{\ominus}\}\text{（非饱和溶液）}$$

可比较离子积与溶度积的大小来判断沉淀的生成和溶解，这一判断称为溶度积规则：

溶度积规则：

$Q_i > K_{sp}^{\ominus}$ 有沉淀生成

$Q_i = K_{sp}^{\ominus}$ 饱和溶液

$Q_i < K_{sp}^{\ominus}$ 溶液不饱和或沉淀溶解

从溶度积规则可知：若要生成某一难溶电解质的沉淀，就需设法增大它的某种离子的浓度，使其离子积大于它的 $K_{sp}^{\ominus}$；反之，要使沉淀溶解，就要设法降低它的某种离子浓度，使其离子积小于 $K_{sp}^{\ominus}$。

若溶液中含有几种离子都能与加入的某种试剂（沉淀剂）反应生成沉淀，当逐滴加入沉淀剂时出现各离子依先后次序沉淀的现象，称为分步沉淀。分步沉淀的次序为：需要沉淀剂浓度较小的难溶电解质先析出沉淀，需要沉淀剂浓度较大的后析出沉淀。

在含有一种难溶电解质沉淀的溶液中，加入某种试剂，使其转化为另一种难溶电解质沉淀的过程叫沉淀的转化。沉淀转化的方向为：溶解度较大的难溶电解质沉淀转化为溶解度较小的难溶电解质沉淀。

三、实验仪器与试剂

1. 仪器

试管	试管夹	量筒(10 mL)	烧杯	酒精灯
点滴板	药匙	玻璃棒	离心机	离心试管

2. 试剂

$Na_2S_2O_3$(2 mol·L^{-1})	KBr(0.1 mol·L^{-1})	$AgNO_3$(0.1 mol·L^{-1})
NaCl(0.1 mol·L^{-1})	K_2CrO_4(0.1 mol·L^{-1})	NH_4Cl(2 mol·L^{-1})
氨水(2 mol·L^{-1})	氨水(0.1 mol·L^{-1})	HCl(2 mol·L^{-1})
$MgCl_2$(0.1 mol·L^{-1})	Na_2CO_3(0.1 mol·L^{-1})	NH_4Ac(s)
$CaCl_2$(0.1 mol·L^{-1})	$NaHCO_3$(0.5 mol·L^{-1})	$Al_2(SO_4)_3$(0.1 mol·L^{-1})
NaAc(2 mol·L^{-1})	NaAc(0.1 mol·L^{-1})	NaOH(0.1 mol·L^{-1})
HCl(0.1 mol·L^{-1})	HAc(0.1 mol·L^{-1})	pH 试纸
百里酚蓝指示剂	甲基橙	酚酞

四、实验内容

1. 弱电解质的电离平衡

(1)往试管中加入 10 滴 0.1 mol·L^{-1}氨水,滴入 1 滴酚酞,观察颜色变化,再加入少量 NH_4Ac(s),振荡试管,再观察颜色变化。

(2)往试管中加入 10 滴 0.1 mol·L^{-1}HAc,滴入 1 滴甲基橙,观察颜色变化,再加入少量 NH_4Ac(s),振荡试管,再观察颜色变化。

2. 缓冲溶液

在试管中加入 0.1 mol·L^{-1}HAc 溶液和 0.1 mol·L^{-1}NaAc 溶液各 3 mL,制成 HAc-NaAc 缓冲溶液。加入百里酚蓝指示剂 2 滴,混合后观察溶液的颜色。然后把溶液均分后分别盛于四支试管中,在其中 3 支试管中分别加入 5 滴 0.1 mol·L^{-1}HCl、0.1 mol·L^{-1}NaOH 和 H_2O,与原配制的缓冲溶液的颜色相比较,观察溶液的颜色是否变化。

3. 盐类水解

(1)在试管中加入 2 mol·L^{-1}NaAc 溶液 3 mL,滴入 1 滴酚酞,观察颜色变化,再将试管缓慢加热至沸,观察溶液颜色变化。冷却试管,再观察颜色变化。解释实验现象。

(2)取 2 支试管,分别加入 0.1 mol·$L^{-1}$$Al_2(SO_4)_3$和 0.5 mol·$L^{-1}$$NaHCO_3$各 1 mL,用 pH 试纸测定其 pH 值。然后把溶液混合,观察实验现象,解释原因。

4. 沉淀平衡

(1)沉淀的生成和溶解。

①取两支试管,分别加入 5 mL 去离子水,然后分别滴入 1 滴 0.1 mol·$L^{-1}$$CaCl_2$溶液,1 滴 0.1 mol·$L^{-1}$$Na_2CO_3$溶液,并摇匀;然后将两试管中的溶液混合,观察有无沉淀生成。

往离心试管中加入 0.1 mol·$L^{-1}$$CaCl_2$溶液和 0.1 mol·$L^{-1}$$Na_2CO_3$溶液各 1 mL,振荡试管,观察沉淀的生成。用离心机离心分离后,将上层清液倾入另一支试管中,在遗留的沉淀中加入 2 mol·L^{-1}HCl 溶液,观察沉淀的溶解。往清液中滴加 0.1 mol·$L^{-1}$$CaCl_2$溶液数滴,观察沉淀的生成。解释上述现象,写出有关反应方程式。

②取两支试管各加入 0.1 mol·$L^{-1}$$MgCl_2$溶液 1 mL,然后分别滴入 2 mol·$L^{-1}$氨水,至

产生沉淀为止；再往其中一支试管中滴加 2 mol·L^{-1} NH_4Cl 溶液，至沉淀消失为止；往其中另一支试管中滴加 2 mol·L^{-1} HCl 溶液，至沉淀消失为止。用平衡移动的观点解释上述实验现象。

（2）分步沉淀。

往离心试管中加入 3 mL 去离子水，然后滴入 2 滴 0.1 mol·L^{-1} NaCl 溶液和 2 滴 0.1 mol·L^{-1} K_2CrO_4 溶液，摇匀后，再边振荡边滴入 3 滴 0.1 mol·L^{-1} $AgNO_3$ 溶液，观察白色沉淀的生成；然后离心分离，再往清液中滴加 0.1 mol·L^{-1} $AgNO_3$ 溶液，至生成砖红色沉淀为止。解释上述实验现象，写出反应方程式。

（3）沉淀的转化。

往离心试管中加入 5 滴 0.1 mol·L^{-1} $AgNO_3$ 溶液和 5 滴 0.1 mol·L^{-1} K_2CrO_4 溶液，振荡试管，观察沉淀颜色。离心分离，弃去清液，往沉淀上滴加 0.1 mol·L^{-1} NaCl 溶液，边加边振荡直到砖红色沉淀消失，白色沉淀生成为止。解释上述实验现象。写出反应方程式。

（4）沉淀—配位平衡。

往试管加入 10 滴 0.1 mol·L^{-1} $AgNO_3$ 溶液，滴入 1 滴 0.1 mol·L^{-1} NaCl 溶液，观察白色沉淀的生成，然后滴入数滴 2 mol·L^{-1} 氨水至白色沉淀溶解；再向试管中滴加 0.1 mol·L^{-1} KBr 溶液，至沉淀生成，然后滴入数滴 2 mol·L^{-1} $Na_2S_2O_3$ 至沉淀溶解。解释上述实验现象，写出反应方程式。

思考题

1. NaH_2PO_4 与 Na_2HPO_4 的混合液是缓冲溶液吗？
2. 怎样防止盐类水解？
3. 离心分离操作中应注意什么问题？
4. 在分步沉淀中溶度积较小的难溶电解质一定先析出沉淀吗？试举例说明？

【相关背景知识】

表 3-1 所示为一些弱电解质的标准离解常数

表 3-1　一些弱电解质的标准离解常数

名　　称	解　离　常　数	$pK^{\ominus}$
HCOOH(20 ℃)	$K_a^{\ominus}=1.77\times10^{-4}$	3.75
HClO(18 ℃)	$K_a^{\ominus}=2.95\times10^{-8}$	7.53
$H_2C_2O_4$	$K_{a_1}^{\ominus}=5.9\times10^{-2}$	1.23
	$K_{a_2}^{\ominus}=6.4\times10^{-5}$	4.19
HAc	$K_a^{\ominus}=1.76\times10^{-5}$	4.75
H_2CO_3	$K_{a_1}^{\ominus}=4.3\times10^{-7}$	6.37
	$K_{a_2}^{\ominus}=5.6\times10^{-11}$	10.25
HNO_2(12.5 ℃)	$K_a^{\ominus}=4.6\times10^{-4}$	3.37
H_3PO_4	$K_{a_1}^{\ominus}=7.52\times10^{-3}$	2.12
	$K_{a_2}^{\ominus}=6.23\times10^{-8}$	7.21
(18 ℃)	$K_{a_3}^{\ominus}=2.2\times10^{-13}$	12.67

续表

名　　称	解　离　常　数	$pK^{\ominus}$
H_2SO_3(18 ℃)	$K_{a_1}^{\ominus}=1.54\times10^{-2}$	1.81
	$K_{a_2}^{\ominus}=1.02\times10^{-7}$	6.91
H_2SO_4	$K_{a_2}^{\ominus}=1.20\times10^{-2}$	1.92
H_2S	$K_{a_1}^{\ominus}=1.1\times10^{-7}$	6.96
	$K_{a_2}^{\ominus}=1.0\times10^{-14}$	14.0
HCN	$K_{a}^{\ominus}=4.93\times10^{-10}$	9.31
HF	$K_{a}^{\ominus}=3.53\times10^{-4}$	3.45
H_2O_2	$K_{a}^{\ominus}=2.4\times10^{-12}$	11.62
$NH_3\cdot H_2O$	$K_{a}^{\ominus}=1.77\times10^{-5}$	4.75

摘自南京大学编《无机及分析化学》(第三版),附录三。

3.2　氧化还原反应

一、实验目的

(1)掌握电极电势、反应介质酸度及反应物浓度对氧化还原反应的影响。

(2)熟悉几种重要的氧化剂、还原剂。

(3)了解影响氧化还原反应的因素。

二、实验原理

氧化还原反应的本质特征是在反应过程中有电子的转移,因而使元素的氧化数发生变化。元素原子氧化数升高(即失去电子)的变化称为氧化,含该元素的物质为还原剂。相反,元素原子氧化数降低(得电子)的变化称为还原,含该元素的物质为氧化剂。

水溶液中物质氧化还原能力的强弱,可用有关的电对的电极电势(φ)进行比较:电极电势(φ)越高,电对中氧化态物质的氧化能力越强,反之,电对中还原态物质的还原能力越强。因此,氧化还原反应的自发方向总是电极电势较高的电对中的氧化态物质与电极电势较低的电对中的还原态物质反应,分别转化为相应的还原态和氧化态物质。

物质的浓度与电极电势(φ)的关系可用能斯特方程表示:

$$\varphi=\varphi^{\ominus}+\frac{0.059}{n}\lg\frac{c_{Ox}}{c_{Red}}(25\ ℃)$$

式中 $\varphi^{\ominus}$ 为标准电极电势,c_{Ox} 及 c_{Red} 分别表示氧化态和还原态的平衡浓度。因此,氧化态和还原态物质浓度变化都会改变其电极电势(φ)的。

此外,介质的酸度也会对 φ 值产生影响,例如在含氧酸根离子参加的氧化还原反应中,H^+ 影响到 φ 值。

电极电势的高低对氧化还原反应的方向、反应速率及产物等都有影响。

三、实验仪器与试剂

1. 仪器

小试管　　玻璃棒　　小烧杯　　酒精灯

2. 试剂

$NaOH$(6mol·L^{-1})

KI(0.1 mol·L^{-1})

$CuSO_4$(0.2 mol·L^{-1})

$Na_2S_2O_3$(0.5 mol·L^{-1})

Na_2SO_3(0.5 mol·L^{-1})

H_2SO_4(3 mol·L^{-1})

$KMnO_4$(0.1 mol·L^{-1})

KBr(0.1 mol·L^{-1})

$(NH_4)_2Fe(SO_4)_2$(0.1 mol·L^{-1})

1%淀粉

饱和 NH_4F 溶液

$KMnO_4$(0.01 mol·L^{-1})

HCl(6 mol·L^{-1})

H_2O_2(3%)

$FeCl_3$(0.1 mol·L^{-1})

$FeSO_4$(0.1 mol·L^{-1})

CCl_4

$NaHCO_3$(s)

$Pb(NO_3)_2$(0.1 mol·L^{-1})

Na_2S(0.1 mol·L^{-1})

AsO_4^{3-}试液

锌片

四、实验内容

1. 电极电势与氧化还原反应的关系

(1)在试管中加入 1 mL 0.2 mol·L^{-1} $CuSO_4$溶液,然后插入锌片,15 min 后,观察溶液的颜色和锌片表面的变化。

(2)将 2 滴的 0.1 mol·L^{-1} $FeCl_3$和 10 滴的 0.1 mol·L^{-1} KI 溶液在试管中混匀后,加 5 滴 CCl_4,充分振荡,放置片刻,观察 CCl_4层的变化。

将 0.1 mol · L^{-1} KBr 代替 0.1 mol·L^{-1} KI,重复上述操作。根据实验结果,定性比较 $\varphi(Br_2/Br^-)$、$\varphi(I_2/I^-)$和 $\varphi(Fe^{3+}/Fe^{2+})$的高低,并指出最强的氧化剂和还原剂。

(3)取两支试管,一支加入 5 滴 0.1 mol·L^{-1} $FeSO_4$溶液,另一支加入 5 滴蒸馏水后,分别滴入 2 滴溴水,充分振荡后,观察溶液的颜色变化。

取两支试管,各加入 5 滴 0.1 mol·L^{-1} $FeSO_4$溶液,向其中一试管中滴入 5 滴饱和 NH_4F 溶液,各加入 2 滴碘液,充分振荡后,观察溶液的颜色变化,并加以解释。

根据实验结果,说明电极电势与氧化还原反应方向的关系。

(4)将 2 滴 0.1 mol·L^{-1} KI 和 1 滴 3 mol·L^{-1} H_2SO_4 混入一试管中,再滴入 3 滴 3% H_2O_2,观察溶液的颜色变化;再滴入 1% 的淀粉 1 滴,有何现象? 向溶液中再滴加 6 mol·L^{-1} NaOH 溶液数滴,观察现象,并试用碘在碱性介质子中的标准电极电势图来解释。

2. 氧化剂、还原剂的相对性

(1)H_2O_2的氧化性:在盛有 5 滴的 0.1 mol·L^{-1} $Pb(NO_3)_2$小试管中,滴加0.1 mol·L^{-1} Na_2S 溶液 5 滴,观察沉淀的颜色。静置后,倾出上清液,在沉淀上滴加 3% H_2O_2数滴,在水中微热片刻后,观察其现象。

(2)H_2O_2的还原性:取 5 滴 0.1 mol·L^{-1} $KMnO_4$溶液于一试管中,滴加 2 滴3 mol·L^{-1} H_2SO_4后,再逐滴加入 3% H_2O_2,观察其颜色的变化。

3. 介质酸度对氧化还原反应的影响

(1)往各盛有 10 滴 0.1 mol·L^{-1} KBr 的两试管中，分别滴入 10 滴的蒸馏水和 10 滴的 3 mol·L^{-1} H_2SO_4，然后各滴入 2 滴 0.01 mol·L^{-1} $KMnO_4$ 溶液，观察并比较紫色褪去的快慢，写出反应式，并加以解释。

(2)取三支试管，各加入 10 滴 0.5 mol·L^{-1} Na_2SO_3 溶液，向第一支试管中滴入 2 滴 3 mol·L^{-1} H_2SO_4，向第二支试管中滴入 2 滴蒸馏水，向第三支试管中滴入 2 滴 6 mol·L^{-1} NaOH 溶液，然后向三支试管中滴入 0.01 mol·L^{-1} $KMnO_4$ 溶液 2 滴，摇匀。观察并解释其现象。

(3)将 5 滴 AsO_4^{3-} 试液和 2 滴 0.1 mol·L^{-1} KI 溶液混入一试管中，微热后，滴加 2 滴 6 mol·L^{-1} HCl 和 1 滴 1% 淀粉溶液，观察其现象。再加入少许 $NaHCO_3$ 固体，以调节溶液至微碱性，观察溶液颜色变化，再 1 滴入 6 mol·L^{-1} HCl 滴，溶液的颜色又如何变化？试加以解释。

4. 浓度、沉淀、配位对氧化还原反应的影响

(1)取 5 滴 0.1 mol·L^{-1} $NH_4Fe(SO_4)_2$ 溶液，加入 5 滴 0.1 mol·L^{-1} KI 溶液，再滴入 5 滴 CCl_4 振荡，观察层的颜色。

取 5 滴 0.1 mol·L^{-1} $NH_4Fe(SO_4)_2$ 溶液，加入 5 滴饱和 NH_4F 溶液，再滴入 5 滴 0.1 mol·L^{-1} KI 溶液和 5 滴 CCl_4 振荡，观察 CCl_4 层的颜色，并与上述实验比较。

(2)向 20 滴 0.2 mol·L^{-1} $CuSO_4$ 溶液中加入 10 滴 0.1 mol·L^{-1} KI 溶液，再逐滴加入 0.5 mol·L^{-1} $Na_2S_2O_3$ 溶液，以除去反应中生成的碘。离心分离后，观察沉淀颜色。并用 $\varphi^{\ominus}(I_2/I^-)$，$\varphi^{\ominus}(Cu^{2+}/Cu^+)$，$K^{\ominus}_{sp,(CuI)}$ 解释此现象。

(3)向 10 滴 0.1 mol·L^{-1} $FeCl_3$ 溶液中逐滴加入饱和 NH_4F 溶液至溶液恰好变为无色，再滴入 10 滴 0.1 mol·L^{-1} KI 溶液及 5 滴 CCl_4，充分振荡后，静置片刻，观察 CCl_4 层颜色，与本实验 1—(2)的结果进行比较，并加以解释。

思考题

1. H_2O_2 为什么具有氧化性与还原性？
2. 以 $KMnO_4$ 为例，说明介质酸度对氧化还原反应产物的影响。

3.3 配合物的性质

一、实验目的

(1)了解配位化合物的组成、生成和离解。
(2)了解螯合物的形成和特性。
(3)加深对配位化合物离解平衡及其平衡移动的理解。

二、实验原理

1. 配位化合物(配合物)

由中心离子(或原子)与一定数目的离子(或中性分子)以配位键结合成的复杂化学质点叫

做配离子(或分子),带有正电荷的配离子叫做正配离子。带有负电荷的配离子叫做负配离子,含有配离子的化合物叫做配位化合物,简称配合物。例如$[Cu(NH_3)_4]SO_4$硫酸四氨合铜(Ⅱ)、$K_3[Fe(CN)_6]$六氰合铁(Ⅲ)酸钾等。周期表中的副族元素容易形成。配合物的形成使得原物质的某些性质,如颜色、溶解度、pH 值等发生变化。

2. 配合—离解平衡

配离子是一种类似弱电解质,部分电离,在水溶液中存在配合与离解的平衡,例如$[Cu(NH_3)_4]SO_4$在水溶液中存在:

$$Cu^{2+} + 4NH_3 \rightleftharpoons [Cu(NH_3)_4]^{2+}$$

其平衡常数可表示为 $K_{稳}$ 或 $K_{不稳}$。

$$K_{稳} = \frac{c\{[Cu(NH_3)_4]^{2+}\}}{c(Cu^{2+}) \cdot c(NH_3)^4}$$

$K_{稳}$ 表示配离子的稳定程度,它的值越大,则表示配合物的稳定性越高、离解程度越小。反之,则配合物的稳定性越低、离解程度越大。$K_{稳}$ 倒数为 $K_{不稳}$。

配离子离解平衡可因外界条件的变化(如加入某种沉淀剂或其他的配位剂)而向生成更难离解或更难溶的物质的方向发生移动。如:

$$[FeF_6]^{3-} + 3OH^- \rightleftharpoons Fe(OH)_3(s) + 6F^-$$

3. 螯合物

螯合物是由中心离子和多齿配体组成的环状配合物,难溶于水而易溶于有机溶剂,常具有特征颜色,可用于检验金属离子。

三、实验仪器与试剂

1. 仪器

试管　　试管夹　　量筒(10 mL)　　烧杯　　酒精灯　　洗瓶

2. 试剂

$MgCl_2$(0.1 mol·L^{-1})	$Ni(NO_3)_2$(0.1 mol·L^{-1})	$Na_2S_2O_3$(1 mol·L^{-1})
KSCN(0.1 mol·L^{-1})	Na_2S(0.1 mol·L^{-1})	KBr(0.1 mol·L^{-1})
NaOH(0.1 mol·L^{-1})	NaOH(6 mol·L^{-1})	$FeCl_3$(0.1 mol·L^{-1})
KI(0.1 mol·L^{-1})	EDTA(0.1 mol·L^{-1})	$CuSO_4$(0.1 mol·L^{-1})
NaF(0.1 mol·L^{-1})	$AgNO_3$(0.1 mol·L^{-1})	NaCl(0.1 mol·L^{-1})
丁二酮肟	氨水(2 mol·L^{-1})	镁试剂Ⅰ

四、实验内容

1. 配合物的生成与组成

(1)往一试管中加入约 2 mL 0.1 mol·L^{-1} $CuSO_4$溶液,然后逐滴加入 2 mol·L^{-1}氨水,直至产生的沉淀溶解并生成深蓝色溶液。写出反应方程式。继续加入 3 滴 2 mol·L^{-1}氨水,留作(标记为 A)下面实验用。

(2)往一支试管中加入 5 滴 0.1 mol·L^{-1} $AgNO_3$溶液和 7 滴 1 mol·L^{-1} $Na_2S_2O_3$溶液,充分振荡后加入 2 滴 0.1 mol·L^{-1} NaCl,观察现象。写出反应方程式。

2. 配离子的离解平衡及其平衡移动、配离子的稳定性

(1)用三支试管,分别取上述 A 溶液 5 滴,分别加入 2 滴 0.1 mol·L^{-1} Na_2S溶液、2 滴

0.1 mol·L^{-1} NaOH 溶液、4 滴 0.1 mol·L^{-1} EDTA 溶液，观察并解释现象。写出反应的离子方程式。

(2)往试管中加入 2 滴 0.1 mol·L^{-1} $FeCl_3$ 溶液，加水稀释成无色后再加入 1 滴 0.1 mol·L^{-1} KSCN 溶液，观察溶液颜色有无变化。然后逐滴加入 6 mol·L^{-1} NaOH，有何现象发生，写出反应的离子方程式。

(3)往两支试管中分别加入 4 滴 0.1 mol·L^{-1} $FeCl_3$ 溶液，加水稀释成无色后分别加入 1 滴 0.1 mol·L^{-1} KSCN 溶液和 0.1 mol·L^{-1} EDTA 溶液，观察现象。之后，再分别逐滴加入 0.1 mol·L^{-1} NaF 溶液，观察溶液颜色的变化并比较上述各种配合物的稳定性。

(4)自行设计实验，完成以下各步的转变并写出每步的条件及现象

$$AgNO_3 \rightarrow AgCl \rightarrow [Ag(NH_3)_2]^+ \rightarrow AgBr \rightarrow [Ag(S_2O_3)_2]^{3-} \rightarrow AgI \rightarrow Ag_2S$$

注意：加溶液时须逐滴进行，并边滴边摇，以恰好溶解为宜。

3. 简单离子与配离子的区别

取两支试管各加入 10 滴 0.1 mol·L^{-1} $FeCl_3$ 溶液，往其中一试管中加入 10 滴 0.1 mol·L^{-1} Na_2S 溶液，边滴边摇。向另一试管中加入 1 滴 6 mol·L^{-1} NaOH 溶液后振荡。观察现象并写出反应方程式。

另取两支试管，用 0.1 mol·L^{-1} $K_3[Fe(CN)_6]$代替 0.1 mol·L^{-1} $FeCl_3$进行实验。观察并比较两组实验的现象。写出离子方程式。

4. 螯合物及其应用

(1)螯合物。在一支试管中加 5 滴 0.1 mol·L^{-1} $Ni(NO_3)_2$溶液，观察溶液的颜色，逐滴加入 2 mol·L^{-1}氨水，每加一滴都要充分振荡，并嗅其氨味，如果嗅不出氨味，再加第二滴，直至能闻到氨味，同时要注意溶液颜色的变化。接着滴加 5 滴丁二酮肟溶液并摇动试管，观察玫瑰红色结晶的生成。

(2)鉴定镁离子。往试管中加入 2 滴 0.1 mol·L^{-1} $MgCl_2$ 溶液，略加稀释后加入 2 滴 2 mol·L^{-1}氨水(使溶液成碱性)，再滴入 2 滴镁试剂Ⅰ，观察生成的蓝色螯合物，证明的 Mg^{2+} 存在。

思考题

1. 配合物是怎样形成的？它与复盐有何区别？配离子与简单离子有何区别？如何证明？
2. 有哪些因素使得配合物的离解平衡发生移动？举例说明？
3. 什么是螯合物？有些什么特征？

3.4 常见阴阳离子的鉴定

一、实验目的

(1)掌握常见阴离子、阳离子的基本性质。

(2)了解常见阴离子、阳离子的鉴定方法。

二、实验原理

在鉴定溶液中某种离子时，常利用被鉴定离子在水溶液中与试剂离子反应，根据是否生成具有某些特殊性质(如：沉淀的生成或溶解；溶液颜色的改变；有气体产生。)的新物质，来确定被鉴定离子存在与否。

三、实验仪器与试剂

1. 仪器

试管	量筒(10 mL)	烧杯	酒精灯	点滴板	试管夹
药匙	玻棒	离心机	铂丝	酒精喷灯	离心试管

2. 试剂

(1)S^{2-}、Cl^-、I^-、SO_4^{2-}、PO_4^{3-}、NO_3^-、NO_2^-、CO_3^{2-}试液(均为 0.1 mol · L^{-1})

(2)NH_4^+、Na^+、K^+、Ca^{2+}、Mg^{2+}、Fe^{3+}、Fe^{2+}、Cu^{2+}、Al^{3+}试液(均为 0.1 mol · L^{-1})

(3)NaOH(6 mol · L^{-1})　　HAc(6 mol · L^{-1})

HCl(6 mol · L^{-1})　　$(NH_4)_2C_2O_4$(0.1 mol · L^{-1})

KSCN(0.1 mol · L^{-1})　　$BaCl_2$(0.1 mol · L^{-1})

HNO_3(6 mol · L^{-1})　　$AgNO_3$(0.1 mol · L^{-1})

HCl(2 mol · L^{-1})　　氨水(6 mol · L^{-1})

$K_4[Fe(CN)_6]$(0.1 mol · L^{-1})　　$FeSO_4$(s)

饱和 $Ba(OH)_2$　　$K_3[Fe(CN)_6]$(1 mol · L^{-1})

α-萘胺　　浓 H_2SO_4

$(NH_4)_2MoO_4$试剂　　奈斯勒试剂

醋酸铀酰锌　　亚硝酸钴钠

镁试剂　　对氨基苯磺酸

铝试剂　　pH 试纸

红色石蕊试纸　　$Pb(Ac)_2$试纸

四、实验内容

(一)阳离子的鉴定

1. NH_4^+

于干净的小表面皿上滴入 1 滴的奈斯勒试剂(或附上 1 小块用水润湿的红色石蕊试纸)，另取 1 个较大的表面皿，滴入 3 滴的 NH_4^+ 试液，再加 2 滴 6 mol · L^{-1} NaOH 溶液，立即把小表面皿盖到大表面皿上，构成“气室”。观察现象。

2. Na^+(醋酸铀酰锌法)

取 3 滴 Na^+ 试液于离心试管中，加 1 滴 6 mol · L^{-1} HAc 及 5 滴的醋酸铀酰锌试剂，用玻璃棒摩擦试管壁，静置片刻，观察现象。

3. K^+(亚硝酸钴钠法)

取 3 滴 K^+ 试液于离心试管中，加 5 滴新配制的亚硝酸钴钠试剂，搅动，观察现象。

4. Ca^{2+}

取 3 滴 Ca^{2+} 试液于离心试管中，加入 2 滴 0.1 mol·$L^{-1}$$(NH_4)_2C_2O_4$溶液，观察现象。

5. Mg^{2+}

取 2 滴 Mg^{2+} 试液于离心试管中，加入 1 滴的 6 mol·L^{-1}NaOH 溶液，再滴入 1 滴镁试剂，观察现象。

6. Fe^{3+}

取 1 滴 Fe^{3+} 试液于点滴板上，加 1 滴 6 mol·L^{-1}HCl，再滴加 1 滴 0.1 mol·L^{-1}KSCN，观察并记录现象。

7. Fe^{2+}

取 1 滴 Fe^{2+} 试液于点滴板上，加 1 滴 6 mol·L^{-1}HCl，再滴加 1 滴 1 mol·$L^{-1}$$K_3[Fe(CN)_6]$，观察并记录现象。

8. Cu^{2+}

取 2 滴 Cu^{2+} 试液于点滴板上，加 1 滴 0.1 mol·$L^{-1}$$K_4[Fe(CN)_6]$，观察并记录现象。

9. Al^{3+}

取 2 滴 Al^{3+} 试液于离心试管中，加 2 滴铝试剂，加氨水至有氨臭，在水浴中加热，观察并记录现象。

(二)阴离子的鉴定

1. CO_3^{2-}

取 10 滴 CO_3^{2-} 试液于离心试管内，在带有橡皮塞的一滴管中吸取少量饱和 $Ba(OH)_2$清液(要求新配制)，然后向试管中加入 3 滴 6 mol·L^{-1}HCl，立即塞紧橡皮塞。仔细观察并记录现象。放置 5 min 后，又有何变化？

2. NO_2^-

取 1 滴 NO_2^- 试液于离心试管内，再依次加入对氨基苯磺酸和 α-萘胺各 1 滴，观察并记录现象。

3. NO_3^-

取 2 滴 NO_3^- 试液于离心试管内，加入固体 $FeSO_4$(绿色)1 小粒，然后沿着管壁滴加 3 滴浓 H_2SO_4，观察并记录现象。

4. PO_4^{3-}

取 10 滴 PO_4^{3-} 试液于离心试管中，加入 3 滴 6 mol·$L^{-1}$$HNO_3$，滴入 5 滴$(NH_4)_2MoO_4$试剂，水浴微热并用玻棒摩擦试管内壁，观察并记录现象。

5. SO_4^{2-}

取 2 滴 SO_4^{2-} 试液于离心试管内，加入 3 滴 6 mol·L^{-1}HCl 酸化后，再加入 2 滴 0.1 mol·L^{-1} $BaCl_2$至白色沉淀生成，离心分离，弃去上层清液，往沉淀上滴加 6 mol·$L^{-1}$$HNO_3$并振荡，若沉淀不消失，表示有 SO_4^{2-} 的存在。

6. Cl^- 和 I^-

取 10 滴 Cl^- 试液于离心试管内，加入 2 滴 6 mol·L^{-1} HNO_3酸化后，再滴加 0.1 mol·L^{-1} $AgNO_3$至白色沉淀生成，离心分离，弃去上层清液，往沉淀上滴加 6 mol·L^{-1}氨水至沉淀完全溶解后，用 6 mol·L^{-1}HCl 酸化，白色沉淀重新出现，示有 Cl^-。

7. S^{2-}

取 3 滴 SO_4^{2-} 试液于离心试管内，加入 3 滴 2 mol·L^{-1}HCl 滴，迅速以润湿的 $Pb(Ac)_2$试

纸密封管口，观察并记录现象。

思考题

1. 请用简便方法分离 Al^{3+}、Ba^{2+}、Ag^{+}、Fe^{3+} 的混合离子液，并设计实验方案。
2. 用什么方法进行 S^{2-}、Cl^{-}、I^{-}、SO_4^{2-}、CO_3^{2-} 混合离子分析？

3.5　有机化合物官能团的性质

一、实验目的

(1)掌握有机官能团的主要化学性质。

(2)熟悉有机化合物一般定性分析方法。

(3)加深理解理论课中有机化合物的鉴别反应。

二、实验原理

有机化合物分子中的官能团是分子中比较活泼而容易发生化学反应的部位。通过有机官能团所特有的反应现象，就能大致区别有机化合物的类别。为了使有机化合物官能团一般定性分析方法实用、简便，则应当使有机分析中的反应具备以下条件：(1)反应前后现象变化要明显，如沉淀生成或溶解、气体逸出、颜色突变等；(2)灵敏度要高，特别在涉及剧毒反应物时该条件更应考虑；(3)专一性要强。官能团的特征反应较多时，应该筛选出官能团独具一格的反应现象；(4)反应的速度适中，以便于观察实验的现象。

三、实验仪器与试剂

1. 仪器

烧杯	水浴锅	试管架	试管夹
酒精灯	试管	玻璃棒	石棉网

2. 试剂

Br_2(3%)	CCl_4	甲胺
浓 H_2SO_4	浓 HNO_3	$KMnO_4$(5%)
浓氨水	松节油	Fehling(A 、B)
$CuSO_4$(1%)	$K_2Cr_2O_7$/浓 H_2SO_4	CH_3COCH_3
$FeCl_3$(1%)	CH_3CHO	C_6H_5CHO
HCl(5%)	1-丁醇	2-丁醇
$AgNO_3$(5%)	C_2H_5OH	叔丁醇
NaOH(5%)	$(CH_3)_2CHOH$	邻苯二酚(5%)
苯	甲苯	I_2/KI 溶液[2]
H_2NCONH_2(s)	苯酚(5%)	溴的四氯化碳溶液
苯胺	乙酰胺	乳酸

甲酸　　乙酸　　草酸
乙酰丙酮　　红色石蕊试纸　　酚酞试剂
刚果红试纸

四、实验内容

1. 烯烃的性质

(1)加成反应。在一试管中加入 2 滴 3% Br_2 的 CCl_4 溶液，再加松节油 2 滴，边加边振摇，观察并记录现象。

(2)氧化反应。在一试管中加入 3 滴 0.5% $KMnO_4$ 溶液，再加松节油 2 滴，边加边振摇，观察并记录现象。

2. 芳香烃的性质

(1)硝化反应。取一支干燥试管，加入 8 滴的浓 H_2SO_4 和 5 滴浓 HNO_3，混合均匀，待试管冷却后再滴加 6 滴苯，在 60 ℃的水浴中加热 5 min，将产物倒入盛有 2 mL 的试管中，观察生成物的颜色和性状。

(2)氧化反应。往 2 支试管中各加入 2 滴的 0.5% $KMnO_4$ 溶液和 10 滴 10% H_2SO_4，然后在其中一支试管中滴入 3 滴苯，另一支试管中滴入 3 滴甲苯，摇匀后将两支试管置于 60 ℃水浴中加热，注意观察颜色的变化。

3. 醇、酚的性质

(1)伯、仲、叔醇与 $K_2Cr_2O_7/H_2SO_4$ 的反应。往三支试管中分别加入 5 滴 1-丁醇、2-丁醇、叔丁醇，然后分别加入新配制的 $K_2Cr_2O_7$/浓 H_2SO_4 溶液 1～2 滴，振摇试管并置于水浴中微热，观察并记录现象。

(2)醇酚的酸性比较。取两支试管，分别加入 5 滴蒸馏水和 1 滴 5%NaOH，再分别加入酚酞 1 滴，观察颜色变化，然后在其中一试管中加 5% 苯酚 3 滴，另一试管中滴入乙醇 3 滴，观察颜色变化，解释原因。

(3)酚与 $FeCl_3$ 溶液的作用。分别往两支试管中滴入 5% 苯酚和 5% 邻苯二酚各 4 滴，再滴加 1% $FeCl_3$ 溶液各 1 滴，观察颜色变化。

4. 醛、酮的性质

(1)银镜反应(与 Tollen 试剂的反应)。往三支试管中分别滴入 5 滴 5% $AgNO_3$ 溶液及 1 滴 5% NaOH 溶液，然后滴加浓氨水至沉淀恰好溶解为止。接着再分别滴加 3 滴 5% CH_3CHO、C_6H_5CHO、CH_3COCH_3，摇匀后置于水浴加热，观察现象。

(2)与斐林(Fehling)试剂[1]反应。取 3 支试管，各加入 3 滴斐林试剂 A 和 3 滴斐林试剂 B，混合均匀后，分别滴入 5 滴 5% CH_3CHO、C_6H_5CHO、CH_3COCH_3 水溶液。振荡后放入沸水浴中加热 2 min，观察并记录现象。

(3)碘仿反应。取 4 支试管，分别加入 3 滴 5% CH_3CHO、CH_3COCH_3、$(CH_3)_2CHOH$、C_2H_5OH，再分别滴入 6 滴的 I_2/KI 溶液[2]，然后边摇边滴加 5% NaOH 溶液至碘的棕色消失，随之出现淡黄色沉淀，若无沉淀，则置于水浴中微热 2 min，冷却后观察。

(4)羟醛缩合反应。在试管中加入 10 滴 5% CH_3CHO，再加 10 滴 5% NaOH 溶液，并于酒精灯上加热至沸，观察反应的现象。

5. 羧酸以及取代酸的性质

(1)酸性。取 3 支试管，分别加 1 滴甲酸、1 滴乙酸、0.05 g 草酸后，再各加入 10 滴水，摇匀后，分别用干净的细玻棒蘸取以上各溶液在一条刚果红试纸上画线，根据各条线的颜色及深浅度来比较它们的酸性强弱。

(2)α-羟酸的性质。往试管中加入 4 滴的苯酚，再滴入 1 滴 1% $FeCl_3$ 溶液，观察什么颜色，再滴入 1 滴乳酸，摇匀，又有何现象？

(3)酮型与烯醇型互变。往一试管中加入 8 滴的蒸馏水，再加入 3 滴乙酰乙酸乙酯溶液，振荡后加入 1 滴 1% $FeCl_3$ 溶液，摇匀，有何现象？然后迅速加入 1%溴的四氯化碳溶液 10 滴，摇匀后，颜色是否褪去，放置片刻后，颜色又是怎样的？

6. 胺和酰胺的性质

(1)胺的碱性和成盐反应。①在试管中加入甲胺溶液 5 滴，再加酚酞试剂 1 滴，观察现象。然后逐滴加入 5% HCl，有何现象。

②在试管中加入 3 滴苯胺和 10 滴水，有何现象？接着加入 HCl 直至沉淀溶解为止。解释该现象。

(2)酰胺的碱性水解。取 0.5 g 乙酰胺于试管中，加入 8 滴的 5% NaOH 溶液，振摇并加热至沸，将润湿的红色石蕊试纸放于试管口处，观察试纸的颜色变化。

(3)二缩脲反应。取少许(约 0.2 g)固体 H_2NCONH_2 于一干燥试管中，在试管口上放一片润湿的红色石蕊试纸，直火加热至尿素完全熔化，观察试纸的颜色变化。继续加热至熔融物变稠凝固成白色固体。待试管冷却后，加入 1 mL 蒸馏水使之溶解。静置，取上层清液约 1 mL 于另一试管中，分别加入 2 滴 1% $CuSO_4$ 和 5% NaOH 溶液，摇匀，观察溶液的颜色变化。

思考题

1. 如何鉴别脂肪醛与芳香醛？
2. 鉴别醛、酮有哪些简便方法？

【相关背景知识】

一、斐林试剂 A 的配制

称取 34.6 g $CuSO_4 \cdot 5H_2O$ 溶解于 500 mL 蒸馏水中。

斐林试剂 B 的配制：称取 137 g 酒石酸钾钠和 70 g NaOH，一起溶于 500 mL 蒸馏水中。

二、I_2/KI 溶液的配制

将 25 g 固体 KI 溶解于 100 mL 蒸馏水中，再加入 12.5 g I_2，搅拌使其溶解。

3.6　糖和蛋白质的性质

一、实验目的

(1)验证和巩固糖类及蛋白质的主要化学性质。

(2)掌握糖类及蛋白质的一般鉴定方法。

二、实验原理

单糖在水溶液中是开链式和氧环式共存的平衡体系，能在水溶液中呈现醛式或 α-羟基酮的性质，能与费林试剂等弱氧化剂反应。

糖在浓酸作用下脱水生成糠醛及其衍生物，能与酚类化合物发生显色反应。某些双糖因分子中无游离半缩醛羟基，在水溶液中不能出现醛式或 α-羟基酮，则不能与费林试剂等弱氧化剂反应，称其为非还原糖，但经水解成单糖后则具有还原性。多糖只有被酸水解后成为单糖才具有还原性。

蛋白质是由许多 α-氨基酸组成的，这些氨基酸是通过肽键连接起来而形成多肽链，并以氢键、盐键、酯键交互作用等副键构成一定的空间构象。由于分子中存在游离的氨基、羧基等具有两性及等电点性质，由于分子中含有多个肽键及其他官能团，而能发生二缩脲反应和其他颜色反应。

蛋白质在多种物理或化学因素的影响下，因分子中维持构象的副键受到不同程度的破坏，导致理化性质及其生理活性的改变。此外，蛋白质也会因为中性盐的加入导致水膜破坏、电荷减少而发生盐析。

三、实验仪器与试剂

1. 仪器

电热恒温水浴锅	试管	烧杯(250 mL)	试管夹

2. 试剂

2%果糖	2%葡萄糖	2%麦芽糖	2%蔗糖
1%淀粉溶液	斐林试剂 A	斐林试剂 B	浓 H_2SO_4
$(NH_4)_2SO_4$(s)	NaAc(s)	HCl(1∶2)	$CuSO_4$(1%)
2%$AgNO_3$	冰乙酸	HAc(3mol·L^{-1})	NaOH(10%)
1% HAc	1%茚三酮乙醇溶液	1% I_2/KI 溶液	浓氨水
苦味酸饱和溶液	鞣酸	酚酞指示剂	苯肼盐酸盐
α-萘酚乙醇溶液	甲基橙指示剂	标准比色卡	称量纸
pH 试纸			

四、实验内容

1. α-萘酚试验(与 Molish 试剂的反应)

在 5 支试管中分别加入 2% 果糖，2% 葡萄糖，2% 麦芽糖，2% 蔗糖和 2% 淀粉溶液各 5 滴，各滴入 2 滴 α-萘酚乙醇溶液，摇匀，倾斜试管，沿着试管壁慢慢加入浓硫酸各 3 滴，勿摇动，浓 H_2SO_4 在下层，观察两层交界处的现象。

2. 银镜反应(与 Tollen 试剂的反应)

取 5 支试管，各加入 5 滴 2% $AgNO_3$ 溶液和 2 滴 10% NaOH 溶液，逐滴加入浓氨水至生成的沉淀恰好溶解，再分别加入 2% 果糖，2% 葡萄糖，2% 麦芽糖，2% 蔗糖和 2% 淀粉溶液各 5 滴，在 50 ℃水浴中加热，观察有无银镜生成。

3. 斐林(Fehling)反应

在 5 支试管中分别加入 5 滴 Fehling A 试剂和 5 滴 Fehling B 试剂，混合均匀，然后分别加入 5 滴 2% 果糖，2% 葡萄糖，2% 麦芽糖，2% 蔗糖和 1% 淀粉溶液，摇匀后将试管放如 50℃水浴中加热，观察有无砖红色沉淀生成。

4. 成脎反应

取一药勺苯肼盐酸盐(剧毒)和 NaAc(s)，在称量纸上均分成 5 份后，依次装进 5 支试管中，然后往 5 支试管中分别加入各 8 滴 2% 果糖，2% 葡萄糖，2% 麦芽糖，2% 蔗糖，摇匀后用少量的棉花轻轻塞住试管口，将试管同时放在通风橱沸水浴中加热，即会有结晶先后析出。比较各试管中结晶产生的速度，记录成脎的时间。取少量结晶放在载玻片上，用盖玻片盖好后，置于显微镜下观察，并粗略地绘出晶状图。

5. 淀粉的水解反应

在一支试管中加入 4 滴 1% 淀粉溶液，再加入 1 滴 HCl(1∶2)溶液，于沸水浴中加热，冷却后用 10% NaOH 中和(用 pH 试纸检验)，加 Fehling 试剂 A 和 Fehling 试剂 B 各 4 滴，沸水浴加热，并观察现象。

6. 淀粉的碘试验

在试管中加入 1% 淀粉溶液 5 滴，再加入 1 滴 1% I_2/KI 溶液，混匀后观察现象。如果再加热溶液又会产生什么现象？停止加热并缓慢冷却试管，又会出现什么变化。

7. 氨基酸的两性性质

在两支试管中各加入 2 mL 蒸馏水，一支试管中加入 1 滴 10% NaOH，1 滴酚酞指示剂，另一支试管中加入 2 滴 3 $mol \cdot L^{-1}$ HAc，1 滴甲基橙指示剂，然后分别加入 1 mL 甘氨酸溶液，观察颜色变化。

8. 蛋白质的盐析作用

在一支试管中加入 2 mL 蛋白质溶液，再加晶体使之成为的饱和溶液，观察现象。再加入 1 mL 蒸馏水，振荡，有何现象？

9. 蛋白质的不可逆沉淀

(1)与重金属盐的作用。在两支试管中分别加入 1 mL 蛋白质溶液，再分别滴加 3 滴 1% $CuSO_4$ 溶液和 3 滴 2% $AgNO_3$溶液，摇匀，观察沉淀的生成。再各加 1 mL 蒸馏水，看沉淀是否溶解？

(2)与生物碱试剂的作用。在两支试管中分别加入 1 mL 蛋白质溶液和 1 滴 3 $mol \cdot L^{-1}$ HAc，再分别滴加 5 滴饱和苦味酸和鞣酸，观察沉淀的生成。再分别加入 1 mL 蒸馏水，沉淀是否溶解？

(3)受热沉淀。在一支试管中加入 1 mL 蛋白质溶液，放入沸水浴中加热 3 min，观察现象。再加入 1 mL H_2O，观察絮状沉淀是否溶解？

10. 蛋白质的颜色反应

(1)茚三酮反应。在两支试管中分别加入 1 mL 甘氨酸溶液和蛋白质溶液，然后分别加入 5 滴 1% 茚三酮溶液，将试管放入沸水浴中加热，观察现象。

(2)二缩脲反应。向盛有 2 mL 蛋白质溶液的试管中加入 5 滴 10% NaOH，摇匀后滴加 2 滴 1% $CuSO_4$溶液，观察颜色变化。

(3)黄蛋白反应。在一支试管中加入 2 mL 蛋白质溶液和 10 滴浓 HNO_3，摇匀后，观察沉淀的颜色。水浴加热后，颜色有何变化？冷却后滴加 10% NaOH，又出现什么变化？

思考题

1. 如何鉴别还原糖与非还原糖?
2. 氨基酸与蛋白质如何区分?
3. 蛋白质的盐析和变性有何区别?

第四章

物质的制备、分离与提纯

<<< 简　介 >>>

通过化学方法制备或从天然产物中所提取的物质多为一些混合物或不纯的物质。因此，利用分离和提纯的手段来精制物质是十分重要和必不可少的。分离和提纯物质最常用和最简单的方法包括：用化学方法除去一些杂质；固体化合物的重结晶、升华；液体化合物的蒸馏与分馏；天然产物中有效成分的提取；层析法等。

重结晶是提纯固体化合物的常用方法之一。它是用溶解的方法把晶体结构全部破坏，然后让晶体重新形成，利用被提纯物质和杂质在某种溶剂中的溶解度不同以及溶解度随温度变化的差异，选择适当的溶剂，加热将固体制成饱和溶液，然后令其冷却，析出晶体，让杂质全部或大部分留在溶液中（或被过滤除去），从而达到提纯的目的。

蒸馏与分馏是分离和提纯液体有机化合物最常用的方法。它是利用液体有机化合物沸点的不同，将液体混合物加热至沸，使液体汽化，然后将蒸气冷凝为液体，再分别收集不同沸点的馏分，从而使混合物中各组分有效地分离。

天然产物的提取法常见的有溶剂提取法、水蒸气蒸馏法、升华法等。常见的分离法有溶剂分离、萃取法、铅盐法、盐析法、离子交换法、透析法、层析法、色谱法等。在实际操作中，一般是将植物切碎磨成均匀的细粒或粉状物，再根据其有效成分的理化性质，经常将数种分离法配合使用，才能达到预期的目的。

物质的分离、提纯，可根据对象的不同，选择不同的方法。本章结合实验介绍的几种分离、提纯法是经常使用的方法，其基本操作可参阅第二章有关章节。

4.1 粗食盐的提纯

一、实验目的

(1)掌握粗食盐的提纯方法和基本原理。

(2)学习称量、溶解、过滤、蒸发、浓缩及减压抽滤等基本操作。

(3)了解 SO_4^{2-}、Ca^{2+}、Mg^{2+} 等离子的定性鉴定。

二、实验原理

科学研究及医药用的 NaCl 都是以粗食盐为原料提纯的。粗食盐中通常含有 Ca^{2+}、Mg^{2+}、K^+、SO_4^{2-}、CO_3^{2-} 等可溶性杂质离子和泥沙等不溶杂质。不溶性的杂质可用溶解、过滤方法除去,而选择适当的化学试剂,可使 Ca^{2+}、Mg^{2+}、SO_4^{2-}、CO_3^{2-} 等离子生成沉淀而除去。一般是先在粗食盐溶液中加入稍过量的 $BaCl_2$ 溶液,可将 SO_4^{2-} 转化为沉淀过滤而除去。

$$Ba^{2+} + SO_4^{2-} = BaSO_4 \downarrow$$

然后在溶液中加入 NaOH 和 Na_2CO_3 溶液,将 Mg^{2+}、Ca^{2+} 和过量的 Ba^{2+} 转化为 $Mg_2(OH)_2CO_3$、$CaCO_3$、$BaCO_3$ 沉淀过滤除去。

$$2Mg^{2+} + 2OH^- + CO_3^{2} = Mg_2(OH)_2CO_3 \downarrow$$

$$Ca^{2+} + CO_3^{2-} = CaCO_3 \downarrow$$

$$Ba^{2+} + CO_3^{2-} = BaCO_3 \downarrow$$

而在溶液中加入稀 HCl 调节 pH 至此 2～3,可除去过量的 OH^-、CO_3^{2-} 离子。

$$OH^- + H^+ = H_2O$$

$$CO_3^{2-} + 2H^+ = CO_2 \uparrow + H_2O$$

由于相同温度条件下 KCl 的溶解度比 NaCl 大,而且在粗食盐中含量较少,KCl 可用浓缩结晶的方法留在母液中除去。

三、实验仪器与试剂

1. 仪器

台称	烧杯(250 mL,100 mL)	量筒(100 mL,10 mL)
表面皿	蒸发皿	布氏漏斗
吸滤瓶	玻璃棒	真空泵
酒精灯	漏斗	漏斗架

2. 试剂

粗食盐	HCl 溶液(6 mol·L^{-1},2 mol·L^{-1})	Na_2CO_3 溶液(饱和)
镁试剂	NaOH 溶液(2 mol·L^{-1})	$(NH_4)_2C_2O_4$ 溶液(饱和)
$BaCl_2$ 溶液(1 mol·L^{-1})		HAc 溶液(2 mol·L^{-1})
酒精 65%		

3. 其他

滤纸　　　　　pH 试纸

四、实验内容

1. 粗食盐的提纯

(1)粗食盐的溶解：用台秤称取 10.0 g 粗食盐放入 250 mL 烧杯中，加 50 mL 蒸馏水，加热并搅拌使粗食盐溶解(不溶性杂质沉于底部)。

(2)除去 SO_4^{2-} 离子：加热溶液至近沸，在搅拌的同时滴加入 1 mol·L^{-1} $BaCl_2$溶液约 2 mL，使 $BaSO_4$颗粒长大而易于沉降，待沉淀沉降后，在上层清液中加入 1～2 滴 $BaCl_2$溶液，如果出现浑浊，表示 SO_4^{2-} 尚未除尽，需继续加 $BaCl_2$溶液，直至沉淀完全。如不浑浊，表示 SO_4^{2-} 已除尽，即可用倾注法过滤[1]。用少量蒸馏水洗涤沉淀 2～3 次，滤液收集在 250 mL 的烧杯中。

(3)除去 Mg^{2+}、Ca^{2+} 和 Ba^{2+} 离子：将滤液加热至近沸时，先加入 2 mol·L^{-1} NaOH 溶液 1 mL，再边搅拌边滴加饱和 Na_2CO_3溶液，直至不再有沉淀生成，煮沸 3～4 分钟，静置。检验沉淀是否完全(方法同 2)，沉淀完全后，用倾注法过滤，滤液收集在 100 mL 烧杯中。

(4)除去 OH^- 和 CO_3^{2-} 离子：往滤液中滴加 6 mol·L^{-1} HCl 溶液，加热并搅拌，调节溶液的 pH 为 2～3(用 pH 试纸检测)。

(5)蒸发、浓缩和结晶：将滤液倒入蒸发皿中，小火加热至原体积的四分之一(在浓缩时如有 NaCl 结晶析出，则不应搅拌，以免溅沸)，停止加热，冷却后减压抽滤，并用少量 65％乙醇溶液洗涤沉淀，然后把晶体转移到事先称量好的表面皿中，放入烘箱烘干，冷却后称量，计算产率。

2. 产品纯度的检验

取粗食盐和产品各 0.5 g，分别用 5 mL 蒸馏水溶解，然后分装在三个试管中组成三组，通过对照试验，检查产品纯度。

(1)SO_4^{2-} 离子的检验：在第一组溶液中，分别加入 2 滴 2 mol·L^{-1} HCl 溶液和 2 滴 1 mol·L^{-1} $BaCl_2$溶液，观察比较两支试管中的现象。

(2)Ca^{2+} 离子的检验：在第二组溶液中，各加 2 滴 2 mol·L^{-1} HAc 使其呈酸性[2]，再分别加入 2 滴饱和$(NH_4)_2C_2O_4$溶液，观察比较两支试管中的现象。

(3)Mg^{2+} 离子的检验：在第三组溶液中，各加 2 滴 2 mol·L^{-1} NaOH 溶液，再分别加入 2 滴镁试剂[3]，观察比较两支试管中的现象。

五、结果与分析

1. 产品纯度分析(表 4-1)

表 4-1　产品纯度分析

项目	粗食盐	精制产品	说明
SO_4^{2-} 离子			
Ca^{2+} 离子			
Mg^{2+} 离子			

2. 产率

粗品质量＝____________________ g。

产品质量=____________________________ g。
产率=________________________________ %。

注释:

[1] 倾注法是待不溶物充分沉降后,先转移液体,后转移沉淀。

[2] Mg^{2+} 对此反应有干扰,也产生草酸盐沉淀。但 MgC_2O_4 溶于 HAc,故加 HAc 可排除 Mg^{2+} 的干扰。

[3] 镁试剂是对硝基偶氮间苯二酚,它在酸性溶液中呈黄色,在碱性溶液中呈红色或红紫色,被 $Mg(OH)_2$ 吸附后呈天蓝色。

思考题

1. 在除去 Mg^{2+}、Ca^{2+}、SO_4^{2-} 时,为什么要先加入 $BaCl_2$ 溶液,然后依次加入 NaOH、Na_2CO_3 溶液?能否先加 Na_2CO_3 溶液?

2. 当加入沉淀剂分离 SO_4^{2-}、Ca^{2+}、Mg^{2+}、Ba^{2+} 等离子时,加热和不加热对沉淀分离有何影响?

3. 10 g 食盐溶解在 50 mL 的水中,所配溶液是否饱和?为什么不配制成饱和溶液?

4. 如何检验 Mg^{2+}、Ca^{2+}、SO_4^{2-} 离子沉淀完全?

【相关背景知识】

本实验所涉及的蒸发、浓缩、结晶和过滤操作等相关背景知识、实验技术和操作方法可参阅 2.6 章节“分离提纯技术”(p31 页)。

4.2 苯甲酸的提纯

一、实验目的

(1)通过苯甲酸的重结晶实验,理解固体有机物重结晶提纯的原理及意义。

(2)掌握重结晶的基本操作方法(包括热过滤、减压抽滤、脱色及折叠滤纸等)。

二、实验原理

将不纯的固体有机物溶于适当的溶剂,经过滤、脱色除去杂质,滤液再经过浓缩、冷却或其他方法处理即有较纯晶体析出,这个过程称为重结晶。苯甲酸在水中的溶解度随温度的升高而增大[1],如果把粗苯甲酸溶解在热水中制成饱和溶液,然后冷却至室温,则苯甲酸溶解度下降,原溶液变为过饱和溶液,这时苯甲酸晶体析出。杂质则在过滤时被除去或冷却后留在母液中,从而达到提纯的目的。

三、实验仪器与试剂

1. 仪器

热水漏斗　　布氏漏斗　　烧杯(250 mL)　　量筒(100 mL)　　表面皿

玻璃棒　短颈漏斗　吸滤瓶(250 mL)　真空泵　酒精灯

2. 试剂

粗苯甲酸　活性炭

3. 其他

滤纸

四、实验内容

1. 制备热溶液

称取 3 g 苯甲酸，放入 250 mL 烧杯中，加入 80 mL 蒸馏水和 2 粒沸石[2]，盖上表面皿，在石棉网上加热至沸，并用玻璃棒不断搅拌，使固体溶解。若尚有未溶解的固体，可继续加入少量热水(每次加入 3～5 mL)，直至沸腾溶液中的固体不再减少，则未溶物可能是不溶性杂质。

2. 脱色

移去热源，稍冷后加入少许活性炭[3]，继续搅拌加热微沸 5～10 min。

3. 热过滤

准备好热水漏斗，在其中放一折叠滤纸(装置见图 2-45b)，用少量热溶剂润湿，然后将上述微沸溶液趁热过滤至 250 mL 烧杯中。每次倒入的溶液不要太满，也不要等溶液全部滤完后再加。过滤过程中，热水漏斗和剩余溶液分别保持小火加热，以免冷却。滤毕，用少量(2～3 mL)热水洗涤滤渣、滤纸各一次。

4. 晶体的析出、分离和洗涤

滤液在室温下放置，自然冷却，苯甲酸晶体析出。减压过滤(装置见图 2-43)，使晶体与母液分离，并用少量冷的蒸馏水洗涤晶体，以除去附着在晶体表面的母液。洗涤时应先停止抽滤[4]，然后加水洗涤，再抽滤至干。可重复洗涤两次。

5. 称量、计算回收率

用玻棒将晶体转移到表面皿上，晾干或烘干，称量。计算回收率。

五、结果与分析

粗品质量＝________________g。

产品质量＝________________g。

产率＝________________%。

思考题

1. 简述重结晶的主要步骤及各步的主要目的。
2. 怎样选用重结晶的溶剂？重结晶时，溶剂为什么不能用得太多或太少？
3. 活性炭为什么要在固体完全溶解后加入？又为什么不能在溶液沸腾时加入？
4. 冷却过程中不结晶怎么办？出现油状物又如何处理？
5. 浓缩或迅速冷却母液可得到一些晶体，其纯度如何？为什么？
6. 在布氏漏斗中用溶剂洗涤固体时应注意些什么？

【相关背景知识】

苯甲酸(benzoic acid)是羧基直接与苯环碳原子相连接的最简单的芳香酸。分子式

C_6H_5COOH，又称安息香酸。以游离酸、酯或其衍生物的形式广泛存在于自然界中。例如，在安息香胶内以游离酸和苄酯的形式存在；在一些植物的叶和茎皮中以游离的形式存在；在香精油中以甲酯或苄酯的形式存在；在马尿中以其衍生物马尿酸的形式存在。

苯甲酸为无色、无味片状晶体。熔点 122.13 ℃，沸点 249 ℃，相对密度 1.2659(15/4 ℃)。在 100 ℃时迅速升华，它的蒸气有很强的刺激性，吸入后易引起咳嗽。微溶于水，易溶于乙醇、乙醚等有机溶剂。苯甲酸是弱酸，酸性比脂肪酸强。它们的化学性质相似，都能形成盐、酯、酰卤、酰胺、酸酐等，都不易被氧化。苯甲酸的苯环上可发生亲电取代反应，主要得到间位取代产物。

最初苯甲酸是由安息香胶干馏或碱水水解制得，也可由马尿酸水解制得。工业上苯甲酸是在钴、锰等催化剂存在下用空气氧化甲苯制得，或由邻苯二甲酸酐水解脱羧制得。苯甲酸及其钠盐可用作药品制剂和乳胶、牙膏、果酱或其他食品的防腐剂，也可用于制取增塑剂和香料及染色和印色的媒染剂、钢铁设备的防锈剂等。

本实验所涉及的蒸发、浓缩、结晶、重结晶和过滤等相关背景知识、实验技术和操作方法可参阅 2.6 章节“分离提纯技术”(p31 页)。

4.3 胆矾的制备与提纯

一、实验目的

(1)了解金属与酸作用制备盐的原理与方法。

(2)熟练掌握加热、浓缩、常压过滤等基本操作。

(3)进一步学习重结晶基本操作。

二、实验原理

纯铜属于不活泼金属，不能溶于非氧化性酸，但其氧化物在稀酸中极易溶解。因此，工业上制备 $CuSO_4 \cdot 5H_2O$ 一般采用氧化铜酸化法——钢料或废铜在反射炉内锻烧成氧化铜后与硫酸反应；硝酸氧化法——废铜与硝酸硫酸反应等。

本实验采用铜片与浓 HNO_3、H_2SO_4 作用制取 $CuSO_4 \cdot 5H_2O$。反应式为：

$$Cu + 2\ HNO_3 + H_2SO_4 \xlongequal{} CuSO_4 + 2\ NO_2 \uparrow + 2H_2O$$

反应产物中除了 $CuSO_4 \cdot 5H_2O$ 外，还含在一定量的 $Cu(NO_3)_2$ 和其他一些可溶性或不溶性杂质。不溶性杂质可过滤除去，而利用 $CuSO_4$ 和 $Cu(NO_3)_2$ 在 H_2O 中溶解度的不同可将 $CuSO_4$ 分离提纯。

由表 4-2 数据可知，$Cu(NO_3)_2$ 在水中的溶解度不论在高温或低温下都比 $CuSO_4$ 大得多。因此，当热溶液冷却到一定温度时，$CuSO_4$ 先达到饱和而开始从溶液中结晶析出，随着温度继续下降，$CuSO_4$ 不断从溶液中析出，而 $Cu(NO_3)_2$ 则大部分仍留在溶液中，只在少部分随 $CuSO_4$ 析出，析出的 $Cu(NO_3)_2$ 和其他可溶性杂质，可经重结晶的方法除去，从而得到纯的 $CuSO_4 \cdot 5H_2O$。

表 4-2 $CuSO_4$和 $Cu(NO_3)_2$在 H_2O 中的溶解度(单位为 $g\cdot 100\ g^{-1}\ H_2O$)

	0 ℃	20 ℃	40 ℃	60 ℃	80 ℃
$CuSO_4\cdot 5H_2O$	23.3	32.3	46.2	61.1	83.3
$Cu(NO_3)_2\cdot 6H_2O$	81.8	125.1			
$Cu(NO_3)_2\cdot 3H_2O$			~160	~178.5	~208

三、实验仪器与试剂

1. 仪器

量筒(100 mL,10 mL) 蒸发皿 漏斗 真空泵 吸滤瓶

烧杯(100 mL) 表面皿 漏斗架 布氏漏斗 酒精灯

2. 试剂

铜片

HNO_3溶液(浓)

HCl 溶液($2\ mol\cdot L^{-1}$)

H_2O_2溶液(3%)

KSCN 溶液($1\ mol\cdot L^{-1}$)

H_2SO_4溶液($3\ mol\cdot L^{-1}$,$1\ mol\cdot L^{-1}$)

$NH_3\cdot H_2O$ 溶液($6\ mol\cdot L^{-1}$,$2\ mol\cdot L^{-1}$)

3. 其他

滤纸

四、实验内容

1. 铜片的净化

用台秤称取 3 g 剪细的铜片[1],放入蒸发皿中,加入 7 mL $1\ mol\cdot L^{-1}\ HNO_3$,小火加热,以洗去铜片上的污物(不要加热太久,以免铜片过多地溶解在稀 HNO_3影响产率)。用倾注法除去酸液,并用蒸馏水洗净铜片。

2. $CuSO_4\cdot 5H_2O$ 的制备

在通风橱中,往盛有铜片的蒸发皿中加入 12 mL $3\ mol\cdot L^{-1}\ H_2SO_4$,然后慢慢分批加入 5.5 mL 浓 HNO_3。待反应缓和后,在蒸发皿上加盖表面皿,放在小火或水浴上加热。在加热过程中,需补加 6 mL $3\ mol\cdot L^{-1}\ H_2SO_4$和 1.5 mL 浓 HNO_3组成的混酸(应根据反应情况的不同而决定补加混酸的量)。待反应完全后(铜片近于全部溶解),趁热用倾注法将溶液转至一个小烧杯中,留下不溶性杂质。再将生成的 $CuSO_4$溶液转回洗净的蒸发皿中,在水浴上缓慢加热,浓缩至表面有晶膜出现,取下蒸发皿,使溶液逐渐冷却析出结晶,减压抽滤得到 $CuSO_4\cdot 5H_2O$粗品。称其粗品质量。计算产率(以湿品计算,应不少于 85%)。

产品质量=________________ g。

理论产量=________________ g。

产率=________________ %。

3. 重结晶法提纯 $CuSO_4\cdot 5H_2O$[2]

将上面制得的粗 $CuSO_4\cdot 5H_2O$ 晶体在台秤上称出 1 g 留作分析样,其余放入小烧杯中,按 $CuSO_4\cdot 5H_2O$: H_2O=1 : 3(质量比)的比例加入纯水,加热溶解。滴加 2 mL 3% H_2O_2,将溶液加热,同时滴加 $2\ mol\cdot L^{-1}\ NH_3\cdot H_2O$(或 $0.5\ mol\cdot L^{-1}$ NaOH)直到溶液 pH=4,再多加 1~2 滴,加热片刻,静置,使生成的 $Fe(OH)_3$及不溶物沉降。过滤,滤液流入洁净的蒸发

皿中，滴加 1 mol · L^{-1} H_2SO_4溶液，调 pH 至 1～2，然后在石棉网上加热、蒸发、浓缩至液面出现晶膜时，停止加热。以冷水冷却，抽滤（尽量抽干），取出结晶，放在两层滤纸中间挤压，以吸干水分，称其质量，计算产率。

产品质量＝＿＿＿＿＿＿＿＿＿＿ g。

理论产率＝＿＿＿＿＿＿＿＿＿＿ g。

产率＝＿＿＿＿＿＿＿＿＿＿ %。

4. $CuSO_4 \cdot 5H_2O$ 纯度的检验（如无 Fe^{3+}，此过程可省略）

（1）将 1 g 粗 $CuSO_4 \cdot 5H_2O$ 晶体，放入小烧杯中，用 10 mL 蒸馏水溶解，加入 1 mL 1 mol · L^{-1} H_2SO_4酸化，加 2 mL 3% H_2O_2，煮沸片刻，使 Fe^{2+} 被氧化成 Fe^{3+}，待溶液冷却后，在搅拌下滴加 6 mol · L^{-1} $NH_3 \cdot H_2O$ 直至生成沉淀完全溶解，使溶液呈深蓝色为止。此时 Fe^{3+} 成为 $Fe(OH)_3$沉淀，而 Cu^{2+} 则成为 $Cu(NH_3)_4{}^{2+}$ 离子。将此溶液分 4～5 次加入漏斗内过滤[3]，用滴管吸取 6 mol · $L^{-1}$$NH_3 \cdot H_2O$ 洗涤沉淀，直至洗去蓝色为止。此时 $Fe(OH)_3$ 为黄色沉淀留在滤纸上，用少量蒸馏水冲洗，再用滴管将 3 mL 热的 2 mol · L^{-1} HCl 溶液滴在滤纸上溶解 $Fe(OH)_3$沉淀，以洁净的试管接收滤液。然后在滤液中加入 2 滴 1 mol · L^{-1} KSCN 溶液，观察血红色配合物的产生。保留此溶液供后面比较用。

（2）称取 1 g 提纯过的 $CuSO_4 \cdot 5H_2O$ 晶体，重复上述操作，比较两种溶液血红色的深浅，确定产品的纯度。

注释：

[1] 如果用废铜屑作原料，应先放在蒸发皿中以强火灼烧，至表面生成黑色的 CuO 为止，自然冷却，再做粗 $CuSO_4 \cdot 5H_2O$ 的制备。

[2] 试剂行业中 $CuSO_4 \cdot 5H_2O$ 提纯流程如下：

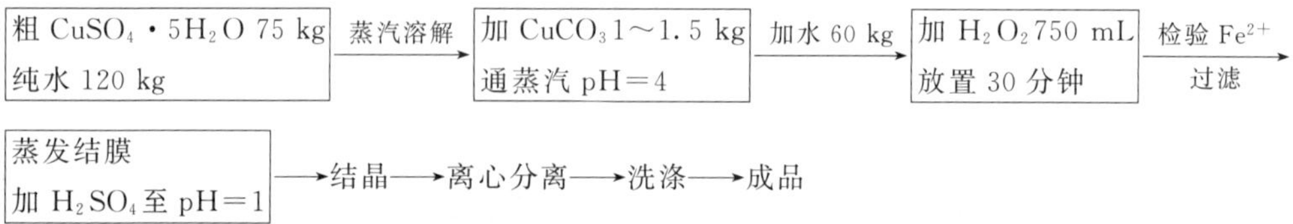

[3] 若溶液倒入太多，滤纸会被蓝色溶液全部或大部浸润，以至用 $NH_3 \cdot H_2O$ 过多或洗不彻底。因而，用 HCl 溶解 $Fe(OH)_3$沉淀时，$[Cu(NH_3)_4]^{2+}$ 离子便会一起流入试管中，遇大量 SCN^- 生成黑色 $Cu(SCN)_2$ 沉淀影响检验结果：

$$Cu^{2+} + 2\,SCN^- \xlongequal{} Cu(SCN)_2 \downarrow (黑色)$$

思考题

1. 3 g 铜片制备 $CuSO_4 \cdot 5H_2O$ 晶体，理论上需要多少 3 mol · L^{-1} H_2SO_4？实际用量为什么比理论用量多？

2. 什么叫重结晶？NaCl 可以用重结晶法进行提纯吗？为什么？

3. 用重结晶法提纯 $CuSO_4 \cdot 5H_2O$，在蒸发滤液时，为什么加热不可过猛？为什么不可将滤液蒸干？

4. 在提纯 $CuSO_4 \cdot 5H_2O$ 过程中，为什么要加 H_2O_2溶液，并保持溶液的 pH 值为 4？

5. 为提高精制 $CuSO \cdot 5H_2O$ 的产率，实验过程中应注意哪些问题？

【相关背景知识】

五水硫酸铜(Copper Sulfate Pentahydrate)也被称作硫酸铜晶体,化学式为 $CuSO_4 \cdot 5H_2O$,为蓝色晶体,其分子式的量为 250。俗称:胆矾,蓝矾。

五水硫酸铜在常温常压下很稳定,不潮解,在干燥空气中会逐渐风化,加热至 45 ℃时失去二分子结晶水,110 ℃时失去四分子结晶水,200 ℃时失去全部结晶水而成无水物。无水物也易吸水转变为五水硫酸铜。无水硫酸铜(白色或灰白色粉末)吸水后反应生成五水硫酸铜(蓝色)。常利用这一特性来检验某些液态有机物中是否含有微量水分。将五水硫酸铜加热至 650 ℃高温,可分解为黑色氧化铜、二氧化硫及氧气(或三氧化硫)。

胆矾是天然的含水硫酸铜,是分布很广的一种硫酸盐矿物。它是铜的硫化物被氧分解后形成的次生矿物。胆矾产于铜矿床的氧化带,也经常出现在矿井的巷道内壁和支柱上,这是由矿井中的水结晶而成的。胆矾的晶体成板状或短柱状,这些晶体集合在一起则呈粒状、块状、纤维状、钟乳状、皮壳状等。它们具有漂亮的蓝色,但如果暴露在干燥的空气中会由于失去水而变成不透明的浅绿白色粉末。同时胆矾极易溶于水。

胆矾是颜料、电池、杀虫剂、木材防腐等方面的化工原料,还可作为药物、饲料添加剂。

胆矾具有催吐,祛腐,解毒;治风痰壅塞,喉痹,癫痫,牙疳,口疮,烂弦风眼,痔疮,肿毒的功效并且有一定的副作用。其不良反应主要中毒表现为:恶心、呕吐、流涎、头痛、头晕、口中有特殊金属味,舌苔、牙齿、牙龈可被染为蓝色,腹痛、腹泻、呕吐物和排泄物也呈蓝色,黄疸、小便带血、心动过速、心律失常、面色苍白、肝区疼痛、血细胞减少,血压下降、虚脱、昏迷不醒、呼吸困难等。中毒时间延长时,可造成肝损害,出现血尿、少尿、或无尿。严重时可有血管麻痹、血压急剧下降、脉搏增快、狂躁、谵妄或昏迷抽搐,最后死于循环衰竭。简单的治疗与解救办法有:①中毒后立即口服含丰富蛋白质的食品,如蛋清、牛奶、豆浆等,形成蛋白铜盐而沉淀,阻止胃肠道吸收,保护胃黏膜,而后用1%亚铁氰化钾洗胃解毒;②解毒剂首选依地酸二钠,成人每日 1 g,小儿每次 15~25 mg/kg,每日 2 次,加入 10%葡萄糖溶液中静滴,每个疗程不超过 5 天。

无机农药波尔多液就是硫酸铜和石灰乳混合液,它是一种良好的杀菌剂,可用来防治多种作物的病害。1878 年在法国波尔多城,葡萄树发生虫病大部分死去,而大路两边的树,怕行人摘吃,在树干上涂了生石灰与硫酸铜溶液,树干弄得花白,行人看了难受不敢摘吃,这些树却没有死,进一步研究才知此混合液具有杀菌能力,因而名为波尔多液。

硫酸铜也常用来制备其他铜的化合物和电解精炼铜时的电解液。五水硫酸铜可由氧化铜与硫酸或铜与浓硫酸作用后,浓缩结晶而制得。在实验室中可用浓硫酸氧化金属铜来制取无水硫酸铜。

在 $CuSO_4 \cdot 5H_2O$ 晶体结构中,Cu 离子呈八面体配位,为四个 H_2O 和两个 O 所围绕。第五个 H_2O 与 Cu 八面体中的两个 H_2O 和[SO4]中的两个 O 连接,呈四面体状,在结构中起缓冲作用。

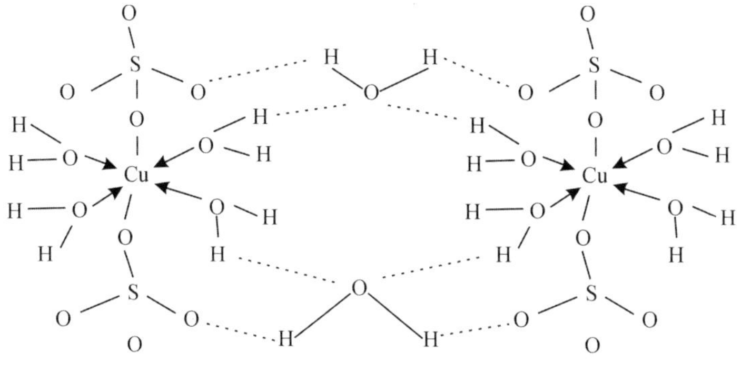

4.4 硫酸亚铁铵的制备

一、实验目的

(1)了解制备硫酸亚铁铵的基本原理和复盐的一般特性。

(2)掌握无机化合物制备的基本操作。

(3)学习用目视比色法检验产品的质量。

二、实验原理

硫酸亚铁铵$(NH_4)_2Fe(SO_4)_2 \cdot 6H_2O$为浅蓝绿单斜晶体,商品名称为摩尔盐,它在空气中比一般亚铁盐稳定,不易被氧化,因此在定量分析中常用来配制亚铁离子的标准溶液。

像所有的复盐一样,$(NH_4)_2Fe(SO_4)_2 \cdot 6H_2O$在水中的溶解度比组成它的任一一个组分$FeSO_4$和$(NH_4)_2SO_4$的溶解度都要小,见表4-3。因此从$FeSO_4$和$(NH_4)_2SO_4$溶于水所制得的浓混合溶液中,很容易得到结晶的摩尔盐。

表 4-3 三种盐在水中的溶解度(单位为 $g \cdot 100\ g^{-1}\ H_2O$)

温度/℃	$FeSO_4 \cdot 7H_2O$	$(NH_4)_2SO_4$	$(NH_4)_2Fe(SO_4)_2 \cdot 6H_2O$
10	20.0	73.0	17.2
20	26.5	75.4	21.6
30	32.9	78.0	28.1

本实验采用将过量的铁屑溶于稀硫酸制得硫酸亚铁溶液:

$$Fe + H_2SO_4 = FeSO_4 + H_2\uparrow$$

往硫酸亚铁溶液中加入硫酸铵并使其全部溶解,加热浓缩制得的混合溶液,冷却后即可得到硫酸亚铁铵晶体:

$$FeSO_4 + (NH_4)_2SO_4 + 6H_2O = (NH_4)_2Fe(SO_4)_2 \cdot 6H_2O$$

三、实验仪器与试剂

1. 仪器

锥形瓶(100 mL)　量筒(50 mL)　蒸发皿　布氏漏斗

玻璃棒　水浴锅　吸滤瓶　表面皿

2. 试剂

铁屑　Na_2CO_3溶液(10%)　H_2SO_4溶液(3 $mol \cdot L^{-1}$)

$(NH_4)_2SO_4$(固体)　HCl 溶液(2 $mol \cdot L^{-1}$)　$K_3[Fe(CN)_6]$溶液(0.5 $mol \cdot L^{-1}$)

KSCN 溶液(1 $mol \cdot L^{-1}$)　$BaCl_2$溶液(1 $mol \cdot L^{-1}$)　奈氏试剂

3. 其他

滤纸

四、实验内容

1. 铁屑去油[1]

用称取 2 g 铁屑，放入锥形瓶内，加入 10% Na_2CO_3 溶液 10 mL，小火加热 10 分钟，以除去铁屑上的油污。然后用倾注法除去碱液，再用水将铁屑冲洗干净。

2. 硫酸亚铁的制备

往盛有洁净铁屑的锥形瓶中加入 15 mL 3 mol · L^{-1} H_2SO_4 溶液，放在水浴上加热(在通风橱中进行)，在加热过程中应不时加入去离子水，以补充被蒸发掉的水分，防止 $FeSO_4$ 结晶出来；同时要控制溶液的 pH 值不大于 1，直至不再有气泡冒出为止。趁热减压过滤，用少量热水洗涤锥形瓶及漏斗上的残渣，抽干。滤液转移至蒸发皿中，将锥形瓶内和滤纸上的残渣收集在一起用滤纸片吸干后称量，根据已作用的铁屑质量，算出溶液中 $FeSO_4$ 的理论产量。

3. 硫酸亚铁铵的制备

根据 $FeSO_4$ 的理论产量，按反应方程式计算并称取所需固体 $(NH_4)_2SO_4$ 的用量，把它配制成饱和溶液，倒入上面制得的 $FeSO_4$ 溶液中，然后在水浴上浓缩溶液，直至溶液表面出现薄层的结晶为止。放置冷却后即有 $(NH_4)_2Fe(SO_4)_2 \cdot 6H_2O$ 晶体析出，待冷却至室温后减压过滤除去母液，再用少量乙醇洗去晶体表面的水分，抽干。将晶体取出，置于两张洁净的滤纸之间，并轻压吸干母液。观察晶体的颜色和形状。称量，计算产率。

4. 产品检验

(1) NH_4^+、Fe^{2+} 和 SO_4^{2-} 的检验。

取少量晶体于试管中，加 5～6 mL 蒸馏水，使其溶解，溶液分装于三个试管中。

①NH_4^+ 的检验：在一试管中加入奈氏试剂 2 滴[2]，若有红棕色沉淀生成，示有 NH_4^+ 存在。

②Fe^{2+} 的检验：在一试管中加入 3 滴 2 mol · L^{-1} HCl 溶液和 2 滴 0.5 mol · L^{-1} $K_3[Fe(CN)_6]$，若产生深蓝色沉淀，示有 Fe^{2+}。

③SO_4^{2-} 的检验：在一试管中加入 3 滴 2 mol · L^{-1} HCl 溶液，再加入 2 滴 1 mol · L^{-1} $BaCl_2$ 溶液，若析出白色沉淀，示有 SO_4^{2-}。

(2) Fe^{3+} 的限量分析。

称取 1.0 g 产品置于 25 mL 比色管中，加入 15 mL 无氧蒸馏水溶解，再加入 2 mL 2 mol · L^{-1} HCl 和 1 mL 1 mol · L^{-1} KSCN 溶液，再用无氧蒸馏水稀释至刻度，充分摇匀。将所呈现的红色与下列标准溶液进行目视比色，确定 Fe^{3+} 含量及产品标准。

在 3 支 50 mL 比色管中分别加入 2 mL 2 mol · L^{-1} HCl 和 1 mL 1 mol · L^{-1} KSCN 溶液，再用移液管分别加入标准 Fe^{3+} 溶液(0.1000 g · L^{-1})0.5 mL、1 mL、2 mL[4]，加无氧蒸馏水稀释至刻度并摇匀。三支比色管中溶液的 Fe^{3+} 含量所对立的硫酸亚铁铵试剂规格分别为：含 Fe^{3+} 0.05 mg 的符合一级标准，含 Fe^{3+} 0.10 的符合二级标准，含 Fe^{3+} 0.20 mg 的符合三级标准。

五、结果与分析

粗品质量＝____________________ g。

产品质量＝____________________ g。

产率＝____________________ %。

影响产率的可能原因：______________。

注释：

[1] 铁屑无油污，就不必净化，这一步可省去。

[2] 奈氏试剂是碘汞化钾 $K_2[HgI_4]$ 的碱性溶液，与 NH_4^+ 作用生成红棕色的碘化氧汞胺沉淀：

$$NH_4^+ + 2[HgI_4]^{2-} + 4OH^- = \left(\begin{array}{ccc} & Hg & \\ O & & NH_2 \\ & Hg & \end{array} \right) I\downarrow + 7I^- + 3H_2O$$

[3] 铁标准溶液的配制　称取 0.8634 g $NH_4Fe(SO_4)_2 \cdot 12H_2O$ 溶于水中，加入 2.5 mL 浓 H_2SO_4，移入 1000 mL 容量瓶中，用水稀释至刻度，此溶液含 Fe^{3+} 为 0.1000 g·L^{-1}。

思考题

1. 为什么制备硫酸亚铁铵时要保持溶液有较强的酸性？

2. 本实验计算 $(NH_4)_2Fe(SO_4)_2 \cdot 6H_2O$ 的产率时，以 $FeSO_4$ 的量为准是否正确？为什么？

3. $(NH_4)_2Fe(SO_4)_2 \cdot 6H_2O$ 时能否浓缩至干，为什么？

4. 为什么在制备 $FeSO_4$ 趁热过滤，而在制备 $(NH_4)_2Fe(SO_4)_2 \cdot 6H_2O$ 时要冷却后过滤？

5. 前后两次水浴加热有何不同？如用烧杯代替水浴锅，怎样选用烧杯的大小？

【相关背景知识】

硫酸亚铁铵是一种重要的化工原料，用途十分广泛。它可以作净水剂；在无机化学工业中，它是制取其他铁化合物的原料，如用于制造氧化铁系颜料、磁性材料、黄血盐和其他铁盐等；它还有许多方面的直接应用，如可用作印染工业的媒染剂，制革工业中用于鞣革，木材工业中用作防腐剂，医药中用于治疗缺铁性贫血，农业中施用于缺铁性土壤，畜牧业中用作饲料添加剂等，还可以与鞣酸、没食子酸等混合后配置蓝黑墨水。

4.5　硫代硫酸钠的制备

一、实验目的

(1)了解硫代硫酸钠的制备方法。

(2)掌握回流、蒸发浓缩、减压过滤、结晶等基本操作。

(3)学习产品中硫代硫酸钠的检验方法。

二、实验原理

硫代硫酸钠($Na_2S_2O_3 \cdot 5H_2O$)俗称大苏打或海波，无色透明单斜晶体。在 33 ℃以上的干燥空气中风化，48 ℃分解。硫代硫酸钠具有很大的实用价值，在分析化学中用来定量测定碘，在纺织工业和造纸工业中作脱氯剂，摄影业中作定影剂，在医药中用作急救解毒剂。

硫代硫酸钠的制备方法很多，其中亚硫酸钠法是工业和实验室中最主要的制备方法。该方法是以硫磺和亚硫酸钠为原料合成硫代硫酸钠，即将硫磺与亚硫酸钠溶液在圆底烧瓶中回流。过滤掉未反应的硫磺粉，然后蒸发浓缩，析出 $Na_2S_2O_3 \cdot 5H_2O$ 晶体。反应式为：

$$Na_2SO_3 + S = Na_2S_2O_3$$

三、实验仪器与试剂

1. 仪器

烧杯(100 mL)	圆底烧瓶(100 mL)	回流冷凝管	布氏漏斗
吸滤瓶	水循环真空泵	试管	滴定管
电子天平	蒸发皿		

2. 试剂

$NaSO_3$	硫磺粉	$AgNO_3$ 溶液($0.1\ mol \cdot L^{-1}$)
活性炭	酚酞指示剂	I_2 标准溶液($0.1\ mol \cdot L^{-1}$)

3. 其他

滤纸

四、实验内容

1. 硫代硫酸钠的制备

称取 6 g $Na_2SO_3 \cdot 6H_2O$ 于 100 mL 烧杯中，加入 50 mL 蒸馏水溶解。在 100 mL 圆底烧瓶中放入 2 g 研细的硫磺粉(可加少量乙醇润湿，使硫磺粉易于分散到溶液中)，烧瓶中上方垂直安装一支回流冷凝管。将亚硫酸钠溶液倒入圆底烧瓶中，加热回流 30 min。反应完毕后，加一匙活性炭脱色，趁热过滤，除去活性炭和剩余的硫磺粉。滤液在水浴上蒸发浓缩至液面有晶体产生为止。冷却后，即有 $Na_2S_2O_3 \cdot 5H_2O$ 结晶析出。减压过滤，晶体在 40 ℃ 干燥 40～60 min，称重。

2. 产品检验

(1)定性鉴定。取少量 $Na_2S_2O_3 \cdot 5H_2O$ 晶体溶于试管中，加入两滴 $0.1\ mol \cdot L^{-1}$ $AgNO_3$溶液，观察生成的沉淀由白→黄→棕→黑的变化过程。

(2)含量测定。准确称取 0.5 g $Na_2S_2O_3 \cdot 5H_2O$ 晶体，用少量蒸馏水溶解，加入 1～2 滴酚酞，如果溶液显示无色，则加入少量 Na_2CO_3 使溶液显示微红色。以淀粉作指示剂，用 $0.1\ mol \cdot L^{-1}$碘标准溶液进行滴定，直至蓝色 30 s 不褪为止。计算含量。

五、结果与分析

产量＝________ g；产率＝________ %；影响产率的可能原因：________________。

思考题

1. 为什么硫代硫酸钠产品不能在高于 40℃ 的温度下干燥？

2. 写出产品检验的反应方程式。

4.6 工业酒精的蒸馏与沸点的测定

一、实验目的

(1)了解蒸馏的沸点测定的意义。

(2)掌握蒸馏与沸点的测定的原理和方法。

二、实验原理

蒸馏是分离和提纯液体有机化合物常用的方法之一,也是测定液体沸点的一种方法。所谓的蒸馏就是将液体加热至沸使其变为蒸气,然后将蒸气冷凝为液体的过程。沸腾时液体的饱和蒸汽压与外界压强相等,这时的温度称为沸点。在一定压力下纯液态有机化合物有恒定的沸点,沸程一般为 0.5 ℃～1 ℃,而混合物的沸程较长,因此蒸馏也可作为鉴定液态有机化合物纯度的一种方法。

三、实验仪器与试剂

1. 仪器

圆底烧瓶(100 mL)	直形冷凝管	蒸馏头	温度计(150 ℃)
接液管	锥形瓶(100 mL)	量筒(100 mL)	水浴锅(或电热套)

2. 试剂

工业酒精

3. 其他

沸石(素烧瓷片)

四、实验内容

(1)取 60 mL 待蒸工业酒精倒入 100 mL 磨口圆底烧瓶中,加入 2～3 粒瓷片或沸石[1],以防暴沸。

(2)按普通蒸馏装置安装好仪器(装置见图 2-47)。

(3)通入冷凝水。

(4)用水浴加热(或用电热套加热),注意观察蒸馏瓶中蒸汽上升情况及温度计读数的变化。瓶内液体开始沸腾时,蒸汽逐渐上升,温度计读数增加,当蒸汽包围温度计水银球时,温度计读数急剧上升。蒸汽进入冷凝管被冷凝为液体滴入接受瓶,记录第一滴馏出液滴入接收瓶时的温度 t_1。然后调节加热速度[2],控制蒸馏速度为每秒 1～2 滴为宜,使温度计水银球上总附有液滴,以保持气液两相平衡。当温度计读数稳定时,此温度即为样品的沸点。换一个干燥的锥形瓶作接受器,并记录这一温度 t_2。当温度再上升 1 ℃(t_3)时,即停止蒸馏。t_1～t_2 为 95% C_2H_5OH 的沸程[2]。

(5)停止蒸馏时,先移去热源,待体系稍冷却后关闭冷凝水,拆卸装置,顺序按装时相反。

(6)量取收集的 95% C_2H_5OH 的体积,计算回收率。

五、结果与分析

产量＝________________ g；产率＝________________ %。

注释：

[1] 为消除液体在加热过程中的过热现象和保证沸腾的平稳进行，常加入沸石或瓷片，这些物质受热后，能产生细小的空气泡，成为液体分子的气化中心，可以防止蒸馏过程中发生暴沸现象。

[2] 加热太猛，蒸馏速度太快，蒸馏烧瓶颈过热，测得的沸点偏高；加热不足，则颈部蒸气不足，蒸馏速度太慢，测得的沸点偏低。

[3] 因温度计未加校正，可能有不同程度的误差，所以不能统一规定收集馏分的温度。

思考题

1. 在进行蒸馏操作时，应注意哪些问题？

2. 蒸馏时加入沸石的作用是什么？如果蒸馏前忘记加沸石，液体接近沸点时，你将如何处理？当重新进行蒸馏时，用过的沸石能否继续使用？为什么？

3. 在蒸馏过程中，为什么要控制蒸馏速度为每秒 1～2 滴？蒸馏速度过快时对实验结果有何影响？

4. 温度计水银球的上部为什么要与蒸馏支管的下限在同一水平线上？过高或过低会造成什么结果？

5. 纯粹的液体化合物在一定压力下有固定的沸点。若某液体具有恒定的沸点，能否认为它是纯物质？为什么？

【相关背景知识】

本实验所涉及的蒸发、浓缩、结晶、重结晶和过滤等相关背景知识、实验技术和操作方法操作可参阅 2.6 章节“分离提纯技术”(p31 页)。

<<< 4.7 茶叶中咖啡因的提取 >>>

一、实验目的

(1)学习从茶叶中提取咖啡因的基本原理。

(2)通过从茶叶中提取咖啡因，掌握从天然产物中提取纯有机物的一种方法。

(3)学习用升华法提纯有机物的基本操作。

二、实验原理

茶叶中含有多种生物碱，其中以咖啡碱(又称咖啡因)为主，约占 1%～5%。另外还含有单宁酸(鞣酸)、没食子酸及色素、纤维素、蛋白质等。咖啡碱是杂环化合物嘌呤的生物碱，它的化学名称是 1,3,7-三甲基-2,6-二氧嘌呤，结构式为：

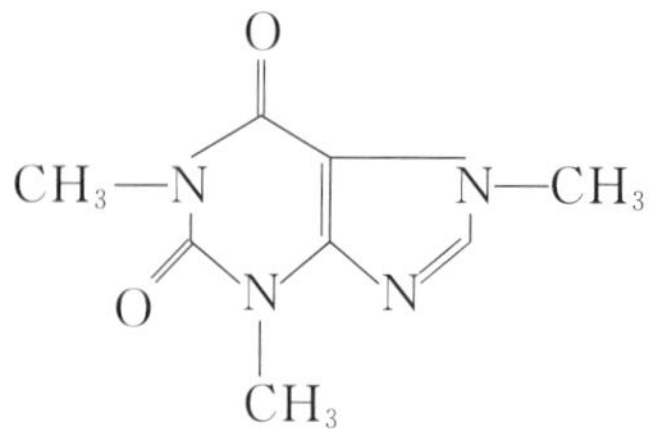

O
CH_3—N　　　　N—CH_3
O　N　N
CH_3

咖啡因是弱碱性化合物，能溶于氯仿、热水、乙醇、苯。含结晶水的咖啡因系无色针状结晶，在 100 ℃时即失去结晶水，并开始升华，120 ℃时升华相当显著，至 178 ℃时迅速升华。无水咖啡因的熔点为 238 ℃。因此，可先用适当的溶剂从茶叶中提取咖啡因，再用升华法加以提纯。

咖啡因具有刺激心脏、兴奋脑神经和利尿等作用，可单独作为有关药物或药物的配方，工业上多用人工合成制得。

三、实验仪器与试剂

1. 仪器

圆底烧瓶(250 mL)	球形冷凝管	酒精灯	量筒(100 mL)	
索氏提取器	漏斗	蒸发皿	水浴锅	表面皿
接液管	锥形瓶	温度计		

2. 试剂

茶叶	碳酸钙	生石灰	95%乙醇

3. 其他

滤纸	滤纸套筒	脱脂棉	沸石

四、实验内容

(一)用水提取

在 250 mL 圆底烧瓶中加入 10 g 茶叶末和 10 g 粉状碳酸钙，再加入 150 mL 水，装上球形冷凝管，隔石棉网加热，温和地回流 45 min，回流结束后，将热溶液通过在底部铺上一小团脱脂棉花的玻璃漏斗过滤。将滤液倾入蒸发皿中，加热浓缩至体积约为 20 mL，拌入 3 g 生石灰粉[1]，隔着石棉网加热蒸干，焙炒片刻，使水分全部除去[2]，冷却后研成粉末，擦去沾在边上的粉末，以免再升华污染产品。

将一张刺有许多小孔的圆滤纸盖在装有粗咖啡因的蒸发皿上，再把大小合适的玻璃漏斗罩于其上，漏斗颈部塞一小团棉花[3](装置见图 2-69a)，在石棉网上小心加热蒸发皿，逐渐升高温度[4]，当观察到纸上出现白色针状晶体时，暂停加热。冷至 100 ℃左右，揭开漏斗和滤纸，仔细地把附在纸上及漏斗内壁上的咖啡因用小刀刮下。再将蒸发皿中的残渣加以搅拌，重新放好滤纸和漏斗，用较大的火焰再加热升华一次。此时火焰不能太大，否则蒸发皿内大量冒烟，产品既受污染又遭损失。合并两次升华所收集的咖啡因，称量并测定溶点。

如产品仍含杂质，可用半微量减压升华管再次升华(装置见图 2-70)。将粗咖啡因放入具支试管的底部，把装好的仪器放入油浴中，浸入的深度以直形冷凝管的底部与油表面在同一水平为宜。冷凝管内通冷却水，开动水泵进行抽气减压并加热油浴至 180 ℃～190 ℃，咖啡因升华凝结于直形管上，升华完毕，小心取出冷凝管。将咖啡因刮到洁净的表面皿上。

(二)索氏提取器提取

称取 10 g 茶叶末，装入索氏提取器(装置见图 2-67)的滤纸套筒[5]中，轻压实，筒上口盖一片滤纸或一小团脱脂棉，置于提取器中。在 250 mL 圆底烧瓶(或平底烧瓶)内加入 120 mL 95% C_2H_5OH 和几粒沸石，水浴加热，连续抽提 2～3 h[6]，待冷凝液刚刚虹吸下去时，立即停止加热。稍冷后改成蒸馏装置，水浴加热回收提取液中的大部分 C_2H_5OH(约 100 mL)。将残液倾入蒸发皿中，拌入 3 g 研细的 CaO，在蒸汽浴上蒸干，再用灯焰隔石棉网焙炒片刻，除去全部水分，冷却，擦去沾在边上的粉末，以免升华时污染产物。升华操作与用水提取相同。

注释：

[1] 生石灰起吸水和中和作用。

[2] 若水分未除尽，升华开始时会产生烟雾，污染器皿。

[3] 蒸发皿上盖一刺有小孔的滤纸是为了避免已升华的咖啡因落入蒸发皿中，纸上的小孔使蒸汽通过。漏斗颈塞棉花，为防止咖啡因蒸汽逸出。

[4] 在萃取回流充分的情况下，升华操作的好坏是实验成败的关键。在升华过程中必须严格控制加热温度，温度太高，将导致被烘物和滤纸炭化，一些有色物质也会被带出来，使产品不纯。

[5] 滤纸套大小既要紧贴器壁，又要不得能方便取放，纸套上面盖滤纸或脱脂棉，以保证回流液均匀浸透被萃取物。滤纸包茶叶末时要谨防漏出堵塞虹吸管。

[6] 提取液颜色很淡时，即可停止抽提。

思考题

1. 进行升华提纯时应注意哪些问题？
2. 升华提纯咖啡因时，升华温度应控制在什么范围内？
3. 用热水提取咖啡因，加入 $CaCO_3$ 的作用是什么？
4. 索氏提取器的萃取原理是什么？它和一般的浸泡萃取比较，有哪些优点？
5. 咖啡因为什么可以用升华法分离提纯？除了用升华法，还可以用什么方法提纯？

【背景知识】

本实验所涉及的提取、萃取、升华和致冷等相关背景知识、实验技术和操作方法可参阅 2.4 章节“加热与制冷技术”及 2.6 章节“分离提纯技术”(p21 页和 p31 页))。

4.8 烟草中烟碱的提取

一、实验目的

(1)学习从烟草中提取烟碱的基本原理和方法。

(2)初步了解烟碱的一般性质。

(3)掌握水蒸气蒸馏的操作技术。

二、实验原理

烟草中含有多种生物碱,除主要成分烟碱(约含 2%～8%)外,还含有去甲烟碱、假木烟碱和多种微量的生物碱。烟碱又名尼古丁,是由吡啶和吡咯两种杂环组成的含氮碱,:

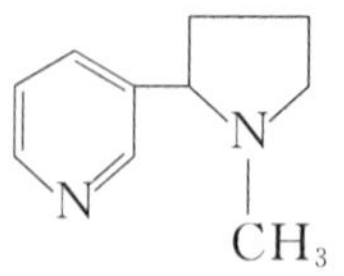

烟碱能与 HCl 结合生成烟碱盐酸盐(弱碱强酸盐)而溶于水中,在此提取液中加入强碱 NaOH 后,可使烟碱游离出来。游离烟碱在 100℃左右具有一定的蒸气压。因此,可利用水蒸气蒸馏法分离提取(原理见第二章第六节“水蒸气蒸馏”,p41)。

由烟碱的结构可知,烟碱具有碱性,它不仅可以使红色石蕊变蓝,还可以使酚酞试剂变红,并可以被 $KMnO_4$ 溶液氧化生成烟酸,与生物碱试剂作用产生沉淀。

三、实验仪器与试剂

1. 仪器

水蒸气发生器　　长颈圆底烧瓶(250 mL)　　直形冷凝管
试管　　蒸汽导管(导入、导出)　　烧杯(100 mL)
圆底烧瓶(100 mL)　　球形冷凝管　　玻璃棒
接液管　　T 形管　　锥形瓶(100 mL)
螺旋夹　　酒精灯　　量筒(100 mL)

2. 试剂

烟叶(或烟丝)　　HCl 溶液 10%　　NaOH 40%
HAc 0.5%　　碘化汞钾　　$KMnO_4$ 0.1%
酚酞 0.1%　　苦味酸水溶液(饱和)　　Na_2CO_3 5%
红色石蕊试纸　　沸石

四、实验内容

1. 常量实验操作步骤

(1)称取烟叶 5 g 置于 100 mL 圆底烧瓶内,加入 50 mL 10% HCl 溶液,安装好回流装置,回流 20 min。

(2)将反应混合物冷却至室温,倒入烧瓶中,在不断搅拌下慢慢滴加 40% NaOH 溶液,使之呈明显碱性(用红色石蕊试纸检验)[1]。

(3)将以上的混合物转入 250 mL 圆底烧瓶中,按图 2-51 安装好水蒸气蒸馏装置。

(4)通入冷却水后,隔石棉网加热水蒸气发生器,当有大量水蒸气产生时,关闭 T 形管上的螺丝夹,使水蒸气导入圆底烧瓶进行水蒸气蒸馏。

(5)收集约 20 mL 提取液后,先打开螺丝夹,再停止加热[2]。待体系稍稍冷却,关闭冷却水。停止烟碱提取。

(6)烟碱的碱性试验:取一支试管,加入 10 滴烟碱提取液,再加入 1 滴 0.1% 酚酞试剂,振摇并观察现象。另取 1 滴烟碱提取液滴在红色石蕊试纸上,观察试纸的颜色变化。解释以上现象。

(7)烟碱的氧化反应：取一支试管，加入 20 滴烟碱提取液再加入 1 滴 0.5% $KMnO_4$溶液和 3 滴 5%Na_2CO_3溶液，摇动试管，于酒精灯上微热，观察溶液颜色是否变化，有无沉淀产生。写出反应式。

(8)与生物碱试剂的反应：

①取一支试管加入 10 滴烟碱提取液，然后逐滴加入饱和苦味酸，边加边摇动，观察有无黄色沉淀生成。

②取一支试管，加入 10 滴烟碱提取液和 5 滴 0.5% HAc 溶液，再加入 5 滴碘化汞钾试剂，观察有无沉淀生成。

2. 微量实验操作步骤[3]

微型水蒸气蒸馏装置如图 4-1 所示。

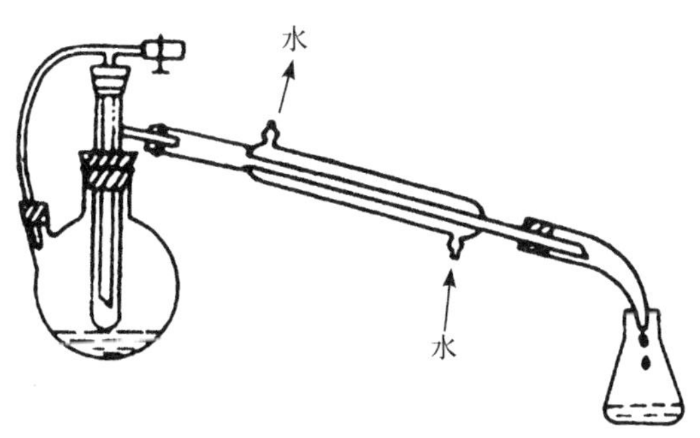

图 4-1　微型水蒸汽蒸馏装置图

(1)取香烟 1/2～2/3 支放入 10 mL 圆底烧瓶内，加入 6 mL 10% HCl 溶液，装上球形冷凝管(长 12 cm)，回流 20 min。

(2)待瓶中混合物冷却后，将其倒入小烧杯中，滴加 40% NaOH 至明显呈碱性(充分搅拌后，用红色石蕊试纸检验)。

(3)将 100 mL 两颈圆底烧瓶(水蒸气发生器)用铁夹固定在垫有石棉网的铁圈上，加入约 30 mL 自来水和 2～3 滴沸石。

(4)将混合液转入蒸馏试管中，并将其从两颈烧瓶的主口插入，蒸馏试管的底部应在烧瓶中水面之上。

(5)将蒸汽导管(T 形管)的一端与两颈烧瓶的侧口相连，一端插入蒸馏试管底部。

(6)用另一个铁架台上的铁夹将直形冷凝管(长 12 cm)的高度及角度调整好以后，使之与蒸馏试管的支管相连，然后装好接受器。

(7)缓慢通入冷却水后，开始加热。待水沸腾并产生大量水蒸气后，用螺旋夹将 T 形管夹紧，这时蒸汽就导入蒸馏试管中，开始蒸馏。

(8)微型试管 3 支，各收集 3 滴烟碱蒸馏液，第一支试管中逐滴加入饱和苦味酸，观察有无沉淀生成；第二支试管中加入 2 滴 HAc 和 2 滴碘化汞钾溶液，观察有无沉淀生成；第三支试管中加入 1 滴酚酞试剂，观察颜色变化。

(9)蒸馏完毕，应先松开螺旋夹，再移去热源。

注释：

[1]水蒸汽蒸馏提取烟碱时，中和至混合物呈明显碱性是实验成败的关键，否则烟碱不能被蒸出。

[2]水蒸气蒸馏过程中，热源要稳定，否则会产生倒吸现象。停止加热前一定要先将螺丝打开，再移去热源，以防倒吸。

[3]注意微型水蒸气装置与常规装置的区别，水蒸气蒸馏提取烟碱微量化使其操作有所不同，但提取原理相同。

思考题

1. 与普通蒸馏相比，水蒸气蒸馏有何特点？在什么情况下采用水蒸气蒸馏的方法进行分离提取？
2. 停止水蒸气蒸馏时，为什么要先打开螺丝夹，再停止加热？
3. 水蒸气蒸馏提取烟碱时，为什么要用 NaOH 中和至明显碱性？
4. 安全管为什么不能抵制水蒸气发生器的底部？
5. 蒸馏过程中若发现水从安全管顶端喷出或出现倒吸现象，应如何处理？

【相关背景知识】

本实验所涉及的水蒸气蒸馏等相关背景知识、实验技术和操作方法操作可参阅 2.6 章节“分离提纯技术”(p31 页)。

4.9 乙酸乙酯的制备

一、实验目的

(1)学习乙酸乙酯的制备方法，了解酯化反应的原理。

(2)熟练掌握蒸馏操作。

(3)掌握分液漏斗的使用，液体有机物的洗涤和干燥等基本操作。

二、实验原理

乙酸乙酯是无色透明具有刺激性气味的液体，是一种用途广泛的精细化工产品，被广泛用于醋酸纤维、乙基纤维、氯化橡胶、乙烯树脂、乙酸纤维树酯、合成橡胶、涂料及油漆等的生产过程中。同时，乙酸乙酯也常作为菠萝、香蕉、草莓等水果香精和威士忌、奶油等香料的主要原料。我们所说的陈酒很好喝，就是因为酒中含有乙酸乙酯，酒中含有少量乙酸，和乙醇进行反应生成乙酸乙酯，这是个可逆反应，所以要具有长时间，才会积累导致陈酒香气的乙酸乙酯。

乙酸乙酯可由乙酸和乙醇在少量浓硫酸催化作用下制得的。

反应式为：

$$CH_3COOH + CH_3CH_2OH \xrightleftharpoons[110\sim125\ ^\circ C]{\text{浓 } H_2SO_4} CH_3—CO—OC_2H_5 + H_2O$$

副反应为：

$$2CH_3CH_2OH \xrightarrow[140\sim150\ ^\circ C]{\text{浓 } H_2SO_4} CH_3CH_2—O—CH_2CH_3 + H_2O$$

酯化反应是可逆反应[1]，为了获得高产量的酯，本实验采用增加醇的用量和不断将反应产物酯和水蒸出等措施，使平衡向右移动。乙酸乙酯和水形成的二元共沸混合物（共沸点 70.38 ℃）比乙醇（b.p.78.32 ℃）和乙酸（b.p.117.9 ℃）的沸点都低，因此很容易被蒸出。另外，浓硫酸除起催化作用外，还吸收反应生成的水，有利于乙酸乙酯的生成。

反应过程中若温度超过 130 ℃，则促使副反应发生，生成乙醚，降低了乙酸乙酯的产率。蒸馏得到的产物中含有乙醇、乙酸、乙醚、水等杂质，须进行精馏而除去。

三、实验仪器与试剂

1. 仪器

三颈烧瓶（125 mL）	温度计（150 ℃）	分液漏斗
滴液漏斗（150 mL）	直形冷凝管	接液管
锥形瓶（50 mL）	蒸馏瓶（60 mL）	水浴锅
电热套	量筒（100 mL）	

2. 试剂

95%乙醇	CH_3COOH	浓 H_2SO_4
Na_2CO_3（饱和）	NaCl 溶液（饱和）	$CaCl_2$ 溶液（饱和）
无水 $MgSO_4$		

3. 其他

pH 试纸

四、实验内容

在 125 mL 三颈烧瓶中加入 12 mL 95% 乙醇，将三颈烧瓶置于冷水浴中，一边摇动一边慢慢地加入 12 mL 浓硫酸，使其混合均匀，并加入几粒沸石。在三颈烧瓶的一侧口插入温度计，中间装上 50 mL 滴液漏斗，漏斗中加入 12 mL 95% 乙醇和 12 mL 乙酸，并使其混合均匀。滴液漏斗颈的末端及温度计的水银球必须浸到液面以下，距瓶底约 0.5～1 cm 处。三颈烧瓶的另一侧插入蒸馏头，再接上直形冷凝管、接液管和锥形瓶，装置如图 4-2 所示。

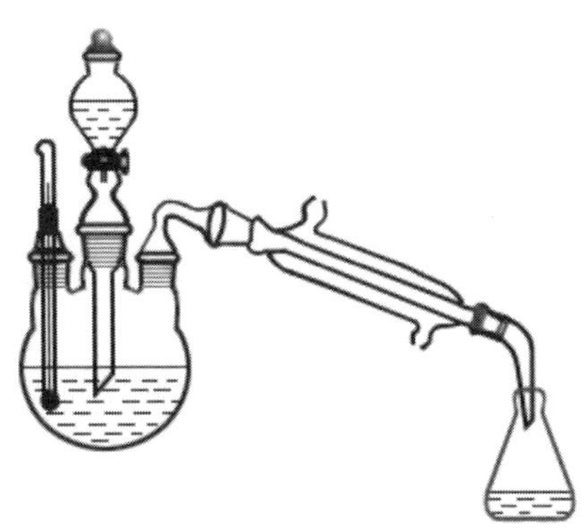

图 4-2　乙酸乙酯的制备装置

将三颈烧瓶隔石棉网小火加热，当反应液温度升到 110 ℃时，开始滴加乙醇和乙酸的混合液，控制滴入速度和馏出速度大致相等[2]，并维持反应温度在 110～125 ℃之间[3]，滴加完毕，继续加热数分钟，直到反应温度升到 130 ℃不再有馏出液为止。

在馏出液中慢慢加入饱和碳酸钠溶液约 10 mL，以除去未反应的乙酸，直至无二氧化碳逸出，并用石蕊试纸检验酯层不显酸性为止。将此混合液移入分漏斗，充分振荡（注意旋塞放气）后，静置，分出下层水层。酯层用 10 mL 饱和氯化钠溶液洗涤，弃去水层后再用 20 mL 饱和氯化钙分两次洗涤。弃去下层液，将酯层从漏斗上口倒入干燥的 50 mL 锥形瓶中，用 2～3 g 无水硫酸镁干燥约 30 min。

将干燥过的粗乙酸乙酯滤入 60 mL 蒸馏瓶中，加入沸石在水浴上进行蒸馏，收集 73 ℃～78 ℃馏分，称量，计算产率。

用阿贝折射仪测定蒸馏后得到的乙酸乙酯的折光率，记录相关数据并于文献数据作比较。

乙酸乙酯为无色液体，m.p.－83.6 ℃，b.p.77.06 ℃，$d_4^{20}=0.9003$，$n_D^{20}=1.3723$。

五、结果与分析

产量＝__________ g；产率＝__________ %；影响产率的可能原因：__________________。

注释：

[1] 酯化反应时为了提高产率，使用过量的醇还是过量的酸，取决于它们的价格和操作是否方便等因素。

[2] 滴加速度太快，反应温度迅速下降，同时会使乙酸乙酯来不及作用而被蒸出影响产量。

[3] 温度太高，副产品乙醚的含量增加。

思考题

1. 酯化反应的特点是什么？本实验如何使酯化反应向生成酯的方向进行？
2. 酯化反应中，加入浓硫酸有哪些作用？为什么要加过量的浓硫酸？
3. 实验先后用了饱和碳酸钠、饱和氯化钠溶液、饱和氯化钙溶液作洗涤液，它们各起什么作用？
4. 为什么乙酸乙酯产品不用无水氯化钙而用无水硫酸镁进行干燥？
5. 如果所测乙酸乙酯产品的折光率比文献值偏低，你预计产品中可能含有哪些少量杂质？

【相关背景知识】

折光仪

阿贝折光仪可直接用来测定液体化合物的折光率，定量地分析溶液的组成，鉴定液体的纯度，是实验室常用的光学仪器。

（一）基本原理

光在不同介质中的传播速度不同，当光从一个介质进入另一介质时，它的传播方向会发生改变，这一现象称为光的折射（图 4-3）。

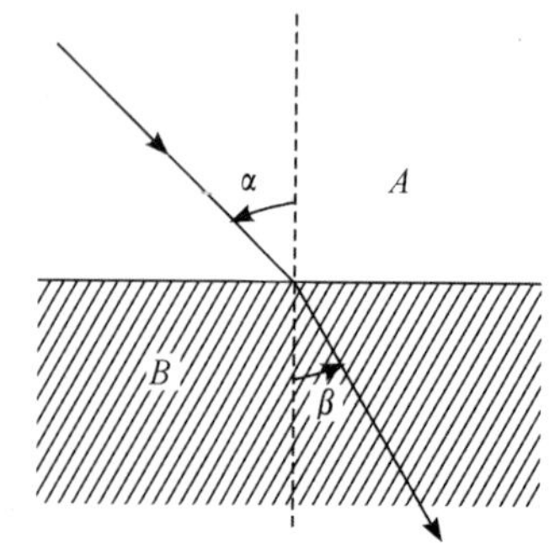

图 4-3 光在不同介质中的折射

根据 Snell 折射定律，光自介质 A（空气）进入介质 B，入射角 α 与折射 β 的正弦之比称为折光率。

$$n=\frac{\sin\alpha}{\sin\beta}$$

以此关系为基础，利用阿贝折光仪即可方便而又精确地测出物质的折光率。

化合物的折光率常随光线的波长、物质的结构和温度等因素的变化而变化，所以表示折光率时，必须注明光线的波长、测定温度，即 n_D^t。例如，$n_D^{18}=1.3332$，表示 18 ℃时，某介质对钠光（D 线 589 nm）的折光率为 1.3332。

（二）仪器结构

阿贝折光仪（图 4-4）的主要部件是两块直角棱镜，上面一块表面光滑为测量棱镜（折光棱镜），下面一块是磨砂面的为辅助棱镜（进光棱镜）。两块棱镜可以启开与闭合，测定时，样品液的薄层就夹在两棱镜之间。此外，右边有一镜筒，是测量望远镜，用来观察折光情况。筒内装有消色散棱镜（消色补偿器），通过它的作用可将复色光变为单色光。因此，可直接利用日光测定折光率，所得数据和用钠光时所测得的数值完全一样，左边还有一镜筒，用以观察刻度盘，盘上刻有 1.3000～1.7000 的格子，即为折光率读数。

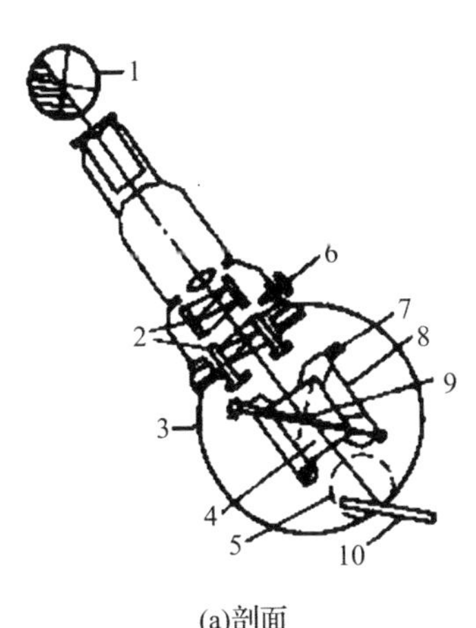

(a)剖面

1—测量望远镜中的视场；2—消色散棱镜；3—刻度盘；4—辅助棱镜；5—转动手柄；6—消色散手柄；7—温度计；8—测量棱镜；9—转轴；10—反射镜。

(b)外形

1—读数显微镜；2—测量望远镜；3—消色散手柄；4—恒温水槽入口；5—温度计；6—转轴；7—测量棱镜；8—辅助棱镜；9—加液槽；10—反射镜。

图 4-4　阿贝折光仪的剖面及外形图

（三）使用方法

1. 仪器的准备

（1）将折光仪置于光线充足的实验台上，（但避免阳光直射），装上温度计，用橡皮管把折光仪与恒温水槽相连接，调节至所需的温度后进行测定。也可直接在室温下测定，再根据温度变化常数进行换算。

（2）打开两面棱镜，用擦镜纸沾少量乙醚或丙酮，顺同一方向轻轻擦洗上下两棱镜的镜面[1]，待晾干后再加入被测液体，以免留有其他物质影响测定的精确度。

2. 校正

为保证测定时仪器的准确性，对折光仪刻度盘上的读数应经常校正，方法如下。

（1）用重蒸水校正。打开棱镜，取 2～3 滴重蒸水均匀地滴在进光棱镜的磨砂面上，关紧两棱镜，调节反光镜使两镜筒内视场明亮，旋转仪器左侧这棱镜转动手轮，使刻度盘之读数等于重蒸馏水的折光率[2]。转动右侧之消色散棱镜手轮，消除色散。观察望远镜筒内明暗分界线是否通过"十"字交叉线之交点(图 4-5)。若有偏差，则用附件方孔调节扳手转动望远镜筒上的物镜调节螺丝(也称示值调节螺钉)，使明暗分界线恰好通过"十"字交叉点。

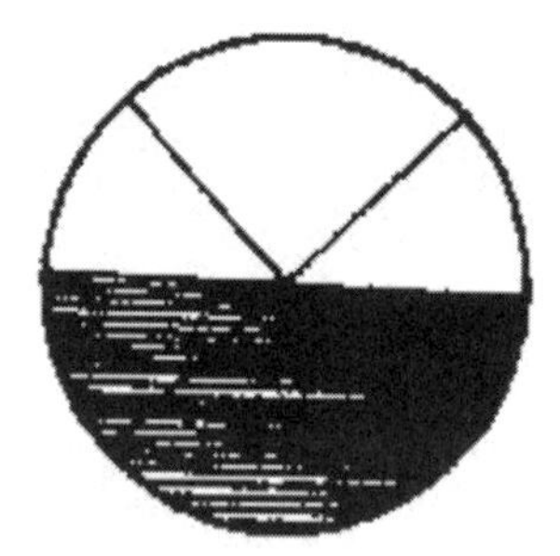

图 4-5 阿贝折光仪在临界角时目镜视野图

(2)用标准折光玻璃块校正。将棱镜完全打开，取仪器所附之标准晶片(上面刻有其折光率)，用一滴溴化萘将标准晶片贴在折射棱镜的光面上(使标准晶片的小抛光面一端向上，以接受光线)，调节刻度盘读数，使之等于标准晶片上所刻的数值，观察望远镜内明暗分界线是否通过 "十"交叉点。若有偏差，按上述方法用方孔调节扳手调节之。

3. 样品的测定

(1)将棱镜表面擦净，晾干。取待测液 2～3 滴加在棱镜的磨砂面上，立即关闭棱镜并旋紧。要求液体均匀分布并充满视场[3]。

(2)调节反光镜，使两镜筒内视场明亮。

(3)调节棱镜转动手柄，直到望远镜内可观察到明暗分界线。若出现色散光带，旋转消色散棱镜手柄，消除色散，使明暗界线清晰。继续调节棱镜转动手柄，使明暗分界线恰好落在"十"字形交叉上。记录读数，重复测定 2～3 次。求其平均值，即为所测样品的折光率，注意记录测定时的温度。

(4)测定完毕，应立即用乙醚或丙酮顺同一方向擦洗两棱镜表面，晾干后再关闭，保存[4]。

注释：

[1] 折光仪的棱镜必须注意保护，不得被镊子、滴管等用具造成刻痕，不得测定腐蚀性液体。

[2] 不同温度下纯 H_2O 的折光率见表 4-4。

表 4-4 不同温度下纯 H_2O 的折光率

温度/℃	14	18	20	24	28	32
H_2O 的折光率(n)	1.33348	1.33317	1.33299	1.33262	1.33219	1.33164

[3] 若测定易挥发液体样品时，操作应迅速，或者在测定过程中，用滴管由棱镜侧面的小孔补加待测液。

[4] 每次使用后，应认真清洗镜面，并待其晾干后再关闭棱镜，并置于干燥处保存。

4.10 环己烯的制备

一、实验目的

1. 学习环己烯的制备方法，了解消除反应的原理。

2. 熟练掌握分馏操作。

3. 掌握分液漏斗的使用，液体有机物的洗涤和干燥等基本操作。

二、实验原理

环己烯为无色液体，有刺激性气味，不溶于水，易溶于乙醇、乙醚、丙酮、苯和四氯化碳。沸点 82.98 ℃。

环己烯是由环己醇在磷酸的催化作用下，经过消除反应而制得。反应式为：

$$\text{C}_6\text{H}_{11}\text{—OH} \xrightarrow{H_3PO_4} \text{C}_6\text{H}_{10}$$

三、实验仪器与试剂

1. 仪器

圆底烧瓶(100 mL,50 mL)	分馏柱	蒸馏头
锥形瓶(50 mL)	冷凝管	接液管
温度计	分液漏斗	普通漏斗

2. 试剂

环己醇(化学纯)	磷酸(85%)	NaCl 溶液(饱和)
Na_2SO_4(无水)		

3. 其他

滤纸

四、实验内容

在 100 mL 圆底烧瓶中，加入 20 g 环己醇[1]、5 mL 磷酸(85%)和几粒沸石，摇匀，装上分馏柱，在分馏柱上端装上蒸馏头和温度计，再连接冷凝管和接收器，接收瓶用冰水冷却，装置如图 4-6 所示。

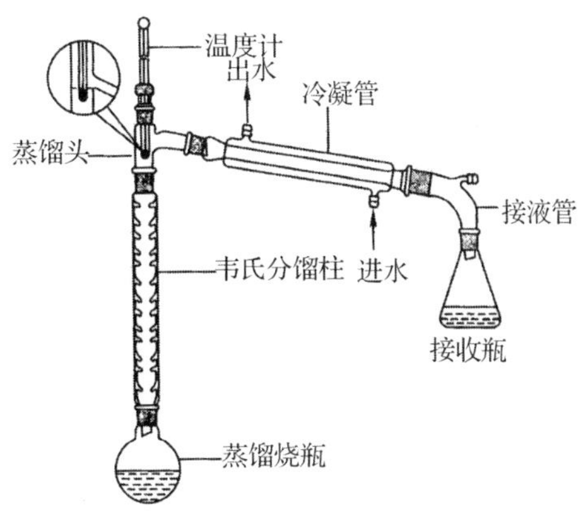

图 4-6 环己烯制备装置

烧瓶隔石棉网小火加热[2]，控制加热温度，缓慢蒸出环己烯和水，并使分馏柱上端温度不超过 90℃，蒸至瓶中只剩下少量残余液体时，停止蒸馏。将蒸馏液倒入分液漏斗中，用等体积的饱和氯化钠溶液洗涤，分去水层[3]，将有机层倒入一个干净、干燥的锥形瓶中，用无水硫酸钠干燥 1 h。

将干燥后的产品通过一个置有折叠滤纸的小漏斗滤入 50 mL 圆底烧瓶中，进行分馏，收集 82～89℃ 的馏分，称重。

五、结果与分析

理论产量＝________ g；产品质量＝________ g；

产率＝________ %；影响产率的可能原因：____________________。

注释：

[1] 环己醇在常温下是黏稠液体(熔点 25.20 ℃)，因而若用量筒量取(约 21 mL)时，应注意转移中的损失，环己醇与磷酸应充分混合均匀。

[2] 由于反应中环己烯与水形成共沸物(沸点 70.8 ℃，含水 10%)；环己烯与环己醇形成共沸物(沸点 64.9 ℃，含环己醇 30.5%)；环己醇与水形成共沸物(沸点 97.8 ℃，含水 80%)，因此在加热时温度不可过高，蒸馏速度不宜太快，以减少未作用的环己醇蒸出。

[3] 水层应尽可能分离完全，否则干燥时将增加无水硫酸钠的用量，使产物更多地被干燥剂吸附而造成损失。

思考题

1. 试写出环己醇被磷酸催化脱水的反应机理。
2. 粗制的环己烯为什么不用水洗而要用饱和食盐水洗。

【相关背景知识】

本实验所涉及的分馏等相关背景知识、实验技术和操作方法操作可参阅 2.6 章节“分离提纯技术”(p31 页)。

4.11 己二酸的制备

一、实验目的

(1)学习用氧化法由环己酮合成己二酸的原理和方法。

(2)掌握电动搅拌、浓缩、抽滤等操作。

二、实验原理

己二酸为白色晶体，熔点 153 ℃，稍溶于水，微溶于醚，易溶于苯，存在于甜萝卜中。己二酸主要用于制造聚酰胺合成纤维、人造橡胶、润滑油和增塑剂等。

羧酸常通过 HNO_3、$K_2Cr_2O_7$ 的 H_2SO_4 溶液或 $KMnO_4$ 等氧化烯烃、醇、醛或酮等来制备。其中用 HNO_3 氧化时，反应非常剧烈，伴有大量 NO_2 放出，既危险又污染环境，因而本实验以环己酮为原料，用 $KMnO_4$ 氧化环己酮制备己二酸。反应式为：

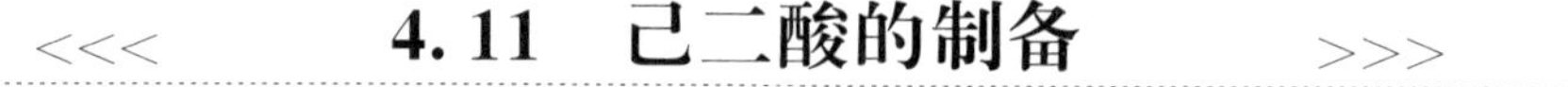

三、实验仪器与试剂

1. 仪器

烧杯(100 mL)	电磁搅拌	吸滤装置
水浴锅	石棉网	玻璃棒

2. 试剂

环己酮(AR)	$KMnO_4$(AR)	浓 H_2SO_4(AR)

$NaSO_3$(AR)　　　　10%NaOH 溶液

3. 其他

滤纸　　　　　　　pH 试纸

四、实验内容

在 100 mL 烧杯中，将 2.9 g 高锰酸钾溶于 56 mL 水中，并加入 0.96 g 环己酮，在温水浴中将反应温度调至 30 ℃后，滴加 0.5 mL(约 10 滴)10%氢氧化钠溶液，搅拌混合物，将温度升至 45 ℃，并在此温度下水浴维持反应 30 min，再在石棉网上加热(温度 80 ℃)5 min，进一步使反应完全。取一滴反应液于滤纸上，若在棕褐色 MnO_2 周围仍出现紫色，可加入少量固体亚硫酸钠以除去过量的高锰酸钾，直至不显紫色为止。吸滤反应混合物，用热水洗涤沉淀，然后在烧杯中浓缩[1]至 7 mL。趁热小心加入浓硫酸，将溶液 pH 值调到 1～2 后再过量 1.5 mL。冷却结晶，吸滤得己二酸白色晶体，将产品于 100 ℃烘箱中干燥，称量。

五、结果与分析

理论产量=________ g；产品质量=________ g；

产率=________ %；影响产率的可能原因：__________________。

注释：

[1] 过滤后的滤液如浑浊或有色，需先用活性炭脱色后再浓缩。

思考题

1. 在利用高锰酸钾氧化环己酮的反应中，哪一种试剂是过量的？
2. 如果反应是在酸碱性条件下，结果将如何？
3. 加入浓 H_2SO_4 调溶液 pH 为 1～2 是什么目的？用稀硫酸可以吗？

<<<　4.12　纸色谱分离氨基酸　>>>

一、实验目的

(1)了解纸色谱分离氨基酸的原理。

(2)学习纸色谱进行定性分析的操作方法。

二、实验原理

纸色谱属于分配色谱，它是利用滤纸作载体，以滤纸纤维分子上吸附的水分子为固定相，以含有一定比例水分的有机溶剂为流动相(通常称为展开剂)。当混合样品点在滤纸上，并受流动相推动而前进时，由于待分离各组分在滤纸上的吸附水与流动相之间连续发生多次分配，结果在流动相中溶解度较大的组分随流动相移动的速度较快，而在水中溶解度较大的组分移动较慢，最后在滤纸上展开，达到分离的目的。

三、实验仪器与试剂

1. 仪器

配塞大试管　　毛细管　　喷雾剂　　吹风机

2. 试剂

甘氨酸溶液(0.1%)　　丙氨酸溶液(0.1%)

胱氨酸溶液(0.1%)　　混合氨基酸(三种氨基酸 0.1%水溶液等体积混合)

茚三酮乙醇溶液(0.2%)　　展开剂(乙醇：冰乙酸：水＝50：10：1)

3. 其他

新华一号滤纸　　铅笔　　直尺　　剪刀

四、实验内容

取 3 条 15 cm×1.5 cm 的滤纸条，用铅笔在离纸条底端 2 cm 处画一直线作为起始线，距起始线 10 cm 处画一直线为终止线。在起始线上用铅笔作"×"号表示点样位置，点样点之间的距离约为 1 cm，然后用直尺将滤纸条从中间对折。注意整个过程不得用手接触滤纸中部，因为皮肤表面沾着的脏物碰到滤纸时会出现错综的斑点。

1. 点样

用毛细管取混合氨基酸样品分别在 3 条滤纸点样线的左侧"×"处点样，再用另一毛细管取单一已知氨基酸样品分别在 3 条滤纸点样线的右侧"×"处点样，并控制点的直径不要超过 0.3 cm。

2. 展开

剪去纸条上手持的部分，然后将滤纸点样一端向下，小心置于一支事先盛有 2 cm 高展开剂的大试管中，使滤纸条下端浸入展开剂中约 1 cm，点样线应保持在液面之上。将滤纸悬挂于塞子的钉钩上，且纸的边沿不要靠在试验管壁上，用塞子塞紧试管(装置见图 2-61)，静置。展开剂即在滤纸上上升，样品中的组分随之而展开。

3. 显色

当溶剂前沿达到终止线时，取出滤纸条，然后用电吹风将滤纸条吹干(或在电炉上烘干)，用喷雾器将 0.2%茚三酮溶液均匀地喷在滤纸条上，再用电吹风吹干，即出现紫色斑点。用铅笔标记各斑点的中心位置。

4. 测 R_f 值

分别量出起始线到各氨基酸色斑中心和起始线到终止线的距离。计算 R_f 值，用 $R_{f样品}$ 与 $R_{f已知}$ 进行比较以鉴定混合物中的氨基酸。

五、结果与分析

将实验结果填入表 4-5。

表 4-5　实验结果

样品	Ⅰ纸				Ⅱ纸				Ⅲ纸			
	甘氨酸	混合氨基酸			丙氨酸	混合氨基酸			胱氨酸	混合氨基酸		
		1	2	3		1	2	3		1	2	3
色斑中心距离/cm												
溶剂前沿距离/cm												
R_f												
结论	混合样品中含有________、________和________。											

思考题

1. 在滤纸条上记录原点位置时，为什么用铅笔而不用钢笔？

2. 为什么纸色谱点样点的直径不得超过 0.3 cm？斑点过大或点样量过大有什么弊病？为什么？

3. 纸色谱的展开剂（流动相）中，为什么要含有一定比例的水？纸色谱的展开为何要在密闭的容器中进行？

4. 上行展开时，样品点为什么必须处在展开剂的液面之上？

5. 单独的氨基酸的 R_f 与在混合液中该氨基酸的 R_f 是否相同，为什么？

【相关背景知识】

本实验所涉及的色谱分离等相关背景知识、实验技术和操作方法操作可参阅 2.6 章节“分离提纯技术”（p31 页）。

<<<　4.13　薄层色谱法分离菠菜叶绿素　

一、实验目的

（1）学习薄层色谱法进行分离的原理。

（2）掌握薄层色谱法的基本操作。

二、实验原理

绿色植物如菠菜叶中含有叶绿素（包括叶绿素 a 和叶绿素 b）、叶黄素及胡萝卜素等天然色素。

叶绿素 a 为一蓝黑色固体，在乙醇溶液中呈蓝绿色；叶绿素 b 为暗绿色，在乙醇溶液中呈黄绿色。它们是吡咯衍生物与镁的配合物，是植物进行光合作用必需的催化剂，易溶于石油醚等非极性溶剂中。通常植物中叶绿素 a 的含量是叶绿素 b 的 3 倍。

胡萝卜素是一种橙色的天然色素，属于四萜，为一长链共轭多烯，有 α、β、γ 三种异构体。

在植物体中，以β异构体的含量最高。

叶黄素是一种黄色色素，是胡萝卜素的羟基衍生物，较易溶于乙醇，在石油醚中溶解度较小。秋天，植物的叶绿素被破坏后，叶黄素的颜色就显示出来。

本实验从菠菜叶中提取上述各种色素，并用薄层色谱法进行分离。

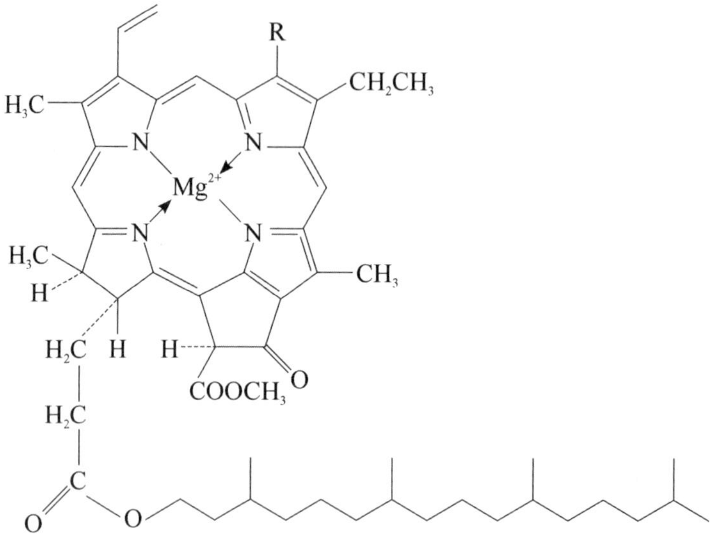

叶绿素（$R=CH_3$ 时，为叶绿素 a；$R=CHO$ 时，为叶绿素 b）

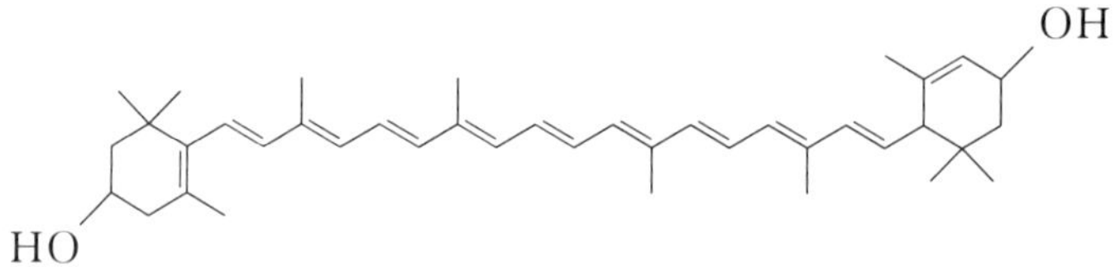

叶黄素

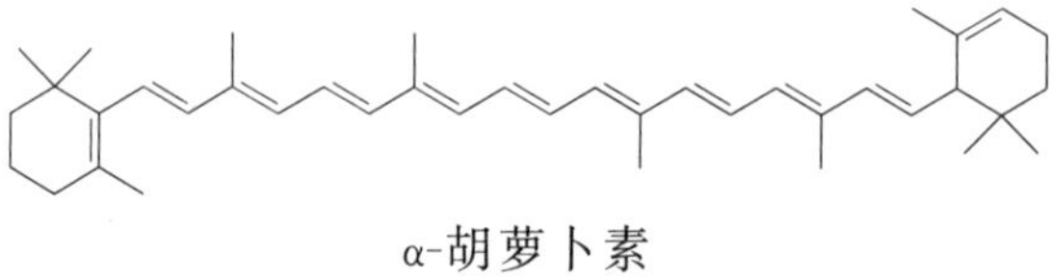

α-胡萝卜素

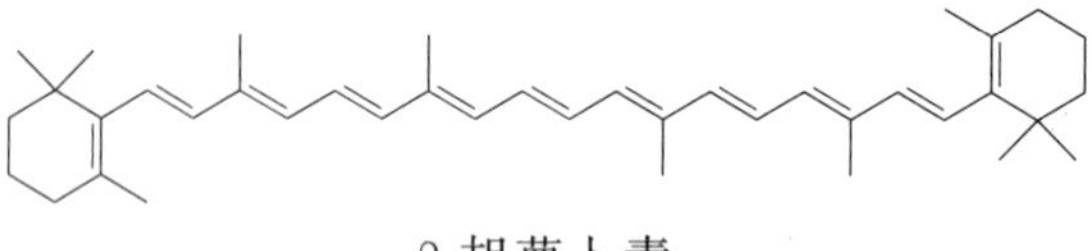

β-胡萝卜素

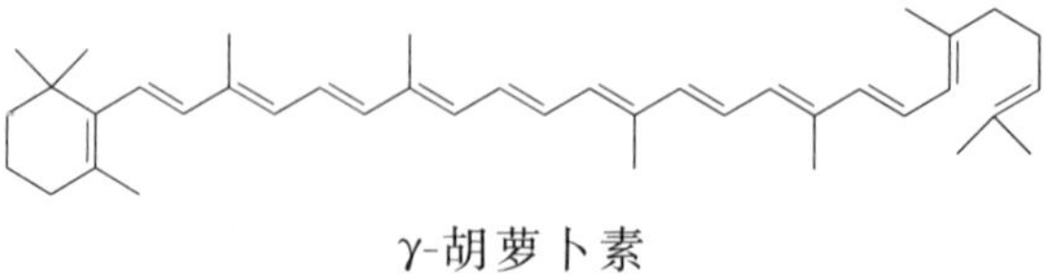

γ-胡萝卜素

三、实验仪器与试剂

1. 仪器

载玻片（3 cm×10 cm）	展开缸	锥形瓶（50 mL）	研钵
分液漏斗（50 mL）	烧杯（50 mL）	量筒（10 mL）	滴管

玻璃棒

2. 试剂

硅胶 G	石油醚	95%乙醇
丙酮	NaCl 溶液(饱和)	无水 Na_2SO_4(AR)

3. 其他

菠菜叶	剪刀	药棉	镊子

四、实验内容

1. 菠菜叶绿素的提取

将几片菠菜叶(约 5 g)剪碎后放于研钵中,加入 10 mL 石油醚—乙醇(2∶1)的混合液适当研磨[1]。将萃取液用滴管转移至分液漏斗中,加入 10 mL 饱和氯化钠溶液[2](旋摇几下,但不可振荡以防产生乳浊液)洗涤,分层,弃去下层水层,再加 10 mL 蒸馏水洗涤,弃去水层,将上层溶液转入一干燥的小锥形瓶中,加 2 g 无水硫酸钠干燥,备用。

2. 薄层板的制备

称取 3 g 硅胶 G 于小烧杯中,加入 7 mL 蒸馏水,调成糊状,立刻均匀倒在两块干净的载玻片上,用玻璃棒刮平,轻轻振摇,使硅胶湖均匀铺在载玻片[3]上且表面光滑均匀。于室温下放置 15 min,晾干,再放入烘箱中于 105～110 ℃活化 30 min,取出后冷却备用。

3. 点样

用毛细管吸取适量菠菜叶萃取液,轻轻地点在距薄板一端 1.5 cm 处,若一次点样不够,可待样品溶剂挥发后,再在原处点第二次,直至斑点为深绿色,但点样斑点直径不得超过 2 mm。

4. 展开

将点好样品的薄板放入已加有高约 0.5 cm 展开剂的展开缸中,盖好缸盖,观察展开过程,当展开剂前沿上升到距薄板的上端约 1 cm 时,立即取出,并用铅笔划出展开剂前沿的位置,晾干。

5. 计算 R_f 值

分别测量起始线至每个斑点间和起始线至溶剂前沿的距离,计算各色素的 R_f 值。

注释:

[1] 菠菜叶不要研得太烂而成糊状,否则会给分离造成困难。

[2] 用饱和氯化钠溶液洗涤,以防止萃取液形成乳浊液。

[3] 载玻片必须洗净,并用药棉沾少量丙酮或乙醚擦去油污,要求表面光洁无斑痕。

思考题

1. 样品斑点过大对分离效果会产生什么影响?

2. 为什么薄层板在展开过程中不宜移动展开缸?

【相关背景知识】

本实验所涉及的薄层色谱分离等相关背景知识、实验技术和操作方法操作可参阅 2.6 章节“分离提纯技术”(p31 页)。

第五章

物质的定量分析实验

定量分析实验课与定量分析理论教学紧密结合，可巩固、扩大并加深对定量分析基本理论的理解。掌握定量分析的基本实验方法、基本操作技能，培养严谨的工作作风和实事求是的科学态度，为学习专业课和将来从事农、林、水产科研工作打下良好的基础。在农林业、水产业生产与科学研究中，如土壤营养成分的测定，农药、饲料、农、林、畜、水产品品质的检测，空气、水质、土壤污染状况的监测，家畜、家禽的科学管理与临床诊断，以及作物生长过程中营养成分或有害成分在作物系统中的迁移、转化和积累情况的研究等，都要借助定量分析的结果，得出正确的结论及推出新的措施。

本章选编的定量分析实验，是从强调学生掌握定量分析的基本理论、基本操作、基本技能入手，结合农、林、水产院校的特点，安排了一些基本实验及一些和专业结合紧密的实验。

5.1　分析天平的使用和溶液的配制

一、实验目的

(1)了解电子天平的构造、掌握电子天平的使用方法。

(2)学会直接称量法和差减称量法。

(3)学会配制实验室常用溶液的方法。

(4)掌握吸量管、移液管和容量瓶的使用方法。

二、实验原理

分析天平是定量分析中不可缺少的用于称量的精密仪器。使用分析天平必须了解其性能、结构及称量原理，熟悉其称量方法。分析天平按其称量原理一般可分为机械分析天平和电子分析天平。本实验介绍的是电子天平的使用方法。

配制溶液是进行化学实验必须掌握的基本操作，其配制过程可以概括为：称取需要量的试剂，加入一定量的溶剂使之溶解。如果对溶液浓度不要求很准确，一般使用低准确度的仪器，如台秤、量筒等；如果对溶液浓度要求较准确，那么必须用比较准确的仪器，如分析天平、容量瓶等，而且操作程序有一定的要求：先往烧杯中加入少量溶剂使固体试剂溶解，然后定量转移到容量瓶中，最后再加溶剂稀释到容量瓶的标线，并且必须注意溶液的温度与容量瓶规定的使用温度相当。

三、实验仪器与试剂

1. 仪器

台秤	电子天平	250 mL 容量瓶一个
50 mL 容量瓶一个	25 mL 移液管一支	10 mL 吸量管一支
10 mL、50 mL 量筒各一个	50 mL、100 mL 烧杯若干	表面皿 2 个

2. 试剂

$CuSO_4 \cdot 5H_2O$	29%NaOH 溶液	浓 H_2SO_4
Na_2CO_3(固体)	NaCl(固体)	

3. 其他

称量用硫酸纸	称量瓶	药匙

四、实验内容

1. 称量练习

(1)直接称量法练习。

取清洁、干燥的表面皿两个，在台秤上粗称其质量，再用电子天平精确称其质量，准确记录在表 5-1 中。

(2)差减称量法练习。

采用差减法称取约 0.5～0.7 g Na_2CO_3 两份于已称量过的表面皿中，记录数据于表 5-2 中。

具体步骤如下：先称好两个干净的表面皿的重量(m_A)；再称称量瓶＋Na_2CO_3 为 m_1，取出后倾倒出 Na_2CO_3 至表面皿 1，称称量瓶＋Na_2CO_3 质量 m_2；再倾倒出 Na_2CO_3 至表面皿 2，称称量瓶＋Na_2CO_3 质量 m_3；再把两个装有 Na_2CO_3 的表面皿进行称重(m_B)；记录数据并进行相关计算。

2. 溶液的配制

(1)质量百分浓度溶液的配制。

①配制 0.2%的硫酸铜溶液 100 mL。计算出配制 0.2% $CuSO_4$ 溶液 100 mL 所需 $CuSO_4 \cdot 5H_2O$ 的质量以及蒸馏水的量。在台秤上称取所需量的 $CuSO_4 \cdot 5H_2O$，放入 250 mL 烧杯中，用量筒量取所需量的蒸馏水倒入烧杯中，用玻棒搅拌至 $CuSO_4 \cdot 5H_2O$ 完全溶解为止，即可得到 0.2% $CuSO_4$ 溶液。

②配制 16% NaOH 溶液 50 mL。算出配制 16% NaOH 溶液 50 mL，需要 29%NaOH 溶液和蒸馏水各多少 mL，用量筒量取二者体积于 100 mL 烧杯中，搅拌充分混合即得。

(2)物质的量浓度溶液的配制。

①配制 0.5 $mol \cdot L^{-1}$ Na_2CO_3 溶液 50 mL。算出配制 0.5 $mol \cdot L^{-1}$ Na_2CO_3 溶液 50 mL 需要的 Na_2CO_3 的质量。

在台秤上称取所需量的 Na_2CO_3 放入 100 mL 烧杯中，加入蒸馏水至 50 mL，用玻棒搅拌使 Na_2CO_3 晶体完全溶解，即可得到 0.5 $mol \cdot L^{-1}$ Na_2CO_3 溶液。(思考：上述加水至 50 mL 与加水 50 mL，所得溶液的体积和浓度是否相同，应如何认识?)

②配制 0.1 mol·L^{-1} Na_2CO_3 溶液 50 mL。用上述配制好的 0.5 mol·L^{-1} Na_2CO_3 溶液配成 0.1 mol·L^{-1} Na_2CO_3 溶液，算出配制 0.1 mol·L^{-1} Na_2CO_3 溶液 50 mL 所需要的 0.5 mol·L^{-1} Na_2CO_3 溶液和蒸馏水的体积。

按照计算用量，用量筒量取所需量的蒸馏水，倒入 100 mL 烧杯中，再用干燥的 10 mL 量筒量取所需量的 0.5 mol·L^{-1} Na_2CO_3 溶液倒入水中，搅拌均匀，即得 0.1 mol·L^{-1} Na_2CO_3 溶液。

③配制 1 mol·L^{-1} H_2SO_4 溶液 50 mL。计算出配制 50 mL 1 mol·L^{-1} H_2SO_4 溶液所需的浓硫酸（密度 1.84 g·mL^{-1}、浓度 98%）和蒸馏水的体积。用量筒量取所需量的蒸馏水倒入到 50 mL 烧杯中，然后再用干燥的 10 mL 量筒量取所需量的浓硫酸，慢慢倒入到水中，同时用玻棒不停搅拌散热，即可得到 1 mol·L^{-1} H_2SO_4 溶液。

注意：切不可把水倒入到浓硫酸中，以免发生事故。

④配制 1.000 mol·L^{-1} NaCl 溶液 50.00 mL。计算出配制 50.00 mL 1.000 mol·L^{-1} NaCl 溶液所需的 NaCl 固体的质量。用指定质量称量法准确称取所需量的 NaCl 固体，倒入到 50 mL 洗净的烧杯中，加入少量的蒸馏水溶解后转移至 50 mL 容量瓶中，用少量蒸馏水分几次洗涤烧杯，洗涤液完全转入到 50 mL 容量瓶中，加蒸馏水定容至刻度，即得 1.000 mol·L^{-1} NaCl 溶液。

⑤0.1000 mol·L^{-1} NaCl 溶液 250.0 mL。用 1.000 mol·L^{-1} NaCl 溶液配制成 0.1000 mol·L^{-1} NaCl 溶液 250.0 mL，算出应取 1.000 mol·L^{-1} NaCl 溶液多少 mL。用 25 mL 移液管移取所需毫升数的 1.000 mol·L^{-1} NaCl 溶液转移至 250 mL 容量瓶中，并用蒸馏水小心稀释至刻度，塞好瓶塞，充分摇匀，即得 0.1000 mol·L^{-1} NaCl 溶液。

五、结果与分析

将结果填入表 5-1 与表 5-2。

表 5-1 直接称量法练习记录

表面皿质量	m_1(g)	m_2(g)
台秤		
电子天平		

表 5-2 差减法称量练习记录

记录项目		第一份 m(g)	第二份 m(g)
（倾出前）称量瓶＋Na_2CO_3（m_1）		$m_1=$	$m_2=$
（倾出后）称量瓶＋Na_2CO_3（m_2）		$m_2=$	$m_3=$
Na_2CO_3 质量 M_1		$m_1-m_2=$	$m_2-m_3=$
表面皿＋Na_2CO_3 质量（m_B）		$m_{B1}=$	$m_{B2}=$
表面皿（m_A）		$m_{A1}=$	$m_{A2}=$
Na_2CO_3 质量 M_2（m_B-m_A）		$m_{B1}-m_{A1}=$	$m_{B2}-m_{A2}=$
称量检验	绝对误差 $\|M_2-M_1\|$		

注：本实验要求绝对误差小于 0.5 mg，否则称量操作不合格。

思考题

1. 配制溶液的一般过程是什么？有几种配制方法？
2. 量取溶液时，有的用量筒，有的用移液管，这是为什么？
3. 稀释浓硫酸时，操作应注意什么？为什么？
4. 用台秤称 2.5 g 或 2.6 g 物质，其有效数字如何记录？
5. 用 250 mL 容量瓶配制溶液，其有效数字如何记录？

【相关背景知识】

一、电子天平

电子天平是较为先进的分析天平，由于其称量准确、简便、快捷的特点，在教学、科研和生产中使用日趋普遍，正逐渐取代机械天平和电光分析天平。现以型号 BS210S 的电子天平为例进行介绍。

（一）电子天平的结构

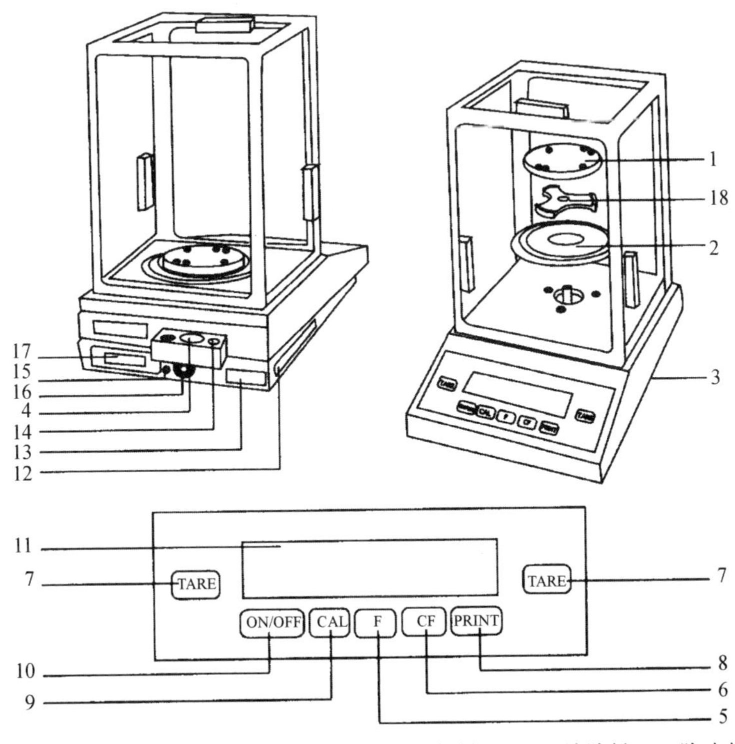

1—称盘；2—屏蔽环；3—地脚螺栓；4—水平仪；5—功能键；6—CF 消除键；7—除皮键；8—打印键；9—调校键；10—开关键；11—显示屏；12—CMC 标签；13—具有 CE 标记的型号牌；14—数据接口；15—水平仪；16—菜单一去联锁开关。

图 5-1　BS210S 电子天平结构示意图

（二）电子天平的简易操作程序

（1）调水平：调整地脚螺栓高度，使水平仪内空气气泡位于圆环中央。

（2）开机：接通电源，按开关键 ON/OFF 直至电子称量系统自动实现全屏自检。当显示屏显示零时，自检过程即告结束，此时，天平工作准备就绪。

在天平显示屏上出现如图 5-2 所示标记：

①在右上部显示 o，表示 OFF。即天平曾经断电（重新接电或断电时间长于 3 秒）。

②在左下方显示 o，表示仪器处于待机状态。显示屏已通过键 ON/OFF 关断，天平处于工作准备状态。一旦接通，仪器便可立刻工作，而不必经历预热过程。

③显示◇，表示仪器正在工作。在接通后到按下第一键的时间内，显示此标记◇。如果仪器正在工作时显示这个标记，则表示天平的微机处理器正在执行某个功能，因此，不接受其他任务。

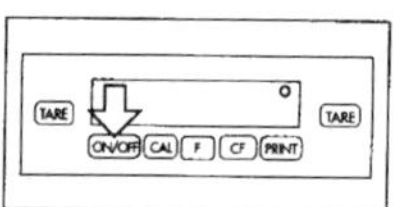

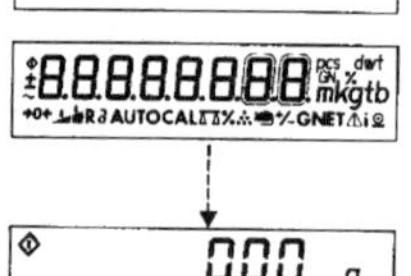

图 5-2 电子天平操作程序示意图

(3)预热：天平在初次接通电源或长时间断电后，至少需要预热 30 分钟（BS21S 型需预热 2.5 小时以上）。为取得理想的测量结果，天平应保持在待机状态。

(4)校正：首次使用天平必须进行校正，按校正键 CAL，天平将显示所需校正砝码重量，放上砝码直至出现 g，校正结束。如在启动调校程序时出现错误或故障，则在屏幕上显示出“Err 02 ”。在这种情况下必须重复清零操作，并当屏幕显示零时重新按下 CAL 键，然后将校正砝码放在称盘中间，电子天平自动执行调校过程。当屏幕显示校正砝码的重量值 g，并且显示数值静止不动时，调校过程即已结束。但在调校时，应考虑电子天平的灵敏度与其工作环境的匹配特性。应在电子天平的工作场所，并在预热过程执行完毕后进行调校。调校前，也不应进行任何称量，如果改变了天平的工作环境（特别是环境温度），则都要求进行重新调校。同样，在仪器搬动后，也必须对其重新调校。每个调校功能都能用 CF 键中断。

(5)清零：使用去皮键 TARE，除皮清零，使重量显示为 0。只有当仪器经过清零之后，才能执行准确的重量测量。这种清零操作可在天平的全量程范围内进行。

(6)称量：将物品放置在秤盘上进行称量。当显示屏上出现作为稳定标记的重量单位“g”，读出重量数值。

(7)关机：天平应一直保持通电状态（24 小时），不使用时将开关键关至待机状态，使天平保持保温状态，可延长天平使用寿命。

（三）电子天平的常见的几种故障

1. 显示屏上无任何显示

(1)原因：① 无工作电压；② 未接变压器。

(2)解决办法：① 检查供电线路及仪器；② 将变压器修好。

2. 在调整校正之后显示屏无显示

(1)原因：① 放置天平的表面不稳定；② 未达到校正稳定。

(2)解决办法：① 确保放置天平的场所稳定；② 防止振动对天平支撑面的影响。

3. 显示屏显示“H”

原因：超载。

解决办法：为天平卸载。

4. 显示屏显示"L"或"Err 54"

原因：未装称盘或底盘。

解决办法：依据电子天平的结构类型，装上称盘或底盘。

5. 称量结果不断改变

(1)原因：①振动太大，天平暴露在无防风措施的环境中；

②在秤盘与天平壳体之间有一杂物；

③被测物重量不稳定(吸潮或蒸发)；

④被测物带静电荷。

(2)解决办法：①改变天平工作环境；②清除杂物。

6. 称量结果明显错误

(1)原因：①电子天平未经调校；②称量之前未清零。

(2)解决办法：①对天平进行调校；②称量前清零。

二、常用称量方法

(1)直接称量法：对一些性质稳定、无腐蚀性的物品如表面皿、坩埚等容器，称量时，直接将其放在天平盘上称量其质量。

(2)指定质量称量法：对于一些在空气中性质稳定、不易吸水、粉末状的而又要求称量某一指定质量的样品，通常采用此法称量。其步骤是：先把盛放样品的容器(或用硫酸纸叠成铲形代替)直接放在天平盘上，然后清零，再用牛角勺取样品在秤盘的容器上方，轻轻振动，使样品徐徐落入容器，这时，既要注意试样抖入量，同时也要注意显示屏的读数，当读数正好等于所需要的量时，立即停止抖入试样，称量完毕。

(3)差减称量法：若称量试样的质量是不要求固定的数值，而只要求在一定质量范围内，这时可采用差减称量法。此法适用于易吸水、易氧化或易与 CO_2 作用的物质。通常将这类物质盛放在称量瓶中进行称量，其操作步骤如下：

①在一洗净并烘干的称量瓶中，装适量的试样(如果试样曾经烘干，应放在干燥器中冷却到室温)。

②用清洁的纸条叠成约 1 cm 宽的纸带套在称量瓶上，拿住纸带尾部，把称量瓶放在分析天平上准确称量，称得其质量记为 W_1 g。

③将称量瓶从秤盘中取出(注意用纸带套上)，置于盛放称出试样的容器上方，用纸片包住瓶盖柄打开瓶盖，将瓶身慢慢向下倾斜，用瓶盖轻轻敲击瓶口，使试样慢慢落入容器中(如图 5-3)。

图 5-3　样品倾倒法

④当倾出的试样已接近所需要的重量时，慢慢把瓶竖起来，再用瓶盖轻敲瓶口上部，使粘在瓶口的试样落入称量瓶中。

⑤然后盖好瓶盖，再将称量瓶放在分析天平中准确称量，称得其质量为 W_2 g。两次质量之差，即为试样的质量。

⑥按上述方法连续递减，可称取多份试样。

第一份试样质量 $= W_1 - W_2$(g)

第二份试样质量 $= W_2 - W_3$(g)

⋮

差减法比较简便、快速、准确，在分析化学实验中常用来称取待测样品和基准物，是最常用的一种称量法。

(4)挥发性液体试样的称量：用软质玻璃吹制一个具有毛细管的球泡，称为安瓿(或安瓿瓶)，用于吸取挥发性试样，密封后进行称量，沸点低于 15 ℃的试样，球泡壁应稍厚，泡壁均匀，在木板上敲击不碎。先称出空安瓿重量，然后将球泡部在火焰上微热，赶出空气后立即将毛细管插入试样中，同时，将安瓿浸在水浴中(碎冰＋食盐或干冰＋乙醇)待试样吸入到所需量(不超过球泡 2/3)时移开试样瓶，使毛细管部试样吸入，用小火焰熔封毛细管，将熔下的毛细管部分赶去试样和安瓿一起称量，两次称量之差，即为试样质量。盛装沸点低于 20 ℃的试样时应带上有机玻璃防护面罩。

三、滴定分析常用玻璃仪器的使用

参见第二章第五节 p25 页

5.2 滴定分析基本操作练习与玻璃仪器的校准

5.2.1 滴定分析基本操作练习

一、实验目的

(1)学习酸(碱)式滴定管的使用方法和滴定操作技术。

(2)掌握酸碱滴定终点的正确判断；通过比较滴定求出滴定终点时酸、碱溶液的体积比。

二、实验原理

根据当酸和碱溶液反应达到计量点时，在误差允许范围内，就有 $C_{H}^{+} \cdot V_{H}^{+} = C_{OH}^{-} \cdot V_{OH}^{-}$，那么只要标定其中任意一种溶液的浓度，就可以算出另一溶液的浓度。

三、实验仪器与试剂

1. 仪器

酸式滴定管(50 mL)　　碱式滴定管(50 mL)　　锥形瓶(250 mL)

2. 试剂

HCl 溶液(0.1 mol·L^{-1})　　NaOH 溶液(0.1 mol·L^{-1})

甲基橙指示剂(0.2%)　　酚酞指示剂(0.2%)

四、实验内容

(一)滴定练习

1. 滴定前的准备

酸管和碱管的检漏、洗涤、润洗、装液、赶气泡、调液面(详见 2.5 章节 p25～26 页)。

2. 滴定练习

(1)由碱式滴定管中放出 20 mL 0.1 mol·L^{-1}NaOH 溶液于 250 mL 锥形瓶中，加入 1～2 滴甲基橙指示剂，用 0.1 mol·L^{-1}HCl 溶液滴定至由黄色变为橙色，即为终点。

(2)由酸式滴定管中放出 20 mL 0.1 mol·L^{-1} HCl 溶液于另一 250 mL 锥形瓶中，加入 1 滴酚酞指示剂，用 0.1 mol·L^{-1} NaOH 溶液滴定至终点(微红色)，30 s 内不褪色。

(3)酸碱相互回滴，反复辨认终点颜色，控制好滴定速度，反复练习一滴和半滴的操作，直至熟练掌握为止。

(二)比较滴定

1. NaOH 溶液滴定 HCl 溶液(酚酞作指示剂)

(1)由“酸管”中准确放出 20.00 mL 0.1 mol· L^{-1} HCl 溶液于 250 mL 锥形瓶中，加入 2 滴 0.2%酚酞指示剂，用 0.1 mol·L^{-1} NaOH 溶液滴定，边滴边不断摇动锥形瓶，使溶液混合均匀。

(2)滴定开始时，滴入 NaOH 的速度可以快些，当接近计量点时(滴入 NaOH 溶液后，红色消褪较慢)，则必须逐滴加入，直到加入半滴 NaOH 溶液后，溶液从无色恰好变为微红色，30 s 内不褪色，即为终点。

(3)准确记录滴定所消耗 NaOH 溶液的体积 V_{NaOH}(mL)(准至 0.01 mL)。

(4)平行测定 2 份(每次测定都必须将酸、碱溶液重新装满滴定管，并调好零刻度)。

(5)根据滴定结果计算 c_{NaOH}/c_{HCl}，要求二次测定结果的相对平均偏差不超过 0.2%。

2. HCl 溶液滴定 NaOH 溶液(甲基橙作指示剂)

(1)由“碱管”中准确放出 20.00 mL 0.1 mol·L^{-1} NaOH 溶液于 250 mL 锥形瓶中，加入 2 滴 0.2%甲基橙指示剂，用 0.1 mol·L^{-1} HCl 溶液滴定，边滴边不断摇动锥形瓶，使溶液混合均匀。

(2)当接近计量点时(溶液的红色在瓶中呈圆形，消失较慢)，应逐滴加入，直到加入半滴 HCl 溶液后，溶液从黄色恰好变为橙色，30 s 内不褪色，即为终点。

(3)准确记录滴定所消耗 HCl 溶液的体积 V_{HCl}(mL)(准至 0.01 mL)。

(4)平行测定 2 份(每次测定都必须将酸、碱溶液重新装满滴定管，并调好零刻度)。

(5)计算 $c(NaOH)/c(HCl)$，要求测定结果的相对平均偏差不超过 0.2%。

五、结果与分析

(1)将实验数据填入表 5-3 和表 5-4 中。

(2)计算 $c(NaOH)/c(HCl)$，要求两次测定结果的相对平均偏差不超过 0.2%。

表 5-3 NaOH 溶液滴定 HCl 溶液

次数 项目	Ⅰ	Ⅱ	Ⅲ
HCl 溶液用量/mL	20.00	20.00	20.00
NaOH 溶液用量/mL			
$c(NaOH)/c(HCl)$			
$c(NaOH)/c(HCl)$平均值			
绝对偏差			
相对偏差			
相对平均偏差			

表 5-4　HCl 溶液滴定 NaOH 溶液

项　目＼次　数	Ⅰ	Ⅱ	Ⅲ
NaOH 溶液用量/mL	20.00	20.00	20.00
HCl 溶液用量/mL			
c(HCl)/c(NaOH)			
c(HCl)/c(NaOH)平均值			
绝对偏差			
相对偏差			
相对平均偏差			

思考题

1. 为什么滴定管中装入滴定液前要先用滴定液淋洗？而滴定用的锥形瓶或烧杯是否也要用滴定液淋洗？为什么？

2. 滴定时如何判断将接近滴定终点？如何控制滴定恰好到达终点？

3. NaOH 溶液和 HCl 溶液定量反应完全后，生成 NaCl 和 H_2O，为什么用 HCl 滴定 NaOH 时采用甲基橙为指示剂，而用 NaOH 滴定 HCl 时却采用酚酞为指示剂？

4. 上述实验中，用两种不同的指示剂滴定，所得的结果是否相同？为什么？

5.2.2　玻璃仪器的校准练习

一、实验目的

(1)掌握滴定管、容量瓶、移液管的使用方法。

(2)学习容量仪器的校准方法。

(3)进一步熟悉电子天平的称量操作。

二、实验原理

容量仪器的实际容积与它所标示的往往不完全相符，因此，在准确性要求较高的分析工作中，使用前都应将容量仪器进行校准。

滴定管、容量瓶、移液管的实际容积，一般可采用称量法校准。其原理是准确称量容器中所放出或所容纳的水的质量。并根据该温度下水的密度，计算出该容器在 20 ℃(通常以 20 ℃为标准温度)时的容积。但是由质量换算成容积时必须考虑以下三个因素：

(1)温度对水密度的影响；

(2)空气浮力对称量水的质量的影响；

(3)温度对玻璃仪器容积的影响。

把上述三个因素综合校准后可得到数值列表 5-5。这样，根据表中的数值，便可以计算某一温度下，一定质量的纯水相当于 20 ℃ 时所占的实际容积，例如，在 16 ℃ 校准滴定管时，称得读数容积为 10.00 mL 的纯水质量为 9.9700 g，查表 5-5 得 16 ℃ 时容积为 1 L 的水质量为

997.80 g，即水的密度（已作校准）为 0.99780 g·mL^{-1}，那么它的实际容积应为：

$$\frac{9.9700}{0.99780}=9.99(\text{mL})$$

同样地，移液管、容量瓶的实际容积也可应用上述方法进行容积校准。

但在实际工作中，移液管和容量瓶常常是配合使用的。例如，要用 25 mL 移液管从 250 mL 容量瓶中量取 1/10 容积的溶液，则移液管与容量瓶之容积比是 1∶10。因此，只要求两者容积之间有一定的比例关系。即移液管和容量瓶是采用相对校准的方法（具体方法见实验内容）。

三、实验仪器与试剂

1. 仪器

酸式滴定管或碱式滴定管　　带橡皮塞锥形瓶（50 mL）　　电子天平

烘干箱（干燥器）　　普通温度计　　容量瓶（250 mL）

移液管（25 mL）

2. 试剂

蒸馏水

表 5-5　在不同温度下用纯水充满 1 L*（20 ℃）玻璃容器的水的质量（空气中用黄铜砝码称重）

温度/℃	1 L 水的质量/g	温度/℃	1 L 水的质量/g	温度/℃	1 L 水的质量/g
0	998.24	14	998.04	28	995.44
1	998.32	15	997.93	29	995.18
2	998.39	16	997.80	30	994.91
3	998.44	17	997.66	31	994.68
4	998.48	18	997.51	32	994.34
5	998.50	19	997.35	33	994.05
6	998.51	20	997.18	34	993.75
7	998.50	21	997.00	35	993.44
8	998.48	22	996.80	36	993.12
9	998.44	23	996.60	37	992.80
10	998.39	24	996.38	38	992.46
11	998.32	25	996.17	39	992.12
12	998.23	26	995.93	40	991.77
13	998.14	27	995.69		

注：1 L＝1.000028 dm^3（20 ℃）

四、实验内容

1. 滴定管校准（称量法）

（1）先用温度计测出室温下蒸馏水的温度，并记下其数值。

（2）在洗净的滴定管中，装入蒸馏水至零刻度以上（应注意滴定管外壁是否干燥）。

（3）将液面调节至“0.00”刻度处。

（4）在电子天平上准确称出外壁干燥的 50 mL 带塞锥形瓶的质量，并做好记录。

(5)慢慢旋开活塞,将滴定管中的蒸馏水以 10 mL · min^{-1} 的流速,放入已称好质量的锥形瓶中(放液前应再次检查液面是否还在"0.00"刻度处)。

(6)每放入蒸馏水 10.00 mL 后,立即盖上瓶塞,并在电子天平上称出"瓶+水"的质量(准确至 0.0001 g)。直至放出 50 mL 蒸馏水。

(7)每前后两次质量之差,即为放出的水的质量。

(8)根据在实验温度下,1 L 水的质量(表 5-5),计算出滴定管各段的实际容积。并从实际容积和滴定管所标示的容积之差,求出其校准值。

(9)重复校准一次(两次校准值之差,应小于 0.02 mL),并求出校准值的平均值。

2. 移液管和容量瓶的相对校准

(1)在洗净且干燥的 250 mL 容量瓶中,用移液管准确移入 25.00 mL 蒸馏水。

(2)重复移取 10 次后,观察容量瓶的瓶颈处水的弯月面最低处是否与标线正好相切,否则,应在瓶颈另做一记号[1]。

(3)经过这样相对校准后的容量瓶和移液管,便可以配套使用。

五、结果与分析

将结果填入表 5-6 中。

表 5-6 滴定管的校准(水温＝　　　　该温度下 1 L 水的质量＝　　　　g)

项目/次数	滴定管读数/mL	读数的容积/mL	瓶和水的质量/g	水的质量/g	实际容积/mL	校准值/mL 单次	校准值/mL 平均	总校准值/mL
0	0.00	/		0	/	/		/
1	10.00	10.00						
2	20.00	10.00						
3	30.00	10.00						
4	40.00	10.00						
5	50.00	10.00						

注释:

[1] 可用一窄纸条作一开口圆圈与溶液弯月面的最低点相切处贴上,以此作为校准后的标线。

思考题

1. 本实验中在校准滴定管中所使用的锥形瓶应具有什么条件?

2. 每次从滴定管中所放出的蒸馏水是否要整数?

3. 滴定管下端玻璃尖管或橡皮管中若存在气泡对测定结果是否有影响? 为什么?

4. 为什么滴定分析要用同一支滴定管或移液管? 而且滴定管每次都要从零刻度处开始?

【相关背景知识】

(一)滴定分析常用玻璃仪器的使用(参见 2.5 章节 p25 页)

(二)常见标准液配制

表 5-7 所示为常见标准液的配制。

表 5-7　滴定分析中常见标准溶液的配制

类别	溶液/($mol \cdot L^{-1}$)		配　制
酸碱滴定	盐酸	0.1	量取 9 mL 浓 HCl 注入 1000 mL 水中，摇匀
	硫酸	0.05	量取 3 mL 浓 H_2SO_4 缓缓注入 1000 mL 水中，冷却，摇匀
	氢氧化钠	0.1	量取 5 mL NaOH 饱和溶液，注入 1000 mL 不含 CO_2 的水中摇匀
	高锰酸钾	0.02	称取 3.3 g $KMnO_4$ 溶于 1000 mL 水中，静置 1 周，或近沸 1 h，用 4 号砂芯漏斗过滤，保存于棕色瓶内。加热时需及时补充水，冷却后过滤
氧化还原滴定	重铬酸钾	1/60	称取 5 g $K_2Cr_2O_7$ 溶于水中，在容量瓶中稀释至 1000 mL
	硫酸铈(或硫酸铈铵)	0.1	称取 35～36 $gCe(SO_4)_2$[或 64～66 g$(NH_4)_4$[Ce(SO_4)] · 2 H 20，加 1∶1 $H_2SO_4$56 mL，加水并缓缓加热溶解，稀释至 1000 mL
	碘	0.05	称取 13 g I_2，加 35 g KI 和 100 mL 水，溶解后，稀释至 1000 mL，保存于棕色瓶中
	溴酸钾—溴化钾	1/60	称取 2.8 g $KBrO_3$ 和 10 g KBr，以少量水溶解后，稀释至 1000 mL
	碘酸钾	1/60	称取 3.6 g KIO_3 溶于 1000 mL 水中
	硫代硫酸钠	0.1	称取 $Na_2S_2O_35H_2O$ 25 g 和 $Na_2CO_3$0.1 g 溶于 1000 mL 煮沸过的冷水中，静置 1 周后，过滤备用
	硫酸亚铁(或硫酸亚铁铵)	0.1	称取 28 g $FeSO_4 \cdot 7H_2O$[或 40 g$(NH_4)_2Fe(SO_4)_2$]加水和 1∶1H_2SO_4 各 100 mL 溶解后，稀释至 1 000 mL，如混浊用脱脂棉过滤
沉淀滴定	氯化钠	0.1	称取 5.8 g NaCl，溶于 1000 mL 水中
	硝酸银	0.1	称取 17.5 g $AgN0_3$ 溶于 1000 mL 水中保存于棕色瓶内
	硫氰酸钾(或硫氰酸钠)	0.1	称取 9.7 g KSCN(或 8.2 g NaSCN)溶于 1000 mL 水中，摇匀
	硝酸汞	0.01	称取 3.4 g $Hg(NO_3)_2.H_2O$，溶于 800 mL(含 20 mL 1 $mol.L^{-1}$ HNO_3)水中，稀释至 1000 mL
配位滴定	氯化锌	0.01	称取 0.65 g 金属锌，加少量稀盐酸溶解，在 1000 mL 容量瓶中稀释至标线
	碳酸钙	0.01	称取 1 g $CaCO_3$，缓缓滴加稀 HCl，在 1000 mL 容量瓶中稀释至刻度
	EDTA	0.01	称取 3.8 g $Na_2H_2Y \cdot 2H_2O$ 溶于 1000 mL 水中

(三)常见酸碱指示剂及其配制

表 5-8 所示为常见酸碱指示剂及其配制。

表 5-8　酸碱指示剂(18 ℃～25 ℃)

指示剂名称	pH 变色范围	颜色变化	溶液配制方法
甲基紫 (第一变色范围)	0.1～0.5	黄—绿	0.1%或 0.05%水溶液
苦味酸	0.0～1.3	无色—黄	0.1%水溶液
甲基绿	0.1～2.0	黄—绿—浅蓝	0.05%水溶液
孔雀绿 (第一变色范围)	0.1～2.0	黄—浅蓝—绿	0.1%水溶液

续表

指示剂名称	pH 变色范围	颜色变化	溶液配制方法
甲酚红（第一变色范围）	0.2～1.8	红—黄	0.04 g 指示剂溶于 100 mL 质量分数 ω=0.50 的 C_2H_5OH 中
甲基紫（第二色范围）	1.0～1.5	绿—蓝	0.1%水溶液
百里酚蓝(麝香草酚蓝)（第一变色范围）	1.2～2.8	红—黄	0.1 g 指示剂溶于 100 mL 质量分数 ω=0.20 的 C_2H_5OH 中
甲基紫（第三变色范围）	2.0～3.0	蓝—紫	0.1%水溶液
茜素黄 R（第一变色范围）	1.9～3.3	红—黄	0.1%水溶液
二甲基黄	2.9～4.0	红—黄	0.1 或 0.01 指示剂溶于 100 mL 质量分数 ω=0.90 的 C_2H_5OH 中
甲基橙	3.1～4.4	红—橙黄	0.1%水溶液
溴酚蓝	3.0～4.6	黄—蓝	0.1 g 指示剂溶于 100 mL 质量分数 ω=0.20 的 C_2H_5OH 中
刚果红	3.0～5.2	蓝紫—红	0.1%水溶液
茜素红 S（第一变色范围）	3.7～5.2	黄—紫	0.1%水溶液
溴甲酚绿	3.8～5.4	黄—蓝	0.1 g 指示剂溶于 100 mL 质量分数 ω=0.20 的 C_2H_5OH 中
甲基红	4.4～6.2	红—黄	0.1 g 或 0.2 g 指示剂溶于 100 mL 质量分数 ω=0.60 的 C_2H_5OH 中
溴酚红	5.0～6.8	黄—红	0.1 或 0.04 g 指示剂溶于 100 mL 质量分数 ω=0.20 的 C_2H_5OH 中
溴甲酚紫	5.2～6.8	黄—紫红	0.1 g 指示剂溶于 100 mL 质量分数 ω=0.20 的 C_2H_5OH 中
溴百里酚蓝	6.0～7.6	黄—蓝	0.05 g 指示剂溶于 100 mL 质量分数 ω=0.20 的 C_2H_5OH 中
中性红	6.8～8.0	红—亮黄	0.1 g 指示剂溶于 100 mL 质量分数 ω=0.60 的 C_2H_5OH 中
酚红	6.8～8.0	黄—红	0.1 g 指示剂溶于 100 mL 质量分数 ω=0.20 的 C_2H_5OH 中
甲酚红	7.2～8.8	亮黄—紫红	0.1 g 指示剂溶于 100 mL 质量分数 ω=0.50 的 C_2H_5OH 中
百里酚蓝(麝香草酚蓝)（第二变色范围）	8.0～9.0	黄—蓝	参看第一变色范围
酚酞	8.2～10.0	无色—紫红	0.1 g 指示剂溶于 100 mL 质量分数 ω=0.60 的 C_2H_5OH 中
百里酚酞	9.4～10.6	无色—蓝	0.1 g 指示剂溶于 100 mL 质量分数 ω=0.90 的 C_2H_5OH 中
茜素红 S（第二变色范围）	10.0～12.0	紫—淡黄	参看第一变色范围
茜素黄 R（第二变色范围）	10.1～12.1	黄—淡紫	0.1%水溶液
孔雀绿（第二变色范围）	11.5～13.2	蓝绿—无色	参看第一变色范围
达旦黄	12.0～13.0	黄—红	溶于水或 95% C_2H_5OH

表 5-9 所示为常见混合酸碱指示剂及其性能指标。

表 5-9　混合酸碱指示剂

指示剂溶液的组成	变色点 pH	颜色		备注
		酸色	碱色	
一份质量分数为 0.001 甲基黄酒精溶液 一份质量分数为 0.001 次甲基蓝酒精溶液	3.3	蓝紫	绿	pH 3.2 蓝紫 pH 3.4 绿
一份质量分数为 0.001 甲基橙水溶液 一份质量分数为 0.0025 靛蓝(二磺酸)水溶液	4.1	紫	黄绿	
一份质量分数为 0.001 溴百里酚绿钠水溶液 一份质量分数为 0.002 甲苦橙水溶液	4.3	黄	蓝绿	pH 3.5 黄 pH 4.0 黄绿 pH 4.3 绿
一份质量分数为 0.001 溴甲酚绿酒精溶液 一份质量分数为 0.002 甲基红酒精溶液	5.1	酒红	绿	
一份质量分数为 0.002 甲基红酒精溶液 一份质量分数为 0.001 次甲基蓝酒精溶液	5.4	红紫	绿	pH 5.2 红紫 pH 5.4 暗蓝 pH 5.6 绿
一份质量分数为 0.001 溴甲酚绿钠盐水溶液 一份质量分数为 0.001 氯酚红钠盐水溶液	6.1	黄绿	蓝紫	pH 5.4 蓝绿 pH 5.8 蓝 pH 6.2 蓝紫
一份质量分数为 0.001 溴甲酚紫钠盐水溶液 一份质量分数为 0.001 溴百里酚蓝钠盐水溶液	6.7	黄	蓝紫	pH 6.2 黄紫 pH 6.6 紫 pH 6.8 蓝紫
一份质量分数为 0.001 中性红酒精溶液 一份质量分数为 0.001 次甲基蓝酒精溶液	7.0	蓝紫	绿	pH 7.0 蓝紫
一份质量分数为 0.001 溴百里酚蓝钠盐水溶液 一份质量分数为 0.001 酚红钠盐水溶液	7.5	黄	绿	pH 7.2 暗绿 pH 7.4 淡紫 pH 7.6 深紫
一份质量分数为 0.001 甲酚红钠盐水溶液 一份质量分数为 0.001 百里酚蓝钠盐水溶液	8.3	黄	紫	pH 8.2 玫瑰 pH 8.4 紫

表 5-10 所示为常见金属离子指示剂及其配制。

表 5-10　金属离子指示剂

指示剂名称	离解平衡和颜色变化	溶液配制方法
铬黑 T *(EBT)	$\underset{紫红}{H_2In^-} \xrightleftharpoons{pKa_2=6.3} \underset{蓝}{HIn^{2-}} \xrightleftharpoons{pKa_3=11.6} \underset{橙}{In^{3-}}$	0.5%水溶液
二甲酚橙 (XO)	$\underset{黄}{H_2In^{4-}} \xrightleftharpoons{pKa_5=8} \underset{红}{HIn^{5-}}$	0.2%水溶液
K—B 指示剂 *	$\underset{红}{H_2In} \xrightleftharpoons{pKa_1=8} \underset{蓝}{HIn^-} \xrightleftharpoons{pKa_2=13} \underset{紫红}{In^{2-}}$ (酸性铬蓝 K)	0.2 g 酸性铬蓝 K 与 0.4 g 萘酚绿 B 溶于 100 mL 水中
钙指示剂 *	$\underset{酒红}{H_2In^-} \xrightleftharpoons{pKa_2=7.4} \underset{蓝}{HIn^{2-}} \xrightleftharpoons{pKa_3=13.5} \underset{酒红}{In^{3-}}$	0.05% C_2H_5OH 溶液
吡啶偶氮萘酚 (PAN)	$\underset{红绿}{H_2In^+} \xrightleftharpoons{pKa_1=1.9} \underset{蓝}{HIn} \xrightleftharpoons{pKa_2=12.2} \underset{紫红}{In^-}$	0.1% C_2H_5OH 溶液

续表

指示剂名称	离解平衡和颜色变化	溶液配制方法
Cu－PAN （CuY－PAN 溶液）	$\underbrace{CuY+PAN}_{浅绿}+\underbrace{M^{n+}}_{(无色)} \rightleftharpoons MY+\underset{红}{Cu-PAN}$	将 0.05 mol・L^{-1} Cu^{2+} 溶液 10 mL、pH 5～6 的 HAc 缓冲溶液 5 mL、PAN 指示剂 1 滴混合，加热至 60℃左右，用 EDTA 滴至绿色，得到约 0.025 mol・L^{-1} 的 CuY 溶液。使用时取 2～3 mL于试液中，再加数滴 PAN 溶液。
磺基水杨酸	$H_2In \xrightleftharpoons{pKa_2=2.7} \underset{无色}{HIn^-} \xrightleftharpoons{pKa_3=13.1} \underset{淡红}{In^{2-}}$	1%水溶液
钙镁试剂 （Calmagite）	$\underset{红}{H_2In^-} \xrightleftharpoons{pKa_2=8.1} \underset{蓝}{HIn^{2-}} \xrightleftharpoons{pKa_3=12.4} \underset{红橙}{In^{3-}}$	0.5%水溶液

注：EBT、钙指示剂、K－B 指示剂等在水溶液中稳定性较差，可以配成指示剂与 NaCl 之比为 1∶100 或 1∶200的固体粉末。

5.3 酸碱溶液的配制与标定

5.3.1 NaOH 溶液的配制与标定

一、实验目的

（1）掌握间接法配制碱溶液的方法。

（2）进一步学习碱式滴定管的洗涤和滴定操作方法。

（3）学习标定 NaOH 溶液的方法。

（4）进一步掌握正确使用分析天平差减法称量。

二、实验原理

由于 NaOH 易吸收空气中的水蒸气及 CO_2，故它只能用间接法配制，然后用基准物质标定其准确浓度。

用邻苯二甲酸氢钾（$C_6H_4(COOH)(COOK)$）作基准物质标定 NaOH 溶液浓度有以下几个优点：（1）该物质易得到纯品；（2）易干燥，不吸水；（3）摩尔质量大，称量误差小。

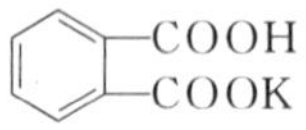

邻苯二甲酸氢钾与 NaOH 溶液的反应式为：

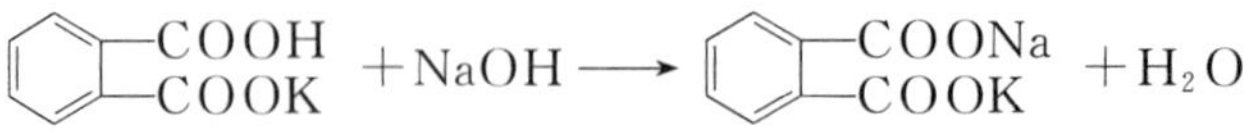

$$C_6H_4(COOH)(COOK) + NaOH \longrightarrow C_6H_4(COONa)(COOK) + H_2O$$

由于生成的邻苯二甲酸钾钠盐溶液呈弱碱性，溶液 pH≈9，故可选用酚酞作指示剂。

最后从邻苯二甲酸氢钾的质量和所消耗的 NaOH 溶液体积，可以计算出 NaOH 溶液的准确浓度（c_{NaOH}）。

三、实验仪器与试剂

1. 仪器

碱式滴定管　　烧杯（250 mL）　　量筒（100 mL）　　玻璃棒

电子天平　　台秤　　表面皿

2. 试剂

邻苯二甲酸氢钾（$KHC_8H_4O_4$）（固体，A.R.，已烘干）　　NaOH 溶液（待测）

酚酞指示剂（0.2%）

四、实验内容

1. 配制 NaOH 溶液（$0.1\ mol \cdot L^{-1}$）

用表面皿在台秤上迅速称取固体 NaOH 2 g 放入烧杯中，加入 50 mL 新鲜的蒸馏水，使之溶解，再稀释至 500 mL，倒入干净的细口试剂瓶中，用橡皮塞塞紧，以防 NaOH 溶液吸收空气中的 CO_2 而改变浓度，贴上标签，备用。

2. NaOH 溶液的标定

在分析天平上用差减法准确称取 0.4～0.6 g（准确到 0.0001 g）邻苯二甲酸氢钾三份，分别放入三个做好标记的 250 mL 锥形瓶中，然后分别加入 30 mL 蒸馏水溶解（必要时可稍加热，使之完全溶解），再加入 2 滴 0.2%酚酞指示剂。用待标定的 NaOH 溶液滴定至溶液刚出现微红色，半分钟不褪色，即为终点。记录所消耗的 NaOH 溶液的体积 V_{NaOH}（mL），平行标定三份。

五、结果与分析

（1）将实验数据填入表 5-11 中。

（2）按式（5-1）计算出 NaOH 溶液的准确浓度：

$$c=\frac{m}{M\times\frac{V}{1000}} \tag{5-1}$$

式中：c——NaOH 溶液浓度，$mol \cdot L^{-1}$；

m——$KHC_8H_4O_4$ 的质量，g；

V——NaOH 溶液体积，mL；

M——$KHC_8H_4O_4$ 的摩尔质量，即 $204.2\ g \cdot mol^{-1}$。

（3）要求标定结果的相对平均偏差≤0.2%，否则需重新标定。

表 5-11　NaOH 溶液的标定

项　目 ＼ 试样编号	Ⅰ	Ⅱ	Ⅲ
倾出前（称量瓶＋$KHC_8H_4O_4$）质量/g			
倾出后（称量瓶＋$KHC_8H_4O_4$）质量/g			
$m(KHC_8H_4O_4)$/g			
$V(NaOH)$/mL			

续表

项目 \ 试样编号	Ⅰ	Ⅱ	Ⅲ
c(NaOH)的计算公式			
c(NaOH)/mol · L^{-1}			
$\overline{c}$(NaOH)/mol · L^{-1}			
绝对偏差			
相对偏差			
相对平均偏差			

思考题

1. 除用邻苯二甲酸氢钾作基准物质标定 NaOH 溶液浓度外,还可以用何种方法标定?

2. 本实验哪些溶液体积需准确量取,哪些则不需准确量取?哪些量器是很准确,哪些是不很准确?

3. 盛放 $KHC_8H_4O_4$ 的烧杯是否需要预先烘干?加入的水量是否需要准确?

4. 试分析 NaOH 溶液浓度标定的实验误差来源及消除方法?

5.3.2 HCl 溶液的配制与标定

一、实验目的

(1)掌握间接法配制酸溶液的方法。

(2)进一步学习酸式滴定管的洗涤和滴定操作方法。

(3)学习标定 HCl 溶液的方法。

二、实验原理

由于浓盐酸易挥发放出 HCl 气体,故它只能用间接法配制,然后用基准物质标定其准确浓度。

标定 HCl 溶液浓度的基准物质有无水 Na_2CO_3 和 $Na_2B_4O_7 \cdot 10H_2O$(硼砂)等。若采用 Na_2CO_3 为基准物质标定 HCl 溶液浓度时,以甲基橙作指示剂,用 HCl 标准溶液滴定到溶液从黄色变为橙色为终点。最后从 Na_2CO_3 的重量和所消耗的 HCl 溶液体积,可以计算出 HCl 溶液的准确浓度(c_{HCl})。

三、实验仪器与试剂

1. 仪器

酸式滴定管	电子天平	烧杯(250 mL,500 mL)
量筒(10 mL,100 mL)	玻璃棒	

2. 试剂

浓 HCl	无水 Na_2CO_3(A.R.)	甲基橙指示剂(0.2%)

四、实验内容

1. 配制 HCl 溶液($0.2\ mol\cdot L^{-1}$)

用洁净量筒量取浓 HCl(密度 $1.19\ g\cdot mL^{-1}$)4.5 mL，倒入 500 mL 烧杯中，用水稀释至 500 mL，然后把此溶液倒入干净的细口试剂瓶中，盖上玻璃塞，摇匀，贴上标签。

2. HCl 溶液的标定

在电子天平上用差减法准确称取 0.20～0.25 g(准确到 0.0001 g)无水 Na_2CO_3 三份，分别放入三个做好标记的 250 mL 烧杯中，然后分别加入 30 mL 蒸馏水溶解，再加入 2 滴 0.2% 甲基橙指示剂。用待标定的 HCl 溶液滴定至溶液由黄色变为橙色，即为终点。记录所消耗的 HCl 溶液的体积 V_{HCl}(mL)，平行标定三份。

五、结果与分析

(1)将实验数据填入表 5-12 中。

(2)按式(5-2)计算出 HCl 溶液的准确浓度：

$$c=\frac{2\times m}{M\times\frac{V}{1000}} \tag{5-2}$$

式中：c——HCl 溶液的浓度，$mol\cdot L^{-1}$；

m——Na_2CO_3 的质量，g；

M——Na_2CO_3 的摩尔质量，即 $106.0\ g\cdot mol^{-1}$；

V——HCl 溶液的体积，mL；

2——反应的计量系数。

(3)要求标定结果的相对平均偏差≤0.2%，否则需重新标定。

表 5-12　HCl 溶液的标定

项目 \ 试样编号	Ⅰ	Ⅱ	Ⅲ
倾出前(称量瓶+Na_2CO_3)质量/g			
倾出后(称量瓶+Na_2CO_3)质量/g			
$m(Na_2CO_3)$/g			
V(HCl)/mL			
c(HCl)计算公式			
c(HCl)/$mol\cdot L^{-1}$			
$\bar{c}$(HCl)/$mol\cdot L^{-1}$			
绝对偏差			
相对偏差			
相对平均偏差			

思考题

1. 如果 Na_2CO_3 中结晶水没有完全除去，实验结果会怎样？

2. 为什么 HCl 和 NaOH 标准溶液配制后，要进行标定？

3. 用 Na_2CO_3 标定 HCl 溶液时为什么采用甲基橙作指示剂，而不用酚酞作指示剂？

【相关背景知识】

1. 滴定分析常用玻璃仪器的使用（参见 2.5 章节 p25 页）
2. 常见酸碱指示剂及配制（参见 5.2 章节 p119 页）
3. 电子天平使用及常用称量方法（参见 5.1 章节 p111 页）

5.4 食醋中总酸量的测定

一、实验目的

(1)学会用中和法直接测定酸性物质。

(2)掌握食醋中总酸量测定的原理和方法。

二、实验原理

食醋的主要成分是醋酸（约含 3%～5%），此外还含有少量其他有机弱酸，如乳酸等。用 NaOH 滴定时，凡是离解常数 $Ka \geqslant 10^{-7}$ 的酸均被测定，因此测出的是总酸量，其反应式为：

$$NaOH + CH_3COOH = CH_3COONa + H_2O$$

$$nNaOH + H_nA(\text{有机酸}) = Na_nA + nH_2O$$

由于是强碱滴定弱酸，滴定突越在碱性范围内，计量点 pH 值在 8.6 左右，通常选用酚酞作指示剂。

三、实验仪器与试剂

1. 仪器

移液管(25 mL)　　锥形瓶(250 mL)　　碱式滴定管　　洗耳球

容量瓶(250 mL)

2. 试剂

NaOH 固体　　酚酞指示剂(0.2%)　　食醋样品[1]

四、实验内容

(1)0.1 mol·L^{-1}NaOH 溶液的配制与标定。

(2)食醋中总酸量的测定。

用移液管移取 25.00 mL 食醋原液于 250 mL 容量瓶中，用无 CO_2 蒸馏水稀释至刻度，摇匀。

用移液管移取 25.00 mL 已稀释的食醋样品于 250 mL 锥形瓶中，加入 2 滴酚酞指示剂，摇匀，用 0.10 mol·L^{-1}NaOH 标准溶液滴定至溶液呈微红色，30 s 内不褪色，即为终点，记下所消耗 NaOH 的体积 V。平行测定 2～3 次。

五、结果与分析

(1)将实验数据填入表 5-13 中。

(2)按(5-3)式计算出食醋中总酸量。

$$\rho=\frac{c\times\frac{V_1}{1000}\times M}{\frac{V_2}{1000}}\times 稀释倍数 \tag{5-3}$$

式中：ρ——食醋中总酸量，$g\cdot L^{-1}$；

c——NaOH 溶液的浓度，$mol\cdot L^{-1}$；

M——HAc 的摩尔质量，即 60.052 $g\cdot mol^{-1}$；

V_1—— NaOH 溶液的体积，mL；

V_2—— 食醋的体积，mL。

(3)要求实验结果的相对平均偏差≤0.2%，否则需要重做。

表 5-13　食醋中总酸量的测定

项目＼次数	Ⅰ	Ⅱ	Ⅲ
$c(NaOH)/mol\cdot L^{-1}$			
V(食醋)/mL			
$V(NaOH)/mL$			
计算公式			
$\rho(HAC)/g\cdot L^{-1}$			
$\bar{\rho}(HAC)/g\cdot L^{-1}$			
绝对偏差			
相对偏差			
相对平均偏差			

注释：

[1] 食醋中 CH_3COOH 的含量较大，必须稀释后再滴定。而且，稀释食醋的蒸馏水应经过煮沸，除去 CO_2。有的食醋颜色较深，经稀释后，颜色仍然很明显，则不能用指示剂法来测定。

思考题

1. 无 CO_2 蒸馏水怎样制备？如果稀释食醋的蒸馏水中含有 CO_2，对测定结果有何影响？为什么？

2. 滴定时所使用的移液管和锥形瓶都需用食醋溶液润洗吗？为什么？

3. 测定食醋含量时，能否用甲基橙做指示剂？

【相关背景知识】

1. 滴定分析常用玻璃仪器的使用(参见 2.5 章节 p25 页)

2. 常见酸碱指示剂及配制(参见 5.2 章节 p119 页)

5.5 混合碱的测定(双指示剂法)

一、实验目的

(1)了解测定混合碱的原理。

(2)掌握用双指示剂法测定混合碱中 NaOH 与 Na_2CO_3 或 $NaHCO_3$ 与 Na_2CO_3 的含量。

(3)了解强碱弱酸盐滴定过程中 pH 的变化及酸碱滴定法在碱度测定中的应用。

二、实验原理

所谓混合碱通常是指 NaOH 与 Na_2CO_3 或 $NaHCO_3$ 与 Na_2CO_3 混合物,它们的测定通常采用双指示剂法,即在同一试液中用两种指示剂来指示两个不同的终点。原理如下:

在混合碱试液中先加入酚酞指示剂,用 HCl 标准溶液滴定至由红色刚变为无色。若试液为 NaOH 与 Na_2CO_3 的混合物,这时溶液中 NaOH 将被完全滴定,而 Na_2CO_3 被滴定生成 $NaHCO_3$,即滴定反应到达第一终点,设此时用去 HCl 溶液的体积为 V_1,反应式为:

$$NaOH + HCl = NaCl + H_2O$$

$$Na_2CO_3 + HCl = NaCl + NaHCO_3$$

然后,再加甲基橙指示剂,继续用 HCl 标准溶液滴定至由黄色变为橙色,设所消耗 HCl 溶液的体积为 V_2,这时,$NaHCO_3$ 全部被滴定,产物为 H_2CO_3($CO_2 + H_2O$),反应式为:

$$NaHCO_3 + HCl = NaCl + H_2CO_3$$

$$\qquad\qquad\qquad\qquad \llcorner\!\!\longrightarrow CO_2 + H_2O$$

所以甲基橙变色时滴定反应到达第二终点。

可见,滴定 Na_2CO_3 所需的 HCl 溶液是两次滴定加入的,从理论上讲,两次用量相等。故 V_2 是滴定 $NaHCO_3$ 所消耗 HCl 的体积,NaOH 所消耗 HCl 溶液的量为($V_1 — V_2$)。

那么各组分的含量按式(5-4)和式(5-5)计算:

$$\omega_1 = \frac{c \times \frac{V_1 - V_2}{1000} \times M_1}{\frac{V}{1000}} \tag{5-4}$$

$$\omega_2 = \frac{c \times \frac{V_2}{1000} \times M_2}{\frac{V}{1000}} \tag{5-5}$$

式(5-4)和式(5-5)中:ω_1—— 混合碱中 NaOH 的含量,$g \cdot L^{-1}$;

ω_2——混合碱中 Na_2CO_3 的含量,$g \cdot L^{-1}$;

c——HCl 溶液的浓度,$mol \cdot L^{-1}$;

V_1——滴定过程中一阶段 HCl 溶液的用量,mL;

V_2——滴定过程中二阶段 HCl 溶液的用量,mL;

V——混合碱的体积，mL；

M_1——NaOH 的摩尔质量，39.997 $g \cdot mol^{-1}$；

M_2——Na_2CO_3 的摩尔质量，105.99 $g \cdot mol^{-1}$。

试样若为 $NaHCO_3$ 与 Na_2CO_3 的混合物。此时 $V_1 < V_2$，V_1 仅为 Na_2CO_3 转化为 $NaHCO_3$ 所需 HCl 溶液的用量，滴定试样中 $NaHCO_3$ 所需 HCl 溶液的用量为($V_2 - V_1$)。那么各组分的含量为：

$$\omega_3 = \frac{c \times \frac{V_2 - V_1}{1000} \times M_3}{\frac{V}{1000}} \tag{5-6}$$

$$\omega_4 = \frac{c \times \frac{V_1}{1000} \times M_4}{\frac{V}{1000}} \tag{5-7}$$

式(5-6)和式(5-7)中：ω_3——混合碱中 $NaHCO_3$ 的含量，$g \cdot L^{-1}$；

ω_4——混合碱中 Na_2CO_3 的含量，$g \cdot L^{-1}$；

c——HCl 溶液的浓度，$mol \cdot L^{-1}$；

V_1——滴定过程中一阶段 HCl 溶液的用量，mL；

V_2——滴定过程中二阶段 HCl 溶液的用量，mL；

V——混合碱的体积，mL；

M_3——$NaHCO_3$ 的摩尔质量，84.007 $g \cdot mol^{-1}$。

M_4——Na_2CO_3 的摩尔质量，105.99 $g \cdot mol^{-1}$。

三、实验仪器与试剂

1. 仪器

酸式滴定管	锥形瓶(250 mL)
移液管(25 mL)	洗耳球

2. 试剂

HCl 溶液(0.1 $mol \cdot L^{-1}$)	酚酞指示剂(0.2%)
甲基橙指示剂(0.2%)	混合碱水溶液(待测)

四、实验内容

(1)用移液管移取已配好的混合碱溶液 25 mL 于 250 mL 锥形瓶中，加入 2 滴酚酞指示剂，立即[1]用 0.1 $mol \cdot L^{-1}$ HCl 标准溶液滴定至由红色变为近无色[2]，记下所消耗 HCl 的体积 V_1(mL)。

(2)加入甲基橙指示剂 1 滴，继续用 HCl 标准溶液滴定至由黄色变为橙色，记下第二次所消耗 HCl 的体积 V_2(mL)。平行测定 2～3 次。

五、结果与分析

(1)将实验数据填入表 5-14 中。

(2)若 $V_1 > V_2$，样品仅含 NaOH 和 Na_2CO_3，则按(5-4)、(5-5)式计算各组分的含量；若 V_2

$>V_1$，样品仅含 $NaHCO_3$ 和 Na_2CO_3，则按(5-6)、(5-7)式计算各组分的含量。

(3)要求实验结果的相对平均偏差≤0.2%，否则需要重做。

表 5-14　混合碱的测定

项目＼次数	Ⅰ	Ⅱ	Ⅲ
V 混合碱/mL			
V_1/mL			
V_2/mL			
V_1 与 V_2 大小比较	V_1______V_2	V_1______V_2	V_1______V_2
确定混合碱的组成	以上结果表明：因 V_1________V_2，那么混合碱溶液中只含有________和________。		
选择适当的计算公式			
组份 1 含量/$g \cdot L^{-1}$			
组份 1 含量的平均值/$g \cdot L^{-1}$			
绝对偏差			
相对偏差			
相对平均偏差			
组份 2 含量/$g \cdot L^{-1}$			
组份 2 含量的平均值/$g \cdot L^{-1}$			
绝对偏差			
相对偏差			
相对平均偏差			

注释：

[1] 由于样品溶液中常含有大量的 OH^-，所以取出后应该立即滴定，不宜久置，否则易吸收空气中 CO_2，使 NaOH 的含量减少，而 Na_2CO_3 的含量增多。

[2] 在第一滴定终点前，HCl 标准溶液应逐滴加入，并要不断摇动锥形瓶，以防溶液局部浓度过大，Na_2CO_3 直接被滴定成 CO_2。

思考题

1. 取等体积的同一烧碱试液两份，一份加酚酞指示剂，另一份加甲基橙指示剂，分别用 HCl 标准溶液。设消耗 HCl 的体积分别为 V_1、V_2。怎样确定 NaOH 和 Na_2CO_3 所消耗的 HCl 体积？

2. Na_2CO_3 是食碱的主要成分，其中常含有少量 $NaHCO_3$。能否用酚酞做指示剂，测定 Na_2CO_3 含量？

3. 为什么移液管必须要用所移取溶液润洗，而锥形瓶则不用所装溶液润洗？

4. 本实验用酚酞作指示剂时，其所消耗的 HCl 的体积比甲基橙的少，为什么？

【相关背景知识】

(1)盐酸滴定碳酸钠的滴定曲线,如图 5-4 所示。

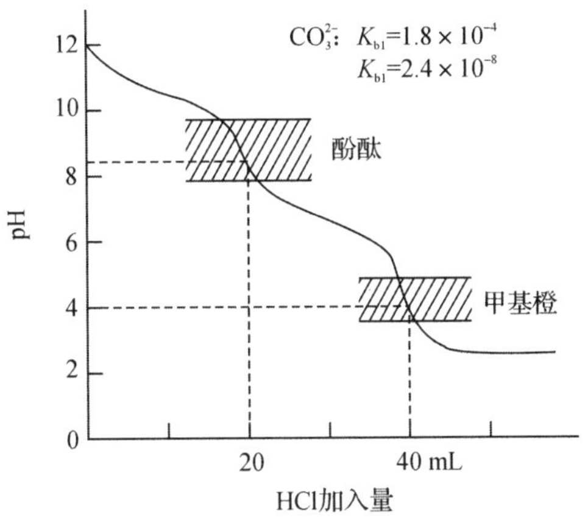

图 5-4　盐酸滴定碳酸钠的滴定曲线

(2)滴定分析常用玻璃仪器的使用(参见第二章第五节 p25 页)。

(3)常见标准液配制及常见酸碱指示剂及配制(参见第五章第二节 p119 页)。

<<<　5.6　氯化物中 Cl^- 的测定(莫尔法)　>>>

一、实验目的

(1)掌握沉淀滴定法中莫尔法的原理和方法。

(2)准确判断 K_2CrO_4 为指示剂的滴定终点。

二、实验原理

通常采用莫尔法测定某些可溶性氯化物中 Cl^- 的含量,即在中性或碱性溶液中(最适宜 pH 范围为 6.5～10.5,但如有 $NH_4{}^+$ 存在时,pH 必须控制在 6.5～7.2),以 K_2CrO_4 为指示剂,用 $AgNO_3$ 标准溶液进行滴定。

由于 AgCl 的溶解度比 $AgCrO_4$ 的溶解度小,因此溶液中首先析出 AgCl 沉淀,当 AgCl 定量沉淀后,过量 1 滴 $AgNO_3$ 溶液即与 CrO_4^{2-} 生成 $AgCrO_4$ 沉淀(砖红色),即为终点。主要反应式如下:

$$Ag^+ + Cl^- \rightleftharpoons AgCl\downarrow(\text{白色}) \qquad K_{SP}=1.8\times10^{-10}$$

$$2Ag^+ + CrO_4^{2-} \rightleftharpoons Ag_2CrO_4\downarrow(\text{砖红色}) \qquad K_{SP}=2.0\times10^{-12}$$

三、实验仪器与试剂

1. 仪器

电子天平　　锥形瓶(250 mL)　　量筒(100 mL)

吸量管(1 mL)　　　　酸式滴定管

2. 试剂

NaCl(A.R.,固体)　　　　K_2CrO_4溶液(5%)　　　　$AgNO_3$溶液(0.1 mol·L^{-1})

食盐(固体)

四、实验内容

1. 0.1 mol·L^{-1} $AgNO_3$标准溶液的标定

准确称取0.12～0.18 g(准确至0.0001 g)已烘干的基准物NaCl置于250 mL锥形瓶中,加50 mL蒸馏水溶解,用吸量管吸取1 mL 5% K_2CrO_4溶液并放入250 mL锥形瓶中,在不断摇动下用待标定的$AgNO_3$标准溶液滴定,当接近终点时,溶液呈浅红色,但摇动后即消失,继续滴定至溶液刚出现浅红色经剧烈摇动仍不消失,即为终点。记下消耗$AgNO_3$标准溶液的体积V_1,平行标定2～3次。根据基准物NaCl的质量和$AgNO_3$标准溶液的用量,计算$AgNO_3$标准溶液的准确浓度。

2. 氯化物中Cl^-含量的测定

准确称取食盐样品0.14～0.20 g(准确至0.0001 g)于250 mL锥形瓶中,加50 mL蒸馏水溶解,用吸量管吸取1 mL 5% K_2CrO_4溶液并放入250 mL锥形瓶中,在不断摇动下用$AgNO_3$标准溶液滴定,当接近终点时,需逐滴加入$AgNO_3$溶液,并用力振荡,继续滴定至溶液刚出现砖红色经剧烈摇动不消失,即为终点。记下消耗$AgNO_3$标准溶液的体积V_2,平行测定2～3次。根据试样的质量和所消耗$AgNO_3$标准溶液的体积,计算试样中NaCl的百分含量。

滴定后的银盐废液和沉淀倒入回收瓶内。

五、结果与分析

(1)将$AgNO_3$标准溶液的浓度标定数据填入表5-15内,并按式(5-8)计算$AgNO_3$标准溶液的准确浓度:

$$c=\frac{m_1}{M\times\frac{V_1}{1000}} \tag{5-8}$$

式中:c——$AgNO_3$标准溶液的浓度,mol·L^{-1};

m——NaCl固体的质量,g;

V_1——$AgNO_3$标准溶液的体积,mL;

M——NaCl的摩尔质量,58.443 g·mol^{-1}。

(2)将Cl^-含量测定的数据填入表5-16内,并按式(5-9)计算试样中NaCl的百分含量:

$$\omega=\frac{c\times\frac{V_2}{1000}\times M}{m_2}\times 100\% \tag{5-9}$$

式中:ω——试样中NaCl的百分含量,%;

c——$AgNO_3$标准溶液的浓度,mol·L^{-1};

V_2——$AgNO_3$标准溶液的体积,mL;

m——食盐样品的质量,g;

M——NaCl 的摩尔质量，58.443 g·mol^{-1}。

(3)要求测定结果相对平均偏差≤0.2%，否则需要重做。

表 5-15　$AgNO_3$ 标准溶液的标定

项目＼次数	Ⅰ	Ⅱ	Ⅲ
m(NaCl)/g			
$V_1(AgNO_3)$/mL			
$c(AgNO_3)$的计算公式			
$c(AgNO_3)/mol\cdot L^{-1}$			
$\bar{c}(AgNO_3)/mol\cdot L^{-1}$			
绝对偏差			
相对偏差			
相对平均偏差			

表 5-16　氯化物中 Cl^- 含量的测定

项目＼次数	Ⅰ	Ⅱ	Ⅲ
$c(AgNO_3)/mol\cdot L^{-1}$			
m(食盐)/g			
$V_2(AgNO_3)$/mL			
计算公式			
ω(NaCl)/%			
ω(NaCl)/%			
绝对偏差			
相对偏差			
相对平均偏差			

思考题

1. 莫尔法测定 Cl^- 时，为什么溶液的 pH 必须控制在 6.5～10.5？
2. K_2CrO_4 指示剂必须定量加入，为什么？
3. 在测定条件下，指示剂主要是以 CrO_4^{2-} 还是以 $Cr_2O_7^{2-}$ 形式存在？为什么？

【相关背景知识】

1. 滴定分析常用玻璃仪器的使用(参见 2.5 章节 p25 页)
2. 电子天平使用及常用称量方法(参见 5.1 章节 p111 页)

5.7 土壤中可溶性 SO_4^{2-} 的测定

一、实验目的

(1)掌握重量法测定土壤中可溶性 SO_4^{2-} 的原理及方法。

(2)了解晶形沉淀条件和沉淀方法。

(3)巩固重量法基本操作及程序。

二、实验原理

重量法测定 SO_4^{2-} 是以 $BaCl_2$ 为沉淀剂,由生成的 $BaSO_4$ 的质量算出 SO_4^{2-} 的含量。它也可用于测定 Ba^{2+} 的含量。

测定土壤中可溶性 SO_4^{2-} 含量,对确定土壤类型以及对土壤进行改良利用都具有重要意义。同时,在常规分析中,测定 SO_4^{2-} 是不可缺少的项目。具体如下:

将土壤样品与水按一定比例混合,经过振荡过滤后,将土壤中 SO_4^{2-} 提取到溶液中,定量移取此溶液,加入 $BaCl_2$ 沉淀剂使 SO_4^{2-} 沉淀为 $BaSO_4$,再经过陈化、过滤、洗涤、烘干、灼烧后,以 $BaSO_4$ 形式称重,可求出 SO_4^{2-} 的含量,其反应式为 $Ba^{2+}+SO_4^{2-}=BaSO_4\downarrow$

为得到纯净而颗粒粗大的 $BaSO_4$ 晶形沉淀,一般是在 0.05 $mol \cdot L^{-1}$ HCl 溶液中和加热近沸的条件下进行沉淀,在酸性条件下,还能防止 $BaCO_3$,$Ba_3(PO_4)_2$ 及 $Ba(OH)_2$ 沉淀的生成,排除了土壤中 CO_3^{2-},PO_4^{3-},HPO_4^{2-} 等离子的干扰。

三、实验仪器与试剂

1. 仪器

煤气灯	18 号筛	电炉
广口塑料瓶	瓷坩埚	马弗炉
烧杯(250 mL)	移液管(25 mL)	电子天平
水浴锅	量筒(10 mL,500 mL)	试剂瓶(500 mL)

2. 试剂

HCl 溶液(2 $mol \cdot L^{-1}$)	$BaCl_2$ 溶液(10%)	$AgNO_3$ 溶液(0.1 $mol \cdot L^{-1}$)
定量滤纸(慢速或中速)	淀帚	

四、实验内容

1. 瓷坩埚恒重

将两个瓷坩埚洗净、擦干(或晾干),在 800 ℃左右的马弗炉中灼烧 30 min,取出稍冷片刻,转入干燥器中冷却至室温(约 30 min),称量,再次灼烧 20 min(800 ℃左右),取出稍冷后放入干燥器中冷却至室温,再称重,如此重复操作直至恒重为止。

2. 试样分析

(1)试样的制备:称取 100 g 通过 18 号筛的风干土壤样品,放入大口塑料瓶中,加入 500

mL 去离子水，用橡皮塞塞紧振荡 3 min，立即抽气过滤，清液贮于 500 mL 试剂瓶中备用。

移取 25 mL 备用液于 250 mL 烧杯中，在水浴上加热至干，加 5 mL 2 $mol \cdot L^{-1}$ HCl 溶液处理残渣再蒸干，并继续加热 1～2 h，用 2 mL 2 $mol \cdot L^{-1}$ HCl 溶液和 30 mL 热去离子水洗涤，用中速(或慢速)定量滤纸过滤并用热去离子水洗涤残渣数次，弃去沉淀物(SiO_2)。

(2)沉淀制备：滤液在烧杯中蒸发至 30～40 mL，在不断搅拌下滴加 10% $BaCl_2$ 溶液，此时有白色沉淀出现，待沉淀下沉后，在清液上滴加 10% $BaCl_2$ 溶液，若无沉淀生成，则表示已沉淀完全，再多加 2～3 mL 10% $BaCl_2$ 溶液，在水浴上继续加热 30 min，取下烧杯静置 2 h，用慢速或中速定量滤纸过滤，烧杯中的沉淀用热水洗 2～3 次后，全部转移到滤纸上再用水洗涤沉淀至无 Cl^- 止(检验方法：取滤液 2 mL 加入 0.1 $mol \cdot L^{-1}$ $AgNO_3$ 溶液 2 滴，不浑浊即为无 Cl^-)。将滤纸(有沉淀)折成包放入已灼烧恒重的瓷坩埚中，先在煤气灯上烘干，炭化至呈灰白色，再放入 800℃左右的沸炉中灼烧 30 min，取出放在干燥器内冷却至室温，称量。第二次灼烧 15～20 min，冷却称量，如此反复操作，直至恒重(两次称量之差小于 0.3 mg)。

(3)空白试验：用相同试剂和滤纸作同样处理，测得空白质量。

(4)平行测定两次(最好同时进行)，根据 $BaSO_4$ 的质量，求算出 100g 土样中 SO_4^{2-} 的含量。

五、结果与分析

将结果填入表 5-17。

表 5-17 土壤中可溶性 SO_4^{2-} 的含量

项目＼次数	Ⅰ	Ⅱ	空白
m(沉淀)/g			
$m(BaSO_4)$/g			
$\overline{m}(BaSO_4)$/g			
$\overline{m}(SO_4^{2-})$/g			
计算公式			
$\overline{\omega}(SO_4^{2-})$/%			

注意：

①本方法适用于含 SO_4^{2-} 高的土样测定，含量低的土样须采用其他方法。

②太热的坩埚不宜立即放入干燥器内，因为空气会迅速膨胀，能将干燥器盖冲落；而且冷却后，干燥器中气压降低，使盖子不易打开，为此，可以在放入热坩埚后，稍微将盖子错开一条细缝，稍候片刻，再将盖子盖严即可。

思考题

1. 沉淀完毕后，为什么要"陈化"后再过滤？什么是倾泻法？用倾泻法过滤和洗涤有何好处？

2. 烘干、灰化滤纸和灼烧沉淀时，应注意什么？

3. 什么是恒重？为什么空坩埚也要恒重？

4. 测定土壤中 SO_4^{2-}，为什么要作空白试验？

5. 沉淀 $BaSO_4$ 时为什么要在稀 HCl 溶液中进行，而且是热溶液中？

【相关背景知识】

1. 加热与制冷技术（参见 2.4 章节 p21 页）
2. 滴定分析常用玻璃仪器的使用（参见 2.5 章节 p25 页）
3. 电子天平使用及常用称量方法（参见 5.1 章节 p111 页）

5.8　$K_2Cr_2O_7$ 法测定亚铁盐中铁的含量

一、实验目的

(1)学习用直接法配制标准溶液的方法。

(2)掌握用 $K_2Cr_2O_7$ 法测定亚铁盐中 Fe^{2+} 含量的原理。

二、实验原理

在酸性介质中，$K_2Cr_2O_7$ 将被 Fe^{2+} 定量地还原，其反应式如下：

$$\underset{\text{橙色}}{Cr_2O_7^{2-}} + 6Fe^{2+} + 14H^+ = \underset{\text{绿色}}{2Cr^{3+}} + \underset{\text{黄色}}{6Fe^{2+}} + 7H_2O$$

本实验用亚铁盐溶液滴定 $K_2Cr_2O_7$ 标准溶液，采用邻二氮菲亚铁溶液为指示剂。根据 $K_2Cr_2O_7$ 标准溶液的用量和浓度，以及滴定所消耗亚铁盐溶液的体积，计算亚铁盐溶液中 Fe 的百分含量。

三、实验仪器与试剂

1. 仪器

酸式滴定管	烧杯(250 mL)	锥形瓶(250 mL)	玻璃棒
容量瓶(250 mL)	移液管(25 mL)	量筒(10 mL，100 mL)	硫酸纸
胶头滴管	洗耳球		

2. 试剂

浓 H_2SO_4	亚铁盐溶液(待测)	邻二氮菲亚铁指示剂

$K_2Cr_2O_7$(固体 A.R.，在 140～150 ℃烘 1 小时后放入干燥器中备用)

四、实验内容

1. 0.01667 $mol \cdot L^{-1}$ $K_2Cr_2O_7$ 标准溶液的配制

用直接法准确称取烘干过的 $K_2Cr_2O_7$ 1.226 克于 250 mL 烧杯中，加入少量蒸馏水溶解，然后全部转移到 250 mL 容量瓶中，并稀释定容，充分摇匀。计算其准确浓度。

2. 硫酸亚铁盐试剂中含铁量的测定

用移液管准确移取 0.01667 $mol \cdot L^{-1}$ $K_2Cr_2O_7$ 标准溶液 25.00 mL，置于 250 mL 锥形瓶中，加入 50 mL H_2O 和 5 mL 浓 H_2SO_4，再加邻二氮菲亚铁指示剂 3 滴，以硫酸亚铁盐试剂滴

定，滴定过程颜色变化为橙色→草绿色→绿蓝色→茶红色，即为终点。平行测定 2～3 份。

五、结果与分析

(1)将实验数据填入表 5-18 中。

(2)亚铁盐待测溶液中 Fe 的百分含量按式(5-10)计算：

$$\omega=\frac{c_1\times\frac{V_1}{1000}\times 6\times M}{c_2\times V_2}\times 100\% \tag{5-10}$$

式中：ω——亚铁盐溶液中 Fe 的百分含量，%；

c_1——$K_2Cr_2O_7$ 标准溶液的浓度，$mol\cdot L^{-1}$；

V_1——$K_2Cr_2O_7$ 标准溶液的体积，mL；

c_2——亚铁盐溶液的浓度，$g\cdot mL^{-1}$；

V_2——亚铁盐溶液的体积，mL；

M——Fe 的摩尔质量，55.847 $g\cdot mol^{-1}$。

6——反应的计量系数。

(3)要求实验结果的相对平均偏差≤0.2%，否则需要重做。

表 5-18　亚铁盐中含铁量的测定

项目＼次数	Ⅰ	Ⅱ	Ⅲ
$m(K_2Cr_2O_7)$/g			
$c(K_2Cr_2O_7)/mol\cdot L^{-1}$			
$V(K_2Cr_2O_7)$/mL			
V(亚铁盐)/mL			
计算公式			
ω(Fe)/%			
$\overline{\omega}$(Fe)/%			
绝对偏差			
相对偏差			
相对平均偏差			

思考题

1. 用 $K_2Cr_2O_7$ 法测定亚铁盐中铁的含量能否在盐酸介质中进行滴定？为什么？
2. $K_2Cr_2O_7$ 为什么可以用直接法配制其标准溶液？
3. 用 $K_2Cr_2O_7$ 法测定 Fe^{2+} 时，滴定前为什么要加入硫酸？

【相关背景知识】

1. 滴定分析常用玻璃仪器的使用(参见§2.5 章节 p25 页)
2. 电子天平使用及常用称量方法(参见§5.1 章节 p111 页)
3. 常见标准液配制(参见 5.2 章节 p119 页)

5.9 $KMnO_4$溶液的配制与标定

一、实验目的

(1)掌握 $KMnO_4$ 标准溶液的配制方法与标定原理。

(2)掌握温度、滴定速度等对滴定分析的影响。

二、实验原理

市售的 $KMnO_4$ 常含有少量杂质,同时具有强氧化性的 $KMnO_4$ 可与还原性杂质发生缓慢反应,而且 $KMnO_4$ 能自行分解生成 MnO_2,故 $KMnO_4$ 标准溶液不可用直接法配制,而只能用间接法进行配制。通常所配制的 $KMnO_4$ 溶液保存在棕色瓶中,并在暗处保存数天,待 $KMnO_4$ 把还原杂质充分氧化后,除去生成的 MnO_2 沉淀,然后再用基准物质进行标定,确定其准确浓度。

由于 $Na_2C_2O_4$ 不含结晶水,容易制纯,没有吸湿性,性质稳定,因此常用 $Na_2C_2O_4$ 作基准物标定 $KMnO_4$ 溶液浓度。在酸性介质中 $KMnO_4$ 与 $Na_2C_2O_4$ 发生如下反应:

$$2MnO_4^- + 5C_2O_4^{2-} + 16H^+ = 10CO_2\uparrow + 2Mn^{2+} + 8H_2O$$

因 $KMnO_4$ 溶液本身有紫红色,不需要外加指示剂。

三、实验仪器与试剂

1. 仪器

酸式滴定管	烧杯(250 mL)	锥形瓶(250 mL)
容量瓶(250 mL)	移液管(25 mL)	洗耳球
滴管	量筒(10 mL)	量筒(100 mL)
玻璃棒	表面皿	电子天平

2. 试剂

$KMnO_4$(固体)	$Na_2C_2O_4$(固体)	H_2SO_4溶液(3 mol·L^{-1})

四、实验内容

1. 0.02 mol·L^{-1} $KMnO_4$ 标准溶液的配制

称取约 0.9 g $KMnO_4$ 固体于 250 mL 烧杯中,加 150 mL 蒸馏水,加热煮沸使固体溶解。冷却后,将溶液倒入棕色试剂瓶中,加蒸馏水稀释至 250 mL,摇匀,放暗处静置数天后(如需急用,也可在电炉上加热至沸并保持 30 min),用玻璃砂芯漏斗过滤,除去 MnO_2 沉淀后,将滤液贮存于洗净的棕色试剂瓶中备用。

2. $KMnO_4$ 标准溶液的标定

(1)准确称取 0.13~0.20 g(准确至 0.0001 g)$Na_2C_2O_4$ 三份,分别置于三个做好标记的 250 mL 锥形瓶中,加 40 mL 蒸馏水使之溶解。

(2)加入 10 mL 3 mol·L^{-1} H_2SO_4[1],加热到 75~85 ℃[2](即溶液开始冒出蒸气,但不能热至沸腾),趁热用 $KMnO_4$ 溶液滴定。注意滴定时 $KMnO_4$ 溶液应逐滴加入[3],滴定至溶液呈微红色,半分钟内不褪色即为终点[4]。记下 $KMnO_4$ 溶液的用量[5]。

(3)平行测定 2～3 次。

五、结果与分析

(1)将实验数据填入表 5-19 中。

(2)按式(5-11)计算出 $KMnO_4$ 溶液的准确浓度:

$$c=\frac{\frac{2}{5}\times\frac{m}{M}}{\frac{V}{1000}} \tag{5-11}$$

式中:c——$KMnO_4$ 标准溶液的浓度,$mol\cdot L^{-1}$;L

m——$Na_2C_2O_4$ 的质量,g;

V——$KMnO_4$ 标准溶液的体积,mL;

M——$Na_2C_2O_4$ 的摩尔质量,134.00 $g\cdot mol^{-1}$;

$\frac{2}{5}$——反应的计量系数。

(3)要求标定结果的相对平均偏差≤0.2%,否则需重新标定。

表 5-19　$KMnO_4$ 溶液的配制与标定

项目 \ 次数	Ⅰ	Ⅱ	Ⅲ
$m(Na_2C_2O_4)/g$			
$V(KMnO_4)/mL$			
计算公式			
$c(KMnO_4)/mol\cdot L^{-1}$			
$\bar{c}(KMnO_4)/mol\cdot L^{-1}$			
绝对偏差			
相对偏差			
相对平均偏差			

注释:

[1] 该反应需在酸性介质中进行,通常用 H_2SO_4 控制溶液酸度。因为盐酸中 Cl^- 具有还原性,可与 MnO_4^- 作用,而 HNO_3 具有氧化性,可能氧化被滴定的还原性物质。为使反应定量进行,溶液酸度宜控制在 0.5～1 $mol\cdot L^{-1}$。

[2] 在室温下,该反应速度较慢,常需将溶液加热至 75～85℃,并趁热滴定。且加热时温度不要太高,否则 $H_2C_2O_4$ 会部分分解。

[3] 该反应为自催化反应,反应生成的 Mn^{2+} 有自动催化作用。因此滴定开始时不宜太快,应逐滴加入,当加入的第 1 滴 $KMnO_4$ 颜色褪去后,方可加入第 2 滴。否则加入的 $KMnO_4$ 溶液来不及与 $C_2O_4^{2-}$ 反应,就在热的酸性溶液中分解,导致结果偏低。其反应式为:$4MnO_4^- + 12H^+ = 5O_2\uparrow + 4Mn^{2+} + 6H_2O$

[4] 接近终点时,加入的 $KMnO_4$ 颜色褪去很慢,应减慢滴定速度,同时充分摇匀,以防超过滴定终点。最后滴加半滴 $KMnO_4$ 溶液,在摇匀后半分钟内不褪色,即为滴定终点。长时间放置,由于空气中的还原性物质

可与 MnO_4^- 作用而使溶液颜色褪去，这与滴定终点无关。

[5] 由于 $KMnO_4$ 溶液颜色较深，不易观察弯月面的最低点，因此应该从液面最高边上读数。

思考题

1. $KMnO_4$ 溶液为什么要放置数天后标定？配好的 $KMnO_4$ 溶液为什么要装在棕色瓶中？
2. $KMnO_4$ 法滴定中常用什么作为指示剂，它是怎样指示滴定终点的？
3. 用 $Na_2C_2O_4$ 基准物质标定 $KMnO_4$ 溶液时，应注意哪些因素？
4. 标定 $KMnO_4$ 溶液时，为什么第一滴 $KMnO_4$ 的颜色褪得很慢，以后反而逐渐加快？
5. 控制溶液酸度时为何不能用 HCl 或 HNO_3 溶液？
6. $KMnO_4$ 溶液的配制过程中要用玻璃砂芯漏斗过滤，问能否用定量滤纸过滤？为什么？
7. 酸式滴定管盛放 $KMnO_4$ 溶液时间较长后，管壁呈棕褐色，这是为什么？如何清洗除去？

【相关背景知识】

1. 滴定分析常用玻璃仪器的使用(参见 2.5 章节 p25 页)
2. 电子天平使用及常用称量方法(参见 5.1 章节 p111 页)
3. 常见标准液配制(参见 5.2 章节 p119 页)

<<< 5.10 过氧化氢含量的测定 >>>

一、实验目的

(1)掌握用高锰酸钾法测定过氧化氢含量的原理和方法。

(2)进一步熟练掌握移液管及容量瓶的使用方法。

二、实验原理

H_2O_2 又称双氧水，医药上常用作消毒剂，市售的 H_2O_2 含量一般为 30%。但由于 H_2O_2 不稳定，产品中常加入少量的乙酰苯胺等作稳定剂，滴定时也要消耗 $KMnO_4$，使测定结果偏高。在实验室中常将 H_2O_2 装在塑料瓶中，置于阴暗处。室温条件下，它在稀 H_2SO_4 溶液中能定量地被 $KMnO_4$ 溶液氧化，因此可以用 $KMnO_4$ 法测定过氧化氢的含量，其反应式为：

$$5H_2O_2+2MnO_4^-+6H^+ = 2Mn^{2+}+5O_2\uparrow+8H_2O$$

开始反应时速度较慢，滴入第一滴溶液颜色不易退去，但由于 H_2O_2 不稳定，不能加热。但可先加少量的 Mn^{2+} 作催化剂，加快反应速度。然后根据 $KMnO_4$ 标准溶液的浓度和滴定消耗的体积，即可计算出试液中 H_2O_2 的含量。

三、实验仪器与试剂

1. 仪器

酸式滴定管	移液管(25 mL)	锥形瓶(250 mL)
量筒(10 mL)	洗耳球	

2. 试剂

H_2O_2(0.15%)(将原装的 H_2O_2溶液(30%)稀释 200 倍即得,贮存于棕色塑料试剂瓶中)

$KMnO_4$(0.02 mol・L^{-1})　　H_2SO_4(3 mol・L^{-1})　　$MnSO_4$(1 mol・L^{-1})

四、实验内容

(1)$KMnO_4$标准溶液的配制与标定(详见实验 5.9)。

(2)H_2O_2含量的测定:用移液管移取 0.15% H_2O_2样品 25.00 mL,置于 250 mL 锥形瓶中,加入 5 mL 3 mol・L^{-1} H_2SO_4及 1 mol・L^{-1} $MnSO_4$溶液 2～3 滴,用 $KMnO_4$标准溶液滴定至微红色,半分钟内不褪色即为滴定终点,记下消耗 $KMnO_4$标准溶液的体积。平行测定 2～3 次。

五、结果与分析

(1)将实验数据填入表 5-20 中。

(2)按式(5-12)计算出试液中 H_2O_2的含量:

$$\rho=\frac{c\times\frac{V_1}{1000}\times\frac{5}{2}\times M}{V_2} \tag{5-12}$$

式中:ρ——H_2O_2的含量,g・mL^{-1};

c——$KMnO_4$标准溶液的浓度,mol・L^{-1};

V_1——$KMnO_4$标准溶液的体积,mL;

M——H_2O_2的摩尔质量,34.015 g・mol^{-1};

V_2——H_2O_2溶液的体积,mL;

$\frac{5}{2}$——反应的计量系数。

(3)要求测定结果的相对平均偏差≤0.2%,否则需要重做。

表 5-20　过氧化氢含量的测定

<table>
<tr><th>次　数
项　目</th><th>Ⅰ</th><th>Ⅱ</th><th>Ⅲ</th></tr>
<tr><td>$c(KMnO_4)$/mol・L^{-1}</td><td colspan="3"></td></tr>
<tr><td>$V(KMnO_4)$/mL</td><td></td><td></td><td></td></tr>
<tr><td>$V(H_2O_2)$/mL</td><td colspan="3">25.00</td></tr>
<tr><td>计算公式</td><td colspan="3"></td></tr>
<tr><td>ρ/g・mL^{-1}</td><td></td><td></td><td></td></tr>
<tr><td>$\bar{\rho}$/g・mL^{-1}</td><td colspan="3"></td></tr>
<tr><td>绝对偏差</td><td></td><td></td><td></td></tr>
<tr><td>相对偏差</td><td></td><td></td><td></td></tr>
<tr><td>相对平均偏差</td><td colspan="3"></td></tr>
</table>

思考题

1. H_2O_2商品液标签中注明其含量为30%，实验测定结果小于此值，为什么？

2. 为什么不直接移取试样进行测定，而要将试样稀释后再移取溶液进行测定？

【相关背景知识】

滴定分析常用玻璃仪器的使用（参见2.5章节p25页）

5.11 水中耗氧量的测定

一、实验目的

(1)了解工业、农业、养殖和生活等用水水质标准及衡量水体被污染的指标。

(2)掌握高锰酸钾法测定水中耗氧量的原理和方法。

(3)掌握返滴定法的基本操作。

二、实验原理

化学耗氧量(COD)指每升水中的还原物质（包括无机物与有机物质）在一定条件下被氧化时所消耗氧化剂相当氧的毫克数，即$\rho(O_2)/mg \cdot L^{-1}$表示。不同条件下，得出的结果不同。因此，必须严格遵守反应条件，数据才有实用价值。

水中的还原性物质，主要是有机物质以及S^{2-}、Fe^{2+}、NO_2^-、SO_3^{2-}、Sn^{2+}等还原性离子。有机物质的含量影响水质的颜色、味道，并有利于细菌繁殖，引起疾病传染。所以，水的耗氧量是水被污染的指标之一。

耗氧量的测定，常用的有酸性高锰酸钾法和重铬酸钾法。本实验采用酸性高锰酸钾法，即在酸性溶液中加入一定量的、过量的$KMnO_4$标准溶液，加热促进氧化。经过一定时间反应完成后，加过量的、一定量的草酸钠溶液，还原过剩$KMnO_4$。然后再用标准$KMnO_4$溶液回滴草酸钠。最后根据$KMnO_4$的用量计算耗氧量。反应式是：

$$4MnO_4^- + 12H^+ + 5C \longrightarrow 4Mn^{2+} + 5CO_2 + 6H_2O$$

三、实验仪器与试剂

1. 仪器

酸式滴定管(50 mL)	移液管(25 mL)	容量瓶(250 mL,100 mL)
锥形瓶(250 mL)	量筒(10 mL,100 mL)	电炉

2. 试剂

H_2SO_4 (4.5 mol · L^{-1})	$KMnO_4$固体	$Na_2C_2O_4$固体
$Na_2C_2O_4$标准溶液	$KMnO_4$标准溶液	

四、实验内容

1. $KMnO_4$溶液的配制和标定

详见实验5.9。

2. 水中耗氧量的测定

(1)准确量取 100 mL 水样，置于 250 mL 锥形瓶中，加 5 mL 4.5 mol · L^{-1} H_2SO_4溶液及 10.00 mL 0.002000 mol · L^{-1} $KMnO_4$标准溶液。

(2)迅速加热煮沸，从冒第一个大气泡开始算起，准确地煮沸 10 min，取下锥形瓶，稍冷，准确加入 10.00 mL 0.005000 mol · L^{-1} $Na_2C_2O_4$标准溶液，充分摇动。此时，$KMnO_4$的红色应完全消失。

(3)趁热由滴定管滴入 $KMnO_4$标准溶液，至出现微红色终点为止。记录 $KMnO_4$用量。

(4)平行测定 2～3 次。

3. 空白试验

按“样品测定”相同步骤和方法，以 100.00 mL 蒸馏水代替水样进行空白试验，记下空白滴定时消耗 $KMnO_4$ 滴定液毫升数。

五、结果与分析

(1)将实验数据填入表 5-21 中。

(2)按式(5-13)计算水的耗氧量：

$$\rho=\frac{c(V_2-V_1)\times\frac{5}{4}M}{\frac{V}{1000}} \tag{5-13}$$

式中：ρ——化学耗氧量(COD)，mg · L^{-1}；

c——$KMnO_4$标准溶液的浓度，mol · L^{-1}；

V_1——滴定水样所消耗的 $KMnO_4$标准溶液的体积，mL；

V_2——空白试验滴定所消耗的 $KMnO_4$ 溶液的体积，mL；

$\frac{5}{4}$——反应计量系数，即每摩尔 $KMnO_4$所相当 O_2 的物质的量；

M——O_2 的摩尔质量，31.998 g · mol^{-1}；

V——水样的毫升数，mL。

(3)要求测定结果的相对平均偏差≤0.2%，否则需要重做。

表 5-21　水中耗氧量的测定

项　目＼次　数	Ⅰ	Ⅱ	Ⅲ
V(水样的毫升数)/mL	100	100	100
$c_1(KMnO_4)$/g · mol^{-1}			
V_1/mL			
V'_1/mL			
c_2/g · mol^{-1}			
V_2/mL			
$\rho(O_2)$/mg · L^{-1}			
$\bar{\rho}(O_2)$/mg · L^{-1}			
绝对偏差			
相对偏差			
相对平均偏差			

思考题

1. 配制 H_2SO_4 溶液所用的水若不是新鲜蒸馏水，其中含有微生物或还原性物质，对实验将会产生什么影响？

2. 水的耗氧量高说明什么问题？

【相关背景知识】

滴定分析常用玻璃仪器的使用(参见 2.5 章节 p25 页)

5.12 漂白粉有效氯的测定

一、实验目的

掌握碘量法测定有效氯的原理和方法。

二、实验原理

碘量法是在无机物和有机物尤其是在药物分析中都广泛应用的一种氧化还原滴定法。很多药物和含氯消毒剂中有效氯的测定，常用碘量法或间接碘量法。

漂白粉在农业上用作消毒、杀菌剂。漂白粉实际上是 $Ca(ClO)_2$ 和 $CaCl_2$ 的混合物，通常用化学式 Ca(OCl)Cl 表示。在酸的作用下可放出氯：

$$Ca(OCl)Cl + 2H^+ = Ca^{2+} + H_2O + Cl_2$$

漂白粉在贮存过程中能被空气中的 CO_2 分解，因而逐渐失效：

$$2Ca(OCl)Cl + CO_2 + H_2O = CaCO_3 + 2HClO + CaCl_2$$

漂白粉的质量常用有效氯来表示。所谓有效氯是指漂白粉在加酸后能放出的氯气量。普通漂白粉含有效氯约为 30%～35%。

漂白粉的有效氯可以用间接碘量法测定，即在一定量的漂白粉中加入过量的 KI，有效氯与 I^- 作用析出等计量的 I_2：

$$OCl^- + 2I^- + 2H^+ = H_2O + Cl^- + I_2$$

析出的 I_2，用 0.1 $mol \cdot L^{-1}$ $Na_2S_2O_3$ 标准液进行滴定。

三、实验仪器与试剂

1. 仪器

碱式滴定管(50 mL)　移液管(25 mL)　容量瓶(250 mL)
锥形瓶(250 mL)　量筒(10 mL，100 mL)　研钵
称量瓶　电子天平

2. 试剂

H_2SO_4(6 $mol \cdot L^{-1}$)　KI 固体　$K_2Cr_2O_7$ 固体
$Na_2S_2O_3$ 溶液(0.1 $mol \cdot L^{-1}$)　淀粉溶液(1%)　漂白粉

四、实验内容

1. $Na_2S_2O_3$标准溶液的标定

(1)准确称取约0.12 g(准确至0.1 mg)分析纯$K_2Cr_2O_7$三份，分别加入250 mL锥形瓶中，加50 mL蒸馏水溶解，加3 g固体KI及10 mL 6 mol · L^{-1} H_2SO_4溶液，在暗处放置5 min。

(2)加100 mL蒸馏水稀释，用待标定的$Na_2S_2O_3$标准溶液滴定至淡黄色，加入2 mL 1%的淀粉溶液，继续滴定至溶液呈亮绿色即为终点。记下消耗$Na_2S_2O_3$的体积。平行测定2～3次，分别计算其浓度。

2. 漂白粉中有效氯的测定

(1)用称量瓶装好漂白粉样品，盖紧瓶盖，在分析天平上准确称取充分混合均匀的漂白粉样品约1.5 g，放在研钵内，加少量水研成均匀的糊状。注意避免溅失，并尽量避免长时间与空气接触，以免引起分解。

(2)研好的样品转移入250 mL的容量瓶中，稀释至刻度，充分摇匀。

(3)立即用移液管吸取50 mL放入于250 mL锥形瓶中，加6 mL 6 mol · L^{-1} H_2SO_4和1.5 g KI，用$Na_2S_2O_3$标准溶液滴至浅黄色时，加入1% 5 mL淀粉指示剂，继续滴至蓝色刚好消失为止。记下消耗$Na_2S_2O_3$的体积。

(4)平行测定2～3次，分别计算有效氯含量。

五、结果与分析

(1)将$Na_2S_2O_3$标准溶液的浓度标定数据填入表5-22中，并按式(5-14)计算$Na_2S_2O_3$标准溶液的浓度：

$$c=\frac{m}{\frac{1}{6}M\times V} \tag{5-14}$$

式中：c——$Na_2S_2O_3$标准溶液的浓度，mol · L^{-1}；

m——$K_2Cr_2O_7$基准物的质量，g；

$\frac{1}{6}$——反应的计量系数；

M——$K_2Cr_2O_7$基准物的摩尔质量，g · mol^{-1}；

V——滴定所消耗的$Na_2S_2O_3$标准溶液的体积，mL。

(2)将有效氯测定的实验数据填入表5-23中，并按式(5-15)计算漂白粉样品中有效氯含量：

$$\omega(\mathrm{Cl})=\frac{c\times V\times\frac{M}{1000}}{m}\times\frac{250}{50}\times100\% \tag{5-15}$$

式中：ω——有效氯的质量百分含量；

c——$Na_2S_2O_3$标准溶液的浓度，mol · L^{-1}；

V——滴定所消耗的$Na_2S_2O_3$标准溶液的体积，mL；

M——氯原子的摩尔质量，g · mol^{-1}；

m——漂白粉样品的质量，g；

$\frac{250}{50}$——样品的稀释倍数。

(3)要求测定结果的相对平均偏差≤0.2%，否则需要重做。

表 5-22　$Na_2S_2O_3$溶液的标定

次数 项目	Ⅰ	Ⅱ	Ⅲ
$m(K_2Cr_2O_7)$/g			
$V(Na_2S_2O_3)$/mL			
$c(Na_2S_2O_3)/g \cdot mol^{-1}$			
$\overline{c}(Na_2S_2O_3)/g \cdot mol^{-1}$			
绝对偏差			
相对偏差			
相对平均偏差			

表 5-23　漂白粉中有效氯的测定

次数 项目	Ⅰ	Ⅱ	Ⅲ
m(漂白粉样品)/g			
$V(Na_2S_2O_3)$/mL			
$c(Na_2S_2O_3)/g \cdot mol^{-1}$			
$\omega(Cl)/\%$			
$\overline{\omega}(Cl)/\%$			
绝对偏差			
相对偏差			
相对平均偏差			

思考题

1. 淀粉指示剂什么时候加入较合适？过早加入对实验结果有何影响？
2. 漂白粉样品能否用直接法称量？

【相关背景知识】

1. 滴定分析常用玻璃仪器的使用(参见 2.5 章节 p25 页)
2. 电子天平使用及常用称量方法(参见 5.1 章节 p111 页)
3. 硫代硫酸钠的特性

$Na_2S_2O_3$溶液易受空气和微生物等的作用而分解：

(1)溶解的CO_2的作用：$Na_2S_2O_3$在中性或碱性溶液中较稳定，当 pH<4.6 时即不稳定，溶液中含有CO_2时，它会促进$Na_2S_2O_3$分解。

$$Na_2S_2O_3+H_2CO_3 = NaHSO_3+NaHCO_3+S\downarrow$$

此分解作用一般发生在溶液配成后的最初 10 d 内。分解后一分子 $Na_2S_2O_3$ 变成了一分子 $NaHSO_3$，一分子 $Na_2S_2O_3$ 只能和一个碘原子作用，而一分子 $NaHSO_3$ 却能和两个碘原子作用，因此从反应能力看溶液的浓度增加了。以后由于空气的氧化作用，浓度又慢慢减小。

在 pH＝9～10 时，硫代硫酸盐溶液最为稳定，所以要在 $Na_2S_2O_3$ 溶液中加入少量 $NaHCO_3$。

(2)空气的氧化作用：

$$2Na_2S_2O_3+O_2 = 2Na_2SO_4+2S\downarrow$$

(3)微生物的作用：这是使 $Na_2S_2O_3$ 分解的主要原因；为了避免微生物的分解作用，可加入少量 HgI_2(10 mg·dm^{-3})。

为了减少溶解在水中的 CO_2 和杀死水中微生物，应用新煮沸后冷却的蒸馏水配制溶液并加入少量 Na_2CO_3(浓度约为 0.02%)，以防止 $Na_2S_2O_3$ 分解。

日光能促进 $Na_2S_2O_3$ 溶液分解，所以 $Na_2S_2O_3$ 溶液应贮于棕色瓶中，放置暗处，经 8～14 d 再标定。长期使用的溶液应定期标定。若保存得好，可每 2 个月标定 1 次。

5.13 胆矾中 Cu 的测定

一、实验目的

(1)巩固 $Na_2S_2O_3$ 标准溶液的配制与标定方法。

(2)了解并掌握碘量法测定 Cu 的原理和方法。

二、实验原理

碘量法是在无机物和有机物分析中都广泛应用的一种氧化还原滴定法。胆矾($CuSO_4\cdot5H_2O$)中 Cu 含量测定主要采用间接碘量法：即在微酸性(HAc 或稀 H_2SO_4)条件下，加入过量 KI，使 Cu^{2+} 还原为难溶性 CuI，并析出 I_2，再以淀粉为指示剂，用 $Na_2S_2O_3$ 标准溶液滴定析出的 I_2(在过量 I^- 存在下，以 I_3^- 形式存在)，滴定至溶液的蓝色恰好消失为终点，反应如下：

$$2Cu^{2+}+4I^- \rightleftharpoons 2CuI\downarrow+I_2$$

$$I_2+2S_2O_3^{2-} = S_4O_6^{2-}+2I^-$$

由于 Cu^{2+} 与 I^- 之间的反应是可逆的，任何引起 Cu^{2+} 浓度减小(如形成配合物等)或引起 CuI 溶解度增加的因素均使反应不完全。加入过量的 KI 可使反应趋于完全。这里 KI 是 Cu^{2+} 的还原剂，又是生成的 Cu^+ 的沉淀剂，也是生成的 I_2 的络合剂，使生成 I_3^-，增加 I_2 的溶解度，减少 I_2 的挥发。

又因 CuI 的溶解度较大，并且能强烈吸附 I_3^-，使测量结果偏低，故可在 $Na_2S_2O_3$ 滴定 I_2 到接近终点时，加入 KSCN，使 CuI 沉淀($K_{sp}=1.1\times10^{-12}$)转化为溶解度更小的 CuSCN 沉淀($K_{sp}=4.8\times10^{-15}$)，并释放出被吸附的 I_3^-，使反应更趋于完全。反应如下：

$$CuI+SCN^- = CuSCN\downarrow+I^-$$

释放出的 I^- 与未作用的 Cu^{2+} 发生反应，这样就使得 Cu^{2+} 被 I^- 还原的反应在用较少 KI

时也能进行完全，同时改善了终点，降低了误差。但是 KSCN 只能在接近终点时加入，否则有可能直接还原 Cu^{2+}，使结果偏低。反应如下：

$$6Cu^{2+} + 7\ SCN^- + 4\ H_2O = 6\ CuSCN\downarrow + SO_4^{2-} + CN^- + 8\ H^+$$

Cu^{2+} 被 I^- 还原的 pH 值一般控制在 3～4 之间，酸度过低时，Cu^{2+} 易水解。使得反应不完全，结果偏低，而且转化速率慢，终点拖长。酸度过高时，则 I^- 易被空气中的氧氧化，使结果偏高。

Fe^{3+} 能氧化 I^-，对测定有干扰，可加入 NaF 掩蔽。

三、实验仪器与试剂

1. 仪器

碱式滴定管　　量筒(100 mL)　　电子天平

量筒(10 mL)　　碘量瓶

2. 试剂

胆矾样品　　淀粉(1%)　　KI(固体)

H_2SO_4(1 mol·L^{-1})　　KSCN(10%)　　$Na_2S_2O_3$标准溶液(待标)

NaF(饱和)

四、实验内容

1. $Na_2S_2O_3$标准溶液的标定

参见 5.12 节“实验内容”。

2. 胆矾中 Cu 的测定

准确称取 0.5～0.7 g(准确至 0.1 mg)胆矾($CuSO_4 \cdot 5H_2O$)样品三份，分别放入 250 mL 碘量瓶中，加入 5 mL 1 mol·L^{-1} H_2SO_4及 100 mL 蒸馏水，溶解后，加入 10 mL 饱和 NaF 溶液及 1 g KI 固体，摇匀，立即用 0.1 mol·L^{-1} $Na_2S_2O_3$标准溶液滴定析出的 I_2，当滴定溶液由棕红色变为土黄色，再变为浅黄色时，表示已接近终点。然后加入 2 mL 淀粉指示剂，这时溶液呈深蓝色。继续用 $Na_2S_2O_3$标准溶液滴定至浅蓝色，再加入 10 mL 10% KSCN 溶液，混合后，溶液的蓝色又变深，再继续滴定至溶液的蓝色恰好消失，即为终点。此时溶液有米色的 CuSCN 沉淀存在，使终点呈现灰白色(或浅肉色)的悬浊液，记下滴定所消耗 $Na_2S_2O_3$标准溶液的体积 V_2(mL)，平行测定三份，计算出胆矾试样中 Cu 的含量。

五、结果与分析

(1)按式(5-14)算出标定所得 $Na_2S_2O_3$标准溶液的准确浓度，结果填入表 5-24 中。

(2)按式(5-16)计算胆矾试样中 Cu 的含量，结果填入表 5-24 中。

$$\omega = \frac{\left(c\,\frac{V}{1000}\right)\times M}{m}\times 100\% \tag{5-16}$$

式中：ω——胆矾试样中 Cu 的含量，%；

c——$Na_2S_2O_3$标准溶液的浓度，mol·L^{-1}；

V——滴定所消耗 $Na_2S_2O_3$标准溶液的体积，mL；

M——Cu 的摩尔质量，63.55 mol·L^{-1}；

m—— 胆矾试样的质量，g。

(3)要求测定结果相对平均偏差≤0.2%,否则需要重做。

表 5-24　胆矾中 Cu 的测定

项目＼次数	Ⅰ	Ⅱ	Ⅲ
$c(Na_2S_2O_3)/mol \cdot L^{-1}$			
m(胆矾)/g			
$V(Na_2S_2O_3)/mL$			
$\omega(Cu)$的计算公式			
$\omega(Cu)/\%$			
$\overline{\omega}(Cu)/\%$			
绝对偏差			
相对偏差			
相对平均偏差			

思考题

1. 为什么 $Na_2S_2O_3$ 不能直接用于配制标准溶液？配制后为何要放置一周后，才能进行标定？为什么要用刚煮沸且冷却后的蒸馏水配制？为什么要在配制的 $Na_2S_2O_3$ 溶液中加入少量 Na_2CO_3 固体？

2. 用碘量法测定 Cu 含量时，加入 KI 为何要过量？此量是否要求很准确？加入 KSCN 溶液起何作用？为什么在临近终点前加入？

3. 淀粉加入过早有什么不好？

【相关背景知识】

1. 滴定分析常用玻璃仪器的使用(参见 2.5 章节 p25 页)
2. 碘量法分析原理
3. 电子天平使用及常用称量方法(参见 5.1 章节 p111 页)

5.14　EDTA 标准溶液的配制与标定

一、实验目的

(1)掌握 EDTA 标准溶液的配制与标定方法。

(2)学会判断配位滴定的终点。

(3)了解缓冲溶液的应用。

二、实验原理

EDTA 标准溶液可用直接法配制(但由于试剂中常含有 0.3%的吸附水，若要直接配制标准溶液，必须将试剂在 120 ℃下烘至恒重)，也可用间接法配制，即先配制成粗略浓度，再用

$MgSO_4\cdot 7H_2O$ 等基准物质来标定。因为 EDTA 能与大多数金属离子形成 1∶1 的稳定配合物,所以可以用含有这些金属离子的基准物,在一定酸度下,选择适当的指示剂来标定 EDTA 的浓度。

三、实验仪器与试剂

1. 仪器

分析天平(或电子天平)　烧杯(250 mL)　酸式滴定管(50 mL)

容量瓶(250 mL)　移液管(25 mL)　量筒(10 mL,50 mL)

锥形瓶(250 mL)　洗耳球　滴管

2. 试剂

EDTA 二钠晶体(固体 A.R.,已烘干)　$MgSO_4\cdot 7H_2O$(固体)

氨缓冲溶液(pH=10)　钙指示剂　铬黑 T 指示剂

3. 其他

药匙　硫酸纸

四、实验内容

1. 0.005000 $mol\cdot L^{-1}$ EDTA 标准溶液的直接配制

用固定重量称量法称取烘干过的优级纯 EDTA 二钠晶体($Na_2H_2Y\cdot 2H_2O$,其摩尔质量为 372.24 $g\cdot moL^{-1}$)0.4653 g 于 250 mL 烧杯中,加 50 mL 蒸馏水,加热溶解,待溶液冷却后转移至 250 mL 容量瓶中,并稀释定容,摇匀,即得 0.005 $mol\cdot L^{-1}$ EDTA 标准溶液。如果溶液需长时间保存,应装入聚乙烯塑料瓶中,浓度可长期稳定不变。

2. 0.005 $mol\cdot L^{-1}$ EDTA 标准溶液的间接配制与标定

(1)准确称取 EDTA 二钠晶体 0.4~0.5 g 于 250 mL 烧杯中,加 50 mL 蒸馏水,加热溶解,待溶液冷却后转移至 250 mL 容量瓶中,并稀释定容,摇匀,即得 0.005 $mol\cdot L^{-1}$ EDTA 标准溶液。

(2)准确称取 $MgSO_4\cdot 7H_2O$ 0.25~0.35 g(准确至 0.0001 g)于 250 mL 烧杯中,加 50 mL 蒸馏水溶解后,转移至 250 mL 容量瓶中,稀释定容,摇匀。用移液管移取 Mg^{2+} 标准溶液 25.00 mL 于 250 mL 锥形瓶中,加入氨缓冲溶液 2 mL,铬黑 T 指示剂少许(约绿豆大小),用 EDTA 标准溶液滴定至溶液由酒红色→紫色→纯蓝色即为终点。

(3)平行测定 2~3 次。

五、结果与分析

(1)将实验数据填入表 5-25 中。

(2)按(5-17)式计算出 EDTA 标准溶液的浓度:

$$c=\frac{m\times\frac{25.00}{250.00}}{M\times\frac{V}{1000}} \tag{5-17}$$

式中:c——EDTA 标准溶液的浓度,$mol\cdot L^{-1}$;

m——$MgSO_4\cdot 7H_2O$ 的质量,g;

M—— $MgSO_4 \cdot 7H_2O$ 的摩尔质量，246.47 $g \cdot mol^{-1}$；

V—— EDTA 标准溶液的体积，mL 。

(3)要求标定结果的相对平均偏差≤0.2%，否则需重新标定。

表 5-25　EDTA 标准溶液的标定

次数 / 项目	Ⅰ	Ⅱ	Ⅲ
$m(MgSO_4 \cdot 7H_2O)/g$			
$V(EDTA)/mL$			
计算公式			
$c(EDTA)/mol \cdot L^{-1}$			
$c(EDTA)/mol \cdot L^{-1}$			
绝对偏差			
相对偏差			
相对平均偏差			

思考题

1. 配位滴定法与酸碱滴定法相比，有哪些不同点？操作中应注意哪些问题？
2. 本实验加入氨缓冲溶液起什么作用，能否用 NaOH 代替？
3. 在配位滴定中，指示剂应具备什么条件？

【相关背景知识】

一、金属离子指示剂

金属指示剂的作用原理：在配位滴定分析中，通常利用一种能与金属离子生成配合物的显色剂来指示滴定过程中金属离子浓度的变化，这种显色剂称为金属离子指示剂，简称金属指示剂。

金属离子指示剂是一种配位剂，一般为有机弱酸，能与被测金属离子形成与其本身颜色显著不同的配合物而指示终点。在一定 pH 条件下，在滴定前加入少量金属指示剂，金属指示剂与金属离子生成有色配合物，滴入 EDTA 后，游离的金属离子逐步被 EDTA 配位。由于金属离子与指示剂形成的配离子没有金属离子与 EDTA 形成的配离子稳定，所以当达到反应化学计量点时，已与指示剂络合的金属离子被 EDTA 夺出，释放出指示剂的颜色，从而指示反应的终点。若以 M 表示金属离子，In 表示指示剂的阴离子(略去电荷)，以 Y 表示 EDTA，其反应过程为：

$$M + In \rightleftharpoons MIn$$

$$Min + Y \rightleftharpoons MY + In$$

二、金属指示剂的使用条件

(1)在滴定的 pH 范围内，指示剂游离态的颜色与结合态的颜色显著不同。

(2)指示剂与金属离子形成的配离子有一定的稳定性。若稳定性太弱，反应终点就会提前，且颜色变化不敏锐；若稳定性太强，接近终点时 EDTA 不能夺取与指示荆结合的金属离子，终点就会拖后，反应达到计量点时无颜色变化。

(3)指示剂与金属离子的显色反应必须灵敏、迅速，且有良好的变色可逆性。

(4)指示剂应具有一定的选择性，即在一定条件下只对某一种或某几种离子发生显色反应。

(5)指示剂应比较稳定，便于贮存和使用。

(6)指示剂的变色点 pM 应尽量与化学反应计量点的 pM 一致，以减小误差。

三、常用缓冲溶液

表 5-26 所示为常用缓冲浓液及其配制方法。

表 5-26　常用缓冲溶液

缓冲溶液组成	(pK_{a1})	缓冲溶液 pH	缓冲溶液配制方法
H_2NCH_2COOH-HCl	2.35 (pK_{a1})	2.3	取 150 g H_2NCH_2COOH 溶于 500 mL 水中，加 80 mL 浓 HCl 稀释至 1 L
H_3PO_4-柠檬酸盐		2.5	取 113 g $Na_2HPO_4 \cdot 12H_2O$ 溶于 200 mL 水中，加 387 g 柠檬酸溶解，过滤后衡释至 1 L
$ClCH_2COOH$-NaOH	2.86	2.8	取 200 g $ClCH_2COOH$ 溶于 200 mL 水中，加 40 g NaOH，溶解后，稀释至 1 L
邻苯二甲酸氢钾-HCl	2.95 (pK_{a1})	2.9	取 500 g 邻苯二甲酸氢钾溶于 500 mL 水中，加 80 mL 浓 HCl，稀释至 1 L
HCOOH-NaOH	3.76	3.7	取 95 g HCOOH 和 40 g NaOH 于 500 mL 水中，溶解，稀释至 1 L
NH_4Ac-HAc		4.5	取 77 g NH_4Ac 溶于 200 mL 水，加 59 mL 冰 HAc，稀释至 1 L
NaAc-HAc	4.74	4.7	取 83 g 无水 NaAc 溶于水中，加 60 mL 冰 HAc，稀释至 1 L
NaAc-HAc	4.74	5.0	取 160 g 无水 NaAc 溶于水中，加 60 mL 冰 HAc，稀释至 1 L
NH_4Ac-HAc		5.0	取 250 g NH_4Ac 溶于水中，加 25 mL 冰 HAc，稀释至 1 L
六次甲基四胺-HCl	5.15	5.4	取 40 g 六次甲基四胺溶于 200 mL 水中，加 10 mL 浓 HCl，稀释至 1 L
NH_4Ac-HAc		6.0	取 600 g NH_4Ac 溶于水中，加 20 mL 冰 HAc，稀释至 1 L
NaAc-H_3PO_4盐		8.0	取 50 g 无水 NaAc 和 50 g $Na_2HPO_4 \cdot 12H_2O$ 溶于水中，稀释至 1 L
三羟甲基氨基甲烷-HCl	8.21	8.2	取 25 g 三羟甲基氨基甲烷溶于水中，加 8 mL 浓 HCl，稀释至 1 L
NH_3-NH_4Cl	9.26	9.2	取 54 g NH_4Cl 溶于水中，加 63 mL 浓 $NH_3 \cdot H_2O$，稀释至 1 L
NH_3-NH_4Cl	9.26	9.5	取 54 g NH_4Cl 溶于水中，加 126 mL 浓 $NH_3 \cdot H_2O$，稀释至 1 L
NH_3-NH_4Cl	9.26	10.0	取 54 g NH_4Cl 溶于水中，加 350 mL 浓 $NH_3 \cdot H_2O$，稀释至 1 L

注：(1)缓冲溶液配制后用 pH 检查。如 pH 不对，可用共轭酸或碱调节。欲调节精确时，可用酸度计调节。

(2)若需增加或减少缓冲溶液的缓冲容量时,可相应增加或减少共轭酸碱对物质的量,再调节之。

四、滴定分析常用玻璃仪器的使用(参见 2.5 章节 p25 页)

五、常用金属离子指示剂及配制方法(参见 5.2 章节 p121~p122 页)

六、电子天平使用及常用称量方法(参见 5.1 章节 p111 页)

七、其他相关注意事项

(1)配制好的 EDTA 标准溶液如在短时间内使用,可保存在一般的试剂瓶中,若需长期保存,则必须贮存在聚乙烯或其他塑料瓶中,否则玻璃瓶中金属离子与 EDTA 发生配位反应,会使 EDTA 标准溶液的浓度降低。实验证明,EDTA 标准溶液在普通玻璃瓶中保存 1 个月,其浓度约降低 1%。

(2)配制 EDTA 标准溶液的纯水必须保证质量,应不含 Ca^{2+}、Mg^{2+}、Cu^{2+}、Fe^{3+}、Al^{3+} 等杂质离子,以免与金属离子产生封闭现象,实验前应对蒸馏水质量进行检查:取 50 mL 蒸馏水于小烧杯中,加入 1 mL NH_3-NH_4Cl 缓冲溶液,10 mg 铬黑 T 指示剂,若蒸馏水呈蓝色则表明水质合格,否则应换用新鲜蒸馏水另作检查。

(3)使用的金属锌应先用 1∶1 盐酸处理数分钟以除去其表面的氧化物,再用蒸馏水冲洗数次除去盐酸,最后用丙酮或无水乙醇冲洗,沥干水后于 110 ℃下烘干数分钟备用。

(4)在配位滴定中酸度的控制至关重要,在使用二甲酚橙指示剂时,准确调节 Zn^{2+} 标准溶液的 pH=5~6 是关键,因此在滴加 20%六次甲基四胺时,要注意摇匀,在溶液呈现稳定的紫红色后,要多加 5 mL 20%六次甲基四胺缓冲溶液以控制溶液的 pH 值;在使用铬黑 T 指示剂时,盐酸酸化后的 Zn^{2+} 标准溶液应先用 6 mol·L^{-1} $NH_3 \cdot H_2O$ 中和至恰好使甲基红指示剂变微黄色,此时溶液的 pH 值约为 7,再加入 NH_3-NH_4Cl 缓冲溶液,否则滴加的 $NH_3 \cdot H_2O$ 过量时,NH_3 与 Zn^{2+} 能形成稳定的 $Zn(NH_3)_4{}^{2+}$ 配离子,从而影响 Zn^{2+} 与 EDTA 的配位反应,产生滴定误差。

(5)配位反应的速度较慢,故滴定时滴加 EDTA 的速度不能太快,特别是临近终点时,应紧摇慢滴,以免滴过终点。

<<<　5.15　水的总硬度测定　>>>

一、实验目的

(1)了解水硬度的表示方法。

(2)了解并掌握 EDTA 滴定法测定水中钙镁含量的原理和方法。

(3)熟悉金属指示剂变色原理及滴定终点的判断。

二、实验原理

水的硬度对饮用和工业用关系都极大，是水质的常规指标。水的硬度主要来源于水中所含的钙盐和镁盐。含有较多钙盐和镁盐的 H_2O 称为硬水。水的硬度以 H_2O 中 Ca^{2+}、Mg^{2+} 折合成 CaO 来计算，每升 H_2O 中含 10 mg CaO 为 1 德国度(1°)。测定水的硬度就是测定水中 Ca^{2+}、Mg^{2+} 的含量。

一般把 0～4°的 H_2O 称为极软水，4～8°的 H_2O 称为软水，8～16°的 H_2O 称为中等软水，16～30°的 H_2O 称为硬水，30°以上的 H_2O 称为极硬水。

用 EDTA 法测定 Ca^{2+}、Mg^{2+} 含量的方法是：先测定 Ca^{2+}、Mg^{2+} 的总量，再测定 Ca^{2+} 的含量，然后由测定 Ca^{2+}、Mg^{2+} 的总量时消耗的 EDTA 的体积减去测定 Ca^{2+} 含量时消耗的 EDTA的体积而求得 Mg^{2+} 的含量。

测定 Ca^{2+}、Mg^{2+} 总量时，用缓冲溶液调节溶液 pH=10，加入铬黑 T 指示剂，铬黑 T 先与部分 Mg^{2+} 配位为 $MgIn^-$ 配合物而使溶液呈紫红色，当用 EDTA 标准溶液滴定时，EDTA 先与 Ca^{2+} 和 Mg^{2+} 配位，再夺取 $MgIn^-$ 中的 Mg^{2+}，使铬黑 T 游离出来，此时溶液呈蓝绿色，即达到终点。由式(5-18)计算出水样的总硬度：

$$\text{总硬度(德国度)}=\frac{c\times\frac{V_1}{1000}\times M}{\frac{V}{1000}}\times 100^{\circ} \tag{5-18}$$

式中：c——EDTA 标准溶液的浓度，$mol\cdot L^{-1}$；

V——水样的体积，mL；

M——CaO 的摩尔质量，56.08 $g\cdot mol^{-1}$；

V_1——EDTA 标准溶液的体积，mL 。

测定 Ca^{2+} 含量时，用 NaOH 稀溶液调节溶液 pH=12，那么 Mg^{2+} 生成 $Mg(OH)_2$ 沉淀，加入钙指示剂，此时指示剂与 Ca^{2+} 配位呈紫红色，当滴入 EDTA 标准溶液时，EDTA 先与游离的 Ca^{2+} 形成配合物，然后夺取已和指示剂配位的 Ca^{2+}，使指示剂游离出来，于是溶液由紫红色变为蓝绿色，即为滴定终点。可由下列公式计算出水样中钙的含量(或用硬度表示)：

$$\rho_1=\frac{\left(c\times\frac{V_2}{1000}\right)\times M_1}{\frac{V}{1000}} \tag{5-19}$$

或

$$\text{钙硬度(德国度)}=\frac{c\times\frac{V_2}{1000}\times M}{\frac{V}{1000}}\times 100^{\circ} \tag{5-20}$$

式中：ρ——水样中钙的含量，$g\cdot L^{-1}$；

c——EDTA 标准溶液的浓度，$mol\cdot L^{-1}$；

V——水样的体积，mL；

V_2——EDTA 标准溶液的体积，mL；

M_1——Ca 的摩尔质量，40.08 $g\cdot mol^{-1}$；

M——CaO 的摩尔质量，56.08 $g\cdot mol^{-1}$。

那么，水样中镁的含量为(或用硬度表示)：

$$\rho_2=\frac{c\times\frac{(V_1-V_2)}{1000}\times M_2}{\frac{V}{1000}} \tag{5-21}$$

式中：ρ_2——水样中镁的含量，g·L^{-1}；

M_2——Mg 的摩尔质量，24.305 g·mol^{-1}；

c、V_1、V_2、V——同上。

或　镁硬度(德国度)＝总硬度－钙硬度　　(5-22)

三、实验仪器与试剂

1. 仪器

电子天平	烧杯(250 mL)	容量瓶(250 mL)
酸式滴定管	移液管(25 mL)	洗耳球
量筒(10 mL，50 mL)	锥形瓶(250 mL)	胶头滴管

2. 试剂

EDTA 二钠晶体(固体 A.R.，已烘干)　　水样(待测)

蔗糖(固体)钙指示剂氨缓冲溶液(pH＝10)　　铬黑 T 指示剂

NaOH 溶液(10%)

3. 其他

硫酸纸

四、实验内容

1. 0.005 mol·L^{-1}EDTA 标准溶液的配制(详见实验 5.11)

准确称取 1 份 EDTA 二钠晶体 0.4～0.5 g 于 250 mL 烧杯中，加 50 mL 蒸馏水，加热溶解，待溶液冷却后转移至 250 mL 容量瓶中，并稀释定容，摇匀，即得 EDTA 标准溶液。算出 EDTA 标准溶液的准确浓度。(EDTA，即 $Na_2H_2Y\cdot 2H_2O$，其摩尔质量为 372.24 g·moL^{-1})

2. Ca^{2+}、Mg^{2+} 总量的测定

用移液管准确移取水样 25.00 mL 于 250 mL 锥形瓶中，加入 5 mL pH＝10 的 $NH_3\cdot H_2O—NH_4Cl$缓冲溶液，铬黑 T 指示剂少许(约绿豆大小)，用 EDTA 标准溶液滴定至溶液由紫红色变为蓝绿色即为终点。记下 EDTA 标准溶液的用量 V_1，平行测定 2～3 次。

3. Ca^{2+} 含量的测定

用移液管准确移取水样 25.00 mL 于 250 mL 锥形瓶中，加入 0.5 克蔗糖，然后加入 2 mL 10% NaOH 溶液，钙指示剂少许(约绿豆大小)，用 EDTA 标准溶液滴定至溶液由紫红色变为蓝色即为终点。记下 EDTA 标准溶液的用量 V_2，平行测定 2～3 次。

五、结果与分析

(1)将实验数据填入表 5-27 和表 5-28 中。

(2)分别按式(5-19)、式(5-20)、式(5-21)和式(5-22)计算出水样的总硬度、钙硬度和镁硬度。

(3)要求测定结果的相对平均偏差≤0.2%，否则需重做。

表 5-27　总硬度的测定

项目＼次数	Ⅰ	Ⅱ	Ⅲ
m(EDTA)/g			
c(EDTA)/mol·L^{-1}			
V(水样)/mL			
V_1(EDTA)/mL			
总硬度的计算公式			
总硬度(德国度)			
总硬度的平均值(德国度)			
绝对偏差			
相对偏差			
相对平均偏差			

表 5-28　钙硬度的测定

项目＼次数	Ⅰ	Ⅱ	Ⅲ
c(EDTA)/mol·L^{-1}			
V(水样)/mL			
V_2(EDTA)/mL			
钙硬度的计算公式			
钙硬度(德国度)			
钙硬度的平均值(德国度)			
绝对偏差			
相对偏差			
相对平均偏差			

镁硬度(德国度)=____________。

思考题

1. 测定水的总硬度时，为何要控制溶液的 pH=10？

2. 能否用 EDTA 分别滴定 Ca^{2+}、Mg^{2+} 混合液中 Ca^{2+} 和 Mg^{2+} 的含量，为什么？

3. 本实验中加入氨缓冲溶液和 NaOH 溶液各起什么作用？能否用氨缓冲溶液代替 NaOH 溶液？

【相关背景知识】

1. 滴定分析常用玻璃仪器的使用(参见 2.5 章节 p25 页)
2. 常用金属离子指示剂及配制方法(参见 5.2 章节 p121 页)
3. 金属离子指示剂、金属指示剂的使用条件(参见 5.14 章节 p151 页)

第六章

物理量和常数测定

纯物质的熔点、沸点、密度、黏度、表面张力、折光率及具有手性分子的物质的比旋光度等，是纯物质的特性常数。在一定条件下，对于纯物质，这些物理量都是固定不变的。例如，在一个大气压下，苯甲酸固体的熔点为 122.13 ℃，乙醇的沸点为 78.5 ℃；20 ℃时，乙醇的折光率为 1.3611，D-葡萄糖的比旋光度$[\alpha]_D^{20}$是＋53 ℃。因此，测定物质的这些物理量，可用来鉴定未知化合物、判断化合物的纯度，也可以作为定量分析的手段之一。掌握物理量的测定方法，可以帮助大家熟悉一些常用化学仪器的使用方法，加深对化学基础知识和基本理论的理解。研究化学变化过程中相应物理量的变化，也是探究化学变化规律的重要手段，能给我们解决化学反应中的平衡问题和反应速率问题提供极大的方便。

6.1 熔点、沸点的测定(微量法)

一、实验目的

(1)理解熔点与沸点的定义。

(2)掌握毛细管微量法测定熔点与沸点的原理和方法。

(3)了解温度计的校正方法。

二、实验原理

在 101.325 kPa 下，当固体物质加热到一定温度时，从固态转变为液态，固－液两态间平衡时的温度称为该物质的熔点。

纯净的固体化合物都有固定的熔点，固－液两相间的变化非常敏锐，从初熔到全熔的温度范围(称熔距或熔程)一般不超过 0.5 ℃～1 ℃。当混有杂质后，大多数物质熔点降低，熔程增长。因此，可以通过测定熔点来鉴别未知的固体化合物和判断化合物的纯度。

液体的蒸气压随温度的升高而增大，当液体的蒸气压增大到与外界施加于液面的总压强

(通常是大气压强)相等时,液体内部就会冒出大量蒸汽形成气泡,此即沸腾,对应的温度就是在该外压下液体的沸点。

三、实验仪器与试剂

(1)仪器

b形管(Thiele 管)	水银温度计(200 ℃)	酒精灯
表面皿	玻璃管(40 cm)	毛细管(ϕ1 mm)

(2)试剂

苯甲酸(A.R)　　萘(A.R)　　萘和苯甲酸混合物　　无水乙醇　　石蜡油

四、实验内容

(1)熔点测定

①制作样品管:取一根长约 5 cm、内径 1 mm 的毛细管,斜向上呈 45°角,在酒精灯小火边缘一边加热,一边来回转动,使一端完全熔封。注意不要使封口太厚,以免在熔点测定时影响传热。

②装样:取 0.1～0.2 g 已干燥并研成粉末的待测样品,放在干燥、洁净的表面皿上,并聚成一小堆。将毛细管的开口端朝下,在样品堆中轻轻地插几下,挤入一部分样品至毛细管内。再将开口端朝上,让其在长约 40 cm 的玻璃管中跌落于一干净的表面皿上。重复取样和自由跌落几次,直至样品紧密沉于毛细管底部。装样高度以 2～3 mm 为宜。

③准备测定装置(图 6-1):将毛细管用小橡皮圈固定于温度计下端,要求样品部位处于水银球的中部,见图 6-1。往 b 形管中加入石蜡油作为载热体(也称浴液),高度达到叉口处下边即可。把温度计连同带孔的磨口玻璃塞固定于 b 形管上,并使水银球位于 b 形管上下两叉口管的中部。操作过程中注意不要使固定用的橡皮圈浸入油浴中,以免失去弹性使样品管脱落。还应注意样品管的上端与油浴液面要有一定位差,以免油受热膨胀后从上端漫入样品管中。

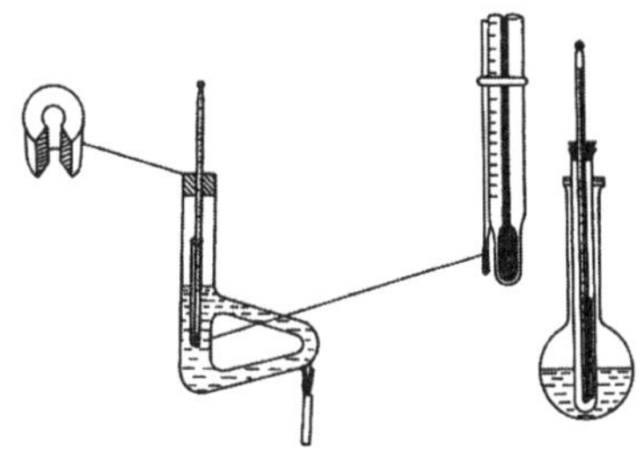

图 6-1　熔点测定装置

④测定熔点:确信测定装置无误后,再以小火缓慢加热 b 形管弯部。开始阶段升温可以较快,到距熔点 15 ℃左右时,调整火焰,保持升温速率每分钟 1～2 ℃。越接近熔点,升温速率应越慢(这是准确测定熔点的关键!)。记下样品开始萎缩塌落并有液相产生(初熔)时和固体完全消失(全熔)时的温度。特别要注意观察样品在初熔前是否有变色发泡、萎缩、软化或放出气体等分解现象。

熔点的测定,至少要重复两次。两次数据相差应不超过 1 ℃。重复测定时,必须用新的毛细管另装样品,绝不能重复使用同一毛细管。

测定未知物的熔点时,可用较快的加热速率粗测一次,得到大致熔点范围后,再进行精确的测定。

(2)沸点测定

沸点测定装置(图 6-2)与熔点测定装置基本相同,不同之处是测定熔点用的毛细管用沸点管代替。

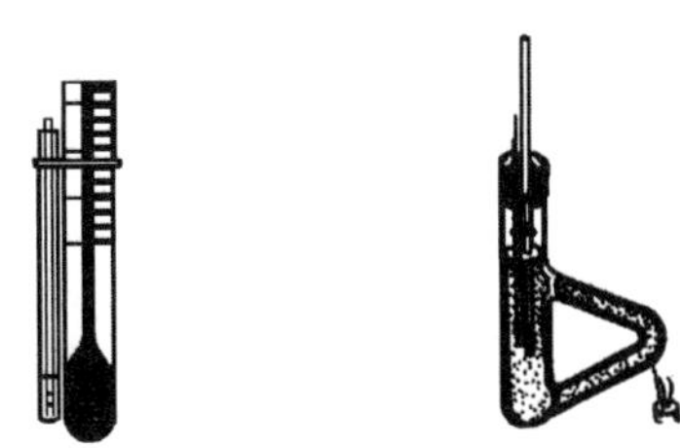

图 6-2　沸点测定装置

沸点管由内管和外管组成。内管的制作如熔点管,是长约 4 cm、内径 1 mm、一端熔封的毛细管;外管是长约 6 cm、内径 4 mm、一端熔封的玻璃管。

测定时，在外管中滴入5滴的待测液，再把内管开口向下插入待测液中。将沸点管用橡皮圈固定在测温温度计上，并使待测液的中线对准温度计水银球的中部。将浴液缓慢加热升温，此时内管下口有小气泡逸出且逐渐加快。当气泡成串快速逸出时，内管中的空气已基本被样品蒸汽驱出，表明此时内管的蒸汽压大于大气压，对应有样品温度(或油浴温度)已高于样品的沸点，停止加热，油浴自然冷却，气泡逸出速率随内管蒸汽压的降低而逐渐变慢。在气泡不再冒出、液体刚要倒吸进入内管的瞬间，此时内管蒸汽压恰好等于外压，记下温度计的读数，即为该液体的正常沸点。重复测定一次。两次数据相差应不超过1 ℃。

实验完毕，待温度计冷却后，先擦去所沾浴液，再用水冲洗。待浴液冷却后倒入指定的回收瓶内。

五、温度计的校正

温度计的读数常与真实温度之间有一定的偏差。产生误差的原因有三个：温度计本身的刻度不准确；温度计内的毛细管孔径不均匀；露出液面的水银柱因周围温度较低而膨胀不均匀(导致所示的温度比实际温度低)，因此要对温度计进行校正。校正方法如下：

(1)与标准温度计比较

把标准温度计与被校正的温度计放于热浴中，缓慢均匀加热，每隔5 ℃分别记下两支温度计的读数，标出偏差量 Δt。

$$\Delta t = \text{被校正的温度计的温度} - \text{标准温度计的温度}$$

以被校正的温度计的温度作纵坐标，Δt 为横坐标，画出校正曲线以供校正用。

(2)绘制曲线

选择几种已知熔点的纯净化合物作为校正标准，以测得的熔点与标准熔点的差值为横坐标，以测得的熔点为纵坐标，作出曲线。在某一温度时的校正值可以通过曲线直接读出。校正温度计的一些标准化合物的熔点见表6-1。

表6-1　常见标准化合物的熔点

样品	熔点/℃	样品	熔点/℃
水一冰	0	乙酰苯胺	114.3
α-萘胺	50.0	苯甲酸	122.4
二苯胺	54～55	尿素	132.7
苯甲酸苯脂	70～71	水杨酸	159.0
萘	80.28	酚酞	262～263
二苯乙二酮	95～96	蒽	216.6
α-萘酚	96.1	蒽醌	286.0

(3)露径校正

参见第六章第§6.5。

思考题

1. 第一次使用过的熔点测定管，为何不能等到样品凝固后用于第二次测量？

2. 下列各种情况对熔点的测定有何影响？

①毛细管端未完全熔封　②毛细管不干净　③升温速率太快

④样品装得不紧密　⑤毛细管壁太厚　⑥样品位置未与水银球对齐

6.2　HAc电离度和电离平衡常数的测定

一、实验目的

(1)加深对电离度和电离平衡常数的理解。

(2)掌握测定乙酸电离度和电离平衡常数的原理及方法。

(3)学会正确使用酸度计。

二、实验原理

HAc是弱电解质。当温度一定时，HAc在水溶液中存在以下电离平衡：

$$H_2O(aq)+HAc(aq)=\!=\!=H_3O^+(aq)+Ac^-(aq)$$

其电离平衡常数 $K_a^{\ominus}$ 与电离度 α 的关系为：

$$K_a^{\ominus[1]}=\frac{c(H^+)\cdot c(Ac^-)}{c(HAc)}=\frac{(c\alpha)^2}{c(1-\alpha)}=\frac{c\ \alpha^2}{1-\alpha} \tag{6-1}$$

当 $\alpha<5\%$时，$K_a^{\ominus}(HAc)=c\alpha^2$

式中：$c(H^+)$、$c(Ac^-)$、$c(HAc)$分别表示平衡时 H^+、Ac^-、HAc的浓度。

若HAc的起始浓度为 c_o，忽略水离解所产生的 H^+，则达平衡时，有：

$$c(H^+)=c(Ac^-),c(HAc)=c_o-c(H^+)。$$

测定出已知浓度的HAc溶液的pH值，便可算出它的电离度，进而得出电离常数。

$$\alpha=\frac{c(H^+)}{c(HAc)} \tag{6-2}$$

三、实验仪器与试剂

(1)仪器

酸度计　　　　酸式滴定管(50 mL)　　　　玻璃电极

(2)试剂

0.1 mol·L^{-1}HAc标准溶液

标准缓冲溶液(25 ℃时的pH值分别为6.87、4.01或9.18)

(3)其他

烧杯(50 mL)　　　　温度计　　　　容量瓶(50 mL)

洗瓶　　　　滤纸片

四、实验内容

(1)熟悉酸度计的结构原理及使用方法

见相关背景知识部分。

(2)不同浓度的HAc溶液的配制

用酸式滴定管分别取37.50、25.00、12.50、5.00 mL的HAc标准溶液于4个洁净的

50 mL容量瓶中,加蒸馏水稀释至刻度线,摇匀,配成不同浓度的 HAc 溶液。

(3)测定 HAc 溶液的 pH 值

用 5 个干净的 50 mL 烧杯,分别取 30 mL 上述 4 种浓度的 HAc 溶液及一份原液。按由稀到浓的顺序,用酸度计分别测定各溶液的 pH 值。

五、结果与分析

(1)将实验数据填入表 6-2 中,由 pH 值计算出溶液的 $c(H^+)$。

(2)计算出各溶液的 $\alpha(HAc)$和 $K_a^{\ominus}(HAc)$,并与文献值比较。

表 6-2　不同浓度 HAc 水溶液的 pH 值和电离度

溶液编号	$c(HAc)$ /mol·L^{-1}	pH 值	$c(H^+)$ /mol·L^{-1}	$\alpha(HAc)$	$K_a^{\ominus}(HAc)$	
					测定值	平均值
1	c_0					
2	$0.75c_0$					
3	$0.50c_0$					
4	$0.25c_0$					
5	$0.10c_0$					

注:c_0=________mol·L^{-1},实验温度:________,$K_a^{\ominus}(HAc)$文献值为:________。

注释:

[1] $K_a^{\ominus}=\dfrac{c(H^+)/C^{\ominus}\cdot c(Ac^-)/C^{\ominus}}{c(HAc)/C^{\ominus}}$简写为 $K_a^{\ominus}=\dfrac{c(H^+)\cdot c(Ac^-)}{c(HAc)}$,以正比的为简式。

思考题

1. 测定 HAc 溶液的 pH 值时,为什么要采取浓度从稀到浓的顺序进行?
2. 如何确定酸度计已校正好?

【相关背景知识】

酸度计

利用测量电动势来测量水溶液 pH 值的仪器,称为酸度计,也称 pH 计,它同时也可以用作测定电极电位及其他用途。实验化学中常用的酸度计有 pHS-3E 型、台面式 pH/ISE 测试仪等。

一、基本原理

酸度计测量 pH,是在待测溶液中插入一对工作电极(一支为电极电位已知、恒定的参比电极,另一支为电极电位随待测溶液离子浓度的变化而变化的指示电极)或复合电极构成原电池,并接上精密电位计,即可测量该电池的电动势。由于待测溶液的 pH 不同,所产生的电动势也不同,因此,用酸度计测量溶液的电动势,即可测得待测溶液的 pH。酸度计是一种电化学测量仪器,除了主要用于测量水溶液的 pH 外,还可用于测量电极电位。

用酸度计测量 pH 时，先用 pH 标准缓冲溶液，通过定位调节器使仪器显示标准溶液的 pH 值。这样，在测定未知溶液时，指针就直接指示待测溶液的 pH 值。通常把前一步骤称为校正，后一步骤称为测量。

二、仪器结构

酸度计的种类和型号很多，但是它们都是由参比电极（常用甘汞电极）、指示电极（常用玻璃电极）及精密电位计三部分组成或由复合电极和精密电位计组成。图 6-3、图 6-4 和 6-5 分别为 pHS-3E 和台面式 pH/ISE 测试仪的外观图。

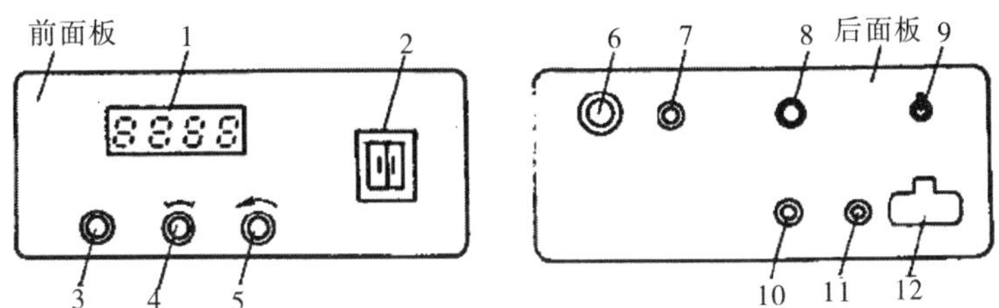

1—31/2LED 显示器；2—温度补偿器；3—定位调节器；4—功能选择；
5—斜率补偿调节器；6—输入电极插座；7—参比接线柱；8—调零电位器；
9—电源开关；10—地线接线柱；11—保险丝盒；12—电源插座。

图 6-3 pHS-3E 型酸度计面板图

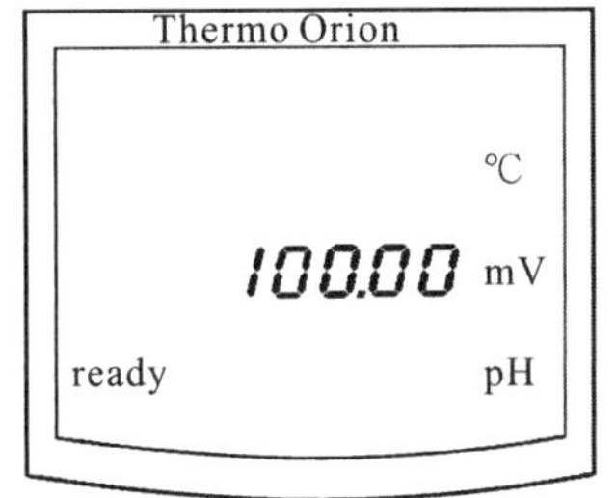

图 6-4 818 型 pH/ISE 测试仪显示屏

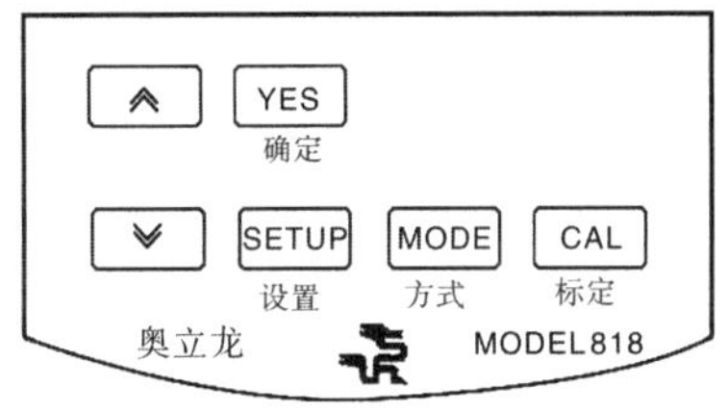

图 6-5 818 型 pH/ISE 测试仪面板图

三、使用方法

（一）pHS-3E 型酸度计的使用方法

（1）竖起升降杆，将指示电极、参比电极固定在升降杆上。

（2）接通电源，此时应有数字显示。

（3）将功能选择旋钮 4 拨至 mV 档，调整调零电位器 8（在退出电极插头情况下进行），使该仪器显示“0.00”。

（4）将功能选择旋钮 4 拨至 pH 档，此时显示器 1 上有一任意显示数。

（5）将温度补偿器 2 拨至待测溶液的温度。

（6）将参比电极接入参比接线柱 7，把玻璃电极插头插入输入电极插座 6，使其自动锁紧。将两电极迅速浸入第一种标准缓冲溶液中（设 $pH_1=4.00$），待仪器响应稳定后，调节定位调节器 3 使显示器显示“0.00”。若不为“0.00”则反向继续调节，直至零点出现。

（7）用蒸馏水冲洗电极，并用滤纸吸干电极表面水分，再将两电极浸入第二种标准缓冲溶液中（设 $pH_2=9.18$），待仪器响应稳定后，调节斜率补偿调节旋钮 5 使仪器显示ΔpH（ΔpH＝

$\Delta pH_2-\Delta pH_1=5.18$)。此后不再动斜率调节旋钮。

(8)电极仍浸在第二种标准缓冲溶液中,调节定位调节器3使仪器显示第二种标准缓冲溶液的pH,此后不可再动定位调节器。

(9)将两电极洗净、吸干,浸入待测溶液中,仪器响应稳定后的显示值,即为待测液的pH。

(10)若待测溶液的温度与标准缓冲溶液的温度不一致时,只需将温度补偿器拔至待测溶液的温度值,即可测量待测液的pH。

(11)若测量精度不需要很高时,可用“一点定位法”标定仪器。即采用一种较接近待测溶液pH的标准缓冲溶液标定;斜率补偿调节器5逆时针旋到头(转换示数100%),调节温度补偿器2至待测溶液的温度值,然后测定待测液的pH。

(二)台面式pH/ISE测试仪的使用方法

(1)电极准备

①拔掉电极上的运输保护盖。

②用蒸馏水冲洗电极以清除沉积盐。

③像甩动医用体温计一样甩动电极以排除气泡。

④将电极浸泡于3 $mol\cdot L^{-1}$ KCl溶液2小时以活化电极。

⑤将电极与测试仪联接。

(2)标定及测量

①双缓冲溶液标定。

接通电源后需对主机预热10分钟,然后对电极进行标定1次,保证仪器处于最佳工作状态。

根据被测溶液的酸碱性,选择2点缓冲溶液值进行标定。第一点缓冲溶液的pH值应为6.86,第二点缓冲溶液的pH值需与被测溶液的酸碱性一致,即选择pH为4.00或pH为9.18的缓冲溶液。

先按标定键(CAL),然后压确定键(YES),通过滚动键(⩓⩔)选择二点缓冲溶液(4～7或7～9),再压确定键(YES)。

蒸馏水冲洗电极,并用滤纸擦干,然后将电极置于pH为6.86的缓冲溶液,搅动一下缓冲溶液,当Ready灯亮时,压确定键(YES)表示第一点已标定。

蒸馏水冲洗电极,并用滤纸擦干,然后将电极置于pH为4.00或pH为9.18的第二点缓冲溶液,搅动一下缓冲溶液,当Ready灯亮时,压确定键(YES)表示第二点已标定。

两点标定结束后,仪器进入斜率方式,并显示斜率值。

②pH值的测量。

标定结束后,用蒸馏水冲洗电极。

将电极放入被测溶液,并轻微搅动一下,当Ready灯亮时,记录pH值。

6.3 燃烧热的测定

一、实验目的

(1)掌握有关热化学实验的一般知识和技术。

(2)掌握氧弹的构造及使用方法。

(3)学会用氧弹式量热计测定物质的燃烧热。

(4)学会应用雷诺图解法校正温度改变值。

(5)掌握气体钢瓶、减压阀贝克曼温度计的使用方法。

二、实验原理

燃烧热是 1 mol 的物质在温度 T 的标准态下完全燃烧时所放出的热量,是热化学的基础数据。通常采用氧弹式量热计测定物质的恒容燃烧热,进一步可推算出恒压燃烧热。

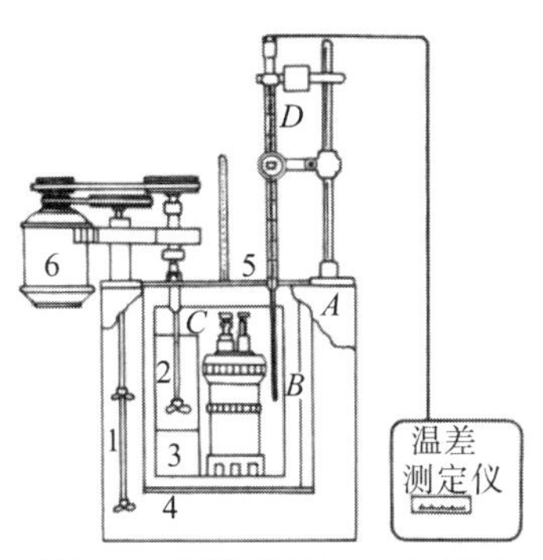

图 6-6　氧弹式量热计示意图

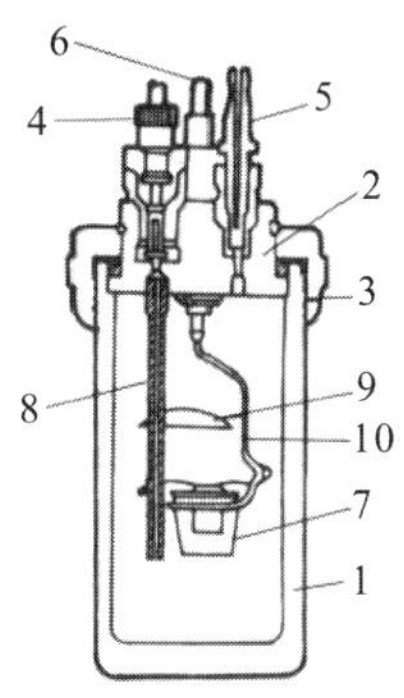

图 6-7　氧弹的构造

实验中样品被置于一个内充入 20 个大气压左右纯氧的氧弹中燃烧。氧弹放置在装有一定量水的铜水桶中,水桶外为空气隔热层及温度恒定的水夹套,以使量热卡计与外界环境绝热,则样品在氧弹中恒容燃烧放出的热、引火丝燃烧放出的热量和实验所用 O_2 气中带有的微量 N_2 气氧化成硝酸的生成热,被量热卡计(包括水桶中的水、氧弹、水桶、搅拌器和温度计)吸收。写成热量平衡式:

$$C_{卡}=\frac{Q}{\Delta T}=\frac{mQ_V+2.9l+5.98V}{\Delta T} \tag{6-3}$$

式(6-3)中:$C_{卡}$ 为量热计的热容,即卡计每升高一度所需要的热量;

Q_V 为样品的恒容燃烧热;

m 为样品的质量(准确到 1×10^{-4});

l 为燃烧掉的引火丝的长度(cm);

2.9 为每厘米引火丝燃烧放出的热量单位($J\cdot cm^{-1}$);

ΔT 为真实温度变化值;

V 为滴定燃烧后氧弹内的硝酸所用的 0.1 $mol\cdot dm^{-3}$ 的 NaOH 溶液的体积;

5.98 为消耗 1 mL0.100 $mol\cdot dm^{-3}$ 的 NaOH 所相当的热量,单位为 J(通常硝酸的生成热对 Q_V 的影响甚微,常略去)。

量热计的热容用标准物质法来测量。常用的标准物质为苯甲酸,其恒容燃烧时放出的热量为 26460 $J\cdot g^{-1}$。确定了仪器的热容,我们便可根据式(6-4)求出欲测物质的恒容燃烧热 Q_V,即:

$$Q_V(待测)=(C_{卡}\ \Delta T-2.9l)/m(待测物质的质量)\times M \tag{6-4}$$

进而求得该物质的恒压燃烧热 Q_p,即 ΔH。

$$Q_p=Q_V+\Delta n(g)RT \tag{6-5}$$

或 $$\Delta H=\Delta U+\Delta n(g)RT \tag{6-6}$$

式(6-6)中，Δn 为反应前后气态组分的物质的量之差。

实际上，氧弹量热计不是严格的绝热系统，加之由于传热速率的限制，样品燃烧后有最低温度到达最高温度需要一定时间，在这段时间里，系统与环境难免发生热交换，因而从温度计上读得的温差就不是真实的温差。为此，必须对读得的温差进行校正。

常用雷诺作图法进行温差校正[1]，如图 6-8 和图 6-9 所示。将燃烧前后所观察到的水温对时间作图，连成 $FHDG$ 折线，图中 FH 段为点火前温度记录，H 相当于开始燃烧之点。D 为观察到的最高温度，DG 段为仪器散热降温情况记录线。在线上 D 点和 H 点温度平均值处作竖直线 ab，将 FH 线外延交 ab 线于 A 点。将 GD 线外延，交 ab 线于 C 点。则 AC 两点间的距离即为真实温差 ΔT。图中 AA' 为开始燃烧到温度升至室温这一段时间 Δt_1 内，由环境辐射进来以及搅拌所引进的能量而造成量热计的温度升高。它应予以扣除。CC' 为温度由室温升高到最高点 D 这一段时间 Δt_2 内，量热计向环境辐射而造成本身温度的降低。它应予以补偿之。

在某些情况下，量热计的绝热性能良好，热漏很小，或室温较水温高，或搅拌器的功率较大，不断引进能量，则曲线不出现极高温度点(图 6-9)，但校正方法相似。

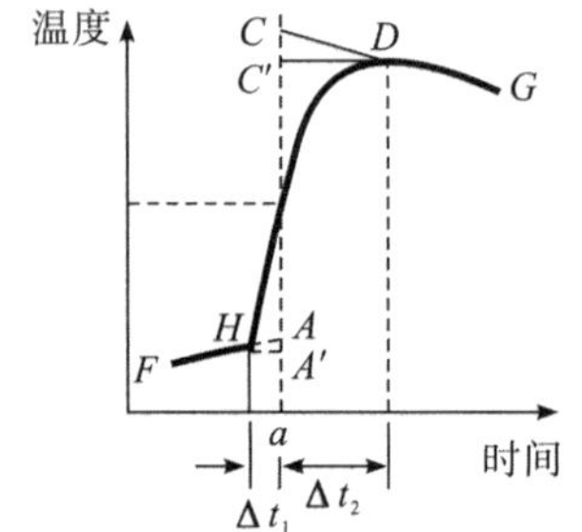

图 6-8 绝热较差时的雷诺校正图

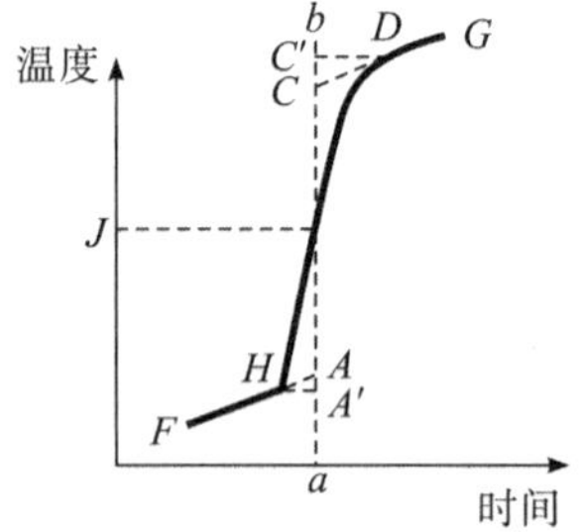

图 6-9 绝热良好时的雷诺校正图

本实验通过测定萘完全燃烧时的恒容燃烧热，然后再计算出萘的恒压燃烧 ΔH[9]。

三、实验仪器与试剂

(1)仪器

氧弹量热计	压片机	温差测定仪
调压变压器 2 个	拨动开关 1 只	氧气钢瓶(压强大于 80 kg)
氧气减压器	万用表	充氧导管

(2)试剂

苯甲酸(A.R.)　　萘(A.R.)

(3)其他

铁丝若干	容量瓶(1000 mL 1 只，2000 mL 1 只)	扳手
镊子	吸管	

四、实验内容

1. 熟悉氧弹量热计的构造和使用方法

见背景知识部分。

2. 量热计热容的测定

(1)样品压片。

用台秤称 0.8 g 苯甲酸。量取长度为 20 cm 左右的细引火丝一根，准确称量后，把其双折后在中间位置打环，置于压片机的底板压模上[2]，装入压片机内。倒入预先粗称的苯甲酸样品，用压片机螺杆徐徐旋紧，稍用力使样品压牢[3,4]。抽去模底的托板后，将样品压出，得到一块内嵌有引火丝的样快。弹去周围的粉末，准确称量其质量。

(2)装置氧弹。

拧开氧弹盖，将氧弹内壁擦干净。在氧弹内加 1 毫升蒸馏水。将样品片上的引火丝小心地绑牢于氧弹中两根电极 8 与 10 上(见图 6-7 氧弹剖面图)。旋紧氧弹盖，用万用电表检查两电极是否通路。若通路，则旋紧出气口 5 后即可充氧气。如图 6-10 所示，连接氧气钢瓶和氧气表，并将氧气表头的导管与氧弹的进气管接通，此时减压阀门 2 应逆时针旋松(即关紧)，打开氧气钢瓶上端氧气出口阀门 1(总阀)观察表一的指示是否符合要求(至少在 4 MPa)，然后缓缓旋紧减压阀门 2，使表 2 指针指在表压 2 MPa，氧气充入氧弹中[5,6]。关闭减压阀门 2，关闭阀门 1，再松开导气管。放掉阀门 2 至阀门 1 之间的余气，再旋松阀门 2，使钢瓶和氧气表头复原。

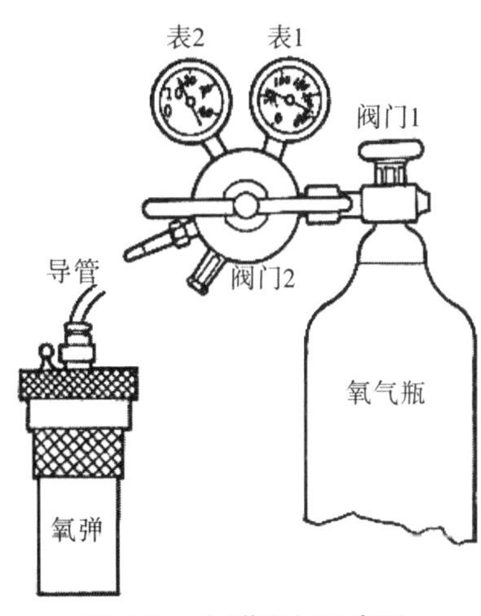

图 6-10 氧弹充氧示意图

(3)燃烧和测量温差。

①按图 6-6 将氧弹卡计及内筒、搅拌器装配好。

②把充好氧气的氧弹放入已事先擦洗干净的内筒 C 中。用容量瓶准确量取 3000 mL 已调好温度的水，置于内筒 C 中。

③打开温差测定仪，让其预热。

④检查点火开关是否置于“关”的位置。插上点火电极，盖上绝热胶木板[7]。

⑥迅速把测温探头置于内筒 C 上端的测温口中。调节温差测定仪的读数在 0.000～0.500 之间。报时器设定 30 s 响一次，响时即记录温差测定仪上温度的读数，至少读 5～10 min。

⑦插好点火电源，将点火开关置于“开”的位置并立即拨回“关”的位置。在几十秒内若温差测定仪的读数骤然升高，表明样品已点火燃烧[8]。继续读取读数，直至读数平稳(约 25 个数)。停止记录，关闭点火电源。

⑧取出氧弹，打开放气阀，排出废气，旋开氧弹盖，观察燃烧是否完全，如有黑色残渣，则证明燃烧不完全，实验需重新进行。如燃烧完全，称量剩余的引火丝质量。

3. 萘恒容燃烧热的测定

称取 0.6 g 的萘，按操作步骤 2 重复一次，测量萘的恒容燃烧热 Q_V，计算 $Q_{V,m}$、$Q_{p,m}$(即 $\Delta_c H_m$)，并与文献值作比较。

五、数据记录及处理

(1)将苯甲酸校正仪器常数测定数据列于表 6-3 中。作苯甲酸的温度读数～时间的雷诺温度校正图，准确求 ΔT，计算 C。

表 6-3　量热计升温变化记录

测量热计热容 C_{if} 时温度读数		测量萘 Q_V 时温度读数	
序号	温度/℃	序号	温度/℃
1		1	
2		2	
3		3	
…		…	

注：室温：________℃；水温：________℃；苯甲酸质量：________g；
引火丝质量：________g；剩余引火丝质量：________g，燃去引火丝质量：________g。

作苯甲酸的温度读数—时间的雷诺温度校正图，准确求 ΔT，计算 $C_{卡}$。

(2)同法求萘的燃烧过程的 ΔT(真)，计算萘的燃烧热 $Q_{V,m}$、$Q_{p,m}$，并与文献值比较。

注释：

[1] 应用这种作图法进行校正时，卡计的温度与外界环境的温度不宜相差太大(最好不超过 2—3 ℃)，否则会引入大的误差。

[2] 压片前先检查压片用钢模是否干净，否则应进行清洗并使其干燥。

[3] 压片时应将引火丝压入片内。

[4] 注意用力均匀适中。压力太大易使引火丝压断，压力太小样品疏松，不易燃烧完全。

[5] 氧弹充完氧后一定要检查确信其不漏气，并用万用表检查两极间是否通路。

[6] 氧弹充氧的操作过程中，人应站在侧面，以免意外情况下弹盖或阀门向上冲出，发生危险。

[7] 将氧弹放入量热仪前，一定要先检查点火控制键是否位于"关"的位置。点火结束后，应立即将其关上。

[8] 如果在 1～2 min 内，温差测定仪的读数没有太大的变化，表示样品没有燃烧，这时应打开氧弹，仔细检查产生问题的原因。

[9] 萘的恒压燃烧热的大小还与实验的温度有关，其关系式遵循基希霍夫公式：

$$\left(\frac{\partial \Delta H}{\partial T}\right)_P = \Delta_r C_P \tag{6-7}$$

式中，$\Delta_r C_P$ 是反应产物与反应物的恒压热容之差。一般说来，在较小的温度范围内，反应的热效应随温度的变化不是很大，可以认为是一个常数。

思考题

1. 在使用氧气钢瓶及氧气减压阀，应注意哪些规则？
2. 本实验装置采用哪些绝热措施？
3. 苯甲酸物质在本实验中起到什么作用？
4. 恒压燃烧热与恒容燃烧热之间有何关系？
5. 本实验装置中，哪部分是系统，哪部分是环境？

【相关背景知识】

WZT-1 全自动热量计测热系统操作简介

(一)仪器特点

(1)具备微机全自动控制功能。

(2)自动量水，通过量杯量水使水的重量误差达到0.1 g以下。

(3)自动跟踪外筒水温，设定内筒水供水温差后，水温度自动调节。

(4)调温速率快，6 min即可进行下一次实验。

(5)水位安全预警功能。

(6)温度分辨率高：0.001 ℃。

(7)热容量重复性误差：≤0.2%(国标)；测量范围：8 ℃～35 ℃。

(8)适用于各类固体、液体热值的测定。

(二)操作规程

(1)登记

在仪器记录本上登记仪器使用信息。

(2)检查仪器水位

检查仪器水位是否正常。首次开机，应注入大约25 kg蒸馏水或去离子水，以后每次开机前检查水位是否正常，根据需要适当补充蒸馏水或去离子水。注水按以下方法及步骤进行：

①请打开仪器的上盖，在开机前向筒内注入约15 L水，这一过程不能太快(这时内筒是与下水箱连通的)，如发现水从内筒注入时，不能自然流至下面的回水箱时，说明内筒排水阀处于关闭位置，此时只要打开热量计开关以及微电脑开关10 s，然后关机，则内筒排水阀会自动转到开启位置，水即可自动流入下面的水箱(热量计主机电源开关在水注入以前，开启时间不能超过20 s，以免水泵空转造成损坏)。

②15 min后打开仪器机械主机电源开关，水循环系统动作，这时再向内筒慢慢注入约10 L水，面板上水位指示灯首先亮低水位灯，然后亮正常水位指示灯。

③再运行约20 min，待系统中空气排出，上下水箱水位正常，这时如果正常水位灯不灭，则说明仪器水量已正常，即可开始试验；如果正常水位灯灭了，只有低水位灯或缺水指示灯(红灯)亮，则说明仪器仍需要补充水量，直到绿灯长久亮着，方可开始试验。

(3)打开电脑、仪器主机、打印机

查看主机面板的水位是否正常，根据选择待测物质的发热量的大小，选择“水温调节”按钮，等15 min左右待“调温完成”“主板正常”“通信正常”的工作灯亮后，按“启动”键即可进行实验。

(4)运行主程序

出现“自动热量计测量系统”界面。

(5)参数设置

点击“参数设置”下拉菜单，进入“通信设置”界面，选择系统使用的串口；进入“参数设置”界面，选择测试内容、试样类型、计算公式，然后输入“仪器热容量”、“点火丝热值”、“添加物热值”(“冷却常数K”及“综合常数A”在热容量计算时会自动算出，用户不用自己填写，此数据仅作为用户验算时的使用依据)。

(6)开始实验

点击“开始实验”进入“自动热量计实验记录”界面。

①输入实验数据。点击“数据输入”进入“数据输入”界面，输入“实验编号”“试样质量”“全水分”“试样水分”“全硫含量”“氢含量”“试样热值”(即苯甲酸热值，在计算热容量时使用)等数据。

②运行仪器。装好氧弹，盖上机盖，点击“开始实验”，观察仪器运行情况，直到实验结束，在数据管理中查看到实验结果。

(7)实验完毕

关机计算机、热量计。关闭氧气钢瓶，进行氧弹和铁坩埚保洁，仪器归位。登记仪器使用情况。

6.4 铈(Ⅳ)—乙醇络合物组成和稳定常数的测定

一、实验目的

(1)掌握测定络合物组成和稳定常数的一种方法。

(2)熟练掌握分光光度计的使用。

(3)了解用物理法测定平衡组成的方法。

(4)了解外推法求出不可测数据的实验方法。

(5)了解化学变化过程中的热力学与动力学特征。

二、实验原理

Ce^{4+} 的水溶液显橙黄色,加入醇类时颜色立即加深。根据溶液最大光吸收迅速向更长的波长位移的现象,可以推测 Ce^{4+} 与醇类形成络合物,且很快建立络合平衡。

$$m\mathrm{Ce}^{4+}+n\mathrm{ROH}\rightleftharpoons \text{络合物}$$

同时还可见溶液又会颜色逐渐减退,直到无色,由此可以推测生成的络合物中发生了电子转移,Ce^{4+}-醇的络合物逐步分解成无色的 Ce^{3+} 和醇的氧化产物。

$$\mathrm{Ce}^{4+}\text{络和物}\rightleftharpoons \mathrm{Ce}^{3+}+\text{醇的氧化产物}$$

实验证实,用 Ce^{4+} 和苯甲醇作用即可得到苯甲醛。

为了验证上述机理,本实验以乙醇为模板化合物,确定中间络合物的组成和稳定常数。

Ce^{4+} 离子(记为 M)和配体乙醇(记为 L)中,只有 Ce^{4+} 离子显色,反应后生成另一种颜色更深的络和物 ML_n。

$$\mathrm{M}+\mathrm{nL}\rightleftharpoons \mathrm{ML_n}$$

如果配体 L 大大过量,则 L 转化为络合物的比例很少,络合平衡时可以近似用加入的配体浓度$[L]$代替其平衡浓度。由稳定常数定义式:

$$K=\frac{cx}{c(1-x)[L]^n} \tag{6-8}$$

变换可得:

$$x=\frac{K[L]^n}{(1+K[L]^n)} \tag{6-9}$$

由于络合平衡时,混合液的吸光度 $A_{混}$ 是 Ce^{4+} 离子和其络合物的吸光度之和:

$$A_{混}=\varepsilon_{络}cxl+\varepsilon_M(1-x)l=\varepsilon_M cl+(\varepsilon_{络}-\varepsilon_M)cxl \tag{6-10}$$

移项得:

$$A_{混}-\varepsilon_M cl=A_{混}-A_M=(c_{络}-\varepsilon_M)cxl \tag{6-11}$$

式(6-10)和式(6-11)中,c 为 Ce 的总浓度;x 为转变为络合物的分数;ε_M、$\varepsilon_{络}$ 分别为 Ce^{4+} 离子和其络合物的摩尔吸光系数;l 为光程(即比色皿厚度)。

将式(6-9)带入式(6-11),再两边倒数得:

$$\frac{1}{A_{混}-A_M}=\frac{1}{(\varepsilon_{络}-\varepsilon_M)cl\left[\frac{1}{K[L]^n}+1\right]}=\frac{1}{[L]^n}\left[\frac{1}{K(\varepsilon_{络}-\varepsilon_M)cl}\right]+\frac{1}{(\varepsilon_{络}-\varepsilon_M)cl} \tag{6-12}$$

可以看出,$\frac{1}{A_{混}-A_M}$—$\frac{1}{[L]^n}$成直线关系。若保持 Ce^{4+} 的总浓度不变,分别测出 A_M 和不

同$[L]$下的$A_{混}$，作$\frac{1}{A_{混}-A_M}-\frac{1}{[L]}$关系图，如为直线，则证明$n=1$，由图可求出截距和斜率，且$K=$截距/斜率。若不为直线，则设$n=2$，余下类推。

因Ce^{4+}—乙醇络合物在生成后即开始分解为Ce^{3+}和醇的氧化产物，$A_{混}$需通过外推法得出。

三、实验仪器与试剂

(1)仪器

紫外可见分光光度计

(2)试剂

0.025 mol·L^{-1}硝酸铈铵溶液(含1.25 mol·L^{-1}的硝酸)　　0.200 mol·L^{-1}乙醇溶液

(3)其他

计时秒表　　50 mL锥形瓶8个　　5 mL吸量管2支

2 mL吸量管1支　　吸水滤纸片

四、实验内容

(1)熟悉分光光度计的结构和使用方法

见本节相关背景知识部分。

(2)A_M的测定

在50 mL干净、干燥的锥形瓶中，准确移入2 mL 0.025 mol·L^{-1}的硝酸铈铵溶液和8 mL水，混匀后，以水作参比液，在450 nm的波长下测定A_M。

(3)$A_{混}$的测定

保持硝酸铈铵溶液吸取量2 mL不变，加入7 mL水，再加1 mL 0.2 mol·L^{-1}乙醇溶液(保持总体积为10 mL)，立即混匀并开始计时。迅速淌洗比色皿三遍后，测定混合1 min、2 min、3 min、4 min、5 min、6 min后混合液在相同波长下的吸光度。用作图外推法得出起混时的吸光度，即$A_{混}$。

保持硝酸铈铵溶液吸取量2 mL不变，分别加入1.5 mL、2.0 mL、3.0 mL、4.0 mL、5.0 mL的乙醇溶液，加水量则作相应减少，保持总体积为10 mL，分别测出不同乙醇浓度$[L]$下的$A_{混}$[1]。

五、结果与分析

(1)将各时间下的吸光度数据记录在表6-4。

表6-4　A_M[3]及不同乙醇加入量的$A_{混}$

V(乙醇)/mL t/min	0	1.00	1.50	2.00	3.00	4.00	5.00
0[2]							
1.00							
2.00							
3.00							
4.00	—						
5.00	—						
6.00	—						

注：实验温度：______℃，比色皿厚度：______cm；c(硝酸铈铵)=0.025 mol·L^{-1}，c(乙醇)=0.200 mol·L^{-1}

(2)用坐标纸作图，外推出 $t=0$ 时的吸光度 $A_{混}$，填入上表第一行空格中。

(3)络合物组成的确定和生成常数的计算。

表 6-5 数据处理示例

$[L]/mol \cdot L^{-1}$					
$1/[L]/L \cdot mol^{-1}$					
$A_{混}-A_M$					
$1/(A_{混}-A_M)$					

n 先取 1，作$\dfrac{1}{A_{混}-A_M}-\dfrac{1}{[L]}$图，验证是否为直线。如不为直线，$n$ 取 2，继续试差。直到得出直线。确定 n 值后，由对应的线性图得出斜率和截距，计算络合物生成常数。

注释：

[1] 随着配体乙醇的量增加，平衡向生成络合物的方向移动，$A_{混}$增大，体现平衡移动原理；同时，当络合物浓度越大或实验温度越高，络合物的分解速率就越快，吸光度下降幅度越大，体现了化学反应速率与反应物浓度和反应温度相关的动力学特征。

[2] $t=0$ 的数据是用外推法作图求得后填入的，不是实验直接测出的。

[3] A_M的准确测定十分重要。若其不准确，则表 6-5 中 $A_{混}-A_M$项也都不出现误差。按分析的要求，A_M需要读数三次，取平均值。

[4] 实验的关键在于反应液的准确配制，注意锥形瓶的干净、干燥及吸量管的正确使用等。

[5] 比色皿间本身可能存在透光性的差异。可以将比色皿都装参比液进行测定、对比。

思考题

1. 影响平衡移动的因素有哪些？影响标准平衡常数的因数呢？影响反应速率的因素又有哪些？对本实验来说，其中与络合物褪色快慢的因数是其中哪些呢？
2. 什么是吸光度 A？什么是透光率 T？二者怎样相互转换？
3. 描述朗伯-比尔定律，写出其公式。
4. 本实验配套的比色皿厚度(光程)为 2 cm 的，而不选用的 1 cm 比色皿，其选择依据是什么？
5. 朗伯-比尔公式作为比色分析的适用范围为 $A=0.2\sim0.8$，为什么？
6. 物质摩尔吸光系数 ε 的物理意义？影响因素有哪些？

【相关背景知识】

分光光度计

用来测量和记录待测物质对光的吸收度并进行定量分析的仪器，称为分光光度计。根据物质对光吸收波长的不同，可分为可见光分光光度计、紫外-可见光分光光度计。

一、基本原理

物质在光的照射下会产生对光吸收的效应，而且物质对光的吸收是具有选择性的。如果某一定频率(或波长)的光所具有的能量($E=h\nu$)恰好与待测物质分子中的价电子的能级差相适应(即 $\Delta E=E_2-E_1=h\nu$)时，待测物将对该频率(波长)的可见光产生选择性的吸收。用分光光度计可以测量和记录其吸收程度(吸光度)。由于在一定条件下,吸光度 A 与待测物质的浓度 c 及吸收池长度 l 的乘积成正比,即:

$$A=\varepsilon cl \tag{6-13}$$

ε 为吸光系数。式(6-13)称为光吸收定律,即 Lambert - Beer 定律。根据该定律,在测得吸光度 A 后,可采用标准曲线法、比较法以及标准加入法等方法进行定量分析。

二、使用方法

(一)UV-VISIBLE 紫外可见分光光度计使用方法

(1)准备

为保证测量结果准确,测量前仪器应该充分预热;

(2)测量

按屏幕上的"光度测量"进入。仪器提供 3 种测量模式:吸光度、透过率和能量。

(1)按[图标],切换测量模式。

(2)按 λ,在弹出键盘输入测量波长,按 ENTER 确认,仪器自动将波长走到设定值。

(3)将装有"参比"的比色皿放入测量通道,关闭样品室,按[图标]校零。

(4)将装有"样品"的比色皿放入测量通道,关闭样品室,等测量值稳定后按▶记录。

(5)重复步骤 4 测量所有样品。

(6)按 » 查看测量结果列表,可对结果进行浏览、删除、添加。

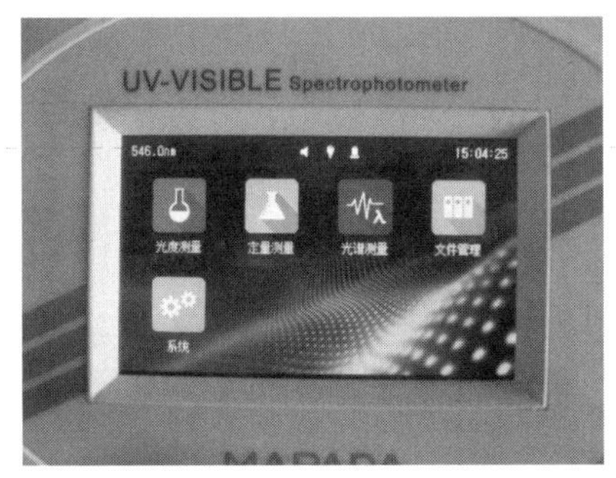

图 6-11　UV-VISIBLE 紫外可见分光光度计工作面板

(二)UV-9600 紫外可见分光光度计使用方法

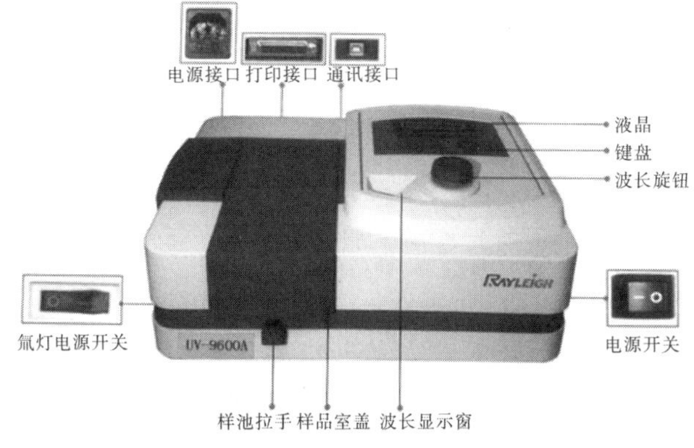

图 6-12　UV-9600 紫外可见分光光度计使用方法

(1)准备

①插上电源插头,按下仪器右侧下方电源开关按钮。

②选择光源:若进行紫外光区测量(UV),需再打开仪器左侧氘灯开关。测 350 nm 以上不需开左侧氘灯开关,节约氘灯寿命。

③将挡光位拉入光路,预热 15~20 min。没测量时也应随时将挡光位拉入光路,以免光电管一直受光老化损坏仪器。

(2)测量

①在样品池中,分别放置参比及样品,关好样品室门。

②按需要调节波长旋钮,使显示窗显示所需波长值。

③若液晶显示 T 和 A 值,说明当前模式是测量模式,若显示 C〉表示当前模式为曲线模式,则按【方式选择(MODE)】键切换到测量模式(T:0.0% A:3.000)。

④调透光率 100%:在关好样品室门的状态下,将参比拉入光路,按【100% T】键调 100%,待显示器显示 T:100.0% A:0.000 时,即表示已调好。

⑤调透光率 0:在关好样品室门的状态下,将样品池挡光位(第五格)拉入光路,观察 T 值是否显示为零,如不是则按【0% T】键调零,使显示器显示 T:0.0% A:3.000。

⑥将参比溶液再次拉入光路,观察 T 值是否为 100%,如不是则再次进行调百调零直至参比的透光率(T)测量值为 100%,样品池挡光位透光率(T)测量值为 0%时完成仪器的调整。

⑦完成仪器的调整后,将样品拉入光路,此时所显示的 T 与 A 值便是此样品的透光率与吸光度值。

⑧测量完毕,关断电源,取出比色皿,将拉手复位,关好样品室门,盖好保护罩。

(3)注意事项

①不测量时要打开样品室门,以免光电管疲劳。

②仪器使用 3 h 以上要关仪器休息 15 min 再开(这时不需预热),保护仪器。

③如果需要在另一个波长进行新的测量时可以不进行预热,需从步骤一开始重新进行调整。

6.5 液体饱和蒸汽压的测定

一、实验目的

(1)了解饱和蒸汽压的不同测定方法。

(2)掌握摩尔蒸发焓的测定原理与方法。

(3)掌握克-克方程的三个应用条件。

(4)学会温度计露径校正的原理与方法。

二、实验原理

在一定温度下的封闭系统,液体与它的蒸汽达到平衡,这时的压强称为该液体在该温度下的饱和蒸汽压。蒸发 1 mol 液体需要吸收的热量,即为该温度下液体的摩尔蒸发焓。它们之间的关系,可以用克劳修斯-克拉伯龙方程表示:

$$\frac{\mathrm{d}\ln p}{\mathrm{d}T}=\frac{\Delta_{vap}H_m}{RT^2} \tag{6-14}$$

方程式(6-14)中，p 为液体在温度 T 时的饱和蒸气压；T 为绝对温度；$\Delta_{vap}H_m$ 为液体摩尔蒸发焓($\mathrm{J\cdot mol^{-1}}$)；$\Delta_{vap}H_m$ 与 T 有关，但在温度变化不大时，可视为常数，则上式不定积分可得：

$$\ln p=\frac{-\Delta_{vap}H_m}{RT}+C \tag{6-15}$$

表明 $\ln p$ 与 $1/T$ 成直线关系，由图解法求得直线的斜率，即可得到液体的摩尔气化热。

液体饱和蒸汽压的测量方法主要有三种：

(1)静态法：在某一固定温度下直接测量饱和蒸汽的压强。

(2)动态法：在不同外部压强下测定液体的沸点。

(3)饱和气流法：在液体表面上通过干燥的气流，调节气流速率，使之能被液体的蒸汽所饱和，然后进行气体分析，计算液体的蒸汽压。

本实验利用第二种方法在不同外部压强下测定水的沸点(装置如图 6-13 所示)。

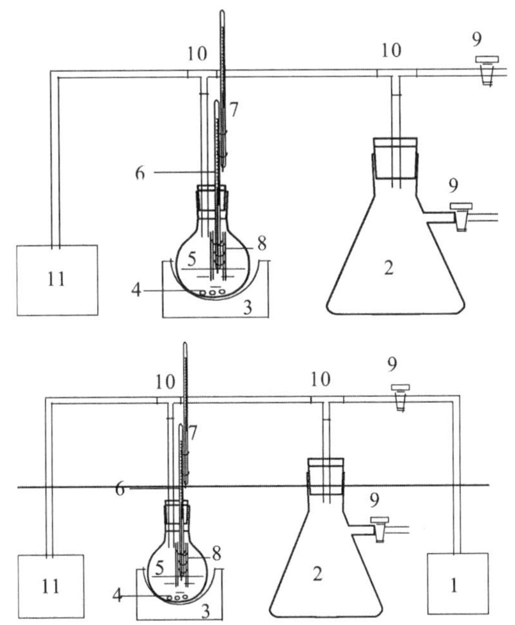

1—真空泵；2—缓冲瓶；3—电热套；4—沸石；5—烧瓶；6—温度计；
7—温度计；8—纱布或滤纸条；9—旋塞；10—T 形三通；11—数显压差计。

图 6-13 动态法液体饱和蒸气压测定装置

使用温度计测温时，除了要对零点和刻度误差进行校正外(参见实验 6.1，五)，还应作露茎校正。理论上水银温度计的水银柱须完全置于被测体系中，水银柱在体系的同一温度下均匀膨胀。但在实际测量温度时，上段观察读数的水银柱总要露出在较低的室温环境中，使得水银柱的膨胀量偏低，即测定值比全浸状态时略小(示意如图 6-14)。

温度计读数露茎校正的方法是，在测温的温度计 6 旁再固定一支温度计 7(见图 6-13)，用以读取露茎的环境温度，温度计 7 的水银球应置于测量温度计 6 露出刻度至读数刻度那一段水银柱的中部；在读观测温度时同时读取温度计 7 上的读数，得到温度 t(观)和 t(环)；根据玻璃与水银膨胀系数的差异，露茎校正值为：

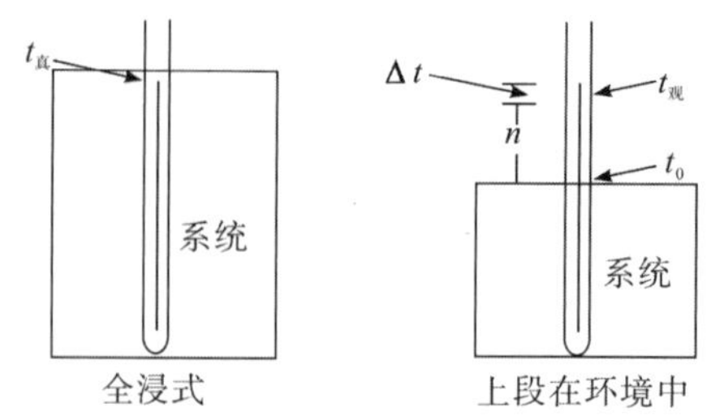

图 6-14　温度计露茎校正示意图

$$\Delta t(校正)/℃=1.6\times10^{-4}\cdot n\cdot(t_{观}-t_{环})$$

式中 1.6×10^{-4} 是水银对玻璃的相对膨胀系数；$n=t_{观}-t_0$，为露出部分的示数差。

则实际温度 t(真)$=t$(观)$+\Delta t$(校正)。

在实验过程中，由于 t(观)随外压的变化而变动，故温度计 7 的位置也应随着沸点进行微调，使其水银球始终位于测温温度计 6 露出水银柱的中部。

三、实验仪器与试剂

(1)仪器

动态法液体饱和蒸气压测定装置(包括：50 ℃～100 ℃精密温度计(精确到 0.01 ℃)，0～100 ℃普通温度计，250 mL 圆底烧瓶，缓冲瓶，水循环真空泵，数显压差仪，电热套)。

(2)试剂

蒸馏水[1]。

(3)其他

纱布(2 cm×10 cm)。

四、实验内容

(1)熟悉实验装置，了解真空泵的原理、系统各部分及放气塞的作用，读当日大气压。

(2)在烧瓶内加二分之一的蒸馏水及几粒沸石。先初步确定温度计 6 的插入深度，以水银球的三分之一浸入水中为宜。再用纱布包裹测温的温度计下端，并使水能沿纱布上吸。安装好温度计。包裹纱布的作用是：一者，纱布增大了液体样品的蒸发面积和蒸发速率，当液体样品受热时，能通过快速蒸发，迅速建立气—液平衡；二者，测温水银球处在纱布所包围的气液平衡的气氛内，可以避免由于液体样品过热而使沸点读数偏高。

用橡皮筋将温度计 7 与温度计 6 固定在一起。温度计 7 要能上下移动，用于温度计 6 的露茎校正。

(3)系统检漏：检查装置无误后，启动真空泵，使系统减压 40～50 kPa 后关闭真空泵，若系统能保持 5 min 左右压强几乎不发生变化(由于室温波动，数显压差仪在百分位会有微小变化)，则属正常。否则，检查各连接处是否漏气。

(4)测定水在不同外压下沸腾的温度：启动真空泵，让体系压强低于环境压强约 40～50 kPa 左右。加热至沸腾(此时为过热液体，为相变化过程)。调整温度计 7 的水银球于温度计 6 汞柱露出部分的中部。关闭加热电源。因液体样品挥发吸热而缓慢降温，至圆底烧瓶上的出气管口只见少量气体逸出时，表示液体接近气—液平衡，且水银球外部微环境为气—液平衡状态，记录相应的压强差 Δp 和沸点 t(观)(精确到 0.01 ℃)以及作为露茎校正用的温度计的温度 t(环)。此时系统内对应的压强(即液体样品的饱和蒸汽压 p 为大气压与 Δp 之差)。

小心打开缓冲瓶上通大气的旋塞 9，吸入少量空气，使系统压强增加 3～5 KPa，略加热，使液体样品的温度升高。待重新建立气—液平衡后，记录所需数据。如此重复下去，得 8～10 组左右数据。

拔去任意一处连接，使系统通大气，测定常压下水的沸点，看是否为 100 ℃[2]。

五、结果与分析

(1)数据记录与处理。

表 6-6　不同蒸汽压下的平衡温度及数据处理

t(观) /℃	t(环) /℃	Δt(校正) /℃	t(真实)[3] /℃	$1/T$ /K^{-1}	Δp /kPa	$p=p^0-\Delta p$ /kPa	$\ln[p/\text{kPa}]$
					0	p^0	

注：液体样品：________，露出部分起始读数 t_0= ________℃，大气压 p^0 = ________kPa。正常沸点测定值= ________℃，水正常沸点理论值= ______℃，温度计刻度校正值[3] = ______℃。

(2)作 $\ln[p/\text{kPa}]$—$1/T$ 图，得斜率= ________，$\Delta_{vap}H_m$ = ________。$\Delta_{vap}H_m$ 文献值为________。

注释：

[1]本实验也可以测定其他各种纯液体，如乙醇、丙酮等的蒸气压和平均摩尔蒸发焓。

[2]测定 1 大气压下的正常沸点值，可对温度计进行刻度校正。

[3]若温度计刻度不准，t(真实)相应的还应当进行刻度校正。(参见实验 6.1 熔沸点测定)。

思考题

1. 由克拉伯龙方程推导气液平衡的克-克方程，它在哪三个条件下才适用？
2. 怎样确定气—液达到平衡？温度计读数为什么要进行校正？如何校正？
3. 压差仪中的示数就是饱和蒸汽压吗？
4. 温度计水银球包纱布有何作用？为何电热套温度更高的多，却不会影响气-液平衡温度？

5. 在体系中安置缓冲瓶有何目的？如何检查漏气？
6. 汽化热与温度的关系如何？
7. 测量仪器的精确度是多少？估计最后汽化热的有效数字。

6.6 恒温槽的调节和液体黏度、密度的测定

一、实验目的

(1)了解恒温槽的组成构造及原理。

(2)熟练掌握恒温槽的调节。

(3)掌握对比法测黏度的原理和方法。

(4)掌握对比法测密度的原理和方法。

二、实验原理

(1)恒温槽的工作原理(参见本节相关背景知识)

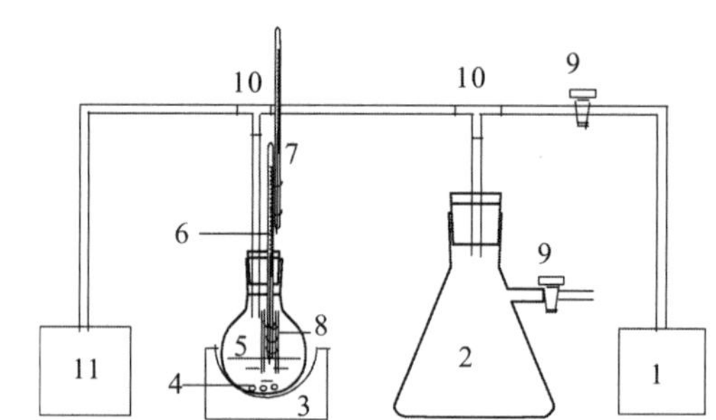

1—超级恒温槽；2—大烧杯；3—奥氏黏度计；4—外循环恒温水；5—垫块；6—比重瓶；7—瓶塞；8—刻线；9—毛细管。

图 6-15 黏度与密度测定装置

实验室中通常用恒温槽来准确控制温度、维持恒温。常用的是水浴恒温槽。它主要由感温元件、温度控制器、电加热器、搅拌器、精密温度计组成，通过灵敏的间歇加热方式和适当的加热功率来维持恒温槽内温度基本恒定。当水浴温度未达设定温度时，温度控制器内的加热器开关打开，加热器对水体进行加热。升温后，当水浴温度达到设定温度时，温度控制器关闭加热器，温度不再上升。由于槽温比室温高，恒温槽散热降温，一旦水温略低于设定温度，灵敏的感温元件立即将信号传至温度控制器中，温度控制器立即作出反应又使加热器加热。由此，加热器可以在设定温度附近很窄的温度范围内一直维持着“通电—断电”的往复操作，使恒温槽能长时间的保持精确恒温。

恒温槽的工作质量与以下因素有关：①搅拌器、加热器、感温元件的位置分布；②搅拌器的功率；③温度控制器的工作灵敏度；④温度控制器内加热器开关的机械灵敏度；⑤感温元件的灵敏度；⑥加热器的功率；若加热器功率太大，则余热的影响很大。

(2)毛细管法测定黏度原理(参见本节相关背景知识)

用奥式黏度计测黏度 η,依泊肃叶(Poiseuille)公式:

$$\eta=\frac{\pi\rho g h r^4 t}{8VL} \tag{6-16}$$

若标准液体(通常为水)与待测液体用同一只黏度计测定,在毛细管半径 r、加入液体体积 V、温度、液位差 h 等条件相同的情况下,有

$$\frac{\eta_1}{\eta_2}=\frac{\rho_1 t_1}{\rho_2 t_2} \tag{6-17}$$

当已知标准液体的黏度 η_1、两种液体的密度 ρ_1、ρ_2,测定两种液体的流经黏度计两刻线的时间 t_1 和 t_2,即可算出 η_2。

(3)液体密度测定原理

应用比重瓶进行测定。在同一比重瓶中,依次分别盛入已知密度为 ρ_1 的标准样品 1(通常为水)和待测样品 2,置于恒温槽恒温后,使液体、样品体积一定,称量所盛液体的质量 m_1 和 m_2,则有

$$\rho_2=\rho_1 m_2/m_1 \tag{6-18}$$

三、实验仪器和试剂

(1)仪器

超级恒温槽	0～50 ℃精密温度计	烧杯(2000 mL)
锥形瓶(250 mL)	吸量管(10 mL)	奥式黏度计
比重瓶	秒表	

(2)试剂

无水乙醇(AR)　　10%NaCl 水溶液

四、实验内容

(1)熟悉恒温槽的结构原理与调节方法,熟悉奥式黏度计的结构和使用方法(见背景知识部分)。

(2)精确调节恒温槽温度为 30.00 ℃(或其他设定温度,恒温槽的调节温度一般要求比室温高约 5 ℃以上才能精确控温)。用精密温度计测定槽内各处水温及外循环至烧杯的水温,看温度是否一致(精度±0.02 ℃)。

(3)取 100 mL(或其他量)自来水于 250 mL 锥形瓶中,置于恒温槽中,测量瓶内水温随时间的变化,考察样品置于恒温介质中达恒温所需时间[1]。

(4)乙醇黏度测定[2]:精确吸取 10 mL 无水乙醇于干燥黏度计中,垂直[3]放入外循环至大烧杯 30.00 ℃恒温水中[4],恒温 10 min 后,测定吸起[5]的液体流黏度计经细管的两个刻度所需时间[6]。平行测定三次(三次结果误差须在 0.3 s 内)。

回收乙醇,烘干黏度计。以同样步骤测水的流经时间。计算乙醇黏度。

(5)10%NaCl 水溶液密度测定

将比重瓶洗静,烘干。连瓶塞在分析天平上称量,得空瓶质量 g_1。然后将蒸馏水注入瓶内,盖上瓶塞,于 30.00 ℃下恒温 10 min。用滤纸将超过毛细管刻线的液体吸去,控制液面刚好在刻线上。从恒温槽中取出比重瓶,用干布或滤纸细致地擦干外壁,称重,记为 g_2。则比重

瓶中装水质量 $m_1=g_2-g_1$。

倒出比重瓶中的水，用少量待测样液淌洗三次，按上法测定在温度、体积一定的条件下比重瓶中所装液体样品的质量 m_2。计算 10%NaCl 水溶液的密度。

五、结果与分析

(1)将恒温槽的性能与黏度、密度测定数据记入表 6-7。计算乙醇的黏度和 10%NaCl 溶液的密度。

表 6-7　恒温槽的性能与液体黏度、密度测定

恒温槽的恒温性能			乙醇黏度的测定			10%NaCl 密度的测定	
观测温度 1（槽体）/℃			液体名称	水	乙醇	m(瓶)/g	
			流经时间 t/s（三次）			m(瓶＋NaCl 溶液)/g	
T_1(平均)/℃							
观测温度 2（烧杯）/℃							
			$\bar{t}$/s			m(瓶＋水)/g	
T_2(平均)/℃			ρ[9]/g·mL^{-1}			ρ(水)/g·mL^{-1}	
设定温度/℃			η/mpa.s			ρ(NaCl 溶液)/g·mL^{-1}	

(2)将恒温过程样品温度的变化规律填入表 6-8。

表 6-8　锥形瓶内水温随恒温时间的变化

时间/min	0	1	2	3	4	5	6	7	8	9	10
温度/℃											
时间/min	11	12	13	14	15	……	……				
温度/℃											

在坐标纸上画出水温随恒温时间的变化曲线。说明锥形瓶内的水在恒温过程的升温规律。

注释：

[1] 样品的恒温时间受很多因素影响。记录时间多长根据实验过程确定。

[2] 实验过程中，先测乙醇的黏度，再测水的，黏度计的烘干更为快捷。

[3] 黏度计必须垂直放入恒温水中，保证实验过程有相同的液位差，并有相同的流经时间。一定要在黏度计垂直固定时才开始实验。

[4] 黏度计的两个刻度线必须均没在恒温水下方(如图 6-15)，使液体样品在吸起、流下过程均处于恒温条件。计时时透过烧杯玻璃壁观测。

[5] 可在黏度计的右管上套上一小节橡皮软管，便于洗耳球吸液操作。

[6] 为了使流经时间测定的计时更准确，液体流经两细径刻度处时，速度极快，一定要集中注意力。

[7] 有些比重瓶的毛细管上没有刻线，则不需此步骤，多余的液体从上毛细口移除后，液体体积亦为故定值。

[8] 实验过程极易发生双管黏度计和比重瓶的破损，如固定的铁夹夹太紧破裂、夹太松脱落跌碎、U 形弯

处折断、在实验桌上与硬物碰撞破裂等,需非常注意保护。

[9] 不同温度下水和乙醇的密度参见附录七。

思考题

1. 哪些因素影响恒温槽的精度?

2. 用奥氏黏度计对比法测定黏度时,①黏度计为何要先烘干?②为何要用同一根黏度计测?③测定时黏度计为何要浸在恒温槽中测?④黏度计为何要垂直浸入恒温槽?⑤加入的水和乙醇体积都要一样的10.00 mL?⑥流经时间要大于100 s?⑦平行测定误差要在0.3 s内?

3. 锥形瓶内水的恒温时间与哪些因素有关?

4. 哪些实验或研究需要用到恒温槽精确恒温?

【相关背景知识】

恒温槽

在科学研究中,许多待测的物理化学数据如折射率、黏度、电导、蒸汽压、电动势、化学反应速率常数、电离平衡常数等,都与温度有关,这些实验数据的测定都必须在恒温的条件下进行。实验室中通常用恒温槽来准确控制温度、维持恒温。

一、基本原理

一般恒温槽的温度都相对的稳定。为使恒温设备维持在高于室温的某一温度,通常是依靠恒温控制器来控制间歇加热的方式,使散热引起的热损失得到补偿。当恒温槽因热量散失而温度降低时,恒温控制器就驱使恒温槽中的电加热器工作,待加热到所需要的温度时,它又会使电加热器停止加热,使恒温槽温度保持恒定。

二、仪器结构

图6-16是一种玻璃缸恒温装置结构示意图。它由浴槽、加热器、搅拌器、温度计、感温元件、恒温控制器等组成。

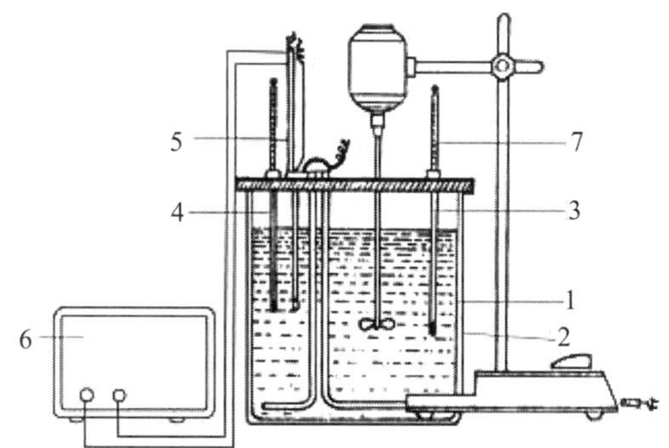

1—浴槽;2—加热器;3—搅拌器;4—温度计;
5—感温元件;6—恒温控制器;7—精密温度计。

图6-16 玻璃缸恒温槽结构示意图

(1)浴槽

通常用的是 10 dm^3的圆柱形或不锈钢容器。槽内放液体介质。用液体介质热容量大、导热性好,可使温度的控制稳定性和灵敏度大为提高。根据温度控制的范围,一般采用下列液体介质:乙醇或乙醇水溶液(-60 ℃～30 ℃)、水(0 ℃～90 ℃)、甘油或甘油水溶液(80 ℃～160 ℃)、液体石蜡、硅油(70 ℃～200 ℃)。

(2)加热器

常用的是电加热器。电加热器的通电与断开由电子继电器进行自动调节。一般恒温槽加热功率应可调,具体应根据恒温槽的容量、恒温控制的温度以及和环境的温差大小来决定。一般实验开始时,为尽快升温达到设定温度,可采用较大的加热功率。当温度逐渐接近恒温温度时,则采用较小的加热功率,以减少热滞后现象,提高恒温的效果和精度。恒温时最好能使加热和停止加热的时间各占一半。

(3)搅拌器

一般采用电动搅拌器。搅拌器安装的位置,桨叶的形状对搅拌效果都有很大的影响。搅拌器应安装在加热器附近,使加热后的液体能及时混合均匀。搅拌桨叶应是螺旋桨式的或涡轮式的,且有适当的片数、直径和面积,以使液体在恒温槽中循环,保证恒温槽整体温度的均匀性。超级恒温槽中则安装循环泵,在产生搅拌效果的同时,引出的循环恒温水还能对外部装置(如阿贝折射仪、反应器夹套、表面张力测定样品管等)进行恒温。

(4)温度计

恒温槽中常以一支精密温度计测量恒温槽的准确温度。恒温槽的灵敏度可用贝克曼温度计测量。

(5)温度调节器

恒温槽需靠感温元件将温度转化为电信号而输送给控制元件,然后由控制元件发出指令让电加热元件加热或停止加热。

普遍使用的一种感温元件是接触式温度计(也称汞定温计),如图 6-17 所示。该温度计的下半段类似于一支水银温度计,上半段是控制用的指示装置,温度计的毛细管内有一根金属丝和上半段的螺母相连,它的顶部放置一磁铁,当转动磁铁时,螺母即带动金属丝沿螺杆向上或向下移动,由此调节触针的位置。在接触式温度计中有两根导线,分别与金属丝和水银柱相连,另一端则与温度控制系统相连。目前超级恒温槽已普遍采用热敏电阻作为感温元件。

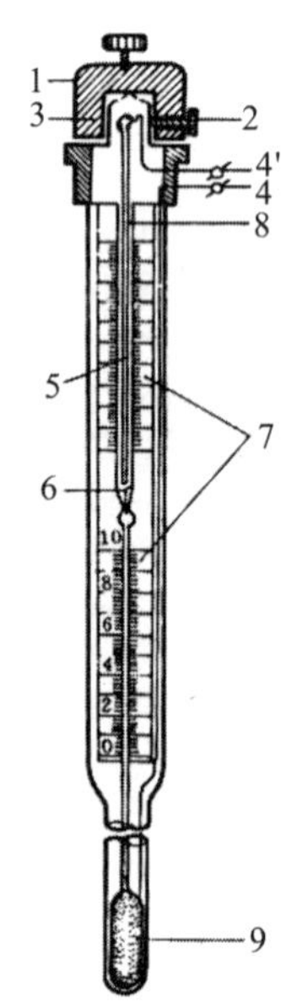

1—调节帽;2—调节固定螺丝;3—磁铁;4—螺杆引出线;4′—水银槽引出线;5—标铁;6—触针;7—刻度板;8—螺丝杆;9—水银槽。

图 6-17　接触温度计

(6)温度控制器

恒温槽的控温器是电子继电器,它与接触式温度计相配合,起自动开关的作用。当恒温槽的温度低于接触式温度计所设定的温度时,水银柱与触针不接触,继电器由于没电流通过或电流很小,这时继电器中的电磁铁磁性消失,衔铁靠自身弹力自动弹开，将加热回路接通进行加热。随着水温升高，水银膨胀，一旦水银柱与触针接触，汞定温度计的两根引出线 4 为接通状态，继电器中的电磁铁产生的强大电磁力将加热回路的衔铁开关断开，加热器停止加热，这样交替地导通、断开、加热与停止加热，使恒温水浴达到恒定温度的效果。

恒温装置不可避免地存在着一定的滞后现象，如温度的传递、感温元件、继电器、电加热器等的滞后，使恒温槽控制的温度存在一定范围的波动。恒温槽装置内的各个部件的布局、搅拌器的效率、恒温槽的大小等因素对恒温槽的灵敏度也有一定的影响。一般布局原则是：加热器与搅拌器应放得近一些，这样利于热量的传递和整个恒温槽内热量的均匀分布。感温元件应与测温温度计相靠近，以正确地确定温控温度，并且不宜太靠近边缘。

恒温槽温度波动范围越小，槽内各处的温度越均匀，恒温槽的灵敏度就越高。一般恒温槽的控温精度可达±0.1 ℃，最高达±0.02 ℃。

三、应用汞定温度计进行恒温调节的方法

(1)于恒温槽中装好精密温度计等附件后，旋转调节帽 1，调节汞定温计至指示铁的上沿所指温度较指定控制温度低约 1 ℃～2 ℃。接通电源，开通搅拌器，这时红色指示灯亮，显示加热器在工作。

(2)当红灯熄灭后，观察精密温度计示值，按其与指定控制温度的差值进一步调整汞定温计。一般越接近指定控制温度，汞定温计的调整帽的旋转幅度越小，逐步逼近，直到达规定值。这时略微沿正向和反向转动调节帽，能使红绿灯交替出现。扭紧调节帽上的固定螺钉，固定调节帽的位置。连续观察数次红灯和绿灯出现时的温度示值，其平均值与规定温度相差应不超过 0.05 ℃。

需要注意在调节过程中不能以汞定温度计的刻度为依据，必须以标准温度计为准。

四、SYC-15C 超级恒温槽的使用

SYC-15C 超级恒温槽采用稳定性能较好的热敏电阻作为感温元件，感温时间较短、使用方便、调速快、精度高，使用时其只需要将此感温元件(探头)放在所需的控温部位，就能在控温的同时，从测温仪表上精确地反应出被控温部位的温度值。控温仪是由感温电桥、交流放大器、相敏放大器、控温执行继电器四部分组成。使用方法如下：

(1)加热器、搅拌器开关置于“关”位置后，接通电源，按下电源开关，此时指示灯和显示器应均有显示。

(2)按“工作/置数”钮至“置数”灯亮，依次调“×10”“×1”“×0.1”“×0.01”键，设置需要恒定温度的精确数值。

(3)在“置数”灯亮时，还可设置定时报警(用定时增、减键设置所需定时时间，范围：10～99 s)，方便定时记录；该功能不需要时可不设置。

(4)将加热器、搅拌器开关置于“开”位置，按“工作/置数”钮至“工作”灯亮，此时加热器、搅拌器处于工作状态，实时温度显示水温的变化。注意开启搅拌前槽体后部的外循环出水口和进水口必须用橡皮管封闭。

(5)开始加热时加热开关一般先置于“强”的位置，当接近设置温度时，置于“弱”档，以免温度过冲，这时控温精度可达±0.02 ℃；搅拌速率根据需要设定。

(6)恒温槽后面的出水和进水口可以用于对外部仪器恒温。当不需要外恒温时，开机前必

须用橡皮管封闭连接,以免水的喷出。

注意:“置数”状态时,加热器不工作;搅拌器不受电源开关控制;仪器使用完毕后,将所有开关置于“关”位,拔去电源插头。

五、syc 智能超级恒温槽的使用

(1)在水槽内加入清洁温水至总高度的 1/2～2/3 处。

(2)把电源开关拨至“1”处,控温仪面板即有数字显示表示电源接通;如有水泵开关同时拨至“1”处。

(3)温度设定:当所需加热温度与设定温度相同时不需设定,反之则需重新设定。先按控温仪的功能键“SET”进入温度设定状态,SV 设定显示一闪一闪,再按移位键“◁”配合加键“△”或减键“▽”设定结束需按功能键“SET”确认。

(4)设定结束后,各项数据长期保存。此时水槽进入升温状态,加热指示灯亮。当箱内温度接近设定温度时,加热指示灯忽亮忽熄,反复多次,控制进入恒温状态。

(5)注意事项:

①加水或水不足之前,切勿按下控温开关,以防烧毁电热管。

②当水槽发出声光报警时,请先检查设定温度是否偏离正常范围,如未偏高,应停止使用。

黏度计

一、基本原理

黏度是指液体对流动所表现的阻力,这种力可以看作是在流动着的液体层之间存在着切向的内部摩擦力。当相距 ds 的两个液层以不同速度流动时,产生的流速梯度为 dv/ds。维持流速所需的力为:

$$f'=\eta\cdot A\cdot(\mathrm{d}v/\mathrm{d}s) \tag{6-19}$$

式中,A 为接触面积。如果 $f=f'/A$,则

$$f=\eta\cdot(\mathrm{d}v/\mathrm{d}s) \tag{6-20}$$

式中,η 称为液体的黏度系数,简称黏度。在 C.G.S 制单位中黏度系数的单位为“泊”(P,1P=1dyn · s · cm^{-2}),在国际单位制(SI)中用帕斯卡秒(Pa · S)表示,1P=0.1Pa · S。

测定黏度的方法主要有毛细管法、转筒法和落球法。

若液体在毛细管黏度计中,泊肃叶(Poiseuille)得出液体流经毛细管的速度与黏度系数之间存在如下关系式:

$$\frac{\eta}{\rho}=\frac{\pi hgr^4t}{8LV}-m\frac{V}{8\pi Lt} \tag{6-21}$$

式(6-21)中,η 为液体的黏度;ρ 为液体的密度;L 为毛细管的长度;r 为毛细管的半径;t 为流出的时间;h 为流过毛细管液体的平均液柱高度;V 为流经毛细管的液体体积;m 为毛细管末端校正的参数(一般在 $r/L\ll1$ 时,可以取 $m=1$)。

对于某一只指定的黏度计和固定的液体量而言,式(6-20)可以写成:

$$\frac{\eta}{\rho}=At-\frac{B}{t} \tag{6-22}$$

式(6-22)中,$B<1$。当流出的时间 t 在大于 100 s 时,B/t 项可以忽略,则

$$\eta=\frac{\pi\rho g h r^4 t}{8VL} \tag{6-23}$$

按式(6-22)直接实验测定液体的绝对黏度较困难。但通过测定待测液体对标准液体(如水)的相对黏度,计算出被测液体的绝对黏度却十分简便。

设待测液体 2 和标准液体 1 在本身重力作用下分别流经同一毛细管,若每次取用试样的体积一定,流出的体积相等,则可保持实验中 h 相同,由(6-23)式,对比约去相同的参数,可得:

$$\frac{\eta_1}{\eta_2}=\frac{\rho_1 t_1}{\rho_2 t_2} \tag{6-24}$$

当已知样品的密度和标准液体的黏度、密度时,测定两种液体的流经时间 t_1 和 t_2,可得到被测液体的黏度。实验中通常是以纯水为标准液体,利用奥氏黏度计或乌氏黏度计(图 6-18)测定样品在一定温度时黏度。

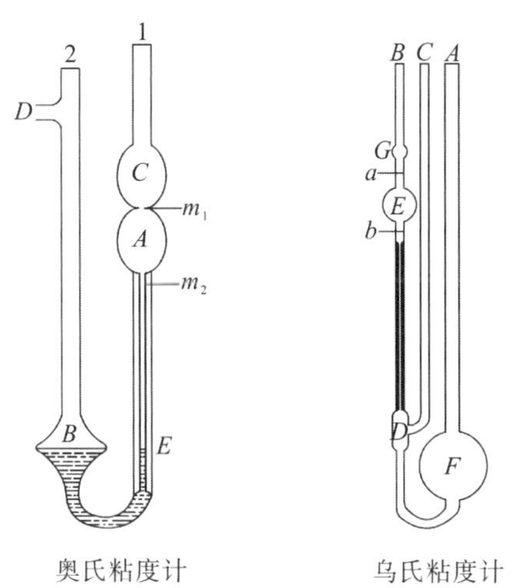

图 6-18 双管和三管黏度计

二、奥氏黏度计的使用方法

(1)黏度计的洗涤先将洗液加入黏度计内,并使其反复流过毛细管部分。然后将洗液倒入专用瓶中,再顺次用自来水、蒸馏水洗涤干净。烘干。

(2)调节恒温槽到指定温度。

(3)用移液管取 10 mL 样品放入黏度计中,然后将黏度计垂直固定在恒温槽中,恒温 10 min。

(4)在 1 管上端套上干燥清洁橡皮管,在橡皮管口用吸耳球将样品抽吸至 C 球中部,取下吸耳球,此时溶液顺毛细管而流下,用秒表测定液体流经刻线 m_1 至 m_2 所需的时间。重复同样操作,平行测定 3 次,且每次的时间相差不超过 0.3 s。

(5)倒出黏度计中的样品,用热风吹干,再用另一支移液管取 10 mL 蒸馏水放入黏度计中,与前述步骤相同,测定蒸馏水流经 m_1 至 m_2 所需的时间。要求同前。

三、乌氏(Ubbelonde)黏度计的使用方法

(1)黏度计的洗涤同二(1)。

(2)流经时间的测定开启恒温水浴,并将黏度计垂直安装在恒温水浴中用移液管吸取一定

量样品，从 A 管注入黏度计 F 球内，在 C 管和 B 管的上端均套上干燥清洁橡皮管，并用夹子夹住 C 管上的橡皮管下端，使其不通大气。在 B 管的橡皮管口用吸耳球将样品从 F 球经 D 球、毛细管、E 球抽至 G 球中部，取下吸耳球，同时松开 C 管上夹子，使其通大气。此时 D 球内的溶液即回入 F 球，使 B 管以上的液体悬空。此时溶液顺毛细管而流下，当液面流经刻度 a 线处时，立刻按下停表开始记时，至 b 处则停止记时。记下液体流经 a、b 刻线之间所需的时间。重复测定三次，偏差小于 0.3 s 内时，取其平均值。

(3)由于 C 管通大气后，B 管以上的液体悬空，因此乌氏黏度计毛细管液体的平均液柱高度 h 为固定值，与加液量无关。一些液体样品可以直接在黏度计中稀释后，测定不同浓度的黏度。

四、注意事项

(1)测定过程中黏度计上面的球体要没入恒温水中，保证抽吸时液体温度恒定。

(2)毛细管黏度计的毛细管内径选择，可根据所测物质的黏度而定。内径太细，容易堵塞。内径太粗，流经时间太短，测量误差太大。一般选择测水时流经毛细管的时间在 120 s 左右为宜。

(3)应用对比法测定黏度的前提是加入标准物及被测物的体积应相同，h、L、r 和温度 T 相同，实验中注意保持这些条件的恒定。

(4)黏度计一定要垂直地置于恒温槽中，倾斜会造成液位差变化，引起测量误差，同时会使液体流经时间 t 变大。

6.7 二元液系相图的绘制

一、实验目的

(1)测定以水-正丙醇为例的二元液系相图，确定其最低恒沸点温度及恒沸物的组成。

(2)加深对二元液系相图的种类、特点、恒沸物、杠杆规则的理解。

(3)熟练掌握阿贝折射仪的使用。

(4)学会利用折光率与物质组成的关系曲线测定物质组成。

(5)掌握超级恒温槽的原理、恒温调节方法及外循环恒温技巧。

二、实验原理

相图的绘制具有非常重要的实践意义。在化工生产过程中，常利用气-液相图来指导并控制分馏、精馏的操作条件，使液体混合物得以有效的分离。

在常温下，两液态物质混合而成的体系称为双液系。两液体若能以任意比例相互溶解，称为完全互溶双液系，若只能在一定比例范围内互相溶解，则称为部分互溶双液系。例如：苯-乙醇体系、正丙醇-水体系、环己烷-乙醇体系都是完全互溶双液系，苯酚-水体系则是部分互溶双液系。

完全互溶双液系的温度—组成的相图可分为三类：(1)溶液沸点介于两纯组分之间；(2)具

有最低恒沸点；(3)具有最高恒沸点。其图形分别如图 6-19(a)、(b)、(c)所示。

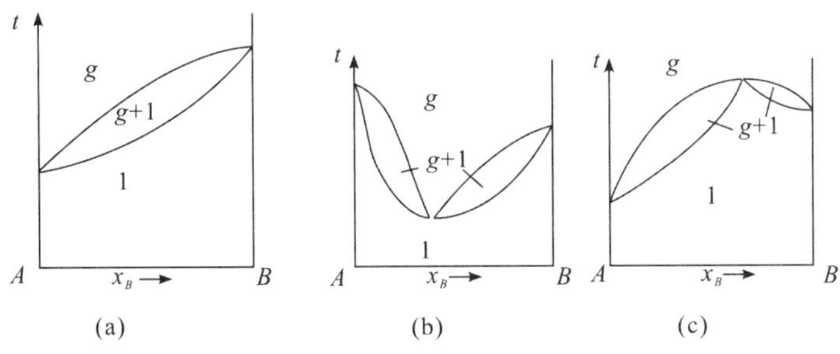

图 6-19 完全互溶双液系的三类温度—组成相图

对于第一类双液系，包括理想液态混合物、对拉乌尔公式有较小的正偏差或负偏差的双液系，一般低沸点组分在气相中的相对含量总比在液相中更大，$y_B < x_B$，因此可用多次蒸馏或精馏的方法，使两组分互相分离。

由于两组分的相互影响，实际溶液常与拉乌尔定律有较大的偏差，这时在 T-x 图上有最低或最高恒沸点出现，如正丙醇-水、苯-乙醇、环已烷-乙醇等体系具有最低恒沸点，盐酸—水体系具有最高恒沸点。与恒沸点相应的溶液称为恒沸物，其蒸汽与液相的组成完全相同。对于这类的双液系，用精馏法只能从溶液中分离出一种纯组分和恒沸物。恒沸物则不能用精馏法直接分离。

本实验通过测定水-正丙醇二组分体系不同组成的溶液在达到气、液相平衡组成及其平衡温度，得到气、液相的相点。把气相点、液相点连接成光滑的曲线，就可绘制出 T-x 相图。

实验采用的沸点仪(图 6-20)为一个带有回流冷凝管的长颈圆底烧瓶，冷凝管底部有一球形小室 D，用以收集冷凝回流下来的气相样品。液相样品则通过烧瓶上的支管 L 抽取。气液两相平衡时的温度采用触点温度计测定。若用水银温度计测温，温度计水银球须一半浸在液面下，一半露在蒸气中，并在水银球外围套一滤纸条，可以减少周围环境(如空气流动或热源的辐射)对温度计读数影响[1]。

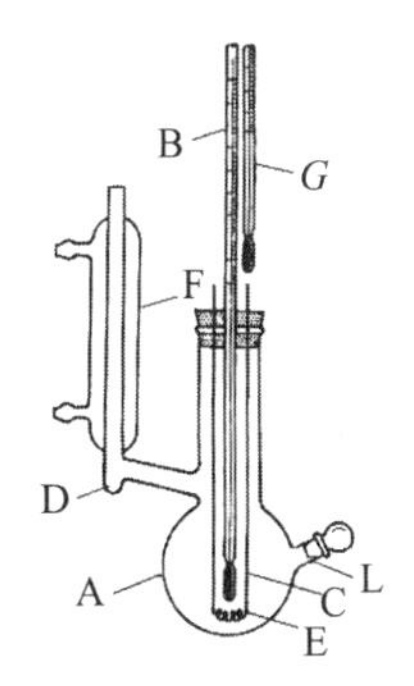

A—盛液容器；B—测量温度计；
C—导线瓷套；D—小球；E—电热丝；
F—回流冷凝管；G—露径校正温度计；
L—液相取样支管。

图 6-20 沸点仪

气、液相组成通过折光率分析法求得。折光率是物质的特性参数，它与物质的本性、温度有关。配制一系列已知组成的溶液，在恒定温度下测其折光率，可作出折光率～组成工作曲线。在测定出气、液相样液的折光率后，可在工作曲线上找出对应的气、液相的组成。

三、实验仪器和试剂

(1)仪器

整体式双液系沸点测定仪一套　超级恒温槽　阿贝折射仪　恒温水循环器

(2)试剂

正丙醇(A.R.)

(3)其他

量筒(50 mL)　　吸量管(10 mL)　　取样吸管数根

吸耳球　　擦镜纸

四、实验内容

(1)熟悉双液系沸点测定仪、阿贝折射仪的安装和使用(参见本节背景知识部分)。

(2)标准曲线的绘制：

配制含正丙醇质量百分比分别约为100%、90%、80%、……、10%、0%的溶液，混匀。

调节超级恒温槽温度为35.0 ℃。用外循环恒温水使阿贝折射仪棱镜腔恒温。

用纯水校正阿贝折射仪后(不同温度下水的折射率见本节相关背景知识三，35.0 ℃时纯水的折光率为1.3312)，测量上述溶液的折光率。

(3)正丙醇沸点的测定：在干净、干燥的沸点仪中加入25 mL正丙醇，使电加热棒的加热部位(弯头的前1 cm)全部浸没在溶液中(小心勿使捅破烧瓶壁)，准确放置好温度计，使感温头偏开电加热部。将回流管与恒温循环器的回流冷却水连通。打开电源，调节加热电流使溶液缓慢升温。待温度基本恒定后，记录平衡温度 t，得正丙醇沸点。

(4)停止加热[2]。待液体冷却后，用10 mL吸量管移取0.25 mL水，从支管L加入烧瓶中。加热至沸。保持沸腾约10 min，使冷凝管下端的小球D收集的冷凝回流液充分地冲刷更新。当温度计上的读数恒定时，表明体系处于气液两相平衡状态，记录平衡温度。停止加热。稍冷却后，先用预先干燥并放凉的吸管自冷凝管中取出小球D内的气相冷凝液，测定气相平衡组分的折光率，由标准曲线确定其组成。用另一支干燥吸管从支口L中取样，测定液相的平衡组成[3,4]。由此得到该组成液体气液平衡时的温度及对应的气、液相组成数据。

(5)继续依次向烧瓶中加入1.25 mL、2.25 mL、5.0 mL水，按步骤(4)逐一进行测量，分别得到不同组成时的气相、液相的平衡组成及平衡温度[5]。

(6)回收溶液。用蒸馏水洗涤烧瓶。加入20 mL蒸馏水，测量水的沸点。如前步骤，逐一加入0.25 mL、1.25 mL、3.00 mL、15.00 mL正丙醇，改变体系的总组成，分别测量其气液平衡时的沸点和各个样品的组成[6]。

五、结果与分析

(1)根据表6-9的数据，在坐标纸上绘制该温度下 $n \sim w$ 的工作曲线[7]。

表6-9　折光率—正丙醇水溶液的组成的关系

w(丙醇)/%	0	10	20	30	40	50	60	70	80	90	100
折光率 n											

测定温度：________℃。

(2)记录不同样品的相平衡温度和气相、液相的折光率(表6-10和表6-11)。从工作曲线上查找出其对应的组成。

表 6-10 25 mL 正丙醇中加入不同量水的沸点和气相、液相的折光率及对应的组成

编号	水加入量/mL	加水总量/mL	t/℃	气相组成分析		液相组成分析	
				n_g	w(丙醇)/%	n_l	w(丙醇)/%
1	0	0					
2	0.25	0.25					
3	1.25	1.5					
4	2.25	3.75					
5	5.0	8.75					

表 6-11 20 mL 水中加入不同量正丙醇的沸点和气相、液相的折光率及对应的组成

编号	丙醇加入量/mL	丙醇加入总量/mL	t(观)/℃	气相组成分析		液相组成分析	
				折光率	w(丙醇)/%	折光率	w(丙醇)/%
1	0	0					
2	0.25	0.25					
3	1.25	1.5					
4	3.0	4.5					
5	15.0	19.5					

结论：恒沸温度＝________；恒沸物组成为________________。

(3)相图的绘制

在坐标纸上描出不同平衡温度时气液两相的相点，分别把气相点、液相点连接成光滑滑的曲线[8]，并顺延交于一点，作出相图，得出最低恒沸点的温度和组成。

注释：

[1] 用水银温度计测温时需进行露径校正，采用用触点温度计时则不需做露径校正。要求精确时还应进行压强校正。

[2] 许多有机样品为易燃品，必须注意防火安全，先停止通电再拔开塞子取样。一旦失火，及时用湿布封堵管口灭火。

[3] 做好本实验的关键是温度的准确控制和折光率的测定。一定要使体系达到气液平衡，即温度读数稳定。取样测折光率前要求样品要先冷却减少挥发，操作快速、准确，取样滴管和折光率仪镜面干燥，确保取样、测定过程中组成不会发生改变。取样滴管可用电炉预先烤热后用洗耳球鼓干，并冷却备用。折光率仪的棱镜片亦可用洗耳球吹干备用。

[4] 注意保护阿贝折射仪的棱镜，不能用硬物触及(如滴管头)，擦拭棱镜需用擦镜纸。

[5] 为了使试剂能重复使用，实验室也可预先配置一系列定组成的水-丙醇混合液供试，每组样品测定完后倒回原试剂瓶。

[6] 在实验过程中，可观察到由正丙醇—纯水体系汽相、液相的折光率将向着降低或升高的方向移动，起初气液两相折光率的读数相差较小，随后相差慢慢增加，又慢慢减小，直至相等，此时溶液对应最低恒沸混合物组成。该体系的最低恒沸点在 85～88 ℃左右，正丙醇含量在 66%～73%之间。

[7] 本实验的标准曲线需用曲线板画一光滑曲线，不是直线。

思考题

1. 液态完全互溶的二元液系相图有那几类？

2. 什么是恒沸物？有何特点？

3. 如何判断气液已达到平衡？

4. 实验成败的关键在于测定折光率时组成是否改变。有哪些错误的操作可引起这一结果？

5. 实验过程中哪些仪器必须预先干燥？

6. 温度计读数露茎校正的原理和方法？

7. 实验过程中未按操作步骤准确加入计量的药品，对实验结果有何影响？

8. 沸点仪中 D 贮槽过大或过小，对测量有什么影响？

9. 温度计的水银球应该处于什么状态为宜？

10. 什么情况下才能取样？

11. 试写出沸点的压强校正公式。

【相关背景知识】

一、双液系沸点测定仪的使用

双液系沸点测定仪主要用于液态完全互溶的二元体系相图的绘制。掌握了气-液相图，可以用于指导并控制分馏、精馏的操作条件，使液体混合物有效分离，相图的绘制在石油工业和溶剂、试剂的产生过程中有重要的实际意义。

1. 基本原理

两种液态物质混合而成的二组分体系称为双液系。两个组分若能按任意比例互相溶解，称为完全互溶双液系。在一定的外压下，纯液体的沸点有其确定值。但双液系的沸点不仅与外压有关，而且还与两种液体的相对含量有关。

二组分体系有温度、压强和组成三个变量，在压强一定时，根据相律，

$$F=C-P+1=3-P$$

当达到气-液两相平衡时，则只有一个独立变量。一旦平衡温度确定，则组成（气相和液相组成）必有相应的确定值，或说气相和液相组确定成，平衡温度也必随之确定。测定一系列不同配比溶液的沸点及气、液两相的组成，就可以绘制出气-液体系的相图。

2. 仪器结构

双液系沸点测定仪包括数字恒流源、精密数字温度计和玻璃沸点仪三部分。沸点仪为一只带有回流冷凝管的长颈圆底烧瓶，冷凝管底部有一球形小室 D，用以收集气—液两相平衡时冷凝下来的气相样品。液相样品则直接通过烧瓶上的支管抽取。数字恒流源可以提供可调的加热功率，避免液体的过热。气-液两相平衡温度直接由精密数字温度计读出。

3. 使用方法

(1)通电前，先固定好玻璃容器，装好实验样品溶液，放入加热电极，插入温度探头到液面 1/3 处，以便精确测量；用红、黑输出线夹好加热电极两端，把电流调节逆时针旋到最小。

(2)接好插头，打开电源开关预热 10 min。

(3)待温度显示稳定后，调节电流调整旋钮，即可进入实验状态。

(4)实验结束后，把电流调整旋钮逆时针调到最小，关闭电源，拔下插头，取下玻璃容器，清

洗干净，放回仪器箱中，以便下次使用。

4. 注意事项

(1)加热器的加热段一定要被测液体浸没，否则通电加热时可能会引起有机液体燃烧。

(2)加热功率不能太大，加热段上有小气泡逸出即可。

(3)加热段不能与传感器相碰，加热段与传感器也不能与瓶壁相碰。

(4)请勿在通电状态下安装加热单元。

二、折光仪

(一)参见实验 4.9 的相关背景知识部分。

(二)WYA-2S 数字阿贝折射仪

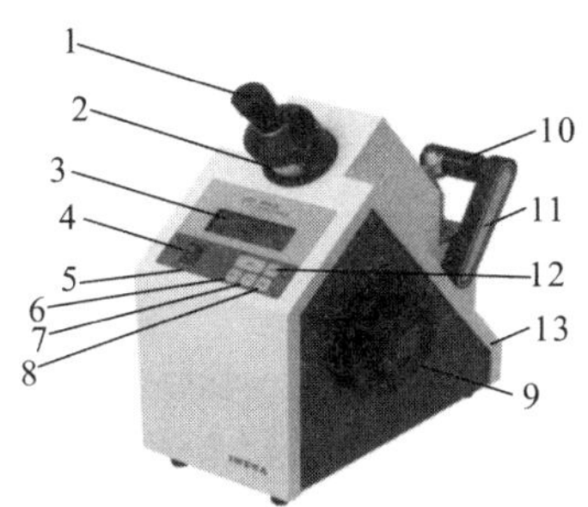

1—目镜；2—；色散手轮；3—显示窗；4—“POWER”电源开关；
5—“READ”读数显示键；6—“BX-TC”经温度修正锤度显示键；7—“n_D”折射率显示键；
8—“BX”未经温度修正锤度显示键；9—调节手轮；10—聚光照明部件；
11—射棱镜部件；12—“TEMP”温度显示键；13—RS232 接口。

图 6-21　WYA-2S 数字阿贝折射仪外形结构示意图

1. WYA-2S 数字阿贝折射仪操作步骤及使用方法

(1)按下“POWER”波形电源开关，聚光照明部件中照明灯亮，同时显示窗显示 00000。有时先显示“—”，数秒后显示 00000。

(2)打开折射棱镜部件，移动擦镜纸，这张擦镜纸是仪器不使用时放在两棱镜之间，防止在关上棱镜时，可能留在棱镜上细小硬粒弄坏棱镜工作表面。擦镜纸只需用单层。

(3)检查上、下棱镜面，并用水或酒精小心清洁其表面。测定每一个样品以后也要仔细清洁两块棱镜表面，因为留在棱镜上少量的原来样品将影响下一个样品的测量准确度。

(4)将被测样品放在下面的折射棱镜的工作表面上。如样品为液体，可用干净滴管吸 1～2 滴液体样品放在棱镜工作表面上，然后将上面的进光棱镜盖上。如样品为固体，则固体样品必须有一个经过抛光加工的平整表面。测量前需将这抛光表面擦清，并在下面的折射棱镜工作表面上滴 1～2 滴折射率比固体样品折射率高透明液体(如溴代萘)，然后将固体样品抛光面放在折射棱镜工作表面上，使其接触良好。测固体样品时不需将上面的进光棱镜盖上。

(5)旋转聚光照明部件的转臂和聚光镜筒使上面的进光棱镜的进光表面(测液体样品)或固体样品前面的进光表面(测固体样品)得到均匀照明。

(6)通过目镜观察视场，同时旋转调节手轮，使明暗分界线落在交叉线视场中。如从目镜中看到视场是暗的，可将调节手轮逆时针旋转。看到视场是明亮的，则将调节手轮顺时针旋转。明亮区域是在视场的顶部。在明亮视场情况下可旋转目镜，调节视度看清晰交叉线。

(7)旋转目镜方缺口里的色散校正手轮,同时调节聚光镜位置,使视场中明暗两部分具有良好的反差和明暗分界线具有最小的色散。

(8)旋转调节手轮,使明暗分界线准确对准交叉线的交点。

(9)按“READ”读数显示键,显示窗中 00000 消失,显示“—”数秒后“—”消失,显示被测样品的折射率。如要知道该样品的锤度值,可按“BX”未经温度修正的锤度显示键或按“BX—TC”经温度修正锤度(按 ICUMSA)显示键。“nD”、“BX—TC”及“BX”三个键是用于选定测量方式。经选定后,再按“READ”键,显示窗就按预先选定的测量方式显示。有时按“READ”键,显示“—”,数秒后“—”消失,显示窗全暗,无其他显示,反映该仪器可能存在故障,此时仪器不能正常工作,需进行检查修理。当选定测量方式为“BX-TC”或“BX”时如果调节手轮旋转超出锤度测量范围(0%~95%),按“READ”后,显示窗将显示“•”。

(10)检测样品温度,可按“TEMP”温度显示键,显示窗将显示样品温度。除了按“READ”键后,显示窗显示“—”时,按“TEMP”键无效,在其他情况下都可以对样品进行温度检测。显示为温度时,再按“nD”、“BX—TC”或“BX”键,显示将是原来的折射率或锤度。为了区分显示是温度还是锤度,在温度前加“t”符号,在“BX—TC”锤度前加“b”符号,在“BX”锤度前加“c”符号。

(11)样品测量结束后,必须用酒精或水(样品为糖溶液)进行小心清洁。

(12)本仪器折射棱镜中有通恒温水结构,如需测定样品在某一特定温度下的折射率,仪器可外接恒温器,将温度调节到你所需温度再进行测量。

(13)计算机可用 RS232 连接线与仪器连接。首先,送出一个任意的字符,然后等待接收信息(参数:波特率 2400,数据位 8 位,停止位 1 位,字节总长 18)。

2. WYA-2S 数字阿贝折射仪校正

仪器定期进行校准,或对测量数据有怀疑时,也可以对仪器进行校准。校准用蒸馏水或玻璃标准块。如测量数据与标准有误差,可用钟表螺丝刀通过色散校正手轮中的小孔,小心旋转里面的螺钉,使分划板上交叉线上下移动,然后再进行测量,直到测数符合要求为止。样品为标准块时,测数要符合标准块上所标定的数据。如样品为蒸馏水时测数要符合表 6-12。

3. WYA-2S 数字阿贝折射仪的维护与保养

(1)仪器应放在干燥,空气流通和温度适宜的地方,以免仪器的光学零件受潮发霉。

(2)仪器使用前后及更换样品时,必须先清洗揩净折射棱镜系统的工作表面。

(3)被测试样品不准有固体杂抟,测试固体样品时应防止折射棱镜的工作表面拉毛或产生压痕,本仪器严禁测试腐蚀性较强的样品。

(4)仪器应避免强烈振动或撞击,防止光学零件震碎、松动而影响精度。

(5)如聚光照明系统中灯泡损坏,可将聚光镜筒沿轴取下,换上新灯泡,并调节灯泡左右位置(松开旁边的紧定螺钉)、使光线聚光在折射棱镜的进光表面上,并不产生明显偏斜。

(6)仪器聚光镜是塑料制成的,为了防止带有腐蚀性的样品对它的表面破坏,使用时用透明塑料罩将聚光镜罩住。

(7)仪器不用时应用塑料罩将仪器盖上或将仪器放入箱内。

(8)使用者不得随意拆装仪器,如仪器发生故障,或达不到精度要求时,应及时送修。

三、不同温度下水的折射率

不同温度下水的折射率见表 6-12。

表 6-12 不同温度下水的折射率

温度/℃	水折射率	温度/℃	水折射率	温度/℃	水折射率
5	1.33388	24	1.33262	40	1.33051
10	1.33368	26	1.33241	42	1.33023
14	1.33348	28	1.33219	44	1.32992
15	1.33337	30	1.33192	46	1.32959
16	1.33333	32	1.33164	48	1.32927
18	1.33317	34	1.33136	50	1.32894
20	1.33299	36	1.33107	52	1.3286
22	1.33281	38	1.33079	54	1.32827

6.8 电解质溶液的电导

一、实验目的

(1)掌握电导测定的原理和方法。

(2)掌握电导、电导率、摩尔电导率、极限摩尔电导率的概念及其相互关系。

(3)了解电导测定的一些应用。

二、实验原理

电解质溶液属第二类导体,它是靠正负离子的迁移传递电流。溶液的导电本领,可用电导来表示。

将电解质溶液放入两平行电极间,两电极距离为 L,两电极面积为 A,这时溶液的电导 G 是:

$$G=\frac{1}{R}=\kappa\frac{A}{L} \tag{6-24}$$

式中电导 G 即电阻的倒数,单位为西门子(S 或 Ω^{-1});κ(读作 kappa)称为电导率,为电极面积为 1 m^2,电极距离为 1 m 时两极间的电导,亦即电阻率的倒数。SI 单位为 $S\cdot m^{-1}$。

电解质溶液的电导率不仅与温度有关,还与溶液的浓度有关,因此常用摩尔电导率 Λ_m 来衡量电解质溶液的导电本领。摩尔电导率的定义式是该溶液的电导率与其浓度之比。

$$\Lambda_m=\frac{\kappa}{c} \tag{6-25}$$

其物理意义表示两个相距 1 m 的电极间含 1 mol 电解质的溶液时两电极间的电导率。单位为 $S\cdot m^2\cdot mol^{-1}$。

Λ_m 随浓度变化的规律,强弱电解质各不相同。强电解质的稀溶液符合科尔劳斯(Kohl-rauschF)经验公式:

$$\Lambda_m=\Lambda_m^{\infty}-A\times\sqrt{c} \tag{6-26}$$

式中，Λ_m^{∞}为 c 趋近于 0 时的摩尔电导率，故称为极限摩尔电导率；A 为常数。

测定不同浓度下强电解质的电导率，并将之转化为摩尔电导率 Λ_m，将 Λ_m 对$\sqrt{c}$作图，外推至纵坐标轴，可得其 Λ_m^{∞}的值。

对于弱电解质，导电离子数随溶液的稀释、电离度 α 的增大而增大，当溶液无限稀释时，弱电解质完全电离，$\alpha=1$，因而有：

$$\frac{\Lambda_m}{\Lambda_m^{\infty}}=1\ \text{mol 电解质溶液中导电离子数之比}=\alpha \tag{6-27}$$

测定不同浓度下弱电解质的电导率，可求出对应的摩尔电导率 Λ_m。需要注意，弱电解质的电导率较小，其真实的电导率应当用测得的溶液电导率减去溶剂水在同温度下的电导率。

$$\kappa(\text{电解质})=\kappa(\text{电解质溶液})-\kappa(H_2O) \tag{6-28}$$

根据离子独立运动定律，无限稀释电解质溶液的摩尔电导率等于无限稀释时阴、阳离子的摩尔电导率之和：

$$\Lambda_m^{\infty}=\nu_+\Lambda_{m,1}^{\infty}+\nu_-\Lambda_{m,}^{\infty} \tag{6-29}$$

由相关文献查出相应离子的极限摩尔电导率，计算出该弱电解质的极限摩尔电导率 Λ_m^{∞}，由此可算出不同浓度下的电离度 α，进一步可求出电离平衡常数 K_c。

$$K_c=\frac{c\alpha^2}{1-\alpha} \tag{6-30}$$

三、实验仪器与试剂

（1）仪器

EC215 微电脑电导率仪（含电导电极）　　SYC-15C 超级恒温槽

（2）试剂

KCl 标准溶液（0.01 mol·L^{-1}）　　HAc 标准溶液（0.1 mol·L^{-1}）

（3）其他

移液管（25 mL）3 支　　250 mL 锥形瓶　　大试管

250 mL 烧杯（废液缸）　　吸耳球　　移液管架

吸水滤纸片

四、实验内容

（1）熟悉 EC215 微电脑电导率仪、SYC-15C 超级恒温槽（见实验 6.6 相关背景知识部分）的结构原理与使用方法。将电极置蒸馏水中备用。

（2）用移液管移取 25 mL0.01 mol·L^{-1}的 KCl 标准液于洁净、干燥的 100 mL 的大试管中，置于 25 ℃恒温槽中恒温。插入电极。电极轻触试管底部，排出套内可能粘附着的气泡。同时以 250 mL 锥形瓶装电导水一并置于恒温槽中恒温备用。

（3）调节温度补偿旋钮 TEMPERATURE 到 2%/℃，使示数自动转换为 25 ℃时的值；选择合适的测量范围。

（4）恒温 15 min 后，旋转校正旋钮“CALIBRATION”键，使显示屏上的数值与室温下 0.01 mol·L^{-1}KCl 标准液的电导率值 1413 μS·cm^{-1}相等。摇动试管，重复读数和调整，至数值稳定止[1]。校准后的电导率仪当天实验不需要再校准。

(5)用移液管准确移入 25 mL 已恒温的去离子水，使 KCl 溶液稀释一倍。摇动大试管使之充分混合均匀，测定其电导率，重复摇动、测定 3 次[2]。用吸取 KCl 溶液的移液管从大试管中吸出 25 mL 溶液弃去。补加 25 mL 水，同上步骤测定。如此逐步稀释 4 次[3]，得 5 组数据。

(6)清洗电极。同法测定 HAc 溶液在 5 个浓度下的电导率。

(7)洗静电导电极，测定配制样品的去离子水的电导率作为空白值。

五、结果与分析

(1)KCl 溶液的电导率测定值和 Λ_m 的计算填入表 6-13。

表 6-13　不同浓度 KCl 水溶液的电导率及其摩尔电导率

c/mol·L^{-1}	κ/μS·cm^{-1}			κ(平均)/μS·cm^{-1}	Λ_m/μS·m^2·mol^{-1}	$\sqrt{c}$
	1	2	3			
0.01000						
0.00500						
0.00250						
0.00125						
0.00063						

注：实验温度＝________。

作 Λ_m—$\sqrt{C}$ 的图，得 Λ_m^{∞}(KCl)＝________。Λ_m^{∞}(KCl)文献值为：________。

(2)HAc 溶液的电导率测定值和电离度 α、电离平衡常数 K_c 的计算填入表 6-14。

表 6-14　不同浓度 HAc 水溶液的电导率及其 K_c

c/mol·L^{-1}	κ(溶液)/μS·cm^{-1}				κ(HAc)/μS·cm^{-1}	Λ_m/μS·m^2·mol^{-1}	α	K_c
	1	2	3	κ(平均)				
0.1000								
0.0500								
0.0250								
0.0125								
0.0063								

注：实验温度＝________，κ(水)＝____________，Λ_m^{∞}(HAc)＝________。

K_c(平均)＝__________，K_c(文献)＝__________。

注释：

[1] 电导率仪的校正步骤即 KCl 溶液电导率测定的第一步。

[2] 在大试管中溶液不易快速混合均匀，必须混和直至重复测得的三次数据基本一致为止。

[3] 用移液管移出溶液时，会比移入的 25.00 mL 水多出管尖的一滴液体，重复稀释，会造成误差的积累。

[4] 实验结果的准确性与移液操作的规范和溶液的均匀混合有很大关系。稀释过程中电导电极不应再冲洗以免所沾的液体损失，否则相当于多移出了液体。

[5] 溶液的电导率只和溶液的性质有关，与溶液的体积无关。因此测定时液面只要能没过电导电极的黑

线即可。千万不要使液面没到电极头部(绿色部分)造成电解质溶液渗入、电极损坏。

[6] 实验前预先将大试管洗净烘干备用。

[7] 电导电极比较昂贵,请务必多加保护。电极使用之前,应将电极在蒸馏水中浸泡数分钟,但不能弄湿电极引线,否则将测不准。

思考题

1. 什么是溶液的电导、电导率和摩尔电导率?它们的相互关系如何?
2. 影响电解质溶液导电能力的因素有哪些?
3. 强、弱电解质的摩尔电导率与浓度的关系有何不同?
4. 结合教材学习和你所完成的实验,谈谈电导率的测定有哪些应用?
5. 比较电导法和实验 6.2 的酸度计法测定弱电解质电离平衡常数的特点。
6. 本实验过程中电导电极需要用蒸馏水洗涤、吸干吗?应当如何处理为好?

【相关背景知识】

一、电导(率)仪

用于测量溶液电导(率)的专用仪器,称为电导(率)仪。

(一)基本原理

电导仪根据其作用原理,主要分为平衡电桥式和分压直读式两大类。

1. 平衡电桥式电导仪

这是测量电导的最简单的仪器,如雷磁 27 型和 D5906 型电导仪,均属此类。其作用原理如图 6-22 所示。

由标准电阻 R_1、R_2、R_3 和电导池 R_x 构成惠斯顿电桥,由振荡器产生的电流从 A、B 两端通过电桥,经交流放大器放大后,再整流将交流信号变成直流信号,推动电表。当电桥平衡时,示零器(电表)指零,C、D 两端的电位相等,此时:

$$R_x=\frac{R_1}{R_2}\times R_3 \tag{6-31}$$

由此可求得溶液的电导 G:

$$G=\frac{1}{R_x}=\frac{R_2}{R_1\times R_3} \tag{6-32}$$

式(6-31)和式(6-32)中,R_1、R_2 为比例臂,可选择 $R_1/R_2=0.1$,1.0 及 10.0 等;R_3 是一个带刻度盘的可调电阻或精密的多位数字电阻箱。

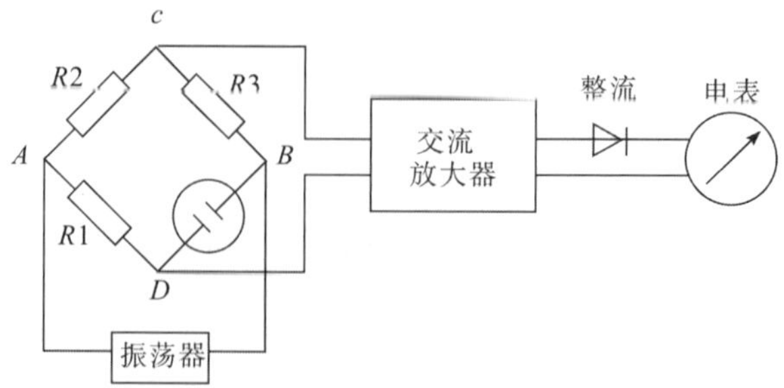

图 6-22 平衡电桥式电导仪原理图

2. 分压直读电导仪

这是一种有利于快速和连续自动测量的电导仪，如 EC215 实验室微电脑电导率仪和 DDS-11A 型电导仪，其原理如图 6-23 所示。由振荡器输出的不随 R_x 改变而改变的交流电压为 U，则通过电导池（R_x）及负载 R_m（分压电阻）回路中的电流强度 I 为：

$$I=\frac{U}{R_x+R_m}$$

设 U_m 为分压电阻 R_m 两端电位差则：

$$U_m=IR_m=\frac{UR_m}{R_x+R_m}$$

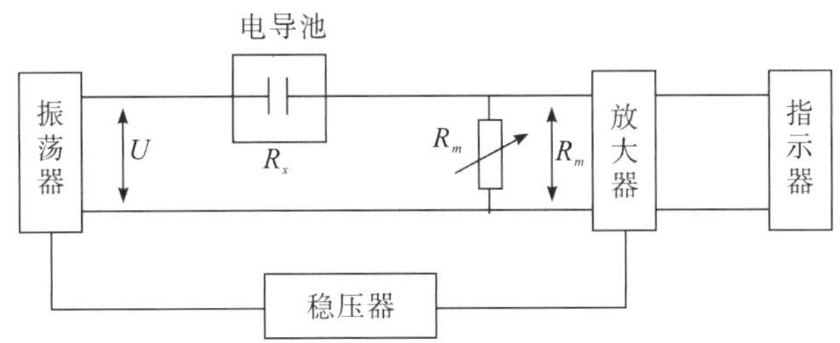

图 6-23　分压直读电导仪原理图

当 $R_m \ll R_x$ 时，上式可简化为：

$$U_m=\frac{UR_m}{R_x}=UR_mG \qquad (6\text{-}33)$$

当 R_m、U 一定时，U_m 与 G 呈线性关系，因此可以利用测得分压 U_m 以求得待测溶液的电导，通常仪器表头的刻度直接给出 U_m 变化所对应的电导值（或电阻值）。

（二）仪器结构

电导仪主要由电导池、测量电源、测量电路与指示器等部分组成，高精度的电导仪还有温度及电容补偿电路，图 6-24 和图 6-25 分别为 EC215 实验室微电脑电导率仪和梅特勒-托利多实验室电导率仪的外形图。

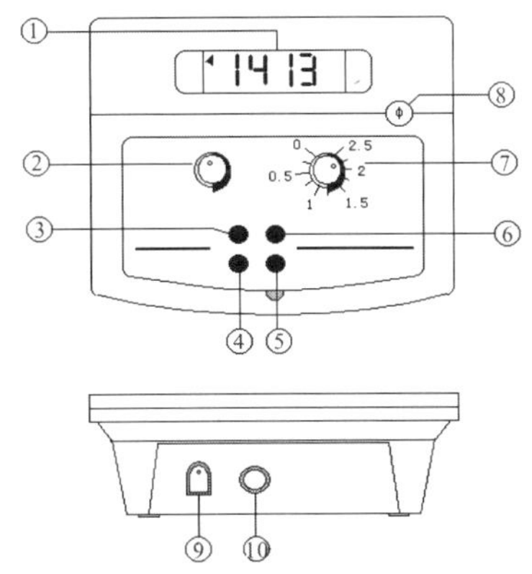

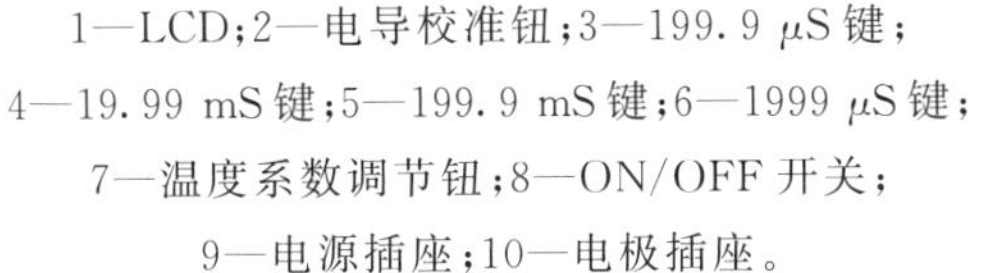

1—LCD；2—电导校准钮；3—199.9 μS 键；
4—19.99 mS 键；5—199.9 mS 键；6—1999 μS 键；
7—温度系数调节钮；8—ON/OFF 开关；
9—电源插座；10—电极插座。

图 6-24　EC215 实验室微电脑电导率仪的外形图

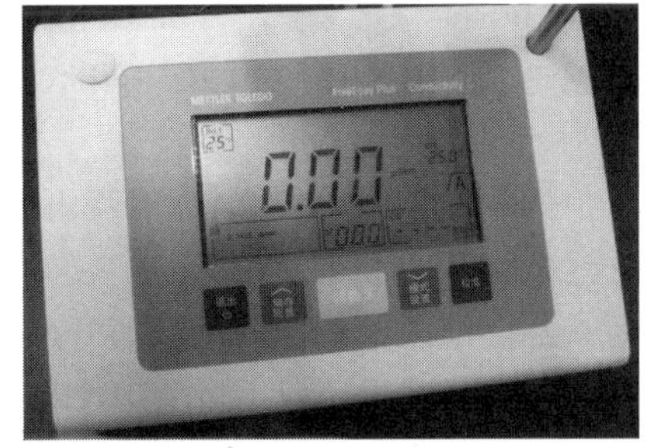

图 6-25　梅特勒-托利多实验室电导率仪的外形图

EC215 微电脑电导率仪特点：1. 可测量 4 个范围，即 0～199.9 μS(199.9 μS 键)，199.9～1999 μS(1999 μS 键)，1999 μS～19.99 mS(19.99 mS 键)，19.99～199.9 mS(199.9 mS 键)，当从一个范围变到另一个范围时，电导电极不必再次校准；2. 电极是四环铂金玻璃抗腐蚀电极；3. 仪器内含有温度敏感器和电路，自动温度补偿，即根据溶液温度不同，它可自动补偿液体测量中的温度变化。温度系数可通过仪表上的旋钮调整，温度系数从 0 到 2.5%可调。

（三）使用方法

1. EC215 实验室微电脑电导率仪

(1)仪器校准。将 12 V 直流变压器插入电源插孔，插上电极，注意保持插座上的针孔接触良好。将电导电极插入标准 KCl 溶液内(选择 KCl 溶液的电导要与被测溶液电导相近，可参见表 6-15"几种标准 KCl 溶液在不同温度下的电导率/s · cm^{-1}")，把电极轻轻触容器底部，排出套内可能产生的气泡。按 ON/OFF 键打开仪器，选择适当的测量范围(注意：如果显示"1"，表示超出范围，选择下一个更高的测量范围)。通过仪器上的"TEMPERATURE COEFFICIENT"按钮来调节溶液的温度系数(一般调至 2%/℃)，几分钟后，旋转"CALIBRATION"键，使显示屏上的数值与实验温度下相应浓度的 KCl 标准液的电导率值相等。

(2)确定溶液温度系数。将电极浸入样品溶液中(电极浸没溶液的深度与上面相同)，旋转"TEMPERATURE COFFICIENT"按钮到 0%，使样品和电极温度在 25 ℃条件下，并记录 25 ℃条件下的电导读数。使样品和电极温度在 t℃(接近 5 ℃～10 ℃)条件下，不同于 25 ℃条件下并记录 C_t 的电导读数。溶液的温度系数 β 的计算公式：

$$\beta = 100 \times (\kappa_t - \kappa_{25}) / [(t/℃ - 25) \times \kappa_{25}] \tag{6-34}$$

(3)样品的测定。将电极浸入样品溶液中(电极浸没溶液的深度与上面相同)，旋转"TEMPERATURE COFFICIENT"按钮到与样品溶液的温度系数相同(若样品溶液的温度系数没有测定，一般调至 2%)，选择适当的测量范围，几分钟后，显示屏上的数值即为该浓度和该温度下样品溶液的电导率值。

(4)电极保养。每次测量之后用自来水清洗电极。如果需要彻底清洁，取下 PVC 护套用布或非腐蚀性去污剂清洗电极，重新套上护套时，注意方向，电极上的四个小孔朝导线方向。清洗之后重新校准仪器。电极主体为 PVC 材料，因此不要接近热源。如果电极处于高温状态下，金属环将会松动或脱落，必须更换。

2. 梅特勒-托利多实验室电导率仪

(1)校准设置。

①接通电源，打开仪器开关，按"设置(Setup)"键，当前 MTC 温度值闪烁，按"读数(Read)"键确定。

②当前的校准组开始闪烁，标准液组中的各个标准液开始逐个显示在屏幕上，使用▲或▼键来选择您需要的标准溶液组，并按"读数"键确认。

③所选标准液组中的标准液数值开始闪烁，使用▲或▼键选择需要的标准溶液，并按"读数"键保存。然后按"退出(Exit)"键，仪表退回到测量画面。

④仪表内置标准溶液组包括 84 μS/cm、1413 μS/cm、12.88 mS/cm。

⑤校准：将电导电极放入相应的标准溶液中，按"校准"键开始校准，默认状态下，电导率仪将自动到达校准终点。如需手动终点判断，按"读数"键仪表显示屏锁定并显现电极常数 3 s，然后返回样品测量状态。

为了确保精确的电导率读数，应定期用标准溶液校准电导电极。

(2)测量。

①参数设置。

MTC 温度设置:当仪表未检测到温度探头时,它将自动切换为手动温度补偿模式,并显示 MTC。要设定 MTC 温度,按“设置”键,至屏幕显示 MTC 温度并闪烁,使用▲或▼键来增大或减少温度值。按“读数”键以确认温度设置。默认值为 25 ℃。

设置温度补偿系数:温度设置结束,当前的标准液组开始闪烁,按 2 次“读数”键之后,温度补偿系数(%/℃)出现,可以按▲或▼键增加或减小此系数。按“读数”键确认选择设置或按“退出”键退回测量状态。

设置参比温度:当“Ref.T.25 ℃”出现,同时 25 闪烁时,使用▲或▼键在 25 ℃和 20 ℃中选定一个温度。按“读数”键确认选择设置或按“退出”键退回测量状态。

设置 TDS 因子:当 TDS 因子值出现并闪烁时,使用▲或▼键来增加或减小此数值。按“读数”键确认选择设置或按“退出”键退回测量状态。

②电极常数设置:当右下角 cc 图标出现并闪烁时,使用▲或▼键来增加或减小此数值。按“读数”键确认选择设置或按“退出”键退回测量状态。注意:电极常数可调节的数值范围在 0.01～10.00/cm 之间。

③仪表自检:同时按住“读数”和“校准”键,直到仪表满屏显示所有图标,然后屏幕依次闪现每一个图标,可以检查所有的图标是否被正确显示。最后一步是检测每一个按键是否功能正常。检测按键功能时需要用户按相应的按键。检测按键功能时,有五个图标显示在屏幕上,以任意次序逐个按键盘上的五个功能键:每按一个键,屏幕上的相应图标即消失;继续按其余按键直到所有图标均消失。自检成功完成后,会显示 PAS。如果自检失败,将显示 Err1。

④样品测量:将电极放入待测样品中,然后按“读数”键开始测量,测量时小数点在闪动。显示屏显示样品的电导率值。仪器默认的测量终点方式是自动终点判断方式(屏幕上有 A 图标显示)。当结果稳定后,测量停止,小数点不再闪动,同时在屏幕上显示“自动终点图标”。按住“读数”键,可以在自动和手动测量终点判断方式之间切换。在手动终点判断方式下,按“读数”键终止测量,此时小数点不再闪动,同时在屏幕上显示“稳定图标”。

⑤TDS 测量:要测量总固体溶解量(TDS),按与电导率测量相同的步骤执行。只要按“模式”键即可在电导率、总固体溶解量之间进行切换。

表 6-15　几种标准 KCl 溶液在不同温度下的电导率/$S \cdot cm^{-1}$

t/℃	c/mol·dm^{-3} *			
	1.000	0.1000	0.0200	0.0100
0	0.06541	0.00715	0.001521	0.000776
5	0.07414	0.00822	0.001752	0.000896
10	0.08319	0.00933	0.001994	0.001020
15	0.09252	0.01048	0.002243	0.001147
16	0.09441	0.01072	0.002294	0.001173
17	0.09631	0.01095	0.002345	0.001199
18	0.09822	0.01119	0.002397	0.001225
19	0.10014	0.01143	0.002449	0.001251
20	0.10207	0.01167	0.002501	0.001278

续表

t/℃	c/mol・dm⁻³ *			
	1.000	0.1000	0.0200	0.0100
21	0.10400	0.01191	0.002553	0.001305
22	0.10594	0.01215	0.002606	0.001332
23	0.10789	0.01239	0.002659	0.001359
24	0.10984	0.01264	0.002712	0.001386
25	0.11180	0.01288	0.002765	0.001413
26	0.11377	0.01313	0.002819	0.001441
27	0.11574	0.01337	0.002873	0.001468
28	0.01362	0.002927	0.001496	
29		0.01387	0.002981	0.001524
30		0.01412	0.003036	0.001552
35		0.01539	0.003312	
36		0.01564	0.003368	

* 称取 74.56 g KCl，溶于 18 ℃水中，稀释到 1 dm^3，其浓度为 1.000 mol・dm^{-3}（密度 1.0449 g・cm^{-3}），再稀释得其他浓度溶液。

6.9 原电池电动势的测定

一、实验目的

（1）掌握电位计测量原电池电动势的原理和正确使用方法。

（2）巩固可逆电池、原电池电动势的概念和应用。

（3）学会一些电极的制备和处理方法。

二、实验原理

当一个氧化还原反应以原电池方式进行时，在正负两电极上产生一个电位差。这个电位差的大小是由氧化还原反应的趋势所决定。对于恒温、恒压可逆电池反应

$$\Delta_r G_m = -nFE \tag{6-35}$$

式(6-35)中：$\Delta_r G_m$——摩尔反应的自由能变量；

n——摩尔反应中转移的电子的量；

F——法拉第常数；

E——原电池的电动势。

只有在恒温恒压和可逆的情况下，电池的电动势才符合上述等式关系，因此，待测量电池须在恒温、恒压条件下进行测定。作为可逆电池必须具备两个条件，一是电极反应可逆，即电池在充电和放电时电极反应方向刚好相反，二是电极反应过程可逆，即电池中只有无穷小的电

流产生，而且不存在任何不可逆的液接界面。这时电池两极的电位差才能作为电池的可逆电动势。在实际测量时，常用盐桥来减少液接界电位。

电动势的测量不能直接用伏特计进行，由于伏特计等仪器是以电流作为测量基础的，测量时会在电池中有电流通过，使电池不可逆，测得的两极电位差不是电池的电动势。用电位差计进行测量可以使电池的电流减少到零或极小，这时测得的电位差即为电池的电动势。当测得了电池的电动势后，就可以计算电池的热力学数据。

三、实验仪器和试剂

(1)仪器

电位差计　　标准电池　　锌电极和铜电极

饱和 KCl 盐桥　　烧杯(150 mL，50 mL)

(2)试剂

$ZnSO_4$(0.100 mol·L^{-1})　　$CuSO_4$(0.100 mol·L^{-1})

(3)其他

吸水纸

四、实验内容

(1)熟悉"电位差计"的结构原理及使用方法

(2)电极制备

①锌电极　用稀硫酸浸洗锌电极除去表面上的氧化膜，取出后用水洗涤，再用蒸馏水淋洗，然后浸入饱和硝酸亚汞溶液中 3～5 s，取出后用滤纸擦拭锌电极(汞有毒，用过的滤纸应投入指定的有盖的广口瓶中，瓶中应有水淹没滤纸)，使锌电极表面上有一层均匀锌汞齐。再用蒸馏水淋洗。把处理好的锌电极插入蒸馏水中备用。

②铜电极　将铜电极在约 6 mol·L^{-1}的硝酸溶液内浸洗，除去氧化层和杂物，然后取出用水冲洗，再用蒸馏水淋洗。将铜电极置于电镀烧杯中作阴极，另取一个经清洁处理的铜棒作阳极，进行电镀(电流密度控制在 20 mA·cm^{-2}左右)。电镀 0.5 h，使铜电极表面形成一层均匀的新鲜铜。把处理好的铜电极插入蒸馏水中备用。

(3)电池的制备

将预先制备好的 Zn 电极插入盛有 0.100 mol·L^{-1} $ZnSO_4$溶液的 150 mL 烧杯中，再将预制的 Cu 电极插入另一盛有 0.100 mol·L^{-1} $CuSO_4$溶液 150 mL 烧杯中，最后用饱和 KCl 盐桥将两烧杯中的溶液连通，即得 Cu—Zn 原电池，其结构如图 6-26 所示。

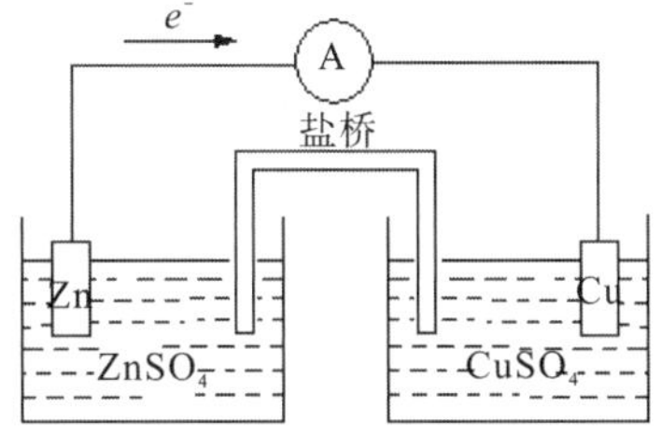

图 6-26　Cu—Zn 原电池示意图

(4)连接电位差计

根据图 6-26 将电位差计连接好,并与已经制好的 Cu-Zn 原电池连接好(特别注意正负极接线要正确)。电位差计可用成套的装置,也可以用各种元件进行组合得到。

(5)校准电位差计

将双刀双掷开关 K_d 掷向标准电池,调节 R_2 的触头(或刻度旋钮)为标准电池的标准电动势(25 ℃时为 1.0183 V)。先按下 K_1,调节 R_1 使检流计 G 的电流等于零,然后按下 K_2,再调节 R_1 使检流计 G 中无电流通过。断开 K_1、K_2,这时电位差计已得到校正(R_1 的位置不能再变动)。

(6)测量[1][2]

将双刀双掷开关 K_d 掷向待测电池,按下 K_1,迅速调节 R_2,使检流计 G 的读数接近零,然后按下 K_2,迅速调节 R_2 使检流计 G 的读数准确地为零,立即断开 K_1、K_2 及 K_d。记录 R_2 的读数,即为该待测电池的电动势。

五、结果与分析

(1)将电池电动势的测量数据列于表 6-16。

表 6-16　电动势的测量值

	电极	溶液	溶液浓度 $c/\mathrm{mol\cdot L^{-1}}$	T/K	E/mV
正极					
负极					

(2)计算 $\Delta_r G_m$。

利用原电池的电动势测定值,计算电池反应的自由能变量。

由①自由能变量 $\Delta G_m^{\ominus}=-nFE^{\ominus}$;②标准平衡常数计算 $\Delta G_m^{\ominus}=-RT\ln K^{\ominus}$,可得出:

$$\ln K^{\ominus}=\frac{nFE^{\ominus}}{RT} \tag{6-36}$$

式(6-36)中:$K^{\ominus}$——标准平衡常数;

n——电池反应转移的电子数;

F——法拉第常数;

R——气体常数;

T——绝对温度。

注释:

[1]根据电化学基本知识,初步估算一下被测电池的电动势大小,以便在测量时能迅速找到平衡点,这样可避免电极极化。

[2]为判断所测量的电动势是否为平衡电势,一般应在 15 min 左右的时间内,等间隔地测量 7~8 个数据。若这些数据是在平衡值附近摆动,偏差小于±0.0005 V,则可认为已达到平衡,可取其平均值作为该电池的电动势。

思考题

1. 如何利用原电池电动势的测定结果求算电池反应的 $\Delta_r H_m$ 和 $\Delta_r S_m$?

2. 如果采用万用表的伏特档测量原电池的电动势会产生什么样的结果?

3. 在用电位差计测量电动势过程中，若检流计的光点总是向一个方向偏转，可能是什么原因？

【相关背景知识】

电位差计简介

在实验化学中，一种主要用于测量电动势和校正各种电表的电学测量仪器，称为电位差计。国产的电位差计常见的有学生型、701 型、UJ-1 型、UJ-2 型、UJ-25 型和 UJ-9 型等。还有一些自动测量电动势并显示结果的仪器，如 pHS-4 型 pH 计，数字电压表等等。

(一)原理

电位差计通常是以补偿法(对消法)测量原理设计的一种平衡式电位测量仪，其原理如图 6-27 所示。

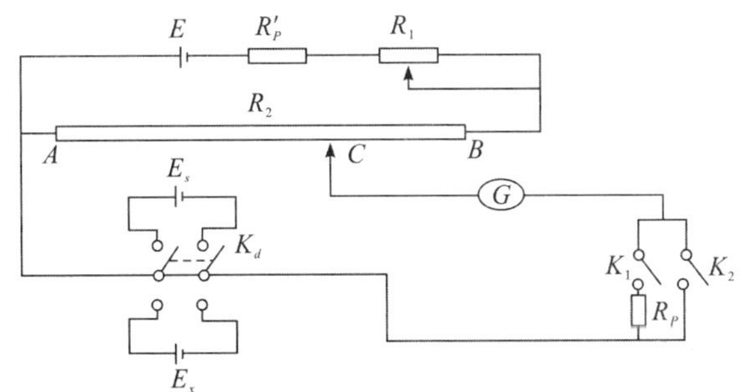

图 6-27 平衡式电位测量仪原理图

图 6-27 中 E_S 为标准电池(已知准确电动势的电池)，E_X 为待测电池，E 为电位差计的工作电池，R_1 为精密线绕滑动变阻器，K_d 为双刀双掷开关，K_1、K_2 为单刀单掷开关，G 为灵敏检流计(示零仪表)，R_P 为保护电阻，R_2 为一具有均匀电阻的电位器，且带有精密刻度标尺(单位为 V)，C 为电位器 R_2 的滑动触头。当开关 K_2 合上时，工作电池 E 的电压在 R_2 上产生均匀的电压降，可能过 R_1 来调节 R_2 上的电压降。

当开关 K_d 掷向 E_S 并合上 K_2 时，调节 C 使 C 点的标尺位置与 E_S 的标准电动势相等，然后调节 R_1 使检流计 G 显示电流为零，这时 AC 段上由 E 产生的电动势就是标准电池的电动势，实际上就是用标准电池的电动势对标尺的刻度进行校准。

测量未知电池的电动势时，将 K_d 掷向 E_x，接通电路，调节 C 触点，使 G 中无电流通过，这时 $R2$ 上标尺的刻度即为 E_x 的电动势。

(二)结构

电位差计型号虽多，但一般都包括工作电流调整回路，校正工作电流回路以及待测回路三部分，这三部分构成一个有机整体，缺一不可。图 6-28 为学生型电位差计使用时的线路图。

学生型电位差计的最主要部件，是由一个步进式的分压电阻器 P_1 和一个滑线式的分压器 P_2 串联而成的测量盘，P_1、P_2 上的数值即为待测电池电动势的测量值(因此习惯上称其为测量盘)。

调定电阻箱与工作电池(3 V)串联，箱内有一个降压电阻和两个可变电阻，降压电阻是用来使工作电池中的一部分电压降在这一电阻上，对工作电池起一定的稳定作用；而两个可变电阻是用来在标定时调定工作电池的，一个作粗调，一个作细调。

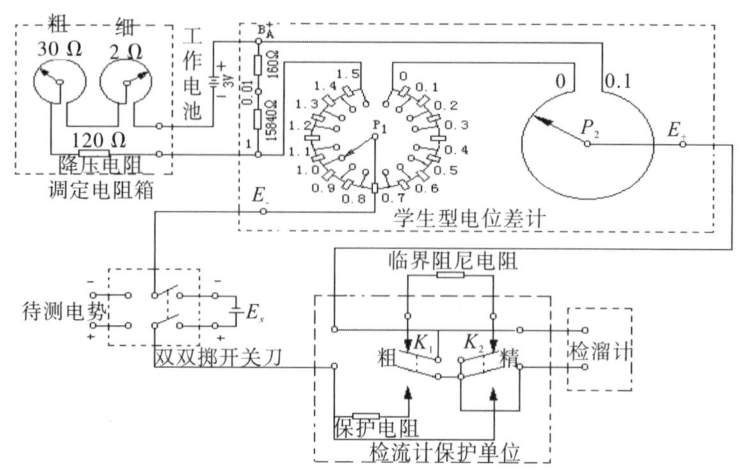

图 6-28　学生型电位差计线路图

（三）使用方法

(1)调零

调整检流计指针正对“零”位。

(2)校正电位差计

将“双刀双掷”开关(相当于图 6-27 中的 K_d，以下凡是与图 6-27 中相对应的部分均用括号表示)，掷向标准电池(E_S)，调节刻度旋负载 P_1 和 P_2(R_2的触头)使指示的刻度为标准电池的标准电动势(一般使用 Weston 标准电池，其电动势在 25 ℃时为 1.083 V)，先按下 K_1[1] 调节调定电阻器(R_1)中的粗调旋钮，使检流计 G 的电流等于零，然后按下 K_2再调节调定电阻器(R_1)中的细调旋钮，使 G 无电流通过，断开 K_1、K_2，这时电位差计已校正完毕。此时，调定电阻器(R_1)就不能再变动。

(3)测量

将双掷开关(K_d)掷向待测电池(E_x)，按下 K_1迅速调节 P_1和 P_2使 G 的读数接近于零，然后按下 K_2，迅速调节 P_1和 P_2，使 G 的读数准确地为零，立即断开 K_1、K_2及 K_d，记录 P_1和 P_2的读数，即为待测电池的电动势，若用 0.01 V 量程，所得读数应乘以 0.01。

（四）注意事项

(1)每次用标准电池校正电位差计时，必须将变阻器的电位值先调到最大值，然后逐步减小。

(2)工作电池与标准电池和待测电池的正、负极不能接错，否则就找不到平衡点。

(3)接通电路的时间应尽量短，否则会因导线发热而影响实验结果的准确性。

(4)接通和断开电路的次序，必须严格遵守先接通蓄电池(工作电池)，后接待测电池(或标准电池)的电路，断开时次序相反。

注释：

[1] 先按开关 K_1，主要是由于此时电路经过保护电阻 R_P，以免有大量电流通过检流计，特别是大电流通过标准电池，从而起到保护作用。

6.10　蔗糖水解反应速率常数的测定

一、实验目的

（1）了解旋光仪的结构原理和使用方法。

（2）巩固旋光度、比旋光度的概念和一级反应的动力学特征。

（3）掌握用物质的旋光度间接测定反应速率的原理和方法。

二、实验原理

（1）蔗糖的酸催化水解反应是一个二级反应：

$$C_{12}H\ 22+H_2O\xrightarrow{H^+}C_6H_{12}O_6+C_6H_{12}O_6$$

蔗糖（A）　　　　葡萄糖（C）　果糖（D）

该反应中，H_2O 作溶剂，同时也作为反应物参加反应。由于 H_2O 是大量存在的，其量远大于蔗糖，反应过程中的 H_2O 的浓度可看作常数；H^+ 是催化剂，其浓度也保持不变，因此速率方程中 H_2O、H^+ 的浓度项可以并入速率常数项中，故蔗糖水解反应看作准一级反应，其速率方程表示为：

$$-\frac{dc}{dt}=kc \tag{6-37}$$

c 为时间 t 时的反应物浓度，k 为反应速率常数。经积分得

$$\ln\frac{c_0}{c}=kt \tag{6-38}$$

（2）旋光性是光学活性物质的一种特殊性质。当一束偏振光通过旋光性物质时，它们可以把偏振光的振动面旋转一角度，旋转的角度称为旋光度，向右旋者称为右旋物质，旋光度取正值，向左旋者称为左旋物质，旋光度取负值。

物质的旋光度取决于物质的本性，此外还与测定条件，如测定的温度、光源的波长、透过样品的光程等有关。如果待测物质为溶液，当波长、温度恒定时，其旋光度与溶液的浓度和光线经过溶液的厚度成正比。当溶液浓度与厚度一定时，旋光度为一定值。通常把偏振光通过厚度为 1 dm、浓度为 $1\ g\cdot mL^{-1}$ 的旋光物质的溶液时的旋光度定义为比旋光度，以 $[\alpha]_D^t$ 表示，则

$$\alpha=[\alpha]_D^t lc=Kc \tag{6-39}$$

式（6-39）中：c——溶液的浓度；

l——偏振光通过溶液的厚度，即旋光管的长度；

α——旋光度；

t——测定时的温度；

D——钠光灯的波长。

纯物质的比旋光度 $[\alpha]_\lambda^t$（25 ℃，钠光灯）为特性常数，可以从手册上查出。

（3）由于在一定的条件下，旋光度 α 与浓度 c 成正比，因此，测定反应体系旋光度的变化可以推知反应体系物质的浓度变化情况，因而旋光度测定法可以作为动力学研究的手段之一。

蔗糖具有右旋光性，$[\alpha]_D^{20}=66.55°$，水解产生的葡萄糖也为右旋光性，$[\alpha]_D^{20}=52.5°$。但果糖为左旋光性，$[\alpha]_D^{20}=-91.9°$。由于果糖的左旋光性比葡萄糖的右旋光性大，所以随着反应的进行，反应体系的右旋数值逐渐减小，最后变成左旋。

在相同的测定条件下，旋光度与物质的浓度成正比，如果设 α_0、α_t、α_∞ 分别为反应开始时、t 时、反应终了时溶液的旋光度，$K_{蔗}$、$K_{葡}$、$K_{果}$ 分别为蔗糖、葡萄糖、果糖的旋光度与浓度之间的比例系数，则

$$\alpha_0=K_{蔗}c_0\text{（}t=0\text{，蔗糖尚未转化）}$$

$$\alpha_t=K_{蔗}c+(K_{果}+K_{葡})(c_0-c)$$

$$\alpha_\infty=(K_{果}+K_{葡})c_0\text{（}t=\infty\text{，蔗糖已完成转化）}$$

将上述三式合并，消去 K，则得

$$\frac{c_0}{c}=\frac{\alpha_0-\alpha_\infty}{\alpha_t-\alpha_\infty} \tag{6-40}$$

代入式(6-39)，则得

$$k=\frac{1}{t}\ln\frac{\alpha_0-\alpha_\infty}{\alpha_t-\alpha_\infty} \tag{6-41}$$

整理后，得

$$\ln(\alpha_t-\alpha_\infty)=-kt+\ln(\alpha_0-\alpha_\infty) \tag{6-42}$$

测定不同时刻的 α_t 以及 α_∞，以 $\ln(\alpha_t-\alpha_\infty)$ 对 t 作图，从所得直线的斜率即可求出蔗糖水解反应的反应速率常数 k 值。

如果测出不同温度的 k 值，利用阿仑尼乌斯(Arrhenius)公式，以 $\ln k$ 对 $1/T$ 作图，则可求出此反应在该温度范围内的平均活化能 E_a。

$$\ln k=-\frac{E_a}{RT}+\text{常数} \tag{6-43}$$

三、实验仪器与试剂

(1)仪器

WZZ-2 自动旋光仪　　旋光管　　水浴锅　　电子天平(0.01g)

(2)试剂

蔗糖(C.P)　　HCl 溶液($4.0\ \text{mol}\cdot\text{L}^{-1}$)(可根据实验温度调整酸浓度)

(3)其他

具塞锥形瓶(50 mL)　　移液管(25 mL)　　计时表

四、实验内容

(1)熟悉“WZZ-2 自动旋光仪”的结构、原理和使用方法[1]

参见本节相关背景知识。

(2)蔗糖溶液的配制

取 50 mL 具塞锥形瓶，去皮，称取约 5 g 蔗糖，用移液管移取 25 mL 水溶解。

(3)蔗糖水解反应体系旋光度的测定

①仪器清零：开启 WZZ-2 自动旋光仪电源，在交流电状态下预热 15 min[1]。

将蒸馏水(空白样)装入旋光管，将气泡调至旋光管中间开口处后，放入样品室，按清零按

钮清零。按“复测”按钮后松开,若读数变动后能回复为零,则表示旋光仪正常。

②α_t的测定:移液管移取 25.00 mL4 mol·L^{-1}的 HCl 溶液与蔗糖溶液混合(加入一半时按下秒表记时),摇匀。迅速用少量反应液淌洗旋光管 2 遍[2]后装液,擦干,放入样品室,记录 2 min,3 min,4 min,5 min,……所对应的旋光度。当旋光度变化较慢时,可改为每 2~5 min 记录一次,直至旋光度为负值,再记录 2~3 个负旋光度值[3]。

③α_∞的测定:塞紧锥形瓶口,将剩下的混合液放入约 55 ℃水浴锅中,摇动一会儿使快速升温,再水浴 30 min 使之快速水解完全。取出,冷却至室温,先用此液洗旋光管,余液装满旋光管,测定其旋光度值,即为 α_∞。

④实验结束后,洗净旋光管并装入蒸馏水。清洁旋光仪样品室,勿使滴洒的酸性反应液腐蚀仪器。

五、结果与分析

(1)将时间 t、α_t、$(\alpha_t-\alpha_\infty)$、$\ln(\alpha_t-\alpha_\infty)$列成表 6-17。

表 6-17 α_t 随反应进程的变化及数据处理[4]

t/min	α_t	$(\alpha_t-\alpha_\infty)$	$\text{Ln}(\alpha_t-\alpha_\infty)$
2			
3			
4			
5			
⋮			

注:反应温度=__________,旋光管长度=__________,蔗糖质量=__________,酸浓度=__________,α_∞=__________。

(2)以时间 t 为横坐标,$\ln(\alpha_t-\alpha_\infty)$为纵坐标,作图拟合成一直线,由从直线的斜率求出反应的速率常数 k。

直线斜率=__________,速率常数 k=__________。

(3)利用 k 值求出半衰期。

$$t_{1/2}=\frac{\ln 2}{k}=\frac{0.693}{k}$$

注释:

[1] 若实验中使用其他旋光仪,按相关仪器说明书操作。

[2] 反应液的剂量有限,洗涤时不要浪费太多从而导致测定液不足。

[3] 记录数据多些,数据处理时可以从中选择需要的数据用于处理;可以用 Excel 或 origin 处理数据。

[4] 数据的多少与反应速率(或说实验温度、盐酸浓度)相关。

思考题

1. 蔗糖水解反应的反应速率常数 k 值与哪些因素有关?
2. 记录的蔗糖质量应精确到几位数?
3. 根据公式 6-38 和葡萄糖、果糖的比旋光度数据,计算 α_∞ 理论值,其中 l=1 dm,葡萄糖、果糖的浓度为 2.5 g/50 ml。

4. 一级反应有哪五个动力学特征？

5. 以下因素对实验结果有何影响？

①以 15％蔗糖溶液进行实验，②仪器未清零，③旋光管长度，④加入 HCl 时计时不及时。

6. 具有什么结构特点的物质有旋光性？旋光度大小与哪些因素有关？

7. 如何设计实验判断 55 ℃下水浴 30 min 蔗糖可以水解完全(α_∞的值准确性判断)？

【相关背景知识】

旋光仪简介

旋光仪是测定物质旋光度的仪器。通过对样品旋光度的测定，可以分析确定物质的浓度、含量及纯度等，其测量结果由数字显示，具有灵敏度高，稳定性好，读数方便等特点。

(一)基本原理

具有手性的有机化合物能使偏振光的振动平面发生旋转，被旋转的角度称为旋光度，用 α 表示。用来测定旋光度的仪器叫旋光仪，它是用检偏镜来测定旋光度的。

(二)仪器结构

WZZ-2 型自动旋光仪采用光电自支平衡原理，进行旋光度测量。仪器采用 20 W 钠光灯作光源，由小孔光栏和物镜组成一个简单的点光源平行光管(图 6-29)。

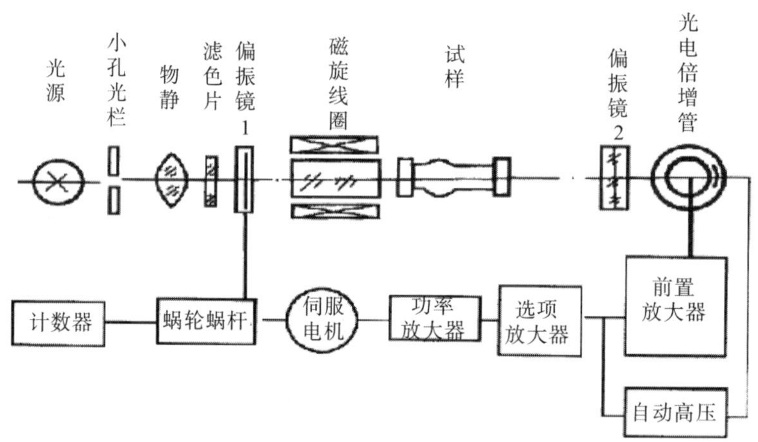

图 6-29　自动旋光仪结构及工作原理示意图

平行光经偏振镜 1 变为平面偏振光，其振光平面为 OO，如图 6-30(a)所示，当偏振光经过有法拉弟效应的磁旋线圈时，其振动平面产生 50 Hz 的 β 角往复摆动，如图 6-30(b)所示，光线经过偏振镜 2 投射到光电倍增管上，产生交变的电讯号。

仪器以两偏振镜光轴正交时(即 00 垂直于 PP)作为光学零点，此时，$\alpha=0^0$(图 6-30)。磁旋线圈产生的 β 角摆动，在光学零点时得到 100 Hz 的光电讯号(曲线 C)；在有 α_1^0、α_2^0的试样时得到 50 Hz 的讯号，但它们的相位正好相反(曲线 B、D)。因此，能使工作频率为 50 Hz 的伺服电机转动。伺服电机通过蜗轮，蜗杆将偏振镜转过 α 度($\alpha=\alpha_1$ 或 $\alpha=\alpha_2$)，仪器回到光学零点，伺服电机在 100 Hz 讯号的控制下，重新出现平衡指示。

（三）使用方法

1. 操作方法

（1）打开电源开关。钠灯在交流电源下预热、点灯。为使钠灯发光稳定，钠灯内的钠必须充分蒸发，这约需 15 min 预热。

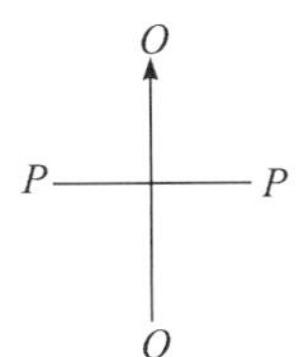

（a）偏振镜 1 产生的偏振光在 OO 平面内振动

（b）通过磁旋线圈后的偏振光振动面以 β 角摆动

（c）通过样品后的偏振光振动面旋转 $\alpha1^{\circ}$

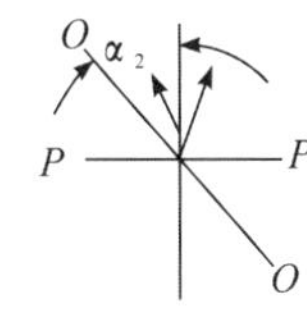

（d）仪器示数平衡后偏振镜 1 反向转过补偿了样品的旋光度

图 6-30　旋光度测量原理示意图

（2）打开（交流转直流）光源开关，使钠灯在直流下工作。若开关开启后钠灯熄灭，须再次将开关板至交流电源下继续预热，至钠灯在直流下发光稳定。

（3）按下测量开关，仪器处于自动平衡状态，读数窗即显示一个读数。

（4）将装有蒸馏水或其他空白溶剂的试管放入样品室，盖上箱盖，待小数稳定后，按清零按钮清零。注意：如果旋光管中有气泡，应首先将气泡移至旋光管的开口处；旋光管两端窗口的水雾和水滴，应用软布擦干。

（5）按下复测按键 3 次，如果示值相差仅为 0.005°，仪器即为正常。

（6）取出旋光管，将待测样品注入旋光管，按相同的位置和方向放入样品室，盖好箱盖，仪器将显示该样品的旋光度。

（7）逐次按下复测按键，如正读数按＋复测键，如负读数按－复测键，取几次测量的平均值作为样品的测定结果。

（8）样品的旋光度超过测量范围，仪器会在±45°处停转。取出试管，按试样室内的按钮开关，仪器即自动转回零位。此时应稀释样品后再进行测量。

（9）钠灯直流供电出故障时，仪器钠灯也可在交流供电的情况下工作，但仪器的性能略有下降。

（10）深色样品透过率过低时，仪器的示数重复性将有所降低，此系正常现象。

（11）仪器使用完毕后，应依次关闭测量、光源、电源开关。

2. 新型 WZZ-2B 自动旋光仪使用方法

（1）接通电源。

（2）准备旋光管。

（3）清零：在已准备好的旋光管中，注入蒸馏水或待测试样的溶剂，放入仪器试样室的试样槽中，按下“清零”键，使显示为零。一般情况下在不放旋光管时示数为零，放入无旋光溶剂后（如蒸馏水）测数也为零。倘若在测试光束的通路上有小气泡或旋光管的护片上有油污、不洁物而引起附加旋光数，则将会影响空白测数。

（4）测试：旋光管内腔应用少量被测试样冲洗 3 次。注入待测样品，将旋光管放入试样室的试样槽中，仪器的伺服系统动作，液晶屏显示所测的旋光度值，此时液晶屏显示“1”。

（5）复测：按“复测”键一次，液晶屏显示“2”，表示仪器显示的是第二次测量结果，再次按

“复测”键，显示“3”，表示仪器显示的是第三次测量结果。按“1”“2”“3”键，可切换显示各次测量的结果。按“平均”键，显示平均值，液晶屏显示“平均”。

(6)复位：按“复位”键仪器程序初始化，显示为零。

3. 测定浓度或含量

先将已知纯度的标准品或参考样品按一定比例稀释成若干不同浓度的试样，分别测出其旋光度。然后以横轴为浓度，纵轴为旋光度，绘成旋光曲线(如图 6-31)。测定时，先测出样品的旋光度，根据旋光度从旋光曲线上查出该样品的浓度或含量。

旋光曲线应用同一台仪器，同一支样品管来做，测定时应予注意。

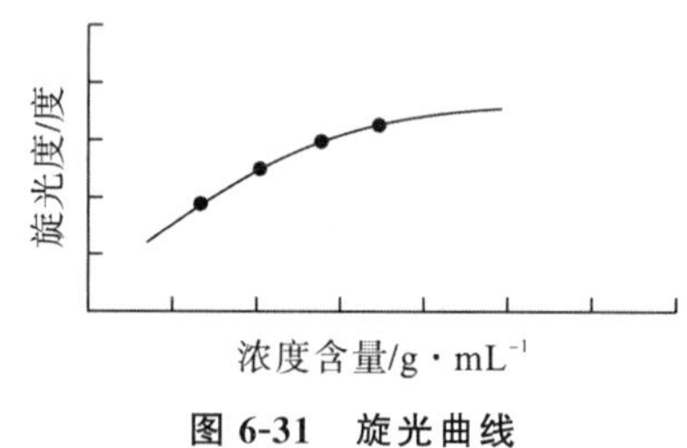

图 6-31 旋光曲线

4. 测定样品纯度

将样品配成一定浓度梯度的溶液，依法分别测出旋光度，然后按下式计算出比旋光度 $[\alpha]_D^t$：

$$[\alpha]_D^t = \frac{\alpha}{Lc} \tag{6-44}$$

式中：α 为测得的旋光度(度)；c 为溶液的浓度(g/mL)；L 为溶液的长度(dm)。

将测得的比旋度取平均值，并按下式求得样品的纯度：

$$\text{纯度} = \frac{\text{实测比旋度}}{\text{理论比旋度}} \tag{6-45}$$

5. 测定国际糖分度

根据国际糖度标准，规定用 26 g 纯糖制成 100 mL 溶液，用 200 mm 试管，在 20 ℃下用钠光测定，其旋光度为+34.626，其糖度为 100 糖分度。

<<< 6.11 电导法测定乙酸乙酯皂化反应的速率常数 >>>

一、实验目的

(1)测定乙酸乙酯皂化反应的速率常数，了解反应活化能的测定方法。

(2)掌握二级反应的特点，学会用图解法求出二级反应的反应速率常数。

(3)熟悉常见几种电导率仪的使用方法。

二、实验原理

乙酸乙酯皂化反应是二级反应，反应式为：

$$CH_3COOC_2H_5 + NaOH \longrightarrow CH_3COONa + C_2H_5OH$$

设在时间 t 时生成物的浓度为 x，则该反应的动力学方程为：

$$\frac{dx}{dt} = k(c_a - x)(c_b - x) \tag{6-46}$$

式中 c_a、c_b 分别为乙酸乙酯与 NaOH 的起始浓度，k 为反应速率常数。若 $c_a = c_b$，则式(6-46)变为：

$$\frac{dx}{dt} = k\ (c_a - x)^2 \tag{6-47}$$

积分式得：

$$kt = \frac{x}{c_a(c_a - x)} \tag{6-48}$$

可以看出，若测出不同 t 时的 x 值，以 $x/(c_a - x)$ 对 t 作图，可以从直线的斜率求出 k 值。

不同时间下反应物或产物的浓度可用化学分析法测定（如分析反应液中 OH^- 浓度），也可以通过间接测量溶液的电导率来求得。本实验采用电导率法测定。

在整个皂化反应体系中，参与导电的离子有 Na^+、OH^- 和 CH_3COO^-。随着反应的进行，Na^+ 在整个反应前后浓度不变，但 OH^- 不断减少，CH_3COO^- 不断增加。由于 OH^- 的导电能力比 CH_3COO^- 大得多，故体系的电导率值不断下降。

根据电导率与电解质浓度之间关系，可以推得：

$$\kappa_0 = \Lambda_{m,\mathrm{NaOH}} \times c_a$$

$$\kappa_\infty = \Lambda_{m,\mathrm{NaAc}} \times c_a$$

$$\kappa_t = \Lambda_{m,\mathrm{NaOH}} \times (c_a - x) + \Lambda_{m,\mathrm{NaAc}} \times x$$

两两相减，可以推得：

$$c_a = K(\kappa_0 - \kappa_\infty) \tag{6-49}$$

$$x = K(\kappa_0 - \kappa_t)$$

$$c_a - x = K(\kappa_0 - \kappa_t) \tag{6-50}$$

式中：κ_0——起始时的电导率；

κ_t——反应时间 t 时的电导率；

κ_∞——$t \to \infty$ 即反应终了时的电导率；

$K = 1/(\Lambda_{m,\mathrm{NaOH}} - \Lambda_{m,\mathrm{NaAc}})$，比例常数。

将式(6-49)、式(6-50)代入式(6-48)得：

$$kt = \frac{(\kappa_0 - \kappa_t)}{c_a(\kappa_t - \kappa_\infty)}$$

或写作

$$c_a kt = \frac{(\kappa_0 - \kappa_t)}{(\kappa_t - \kappa_\infty)} \tag{6-51}$$

可以看出，只要测定 κ_0、κ_∞ 以及一组 κ_t 值，数据处理后，利用 $(\kappa_0 - \kappa_t)/(\kappa_0 - \kappa_\infty)$ 对 t 作图，直线的斜率即是速率常数 k 与起始浓度 c_a 的乘积，由此可推知速率常数 k。

反应速率常数 k 与温度 T 的关系符合阿仑尼乌斯方程，即

$$\ln\frac{k_2}{k_1} = \frac{E_a}{R}\left(\frac{T_2 - T_1}{T_1 \cdot T_2}\right) \tag{6-52}$$

式中：E_a 为反应的表观活化能；R 为气体常数。若测定不同温度下的速率常数 k，代入式(6-52)即可计算出反应的活化能。

三、实验仪器与试剂

(1)仪器

EC215 微电脑电导率仪　　梅特勒-托利多实验室电导率仪

HI76303 含温度探棒的四环铂金电极　　计时秒表

(2)试剂

NaOH(0.0200 mol·L^{-1})[1]　　CH_3COONa(0.0100 mol·L^{-1})

$CH_3COOC_2H_5$(0.0200 mol·L^{-1})　　KCl(0.0100 mol·L^{-1})

(3)其他

移液管(25 mL)3 根　　烧杯(50 mL)2 个　　大试管架　　大试管 4 根　　洗耳球

四、实验内容

(1)学习仪器相关知识

熟悉"EC215 微电脑电导率仪"或"梅特勒-托利多实验室电导率仪"的结构原理和使用方法(参见实验 6.8 相关背景知识部分)。

(2)电导率仪的校准

反应在设定的恒温水浴中(或室温)下进行。将 EC215 微电脑电导率仪电源接好,安装好电导电极,按 ON/OFF 键开启仪器。将电极用少量 0.01 mol·L^{-1}KCl 标准液淋洗 2～3 遍,插入装有 0.01 mol·L^{-1}KCl 标准液的洁净干燥的专用试管中[2]。调节 TEMPERATURE 到 2%/℃,将测量范围调至 1999 μs·cm^{-1},旋转"CALIBRATION"键,使显示屏上的数值为与 25 ℃下 0.01 mol·L^{-1}KCl 标准液的电导率值 1413 μS·cm^{-1}。取出电极,用水淋洗 1～2 遍后,置蒸馏水中备用(实验中若采用"梅特勒-托利多实验室电导率仪",校准方法参见实验 6.8 相关背景知识部分)。

(3)κ_0与 κ_∞的测量

电极用少量 0.0100 mol·L^{-1}的 CH_3COONa 液淋洗 2～3 遍,将 0.0100 mol·L^{-1}的 CH_3COONa 装入专用试管中,插入电极,此时的电导率值即为 κ_∞。

取 25.00 mL0.0200 mol·L^{-1}NaOH 溶液在干燥的小烧杯中,加入等体积的水(等同于加入皂化反应体系中的乙酸乙酯溶液),稀释、混匀,按上述同样操作,测定该 0.0100 mol·L^{-1} NaOH 溶液的电导率,记为 κ_0。取出电极,用水淋洗 1～2 遍后,置于蒸馏水中备用。

(4)κ_t的测量

移取 0.0200 mol·L^{-1}NaOH 溶液 25.00 mL 于 50 mL 小烧杯中,再加入乙酸乙酯溶液 25.00 mL(加入一半时开始记时),混匀[3]。用此混合液润洗电极和盛样大试管 2～3 遍后,将此余下混合液倒入盛样试管中,插入电极,分别记录 3 min、6 min、9 min、12 min、15 min、18 min、21 min、24 min、27 min、30 min、40 min、50 min、60 min 时电导率 κ_t 值[4]。

测定结束后,倾去反应液,电极用蒸馏水洗后,重新测量 κ_∞。前后两次测定结果的平均值作为 κ_∞的真实值。实验结束后,将电极浸入蒸馏水中。

(5)活化能测定(选做)

将电导池置于恒温槽中,测定不同温度下的速率常数,计算活化能。

五、结果与分析

(1)将测定数据记入表 6-18 中。

表 6-18 κ_t随反应时间的变化值及数据处理

t/min	$\kappa_t/\mu S \cdot cm^{-1}$	$(\kappa_t-\kappa_\infty)/\mu S \cdot cm^{-1}$	$(\kappa_0-\kappa_t)/\mu S \cdot cm^{-1}$	$\frac{\kappa_0-\kappa_t}{\kappa_t-\kappa_\infty}$
3				
6				
9				
12				
15				
18				
21				
24				
27				
30				
40				
50				
60				

注:反应温度 t=____℃;κ_0=________$\mu S \cdot cm^{-1}$;κ_∞(开始)=________$\mu S \cdot cm^{-1}$;κ_∞(结束)=______$\mu S \cdot cm^{-1}$;κ_∞(平均值)=________$\mu S \cdot cm^{-1}$。

(2)求得反应速率常数 k。

以$(\kappa_0-\kappa_t)/(\kappa_t-\kappa_\infty)$对 t 作图,得直线斜率=________,速率常数 k=________。

注释:

[1]所用 NaOH 溶液应保证无碳酸盐等杂质。可用分析纯 NaOH 配成 18 mol·L^{-1}左右的浓溶液,密封放置,使杂质沉淀。使用时取上部清液稀释。所用 $CH_3COOC_2H_5$亦应为新配,不宜放置太久。

[2]电极浸入溶液的深度以没过电极的黑线 0.5 cm 左右为宜。

[3]若采用"梅特勒-托利多实验室电导率仪,具体操作请参见实验 6.8 相关背景知识部分。

[4]也可采用双管皂化池直接混合、测定。

思考题

1. 若电导率仪无温度补偿,则实验要在恒温下进行,而且 $CH_3COOC_2H_5$和 NaOH 溶液在混合前还要预先恒温,为什么?

2. 如果 NaOH 和 $CH_3COOC_2H_5$起始浓度不相等,式 6-45 的积分式如何推导?

3. 离子的导电能力与哪些因素有关?

4. 二级反应有哪五个动力学特征?

5. 你了解哪些物理量与物质的浓度相关,可以用于跟踪反应进程或者说用于动力学测定?

6. 数据处理时,反应物的初浓度 c_a就是试剂瓶标签上的 0.02 mol/dm^3吗?

6.12 分光光度法测定蔗糖酶的米氏常数

一、实验目的

(1)用分光光度法测定蔗糖酶的米氏常数 K_M 和最大反应速率 v_{max}。

(2)了解底物浓度与酶反应速率之间的关系。

(3)掌握可见分光光度计的使用方法。

二、实验原理

酶是生物体内长生的具有特异催化活性的一类蛋白质,因此把酶叫做生物催化剂。它和一般催化剂一样,在相对浓度较低的情况下,仅能影响化学反应速率,而不改变反应平衡点,并在反应前后本生不发生变化。但一种酶只能作用某一种或其一类特定的物质,且酶的催化效率比一般催化剂高 $10^7 \sim 10^{13}$ 倍,具有高度的选择性。由于酶是一类蛋白质,所以催化反应一般在常温、常压和近中性的溶液条件下进行。

酶反应速率与底物浓度、酶浓度、温度及 pH 值等因素有关,因此在实验中必严格控制这些条件。

当反应温度、pH 值、酶的浓度一定时,酶反应速率随底物浓度的增加而增加,直到底物过剩,此时底物浓度的进一步增加不再影响反应速率,反应速率最大,以 v_{max} 表示,如图 6-32 所示。图中 v 为反应速率,c_s 为底物浓度。

米切利斯(Michaelis)应用酶反应过程中形成中间络合物的学说,导出了著名的米氏方程,这个方程直接给出了酶反应速率和底物浓度的关系,即:

$$v=\frac{v_{max} \cdot c_s}{K_M+c_s} \tag{6-53}$$

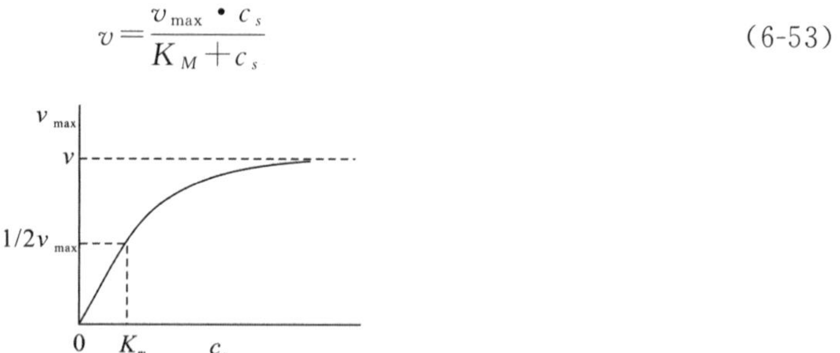

图 6-32 酶反应速率与底物浓度的关系

式中 K_M 为米氏常数。在指定条件下,对每一种酶反应都有特定的 K_M 值,与酶的浓度无关,因此它对研究酶反应动力学有很大的实际意义。

由(6-53)式不难看出,米氏常数是反应速率达到最大值的一半时的底物浓度,即当 $v=0.5v_{max}$ 时,$K_M=c_s$,(K_M 的单位与底物浓度的单位一致)。基于这一点,测定不同底物浓度时的酶反应速率,利用作图法,求出 v_{max},在 $0.5v_{max}$ 处的相应位置上就可以求出 K_M 的近似值。但用这种方法并不理想,因为即使是用很大的底物浓度,也只能求得 K_M 的近似值。

为了准确求得 K_M 值,可采用双倒数作图法,即将方程(6-53)改写成直线方程:

$$\frac{1}{v}=\frac{K_M}{v_{\max}}\cdot\frac{1}{c_s}+\frac{1}{v_{\max}} \tag{6-54}$$

以 $1/v$ 为纵坐标，$1/c_s$ 为横坐标作图得图 6-33，所得的直线截距是 $1/v_{\max}$，斜率为 $K_M/v_{\max}$ 直线与横坐标的交点为 $-1/K_M$。

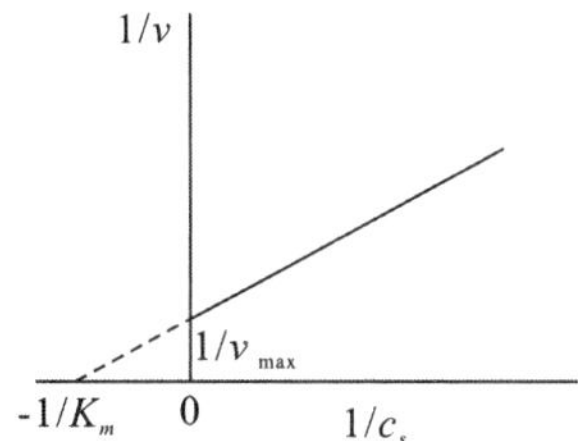

图 6-33 $1/v$ 与 $1/c_s$ 关系图

本实验用的蔗糖酶是一种水解酶，它能使蔗糖水解成葡萄糖和果糖，反应式如下：

$$\text{蔗糖} + H_2O \xrightarrow{\text{蔗糖酶}} \text{葡萄糖} + \text{果糖}$$

（蔗糖） （葡萄糖） （果糖）

该反应的速率可以用单位时间内葡萄糖（产物）浓度的增加来表示。葡萄糖是一种还原糖，它与 3,5-二硝基水扬酸共热（100 ℃）后，生成棕红色的氨基化合物，在一定浓度范围内，还原糖（葡萄糖）的量和棕红色物质颜色的深浅程度成一定比例关系，因此可以用分光光度法来测定反应在单位时间内生成葡萄糖的量，从而计算出反应速率。所以测量不同底物浓度 c_s 的相应反应速率 v，就可以利用（6-54）式，将 $1/v$ 对 $1/c_s$ 作图，从而计算出米蔗糖酶的氏常数 K_M 值。

三、实验仪器与试剂

（1）仪器

高速离心机　UV-9600 紫外可见分光光度计　恒温箱

恒温水浴锅　电子天平

（2）试剂

3,5-二硝基水杨酸试剂（即 DNS）　$0.1\ mol\cdot L^{-1}$ 醋酸缓冲液　酒石酸钾钠

蔗糖酶溶液（2～5 单位/mL）　蔗糖（A.R.）　亚硫酸钠

葡萄糖（A.R.）　$NaOH(2.00\ mol\cdot L^{-1})$　醋酸钠（A.R.）

鲜酵母　甲苯（A.R.）　重蒸酚

（3）其他

吸量管（1 mL，2 mL）　烧杯（100 mL）　比色管（25 mL）

试管（1.0×10 cm）　容量瓶（50 mL，1000 mL）　秒表

量筒（10 mL，100 mL）　软木塞

四、实验内容

(1)蔗糖酶的制取

在 50 mL 锥形瓶中加入鲜酵母 10 g、0.8 g 醋酸钠，搅拌 15～20 min 后是使团块溶化，加 1.5 mL 甲苯，用软木塞将瓶口塞住，摇动 10 min，放入 37°C 的恒温箱中保温 60 h。取出后加 1.6 mL 4 mol · L^{-1}醋酸和 5 mL 水，使 pH 为 4.5 左右。将锥形瓶中混合物移入 50 mL 离心管中并放入离心机内，以每分钟 3000 转的离心速率离心半小时。离心后混合物形成三层，将中层移出，注入试管中，即为粗制酶液。

(2)溶液的配制

①0.1%葡萄糖标准液(1 mg · mL^{-1})：在 90 ℃温度下将葡萄糖烘 1 h。准确称取 1.0000 g 于 100 mL 烧杯中，用少量蒸馏水溶解后，定量转移至 1000 mL 容量瓶中，稀释至刻度。

②3,5-二硝基水杨酸(DNS)试剂：称取 6.3 g DNS 试剂，用量筒量取 262 mL 的 2 mol · L^{-1} NaOH，将这两者加到酒石酸钾钠的热溶液中(182 g 酒石酸钾钠溶于 500 mL 水中)，再依次加入 5 g 重蒸酚和 5 g 亚硫酸钠，微热搅拌溶解，冷却后加蒸馏水定容到 1000 mL，贮于棕色瓶中备用。

③0.1 mol · L^{-1}蔗糖液：准确称取 34.2 g 蔗糖于 100 mL 烧杯中，加少量蒸馏水溶解后，定量转移到 1000 mL 容量瓶中，稀释至刻度。

(3)葡萄糖标准曲线的制作

取 9 个 50 mL 容量瓶，编号，按表 6-19 依次加入 0.1%葡萄糖标准液及蒸馏水，定容后得到一系列不同浓度的葡萄糖溶液。

表 6-19　不同浓度葡萄糖溶液的配制

No.	V(0.1%葡萄糖液)/mL	$V(H_2O)$/mL	葡萄糖最终浓度/μg · mL^{-1}
1	5.0	45.0	100
2	10.0	40.0	200
3	15.0	35.0	300
4	20.0	30.0	400
5	25.0	25.0	500
6	30.0	20.0	600
7	35.0	15.0	700
8	40.0	10.0	800
9	45.0	5.0	900

分别吸取上述不同浓度的葡萄糖液 1.0 mL 注入 9 支试管内，另取一支试管加入 1.0 mL 蒸馏水，然后在每支试管中加入 1.5 mL DNS 试剂，混合均匀，在沸水浴中加热 5 min 后，取出以冷水冷却，每管内再注入蒸馏水 2.5 mL，摇匀。在分光光度计上测定 540 nm 处的吸光值 A，根据测量结果作出标准曲线。

(4)蔗糖酶米氏常数 K_M的测定

按表 6-20 数据依次在 9 支试管中加入 0.1 mol · L^{-1}蔗糖液、0.1 mol · L^{-1}醋酸缓冲液(pH4.6)，总体积达 2.00 mL，置于 35 ℃水浴中预热，另取预先制备的酶液在 35 ℃水浴中保温 10 min，依次向试管中加入稀释过的酶液各 2.0 mL，准确作用 5 min(用秒表记时)后，再按次序加入 0.5 mL 2 mol · L^{-1}NaOH 溶液，摇匀，令酶反应中止。测定时，从每支试管中吸取

0.5 mL 酶反应液加入盛有 1.5 mL DNS 试剂的 25 mL 比色管中，并加入 1.5 mL 蒸馏水，在沸水浴中加热 5 min 后用冷水冷却，再用蒸馏水稀释至刻度，摇匀。然后用分光光度计逐一测定 540 nm 处的吸光值。

表 6-20　反应物溶液的配制数据表

No	1	2	3	4	5	6	7	8	9
V(蔗糖标准溶液*)/mL	0	0.2	0.25	0.30	0.35	0.40	0.50	0.60	0.80
V(缓冲液**)/mL	2.00	1.80	1.75	1.70	1.65	1.60	1.50	1.40	1.20

注：蔗糖标准溶液浓度为 0.1 mol·L^{-1}，醋酸缓冲液 pH 值为 4.6。

五、结果与分析

根据上述各反应液测得的吸光值，在葡萄糖标准曲线上查出对应的葡萄糖浓度，结合反应时间计算其反应速率 v，并将对应的底物（蔗糖）浓度 c_s 一并以表格形式列出。将 $1/v$ 对 $1/c_s$ 作图，由直线斜率和截距求出 K_M 和 v_{max} 值。

附注：某些酶的 K_M 值见表 6-21。

表 6-21　某些酶的 K_M 值

酶	底物	K_M/(mmol·L^{-1})
过氧化氢酶	过氧化氢	25
蔗糖酶	蔗糖	28
6-磷酸脱氢酶	6-磷酸葡萄糖	0.058
溶菌酶	6-N-乙酰葡萄糖胺	0.006

摘自：张曼夫主编，《生物化学》，第 7456 页，中国农业大学(2002)。

注释：

[1] K_M 测定的意义。

米氏常数 K_M 是酶的一种特征常数。测定值 K_M 不仅对研究酶的特性具有重要意义，而且通过 K_M 可以了解酶催化动力学反应的有关性质。

米氏方程是根据中间产物理论推导出来的，即在酶催化反应中，酶(E)和底物(S)首先生成中间产物(ES)，然后分解产物(P)和游离酶(E)：

$$E+S \underset{k_{-1}}{\overset{k_1}{\rightleftharpoons}} ES \xrightarrow{k_2} P+E \tag{6-55}$$

k_1、k_{-1}、k_2 代表反应各步的速率常数。当反应以恒态进行时，ES 的生成速率等于分解速率，即：

$$k_1 \cdot c_E \cdot c_s = (k_{-1}+k_2)c_{ES} \tag{6-56}$$

或

$$\frac{c_E c_S}{c_{ES}} = \frac{k_{-1}+k_2}{k_1}$$

式中 c_E、c_s 和 c_{ES} 分别代表酶、底物和中间产物的浓度。令

$$K_M = \frac{k_{-1}+k_2}{k_1} \tag{6-57}$$

或

$$K_M = \frac{c_E c_S}{c_{ES}}$$

设反应前酶的初始浓度为 $c_{0,E}$，则：

$$c_E = c_{0,E} - c_{ES} \tag{6-58}$$

由式(6-57)和式(6-58)得：

$$\frac{c_{0,E}}{c_{ES}} = \frac{K_M}{c_S} + 1 \tag{6-59}$$

当酶的浓度一定时，我们测定的是底物反应的初速率，那么由 $S \rightarrow P$ 的反应速率为 v，但在反应方程式(6-55)中，中间产物(ES)的分解速率很慢，这一步成了总反应的决定步骤，则有：

$$v = k_2 c_{ES} \tag{6-60}$$

在反应开始阶段，底物浓度 c_S 的增加，反应速率也随着增加；当底物浓度 c_S 增加到过剩时，c_S 进一步增加不在影响反应速率，即达到 v_{max}。此时绝大部分酶与底物结合。可近似地看作 $c_{0,E} \approx c_{ES}$，则有：

$$v_{\max} = k_2 c_{0,E} \tag{6-61}$$

由式(6-60)和式(6-61)可得：

$$\frac{c_{0,E}}{c_{ES}} = \frac{v_{\max}}{v} \tag{6-62}$$

将式(6-62)代入式(6-59)，整理后即为米氏方程：

$$v = \frac{v_{\max} c_S}{K_M + c_S} \tag{6-63}$$

从以上看出米氏常数 K_M 是一个比较复杂的常数，它由(k_1、k_{-1}、k_2)三个反应速率常数决定。但实际上，可以认为 K_M 是酶和底物形成的活化络合物的不稳定常数，是酶催化反应的一项很好的定量标志。K_M 越小，表示酶和底物反应愈完全。所以 K_M 值可以表示酶与底物的亲和力的大小。

[2] 从反应速率与底物浓度的关系来看，如式(6-63)，当底物浓度接近于零或很小时，该体系为一级反应，即反应速率与底物浓度一次方成正比；但当底物浓度增加到一定极限时，此后的反应速率与底物浓度无关($c_S \gg K_M$)，即该体系接近于零级反应。本实验的测试工作，其底物浓度应选择适当，使反应在初始阶段进行。

[3] 本实验的操作全过程大约需要一天半的时间，在安排学生实验时可以安排两天，如果事先预备好标准曲线和制备好酶液也可安排一天完成。

思考题

1. 为什么测定酶的米氏常数要采用初始速率法？
2. 试讨论本实验对米氏常数的测定结果与底物浓度、反应温度和酸度的关系。
3. 催化作用有哪些通性？
4. 酶活性与温度、酸度、金属离子浓度、时间的关系是怎样的？

6.13 最大气泡法测定液体的表面张力

一、实验目的

(1)了解溶液表面张力与表面吸附的关系。

(2)掌握用 Gibbs(吉布斯)吸附公式计算溶液吸附量的方法。

(3)掌握最大气泡法测定液体的表面张力的原理和技术。

二、实验原理

(1)表面张力与溶液表面吸附

液体中,内部分子各方向的作用力相等,而液体表面分子受到指向液体内部吸引力大于内部分子的作用,因而液体分子总有自发进入体相减小表面积的趋势,使体系的表面吉布斯自由能减小。要使液体产生新的表面 ΔA,就需对其作功,功(W)的大小与 ΔA 成正比。

$$W=\gamma\Delta A \tag{6-64}$$

比例系数 γ 为液体的比表面功(单位为 J/m^2),也称为比表面吉市斯自由能(单位为 J/m^2)和表面张力(单位为 N/m),它表示液体表面自动缩小趋势的大小。其值与液体的本性、温度、溶质的浓度及表面气氛等因素有关。

当液体中加入某种溶质时,液体的表面张力会发生变化。根据热力学原理,当溶质能降低溶剂的表面张力时,表面层中的溶质浓度比溶液内部的大;反之,溶质使溶剂的表面张力升高时,它在表面层中的浓度就比内部小。这种表面浓度与内部浓度不同的现象称为溶液的表面吸附。在一定的温度和压强下,吸附量与溶液的表面张力和浓度之间的关系可用 Gibbs 吸附公式描述。

$$\Gamma=-\frac{c}{RT}\left(\frac{\mathrm{d}\gamma}{\mathrm{d}c}\right)_T \tag{6-65}$$

式中:Γ 为表面吸附量($mol\cdot m^{-2}$);γ 为表面张力($N\cdot m^{-1}$);c 为浓度($mol\cdot m^{-3}$);T 为热力学温度(K);R 为摩尔气体常数($8.314\ J\cdot mol^{-1}\cdot K^{-1}$)。

当$\left(\frac{\mathrm{d}\gamma}{\mathrm{d}c}\right)_T<0$ 时,$\Gamma>0$,称为正吸附;当$\left(\frac{\mathrm{d}\gamma}{\mathrm{d}c}\right)_T>0$ 时,$\Gamma<0$,称为负吸附。

有一类物质,溶解于溶剂后能使溶剂的表面张力降低,这类物质被称为表面活性物质。但习惯上只把加入少量就能显著降低溶液表面张力的那些称为表面活性物质。表面活性物质的分子具有的两亲结构,含有亲水的极性基团和憎水的非极性基团。对有机物来说,表面活性物质分子的亲水基团有—OH、—NH_2、—COOH、—SO_3H、—SH、—N^+R_4 等,憎水性基团有长碳链、苯环、杂环等。长链醇、胺、羧酸等都是表面活性物质。

表面活性物质在水溶液表面是呈定向排列的,一般亲水性基团进入溶液本体,憎水性基团伸向空气中,但随浓度的变化排列略有不同(如图 6-34)。当浓度很小时,个别分子可以平躺在溶液表面上;浓度增大时,分子的定向排列趋于规整;当浓度增大到一定程度后,溶质分子占据了所有表面,形成饱和吸附层,此时的吸附量称为饱和吸附量,用 Γ_∞ 表示。

(2)饱和吸附量与表面活性剂分子的截面积

测定不同浓度表面活性物质的表面张力,以表面张力对浓度作图,可得到 γ-c 曲线,变化趋势如图 6-35 所示,当浓度较小时,γ 随 c 的增大迅速下降,但当浓度增大到一定程度后,γ 的下降便缓慢并趋于一定值。在曲线上任一点 i 作切线,可求得该点所对应的浓度 c_i 的斜率 $\left(\frac{\mathrm{d}\gamma}{\mathrm{d}c_i}\right)_T$,再由式(6-65)即可求得该浓度下的吸附量 Γ。

大量实验结果表明,表面活性物质的吸附量与浓度的关系可用朗谬尔(Langmuir)吸附等温式表示,即

$$\Gamma=\Gamma_\infty\frac{Kc}{1+Kc} \tag{6-66}$$

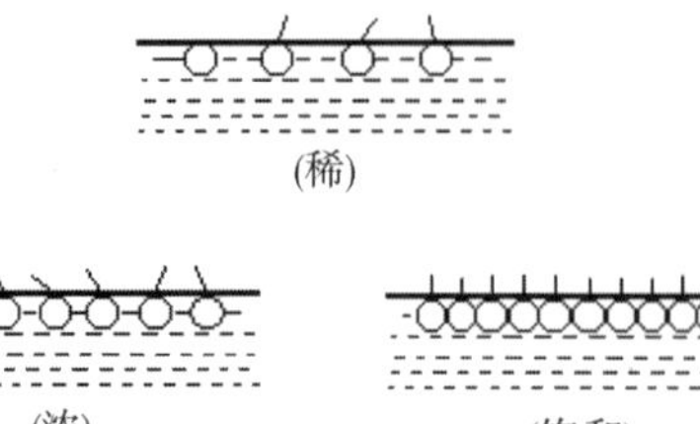

图 6-34　表面活性物质分子在水溶液表面排列情况示意图

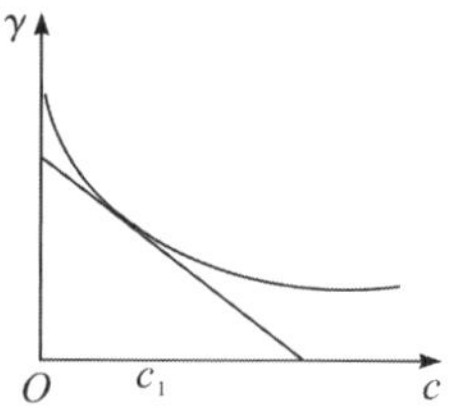

图 6-35　表面张力与浓度的关系

由上式变可换得：

$$\frac{c}{\Gamma}=\frac{1}{K\Gamma_{\infty}}+\frac{c}{\Gamma_{\infty}} \tag{6-67}$$

作 $c/\Gamma \sim c$ 作图，得一直线，直线斜率的倒数即为 Γ_{∞}。

以 N 代表 1 m^2 表面上表面活性物质的分子数目，L 是阿伏加德罗常数，则有

$$N=\Gamma_{\infty}L \tag{6-68}$$

因此每个表面活性剂分子在表面上所占的面积即分子的截面积 S_B 为

$$S_B=\frac{1}{\Gamma_{\infty}L} \tag{6-69}$$

(3)最大气泡压力法测定液体的表面张力

测定液体表面张力的方法很多，常见的有最大气泡压力法、滴重法、圈环法、毛细管法等。本实验采用最大气泡压力法测定正丁醇水溶液的表面张力，装置如图 6-36 所示[1]。

将待测液体装入测定管中，使玻璃管下端毛细管端面与液面垂直相切。在图 6-36 虚线处连接好橡皮软管，此时系统内为密闭状态。打开漏斗 1 的活塞，缓慢滴水。随着体系内空间体积的缓慢减少，毛细管中的压强 p_r 逐渐增大，由于 p_r 比测定管中液面上的压强 p_o（大气压）大，在毛细管管口形成气泡且逐渐增大。气泡的曲率半径则由大变小，直至等于毛细管半径 r 时气泡逸出。其形成过程曲率半径变化示意如图 6-37 所示。根据 Laplace 公式，气泡逸出时的附加压强 Δp_r 达最大值。

$$\Delta p_{\max}=\Delta p_r=p_r - p_o=\frac{2\gamma}{r} \tag{6-70}$$

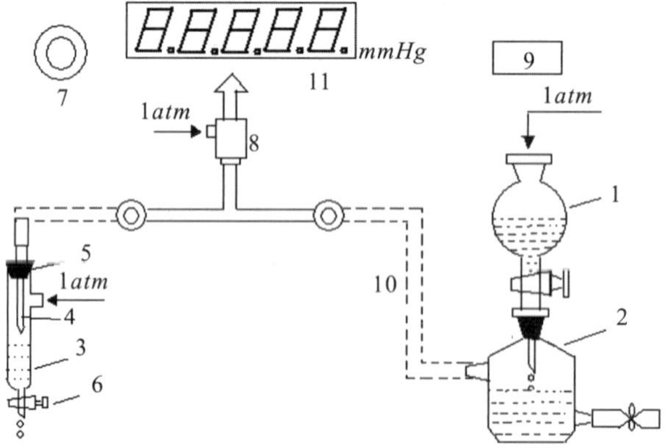

1—滴液漏斗；2—贮水瓶；3—样品管；4—毛细管；5—磨口塞；6—旋塞；7—置零按钮；
8—压力传感器；9—电源开关；10—橡皮软管；11—压差显示屏。。

图 6-36　压气鼓泡法测定表面张力装置示意图

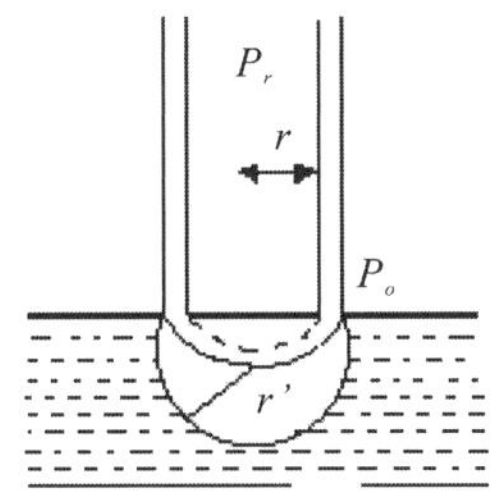

图 6-37　气泡曲率半径变化示意图

最大附加压强 Δp_{max} 可用电子压差仪直接读出。

若用同一根毛细管测定，对两种表面张力为 γ_1 和 γ_2 的液体而言，毛细管半径 r 相同，测定温度相同，则有下列关系：

$$\gamma_1 = r\Delta p_{max,1}/2$$

$$\gamma_2 = r\Delta p_{max,2}/2$$

$$\gamma_1/\gamma_2 = \Delta p_{max,1}/\Delta p_{max,2} \tag{6-71}$$

当已知标准液体（通常为水）的表面张力 γ_1，测得标准液体和待测样品的 Δp_{max}，可算出待测样品的表面张力 γ_2。

三、实验仪器与试剂

（1）仪器

DMPY-2B 表面张力测定教学实验仪烧杯（1000 mL）。

（2）试剂

正丁醇水溶液：（0.02 min、0.05 min、0.10 min、0.2 min、0.3 min、0.4 min、0.5 min、0.7 $mol \cdot L^{-1}$）。

四、实验内容

（1）学习仪器相关知识

熟悉“DMPY—2B 表面张力测定仪”的结构原理和使用方法。

（2）水的 Δp_{max} 测定

充分洗净测定管及毛细管[2]。在测定管中注入适量蒸馏水，调节使毛细管端面与液面垂直相切。用橡皮管连接好仪器各部分。打开漏斗的旋塞，使水缓慢滴进贮水瓶[3]，体系压强逐渐增大，压强差测定仪上的读数随之增大。待形成最大气泡并逸出的瞬间，压强差测定仪上的读数达最大值。气泡逸出后，体系内压强略下降，后随气泡的重复增大而又逐渐增大，如此反复。记录每次气泡逸出瞬间的最大压强差（Δp_{max}）。重复读三次以上，记录数据重复的三次，计算平均值。

（3）测定正丁醇水溶液的表面张力

以同样的方法测定 0.02 min、0.05 min、0.1 min、0.2 min、0.3 min、0.4 min、0.5 min、0.7 $mol \cdot L^{-1}$ 正丁醇水溶液的表面张力。测定过程从稀到浓依次进行。每次测定前均应用少量待测液充分润洗测定管及毛细管。

五、结果与分析

（1）将实验数据填入表 6-22。

表 6-22 不同浓度正丁醇水溶液的表面张力

$c(n-C_4H_9OH)$/mol·L^{-1}	Δp_{max}/Pa				γ/N·m^{-1}
	1	2	3	平均值	
0					
0.02					
0.05					
0.10					
0.20					
0.30					
0.40					
0.50					
0.70					

注:水温=________℃,该温度下水的表面张力查阅本节相关背景知识部分。

(2)各浓度正丁醇水溶液的表面张力的计算

根据式(6-71)和水的表面张力,计算各浓度正丁醇水溶液的表面张力 γ,填入表 6-22 中。

(3)不同浓度溶液的表面吸附量的求算[4]。

作光滑的 γ-c 曲线。在曲线上取 8 个点作切线,求斜率$\left(\frac{d\gamma}{dc}\right)_T$,根据(6-65)式计算不同浓度的吸附量 Γ 和 c/Γ,填入表 6-23。

表 6-23 不同浓度下的吸附量求算表

$c(n-C_4H_9OH)$/mol·L^{-1}	$\left(\frac{d\gamma}{dc}\right)_T$/N·m^2·mol^{-1}	Γ/mol·m^{-2}	$\frac{c}{\Gamma}$/m^{-1}
0.02			
0.05			
0.10			
0.20			
0.30			
0.40			
0.50			
0.70			

(4)求饱和吸附量 Γ_∞。

作直线 $c/\Gamma \sim c$,由斜率求出饱和吸附量 Γ_∞。

(5)计算 $n-C_4H_9OH$ 分子的截面积 S_B。

根据(6-69)式计算 $n-C_4H_9OH$ 分子的截面积 S_B。结果与文献值比较。

注释：

[1] 用同样的一套仪器，按抽气鼓泡法原理（毛细管通大气，样品液面压强小于大气压且随水的滴下逐渐减小）连接也可以进行实验。

[2] 若测定管中常有遗留前组同学实验后残余的微量表面活性剂，对基准样水的最大附加压强的测定值影响很大，实验前务必清洗干净。

[3] 体系内气体的传动需要一定时间，水滴缓慢滴入，有利于系统内部达压力平衡，使气泡成单个逸出，读数误差小。

[4] 作出的 γ-c 曲线要求光滑，不需要一定过所有的实验作图点。最好实验过程用坐标纸当场作图，出现偏差较大的点及时重做。

[5] 也可以将 γ-c 关系数据用 Excel 软件绘图，并拟合出曲线方程，进而得到导数方程，由此计算出不同浓度时的斜率。

思考题

1. 什么是表面活性物质？它有什么结构特点？正丁醇是表面活性剂吗？
2. 表面活性物质有哪些主要类型？
3. 表面活性物质在界面上是如何排列的？
4. 表面活性剂有哪些应用？
5. 表面张力大小与什么因素有关？
6. 在测定过程中，为什么毛细管端面要与液面垂直相切？
7. 为什么测定次序是水→低浓→高浓？若次序颠倒有何影响？
8. 分析下列因素对实验结果的影响。(1)样品管未恒温；(2)毛细管半径大小；(3)滴加水速率快慢；(4)贮水瓶中水的蓄积量为空瓶或接近满瓶；(5)橡皮软管的长短。

【相关背景知识】

一、DMPY-2B 表面张力测定仪简介

DMPY-2B 表面张力测定仪用于最大气泡法测量表面张力，无汞污染、安全可靠。仪器采用单片机测量系统，精度高、使用方便。传感器选用进口精密差压传感器，本仪器的核心为 int89C51 芯片，同时可接 PC 机接口。

（一）基本原理

如图 6-35 所示，当表面张力仪中的毛细管端面与待测液体面相切时，液面即沿毛细管上升。打开分液漏斗的活塞，使水缓慢下滴而增加系统压力，这样毛细管内液面上受到一个比试管中液面上大的压力，当此压力在毛细管端面上产生的作用稍大于毛细管液面的表面张力时，气泡从毛细管逸出，这一最大压力差可由本仪器读出。其关系为

$$p_{最大} = p_{系统} - p_{大气} = \Delta p \tag{6-72}$$

如果毛细管的半径为 r，气泡由毛细管口逸出时受到向下的总压力为 $\pi r^2 p_{最大}$。

气泡在毛细管受到的表面张力引起的作用力为 $2\pi r\sigma$。刚发生气泡从毛细管口逸出时，上述两个压力相等，即：

$$\pi r^2 p_{最大} = r^2 p = 2\pi \mathrm{r}^2 \gamma$$

$$\gamma = r\Delta p/2 \tag{6-73}$$

若用同一根毛细管，对两种具有表面张力为 γ_1 和 γ_2 的液体而言，则有下列关系：

$$\gamma_1 = r\Delta p_1/2$$

$$\gamma_2 = r\Delta p_2/2$$

则 $\gamma_1/\gamma_2 = \Delta p_1/\Delta p_2$

$$y_1 = K\Delta p_1 \tag{6-74}$$

以已知表面张力的液体(通常为水)为标准,即可求得其他液体的表面张力。

(二)DMPY-2B 表面张力测定仪使用方法

(1)插上电源插头,打开电源开关,LED 显示即亮,初显示忽略(超过量程时显示±1999),2 s后正常显示。预热五分钟后按下置零按钮显示为 0000,表示此时系统与大气压差为零。

(2)将贮水瓶、毛细管用橡皮管联接好。

(3)LED 显示值即为压力腔体的压力差值,如果压力腔体的压力成下降趋势,则出现的极大值保留显示约 1 s。

(4)先以水作为待测液测定仪器常数,方法是将干燥的毛细管垂直地插到毛细管的端点刚好与水面相切,打开滴液漏斗,控制滴液速度,使气泡逸出的瞬间最大压差在 500～800 Pa(否则调换毛细管)。可以通过手册查出实验温度时水的表面张力,利用公式计算出仪器常数 K。

(5)待测样品表面张力的测定:用待测溶液清洗试管和毛细管,加入适量样品于试管中,按照仪器常数测定的方法,测定已知浓度的待测样品的压力差,代入公式计算其表面张力。

(三)注意事项

(1)不要将仪器放置在有强电磁场干扰的区域内。

(2)不要将仪器放置在通风的环境中,尽量保持仪器附近的气流稳定。

(3)压力极小值与极大值出现的时间间隔不能太小,否则显示值将恒为极大值。

(4)测定用的毛细管一定要洗干净,否则气泡可能不能连续稳定地流过,而使微压差测量仪读数不稳定,如发生此现象,毛细管应重洗。

(5)毛细管一定要保持垂直,管口刚好插到与液面接触。

(6)数字式微压差测量仪有峰值保持功能,最大压力会保持一秒钟左右,应读出气泡逸出时最大压差。

二、不同温度下水的表面张力 γ

详见表 6-24。

表 6-24　不同温度下水的表面张力 γ

t/℃	$\gamma/10^{-3}\,N\cdot m^{-1}$	t/℃	$\gamma/10^{-3}\,N\cdot m^{-1}$
0	75.64	21	72.59
5	74.92	22	72.44
10	74.22	23	72.28
11	74.07	24	72.13
12	73.93	25	71.97
13	73.78	26	71.82
14	73.64	27	71.66
15	73.49	28	71.50
16	73.34	29	71.35
17	73.19	30	71.18
18	73.05	35	70.38
19	72.90	40	69.56
20	72.75	45	68.74

6.14　电导率法测定水溶性表面活性剂的临界胶束浓度

一、实验目的

(1)用电导率法测定十二烷基硫酸钠(SDS)的临界胶束浓度。

(2)了解表面活性剂的特性及胶束形成原理。

(3)掌握常见几种电导率仪的使用方法。

二、基本原理

具有明显"两亲"性质的分子，既含有亲油的足够长的(大于10～12个碳原子)烃基，又含有亲水的极性基团，称为表面活性剂，如肥皂和各种合成洗涤剂等。表面活性剂分子都是由极性部分和非极性部分组成的，若按离子的类型分类，可分为三大类：①阴离子型表面活性剂，如羧酸盐(肥皂，$C_{17}H_{35}COONa$)，烷基硫酸盐(十二烷基硫酸钠，$CH_3(CH_2)_{11}SO_4Na$)，烷基磺酸盐(十二烷基苯磺酸钠，$CH_3(CH_2)_{11}C_6H_5SO_3Na$)等；②阳离子型表面活性剂，主要是铵盐，如十二烷基叔铵($RN(CH_3)_2HCl$)和十二烷三甲基氯化铵($RN(CH_3)_3Cl$)；③非离子型表面活性剂，如聚氧乙烯类($R\text{-}O\text{-}(CH_2CH_2O)_nH$)。

表面活性剂进入水中，在低浓度时呈分子状态，并且三三两两地把亲油基团靠拢而分散在水中。当溶液浓度加大到一定程度时，许多表面活性物质的分子立刻聚集成很大的集团，也就是"胶束"。以胶束形式存在于水中的表面活性物质是热力学稳定的。表面活性物质在水中形成胶束所需的最低浓度称为临界胶束浓度，以CMC表示。在CMC点上，溶液的物理及化学性质(如表面张力、电导、渗透压、浊度、光学性质等)同浓度的关系曲线出现明显的转折，如图6-38所示。这个现象是测定CMC的实验依据，也是表面活性剂的一个重要特征。这种特征行为可用生成分子聚集体或胶束来说明。如图6-39所示，当表面活性剂溶于水中后，不但定向地吸附在水溶液表面，而且达到一定浓度时还会在溶液中发生定向排列而形成胶束。表面活性剂为了使自己成为溶液中的稳定分子，有可能采取的两种途径：一是把亲水基留在水中，亲油基伸向油相或空气；二是让表面活性剂的亲油基团相互靠在一起，以减少亲油基与水的接触面积。前者就是表面活性剂分子吸附在界面上，其结果是降低界面张力，形成定向排列的单分子膜，后者就形成了胶束。由于胶束的亲水基方向朝外，与水分子相互吸引，使表面活性剂能稳定地分散于水中。随着表面活性在溶液中浓度的增长，球形胶束还可转变成棒形胶束，以至层状胶束，如图6-40所示。后者可用来制作液晶，它具有各向异性的性质。

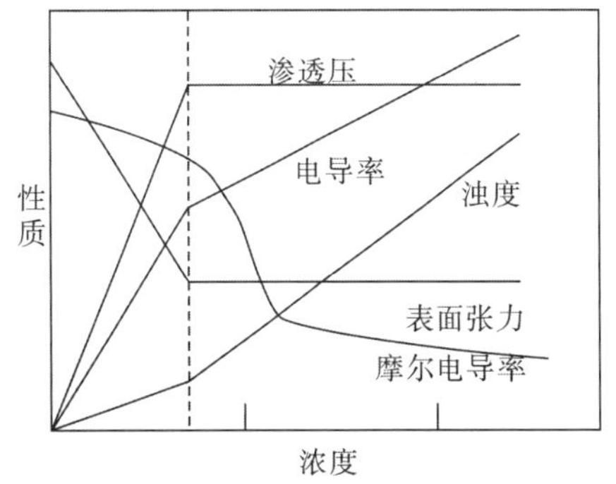

图6-38　SDS水溶液的物理性质和浓度关系

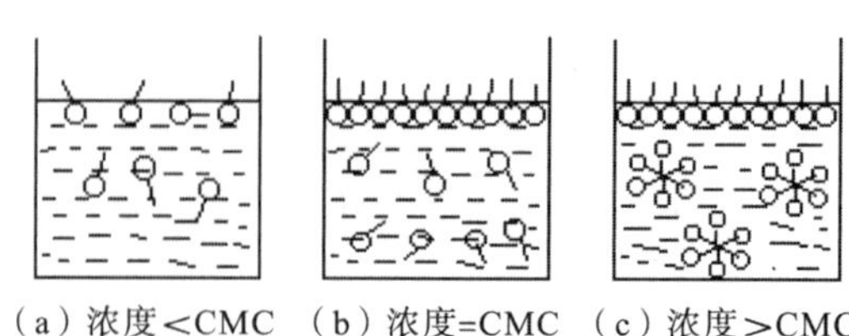

图 6-39　胶束形成过程示意图

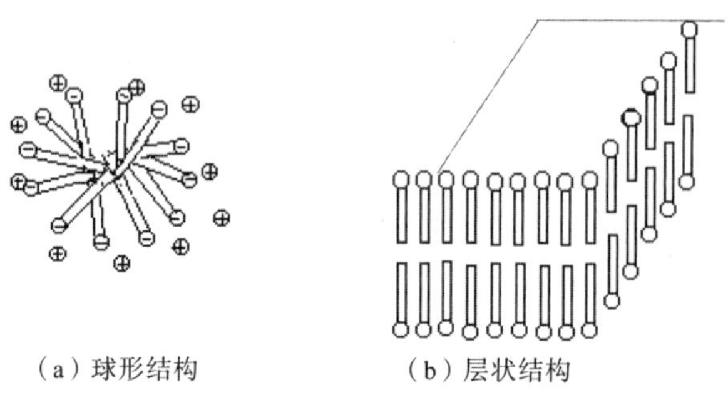

图 6-40　胶束的球形结构和层状结构示意图

本实验利用 EC215 微电脑电导率仪(参见实验 6.8 相关背景知识部分),测定不同浓度的 SDS 水溶液的电导率值,并作电导率值与浓度的关系图,从图中的转折点即可求得临界胶束浓度[1]。

三、实验仪器与试剂

(1)仪器

EC215 微电脑电导率仪　　HI76303 含温度探棒的四环铂金电极　　容量瓶(100 mL)
容量瓶(1000 mL)　　大试管

(2)试剂

十二烷基硫酸钠(SDS)　　(A.R.)氯化钾　　(A.R.)电导水

四、实验内容

(1)用电导水或重蒸馏水准确配制 0.01 $mol \cdot L^{-1}$的 KCl 标准溶液。

(2)取 SDS 在 80 ℃烘干 3 h,用电导水或重蒸馏水准确配制 0.002、0.004、0.006、0.007、0.008、0.009、0.010、0.012、0.014、0.016、0.018、0.020 $mol \cdot L^{-1}$的 SDS 溶液 100 mL(如何配制?)。

(3)调节电导率仪温度系数至 2%处。

(4)用 0.01 $mol \cdot L^{-1}$KCl 标准溶液校准 EC215 微电脑电导率仪示值为 1413 $\mu S \cdot cm^{-1}$。

(5)用少量待测溶液淌洗测定管三次。按从稀到浓的顺序,用 EC215 微电脑电导率仪分别测定上述各溶液的电导率值[2]。测定过程中摇动测定管后读数,取三次读数平均值。

五、结果与分析

(1)记录各溶液的电导率,填入表 6-25。

表 6-25　不同浓度 SDS 水溶液的电导率

$c_{SDS}/mol\cdot L^{-1}$	0.002	0.004	0.006	0.007	0.008	0.009
$\kappa/\mu S\cdot cm^{-1}$						
$c_{SDS}/mol\cdot L^{-1}$	0.010	0.012	0.014	0.016	0.018	0.020
$\kappa/\mu S\cdot cm^{-1}$						

(2)作电导率与浓度的关系图，从图中转折点处找出临界胶束浓度。

文献值：40 ℃，$C_{12}H_{25}SO_4Na$ 的 CMC 为 $8.7\times10^{-3}mol\cdot L^{-1}$。

注释：

[1] 测定 CMC 的方法很多，常用的有表面张力法、电导法、染料法、增溶作用法、光散射法等。这些方法，原则上都是从溶液的物理化学性质随浓度变化关系出发求得。其中表面张力法和电导法比较简便准确。表面张力法除了可求得 CMC 之外，还可以求出表面吸附等温线，此法只限于离子性表面活性剂，对于有较高活性的表面活性剂准确性高，但过量无机盐存在会降低测定灵敏度，因此配制溶液应该用电导水。

[2] 若采用梅特勒-托利多实验室电导率仪，具体操作请参见实验 6.8 相关背景知识部分。

思考题

1. 什么是表面活性物质的临界胶束浓度(CMC)？
2. 若要知道所测得的临界胶束浓度是否准确，可用什么实验方法验证之？
3. 溶解的表面活性剂分子与胶束之间的平衡与温度和浓度有关，其关系式可表示为：

$$\frac{d\ln c_{CMC}}{dT}=-\frac{\Delta H}{2RT^2}$$

试问如何测出其热效应△H 值？

4. 非离子型表面活性剂能否用本实验方法测定临界胶束浓度？为什么？若不能，则可用何种方法测定？

<<<　6.15　黏度法测定高聚物的分子量　>>>

一、实验目的

(1)掌握黏度法测定聚合物分子量的原理及实验技术。

(2)掌握乌贝路德黏度计测定黏度的方法。

二、实验原理

分子量是表征化合物特性的基本参数之一。但高聚物分子量大小不一，参差不齐，一般在 $10^3\sim10^7$ 之间，所以通常所测高聚物的分子量是平均分子量。测定高聚物分子量的方法很多，对线型高聚物，各方法适用的范围见表 6-26。

表 6-26 测定高聚物分子量各方法的适用范围

测量方法	高聚物分子量范围
端基分析	$<3\times10^4$
沸点升高、凝固点降低、等温蒸馏	$<3\times10^4$
渗透压	$10^4\sim10^6$
光散射	$10^4\sim10^7$
超离心沉降及扩散	$10^4\sim10^7$
黏度法	$10^4\sim10^7$

其中黏度法设备简单，操作方便，有相当好的实验精度。但黏度法不是测分子量的绝对方法，因为此法中所用的特性黏度与分子量的经验方程是要用其他方法来确定的，高聚物不同，溶剂不同，分子量范围不同，就要用不同的经验方程式。

高聚物在稀溶液中的黏度，是液体在流动时存在着的各种分子间内摩擦的表现。在测定高聚物溶液黏度时，常用到下表中的一些名词。

表 6-27 常用名词及其物理意义

名词与符号	物理意义
纯溶剂黏度 η_0	溶剂分子与溶剂分子间的内摩擦表现出来的黏度
溶液黏度 η	溶剂分子与溶剂分子之间、高分子与高分子之间和高分子与溶剂分子之间三者内摩擦的综合表现
相对黏度 η_r	$\eta_r=\eta/\eta_0$ 溶液黏度对溶剂黏度的相对值
增比黏度 η_{sp}	$\eta_{sp}=(\eta-\eta_0)/\eta_0=\eta/\eta_0-1=\eta_r-1$ 扣除了溶剂分子间的内摩擦后，高分子与高分子之间、纯溶剂与高分子之间的内摩擦效应
比浓黏度 η_{sp}/C	单位浓度下（一般为 $1\ g\cdot cm^{-3}$）的增比黏度
特性黏度[η]	$\lim\limits_{c\to0}\frac{\eta_{sp}}{C}=[\eta]$ 溶液无限稀释时的比浓黏度，反映了每个高分子链彼此相隔无限远、互不干扰时，1 mol 高分子与溶剂分子之间的内摩擦产生的黏度特征。

特性黏度[η]的大小受下列因素影响：

(1)分子量：高聚物分子的分子量愈大，它与溶剂间的接触表面也愈大，摩擦就大，表现出的特性黏度也大。

(2)分子形状：分子量相同时，支化分子的形状趋于球形，[η]较线型分子的小。

(3)溶剂特性：聚合物在良溶剂中，大分子较伸展，[η]较大，而在不良溶剂中，大分子较卷曲，[η]较小。

(4)温度：在良溶剂中，温度升高，对[η]影响不大，而在不良溶剂中，若温度升高使溶剂变为良好，则[η]增大。

当聚合物的化学组成、溶剂、温度确定以后，[η]值只与聚合物的分子量有关，常用两参数的马克-豪温（Mark-Houwink）经验公式表示：

$$[\eta]=\overline{KM^{\alpha}} \tag{6-75}$$

式中，$\overline{M}$ 为粘均分子量；K 为比例常数；α 是与分子形状有关的经验参数。K 和 α 值与温度、聚合物、溶剂性质有关，也和分子量大小有关。K 值受温度的影响较明显，而 α 值主要取决于高分子线团在某温度下、某溶剂中舒展的程度，其数值介于 0.5～1 之间。在良溶剂中 α 值较大，接近 0.8。溶剂能力减弱时，α 值降低。在极限情况下，$\alpha=0.5$。

K 与 α 的数值可通过渗透压法、光散射法等方法确定。在已知 K 与 α 的前提下，从黏度法测定得$[\eta]$，即可推知高分子的粘均分子量 M。

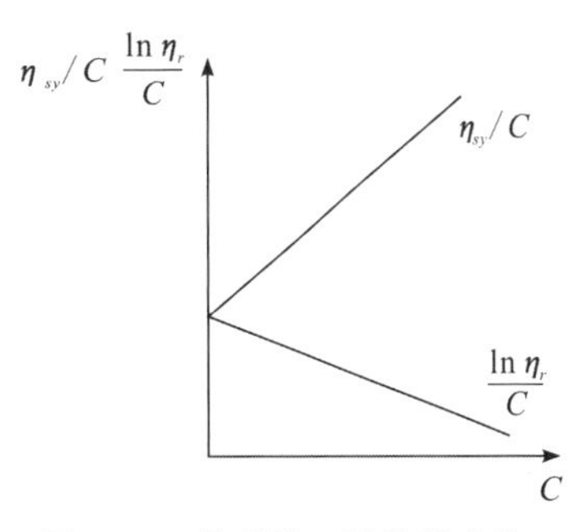

图 6-41 $[\eta]$的二种外推求法

可以证明，在无限稀释下，有

$$\lim_{c\to 0}\eta_{sp}/c=\lim_{c\to 0}\ln\eta_r/c=[\eta] \tag{6-76}$$

因此，获得$[\eta]$的方法有二种：一种是以 η_{sp}/c 对 c 作图，外推到 $c\to 0$ 的截距值；另一种是以 $\ln\eta_r/c$ 对 c 作图，也外推到 $c\to 0$ 的截距值，如图 6-41 所示。两根线应会合于一点。这也可校核实验的可靠性。一般这两条直线的方程表达式为下列形式：

$$\frac{\eta_{sp}}{c}=[\eta]+K'[\eta]^2c \tag{6-77}$$

$$\frac{\ln\eta_r}{c}=[\eta]+\beta[\eta]^2c \tag{6-78}$$

用毛细管流出法测定黏度时，依泊肃叶(Poiseuille)公式：

$$\frac{\eta}{\rho}=\frac{\pi hgr^4t}{8LV}-m\frac{V}{8\pi Lt} \tag{6-79}$$

式中，η 为液体的黏度；ρ 为液体的密度；L 为毛细管的长度；r 为毛细管的半径；t 为流出的时间；h 为流过毛细管液体的平均液柱高度；V 为流经毛细管的液体体积；m 为毛细管末端校正的参数(一般在 $r/L\ll 1$ 时，可以取 $m=1$)。

对于某一只指定的黏度计而言，上式可以写成：

$$\frac{\eta}{\rho}=At-\frac{B}{t} \tag{6-80}$$

式中，$B<1$，当流出的时间 t 大于 100 s 时，B/t 项可以忽略。又因通常测定是在稀溶液中进行($c<1\times10^{-2}\ \text{g}\cdot\text{cm}^{-3}$)，溶液和溶剂的密度近似相等，因此可将 η_r 写成：

$$\eta_r=\frac{\eta}{\eta_0}=\frac{t}{t_0} \tag{6-81}$$

式中，t 为溶液的流经时间；t_0 为纯溶剂的流经时间。

通过测量不同浓度的溶液通过黏度计的时间，与溶剂通过的时间比较，得到不同浓度下的相对黏度 η_r 值和增比黏度 η_{sp}，作图求得特性黏度$[\eta]$，即可计算得到粘均分子量。

三、实验仪器和试剂

(1)仪器

玻璃缸恒温槽[1]　乌贝路德黏度计　容量瓶(100 mL)　烧杯(100 mL)

锥形瓶(250 mL)　吸量管(10 mL、5 mL)　计时器

(2)试剂

聚乙烯醇(分析纯)　铬酸洗液

(3)其他

洗耳球　　　　止水夹　　　　橡皮管(约 5 cm 长)

四、实验内容

(1)熟悉恒温槽、乌贝路德黏度计的结构原理和调节、使用方法。

(2)黏度计的洗涤:先将少量洗液加入入黏度计内,并使其反复流过毛细管部分。然后将洗液倒入专用瓶中,再顺次用自来水、蒸馏水洗涤干净。容量瓶、移液管也都应仔细洗净。

(3)溶液的配制:用分析天平准确称取 1 g 聚乙烯醇样品,倒入 100 mL 烧杯中,加入约 60 mL 蒸馏水,在加热溶解至溶液完全透明,冷却至室温后定容于 100 mL 容量瓶中。

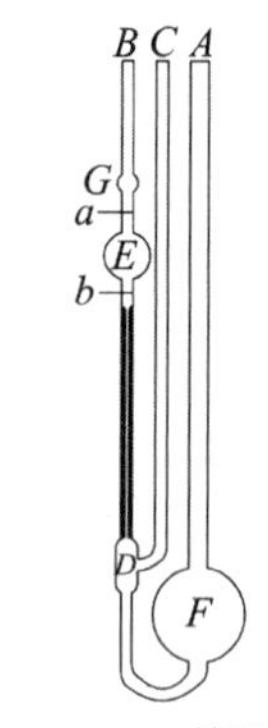

图 6-42　三管黏度计

(4)溶液流经时间的测定:调节恒温槽温度至 35.0 ℃。三管黏度计如图 6-42 所示,用吸量管吸取 10 mL 溶液,从 A 管注入黏度计 F 球内。将黏度计垂直安装在恒温水浴中(G 球及以下部位均浸在水浴中)恒温 10 min。在 C 管和 B 管的上端套上干燥清洁橡皮管,并用夹子夹住 C 管上的橡皮管,使其不通大气。在 B 管的橡皮管口用吸耳球缓缓地将溶液从 F 球经 D 球、毛细管、E 球抽至 G 球中部,取下洗耳球,同时松开 C 管橡皮管上的夹子,使其通大气、液柱下端在 D 球处悬空。此时溶液顺毛细管而流下,当液面流经刻度 a 线处时,立刻开始记时,至 b 处则停止记时。记下液体流经 a、b 之间所需的时间 t。重复测定三次且偏差小于 0.3 s,取其平均值。

依次加入 2.00 mL,3.00 mL,5.00 mL,10.00 mL 蒸馏水稀释,按同样方法测定不同浓度溶液的流经时间。注意每次稀释后都要将稀释液抽洗黏度计的 E 球,使黏度计内各处溶液的浓度相等[2,3]。

(5)洗净黏度计。测定溶剂水的流经时间 t_0。

五、结果与分析

(1)将所测的实验数据及计算结果填入表 6-28 中。

表 6-28　不同浓度溶液的流经时间及数据处理

$c/g\cdot cm^{-3}$	t_1/s	t_2/s	t_3/s	$\bar{t}/s$	η_r	$\ln\eta_r$	η_{sp}	η_{sp}/c	$\ln\eta_r/c$
0(溶剂)									
c_0									
$\frac{5}{6}c_0$									
$\frac{2}{3}c_0$									
$\frac{1}{2}c_0$									
$\frac{1}{3}c_0$									

恒温温度=________。纯溶剂=________,纯溶剂密度 ρ_0=________。

试样名称:________,试样浓度 c_0=________。

(2)用 η_{sp}/c—c 及 $\ln\eta_r/c$—c 作图,外推至 $c\to 0$ 求$[\eta]$。

(3)将特性黏度$[\eta]$代入方程式$[\eta]=KM^{\alpha}$,算出聚乙烯醇的粘均分子量。已知 35 ℃时,聚乙烯醇水溶液的参数 $K=1.66\times 10^{-2}\ \mathrm{cm^3\cdot g^{-1}}$,$\alpha=0.82$。

注释:

[1]若采用超级恒温槽,则将外循环恒温水引至放置在槽体内的大烧杯或大量筒中,黏度计置于大烧杯或大量筒内测定。

[2]乌贝路德黏度计是气承悬柱式黏度计,可以直接在黏度计里稀释溶液。

[3]最后一份样品若总液体量太多,可在混合均匀后,倾去部分液体样品,不影响流经时间的测定值。

思考题

1. 何谓相对、增比、比浓和特性黏度?它们之间的关系如何?
2. 特性黏度与纯溶剂的黏度是一样的吗?
3. 特性黏度的大小与哪些因素相关?为何可用它来测高聚物的分子量?
4. 请用数学证明:无限稀释时,有$\lim\limits_{c\to 0}\eta_{sp}/c=\lim\limits_{c\to 0}\ln\eta_r/c=[\eta]$。
5. 乌贝路德黏度计有何优点?其支管 C 有何作用?
6. 为何测定时黏度计必须保持垂直?为什么稀释后溶液总体积变化对黏度测定没有影响?
7. 黏度计的毛细管太粗或太细有什么缺点?

6.16　复杂反应—丙酮碘化反应

一、实验目的

(1)采用分光光度法测定用酸作催化剂时丙酮碘化反应的速率系数、反应级数和活化能。

(2)加深对复合反应特征的理解。

二、实验原理

只有少数化学反应是由一个基元反应组成的简单反应,大多数化学反应并不是简单反应,而是由若干个基元反应组成的复合反应。大多数复合反应的反应速率和反应物浓度间的关系,不能用质量作用定律表示。因此用实验测定反应速率与反应物或产物浓度间的关系,即测定反应对各组分的分级数,从而得到复合反应的速率方程,乃是研究反应动力学的重要内容。

对于复合反应,当知道反应速率方程的形式后,就可以对反应机理进行某些推测。如该反应究竟由哪些步骤完成,各个步骤的特征和相互联系如何等等。

实验测定表明,丙酮与碘在稀薄的中性水溶液中反应是很慢的。在强酸(如盐酸)条件下,该反应进行得相当快。但强酸的中性盐不增加该反应的反应速率。在弱酸(如醋酸)条件下,对加快反应速率的影响不如强酸(如盐酸)。

酸性溶液中,丙酮碘化反应是一个复合反应,其反应式为:

$$(CH_3)_2CO + I_3^- \xrightarrow{H^+} CH_3COCH_2I + H^+ + 2I^-$$

该反应受 H^+ 催化，而反应本身又能生成 H^+，所以这是一个 H^+ 自催化反应，其速率方程为：

$$v = \frac{-dc(A)}{dt} = \frac{-dc(I_3^-)}{dt} = \frac{dc(E)}{dt} = kc^{\alpha}(A)c^{\beta}(I_3^-)c^{\delta}(H^+) \tag{6-82}$$

式中：v——反应速率；

k——速率常数；

$c(A)$、$c(I_3^-)$、$c(H^+)$、$c(E)$——分别为丙酮、碘、氢离子、碘化丙酮的浓度，单位 $mol \cdot dm^{-3}$；

α、β、δ——分别为反应对丙酮、碘、氢离子的分级数。

反应速率、速率常数及反应级数均可由实验测定。

丙酮碘化对动力学的研究是一个特别合适而且有趣的反应。因为 I_3^- 在可见光区有一个比较宽的吸收带，而在这个吸收带中，盐酸和丙酮没有明显的吸收，所以可以采用分光光度计测定吸光度的变化（也就是 I_3^- 浓度的变化）来跟踪反应过程。

虽然在反应中没有其他试剂吸收可见光，但却存在下列一个次要却复杂的情况，即在溶液中存在 I_3^-、I_2 和 I^- 的平衡：

$$I_2 + I^- \rightleftharpoons I_3^-$$

平衡常数 $K^{\ominus} = 700$。其中 I_2 在这个吸收带中也吸收可见光。因此 I_3^- 溶液吸收光的数量不仅取决于 I_3^- 的浓度，而且也与 I_2 的浓度有关。根据朗伯-比尔定律：

$$A = \varepsilon Lc \tag{6-83}$$

式中：A——吸光度（消光度）；

ε——摩尔吸收系数；

L——比色皿的光径长度；

c——溶液的浓度。

含有 I_3^- 和 I_2 溶液的总吸光度 A 可以表示为 I_3^- 和 I_2 两部分吸光度的和，即：

$$A = A(I_3^-) + A(I_2) = \varepsilon(I_3^-)Lc(I_3^-) + \varepsilon(I_2)Lc(I_2) \tag{6-84}$$

吸收系数 $\varepsilon(I_3^-)$ 和 $\varepsilon(I_2)$ 是吸收光波长的函数。在特殊情况下，即波长 $\lambda = 565$ nm 时，$\varepsilon(I_3^-) = \varepsilon(I_2)$，上式变为

$$A = A(I_3^-) + A(I_2) = \varepsilon(I_3^-)L[c(I_3^-) + c(I_2)] \tag{6-85}$$

即在 565 nm 这一特定的波长条件下，溶液的吸光度 A 与 I_3^- 和 I_2 浓度之和成正比。因为 ε 在一定的溶质、溶剂和固定的波长条件下是常数。使用固定的一个比色皿，L 也是一定的，所以(6-85)式中，常数 $\varepsilon(I_3^-)L$ 就可以由测定已知浓度碘溶液的吸光度 A 而求出。

在本实验条件下，实验将证明丙酮碘化反应对碘是零级反应，即 $\beta = 0$。由于反应并不停留在一元碘化丙酮上，还会继续进行下去，因此反应中所用的丙酮和酸的浓度应大大过量，碘的量很少，当少量的碘完全消耗后，反应物丙酮和酸的浓度可以认为基本保持不变。

实验还进一步表明，只要酸度不很高，丙酮卤化反应的速率与卤素的浓度和种类（氯、溴、碘）无关（在百分之几误差范围内），因而直到全部碘消耗完以前，反应速率是常数，即

$$v = \frac{-dc(I_3^-)}{dt} = \frac{dc(E)}{dt} = kc^{\alpha}(A)c^{\beta}(I_3^-)c^{\delta}(H^+) = k'c^{\alpha}(A)c^{\delta}(H^+) = \text{常数} \tag{6-86}$$

从(6-86)式可以看出，将 $c(I_3^-)$ 对时间 t 作图应为一条直线，其斜率就是反应速率 v。

为了测定反应级数，例如指数 α，至少需进行两次实验。在两次实验中丙酮的初始浓度不

同，H^+ 和 I_3^- 的初始浓度相同。若用“Ⅰ”、“Ⅱ”分别表示这两次实验，丙酮的浓度比为 u，则有

$$c(\mathrm{A},\mathrm{I})=uc(\mathrm{A},\mathrm{II}),c(\mathrm{H}^+,\mathrm{I})=c(\mathrm{H}^+,\mathrm{II}),c(\mathrm{I}_3^-,\mathrm{I})=c(\mathrm{I}_3^-,\mathrm{II})$$

由(6-86)式可得：

$$\frac{v_{\mathrm{I}}}{v_{\mathrm{II}}}=\frac{k'c^{\alpha}(\mathrm{A},\mathrm{I})c^{\delta}(\mathrm{H}^+,\mathrm{I})}{k'c^{\alpha}(\mathrm{A},\mathrm{II})c^{\delta}(\mathrm{H}^+,\mathrm{II})}=u^{\alpha} \tag{6-87}$$

取对数：

$$\lg\frac{v_{\mathrm{I}}}{v_{\mathrm{II}}}=\alpha\lg u \tag{6-88}$$

$$\alpha=\frac{\lg\dfrac{v_{\mathrm{I}}}{v_{\mathrm{II}}}}{\lg u} \tag{6-89}$$

同理可求出指数 δ。若再做一次实验Ⅲ，使：

$$c(\mathrm{A},\mathrm{I})=c(\mathrm{A},\mathrm{III}),c(\mathrm{H}^+,\mathrm{I})=wc(\mathrm{H}^+,\mathrm{III}),c(\mathrm{I}_3^-,\mathrm{I})=c(\mathrm{I}_3^-,\mathrm{III})$$

即可得到：

$$\delta=\frac{\lg\dfrac{v_{\mathrm{I}}}{v_{\mathrm{III}}}}{\lg w} \tag{6-90}$$

同样，若

$$c(\mathrm{A},\mathrm{I})=c(\mathrm{A},\mathrm{IV}),c(\mathrm{H}^+,\mathrm{I})=c(\mathrm{H}^+,\mathrm{IV}),c(\mathrm{I}_3^-,\mathrm{I})=xc(\mathrm{I}_3^-,\mathrm{IV})$$

即可得到：

$$\beta=\frac{\lg\dfrac{v_{\mathrm{I}}}{v_{\mathrm{IV}}}}{\lg x} \tag{6-91}$$

根据式(6-86)，由指数、反应速率和各浓度数据可以算出速率系数 k。由两个或两个以上温度的速率常数，根据阿伦尼乌斯公式

$$k=\mathrm{A}e^{-E_a/RT} \tag{6-92}$$

可以估算反应的表观活化能 E_a。

三、实验仪器和试剂

(1)仪器

SYC-15C 超级恒温槽　　722S 型分光光度计　　水循环真空泵

(2)试剂

0.0200 mol・L^{-1}碘溶液　　1.000 mol・L^{-1} HCl 溶液

(2)500 mol・L^{-1}丙酮溶液(之前需要准确标定)

3. 其他

容量瓶(50 mL)　　移液管(10 mL、5 mL)　　吸量管(5 mL)3 支

秒表　　镊子　　洗瓶

四、实验内容

(1)检查仪器和药品。

(2)接通电源。

(3)开启恒温槽,检查水路是否通畅和漏水。

将装入已标定好的碘溶液、丙酮溶液、盐酸溶液的玻璃瓶放入恒温槽中恒温。恒温槽温度设定在 25 ℃。到达设定温度并恒定 10 min 后开始实验。

(4)打开分光光度计电源开关,波长调至 565 nm,预热一段时间后放入装有已恒温的去离子水的比色皿,作为空白调零。

(5)测定 εL 值。准确移取 2.5 mL 碘溶液于 25 mL 容量瓶中,用已恒温的去离子水稀释至刻度,摇匀,润洗比色皿 3 次,然后将装有 2/3 溶液的比色皿置于样品室光路通过处,盖好盖子。更换碘溶液再重复测定两次,取其平均值求 εL 值。

(6)测定四种不同配比溶液的反应速率。四种不同溶液的配比见表 6-29。

表 6-29　反应液的配比

	V(碘溶液)/mL	V(丙酮溶液)/mL	V(盐酸溶液)/mL
Ⅰ(25 ℃)	5	5	5
Ⅱ(25 ℃)	5	2.5	5
Ⅲ(25 ℃)	5	5	2.5
Ⅳ(25 ℃)	7.5	5	5
Ⅴ(35 ℃)	7.5	5	5

按表中的量,准确移取已恒温的三种溶液于 25 mL 容量瓶中(碘溶液最后加),用去离子水稀释至刻度,摇匀,润洗比色皿 3 次,然后将装有 2/3 溶液的比色皿置于样品室光路通过处,盖好盖子,同时利用计算机或秒表(每隔 1 min 或 2 min 记录一次数据)开始记录吸光度值变化(如果分光光度计没有带恒温水浴夹套注意只取反应开始一段时间的数据)。

(7)做完 25 ℃下的全部四个实验后,再升高恒温水浴温度到 35 ℃进行第五组的实验。

五、数据记录及处理

(1)根据所测已知碘浓度的吸光度,用(6-85)式计算出常数 $\varepsilon(I_3^-)L$ 值。然后用它们计算与所测得的每个吸光度值相应的碘浓度 $c(I_3^-)$,作 $c(I_3^-)-t$ 图,求出反应速率 v(本实验采用吸光度 A-t 作图更为方便)。

(2)根据式(6-89)、式(6-90)、式(6-91)分别计算对丙酮、盐酸和碘的分级数。

(3)根据式(6-86)计算 25 ℃时丙酮碘化反应的四个速率系数。求出 k_1 的平均值。计算 35 ℃时的速率系数 k_2。

(4)利用阿伦尼乌斯公式求出丙酮碘化反应的表观活化能 E_a:

$$E_a = R\frac{T_1T_2}{(T_2-T_1)}\ln\frac{k_2}{k_1} \tag{6-93}$$

注释:

[1] 测定波长必须为 565 nm,否则将影响结果的准确性。

[2] 反应物混合顺序为:先加丙酮、盐酸溶液,然后加碘溶液。丙酮和盐酸溶液混合后不应放置过久,应立即加入碘溶液。

[3] 测定吸光度 A 应取范围 0.15～0.80。

[4] 在调节分光光度计的光路位置时,如果加了恒温套,拉杆的位置与原光路位置有不对应的地方,需目

视确认光路通畅。

[5] 带恒温套的分光光度计要注意保持内部循环水路的畅通，并要防止水路阻挡光路。

[6] 调准恒温槽的温度，开冷却水，恒温时间要足够长。

[7] 配制溶液时，碘溶液一定要最后加。

[8] 比色皿装液量不要太满，约 2/3 即可。

[9] 使用恒温槽注意升温时间，室温与设定温度相差较大时对测定的影响也较大。

思考题

1. 在动力学实验中，正确计量时间是很重要的。本实验中从反应开始到起算反应时间，中间有一段不算很短的操作时间。这对实验结果有无影响？为什么？

2. 影响本实验结果的主要因素是什么？

3. 如果用表观活化能 E_a 代替活化焓 $\Delta^{\neq} H_m$ 行否？为什么？

6.17 过氧化氢分解

一、实验目的

(1)用测压法测定 H_2O_2 分解反应的速率常数和半衰期。

(2)熟悉一级反应的特点，了解反应浓度、温度和催化剂等因素对一级反应速率的影响。

二、实验原理

(1)H_2O_2 的分解反应属一级反应：

$$H_2O_2 = 1/2O_2 + H_2O$$

其反应速率方程可写为：

$$-\frac{dc_{A,t}}{dt} = -kc_{A,t} \tag{6-94}$$

积分得

$$\ln\frac{c_{A,t}}{c_{A,0}} \tag{6-95}$$

式中 $c_{A,0}$ 为反应开始时的初浓度，$c_{A,t}$ 为时间 t 时的反应物浓度，k 为反应速率常数。

以 $\ln c_{A,t}$ 对时间 t 作图，可得一直线，其斜率为反应速率常数的负值 $-k$，截距为 $\ln c_{A,0}$。

当 $c_{A,t}=0.5c_{A,0}$ 时，则 t 为反应的半衰期 $t_{1/2}$。

$$t_{1/2} = \ln 2/k \tag{6-96}$$

(2)本实验采用测压法进行动力学研究[1]，装置如图 6-43 所示。H_2O_2 分解反应在一个体积固定的体系内进行，反应过程放出的 O_2 使系统内压强增加，通过与反应瓶相连的微压差测定仪跟踪压强增值随时间的变化研究反应的进程。

若 p_∞ 表示 H_2O_2 全部分解时体系的最终压强增加值；p_t 表示表示经反应时间 t 后体系的压强增加值，由于恒温条件下有 $n_{O_2,t} \propto (c_{A,0} - c_{A,t}) \propto p_t$，$n_{O_2,\infty} \propto c_{A,0} \propto p_\infty$，则速率方程的积分式亦可表示为：

$$\ln \frac{p_\infty - p_t}{p_\infty} \qquad (6\text{-}99)$$

以 $\ln[(p_\infty - p_t)/\mathrm{Pa}]$ 对 t 作图，由直线的斜率也可求得速率常数 k。

p_∞ 可以采用以下两种方法求取：

外推法：以 $1/t$ 为横坐标对 p_t 作图，将直线段外推至 $1/t=0$（即 t 为∞），截距即为 p_∞。该法须使反应接近完全方可相对准确的推出截距。

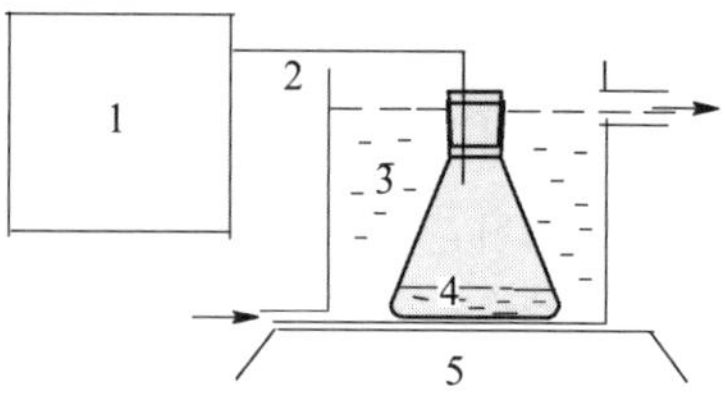

1—微压差测定仪；2—导气管；3—恒温水浴槽；4—反应液；5—磁力搅拌器。

图 6-43　测压法实验装置

加热法：在测定若干 p_t 后，将反应瓶置于 50 ℃～60 ℃水浴下约 15 min，促进 H_2O_2 快速完全分解，再冷却回原反应温度，记下的压强即为 p_∞。

也可以不测 p_∞，而用 Guggenheim 法数据法处理。公式推导如下：

$$\ln \frac{p_\infty - p_t}{p_\infty} = -kt$$

$$p_\infty - p_t = p_\infty e^{-kt}$$

$$p_\infty - p_{t+\Delta} = p_\infty e^{-k(t+\Delta)}$$

两式相减，得　$p_{t+\Delta} - p_t = p_\infty e^{-kt}(1-e^{-k\Delta})$

两边取对数，得　$\ln(p_{t+\Delta} - p_t) = -kt + \ln[p_\infty(1-e^{-k\Delta})]$

Δ 为一定的反应时间间隔。以 $\ln[(p_{t+\Delta} - p_t)/\mathrm{Pa}]$ 对 t 作图，由直线的斜率也可求得速率常数 k。一般 Δ 取半衰期的 2～3 倍时实验结果较为准确，因此应用该法的前提是反应须进行到接近完全。

(3)实验内容的设计。

H_2O_2 是一种常见的工业氧化剂，因其还原产物为水，不产生污染而广受使用。但由于工业回用水中含有一些生锈管道中溶出的过渡金属离子，使 H_2O_2 产生无效分解而降低作用效果。为了对金属离子进行屏蔽，常加入 $MgSO_4/Na_2SiO_3$ 或 EDTA 处理。测定 H_2O_2 在不同 pH 值下受 Cu^{2+}、Fe^{3+}、Mn^{2+} 等金属离子催化分解的活性以及在不同掩蔽剂作用下的分解，对 H_2O_2 的正确使用有较大的现实意义。

三、实验仪器和试剂

(1)仪器

微压差测定仪	磁力搅拌器	250 mL 锥形瓶
50 mL 量筒	1 mL 吸量管	计时秒表

(2)试剂

0.5 mol/L $Fe(NO_3)_3$　　3% H_2O_2　　0.1 mol/L 的 NaOH　　0.1 mol/LHCl

四、实验内容

取 50 mL 蒸馏水于洁净的锥形瓶中，加入 1 mL 的 0.5 mol/L$Fe(NO_3)_3$ 作催化剂。放入洁净的搅拌磁子，开启搅拌混匀。

反应液在设定的恒温水浴中（或室温）恒温 15 min 后，关闭磁力搅拌。移取 1 mL 3% H_2O_2 溶液，注入锥形瓶中，塞紧瓶塞。将微压差测定仪置零，开启磁力搅拌器同时开始计时。

过氧化氢分解放出的氧气使系统压强增高。每隔 1 min 记录一次微压差测定仪显示的系统压强增加值，直至反应接近完全为止[2,3]。

改变实验条件（改变催化剂种类、催化剂的量、调节反应体系的酸碱性、改变反应温度，自己设计[5]），重复上述测定步骤。

五、实验数据记录与处理

（1）将所测数据填入表 6-30。使用 Excel 或 Origin 7.0 软件处理数据，作 $\ln[(p_{t+\Delta}-p_t)/\mathrm{Pa}]$ 对 t 图，求得速率常数 k 及线性相关系数。

表 6-30 不同反应时间下体系的压强及数据处理

t/min	p_t/Pa	$(t+\Delta)$/min	$p_{t+\Delta}$/Pa	$(p_{t+\Delta}-p_t)$/Pa	$\ln[(p_{t+\Delta}-p_t)/\mathrm{Pa}]$
1					
2					
3					
4					
5					
6					
7					
8					
9					
…		…			

注：实验温度＝________℃，催化剂________，介质酸碱性________，Δ＝________，
k＝________，$t_{1/2}$＝________。

（2）比较系列实验的结果。

注释：

[1]一些版本的教材采用测体积法进行实验。装置如图 6-44所示。

[2]实验过程必须保证反应体系的密闭性。

[3]反应前的一系列操作—注入 H_2O_2、加塞、微压差测定仪置零、启动磁力搅拌器、按下秒表计时，要迅速而有条理。

[4]根据实验学时和专业需要自行选择，设计成综合性实验。

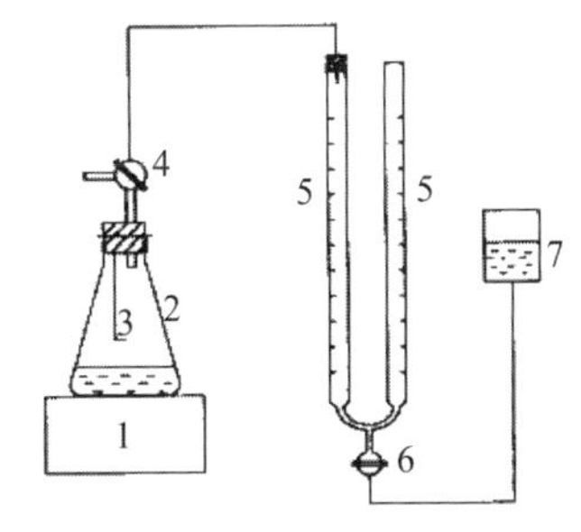

1—电磁搅拌器；2—250 mL 锥形瓶；
3—催化剂托盘；4—三通旋塞；
5—50 mL 量气管；6—旋塞；7—水位瓶。

图 6-44 测体积法装置

思考题

1. 影响化学反应速率的因素有哪些？

2. 过氧化氢分解反应速率常数 k 值与哪些因素有关？

3. 有哪些方法可以得出 p_∞ 值？

4. 一级反应有什么动力学特征？

5. 以下因素对实验结果有何影响？

①仪器未清零，②搅拌速率，③锥形瓶大小，④加入过氧化氢后加塞、计时不及时。

6. 催化作用的通性是什么？

7. 催化剂改变反应速率的一般机理是什么？

8. 什么是均相催化和多相催化？

<<< 6.18 三液系(苯-乙醇-水)相图的绘制 >>>

一、实验目的

(1)熟悉相律和用三角坐标表示三组分相图的方法。

(2)用溶解法绘制具有一对共轭溶液的三组分相图。

二、实验原理

在萃取时，具有一对共轭溶液的三组分相图对确定合理的萃取条件极为重要。

(1)三角形坐标基础知识

在一定温度、压力下，三组分体系的状态和组成之间的关系通常可用等边三角形坐标表示。在等边三角形上，沿反时针方向标出三个顶点，三个顶点表示纯组分 A、B 和 C，三条边上的点表示相应两个组分的质量分数。三角形内任一点都代表三组分体系。通过三角形内任一点 O，引平行于各边的平行线，在各边上的截距就代表对应顶点组分的含量，即 a' 代表 A 在 O 中的含量，同理 b'、c' 分别代表 B 和 C 在 O 点代表的物系中的含量，如图 6-45 所示。

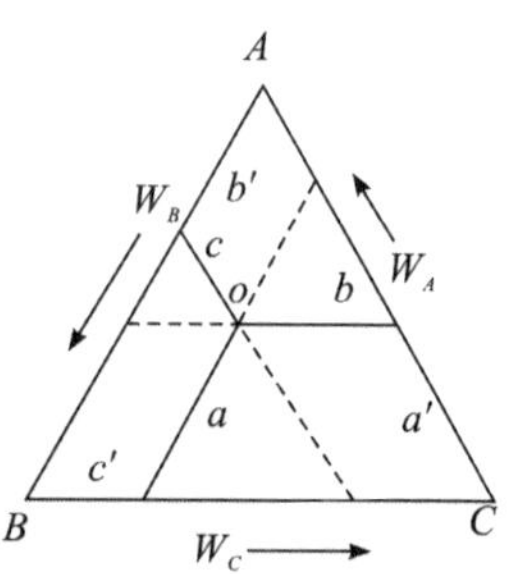

图 6-45 三组分体系状态和组成之间的关系

等边三角形表示法有以下特点：

①在平行于底边的任意一条线上，所有代表物系的点中，含顶角组分的质量分数相等。

②在通过顶点 A 的任一条线上，其余两组分 B、C 组成之比相等。

③通过顶点的任一条线上，离顶点越近，代表顶点组分的含量越多；越远，含量越少。

④如果代表两个三个组分体系的 D 点和 E 点，混合成新体系的物系点 O 必定落在 DE 连线上。哪个物系含量多，O 点就靠近那个物系点。O 点的位置可用杠杆规则求算。

⑤由三个三组分体系 D，E，F 混合而成的新体系的物系点，落在这三点组成三角形的重心位置，即 H 点，如图 6-46 所示。

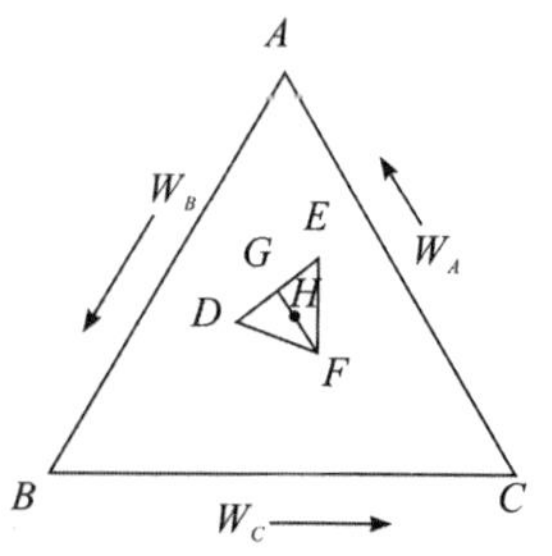

图 6-46 新体系的物系点

先用杠杆规则求出 D,E 混合后新体系的物系点 G,再用杠杆规则求 G,F 混合后的新体系物系点 H,H 即为 DEF 的重心。

(2)具有一对共轭溶液的三组分体系相图(图 6-47)

该三液系中,A 和 B 及 A 和 C 完全互溶,而 B 和 C 部分互溶。如醋酸(A)和氯仿(B)以及醋酸和水(C)都能无限混溶,但氯仿和水只能部分互溶。在它们组成的三组分体系相图上出现一个帽形区,曲线 aoc 为溶解度曲线,又称为双结线(binoal curve)。曲线外是单相区,曲线内是两相区。物系点落在两相区内,即分成两相,一层是在醋酸存在下,水在氯仿中的饱和液,如系列 a 点所示;另一层是氯仿在水中的饱和液,如系列 b 点所示。这对溶液称为共轭溶液。

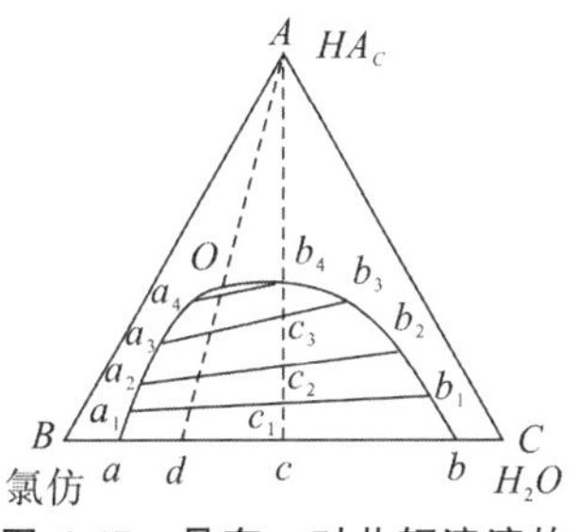

图 6-47　具有一对共轭溶液的三组分体系相图

在物系点为 c 的体系中加醋酸,物系点沿 Ac 线向 A 移动,到达 c_1时,对应的两相点为 a_1和 b_1。由于醋酸在两层中含量不等,所以连结线 a_1b_1不与底边平行。继续加醋酸,使 B、C 两组分互溶度增加,两相分别沿 a_1、a_2、a_3、a_4和 b_1、b_2、b_3、b_4变化,连结线缩短,依杠杆规则,两相的相对数量也在变化。最后氯仿层消失,只剩下相点为 b_4的水层。

若物系点从 d 点的体系中加醋酸,物系点沿 Ad 线向 A 移动,最终结线归于一点 O,这时两层溶液组成一样,界面消失,成单相。O 点称为等温会溶点(isothermal consolute point)。

苯-乙醇-水三液系,由于苯与水完全不互溶,a、b 点与两角 B、C 重合。

具有二对共轭溶液和三对共轭溶液三组分体系的相图则分别如图 6-48 和图 6-49 所示。

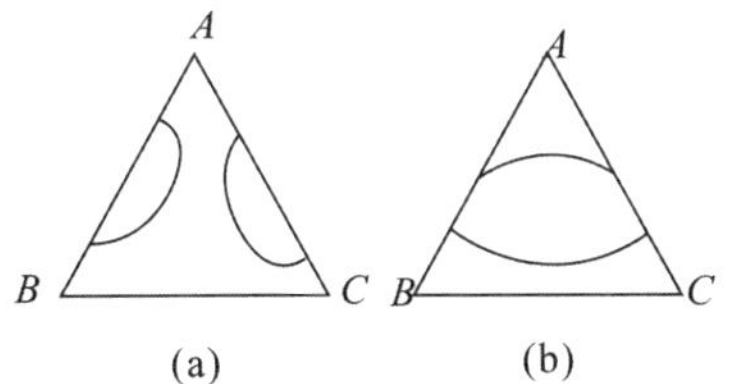

图 6-48　具有两对共轭溶液的三组分体系相图

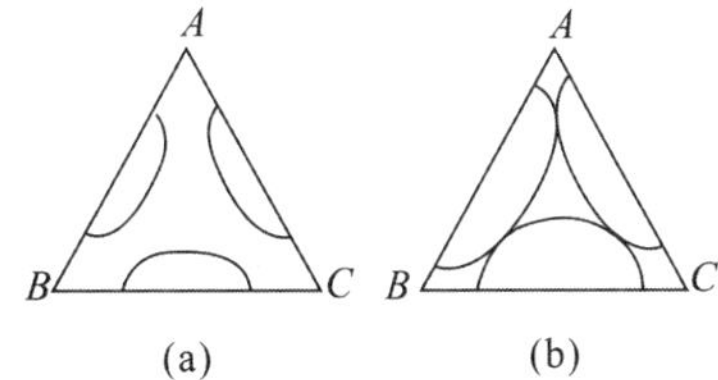

图 6-49　具有三对共轭溶液的三组分体系相图

3. 实验原理

绘制溶解度曲线方法较多。本实验先配制完全不互溶的苯-水二组分体系,如图上的 K 点,在振荡下逐渐滴加入乙醇,则物系点沿 KA 线移动(苯-水比例保持不变)。直至曲线上的 d 点,体系由两相区进入单相区,液体将由浑浊转为澄清。

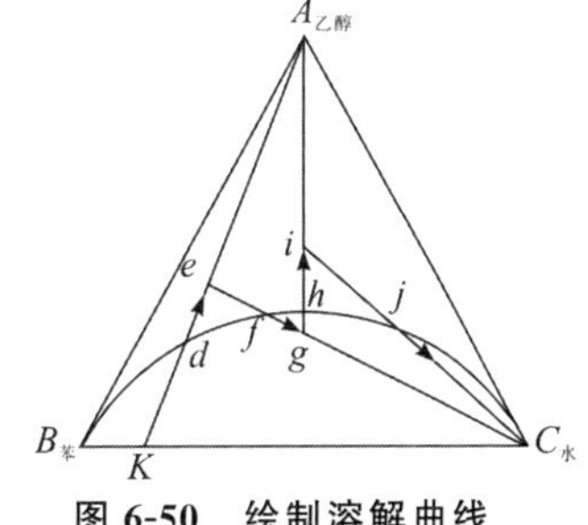

图 6-50　绘制溶解曲线

继续加入乙醇至 e 点,液体仍为清澈的单相。于这一体系中加水,物系点将沿 e-C 线变化(苯-乙醇比例保持不变),直至曲线上的 f 点,由单相区进入两相区,液体开始由清澈变浑浊。

继续加水至 g 点,体系仍为两相。于此体系中加入乙醇,物系点沿 g-A 线变化,至 h 点由两相区进入单相区,液体由浑浊变澄清。

如此重复,可获得 d、f、h、j……等位于曲线上的点。沿这些点画出光滑曲线,绘出单相区与两相区的分界曲线,即其溶解度曲线,如图 6-50 所示。

三、实验仪器与试剂

(1)仪器

50 ml 酸式滴定管 2 支　　2 ml 吸量管 2 支　　1 ml 吸量管 1 支　　100 ml 锥形瓶 1 个

(2)试剂

苯(A. R.)　　无水乙醇(A. R.)　　蒸馏水

四、实验内容

分别移取 2 mL 苯及 0.1 mL 水于干燥洁净的 100 mL 锥形瓶[1]中。用酸式滴定管逐滴加入乙醇,且不停地摇动[2,3],至溶液由浑浊变澄清,记下所加乙醇的体积。

于此液中再加入 0.5 mL 乙醇,用水滴定至刚由清返浊,记下所用水的体积。

按照记录表中所规定的数字继续加入水,然后又用乙醇滴定,如此反复进行实验。滴定时必须充分振荡。

五、结果与分析

将实验数据填入表 6-31 中并求出质量百分数。

表 6-31　数据记录及计算

编号	体积[4]/ml					质量/g				w/%			清浊转化
	苯	水		乙醇		苯	水	乙醇	合计				
		每次加	合计	每次加	合计								
1	2	0.1	0.1										浊-清
2	2			0.5									清-浊
3	2	0.2											浊-清
4	2			0.9									清-浊
5	2	0.6											浊-清
6	2			1.5									清-浊
7	2	1.5											浊-清
8	2			3.5									清-浊
9	2	4.5											浊-清
10	2			7.5									清-浊

实验温度:________。该温度下水的密度=________,乙醇密度=________,苯的密度=________。

将各溶液滴定终点时各组分的体积,根据它们在试验温度下的密度换算为质量,求出各溶液滴定终点时的质量百分数 w。

将所得的点及苯与水的相互溶解度点绘于三角坐标纸上,并用曲线板将各点连成平滑曲线。

注释:

[1] 因为所测定的体系含有水的组成,故所用玻璃器皿均需干燥。

[2] 在滴加水的过程中需一滴滴地加入，且需不停地振摇锥形瓶，待出现浑浊并在 2～3 min 内不消失，即为终点。特别是在接近终点时，溶液接近饱和，溶解均匀需较长的时间，这时要多加摇动、细心观察。

[3] 摇晃锥形瓶时，避免用手直接握住锥形瓶进行摇晃，应用手指捏住锥形瓶口部位置来进行摇晃。避免人体温度对溶解度产生影响。

[4] 每次加入的体积以实际加入值为准并精确有效数字。

思考题

1. 当温度、压力为恒定时，三组分体系的相律如何表述？

2. 当体系的组成点在曲线内和曲线外时，相数有何变化，自由度各是多少？

3. 什么是杠杆规则？

4. 结线交于曲线上的两点代表什么？

5. 使用的锥形瓶为什么要事先干燥？

6. 用水或乙醇滴定至清浊变化以后，加入过剩量多少对结果有何影响？

7. 从测量精度看，体系的质量百分数用几位有效数字表示？

8. 如果某次滴定过程中清浊转变时判断不清导致读数不准，是否需要倒掉重新开始实验？

第七章

现代仪器分析实验

<<< 简　介 >>>

分析化学是提供物质样品组成数字信息方法的理论与实践的科学。本章仪器分析涵盖的内容有电位分析、光谱仪器分析及色谱仪器分析等。

电位分析法是指通过测量指示电极和参比电极与试液构成的工作电池的电动势来求得物质含量的方法。如果采用离子选择性电极作为指示电极，则称为离子选择性电极分析法，电位分析法可分为直接电位法和电位滴定法。

光谱分析仪器是探测电磁辐射与物质相互作用的工具，包括四个基本组成部分：信号发生系统（如各种激发光源、辐射光源及样品池的组合系统）、色散系统、检测系统、信号处理系统等。光谱仪器分析主要有紫外可见分光光度法、原子吸收光谱法、分子吸收光谱法、火焰光度法、分子荧光光谱法、红外光谱法等。本章中的光谱仪器分析实验具有一定的代表性，通过这些实验，使我们熟悉从样品预处理到具体的分析测定，以至数据结果处理的整个分析过程，从而掌握各类光谱分析的定性及定量方法，使理论与实践更加紧密结合。

色谱仪器分析是重要的分离分析技术。按照两相（流动相和固定相）的状态，色谱分析法可分为气相色谱法和液相色谱法两大类。其中气相色谱法（简称 GC）是 20 世纪 50 年代提出并发展起来的一种分离分析技术，它是以惰性气体为流动相，固体或液体为固定相的色谱法。它具有分离效能高、选择性高、灵敏度高、分析速度快和应用范围广等特点；高效液相色谱法（简称 HPLC）是 20 世纪 60 年代末 70 年代初发展起来的一种分离分析技术，它是以液体为流动相、固体或液体为固定相的色谱法。它具有高压、高速度、高效率、高灵敏度和应用范围广等特点。通过本章的色谱实验，可使我们学会使用气相色谱仪、高效液相色谱仪，了解气相色谱柱的装填过程，掌握色谱仪器分析中的几种定性、定量分析方法。

7.1 电势滴定法测定溶液的pH值

一、实验目的

(1)了解电势滴定的原理和滴定曲线的绘制方法。

(2)掌握酸度计的使用方法。

(3)了解确定终点的方法。

二、实验原理

在用NaOH标准溶液滴定醋酸的过程中,常以复合电极与待测液组成原电池。随着NaOH标准溶液的不断加入,溶液的pH值不断变化,在化学计量点附近,溶液的pH值将产生突跃。通过测量溶液的pH值的变化,即可确定滴定终点。以加入的NaOH溶液的体积为横坐标,pH为纵坐标,绘出pH～V_{NaOH}滴定曲线。然后在滴定曲线上作两条平行的切线,在两切线间作一垂线,垂线的中垂线与曲线的交点即为滴定终点(参考图7-1)。因此,从得到的滴定曲线,通过作图法便可求出化学计量点时的pH值和V_{NaOH},把得到的pH值与理论计算的pH值及根据指示剂颜色变化得到的pH值进行比较。

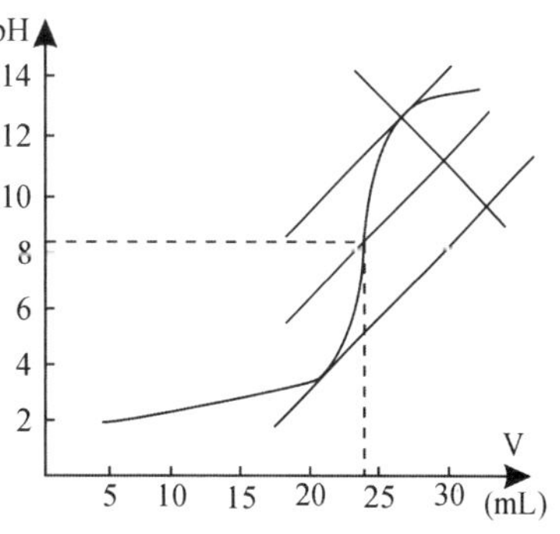

图7-1 pH～V_{NaOH}滴定曲线图

用酸度计测定溶液的pH时,首先必须用已知pH的标准缓冲溶液校正酸度计(即定位),然后测量溶液的pH。

三、实验仪器与试剂

1. 仪器

酸度计	移液管(25 mL)	洗耳球
碱式滴定管(50 mL)	烧杯(100 mL)	洗瓶
玻棒		

2. 试剂

NaOH(0.1 mol·L^{-1})	HAc(0.1 mol·L^{-1})	酚酞(0.2%)

四、实验内容

1. 指示剂法确定滴定终点

用移液管准确移取25.00 mL 0.1 mol·L^{-1} HAc溶液于100 mL烧杯中,加入2滴0.2%酚酞指示剂,用碱式滴定管中的0.1 mol·L^{-1} NaOH标准溶液滴定至溶液刚出现淡红色半分钟不褪为止。记录滴定终点时加入NaOH溶液的体积V,并测定其pH值,以供下面测定pH值时作为参考。

2. 滴定曲线的绘制

(1)用移液管准确移取 25.00 mL 0.1 $mol \cdot L^{-1}$ HAc 溶液于 100 mL 烧杯中，在不断搅拌下从碱式滴定管中准确加入($V-15.00$)mL 0.1 $mol \cdot L^{-1}$ NaOH 标准溶液，搅拌混合均匀后，用酸度计测定其 pH，记录加入 NaOH 溶液的体积和 pH。

(2)用上面同样的方法，逐次加入一定体积的 NaOH 后，用酸度计测定溶液的 pH，每次加入 NaOH 溶液的体积，可参考下面的方法：

①在离滴定终点 5 mL 以前，每次加入 10.00 mL；

②在离滴定终点前 5 mL 以内，每次加入 2.00 mL；

③在离滴定终点前 1 mL 以内，依次加入 0.50 mL、0.20 mL、0.20 mL、0.10 mL；

④在离滴定终点后 1 mL 以内，依次加入 0.10 mL、0.20 mL、0.20 mL、0.50 mL；

⑤在超过滴定终点 1 mL 以后，每次分别加入 1.00 mL。

五、结果与分析

(1)数据记录。数据填入表 7-1。

表 7-1 加入 NaOH 溶液的体积(mL)与相应的 pH

V_{NaOH}/mL	$V-15.00$	$V-5.00$	$V-3.00$	$V-1.00$	$V-0.50$	$V-0.30$	$V-0.10$
pH							
V_{NaOH}/mL	V	$V+0.10$	$V+0.30$	$V+0.50$	$V+1.00$	$V+2.00$	$V+3.00$
pH							

(2)滴定曲线绘制。以 NaOH 体积为横坐标，pH 为纵坐标，绘制 pH—V_{NaOH} 曲线。

(3)从滴定曲线求出反应计量点的 pH 和 V_{NaOH}。

(4)比较滴定终点 pH 值、理论计算计量点 pH 值和从滴定曲线求得计量点 pH 值，分析误差的原因。

思考题

1. 测绘滴定曲线的意义是什么？
2. 当 HAc 完全被 NaOH 中和时，反应计量点的 pH 值是否等于 7，为什么？
3. 从你绘制得到的滴定曲线的形状说明些什么？

【相关背景知识】

酸度计使用参见 6.2 章节相关背景知识部分(p162 页)

7.2　离子选择性电极测定水样中的 F^-

一、实验目的

(1)学习和掌握离子选择性电极法测定 F^- 的原理和方法。

(2)了解总离子强度调节缓冲溶液的意义和作用。

(3)掌握直接电位法测量电动势的操作技术。

二、实验原理

氟是自然界中分布较广的元素,动植物体中微量 F^- 的存在主要来源为饮水和食物。如果水中存在过量的氟就会对人体的健康造成危害,尤其是对发育期的儿童会引起斑齿和骨骼变质。

水中微量的氟通常用氟离子选择性电极与饱和甘汞电极组成工作电极,通过测定电池的电动势 E,即可求出水中氟的含量。F^- 离子浓度在 $10^{-1}\sim10^{-6}$ mol・L^{-1} 范围内,电动势 E 与 pF^- 值呈线性关系,可用标准曲线法进行测定。

用离子选择性电极进行电位分析时,测得的是离子的活度,它受溶液的离子强度的影响,所以在实际测定中,必须加入一定量的总离子强度调节缓冲溶液(即 TISAB),以保持标准溶液与待测溶液具有大致相同的离子强度。

标准曲线法的测定方法是:先将氟电极与饱和甘汞电极放在一系列含有不同浓度 F^-(同时含有 TISAB)的标准溶液中,测定它们的电动势 E 并作出 $E\sim pF^-$ 图,然后在待测水样(含有与标准液同样 TISAB 液)中,用同一对电极测其电动势(E_x),再从 $E\sim pF^-$ 图上找出 E_x 相应的 F^- 浓度。

三、实验仪器与试剂

1. 仪器

pHS—2 型酸度计(或其他型号酸度计)	氟离子选择电极	饱和甘汞电极
电磁搅拌装置	塑料小烧杯	容量瓶(100 mL)
吸量管(10 mL)	洗瓶	洗耳球

2. 试剂

1.000×10^{-1} mol・L^{-1} F^- 标准贮备液[1]　　总离子强度调节缓冲溶液(TISAB)[2]

四、实验内容

1. 氟电极的准备与 pHS—2 型酸度计的调节[3]

测定前应将氟电极放在 10^{-4} mol・L^{-1} F^- 溶液中浸泡约 0.5 h,然后再用蒸馏水清洗电极至空白电位为 −300 mV 左右(氟电极在不含 F^- 的去离子水中的电位约为 −300 mV),最后浸泡在水中待用。pHS—2 型酸度计的调节(及电动势的测量)按注释进行。

2. 系列标准溶液的配制

在 100 mL 容量瓶中用移液管移入 10.00 mL 1.00×10^{-1} mol・L^{-1} F^- 标准溶液，加入 10 mL TISAB 液，用去离子水稀释至刻度，摇匀即得 1.00×10^{-2} mol・L^{-1} F^- 标准溶液。用类似方法依次在 4 个 100 mL 容量瓶中配制 1.00×10^{-3} mol・L^{-1}，1.00×10^{-4} mol・L^{-1}，1.00×10^{-5} mol・L^{-1}，1.00×10^{-6} mol・L^{-1} 的 F^- 标准溶液。

3. 标准溶液的测定

将上述配制的五种不同浓度的 F^- 标准溶液，由低浓度到高浓度依次转入塑料小烧杯中，插入氟电极和饱和甘汞电极，在电磁搅拌器搅拌 4 min 后，停止搅拌 0.5 min，开始读取电动势，然后每隔 0.5 min 读一次读数(记录 mV 值)，直至 3 min 内不变为止。

4. 水样的测定

准确吸取 50.00 mL 水样于 100 mL 容量瓶中，加入 10 mL TISAB 液，用去离子水稀释至刻度，摇匀。在与标准溶液相同条件下测定其电动势(E_x)。

五、结果与分析

(1)将 F^- 系列标准溶液及待测水样所测得的电动势(E)列表。

(2)绘制标准曲线：以测得的标准溶液的电动势(E)为纵坐标，以 pF 为横坐标，绘制标准曲线。

(3)计算氟的浓度：从标准曲线上查出 E_x 对应的 F^- 的浓度，从而可换算出水样中氟的浓度。

注释：

[1]1.000×10^{-1} mol・L^{-1} F^- 标准贮备液：准确称取 4.1990 g NaF(经 120℃烘干 2 h，冷却至室温)，放入烧杯中，用去离子水溶解后，转移到 1000 mL 容量瓶中定容后，贮存在塑料瓶中备用。

[2]总离子强度调节缓冲溶液(TISAB)：称取 60 g NaCl、59 g Na_3Cit(柠檬酸钠)、102 g NaAc 放入大烧杯中，再加入 14 mL HAc、600 mL 去离子水溶解，用 1 mol・L^{-1} HAc 或 1 mol・L^{-1} NaOH 调节溶液 pH＝5.0～5.5，然后用去离子水定容为 1 L，贮存于塑料瓶中。

[3]pHS—2 型酸度计测量电动势的操作步骤如下：

(1)接通电源

(2)安装电极

a. 将待测电极两极分别接到仪器相应的接线柱上。测量＋mV 时按下＋mV 键(测量－mV 时按下－mV键)。

b. 预热 0.5 h，调节温度补偿器至溶液温度。

(3)零点调节与校正

a. 将(量程)分挡开关放在“0”处，调节零点调节旋钮，使指示电表指针指在“1.00”处。

b. 将分档开关旋钮旋至“校正”处，调节校正旋钮，使电表指针指在“2.00”处(如果测－mV，则应指在“－2.00”处)。

c. 测量完毕后冲洗电极，关闭电源。

思考题

1. 加入“TISAB”缓冲溶液的作用有哪些？

2. 氟离子选择电极在使用前应如何处理？达到什么要求？

3. 饮用水和食品中的 F 对人的健康有何影响？

7.3 分光光度法测定铁

一、实验目的

(1)掌握邻菲咯啉分光光度法测定微量铁的原理和方法。

(2)掌握光吸收曲线的绘制及最适宜波长的确定。

(3)掌握分光光度计的基本原理和使用方法。

二、实验原理

邻菲咯啉法是测定微量铁最常用和最灵敏的方法。此法准确度高,重现性好,配合物十分稳定。Fe^{2+} 离子与邻菲咯啉反应生成极稳定的橘红色配合物,反应式如下:

$$Fe^{2+} + 3\,(\text{phen}) \longrightarrow [Fe(\text{phen})_3]^{2+}$$

该配合物的最大吸收波长为 510 nm,摩尔吸收系数 $\kappa=1.1\times10^4 L\cdot mol^{-1}\cdot cm^{-1}$。

由于 Fe^{3+} 也会与邻菲咯啉反应,生成 3∶1 的淡蓝色配合物,故必须先将 Fe^{3+} 还原为 Fe^{2+},再与邻菲咯啉反应。一般用盐酸羟胺作为还原剂,显色前将 Fe^{3+} 全部还原为 Fe^{2+}。

Fe^{2+} 与邻菲咯啉在 pH=2～9 范围内都能显色,但为了尽量减少其他离子的影响,通常在微酸性(pH ≈ 5)溶液中显色。

本法选择性很高,相当于含 Fe 量 40 倍的 Sn^{2+},Al^{3+},Ca^{2+},Mg^{2+},Zn^{2+},$SiO_3{}^{2-}$;20 倍的 Cr^{3+},Mn^{2+},V(V),$PO_4{}^{3-}$;5 倍的 Co^{2+},Cu^{2+} 等均不干扰测定。

三、实验仪器与试剂

1. 仪器

UV-9100 紫外可见分光光度计或 721 型分光光度计

容量瓶(50 mL)　　烧杯(250 mL)

玻璃比色皿(1 cm)　　吸量管(1 mL,2 mL,5 mL,10 mL)

洗耳球　　洗瓶

2. 试剂

铁标准溶液(100 mg·L^{-1})[1]　　铁标准溶液(10 mg·L^{-1})[2]

HAc～NaAc 缓冲溶液(pH=5)　　盐酸羟胺(10%)(新配制)

邻菲咯啉(0.15%)(新配制)　　待测试液

四、实验内容

1. 溶液的配制

取 7 只 50 mL 容量瓶，编号，分别用吸量管加入 0.00、2.00、4.00、6.00、8.00、10.00 mL 10 mg·L^{-1} 铁标准溶液，第 7 只容量瓶中加入 5.00 mL 待测试液，然后在各容量瓶中依次加入 1.00 mL 10%盐酸羟胺溶液，2.00 mL 0.15%邻菲咯啉水溶液和 5.00 mL HAc～NaAc 缓冲溶液(pH=5)，用水定容至刻度，摇匀，显色。

2. 吸收曲线的绘制

以 1 号溶液为试剂空白作参比，以 6 号标准溶液作为供试液，用 1 cm 比色皿，在分光光度计上，在 440～560 nm 间，每隔 10 nm 测定一次吸光度。然后以波长为横坐标，吸光度为纵坐标，绘制吸收曲线，从吸收曲线上确定邻菲咯啉法测定铁的适宜波长(一般选用最大吸收波长 λmax)。

3. 标准曲线的绘制和 Fe 含量的测定

在最大吸收波长(510 nm)处，用 1 cm 比色皿，以试剂空白为参比，测定各标准溶液的吸光度。以铁标准溶液浓度 $\rho(Fe^{2+})$为横坐标，相应的吸光度 A 为纵坐标，绘制标准曲线。根据被测试液的吸光度，从标准曲线上查出被测试液的浓度，再换算出原试液含 Fe^{2+} 量(单位为 mg·L^{-1})。

五、结果与分析

1. 吸收曲线的绘制

测得的数据填入表 7-2。

表 7-2 铁吸收曲线的测定

波长/nm	440	450	460	470	480	490	500	510	520	530	540	550	560
吸光度/A													

从吸收曲线上确定邻菲咯啉测定铁的最大吸收波长 λ_{max}=______nm。

2. 标准曲线的绘制和铁含量的测定

(1)数据记录。测得的数据填入表 7-3。

表 7-3 铁标准曲线与含量测定

容量瓶编号	1	2	3	4	5	6	7
铁标准溶液用量/mL	0.00	2.00	4.00	6.00	8.00	10.00	/
铁待测液用量/mL	/	/	/	/	/	/	5.00
铁浓度 ρ/mg·L^{-1}							ρ_x
吸光度/A							

(2)绘制标准曲线。

(3)从标准曲线上查出，稀释至 50 mL 容量瓶中试液含铁浓度。

ρ_x=______ mg·L^{-1}，原试液含铁浓度 $\rho=\rho_x\times10$(倍)=______ mg·L^{-1}。

注释：

[1]铁标准溶液(100 mg·L^{-1})的配制：准确称取 0.8634 g 分析纯的 $NH_4Fe(SO_4)_2\cdot12H_2O$，置于 250 mL 烧杯中，以 30 mL 2 mol·L^{-1} HCl 溶液溶解后转移于 1000 mL 容量瓶中，用水稀释定容，摇匀。

[2]铁标准溶液(10 mg·L^{-1})的配制：由 100 mg·L^{-1} 铁标准溶液准确稀释 10 倍而成。

思考题

1. 用邻菲咯啉测定铁时，在测定前加入盐酸羟胺的目的是什么？若不加入盐酸羟胺，对测定结果有何影响？

2. 如用久置的盐酸羟胺溶液，对分析结果有何影响？

【相关背景知识】

紫外分光光度计使用参见 6.4 章节相关背景知识部分，p172 页.

7.4　磷的比色分析(分光光度法)

一、实验目的

(1)掌握分光光度法测定磷的原理和方法。

(2)熟悉并掌握分光光度计的基本原理和使用方法。

二、实验原理

试液中微量磷的测定，一般采用钼蓝比色法。此法是在含有少量 PO_4^{3-} 的酸性溶液中与钼锑抗混合显色剂作用，生成深蓝色配合物。蓝色的深浅与磷的含量成正比。比色时酸度以 0.325 $mol \cdot L^{-1}$ 最好，测定磷(以 P_2O_5 计)的浓度范围以 $0.1 \sim 1.4 \times 10^{-6}$ 为宜，颜色稳定时间为 24 h。

用标准曲线法在分光光度计上测定显色后的标准溶液和被测试液的吸光度，绘制出磷的标准曲线，再以被测试液的吸光度在标准曲线上查出相应 P_2O_5 浓度，然后求出原来试液含 P_2O_5 浓度。

三、实验仪器与试剂

1. 仪器

UV—9100 紫外分光光度计或 721 型分光光度计

玻璃比色皿(1cm)　　容量瓶(50 mL)

吸量管(2 mL，5 mL，10 mL)　　烧杯(250 mL)

洗瓶　　洗耳球

2. 试剂

磷标准液(10 $mg \cdot L^{-1}$)[1]　　硫酸的钼锑贮存液(3.25 $mol \cdot L^{-1}$)[2]

钼锑抗混合显色剂[3]

四、实验内容

1. 标准曲线的绘制

取 6 只 50 mL 的容量瓶，编号，用吸量管分别加入 0.00，1.00，2.00，3.00，4.00，5.00 mL 磷标准溶液，各加约 20 mL 蒸馏水，摇匀，再准确加入 5 mL 3.25 $mol \cdot L^{-1}$ 硫酸的钼锑抗混合显色剂，充分摇匀后用蒸馏水稀释定容，静置 20～30 min，在 710 nm 波长处，用 1 cm 比色皿，以空白溶液作参比，在分光光度计上，分别测定各溶液的吸光度。以磷的质量浓度为横坐标，吸光度 A 为纵坐标，绘制标准曲线。

2. 试液中磷含量的测定

用吸量管准确移取 10.00 mL 被测试液于 50 mL 容量瓶中，与标准溶液相同条件下显色稀释定容，测定其吸光度。从标准曲线上查出相应的磷的含量，然后求出原来试液中磷的质量浓度(单位为 $mg \cdot L^{-1}$)。

五、结果与分析

(1)数据记录。测得的数据填入表 7-4。

表 7-4　磷标准曲线与含量测定

容量瓶编号	1	2	3	4	5	6	7
磷标准溶液用量/mL	0.00	1.00	2.00	3.00	4.00	5.00	/
铁试液用量/ mL	/	/	/	/	/	/	10.00
磷浓度 ρ/ $mg \cdot L^{-1}$							ρ_x
吸光度/A							

(2)绘制标准曲线。

(3)从标准曲线上查出，稀释至 50 mL 容量瓶中试液含铁浓度。

ρ_x=______ $mg \cdot L^{-1}$，原试液含铁浓度 $\rho=\rho_x \times 5$(倍)=______ $mg \cdot L^{-1}$。

注释：

[1]磷标准液(10 $mg \cdot L^{-1}$)：准确称取 0.5046 g 分析纯 $Na_2HPO \cdot 12H_2O$，在烧杯中加水溶解后转移至 1000 mL 容量瓶中，并稀释定容，摇匀，用时吸取此溶液 10.00 mL 于 100 mL 于容量瓶中稀释定容，此溶液为 10 $mg \cdot L^{-1}$ 磷标准液。

[2]硫酸的钼锑抗贮存液(3.25 $mol \cdot L^{-1}$)：取 180.6 mL 分析纯浓 H_2SO_4，缓缓加入到 400 mL 蒸馏水中，不断搅拌，冷却。另称取分析纯钼酸铵 20 g 溶于约 60℃的 300 mL 蒸馏水中，冷却。然后将 H_2SO_4 溶液缓缓倒入钼酸铵溶液中，不断搅拌，再加 100 mL 0.5%酒石酸锑钾溶液，冷却后用蒸馏水稀释至 1000 mL，摇匀，贮于棕色试剂瓶中。

[3]钼锑抗混合显色剂：于 100 mL 钼锑贮存液中，加入 1.5 g 抗坏血酸，此试剂有效期 24 h，宜用前配制。

思考题

1. 为什么在测定中要注意控制溶液的酸度？使用钼锑抗混合显色剂显色的最佳酸度是多少？

2. 加入钼锑抗混合显色剂的作用是什么？加入的量过多或过少对测定结果是否有影响？

7.5 紫外光谱法测定饮料中的苯甲酸和山梨酸的含量

一、实验目的

(1)通过实验了解苯甲酸和山梨酸的紫外光谱吸收特性,并利用这些特性对食品中所含的防腐剂(苯甲酸和山梨酸)进行定性鉴定。

(2)掌握最小二乘法及计算机处理光度分析数据的方法并对食品中防腐剂(苯甲酸和山梨酸)的含量进行定量测定。

二、实验原理

为了防止食品在储存、运输过程中发生变质、腐败,常在食品中添加少量防腐剂。苯甲酸和山梨酸以及它们的钠盐、钾盐是食品卫生标准允许使用的两种主要防腐剂。苯甲酸具有芳香结构,在波长 228 nm 和 272 nm 处有 K 吸收带和 B 吸收带;山梨酸具有 α,β-不饱和羰基结构,在波长 255 nm 处有 $\pi\rightarrow\pi^*$ 跃迁的 K 吸收带;因此根据它们的紫外吸收光谱特性可以对它们进行定性鉴定和定量测定。

由于食品中防腐剂含量很低,一般在 0.1%左右,同时食品中其他成分也可能产生干扰,因此一般需要预先将防腐剂与其他成分分离,并经提纯浓缩后进行测定。从食品中分离防腐剂的常用方法有蒸馏法和溶剂萃取法等。本实验采用溶剂萃取的方法,用乙醚将防腐剂从样品中提取出来,再经碱性水溶液处理及乙醚提取以达到分离、提纯的目的。

采用最小二乘法处理标准溶液的浓度和吸光度数据,以求得浓度与吸收度之间的线性回归方程,并根据线性回归方程计算样品中防腐剂的含量。

三、实验仪器与试剂

1. 仪器

UV-9100 紫外可见分光光度计　　玻璃比色皿(1 cm)

分析天平(或电子天平)　　分液漏斗(150 mL,250 mL)

容量瓶(10 mL,25 mL,100 mL)

2. 试剂

苯甲酸　　山梨酸

乙醚($C_2H_5OC_2H_5$)　　$NaHCO_3$(1%水溶液)

NaCl(固体)　　HCl 溶液(0.05 $mol\cdot L^{-1}$,0.1 $mol\cdot L^{-1}$,2 $mol\cdot L^{-1}$)

四、实验内容

1. 饮料中防腐剂的分离

称取 2.0 g 待测样品用 40 mL 蒸馏水溶解,移入 150 mL 分液漏斗中,加入适量的粉末 NaCl,待溶解后滴加 0.1 $mol\cdot L^{-1}$ HCl 溶液,使溶液的 pH < 4。依次用 30 mL、20 mL 和

20 mL乙醚分3次萃取样品溶液，合并乙醚萃取液并弃去水相；接着用两份30 mL 0.05 mol·L^{-1} HCl溶液洗涤乙醚萃取液，弃去水相；然后用3份20 mL 1% $NaHCO_3$水溶液依次萃取乙醚萃取液，合并$NaHCO_3$溶液；再用2 mol·L^{-1} HCl溶液酸化$NaHCO_3$溶液，并多加1 mL HCl溶液，将该溶液移入250 mL分液漏斗中。依次用25 mL、25 mL和20 mL乙醚分3次萃取已酸化的$NaHCO_3$溶液，合并乙醚溶液并移入100 mL容量瓶中，用乙醚定容后，吸取2 mL于10 mL容量瓶中，定容后供紫外光谱测定。

如待测样品中无干扰组分，可直接测定，以雪碧为例，吸取1 mL试样于50 mL容量瓶中用蒸馏水稀释、定容后供紫外光谱测定。

2. 防腐剂定性鉴定

取经提纯稀释后的乙醚萃取液(或水溶液)，用1 cm吸收池，以乙醚(或蒸馏水)为参比，在波长210～310 nm范围内测定其吸光度。以波长为横坐标，吸光度为纵坐标作其紫外吸收光谱，再与苯甲酸和山梨酸标准样品紫外吸收光谱进行对照，确定防腐剂的种类。

3. 饮料中防腐剂定量测定

(1)配制苯甲酸(或山梨酸)标准溶液　准确称取0.10 g(准确至0.1 mg)标准样品，用乙醚(或水)溶解，移至25 mL容量瓶中定容，吸取1mL该溶液用乙醚(或水)定容至25 mL，此溶液含标准样品为0.16 mg·mL^{-1}作为贮备液。吸取5 mL贮备液于25 mL容量瓶中，定容后成为浓度32 μg·mL^{-1}的标准溶液。

分别吸取标准液0.5 mL，1.0mL，1.5 mL，2.0 mL和2.5 mL于五个10 mL容量瓶中，用乙醚(或水)定容。

(2)用1 cm吸收池，以乙醚(或水)作参比，以苯甲酸或山梨酸K吸收带最大吸收波长为入射光分别测定上述五个标准溶液的吸光度。

(3)用步骤2中进行定性鉴定后的样品的乙醚萃取液(或稀释液)，按上述测标准液同样方法测定其吸光度。

五、结果与分析

1. 记录数据

将实验测定的标准溶液质量浓度和吸光度数据填入表7-5中。

表7-5　标准溶液质量浓度和吸光度测定数据

N	1	2	3	4	5
ρ/μg·mL^{-1}					
吸光度(A)					

2. 线性回归计算法

(1)用最小二乘法计算质量浓度ρ与吸光度A间回归直线方程$A=k\rho+b$的系数k及常数b。

根据最小二乘法原理，可利用下式求得回归直线方程的系数k和常数b：

$$k=\frac{\sum_{i=1}^{n}\rho_i\sum_{i=1}^{n}A_i-n\sum_{i=1}^{n}A_i\rho_i}{\left(\sum_{i=1}^{n}\rho_i\right)^2-n\sum_{i=1}^{n}\rho_i^2} \tag{7-1}$$

$$b = \frac{\sum_{i=1}^{n}\rho_i \sum_{i=1}^{n} A_i\rho_i - \sum_{i=1}^{n} A_i \sum_{i=1}^{n}\rho_i^2}{\left(\sum_{i=1}^{n}\rho_i\right)^2 - n\sum_{i=1}^{n}\rho_i^2} \tag{7-2}$$

将上述数据按公式需要计算 $\rho i2$ 和 $Ai\rho i$，并将计算数据填入表 7-6 中。

表 7-6　计算数据表

N	ρi	Ai	$\rho 2i$	$Ai\rho_i$
1				
2				
3				
4				
5				
$\sum_{i=1}^{n}$				

将表 7-6 中数据代入上述计算公式中，即可求得回归直线方程的 k 和 b 。

(2)绘制标准曲线。将各标准溶液的质量浓度 ρ 代入回归直线方程中，求得相应的吸光度计算值 A'。在坐标纸上以 ρ 为横坐标，以 A'为纵坐标绘出回归直线，同时将实验测定的吸光度 A 值也标在图上，以资比较。

(3)计算样品中防腐剂的含量。将实验步骤 3 中测得的样品溶液的吸光度 A 代入回归直线方程中，求得样品的乙醚萃取液中苯甲酸质量浓度 ρ_x 计算样品中防腐剂的含量。

3. 计算机数据处理法

打开 Win98 操作系统，执行 EXCEL 应用程序，将实验测得的吸光度数据及标准溶液的浓度数据分别填入第一列和第二列单元格，选定上述数据区域，用鼠标点击“图表向导”图标，选择 $X-Y$ 散点图形中的非连线方式，点击“下一步”至“完成”，即可得吸光度与质量浓度数据的散点图。选定这些点后，用鼠标点击打开主菜单上的“图表”，并从图表菜单上选择“添加趋势线”，在“类型”对话框中选择“线形趋势分析”，在“选项”对话框中点击“显示公式”及“显示 R^2”复选框，然后点击“完成”。即可在上述 $X-Y$ 散点图上出现一条回归直线、线性回归方程及相关系数。用相关系数可评价实验数据的好坏。将样品的吸光度数据代入线性回归方程，可得样品溶液中防腐剂的质量浓度。

思考题

1. 是否可以用苯甲酸的 B 吸收带进行定量分析？此时标准溶液的浓度范围应是多少？

2. 萃取过程经常会出现乳化或不易分层的现象，应采取什么方法加以解决？

3. 如果样品中同时含有苯甲酸和山梨酸两种防腐剂，是否可以不经分离分别测定它们的含量？请设计一个同时测定样品中苯甲酸和山梨酸含量的方法。

7.6 火焰光度法测定植物的K、Na

一、实验目的

(1)了解火焰光度计的构造、原理和使用方法。

(2)学习和熟悉火焰光度法测定植物中K、Na的方法。

二、实验原理

以火焰为激发光源的原子发射光谱法叫火焰光度法。它将待测试样溶液用喷雾的方法,以气溶胶形式引入火焰中,用火焰的热能将待测试样元素原子化并激发出它的特征光谱。然后,利用光电检测系统测量待测元素特征光谱的强度,当实验条件(包括燃料气体和压缩空气的供应速度,样品溶液的流速,溶液中其他物质的含量等)保持一定时,则发射光谱的强度 I 与待测元素的浓度 c 之间成正比

$$I=ac\text{(}a\text{ 为一稳定的常数)} \tag{7-3}$$

通过测量待测元素特征波长谱线的强度,进行定量分析。

在火焰激发下,K原子发射766.8 nm的谱线,Na原子发射589.0 nm的谱线,分别测量这两种谱线的相对强度,利用标准曲线进行K、Na的定量测定。

本实验使用液化石油气—空气火焰,测定植物样品中K、Na的含量。先将样品用湿消化法处理成分析试液,然后用标准曲线法进行定量分析。

三、实验仪器与试剂

1. 仪器

6400型火焰光度计	可调温电热板
电子天平或分析天平	吸量管(5 mL,10 mL)
锥形瓶(100 mL)	容量瓶(50 mL)
曲颈小漏斗	烧杯(250 mL)
洗瓶	

2. 试剂

1.000 $g \cdot L^{-1}$ K贮备标准溶液[1]	1.000 $g \cdot L^{-1}$ Na贮备标准溶液[2]
K、Na混合标准工作溶液[3]	三酸混合溶液[4]
1% HCl溶液。	

四、实验内容

1. 样品的预处理

准确称取1.0000 g通过35号筛的干样品,置于100 mL锥形瓶中,加入2～3粒沸石以防暴沸,瓶口加一曲颈小漏斗,移入10.0 mL三酸混合液。在通风橱中于电热板上低温消化40 min后,升温使 $HClO_4$ 冒白烟分解,此过程2～3 min即可完成,见到 H_2SO_4 回流,即呈

现缕状的烟时取下锥形瓶，稍冷后，加 20 mL 左右 1% HCl，加热至沸以溶解残渣，趁热用快速滤纸过滤至 50 mL 容量瓶中，用热的 1% HCl 洗涤沉淀二次，洗至滤液近刻度后加水定容，摇匀。

2. 标准溶液的配制

在五个 50 mL 容量瓶中，分别加入 1.00 mL，2.00 mL，3.00 mL，4.00 mL，5.00 mL K、Na 混合标准工作溶液，加 H_2O 稀释定容，摇匀。

3. K、Na 含量的测定

按 3.9 中仪器使用方法开动仪器并点火，选择适当的灵敏度并用蒸馏水喷雾调零，用标准曲线中浓度最大的溶液调节仪器满刻度。仪器预热 10～20 min 后，由稀到浓依次测定标准系列溶液和未知试样溶液的发射强度，每个溶液要测定三次，取平均值。

五、结果与分析

以浓度为横坐标，以 K、Na 的发射强度为纵坐标，分别绘制 K、Na 的标准曲线。由未知试样的发射强度求出植物样品中的 K、Na 的含量（以质量分数 ω 表示）。

注释：

[1]K 贮备标准溶液（1.000 $g \cdot L^{-1}$）：称取 0.9534 g 于 400～450℃灼烧到恒重的 KCl，溶于 H_2O 后，移入 500 mL 容

量瓶中，加 H_2O 稀释定容，转入聚乙烯试剂瓶中保存。

[2]Na 贮备标准溶液（1.000 $g \cdot L^{-1}$）：称取 1.2708 g 经烘干 2 h 的 NaCl，溶于 H_2O 后，移入 500 mL 容量瓶中，加 H_2O 稀释定容，转入聚乙烯试剂瓶中保存。

[3]K、Na 混合标准工作溶液：称取 5.00 mL K 贮备标准液，2.50 mL Na 贮备标准液于 50 mL 容量瓶中，加 H_2O 稀

释定容。

[4]三酸混合溶液：HNO_3（d=1.42），H_2SO_4（d=1.84），$HClO_4$（60%）以 8∶1∶1 的比例混合。

思考题

1. 火焰光度计属于哪类光谱分析方法？火焰光度计中的滤光片有什么作用？
2. 如果标准系列溶液浓度范围过大，则标准曲线会弯曲，为什么？

【相关背景知识】

火焰光度计

用来测量被火焰激发光源所激发的待测元素的原子发射光谱线的强度，并进行定量分析的仪器，称为火焰光度计。

一、基本原理

当试样溶液以气溶胶形式引入火焰光源中，依靠火焰的热能将试样元素原子化，并激发出它们的特征原子光谱。由于火焰光源温度较低，激发出来的原子谱线也较简单。利用光电检测系统，即可测量出待测元素的原子所发射的特征光谱线的强度 I。谱线强度 I 与待测元素的浓度 c 之间的关系为：

$$I = ac^b \tag{7-4}$$

由于火焰激发光源较为稳定，式中 a 为一常数，当浓度很低时，自吸现象可忽略，此时自吸系数 $b=1$，于是，I 与 c 成正比例关系：

$$I = ac \tag{7-5}$$

为此，当火焰光度计测得谱线强度 I 时，便可采用标准曲线法或标准加入法进行定量分析。

二、仪器结构

仪器的结构如图 7-2 所示，图中助燃气以一定速度喷入体积较大的混合室，喷嘴附近由于节流效应造成负压区，可以将试液沿毛细管吸入，然后被高速气流雾化。试液雾滴、助燃气和燃气在混合室充分混合后，进入燃烧器，颗粒较大的雾滴在混合室室壁上凝结，沿废液管排出。

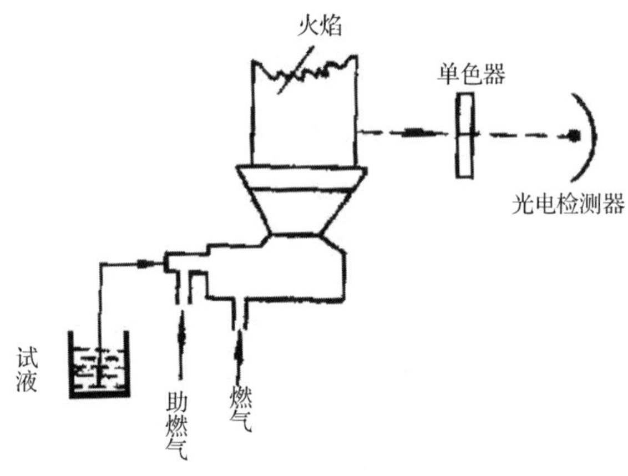

图 7-2　火焰光度计示意图

燃烧器是一个空心圆柱体，一般用不锈钢制成，其顶端用有均匀细孔的金属板覆盖。

图 7-8 中，如果单色器使用光栅或棱镜，其波长可以在一定范围内调节，这样的仪器叫做火焰分光光度计。

如果单色器使用滤光片，则仪器较为简单，这一类仪器就叫做火焰光度计。

三、6400A 型火焰光度计的使用方法

1. 准备工作

(1)连接气路。取出聚乙烯管，两端装入不锈钢管套上螺纹套和密封圈后，将螺纹套旋紧(不宜过紧)在螺纹接头上。

将空气压缩机的压缩空气出口经聚乙烯管，接至分水滤气器输入端，将输入端与仪器背部空气出口处相接(见图 7-3)。

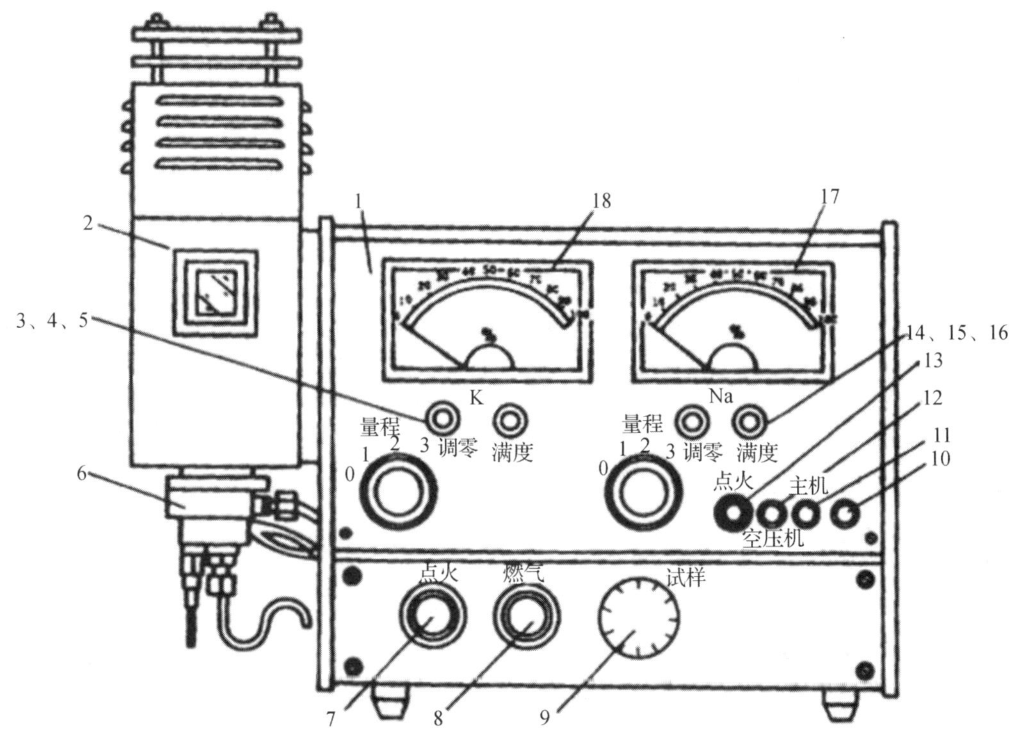

1—主机；2—燃烧阀；3—K 调 100%旋钮；4—K 调零旋钮；5—K 挡开关；6—进样雾化器；7—点火阀；8—燃气阀；9—进样压力表；10—电源指示灯；11—主机开关；12—空压机开关；13—点火按钮；14—Na 挡开关；15—Na 调零旋钮；16—Na 调 100%旋钮；17—Na 表；18—K 表。

图 7-3　6400A 火焰光度计主机外形图

如使用液化石油气，此时汽化气源应用螺帽和密封衬垫旋紧密封，液化石油气直接接至燃气进口，即可点燃使用。

如使用煤气，此时汽化气源仍需用螺帽和密封衬垫旋紧密封。将煤气用橡皮接至煤气稳定器后再接至燃气进口，随即可点燃使用。

如使用汽油时，则用两根聚乙烯管，按照气路接头连接的方法，一根由仪器汽化气源接至汽油汽化缸气源进口，另一根将汽油汽化缸燃烧出口与仪器燃气进口处相接，然后随时可点燃使用。仪器备有橡皮管接头，可拧在仪器背部接口处，作为过渡接头。

(2)启动空气压缩机和接通电源。在开启空气压缩机前，先旋掉储气筒下部的排水螺钉，将积水排除掉，随即旋紧螺钉。然后开启空气压缩机，接着就可接通仪器电源。查看仪器面板上的指示灯是否亮和压力表是否正常。

(3)开机点火。首先将进样开关阀、燃气与助燃气针型阀均放置在关处，接着用右手按点火按钮，然后用左手慢慢旋动(逆时针)燃气针型阀，并从观察窗观看直至火焰点燃，同时右手放开点火按钮。

(4)调节火焰形状至最佳状态。点火后，把进样开关阀打开，此时由于进样空气的补充，大大增加了助燃空气，使燃气得到充分燃烧，火焰立即可压低坐稳。接着可以一边查看火焰形状，一边缓慢调节燃气针型阀，使燃气与空气混合比达到适当比例(此时以蒸馏水进样)使火焰呈最佳状态，即外形为锥形，呈蓝色，尖端摆动较小，火焰底部中间是十个小突起，周围一圈有波浪形的圆环。整个火焰高度约为 30～60 mm 左右。

如用燃气针型阀还不足以调节火焰形态为最佳状态时，可根据燃料(如汽油，液化石油气，煤气等)的优劣，使用保存状态不同，可开启助燃气阀，力求燃气和空气中的氧气恰当的配比，使火焰能调节至最佳状态。

2. 仪器的预热

仪器的预热将直接影响仪器的稳定性和重现性。其预热方法是点火后调整好火焰，用蒸馏水进样，同时检查雾化器工作状况，雾化器内壁有水珠撞击，排废液管正常排出废液，滴水均匀。预热时间，一般仪器需要预热 20 min 左右，待仪器稳定后方可进行正式测试。

预热情况的鉴别通常是在进样、燃烧正常的情况下，改用样品连续进样几分钟，观察读数指示变化，读数指示的上升、下降均影响读数的稳定性和重现性，所以可在预热过程中，改变火焰的大小，使溶液进样在激发过程中，尽可能减小读数的变化量，这样在测试中可得到满意的结果。

3. 校正和操作

(1)仪器经上述预热过程后，可校正仪器的读数显示装置。首先将量程开关放置“0”处，用小起子调节内调电位器，使 K、Na 两表头均在“0”位，然后根据所用标准溶液浓度，选择量程至一合适位置，一般使用“2”或“3”，以标准溶液能调足满度为准。当浓度比较低时，采用“3”挡。

选择“2”“3”挡时，要在观察窗上安上避光罩，以免室内外杂散光干扰测试读数。

(2)接着以蒸馏水进样，缓慢旋动“调零”电位器，使指针指示“0”位，然后以标准溶液进样，调“满度”电位器，使指针指示满度或在所需值上，重复几次，并观看读数有无明显漂移现象。如果基本稳定，则可开始样品测试工作。

(3)连续测试试样时，应在每 3～5 只样品间进行一次标准溶液的校正。每只样品间亦需用蒸馏水校零冲洗，排除样品间互相干扰。

(4)若作工作曲线，可绘在直角坐标纸上。x 为溶液浓度，y 为指示读数值，未知溶液浓度可用插入法查得。所用燃料不同，工作曲线也有所区别。

(5)如果急需使用仪器，而来不及预热，开机后，可采用校一次标准溶液测一次样品的方法，进行即时测试。

4. 结束工作

(1)在测试工作结束时，首先要关机，如使用汽油作燃料时，应先关闭空气压缩机，让火焰自然燃烧，直至燃气气压降低，火焰熄灭为止。再切断电源，将燃气针型阀顺时针关闭。运行开关指示“关”处。

如若先关闭燃气针型阀或关闭空气压缩机后，随即关闭燃气针型阀，火焰立即熄灭。但汽油汽化缸内事先注入的空气无法进入喷雾器燃烧，具有一定压力的多余空气就只能向汽油汽化气源方向移动，造成汽油外泄，进入仪器内部，损坏机件。这样的关机步骤是不允许的，需要特别注意。

(2)如若使用煤气或液化石油气时，应先切断燃气气源，然后关闭其他开关和切断电源。

(3)吸样聚乙烯管可放置蒸馏水中并加盖，以免尘埃玷污吸样管，造成堵塞使雾化器使失灵。

四、注意事项

(1)仪器后盖内安装的减压阀、气动定值器均调整在最佳点，不要随意旋动。

(2)调换干涉滤光片必须切断电源，以免光电管受损。

(3)用煤气做燃料时，应尽量避免分路同时使用，以防直接影响输入仪器的流量压力的波动，致使火焰状态发生变化。

(4)调满度电位器不可处在最小极限位置，否则调零电位器不起作用(电流表表头不动)。

(5)火焰光度计的火焰受气压、流量、燃料温度影响很大，室内空气中的尘埃、样品中杂质、气路中沉淀物等进入燃烧室，都会产生火焰无规则地突跳，这微小的变化，经电路放大，立即显示读数出来，因此应将仪器保持在室温、无强光、无震动、无尘埃的环境下，尽可能排除由于尘埃、杂光、杂质等造成的不良影响。

(6)采用火焰光度法进行测量时，线性范围一般可达$(2\times10^{-3})\%$左右。本机随着浓度的增加，工作曲线将呈指数曲线变化，这是由于样品的辐射产生自蚀，所以需根据标样的情况，作适当稀释，才会得到满意的结果。

7.7　荧光光度分析法测定维生素 B_2

一、实验目的

(1)学习荧光分光光度计的工作原理。

(2)熟悉荧光分光光度计的结构及使用方法。

(3)掌握荧光光度分析法测定维生素 B_2 的方法。

二、实验原理

在紫外光或波长较短的可见光照射后，一些物质会发射出比入射光光波长更长的荧光。以测量荧光的强度和波长为基础的分析方法叫做荧光光度分析法。

对同一物质而言，若 $alc\ll 0.05$，即对很稀的溶液，荧光强度 F 与该物质的浓度 c 有以下的关系

$$F=2.3\Phi_f I_0 alc \tag{7-6}$$

式中：Φ_f——荧光过程的量子效率；

I_0——入射光强度；

a——荧光分子的吸收系数；

l——试液的吸收光程。

I_0和 l 不变时，

$$F=Kc \tag{7-7}$$

式中，K 为常数。因此，在低浓度的情况下，荧光物资的荧光强度与浓度呈线性关系。

维生素 B_2(即核黄素)在 430～440 nm 蓝光的照射下，发出绿色荧光，其峰值波长为 535 nm。维生素 B_2的荧光在 pH＝6～7 时最强，在 pH＝11 时消失。

荧光分析实验首先选择滤光片(包括激发滤光片和荧光滤光片)，基本原则是使测量获得最强荧光，且受背影影响最小。激发光谱是选择激发滤光片的依据，该滤光片的最大透射比与待测物质激发光谱的最大峰值波长相近。荧光物质的激发光谱是指在荧光最强的波长处，改

变激发光波长测量荧光强度的变化，用荧光强度对激发光波长作图所得的谱图。荧光光谱是选择荧光滤光片的主要依据。它是将激发光波长固定在最大激发波长处，然后扫描发射波长，测定不同发射波长处的荧光强度即得荧光(发射)光谱。图 7-4 为维生素 B_2 的吸收(激发)光谱及荧光光谱示意图。

本实验使用的 Cary Eclipse 荧光分光光度计，其预扫描功能可自动识别出该溶剂的拉曼、瑞利以及二级散射峰，并在扫描结束后自动给出最佳的激发/发射波长。

由于荧光分析测量的是分子的绝对发光强度，背景荧光和散射光的干扰越低，灵敏度就越高。Cary Eclipse 为了克服这些干扰，在其激发和发射单色器上都配置了多波长范围的滤光片，一旦选定测量波长，软件可自动调用合适的滤光片。

本实验采用标准曲线法来测定维生素 B_2 的含量。

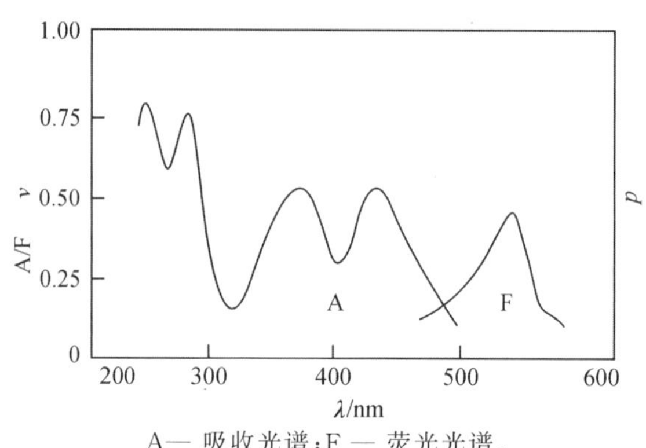

A— 吸收光谱；F — 荧光光谱。

图 7-4　维生素 B_2 的吸收(激发)光谱及荧光光谱示意图

三、实验仪器与试剂

1. 仪器

Cary Eclipse 荧光分光光度计　　吸量管(5 mL)

容量瓶(50 mL)　　洗瓶

洗耳球

2. 试剂

10.0 mg · L^{-1} 维生素 B_2 标准溶液[1]　　待测液[2]

四、实验内容

1. 扫描测定

取待测液 2.50 mL 置于 50 mL 容量瓶中，用水稀释至刻度，摇匀。用 Cary Eclipsc 荧光分光光度计进行扫描测定，选定最佳的激发/发射波长。(具体操作方法见荧光分光光度计使用说明)

2. 浓度测定

在 5 个干净的 50 mL 容量瓶中，分别加入 1.00 mL，2.00 mL，3.00 mL，4.00 mL 和 5.00 mL 维生素 B_2 的标准溶液，加水稀释至刻度，摇匀。选定扫描测定确定的最佳激发/发射波长，用 Cary Eclipse 荧光分光光度计，依次从稀到浓测量系列标准溶液和待测液稀释液的荧光强度。(具体操作方法见荧光分光光度计使用说明)

五、结果与分析

（1）将相关数据填入表 7-7 中。

表 7-7　维生素 B_2 标准曲线与含量测定

容量瓶编号	1	2	3	4	5	6
VB_2 标准溶液用量/mL	1.00	2.00	3.00	4.00	5.00	/
VB_2 待测液用量/mL	/	/	/	/	/	2.50
VB_2 溶液浓度 ρ/ $mg \cdot L^{-1}$						ρ_x
荧光强度/F						
回归方程						
相关系数	$R^2=$					

（2）绘制标准曲线。

（3）从标准曲线上查出，稀释至 50 mL 容量瓶中待测液的浓度。

$\rho_x=$______ $mg \cdot L^{-1}$，药片中 VB_2 的含量：______ mg/片。

注释：

[1]维生素 B_2 标准溶液（10.0 $mg \cdot L^{-1}$）：准确称取 10.0 mg 维生素 B_2，将其溶解于少量的 1% HAc 中，转移至 1 L 容量瓶中，用 1% HAc 稀释至刻度，摇匀。该溶液应装于棕色试剂瓶中，置阴凉处保存。

[2]待测液：取市售维生素 B_2 一片，用 1% HA c 溶液溶解，定容成 1000 mL，贮于棕色试剂瓶中，置阴凉处保存。

思考题

怎样选择激发光滤光片和荧光滤片？荧光仪器中为什么不把它们安排在一条直线上？

【相关背景知识】

荧光光度计

在紫外光或波长较短的可见光照射后，一些物质会发射出比入射光波长更长的光—荧光。用于测量和记录荧光物质的荧光强度并进行定量分析的仪器，叫做荧光光度计。

一、基本原理

1. 分子产生荧光的机理

假设分子在吸收辐射后被激发到 S_2 以上的某个电子激发单重态的不同振动能级上，处于较高振动能级上的分子，很快地（约 $10^{-12} \sim 10^{-14}$ s）发生振动松弛，将多余的振动能量传递给介质而降落到该电子的最低振动能级（V=0），后经由内转化及振动松弛而降落到 S_1 电子态的最低振动能级，处于 S_1 电子态的激发分子，其分子内的去活化作用有如下几种途径：（1）发生 $S_1 \rightarrow S_0$ 的辐射跃迁而伴随荧光现象；（2）发生 $S_1 \rightarrow S_0$ 的内转化过程；（3）发生 $S_1 \rightarrow T_1$ 的体系间窜跃。而处于 T_1 态的最低振动能级的激发分子，则可能发生 $T_1 \rightarrow S_0$ 的辐射跃迁而伴随磷光现象，也可能发生 $T_1 \rightarrow S_0$ 的体系间窜跃，如图 7-5 所示。

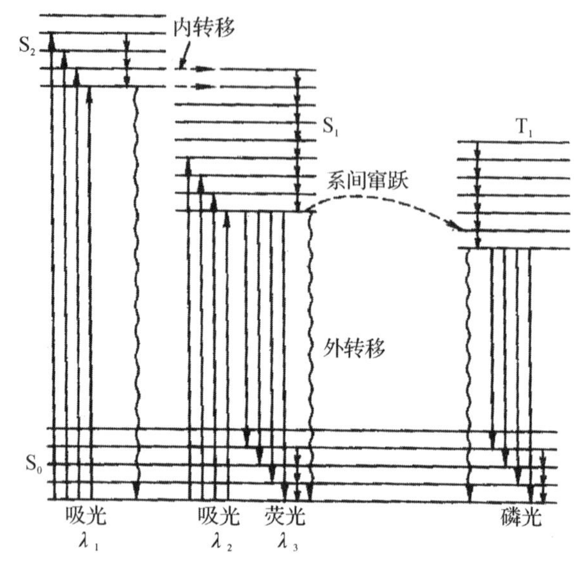

图 7-5 荧光、磷光能级图

2. 荧光强度与浓度的关系

对同一物质而言，若 $abc \ll 1$（<0.05 或 0.03），即对很稀的溶液，荧光强度 F 与该物质的浓度 c 有以下的关系：

$$F = 2.303\Phi_f I_0 abc \tag{7-8}$$

式中：Φ_f—荧光过程的量子效率；I_0—入射光强度；a—荧光分子的吸收系数；b—试液的吸收光程。I_0 和 b 不变时：

$$F = Kc \tag{7-9}$$

式中 K 为常数。因此，在低浓度的情况下，荧光物质的荧光强度与浓度呈线性关系。

3. 偏离线性关系的原因

(1)内滤效应：图 7-6(a)为一极稀的溶液，在入射光 I_0 照射下所发生的荧光以黑点表示，它均匀分布于液池中；图 7-6(b)为较浓的溶液，入射光被液池前部的荧光体剧烈吸收后而发生强的荧光，但在液池中、后部分的荧光体，则因入射光强度大大减弱而使所产生的荧光强度大大下降。因而在检测器窗口所探测到的荧光强度反而更低。

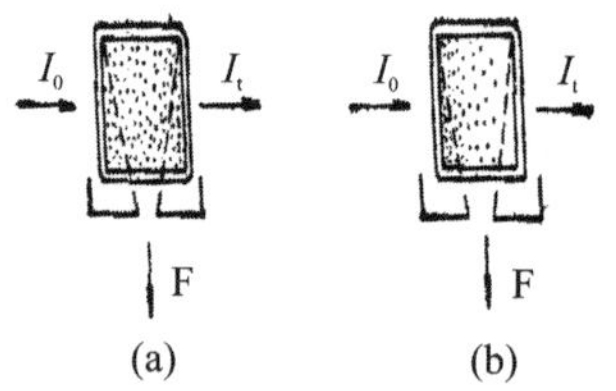

图 7-6 溶液浓度对荧光强度测定的影响

(2)激发态分子与基态分子或其他溶质分子形成复合物，甚至产生荧光物质基态分子的聚集体：在浓度较高的溶液中，可能发生溶质与溶质间的相互作用，产生荧光物质的激发态分子与其基态分子的复合物或荧光物质的激发态分子与其他溶质基态分子的复合物，从而导致荧光强度的下降。在浓度更大时，甚至可能产生荧光物质基态分子的聚集体，导致荧光强度更严重的下降。

(3)由于再吸收(自吸)现象：假如荧光物质的吸收光谱与它的荧光光谱呈现重叠，便可能发生所发射的荧光被部分再吸收的现象，从而造成荧光强度下降。在这种情况下，浓度增大时会促使再吸收现象的加剧。

二、仪器结构

图7-7为荧光光度计示意图，由光源发出的光，经过第一单色器（激发光单色器）后，得到所需要的激发光波长。设其强度为 I_0，通过试样池后，由于一部分光被荧光物质所吸收，故其透射强度减为I。荧光物质被激发后，将向四面八方发射荧光，但为了消除入射光及散射光的影响，荧光的测量应与激发光呈直角的方向上进行。仪器中的第二单射器称为荧光单射器，它的作用是消除溶液中可能共存的其他光线的干扰，以便使待测物质的特征荧光照射到检测器上进行光电转换，所得到的电信号经放大后由记录仪记录下来。

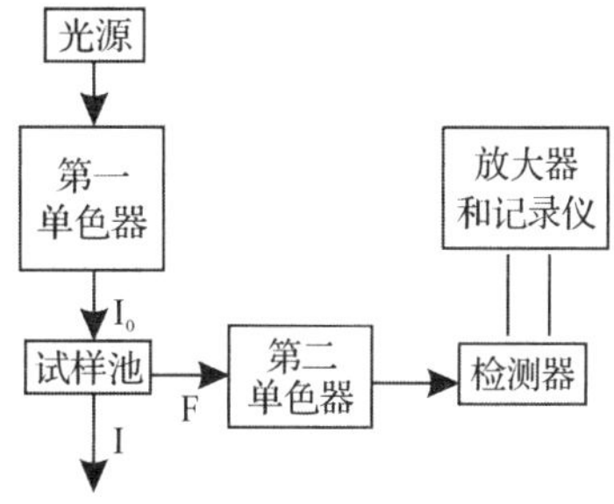

图7-7 荧光光度计结构示意图

三、Varian Cary Eclipse 荧光分光光度计的特点

1. 硬件及硬件的主要特点

(1)高能闪烁光源：由于荧光物质的荧光强度与激发光源的强度成正比，Eclipse采用了无须预热、耗能12W但脉冲输出能量却高达75KW的闪烁Xe灯，并利用电子技术控制其仅在发出测量指令后才烁闪。这一设计给荧光分析者带来极大的方便：①可以开着样品室测量。由于室内光线的强度不足激发光源的千分之一，不会对测量造成干扰，因此省去了反复开盖、关盖的繁琐。这一特点尤其方便在反应动力学测量过程中往液池内添加反应试剂。②有效避免光敏物质的降解。传统的连续Xe灯光源开机后一直处于发射状态，许多荧光物质在其长时间的照射下会发生降解，引起测量误差。而Eclipse通过自定义闪烁次数或闪烁时间，既保证了足够的激发，以避免了光降解作用。③大大延长了Xe灯光源的使用寿命，可连续工作20000小时，远长于普通连续Xe灯的500～2000小时，基本上终生不用更换光源。

(2)可自动调用的多波长范围滤光片（标准配置）：由于荧光分析测量的是分子的绝对发光强度，背景荧光和散射光的干扰越低，灵敏度就越高。Eclipse为有效克服这些干扰，在其激发和发射单色器上都配置了多波长范围的滤光片，一旦选定测量波长，软件可自动调用合适的滤光片。

(3)两支R928型光电倍增管（标准配置）：一支用于样品信号的测量，一支用于参比信号。这种红敏的光电倍增管在紫外至红外1100 nm的波长范围内都具有良好的灵敏度，同时还可以通过软件调整光电倍增管检测电压（强荧光测量用低电压，弱荧光用高电压），在保证合理灵敏度的同时，最大限度地延长其使用寿命，与长寿命光源相匹配，共同确保Eclipse的整机使用寿命。

(4)水平狭缝：减少了测量所需的样品体积（标准10 mm液池仅需0.5 mL样品），同时由于检测到的样品体积比垂直狭缝大得多，因此，同等条件下，Eclipse的灵敏度比传统垂直狭缝设计高出5～30倍。

2. 软件应用上的主要功能

(1)扫描：在指定所用溶剂后，Eclipse的预扫描功能可自动识别出该溶剂的拉曼、瑞利以及二级散射峰，并在扫描结束后自动给出最佳的激发/发射波长，方便初学者确定多吸收/发射带化合物的荧光测量参数。除激发、发射和同步扫描外，Eclipse还具备固定波长间隔（0.15～30 nm）和三维谱图的扫描功能，以获取最佳的分辨率和最丰富的光谱信息，并具备对扫描结果进行加、减、1—4阶导数等的运算功能。尤其方便的是扫描结果可以加上图注后直接插入到Word文件中，方便文章发表。

(2)浓度测量：操作者仅需准备标准溶液和样品，数据读取、工作曲线方程、回归系数等的运算都由 Eclipse 自动完成,并生成标准报告。

(3)仪器性能认证:用户可根据所遵守规范的要求随时对诸如杂散光水平、波长准确性、灵敏度等多达 17 项性能指标进行检验,随时了解仪器的状态。

(4)动力学测量:80 点/秒的数据采集速度满足快反应的测量要求,对于慢反应,数据采集时间长达 20000 分钟,并可针对反应速度的不同区段,程序设定数据采集间隔。

四、Varian Cary Eclipse 荧光分光光度计使用方法

(1)接上电源,打开开关,待指示灯由橘红色转为绿色。

(2)根据所测定的内容,通过软件设定仪器的各项选项(具体见使用说明书)。

(3)打开样品池,将空白液放入样品池中,从命令菜单中选择对话框,将仪器回零。

(4)从命令菜单中选择并设定标准/样品对话框。

(5)将标准溶液和样品依次放入样品池中,按下 OK 键即可。

(6)重复 5 操作直至所有的标准溶液和样品测定完毕。

7.8 红外光谱法测定苯甲酸、苯甲酸乙酯、山梨酸和未知物

一、实验目的

(1)了解红外光谱仪的结构,熟悉红外光谱仪的工作原理和使用方法。

(2)掌握用 KBr 压片法和液膜法制备样品的操作。

(3)了解苯甲酸、山梨酸、苯甲酸乙酯的红外光谱特征,通过实践初步掌握有机化合物的红外光谱鉴定的一般方法。

二、实验原理

红外吸收光谱是将红外线照射试样,测定分子中有偶极矩变化的振动产生的吸收所得到的光谱。由 N 个原子组成的多原子分子有 $3N-6$ 个简振振动(基频),直线型分子有 $3N-5$ 个。对于简单分子,用理论解析这些基频是可能的,但是实际上复杂的有机化合物不仅基频数目多,而且倍频和组合频也出现吸收,使光谱变得很复杂,对全部吸收谱带都做理论分析是非常困难的。因此,红外光谱用于定性分析时通常用各种特征吸收图表,找出基团和骨架结构引起的吸收谱带,然后与推断的化合物的标准谱图进行对照,得出结论。

为了便于谱图的解析,通常把红外光谱分为两个区域,即官能团区和指纹区。波数 4000～1400 cm^{-1} 的频率范围为官能团区,吸收主要是由于分子的伸缩振动引起的。常见的官能团在这一区域内一般都有特定的吸收峰,低于 1400 cm^{-1} 的区域称为指纹区,其间吸收峰的数目较多,是由化学键的弯曲振动和部分单键的伸缩振动引起的,吸收带的位置和强度随化合物而异,如同人彼此有不同的指纹一样,许多结构类似的化合物,在指纹区仍可找到它们之间的差异,因此指纹区对鉴定化合物起着非常重要的作用。如在未知物的红外光谱图中的指纹区与标准样品相同,就可以断定它和标准样品是同一物(对映体除外)。

分析红外光谱的顺序是先官能团区，后指纹区；先高频区，后低频区；先强峰，后弱峰。即先在官能团区找出最强的峰的归宿，然后再在指纹区找出相关峰。对许多官能团来说，往往不是存在一个而是一组彼此相关的峰，就是说，除了主证，还需有佐证，才能证实其存在。

目前人们对已知的化合物的红外光谱图已陆续汇集成册，这就给鉴定未知物带来了极大的方便。如果未知物和某已知物具有完全相同的红外光谱，那么这个未知物的结构也就确定了。

例如，烯烃中的特征吸收峰由 ═C—H 键和 C═C 键的伸缩振动以及 ═C—H 键的变形振动所引起。 C═C 伸缩振动吸收峰的位置在 1670～1620 cm^{-1}，随着取代基的不同，吸收峰的位置有所不同。单烯的 C═C 伸缩振动吸收峰处于较高波数，强度较弱。但有共轭时，其强度增加，并向低波数移动。共轭双烯有两个 $\nu_{c=c}$，一个在 1600 cm^{-1}，另一个在 1650 cm^{-1}，这是由于共轭的两个 C═C 键发生相互耦合的结果。烯烃中的 ═C—H 键对称伸缩振动吸收出现在 2975 cm^{-1}，不对称伸缩振动吸收出现在 3080 cm^{-1}，这是烯烃中 C—H 键存在的重要特征。单核芳烃 C═C 骨架振动吸收出现在 1500～1450 cm^{-1} 和 1600～1580 cm^{-1}，这是鉴定有无芳环的重要标志。一般 1600 cm^{-1} 峰较弱，而 1500 cm^{-1} 峰较强，但苯环上的取代情况会使这两峰发生位移。若在 2000～1700 cm^{-1} 之间有锯齿状的倍频吸收峰，是确证单取代苯的重要旁证。羧酸中羰基 C═O 的振动频率吸收为 1690 cm^{-1}，羧基的 O—H 缔合伸缩振动吸收频率为 3200～2500 cm^{-1} 区域的宽吸收峰。

本实验将通过测定苯甲酸、山梨酸、苯甲酸乙酯及未知物的红外吸收光谱，根据它们的红外光谱特征鉴定未知物是苯甲酸、山梨酸还是苯甲酸乙酯。

山梨酸、苯甲酸、苯甲酸乙酯的标准红外线光谱如图 7-8、图 7-9 和图 7-10 所示。

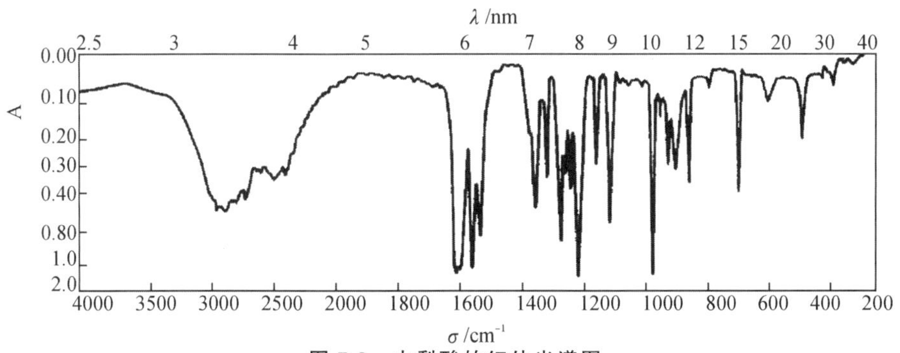

图 7-8　山梨酸的红外光谱图

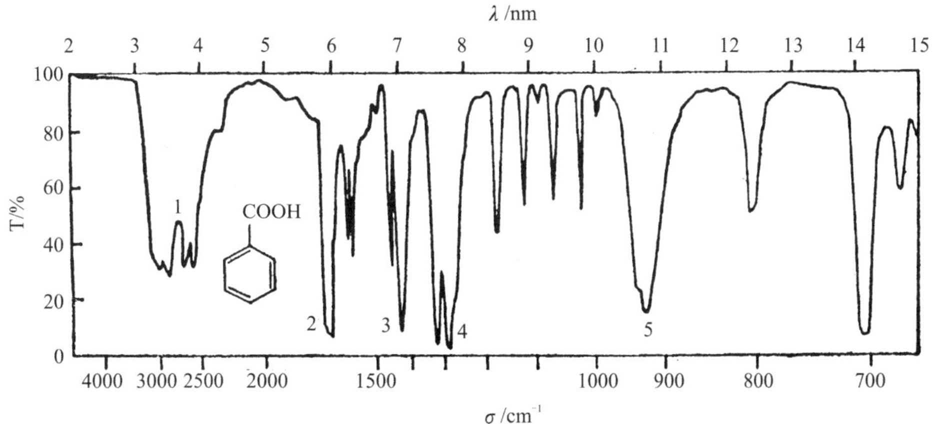

图 7-9　苯甲酸的红外光谱图

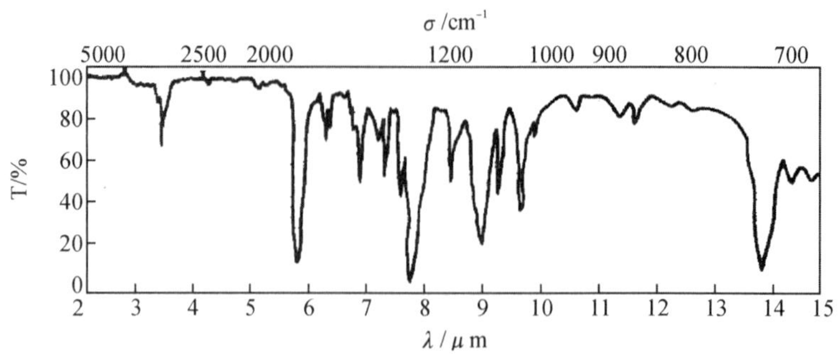

图 7-10 苯甲酸乙酯的红外光谱图

三、实验仪器与试剂

1. 仪器

红外光谱仪	压片装置(油压机,锭剂成型器,真空泵)	干燥器
玛瑙研钵	不锈钢刮刀	0.1 mm 固定液体槽

2. 药品

KBr 粉末	山梨酸	苯甲酸
苯甲酸乙酯	未知物(山梨酸 、苯甲酸、或苯甲酸乙酯)	

四、实验内容

(1)制备锭片。将 2～4 mg 苯甲酸放在玛瑙研钵中,加 200～400 mg 干燥的 KBr 粉末,混合均匀,使其粒度在 2.5 μ m(通过 250 目筛孔)以下,用不锈钢刮刀移取 200 mg 混合粉末于锭剂成型器中,在 266.6～666.6 Pa 的真空下,加压 5 min 左右,即可得到透明的锭片。

除去底座,用取样器顶出锭片,即得到一直径为 13 mm、厚度为 0.8 mm 的透明锭片。

用同样方法制得山梨酸和未知物的锭片。

(2)液膜法制样品。在可拆池两窗片之间,滴上 1～2 滴苯甲酸乙酯,使之形成一液膜,故称液膜法。液膜厚度可借助于池架上的固定螺丝作微小调节(尤其是黏稠性的液体样品)。

(3)分别记录苯甲酸、苯甲酸乙酯、山梨酸和未知物的红外光谱图。

五、结果与分析

1. 解析谱图

比较苯甲酸、苯甲酸乙酯、山梨酸三张红外光谱图,解析图谱,指出主要吸收峰的归宿。

2. 定结构

将未知物的红外光谱图与苯甲酸、苯甲酸乙酯、山梨酸的红外光谱图进行比较,确定未知物的结构。

思考题

1. 为什么制备锭片时要边排气边加压?
2. 样品及所用器具不干燥会对实验结果产生什么影响?

【相关背景知识】

红外分光光度计

用于测量和记录物质的红外吸收光谱并进行结构分析及定性、定量分析的仪器，称为红外分光光度计(也称红外光谱仪)。可以根据红外吸收曲线的吸收峰的位置(简称峰位)，吸收峰的强度(峰强)、以及吸收峰的形状(峰形)判断化合物中是否存在某些官能团，进而推断未知物的结构。以连续波长的红外光为光源照射样品，所测得的吸收光谱叫红外光谱(infrared spectra)，简写为“IR”光谱。谱图是以波长(μm)及波数(cm^{-1})为横坐标，表示吸收峰的位置，以透过百分率(transmittance%，简写作“T%”)为纵坐标，表示吸收峰的强度。

一、基本原理

红外光谱是由分子中成键原子的振动能级跃迁所引起的吸收光谱，因此红外光谱又称为分子振动光谱。但并不是分子的任何振动都能产生红外光谱，只有在振动周期内发生偶极矩变化的振动才能产生红外光谱，没有偶极矩变化的分子振动是不能产生红外光谱的，这样的振动称之为非红外活性的振动，在红外光谱中看不到它的吸收峰。例如，同核双原子分子 H_2、N_2、O_2等，由于电荷对称分布，没有偶极矩变化，因此在实验中观察不到它们的红外光谱。

分子的振动可分为伸缩振动和变形振动两大类。沿着原子之间连续方向发生的振动，即键角不变，键长改变的振动，称为伸缩振动，其符号为 υ。伸缩振动又分为对称伸缩振动和不对称伸缩振动，分别以符号 υs 和 υas 表示。变形振动也称为变角振动，是基团键角发生周期变化的振动，通常以 δ 表示。根据其振动的特点，又可分为面内变形振动和面外变形振动两种。面内变形振动又分为剪式振动和平面振动。面外变形振动也可分为非平面振动和扭曲振动等。

红外光谱的谱带强度的大小与分子振动时偶极矩的变化大小有关。分子振动时对称性越小，偶极矩变化越大，红外光谱带吸收强度越大。一般说来，极性较大的分子或基团在振动时偶极矩变化较大。因此，它们的红外吸收峰较强。如羰基、氨基、羟基、硝基等。反之，极性较弱的分子或非极性的化学键振动的红外吸收峰的强度较弱，如碳—碳键(C—C)、碳—氢键(C—H)及氮—氮(N≡N)键等。红外吸收峰的强度常定性地用 vs(很强)、s(强)、m(中等)、w(弱)、vw(很弱)、wm(弱到中等)等表示。

红外光是介于可见与微波区之间的电磁波，红外光可进一步划分为近红外、中红外、远红外。其中远红外区的吸收谱带主要是气体分子的纯转动能级的跃迁，变角振动、骨架振动等引起的，常用于异构体、金属有机化合物、氢键吸附等方面的研究。近红外区主要是由低能电子的跃迁，含有氢原子团伸缩振动的倍频吸收等引起的，在该区主要用于研究稀土和过渡金属的水合物，适用于水、醇、某些高分子化合物及含氢原子团化合物的定量。中红外区是绝大多数有机化合物和少量的无机离子的基频吸收谱带区，由于基频振动是红外光谱中吸收最强的振动吸收，所以该区最适用于进行红外光谱的定性和定量分析，是最常用的红外光谱区，通常说的红外光谱就是指该区的红外光谱。

二、红外光谱的主要基团特征吸收峰

物质的红外光谱是分子结构的反映。谱图中的吸收谱带与分子中各基团的振动形式相对

应，具有较强的特征性。实验表明，组成分子的各种基团，如—H、N—H、C—H、C=C、C=O等都有其特定的红外吸收光谱带，可作为基团的特征，称之为特征吸收谱带。分子的其他部分对其吸收谱带位置影响较小，通常把这种能代表基团存在，并具有较高强度的吸收谱带的极大值的波数，称为基团频率（又称特征吸收峰或特征吸收频率）。主要基团的红外光谱特征吸收峰见表 7-8。

表 7-8　常见官能团和化学键的特征吸收频率

基　　团	ν/cm^{-1}	强　　度*
烷基		
C—H（伸缩）	2853～2962	（m—s）
—CH(CH_3)	1380～1385 及 1365～1370	（s）
—C(CH_3)	1385～1395 及≈1365	（m）及（s）
烯烃基		
C—H（伸缩）（C—H 面外弯曲）	3010～3095	（m）
C=C（伸缩）（C—H 面外弯曲）	1620～1680	（v）
R—CH=CH_2（C—H 面外弯曲）	985～1000 及 905～920	（s）
R_2C=CH_2（C—H 面外弯曲）	880～900	（s）
(Z)—RCH=CHR（C—H 面外弯曲）	675～730	（s）
(E)—RCH=CHR（C—H 面外弯曲）	960～975	（s）
炔烃基		
≡C—H（伸缩）	≈3300	（s）
C≡C（伸缩）	2100～2260	（v）
芳烃基		
Ar—H（伸缩）	≈3030	（v）
芳环取代类型（C—H 面外弯曲）		
一取代	690～710 及 730～770	（v，s）
邻二取代	735～770	（v，s）
间二取代	680～725 及 750～810	（s）
对二取代	790～840	（s）
醇、酚和羧酸类		
OH（醇、酚）	3200～3600	（宽，s）
OH（羧酸）	2500～3600	（宽，s）
醛、酮、酯和羧酸	1690～1750	（s）
C=O（伸缩）		
胺		
N—H（伸缩）	3300～3500	（m）
腈		
C≡N（伸缩）	2200～2600	（m）

注：s=强，m=中，v=不定

为了便于谱图解析工作，我们按不同原子基团的特征频率，将红外光谱大体上分为下面几个主要吸收区域，见表 7-9。

表 7-9　红外光谱中几个主要吸收区域

波数/cm^{-1}	相应的振动方式	
>3700		倍频区
2400～3700	官能团区	X—H 伸缩振动区
2000～2400		三键及累积双键伸缩振动区
1600～2000		双键伸缩振动区
400～1600		指纹区

三、傅里叶变换红外仪器的结构与原理

(一)工作原理

红外分光光度计有很多种,本章主要介绍傅里叶变换红外分光光度计。傅里叶变换红外光谱仪的工作原理如图 7-11 所示。它主要是由光源、迈克尔逊干涉仪、试样插入装置、检测器、电子计算机和记录仪等部分构成。固定平面镜、分光器和可调凹面镜组成傅里叶变换红外光谱仪的核心部件——迈克尔逊干涉仪。它的作用是将光源发出的光分成两光束,使它们经过不同的路程后再聚到某一点上时以不同的光程差重新组合,发生干涉现象。但是,这种干涉图不是我们所熟悉的红外光谱,必须经过傅里叶变换,才能得到吸收强度或透光率随频率或波数变化的红外光谱图,这套变换处理非常复杂和麻烦,必须借助计算机才能进行。

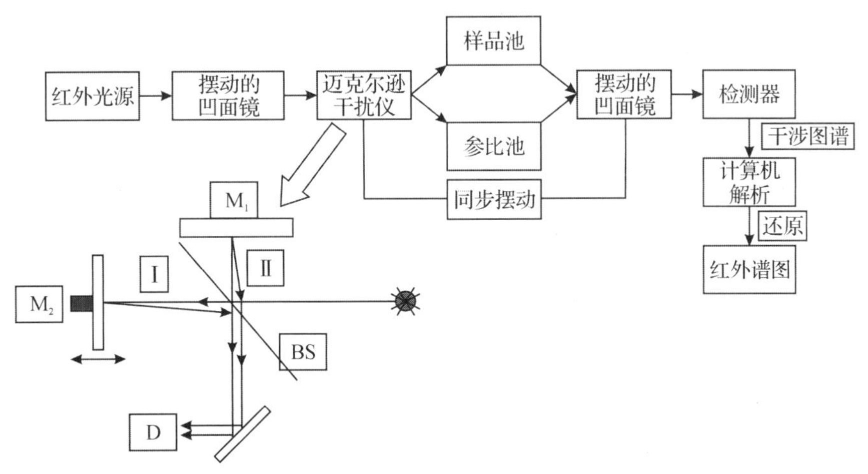

图 7-11　Fourier 变换红外光谱仪(FT-IR)工作原理图

(二)仪器的主要部件

1. 光源

光源是能发射出稳定、高强度连续波长的红外光。通常使用能斯特灯、碳化硅或涂有稀土化合物的镍铬旋状灯丝。

2. 干涉仪

迈克尔逊干涉仪的作用是将复色光变为干涉光。中红外干涉仪中的分光器主要是由溴化钾材料制成的。

3. 检测器

检测器分为光检测器和热检测器两大类。热检测器是把某些热电材料的晶体放在两块金属板中,当光照射在晶体上时,晶体表面电荷分布发生变化,由此可以测量红外辐射的功率。

光检测器是利用材料受光照射后,由于导电性能的变化而产生信号。

四、实验技术

(一)红外光谱的样品要求

要获得一张高质量红外光谱图,除了仪器本身的因素外,还必须有合适的样品制备方法。红外光谱的样品可以是液体、固体或气体,一般应要求:

(1)试样应该是单一组分的纯物质,纯度应> 98%或符合商业规格,才便于与纯物质的标准光谱进行对照。多组分试样应在测定前尽量预先用分馏、萃取、重结晶或色谱法进行分离提纯,否则各组分光谱相互重叠,难以判断。

(2)测试样品必须干燥。样品中游离水分的存在不仅干扰试样的吸收谱图,而且会腐蚀仪器的棱镜、窗片、样品池等机件。

(3)试样的浓度和测试厚度应选择适当,以使光谱图中的大多数吸收峰的透射比处于10%~80%范围内。

(二)红外光谱的制样技术

化合物样品必须经过适当处理才可用以制作红外光谱图,处理的方法有多种,可根据样品的具体情况作具体的选择。正确处理样品可使所得图谱清晰准确,达到仪器的最佳分辨效果。

1. 气体样品的处理

气体样品是装在气体吸收池中测定其红外光谱的。气体样品吸收池是一个两端装有透光窗片的圆筒形容器。被检测的气体样品在进入吸收池之前需经过净化和干燥处理(例如用冷冻等手段),吸收池必须先抽真空。关闭抽气活塞,充入气体样品,关闭进气活塞,再抽成真空,重新充入气体样品。反复数次直至吸收池中的气体全为气体样品。

2. 液体和溶液样品的处理

液体样品可直接测定,也可制成溶液测定。

(1)液体池法:沸点较低,挥发性较大的试样,可注入封闭液体池中,液层厚度一般为 0.01~1 mm。

(2)液膜法:沸点较高的试样,直接滴在两片盐片之间,形成液膜。操作时先用擦镜纸蘸取丙酮或乙醇将盐片擦净,再滴上 1~2 滴待测液体,盖上另一块同样的盐片,将其放在液样固定架中间,轻轻旋上螺母,使松紧适宜即可测定。此法也适用于黏糊状液体,但不适用于水或其他对 NaCl 盐片有溶蚀作用的液体。

对于一些吸收很强的液体,当用调整厚度的方法仍然得不到满意的谱图时,可用适当的溶剂配成稀溶液进行测定。一些固体也可以溶液的形式进行测定。常用的红外光谱溶剂应在所测光谱区内本身没有强烈的吸收,不侵蚀盐窗,对试样没有强烈的溶剂化效应等。

3. 固体样品的处理

(1)压片法:压片法是固体样品红外光谱分析时最常用、最被优选的制样方法。

①分散剂。

由于固体粉末样品粒度大,不能压出透明的薄片,红外光散射严重,加入溴化钾作为分散剂可以避免这种现象。

②制样。

用具:溴化钾或氯化钾粉末、玛瑙研钵、不锈钢匙、压片模具和压片机及其附件。

方法:将 1~2 mg 试样与 200 mg 纯 KBr 研细均匀,置于模具中,用约 30MPa 压力在油压机上压成透明锭片，即可用于测定。压片厚度应在 0.5～1mm 之间，如用料量太少，则所得压片过薄，在测谱时很容易在谱图中留下干涉条纹，这种弱峰似的干涉波峰有时会充满指纹区域。溴化钾粉末的用量也应适量，用量太少时，压出来的锭片容易碎裂，用量太多时，不容易压出透明的锭片。试样和 KBr 都应经干燥处理，研磨到粒度小于 2 微米，以免光的散射影响而造成光谱的基线倾斜。在上述压片制样过程中，必须注意物料在模具压芯中需均匀平整，否则不易获得均匀透明的锭片，而且整个制样操作应在低湿度的环境中进行，加入样品后的研磨更应在红外灯下进行。

③压片模具的清洗。

压片模具每使用一次都要清洗。用镊子夹着潮湿的纸巾或擦镜纸将压片模具里面残留的溴化钾擦掉，然后用洗耳球吹干。若模具里面残留有溴化钾，在压另一个片时很难将压杆从模具中拔出来。溴化钾长期残留在压片模具中，吸潮后会腐蚀模具。因此，压片工作结束后，一定要将压片模具擦洗干净，并将其烘干后保存于干燥器中。

(2)糊状法：是将固体样品粉末分散或悬浮在液体介质中。常用的液体有石蜡油、全氟丁二烯等。具体操作如下：将 1～3 mg 固体样品先在玛瑙研钵中研细，再滴加 1～2 滴石蜡油与之混合，继续研磨成均匀的糊状；然后将糊状物刮出夹在两块盐片之间，使之呈均匀的薄层，再固定好两块盐窗片即可测试。

此法适用于大多数固体，操作迅速、方便。缺点是石蜡油本身在 2900 cm^{-1}、1465 cm^{-1}、1380cm^{-1} 处有 υ(C—H)吸收峰，解析图谱时须将这几个峰划去。

(3)薄膜法：就是将固体样品制成透明薄膜进行测定。制备方法有以下两种。

①直接压膜。将样品直接加热到熔融，然后再涂制或压制成膜。此法适用于熔点较低、熔融时又不分解、不升华和不发生其他化学变化的物质。

②间接制膜。将样品溶于挥发性溶剂中，然后将溶液滴在玻璃板上，使溶剂慢慢挥发，成膜后再用红外灯或干燥箱烘干。此法多用于高聚物膜的制备和测定。本法的缺点是溶剂除不干净将会产生溶剂干扰。

4. 衰减全反射光谱技术(ATR)

衰减全反射不需要通过样品信号，而是通过样品表面的反射信号获得样品表层有机成分的结构信息。因此，衰减全反射具有如下特点：(a)非破坏性分析方法，能够保持样品原貌进行测定。(b)对样品的大小、形状没有特殊要求，甚至可测极微小物如纤维、毛发等。(c)可测定含有水和潮湿样品甚至液体样品。

在红外分析领域，新近推出的多功能采样器(OMNIC)既方便又快捷地获取样品各层面的红外光谱，它的设计是利用衰减全反射原理。它用一个金属探头将任意形状样品以点接触的方式紧紧地压在 Ge 晶体(Ge 是一种很好的 ATR 晶体材料，它的折射率($n=4.0$)远远大于有机物的折射率)上进行红外分析，用一扭矩扳手来控制样品和晶体间的压力，能自动控制压力使样品与晶体最大程度地接触，以避免损坏 Ge 晶体。

但在使用 OMNIC 采样器过程中必须注意以下几点：(1)样品与 Ge 晶体间必须紧密接触，不留缝隙。否则红外光射到空气层就发生衰减全反射，不进入样品层。(2)对于热、烫、冰冷、强腐蚀性的样品不能直接置于晶体上进行测定，以免 Ge 晶体裂痕和腐蚀。(3)尖、硬且表面粗糙的样品不适合用 OMNIC 采样器采样，因为这些样品极易刮伤晶片，甚至使其碎裂。(4)OMNIC 采样器是单点采样，采样信息很弱，时常还带有 CO_2 和 H_2O 蒸汽的干扰，Nicolet 公司提供的消除背景中 CO_2 和 H_2O 蒸汽的软件可将干扰消除。

(三)测定

制样完成后,设定好以下的仪器参数,收集背景后,将样品置于样品插槽中,即可进行扫描。

扫描次数:16～32。

分辨率:4。

背景处理:测样前收集背景。

信号 Max:6.7(要求 5～10)。当信号<5 时,则 Gain:Auto(放大设置)。

速率:0.6329(最佳)。

五、红外光谱法的应用

利用红外光谱技术可以对未知物进行分析或剖析,也就是说,通过光谱分析可以确定未知物的组成以及各组分的相对含量。对未知物的剖析是根据未知物样品中特征吸收峰的位置和形状来推测未知物的组成,根据未知物中各组分的特征吸收峰的强度来计算各组分的含量。

(一)未知物结构的测定

测定未知物的结构,是红外光谱法定性分析的一个重要用途。可以通过查阅标准谱图的谱带索引,寻找与试样光谱吸收带相同的标准谱图。如果两张谱图各吸收峰的位置和形状完全相同,尤其是指纹区完全吻合,一般就可以认为二者为同一物质。此外,还可以根据试样光谱中多出的吸收峰,判断样品的杂质情况。使用文献上的谱图应当注意试样的物态、结晶状态、测定条件、制样方法等均应与标准谱图相同。若谱图的检索过程中无法找到与标准谱图有良好匹配值,那么就必须借助长期实践和经验的积累进行图谱的解析,一般程序是先官能团区,后指纹区;先高频区,后低频区;先强峰,后弱峰。即首先在官能团(4000～1300cm^{-1})搜寻官能团的特征伸缩振动频率,再根据指纹区的吸收情况,进一步确认该基团的存在以及与其他基团的结合方式。对许多官能团来说,往往不是存在一个而是一组彼此相关的峰。如果是芳香族化合物,应先确定出苯环取代位置,最后再结合样品的其他分析资料,提出最可能的结构式,然后用已知样品或标准图谱相对照,核对判断的结果是否正确。

常用的标准谱图有:(1)萨特勒(Sadtler)标准红外光谱图;(2)Aldrich 红外谱图库;(3)Sigma Fourier 红外光谱图库。

(二)定量分析

红外光谱定量分析是通过对特征吸收谱带强度的测量来求出组分含量。其理论依据是朗伯—比耳定律。但红外光谱法定量灵敏度较低,尚不适用于微量组分的测定。

1. 基本原理

(1)选择吸收带的原则。

①必须是被测物质的特征吸收带。例如分析酸、酯、醛、酮时,必须选择>C=O 基团的振动有关的特征吸收带。

②所选择的吸收带的吸收强度应与被测物质的浓度有线性关系。

③所选择的吸收带应有较大的吸收系数且周围尽可能没有其他吸收带存在,以免干扰。

④吸收峰必须是独立存在的,而且非常对称,峰的两侧与基线基本相切。

(2)吸光度的测定。

①一点法:该法不考虑背景吸收,直接从谱图中分析波数处读取谱图纵坐标的透过率,再由公式 $\lg 1/T=A$ 计算吸光度。

②基线法:当使用各红外仪器公司提供的软件测量吸收光谱中某个吸收峰的峰高时,计算

机通常给出两个峰高值，一个是经过基线校正后的峰高值，另一个是未经基线校正的峰高值。经基线校正后的峰高值是指，从吸收峰顶端向横轴引垂直线，垂线与基线的交点到吸收峰顶端的距离即为吸收峰的峰高。应该选经过基线校正后的峰高值作为吸光度 A 的值。

2. 定量分析方法

本节以溴化钾压片法定量分析为例。

(1)工作曲线的绘制。

用电子天平准确称量不同质量的各种纯组分物质，准确度应达到±0.01mg。采用溴化钾压片法测定它们的光谱。在各组分光谱中挑选出不受其他组分吸收峰干扰的“独立峰”，测定各自独立峰的吸光度，以纯组分的质量为横坐标，相对应的吸光度为纵坐标作图，就可以得到质量和吸光度的关系曲线，即工作曲线。工作曲线应是一条通过坐标原点的直线。

(2)混合物样品中各组分含量的测定。

准确称取 1 mg 左右样品，用溴化钾压片法测定其光谱。利用工作曲线即可知道所称样品中各组分的质量，从而计算出各组分的含量(%)。

(3)注意事项。

利用溴化钾压片法进行定量测定，要想提高测量的准确度，有两点需要特别注意，一是要将玛瑙研钵中研磨好的样品全部转移到压片模具中，二是压制出来的锭片要均匀透明，以避免因光散射引起的光谱测量误差。

7.9 利用衰减全反射光谱技术测定液体样品的红外光谱

一、实验目的

(1)了解衰减全反射附件的工作原理。

(2)掌握衰减全反射红外光谱技术的测定方法。

二、实验原理

衰减全反射附件的工作原理是将来自红外光源的光聚焦反射到 Ge(KRS－5、ZnSe 等)晶体上，再入射到样品表面，由于样品的折射率小于晶体的折射率，入射角比临界角大，光线完全被反射产生全反射现象。事实上，光线并不是在样品表面被直接反射回来，而是入射进入样品一定的深度(一般约为几微米)后再返回表面，所以收集衰减全反射光就可以获得样品的衰减全反射光谱。

三、仪器与试剂

1. 仪器

美国尼高力 AVATAR360 FTIR	光谱仪
OMNIC 采样器	吹风机
滴管	擦镜纸

2. 试剂

未知样品 A、B、C(正丁醇、仲丁醇及叔丁醇)　　　　无水乙醇

四、实验内容

(1)根据实验需要,将仪器参数设定好。

(2)把衰减全反射附件装在样品室内,扫描环境中 CO_2 和 H_2O 的谱图,并作背景清除。

(3)将 A 样品滴加在衰减全反射附件的 Ge 晶体上,测定该样品的 ATR 谱图。

(4)用擦镜纸蘸取丙酮或乙醇把 Ge 晶体上的样品清洗干净后,用吹风机将晶体吹干,再滴加 B 样品到 Ge 晶体上,测定该样品的 ATR 谱图。

(5)重复第 4 步骤,测定 C 样品的 ATR 光谱图。

五、数据处理

分别将所获得的 A、B、C 的 ATR 谱图与它们的标准红外谱图进行比较分析,确定 A、B、C 的样品名称。(为了比较方便,可以将反射光谱通过操作软件转换成吸收或透过光谱。)

附:正丁醇、仲丁醇和叔丁醇的红外谱图如图 7-12、图 7-13 和图 7-14 所示。

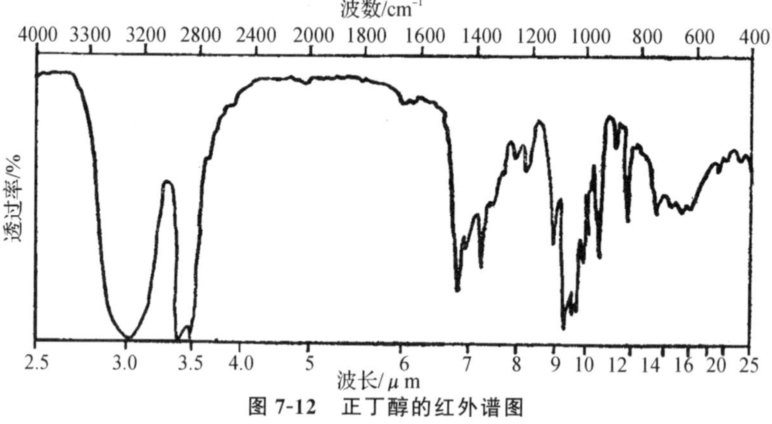

图 7-12　正丁醇的红外谱图

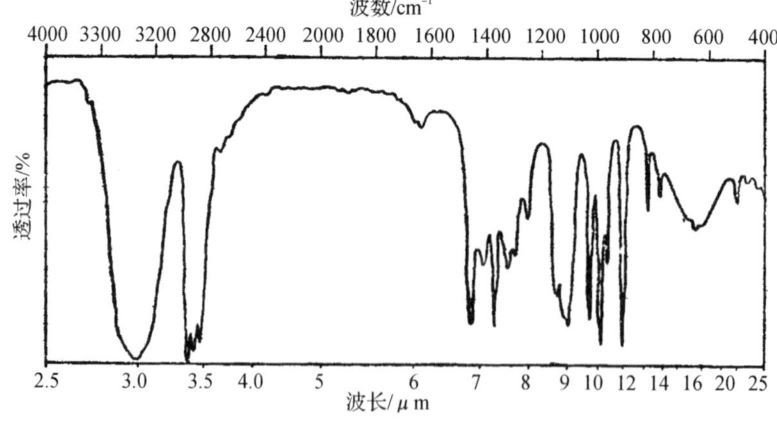

图 7-13　仲丁醇的红外谱图

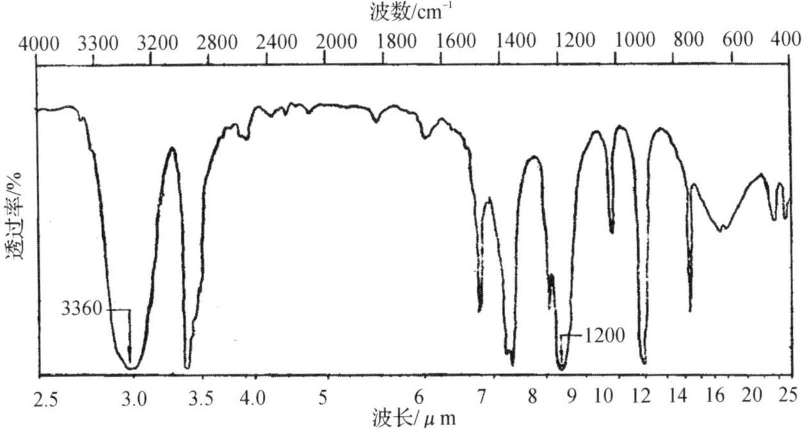

图 7-14　叔丁醇的红外谱图

思考题

1. 衰减全反射附件有什么特点？
2. 衰减全反射附件为什么可以检测含水的样品？

7.10　气相色谱法测定酒中 C_2H_5OH 含量

一、实验目的

(1)学习气相色谱法测定含水样品中的 C_2H_5OH 含量。

(2)学习和熟悉氢火焰检测器的调试及使用方法。

(3)学习和掌握色谱内标定量方法。

二、实验原理

内标法是一种准确而应用广泛的定量分析方法，操作条件和进样量不必严格控制，限制条件较少。当样品中的所有组分不能全部流出色谱柱，某些组分在检测器上无信号或只需测定样品中的某几个组分时，可采用内标法。

内标法具体做法是：准确称取样品，加入一定量某种纯物质作为内标物，然后进行色谱分析。根据内标物的质量 ms 与样品的质量 m 及相应的峰面积 A 求出待测组分的含量。

待测组分质量 mi 与内标物质量 ms 之比等于相应的峰面积之比。

$$\frac{m_i}{m_s}=\frac{A_i f_i}{A_s f_s}$$

$$m_i=\frac{A_i f_i}{A_s f_s}m_s$$

$$w_i=\frac{m_i}{m}=\frac{A_i f_i m_s}{A_s f_s m} \tag{7-10}$$

（或 $\rho_i=\frac{m_i}{V}=\frac{A_i f_i m_s}{A_s f_s V}$，$V$ 为待测样品体积）

式中：f_i、f_s——为 i 组分和内标物的相对质量校正因子；

A_i、A_s——为 i 组分和内标物的峰面积。

在实际工作中，一般以内标物作为基准，即 $f_s=1.0$。选用内标物时需满足下列条件：(1)内标物必须是待测试样中不存在的物质；(2)内标物应与试样中待测组分的色谱峰分开，并尽量靠近；(3)内标物的量应接近待测物的含量；(4)内标物与样品互溶。

本实验样品中 C_2H_5OH 的含量可用内标法定量，以无水 n-C_3H_7OH 为内标物符合以上条件。

三、实验仪器与试剂

1. 仪器

Agilent GC-6820 型气相色谱仪　　氢火焰检测器(FID)

色谱柱 30 m ×0.53 mm　　微量注射器(1 μL)

容量瓶(50 mL)　　吸量管(2 mL，5 mL)

洗耳球

2. 试剂

C_2H_5OH(无水，AR)　　n-C_3H_7OH(无水，AR)

白酒

四、实验内容

1. 色谱操作条件

柱温 90℃，汽化室温度 150℃，检测器温度 130℃，N_2(载气)流速 40 mL·min^{-1}，H_2流速为 35 mL·min^{-1}，空气流速 400 mL·min^{-1}，记录仪纸速 600 mm·h^{-1}。

2. 标准溶液的测定

准确移取 5.00 mL 无水 C_2H_5OH 和 2.50 mL 无水 n-C_3H_7OH 于 50 mL 容量瓶中，用蒸馏水稀释至刻度，摇匀。用微量注射器吸取 0.5 μL 标准溶液，注入色谱仪内，记录各峰的保留时间 t_R，测量各峰的峰高及半峰宽，求以 $n-C_3H_7OH$ 为标准的相对校正因子。

3. 样品溶液的测定

准确移取 5.00 mL 酒样及 2.50 mL 内标物无水 n-C_3H_7OH 于 50 mL 容量瓶中，加水稀释至刻度，摇匀。用微量注射器吸取 0.5 μL 样品溶液注入色谱仪内，记录各峰的保留时间 tR，以标准溶液与样品溶液 tR 对照，定性样品中的醇，测定 C_2H_5OH 、n-C_3H_7OH 的峰高及半峰宽，求样品中 C_2H_5OH 的含量。

五、结果与分析

本实验 C_2H_5OH 的含量按下列公式计算：

$$f_i=\frac{m_i'/A_i'}{m_s'/A_s'}$$

$$\rho_i=\frac{m_i}{V}\times 10=\frac{A_i f_i m_s}{A_s f_s V}\times 10$$

将上式 fi 代入即得下式(其中 $ms=ms'$)

$$\rho_i=\frac{A_i/A_s\cdot m_i'}{A_i'/A_s'\cdot V}\times 10 \tag{7-11}$$

式中：ρ_i——C_2H_5OH 的质量浓度(单位为 $g \cdot mL^{-1}$)；

m_i——样品中 C_2H_5OH 质量(单位为 g)；

V——样品溶液体积(单位为 mL)；

10——稀释倍数；

A_i/As——样品溶液中 C_2H_5OH 与 $n\text{-}C_3H_7OH$ 的峰面积比；

A'_i/As'——标准溶液中纯 C_2H_5OH 与 $n\text{-}C_3H_7OH$ 的峰面积比；

m'_i——标准溶液中纯 C_2H_5OH 的质量，它等于体积 V 乘密度 ρ。

对于正常峰可用峰高代替峰面积计算。

表 7-10　以 $n\text{-}C_3H_7OH$ 为标准的相对校正因子

样品	组分	m/g	t_R/min	A	f_i
标准溶液	C_2H_5OH				
	$n\text{-}C_3H_7OH$				

表 7-11　酒样中乙醇含量的测定数据表

样品	组分	t_R/min	A	A_i/A_s	$\rho_i/g \cdot mL^{-1}$
对照溶液	C_2H_5OH				
	$n\text{-}C_3H_7OH$				
样品溶液	C_2H_5OH				
	$n\text{-}C_3H_7OH$				

思考题

1. 气相色谱仪主要包括哪几部分？各有什么作用？
2. 内标物的选择应符合哪些条件？内标法定量时，进样量是否要十分准确？

【相关背景知识】

气相色谱分析仪

用来分离物质和检测、记录物质的色谱图，并进行定性、定量分析的仪器，称为色谱分析仪。通常分为气相和液相色谱仪两大类。

一、基本原理

当一混合物在流动相的携带下，流经色谱仪中的色谱柱时，与柱中的固定相发生作用(溶解、吸附、分配、交换等)，由于混合物中各组分物理化学性质和结构上的差异，与固定相发生作用的大小、强弱不同，在同一推动力的作用下，各组分在固定相中滞留时间不同，从而使混合物中各组分按一定顺序从柱中流出，进入检测系统，由检测系统把各组分的浓度信号转变为电信号，然后用记录仪将组分的信号记录下来得到色谱图，根据色谱图中的色谱峰位置即保留时间，对物质进行定性分析，利用峰高或峰面积进行定量分析，利用峰的位置和宽度来评价色谱柱的柱效及分离度。

用气体作流动相的色谱仪，称为气相色谱仪；用液体作流动相而设计的色谱仪，称为液相色谱仪;采用高压输液泵、高效固定相和高灵敏度检测器等装置的液相色谱仪,称为高效液相色谱仪。

二、仪器结构

气相色谱仪一般包括气路系统、进样系统、分离系统、检测系统和记录与数据处理系统。

(1)气路系统:由载气、氢气和空气三个气路组成,后两个气路仅仅在氢焰检测器中使用,常用的载气有 N_2、、H_2 和 He 等。气体一般由高压钢瓶供给,钢瓶中的高压气体经过减压阀将压力降到所需的压力,通过干燥器(内装硅胶、活性炭、分子筛等)除去气体中的油气、水分等杂质,再经过针形阀和稳压阀连续调节气体流量,使气体流量稳定,最后由转子流量计来测量柱前流速。该系统主要是提供纯净、连续的气流。

(2)进样系统:该系统主要包括进样器和汽化室。

气体样品常用六通阀或 0.25~5 mL 注射器进样,液体样品常用微量注射器进样。样品由针刺穿进样品中的硅橡胶密封垫注入汽化室,液体样品瞬间完成汽化,并被载气带入色谱柱。

(3)分离系统:色谱柱是色谱仪的关键部分,色谱柱可分为填充柱和毛细管柱两大类。常用的填充柱柱管可由不锈钢、铜、玻璃和聚四氟乙烯制成,内径为 2~4 mm,长度为 1~10 m,柱内填充粒度均匀的固定相——常用载体表面均匀涂渍固定液的固定相。

(4)检测系统:该系统的作用是把从色谱柱流出的各个组分的浓度(或质量)信号转换成电信号的装置。目前应用较广泛的是热导池检测器和氢火焰离子化检测器。

(5)记录与数据处理系统:该系统是用来记录由放大器放大后的检测信号.

图 7-15、图 7-16、图 7-17 和图 7-18 分别为 Agilent GC-6820 型气相色谱仪使用手动进样和 Cerity Chemical 控制仪器进行样品分析的过程、Agilent GC-6820 型气相色谱仪的前视图、Agilent GC-6820 型气相色谱仪的俯视图(检测器盖板卸掉)、Agilent GC-6820 型气相色谱仪的气源的管线连接图。

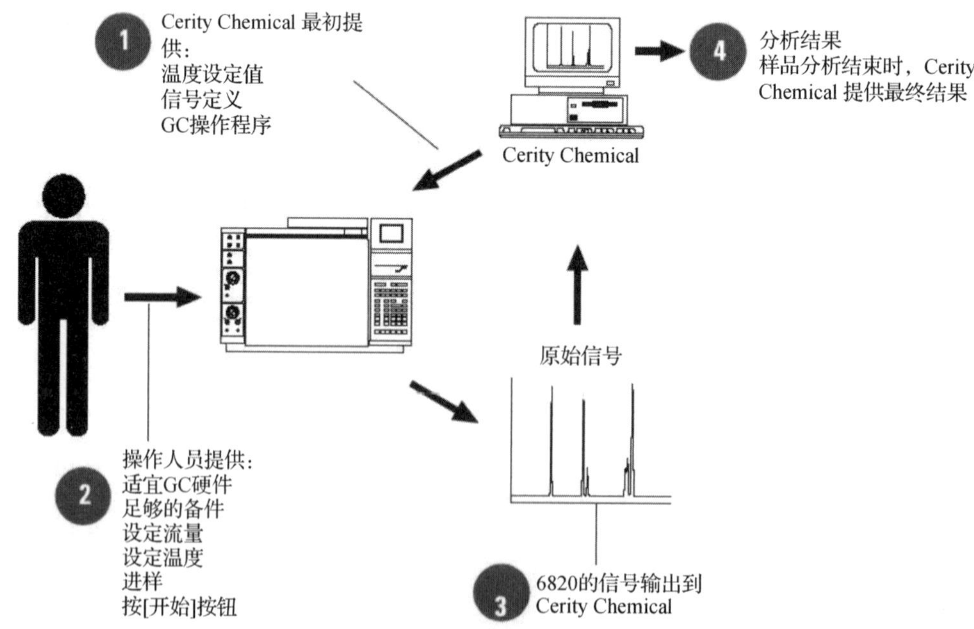

图 7-15 Agilent GC-6820 型气相色谱仪使用手动进样和 Cerity Chemical 控制仪器进行样品分析的过程

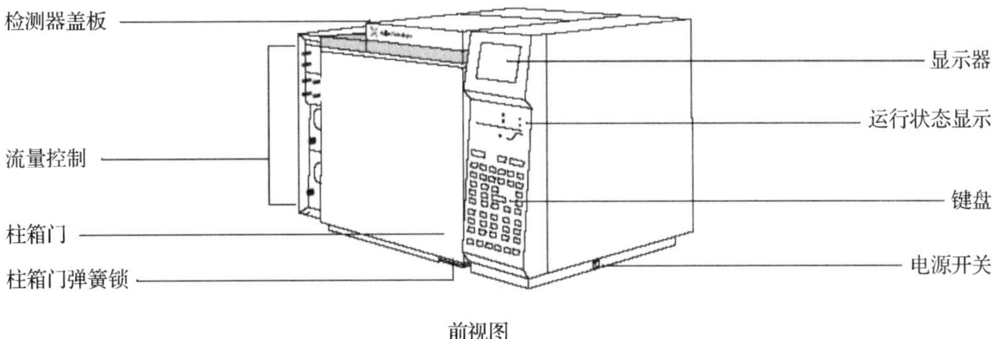

图 7-16 Agilent GC-6820 型气相色谱仪的前视图

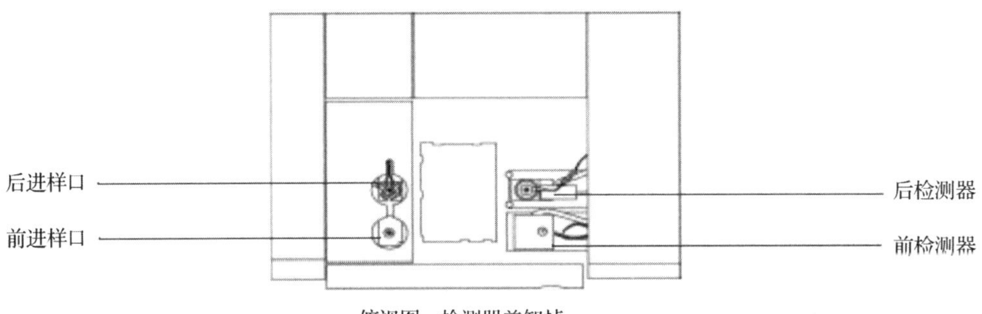

图 7-17 Agilent GC-6820 型气相色谱仪的俯视图(检测器盖板卸掉)

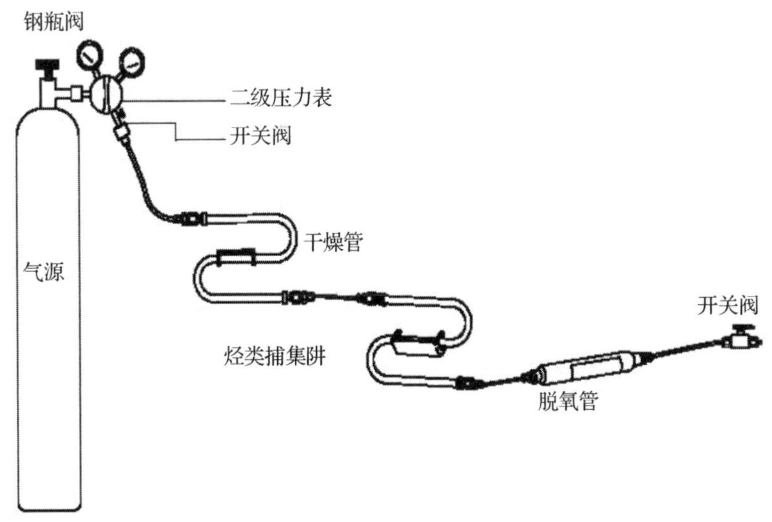

图 7-18 Agilent GC-6820 型气相色谱仪的气源的管线连接图

三、使用方法

安捷伦 GC-6820 气相色谱仪的使用方法(FID 检测器)

1. 开机

(1)先打开电脑，旋开氮气开关，通过减压阀调节压力表读数为 0.5 Mpa。

(2)将 6820-GC 中左上角的辅助气开关旋开(往左旋),打开 6820-GC 电源。

(3)打开化学工作站(桌面 cerity QA-QC 程序)。

2. 方法编辑

点击画面左侧"方法"按钮进入方法编辑画面,点击"创建.."按钮,输入方法名,如 Test6820FID,然后点击方法画面中"采集"子按钮进入采集参数编辑画面。

(1)进样口参数设定。

点击"进样口"图标,进入进样口参数设定画面。点击左边"后"子按钮,进入毛细柱进样口参数的设定画面,输入进样口的温度(如 250 ℃),并选中该参数。点击"模式"右边的下拉式箭头,选择合适的进样方式(分流与不分流模式:浓度大的采用分流,浓度小的采用不分流),然后在"分流阀打开时间"右边的空白框内输入吹扫时间(如 0.75 min)。(若选择分流方式,则无需输入此时间)。

(2)温度参数设定。

点击"炉温"图标,进入柱温箱参数设定画面。在"开"右边的空白框内输入初始温度(如 80 ℃),点击"开"左边的方框;输入柱子平衡时间(如 1 min);"柱箱温度梯度"一栏填入所需的温度梯度。下面为一程序升温的例子:

80℃(0 min)————15℃/min———————180℃(2 min)

即初始温度为 80 ℃,以每分钟 15℃升温升到 180 ℃,再保持 2 分钟。

(3)FID 检测器参数设定。

点击"检测器"图标进入检测器参数设定画面,点击左边"前"子按钮,进入 FID 检测器参数的设定。在"温度"右方的空白框内输入温度(如 300 ℃),并选中所有参数(温度与电位计)。

(4)信号参数设定。

点击"信号"图标,进入信号参数设定画面。点击左边的"信号 1"或"信号 2"子按钮,选择信号源为"检测器"。点击信号源下面的下拉式箭头,选中要输出信号的检测器(如前检测器)。选择合适的数据采样频率(如 20 Hz)。

(5)参数配置设定。

点击"参数配置"图标,进入编辑画面。然后点击该画面的"前"子按钮,选择前检测器尾吹的气体类型为 N_2,并输入有关柱一的参数(如:前进样口/前检测器/毛细柱/15 M/530 μ/0.5 μ),用同样的方法输入"后"子按钮的参数。点击"配置"子按钮输入柱箱温度的最高使用温度(如 325 ℃)。进样方式选择:手动。所有参数设定好以后,点击"保存"键。

3. 仪器编辑

点击左边的"仪器"按钮进入仪器参数编辑画面,然后点击"配置"子按钮,分别选择检测器尾吹的气体类型为 N_2,柱箱温度的最高使用温度(如 325 ℃)。

(注:此画面中输入的参数必须与方法中配置的相同,否则将无法将方法下载到仪器上。)

将编辑的方法下载到仪器上。在仪器画面,点击"状态"子按钮,点击"下载"按钮,,选择您的方法名(如 test6820FID),点击"确定"按钮,则编辑的方法下载到仪器上。

4. 点火

关闭辅助气开关,旋开空气与氢气开关(6820－GC 中左上角),将装有空气的钢瓶旋开,调节减压阀至 0.5 Mpa,再将装有氢气的钢瓶也旋开,调节减压阀至 0.3 Mpa。再将 6820－GC 中左侧箱内压力表分别调至 40,30,25;然后按点火键(6820－GC 中左上角)。看是否点火成功(如成功,会听到"噗"的一声,并且点火口会瞬间出现红色,同时可拿一冷的铁器皿斜放在点火口，立刻会有水珠出现，点火口在 6820—GC 的顶部。如点火成功，立即打开辅助气开关。

5. 样品编辑及进样

点击左边的“样品”按钮，点击“编辑”子按钮，在样品名的下方输入样品名，如 FID001，选择方法名（如 test6820FID），仪器名（如 6820GC）。点击“注册样品”按钮。依次注册若干样品，退出该画面。

点击左边的“仪器”按钮进入仪器画面。点击“工作列表”子按钮，进入列表画面，画面显示所有注册提交的样品。点击“状态”按钮，查看仪器状态，看画面右侧“GC6820 状态”是否显示“就绪”，如已就绪，点击“实时绘图”子按钮，进入实时绘图画面，点击实时绘图画面中的“编辑信号参数”按钮，将要绘图的信号（前检测器）移至右边框中，同时设定“X 轴量程”（即运行时间），点击“确定”按钮。看实时绘图画面，待基线平稳后，迅速注射样品（针筒内不可有气泡），并迅速按 6820 键盘上的“开始”键。

6. 样品数据分析

(1)调出数据。

点击左边的“方法”按钮，点击“分析”子按钮，点击如图所示按钮，进入以下画面，点击如图所示的图标，选中您要分析的数据（如 FID001），点击“确定”，则数据被调出。

(2)谱图优化。

在“方法画面”中，点击“分析”子按钮，点击“图形”按钮，选中保留时间、组分名称、基线、刻度。信号的时间和相应范围设为“自动设定”或分别设定低、高值。

(3)积分参数优化。

在“方法画面”中，点击“分析”子按钮，点击“积分”按钮，进入积分画面。选择合适的斜率灵敏度、峰宽、面积截取值、峰高截取值，点击“积分”图标，则数据被积分。如果积分结果不理想，则修改相应的积分参数，直到满意为止。

(4)输出报告设定。

在“方法画面”中，点击“输出”子按钮，选择“面积百分比报告”，其他选项不变。点击“另存为”按钮，输入相应的方法名，存储修改的方法（如 TEST6820FID）。

(5)数据的重新处理。

点击左边的“重新处理”按钮，进入重新处理画面，在样品区选中要处理的数据（如 FID001），点击下拉式箭头，选择“查看报告”。点击调出方法图标，调出刚才修改后存储的方法 TEST6820FID，再点击“用新设定重新处理”图标，点击“确定”按钮退出该画面，则数据被重新处理。

7. 打印

若要打印输出，点击报告底部的“打印”按钮。

8. 关机

(1)实验结束后，先退出工作站，再关闭空气和氢气气瓶的总阀。

(2)待柱温、检测器和进样口的温度都降至较低值如 60℃时，可以关闭主机总电源，关闭载气。

<<< 7.11 高效液相色谱法测定天然海藻中的水溶性维生素 >>>

一、实验目的

(1)学习和了解天然食物中化学物质的分离、提取和鉴定的操作技术。

(2)学习和掌握反相柱分析化学成分的操作技术。

(3)学习和掌握色谱外标定量方法。

二、实验原理

本实验使用反相高效液相色谱法,CH_3OH : H_2O($0.1\ mol \cdot L^{-1}\ Na_2SO_4$)=30 : 70,为流动相,流速为 $1.5\ mL \cdot min^{-1}$,检测波长为 254 nm,检测灵敏度为 0.05 AUFS,外标法定量。在进样量的条件下,样品溶液中的每一种维生素均可按下面公式计算其质量分数 ω_i:

$$\omega_i = \frac{m_s \cdot \omega_s \cdot A_i}{mA_s} \tag{7-12}$$

式中:m_s,ω_s——某种维生素的标样质量和质量分数;

m——样品的质量;

A_s,A_i——某种维生素的标样和样品的峰面积(单位为 mm^2)。

三、实验仪器与试剂

1. 仪器

Waters 高效液相色谱

745B 色谱数据处理机

超声清洗机

Waters μ

BondapakC18 钢柱和 Guard—pak 预保护柱

0.45μm 注射器式过滤器

U6K 微量进样器

恒温水浴锅

电子天平

棕色试剂瓶(50 mL)

烧杯(150 mL)

量筒(50 mL,10 mL)

2. 试剂

Vpp

VB_6

VB_1

VB_{12} 和 VB_2 为生化试剂

Na_2SO_4

CH_3OH

HCl 溶液均为 A·R 试剂

HCl($0.1\ mol \cdot L^{-1}$)

3. 其他

定量滤纸

四、实验内容

1. 标准溶液的配置

将 5 种标样 Vpp，VB_6，VB_1，VB_{12}，VB_2 分别配成一定浓度（20～80 $\mu g \cdot mL^{-1}$）的水溶液，上机测定各自的保留时间，然后分别精确称取 5 种标样，混合后配成 100 mL 溶液，5 种维生素浓度大致为 0.25，0.85，1.32，0.21，0.11 $mg \cdot mL^{-1}$（称量时控制各种维生素标样的大致质量）。将此溶液稀释 5 倍后，吸取 10 μL 上机。

2. 样品的处理及样品溶液的配置

将海藻样品研磨成粉末，过 60 目筛。准确称取 0.0100 g 左右于 150 mL 烧杯中，加入 20 mL 0.1 $mol \cdot L^{-1}$ HCl 溶液搅拌至均匀。超声 30 min，振荡数次后取出。在 70 ℃水浴中加热 30 min，然后冷却至 40 ℃以下，小心倒入 50 mL 棕色容量瓶中定容至刻度。经定量滤纸过滤后再吸取 10 mL 通过注射器式过滤器过滤，然后取 10 μL 滤后样品液（pH=5）上机。

3. 色谱仪的准备

按高效液相色谱仪的方法：

（1）充填色谱柱，将固定相装柱并连接到仪器上。

（2）将流动相 4%四氢呋喃/石油醚（体积比）混合液于贮液瓶中。

（3）打开色谱仪电源及调节选定的流动相流量为 1.5 $mL \cdot min^{-1}$。

（4）打开紫外检测器电源，调节检测波长为 254 nm。

（5）打开数据处理机电源，打印出分析日期、时间、选择衰减值和打印纸走速。

（6）稳定仪器约 30 min 后（PT＜50），使仪器进入稳定的可使用状态。

4. 测定

用 U6K 微量进样器分别准确吸取 10 μL 标准溶液和样品溶液。按下列顺序进样：①标准溶液；②样品溶液；③样品溶液；④标准溶液。每次进样分析均打印有效成分的峰面积。

五、结果与分析

将实验中测得的数据列表并计算如表 7-12。

表 7-12 标准溶液和样品溶液测定数据

	m_s/g	ω_s	As/mm^2	Ai/mm^2	m/g	ω_i
Vpp						
VB_6						
VB_1						
VB_{12}						
VB_2						

六、注意事项

（1）本实验提取维生素后过滤要彻底，且应配有预保护柱，因海藻中蛋白质会干扰分离，且污染色谱柱，降低柱效。

（2）维生素在水溶液中不稳定，见光易分解，故应在上机前配制并避光保存。

（3）外标法定量计算公式是建立在进样量相同的条件下的。在没有定量进样阀时，手工进样要尽可能平行，以减小误差。

思考题

1. 样品溶液配制时用 HCl 溶液的目的是什么？我们可否用其他试剂替换？

2. 反相柱的色谱柱和流动相有什么特点？与正相柱有何不同？

3. 外标法定量与内标法定量有何不同？相对而言，哪种方法结果更可靠？那么，为什么不只用这种方法来定量？

4. 配制好的样品溶液为什么要用棕色容量瓶？

【相关背景知识】

液相色谱分析仪

用来分离物质和检测、记录物质的色谱图，并进行定性、定量分析的仪器，称为色谱分析仪。通常分为气相和液相色谱仪两大类。

一、基本原理

当一混合物在流动相的携带下，流经色谱仪中的色谱柱时，与柱中的固定相发生作用（溶解、吸附、分配、交换等），由于混合物中各组分物理化学性质和结构上的差异，与固定相发生作用的大小、强弱不同，在同一推动力的作用下，各组分在固定相中滞留时间不同，从而使混合物中各组分按一定顺序从柱中流出，进入检测系统，由检测系统把各组分的浓度信号转变为电信号，然后用记录仪将组分的信号记录下来得到色谱图，根据色谱图中的色谱峰位置即保留时间，对物质进行定性分析，利用峰高或峰面积进行定量分析，利用峰的位置和宽度来评价色谱柱的柱效及分离度。

用气体作流动相的色谱仪，称为气相色谱仪；用液体作流动相而设计的色谱仪，称为液相色谱仪；采用高压输液泵、高效固定相和高灵敏度检测器等装置的液相色谱仪，称为高效液相色谱仪。

二、仪器结构

高效液相色谱仪结构和流程与气相色谱仪大致相似。一般分为五个部分：高压输液系统、进样系统（采用高压输液泵）、分离系统（采用高效固定相）、检测系统（采用高灵敏度检测仪）和记录系统。

图 7-19 是高效液相色谱仪的结构示意图，其工作过程如下：高压泵将贮液罐的溶剂经进样器送入色谱柱中，然后从检测器的出口流出。当欲分离的试样从进样器进入时，流经进样器的流动相将其带入色谱柱中进行分离，然后依先后顺序进入检测器。记录仪将进入检测器的信号记录下来，得到液相色谱图。

（1）高压输液系统：由储液罐、高压输液泵、过滤器、压力脉动阻力器等组成，核心部件是高压输液泵。高压输液泵按其操作原理可分为恒流泵和恒压泵。高压输液泵应当具有以下性能：有足够的输出压力，使流动相能顺利地通过颗粒很细的色谱柱，通常的压力范围为 25～40 MPa；输出恒定的流量，其流量精度应在 1%～2% 之间；输出流动相的流量范围可调；压力平稳，脉动小。

（2）进样系统：常见的进样方式有三种：直接注射进样、停流进样和高压六通阀进样。

（3）分离系统：高效液相色谱中，色谱柱一般由优质不锈钢管制成的。考虑到管壁效应对柱效的影响，一般采用管径为 4～5 mm、长度为 10～50 cm 的色谱柱。液相色谱柱的填充一般采用匀浆法。采用这种装柱法，可达每米柱效 8 万塔板数。

(4)检测系统：用于液相色谱中的检测器，除了应该具有灵敏度高、噪音低、线形范围宽、响应快、死体积小等特点外，还应当对温度和流速的变化不敏感。为了将谱带展宽现象减小到最低，检测池的体积一般小于 15 μL，当接微型柱时应小于 1 μL 以下。液相色谱仪中，有两类基本类型的检测器。一类是溶质性检测器，另一类是总体检测器。

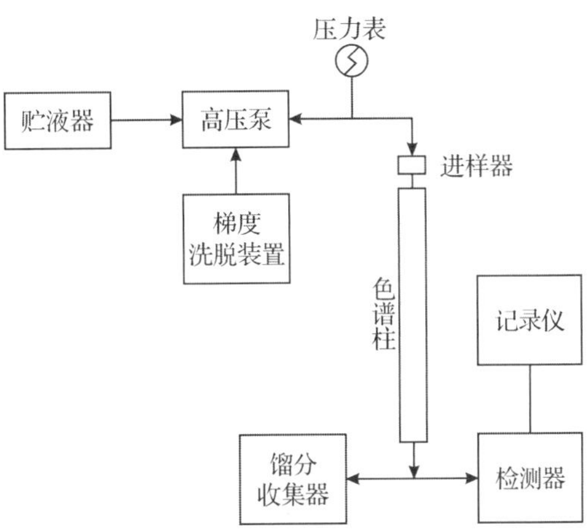

图 7-19　高效液相色谱仪结构示意图

(5)记录系统：该系统是用来记录由放大器放大后的检测信号，再把检测信号用计算机进行处理。

三、使用方法

安捷伦 1100 型高效液相色谱仪的使用方法(VWD 检测器)如下。

1. 开机

(1)打开计算机，进入 Windows 2000 画面，并运行 Bootp Server 程序(打开电脑将自动运行)。

(2)打开 1100 LC 各模块电源。(由下至上打开)

(3)待各模块自检完成后(灯变成黄色)，双击 Instrument 1 Online 图标，化学工作站自动与 1100LC 通讯。

(4)把流动相放入溶剂瓶中。

(5)打开 Purge 阀。(第三层的黑色旋扭往左旋)

(6)单击 Pump 图标(鼠标左键)，出现参数设定菜单，单击 Setup pump 选项，进入泵编辑画面。

(7)设 Flow 5 mL/min，单击 OK。

(8)单击 Pump 图标，出现参数设定菜单，单击 Pump control 选项，选中 On，单击 OK，则系统开始 Purge，直到管线内(由溶剂瓶到泵入口)无气泡为止，切换通道继续 Purge，直到所有要用通道无气泡为止。

(9)单击 Pump 图标，出现参数设定菜单，单击 Pump Control 选项，选中 Off，单击 Ok 关泵，关闭 Purge 阀。

2. 数据采集方法编辑

(1)开始编辑完整方法：

从“Method”菜单中选择“Edit entire method” 项，如上图所示选中除“Data analysis ”外的三项，单击 Ok，进入下一画面。

(2)方法信息：

在“Method Comments”中加入方法的信息(如：方法的用途等)。单击 Ok 进入下一画面。

(3)泵参数设定(以二元泵为例)：

在“Flow”处输入流量，如 1 mL/min，在“stop time”处输入运行时间，在“Solvent B”处输入 70.0，(A=100－B)，也可 Insert 一行“Timetable”，编辑梯度。在“Pressure Limits Max”处输入柱子的最大耐高压，以保护柱子。单击 Ok 进入下一画面。

(4)柱温箱参数设定：

在“Temperature”下面的方框内输入所需温度，并选中它，点击“more≫” 键，如图所示，选中“Same as left”———使柱温箱的温度左右一致。点击 ok 进入下一画面。

(5)VWD 检测器参数设定：

在“Wavelength”下方的空白处输入所需的检测波长，如 254 nm，在“Peak width(Response time)”下方点击下拉式三角框，选择合适的响应时间，如>0.1min(2s)。

在 Timetable 中可以“Insert”一行，输入随时间切换的波长，如 1 min，波长=300 nm。点击 ok 进入下一画面。

(6)在“ Run time checklist ”中选中“Data acquisition”，单击 Ok。

(7)单击“Method”菜单，选中“Save method as”，输入一方法名，如“test”，单击 Ok。

(8)从菜单 “View”中选中“Online signal”，选中 Windows 1，然后单击 Change 钮，将所要绘图的信号移到右边的框中，点击 Ok.

(9)从“Run control ”菜单中选择“Sample info”选项，输入操作者名称。

(10)从 Instrument 菜单选择 System on。

(11)等仪器 Ready，基线平稳，从 Method 菜单中选择“Run method”，进样。

3. 数据分析方法编辑

(1)从“View”菜单中，单击“Data analysis”进入数据分析画面。

(2)从“File”菜单选择“Load signal”，选中您的数据文件名，单击 Ok。

(3)谱图优化：从“Graphics”菜单中选择“Signal options”选项，从 Ranges 中选择 Auto scale 及合适的显示时间，单击 ok，或选择“Use Ranges” 调整。反复进行，直到图的比例合适为止。

(4)积分：先从“Integration”中选择 “Auto integrate”，如积分结果不理想，再从菜单中选择“Integration Events”选项，选择合适的 Slope sensitivity，Peak width，Area reject，Height reject。接着从“Integration”菜单中选择“Integrate”选项，则数据被积分。如积分结果不理想，则修改相应的积分参数，直到满意为止。然后单击左边“√”图标，将积分参数存入方法。

(5)打印报告：先从“Report”菜单中选择“Specify report”选项，进入报告设计画面。然后单击“Quantitative Results”框中 Calculate 右侧的黑三角，选中 Percent(面积百分比)，其他选项不变。单击 Ok。最后从“Report”菜单中选择“Print report”，则报告结果将打印到屏幕上，如想输出到打印机上，则单击 Report 底部的“Print”钮。

4. 关机

(1)关机前，用 100%的水冲洗系统 20 分钟，然后用有机溶剂冲洗系统 10 分钟(如 ACN)，然后关泵(适于反相色谱柱，正相色谱柱用适当的溶剂冲洗)。

(2)退出化学工作站，及其他窗口，关闭计算机(用 shut down 关)。

(3)关掉 Agilent 1100 电源开关(由下至上关闭)。

7.12 原子吸收分光光度法测定水中 Zn 的含量

一、实验目的

(1)掌握原子吸收分光光度法的基本原理。

(2)了解原子吸收分光光度计的基本结构和使用方法。

(3)掌握应用标准曲线法和标准加入法测定水中 Zn 的含量。

二、实验原理

原子吸收分光光度法是基于试样中待测元素的基态原子蒸气对同种元素发射的特征谱线进行吸收,依据吸收程度来测定试样中该元素含量的一种方法。该法具有灵敏度高、选择性好、操作简便、快速和准确度好等特点,因而被广泛应用于各部门,是测定微量元素的首选分析方法。一般情况下,其相对误差大约在 1%~2%之间,可用于 70 余种元素的微量测定。此法亦有缺点,分析不同元素时,必须换用不同的元素的空心阴极灯,因而目前多元素同时分析尚比较困难。

若使用锐线光源,待测组分为低浓度的情况下,基态原子蒸气对共振线的吸收符合下式:

$$A = \lg \frac{1}{T} = \lg \frac{I_0}{I} = alN_0 \tag{7-13}$$

式中:A——吸光度;

T——透射比;

I_0——入射光强度;

I——经原子蒸气吸收后的透光强度;

a——比例系数;

l——样品的光程长度;

N_0——基态原子数目。

当用于试样原子的火焰温度低于 3000 K 时,原子蒸气中基态原子数目实际上非常接近原子的总数目。在固定的试验条件下,待测组分原子总数与待测组分浓度的比例是一个常数,故上式可写成:

$$A = \kappa \mathrm{cl} \tag{7-14}$$

式中 κ 为比例系数,当 l 以 cm 为单位,c 以 $\mathrm{mol \cdot L^{-1}}$ 为单位表示时,κ 称为摩尔吸收系数单位为 $\mathrm{L \cdot mol^{-1} \cdot cm^{-1}}$。式(7-15)就是 Lambert-Beer 定律的数学表达式。如果控制 l 为定值,上式变为:

$$A = kc \tag{7-15}$$

式(7-16)就是原子吸收分光光度法的定量基础。定量方法可用标准加入法或标准曲线法。

实验测定水中 Zn 的含量,分析线波长选用 213.9 nm。先将试液喷射成雾状进入燃烧火焰中，含锌盐的雾滴在火焰温度下，挥发并解离成锌原子蒸气，再用锌空心阴极灯作光源，它发射出具有波长为 213.9 nm 的锌的特征谱线的光，当通过一定厚度的锌原子蒸气时，部分光被蒸气中基态原子吸收而减弱。通过单色器和检测器测得锌特征谱线光被减弱的程度，即可求得试样中锌的含量。

三、实验仪器与试剂

1. 仪器

WFX-130A 型原子吸收分光光度计（北京瑞利分析仪器公司）或其他型号的仪器

乙炔钢瓶和无油气体压缩机或空气钢瓶　　烧　杯（250 mL）

吸量管（2mL，5 mL，10 mL）　　容量瓶（50 mL）

洗　瓶　　洗耳球

2. 试剂

1000 $\mu g \cdot mL^{-1}$ Zn 贮备标准溶液[1]　　5$\mu g \cdot mL^{-1}$ Zn 的工作标准溶液[2]

盐酸（1∶1，优级纯或分析纯）　　待测水样

四、实验内容

1. 标准系列溶液的配制

在 6 个干净的 50 mL 容量瓶中，分别加入 0.00，1.00，2.00，3.00，4.00 和 5.00 mL Zn 的工作标准溶液，然后各加入盐酸（1∶1）2 mL，用蒸馏水稀释至刻度，摇匀。

2. 未知水样溶液的配制

准确吸取 10 mL 待测水样于 50 mL 容量瓶中，加入盐酸（1∶1）2 mL，用蒸馏水稀释至刻度，摇匀。

3. 标准加入法工作溶液的配制

在 4 个 50 mL 容量瓶中，各加入 5.00 mL 待测水样和 2mL 盐酸（1∶1），然后依次加入 0.00，1.00，2.00 和 3.00 mL Zn 的工作标准溶液，用蒸馏水稀释至刻度，摇匀。

4. 测量

按原子吸收分光光度计中的仪器操作步骤启动仪器，预热 10～30 min，然后开启空气压缩机，并调节空气流量达到预定值，再开乙炔气体，调节乙炔流量比预定值稍大，立即点火，再精细调节至选定流量，待火焰稳定 5～10 min 后，即可测定。

测定条件因仪器型号不同而异，可供参考的测定条件是：测定波长 213.9 nm，光谱通带 0.4 nm，空心阴极灯的电流 3 mA，燃烧器高度 6 mm，乙炔流量 1.0 $L \cdot min^{-1}$，空气流量 6.5 $L \cdot min^{-1}$，燃助比约为 1∶4。

用蒸馏水调节仪器的吸光度为 0。按由稀到浓的次序测量实验步骤 1～3 中所配制溶液的吸光度。

五、结果与分析

（1）实验条件：

①仪器型号。

②波长（nm）。

③光谱带宽（nm）。

④灯电流(mA)。

⑤乙炔流量($L \cdot min^{-1}$)。

⑥空气流量($L \cdot min^{-1}$)。

⑦燃助比。

(2)将测量所得 Zn 标准系列溶液、未知水样溶液及标准加入法工作溶液的吸光度填入表 7-13 和表 7-14。

表 7-13 锌标准曲线与含量测定

容量瓶编号	1	2	3	4	5	6	容量瓶编号	7
Zn 标液用量(mL)	0.00	1.00	2.00	3.00	4.00	5.00	水样用量(mL)	
Zn 标液浓度 ρ($mg \cdot L^{-1}$)							未知液浓度 ρ_x($mg \cdot L^{-1}$)	
盐酸(1∶1)用量(mL)	2.00							
定容体积(mL)	50.00							
吸光度(A)							吸光度(A)	

表 7-14 锌标准加入法工作曲线与含量测定

容量瓶编号	1#	2#	3#	4#
待测水样用量(mL)				
盐酸(1∶1)用量(mL)	2.00			
Zn 标液用量(mL)	0.00	1.00	2.00	3.00
定容体积(mL)	50.00			
Zn 标液浓度 ρ_x($mg \cdot L^{-1}$)				
吸光度(A)				

(3)绘制标准曲线,并求出水中 Zn 含量:用 Zn 的标准系列溶液的吸光度绘制标准曲线,由未知水样的吸光度求出水样中的 Zn 含量。若经稀释须乘上稀释倍数求得原始水样中 Zn 含量。

(4)绘制工作曲线,求出水中 Zn 的含量:以标准加入法用 Zn 的工作标准溶液测定的吸光度绘制工作曲线,延长曲线与浓度轴相交,交点为 ρ_x,根据 ρ_x 换算为原始水样中 Zn 的含量。

(5)比较两种测定方法:比较两种方法所测的结果,并用相对误差表示。

注释:

[1]Zn 贮备标准溶液(1000 $\mu g \cdot mL^{-1}$):

a.称取 0.6225 g ZnO,溶于约 100 mL H_2O 及 0.5 mL 浓 H_2SO_4 中,移入 500 mL 容量瓶,用去离子水稀释至刻度、摇匀。将此溶液转移至聚乙烯试剂瓶中保存。

b.准确称取 1.0000 g 金属锌,加热溶解于 30 mL 盐酸(1∶1,优级纯或分析纯),冷却后用水稀释至 1L,摇匀。将此溶液转移至聚乙烯试剂瓶中保存。

[2] Zn 的工作标准溶液(5$\mu g \cdot mL^{-1}$):取 0.50 mL Zn 的贮备标准溶液于 100 mL 容量瓶中,稀释至刻度,摇匀。

思考题

1. 配制标准液和待测液，为什么要各加入 2 mL 盐酸(1∶1)？

2. 标准加入法测定自来水中的 Zn 时，为什么可以将工作曲线外推来求 Zn 的含量？

【相关背景知识】

原子吸收分光光度计

原子吸收光谱法是根据基态原子对特征波长光的吸收，来测定试样中待测元素含量的分析方法，简称原子吸收分析法。用于测量和记录待测物质在一定条件下形成的基态原子蒸气对其特征光谱线的吸收程度，并进行定量分析的仪器，称为原子吸收分光光度计。

近几年来，原子吸收分光光度计已经发展为多种类型，单道、双道、多道仪器；按光束形式又可分为单光束和双光束两种类型；就原子化手段而言，仪器可分为火焰型和石墨炉型。目前普遍使用的是单道单光束和单道双光束原子吸收分光光度计，它们的基本光路示意如图 7-20 和图 7-21 所示。

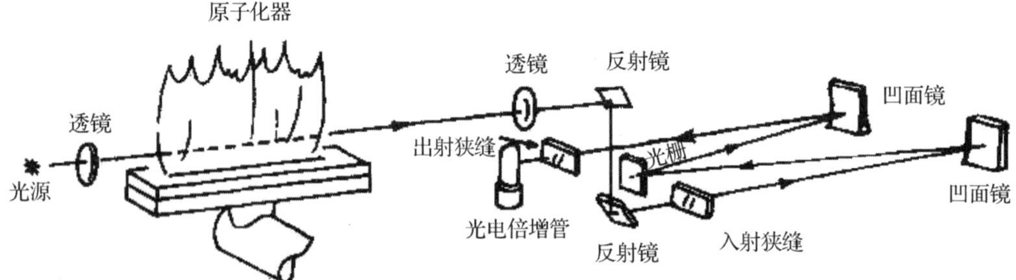

图 7-20　单光束型原子吸收分光光度计光路示意图

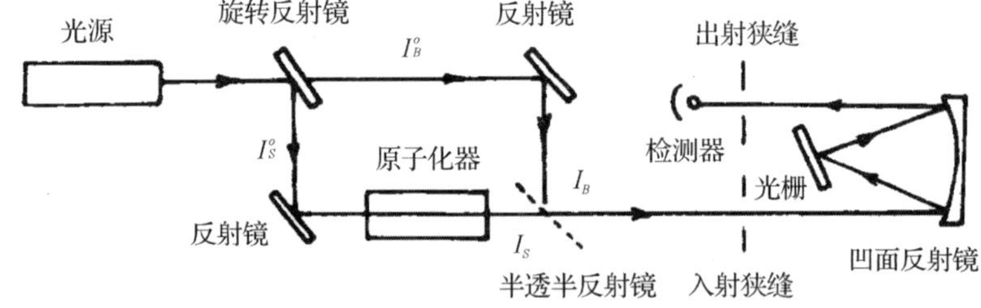

图 7-21　双光束型原子吸收分光光度计光路示意图

一、基本原理

1. 单光束型原子吸收分光光度计

从光源发射的待测元素的共振线通过原子化的基态原子，部分作用光被待测原子的原子蒸气吸收后进入单色器，再照射到检测器上，产生交流电信号，经放大器放大后，从读数指示器记录吸光度。

2. 双光束型原子吸收分光光度计

与单光束型原子吸收分光光度计不同在于光源辐射的作用光被旋转斩光器(反射镜)分为两束，一束通过原子化器，即样品，光强用 I_S^o 表示；另一束不通过原子化器，用 I_B^o 表示光强；然后用半透半反射镜将两光束交替通过单射器，投射至检测器。若被旋转斩光器所分两束的光强度相同($I_S^o=I_B^o$)，则得到 $T=I_S/I_B$，I_S 和 I_B 分别表示两光束投射在检测器上的光强(实际上 $I_B^o \approx I_B$)。

二、仪器结构

原子吸收分光光度计由锐线光源、原子化器、分光系统、检测记录系统组成(图 7-22)。

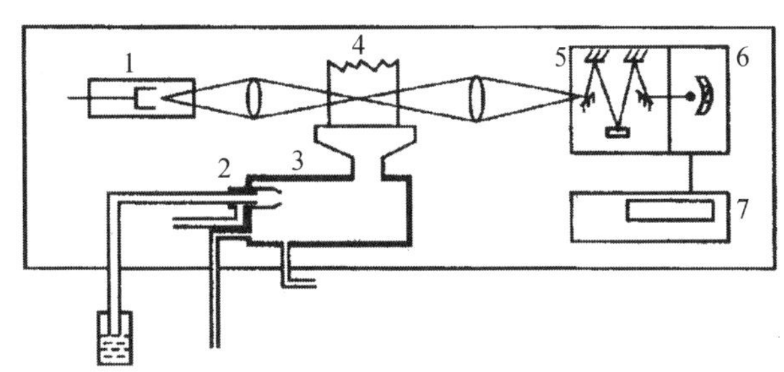

1—光源；2—雾化器；3—雾化；4—火焰原子化器；5—单色器；6—光电转换；7—放大读出系统。

图 7-22　火焰原子吸收分光光度计

1. 光源

光源发射的谱线应该是带宽比吸收线更窄的锐线，强度高而稳定。空心阴极灯、高频无极放电灯及可调激光器等都符合上述要求。

2. 原子化器

原子化系统是原子吸收分光光度计的核心组成部分。它的主要作用是使试样中被测元素形成比率高又十分稳定的基态原子，以便对光源发射的特征谱线产生吸收。原子化器主要有两类：(1)火焰原子化器(2)电加热原子化器。火焰原子化器由雾化器、预混合室和燃烧器等部分组成。电热原子化器的种类有多种，如电热高温管式石墨炉原子化器、石墨杯原子化器、钽舟原子化器、碳棒原子化器、镍杯原子化器、高频感应炉和等离子喷焰等。常用的电加热原子化器是管式石墨炉原子化器。

3. 分光系统

目前原子吸收分光光度计普遍采用光栅单色器，主要是把待测元素的共振线(分析线)分出，把其他波长的谱线滤去，只让共振线通过，在检测器上检测共振线强度变化。

4. 检测记录系统　它把经分光系统分出来的待测元素分析线的微弱光能转换成电信号，经适当放大后显示并记录下来。

图 7-23 为北京瑞利分析仪器公司生产的 WFX—130A 型单光束原子吸收分光光度计。单光束仪器具有结构简单，检测限高等优点。由于现代电子科学的发展，以前困扰人们的零漂(因光源强度变化而导致的基线漂移)问题也逐渐得到解决，因而单光束仪器应用较为广泛。

三、WFX—130A 型原子吸收分光光度计的特点

1. 自动化程度高

具有波长自动设置、波长自动扫描、狭缝自动换档等功能；并具有火焰熄灭安全保护及报警、空气欠压安全保护及报警、气路箱燃气泄漏安全保护及报警等多项安全自动保护功能和氘灯背景校正技术；采用一体化原子化器设计，火焰原子化器与石墨炉原子化器可任意切换。

2. 采用微机进行数据处理

由微机显示吸光度读数、标准偏差和相对标准偏差，并显示与打印工作曲线和瞬时信号图形。可重叠显示多个瞬时信号图形，以便观察瞬时信号变异，为分析者优化条件提供更为直观的信息。

3. 灵敏度高

火焰法测定的特征浓度在 $mg \cdot L^{-1}$ 到 $\mu g \cdot L^{-1}$ 级（铜的特征浓度不大于 $0.04mg \cdot L^{-1}/1\%$）；石墨炉法测定的特征量可达 $10^{-9}g$ 量级（镉的特征量不大于 $1\times10^{-12}g$）。

4. 具有光电控温石墨炉系统

采用 FUZZY－P.L.D（模糊－比例.积分.微分）控温技术，双曲线工作法。升温速度快，控温准确稳定，具有温度自校正功能，对环境适应能力强，控温精度不受电网波动及石墨管电阻变化的影响。

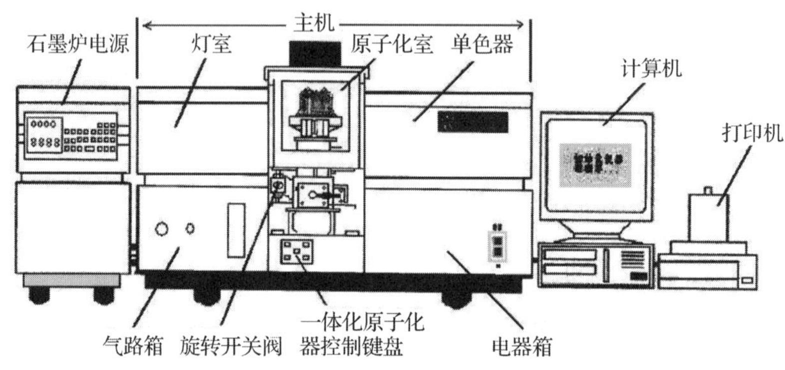

图 7-23　WFX—130A 型原子吸收分光光度计效果图

四、原子吸收分光光度计的使用方法

原子吸收分光光度计种类及型号不同，使用方法也不尽相同，本书仅以 WFX—130A 型原子吸收分光光度计为例，介绍其火焰法使用方法：

1. 开机

开启微机电源开关，接着开启主机电源开关，微机打开后，双击快捷方式 BRAIC 图标进入工作界面。

2. 选择原子化器

按主机前[火焰]键，火检原子化器将自动移到光路中心。

3. 编辑分析方法

点击菜单项操作，再点击[编辑分析方法]，出现“操作说明”对话框。

(1)选择⊙火焰原子吸收。

(2)选择⊙创建新方法（或⊙修改已有方法）。

(3)点击[继续]按钮，出现“创建分析方法”对话框，点击[…]，进入元素周期表，选中你所要分析的元素，点击[确定]，回到上一个界面，一切设定好之后，点击[确定]。

4. 分析条件选择

具体分析条件可参考分析手册。

(1)仪器条件设定。

①“分析波长”:默认(如果想改用次灵敏线,用户可自行输入)。

②“元素灯”:默认。

③“元素灯位置”:一共有 4 个位置可选择,选中你所要分析的元素的元素灯所在的位置(1,2,3,4)。

④“背景校正器”:一般默认“无”(也可根据具体分析选择氘灯背景校正)。

⑤“狭缝”、“灯电流”:根据不同元素的分析选择不同的狭缝光谱带宽和输入不同的灯电流。

⑥“预热灯电流”:不预热输入“0”,也可输入不同的灯电流进行预热,为下一个方法分析做准备。(建议预热 10～30 分钟,以稳定光谱输出。)

(2)测量条件设定。

点击[测量条件]标签,出现“测量条件”页面。

①“分析信号”:默认“时间平均”。

②“测量方式”:根据需要选择“工作曲线法”(或“标准加入法”)。

③“读数延时”:默认“0”。

④“读数时间”:表示采集样品的快慢,一般选择 1S(或 2S)。

⑤“阻尼常数”:可减少噪声,一般选择为 2S。

(3)标准工作曲线的建立。

点击[工作曲线参数]标签,出现“工作曲线参数”页面。

①“方程”:选择“一次”。

②“标准空白”:可选可不选,如果选,表示每次测量标准样品点时扣除标准空白;如果不选,表示强制过零点,此时需把 S1 输成标准空白。

③“浓度单位”:选择“μg/mL”。

④“浓度”:根据需要(用几个点做标准曲线就用几个浓度)由小到大顺序输入。

⑤“测量次数”:根据需要选择不同次数,结果取平均值。

(4)火焰条件的设置。

①“火焰类型”:选择“空气—乙炔火焰”。

②“燃气流量、空气流量、氧气流量、燃烧头高度”:可参考分析手册依据不同元素的不同条件进行输入,以便在报告中打印出来。

(5)QC 质量控制:根据需要选择是否自动重置斜率。

点击[确认]键,又回到“操作说明”对话框,点击[完成]。

5. 设定条件

点击菜单项[文件]中[新建]选项,弹出“分析光源”对话框,选择·火焰原子吸收,点击确定。出现“分析任务设计”页面。

(1)分析任务设计。

①输入“任务名称”及“分析者”。

②点击[选择方法]按钮,选择你所要用的方法,点击[确定]。

③点击[样品表],依次输入“编号”,“样品名”,“取样量”,“定容体积”,“测量次数”,所有都

输入以后，再点击确定，回到“分析任务设计”界面，点击完成。进入“仪器控制”界面。

(2)仪器控制。

待初始化灯架后，点击波长设置。待其完成后，点击自动增益，待其自动调整“主光束”能量达到最大值时，通过点击“灯位置精调”和“精调”中的上、下和短、长使“主光束”能量达到最大值后再点击自动增益。

取一张硬白纸，底边成一直线，划一条与底边垂直的竖线，竖线对准火焰缝口，调节主机前上、下、前、后键，使光圈中心在火焰缝口上方高度与分析条件设置中燃烧头高度一致，光圈直径恰好与竖线重合。

点击完成。

6. 点火

(1)开启空气压缩机：先开启风机开关（绿色按钮），再开启压机开关（红色按钮），调节读数至 0.24—0.25 左右，必须在其读数大于 0.2 以上人方可离开，防止其读数瞬间变大，如出现这种情况，应立刻按住上方白色（手动放气）按钮，让其读数减至 0。

(2)打开乙炔钢瓶开关（不能超过 1.5 圈），通过减压阀调节乙炔读数至 0.06～0.08 左右。

(3)稍等一会儿，按主机上的“点火”键，乙炔即燃烧，如未点燃，主机会发出“嘀嘀”的响声，这时应再次按“点火”键使其关闭。过一会儿，再重新点火，如点火成功，可通过调节主机上的“乙炔”旋钮，调节乙炔气流量。预热 3 min。

7. 测量

(1)将主机前原子化器毛细管浸入去离子水，点击工作界面中调零。

(2)将进样管浸入标准空白溶液，待基线平稳后，点击读数。

(3)将进样管浸入第一瓶标准溶液，待基线平稳后，点击读数，读数完毕后，依次测量其他标准溶液。

(4)待所有标样都测完以后，点击页面上工作曲线标签看哪个数据偏离较大。

(5)点击数据表标签，点中偏离较大的那组数据，点击重做。

(6)点击测量标签，回到“测量”界面，重测该标样。

(7)开始测待测样：测待测样时，可进行“斜率重置”（主要是考虑不同时间各种外界条件不一样，会造成同一样品吸光度值不一致），点击界面左下方重置斜率图标，出现“选择标准样品”页面，任选一标样，点击确定，重新回到“测量”页面，将进样管浸入该标准溶液，点击读数即可。接着可以继续测量。

(8)测定结束后，用去离子水喷雾清洗原子化器 5～10 min，空烧 2～3 min。

8. 关机

(1)先关闭乙炔气体。

(2)关闭空气压缩机：先关闭压机开关，再关闭风机开关，最后按住上方白色按钮至其读数减小至 0。

(3)退出工作站。

(4)关闭主机。

(5)关闭微机。

(WFX—130A型原子吸收分光光度计石墨法的使用方法大致同上)

9.实验要点及注意事项

(1)实验时,要打开通风设备,使金属蒸气及时排出室外。

(2)点火时,先开空气,后开乙炔,熄火时,先关乙炔,后关空气,室内若有乙炔气味,应立即关闭乙炔气源,开通风,排除问题后,再继续实验。

(3)更换空心阴极灯时,要将灯电流开关关掉,以防触电和造成灯电源短路。

(4)废液管应确保水封良好,防止回火爆炸及燃气泄露。

(5)乙炔气源附近严禁明火或过热高温物体存在。

第八章

综合性、设计性、创新性实验

<<< 8.1 乳剂的制备 >>>

一、实验目的

(1)掌握乳剂的一般制备方法及乳剂类型的鉴别方法。

(2)熟悉测定油乳化所需 HLB 值的方法。

二、实验原理

乳剂(亦称乳浊液)系指一种(或一种以上)液体以小液滴的形式分散在另一种与之不相混溶的液体连续相中所形成的非均相分散体系。前者一般称为分散相、内相或不连续相;后者称为分散介质、外相或连续相。分散相的直径在 0.1~100μm 范围,因分散度大、表面自由能大,属热力学和动力学不稳定体系,故常须加入乳化剂使其稳定。

乳化剂通常为表面活性剂,其分子中的亲水基团和亲油基团所起作用的相对强弱多用 HLB 值来衡量。乳化剂的 HLB 值范围一般为 3~16,当 HLB 值在 3~8 时,多作为油包水(W/O)型乳剂的乳化剂,而当 HLB 值在 8~16 时,则用作水包油(O/W)型乳剂的乳化剂。

为了使乳化剂发挥最好的效果,满足被乳化物所要求的 HLB 值,增加乳剂的稳定性,以及调节乳剂的稠度、柔润性和涂展性,通常将几种乳化剂混合使用。混合乳化剂 HLB 值可用下式计算:

$$HLB_{AB}=\frac{HLB_A \cdot W_A + HLB_B \cdot W_B}{W_A + W_B} \tag{8-1}$$

式中,HLB_{AB} 为混合乳化剂的 HLB 值;HLB_A 和 HLB_B 分别为乳化剂 A 和 B 的 HLB 值;W_A 和 W_B 分别为乳化剂的量。

乳剂因内、外相不同,可分为水包油(O/W)型和油包水(W/O)型等类型,可用稀释法和染色镜检等方法进行鉴别。

在制备乳剂时，小量制备可在研钵中或在瓶中振摇制得，如以阿拉伯胶作乳化剂，常采用干胶法和湿胶法；大量制备时可用机械法，即使用搅拌器、乳匀机、胶体磨或超声波乳化器等机械。

本实验应用乳化法测定乳化植物油所需 HLB 值。其方法时将两种已知 HLB 值的乳化剂，按式(8-1)以不同重量比例配成具有不同 HLB 值的混合乳化剂，再分别与植物油制成一系列乳剂，在室温或加速实验(如离心法等)条件下，观察分散液滴的分散度或乳析速度。将稳定性最佳的乳剂所用乳化剂的 HLB 值定为乳剂所需的 HLB 值。

三、实验仪器与试剂

1. 仪 器

乳钵	刻度离心管	试剂瓶	离心机
显微镜	磨塞量筒	普通天平	

2. 试 剂

液体石蜡	聚山梨酯 80	司盘 80	阿拉伯胶
植物油	氢氧化钙	羟苯乙酯醇溶液(50 g·L^{-1})	蒸馏水

四、实验内容

(一)液状石蜡乳的制备

1. 处方

液状石蜡	12 mL
阿拉伯胶	4 g
羟苯乙酯醇溶液(50 g·L^{-1})	0.1 mL
蒸馏水	30 mL

2. 制法

(1)干胶法：将阿拉伯胶分次加入液体石蜡中，研匀，加水 8 mL，研磨至发出噼啪声，即成初乳。再加蒸馏水适量研磨后加入羟苯乙酯醇溶液，补加蒸馏水至 30 mL，研匀即得。

(2)湿胶法：取 8 mL 蒸馏水置烧杯中，加 4 g 阿拉伯胶粉配成胶浆，至乳钵中，作为水相，再将 12 mL 液状石蜡分次加入水相中，边加边研磨，成初乳，将羟苯乙酯醇溶液加入，最后加水至 30 mL 研磨均匀即成乳剂。

3. 用途

本品为轻泻剂，用于治疗便秘，尤其适用于高血压、动脉瘤、痔、疝气及手术后便秘的病人，可以减轻排便的痛苦。

4. 注释

(1)干胶法简称干法，适用于乳化剂为细粉者；湿胶法简称湿法，所用的乳化剂可以不是细粉，但预先应能制胶浆(胶∶水为 1∶2)。

(2)制备初乳时，干法应选用干燥乳钵，油相与胶粉(乳化剂)充分研匀后，按油∶胶∶水为 3∶1∶2 比例一次加水，迅速沿同一方向旋转研磨，否则不易形成 O/W 型乳剂，或形成后也不稳定。

(3)在制备初乳时添加水量过多,则外相水液的黏度较低,不利于油分散成油滴,制得的乳剂也不稳定,易破裂。

(4)湿法所用的胶浆(胶∶水为1∶2)应提前制好,备用。

(5)制备初乳时,必须待初乳形成后,方可加水稀释。

(6)用合成乳化剂(聚山梨酯80与司盘80)制备乳剂时,可不考虑混合顺序,即将油、水、乳化剂混合,用振摇法或其他器械制成。

(二)石灰搽剂的制备

1. 处方

植物油	10 mL
饱和石灰水	10 mL

2. 制法

量取植物油及氢氧化钙溶液各10 mL,置具塞的试剂瓶中,用力振摇至乳剂生成。

3. 用途

本品用于轻度烫伤,具有收敛、止痛、润滑、保护等作用。

4. 注释

石灰搽剂是由氢氧化钙与植物油中所含的少量游离脂肪酸进行皂化反应形成钙皂(新生皂)作乳化剂,再乳化植物油而制成W/O型乳剂。植物油可为菜油、麻油、花生油、棉子油等。

(三)乳化植物油所需HLB值的测定

1. 处方

植物油	5 mL
混合乳化剂(司盘80与聚山梨酯80)	0.5 g
蒸馏水	10 mL

2. 测定方法

(1)用司盘80(HLB值为4.3)、聚山梨酯80(HLB值为15.0)配成6种混合乳化剂各0.5 g,使其HLB值分别为4.3、6.0、8.0、10.0、12.0和14.0。按式(8-1)计算各单个乳化剂的用量(g),并填入表8-1中。

(2)取6支具塞刻度试管,各加入植物油5 mL,再分别加入上述不同HLB值的混合乳化剂各0.5 g,然后加蒸馏水至10 mL,加塞,在手中振摇2 min,即成乳剂。在放置5、10、30和60 min后,分别测量其水层高度,记录于表8-2中,并判断哪一方较稳定,由此而得知乳化植物油所需HLB。

表8-1　混合乳化剂中单个乳化剂用量(g)

乳化剂	混合乳化剂HLB值					
	4.3	6.0	8.0	10.0	12.0	14.0
聚山梨酯80						
司盘80						

表 8-2 乳剂稳定性测定数据(水层高度,mm)

处方号	HLB 值	放置时间(min)			
		5	10	30	60
1	4.3				
2	6.0				
3	8.0				
4	10.0				
5	12.0				
6	14.0				

3. 注释

测定植物油乳化剂所需 HLB 时,其 6 支试管在手中振摇的强度和时间应尽可能一致。实验中所用植物油,可为花生油、芝麻油或豆油等。

(四)乳剂类型鉴别

1. 稀释法

取试管 2 支,分别加入液状石蜡乳和石灰搽剂各 1 滴,再加入蒸馏水 5 mL,振摇混合,观察混匀情况,能在水中分散均匀,溶为一体者为 O/W 型乳剂,否则为 W/O 型乳剂。

2. 染色镜检法

用玻璃棒蘸取液状石蜡乳和石灰搽剂少许涂于载玻片上,用亚甲基蓝溶液(水溶性染料)和苏丹Ⅲ溶液(油溶性染料)分别染色一次,并在显微镜下观察着色情况,使亚甲基蓝均匀分散者为 O/W 型乳剂,使苏丹Ⅲ均匀分散者为 W/O 型乳剂,由此可判断乳剂所属类型。

(五)乳剂稳定性考察

1. 离心法

取 2 支刻度离心管,分别装 5 mL 液状石蜡乳、石灰搽剂,以 4000 r/min 离心 15 min,如不分层,则认为质量较好。

2. 快速加热试验

取 5 mL 液状石蜡乳和石灰搽剂,分别装于 2 支具塞试管中,塞紧并置 60℃(或 80℃)的恒温水浴 60 min(或 30 min),如不分层,则乳化剂稳定。

3. 冷冻法

分别取 5 mL 液状石蜡乳的石灰搽剂,分别装于具塞试管中并塞紧,于冰箱冷藏(或冷冻)60 min(或 30 min),如不分层(或不粗化)则表明乳剂稳定。

五、结果与讨论

(1)将液状石蜡乳、石灰搽剂的乳剂类型鉴别结果记录于表 8-3 中。

表 8-3 乳剂类型鉴别结果

染料	液状石蜡乳		石灰搽剂	
	内相	外相	内相	外相
苏丹Ⅲ				
亚甲基蓝				
乳剂类型				

(2)将液状石蜡乳、石灰搽剂稳定性考察结果记录于表 8-4 中。

表 8-4 乳剂稳定性考察结果

制剂	离心法	快速加热试验	冷藏法
液状石蜡乳			
石灰搽剂			

思考题

1. 影响乳剂稳定性的因素有哪些?
2. 有哪些方法可判断乳剂的类型?
3. 石灰搽剂制备的原理是什么? 它属何种类型乳剂?

8.2 包合物的制备

一、实验目的

(1)初步掌握包合物的制备方法及验证方法。

(2)了解 β-环糊精的性质及所形成的包合物在药剂上的应用。

二、实验原理

包合物通常是指由一种形状、大小适宜的小分子(药物)全部或部分镶嵌入一定形状的大分子(包合材料)的空穴内形成的一种分子囊。包合物常用的包合材料是环糊精。环糊精(*Cyclodextrin*,简称 CD)是一种新型的水溶性包合材料,是由淀粉经过酶解得到的一种产物,分子中由 D-葡萄糖分子以 1,4-糖苷键连接起来形成闭合筒状结构,常用的由 6～8 个葡萄糖构成,分别称为 a-,β-,γ-环糊精,其中以 β-环糊精(β-CD)最为常用,孔径为 0.7～0.8 nm,与药物经适当的处理后,可将药物包入其环状结构的空洞内形成包合物,供口服或注射,在体内经水解释放出药物。药物与 β-环糊精形成包合物,颇似微囊化,具有以下特点:①改变药物的溶解性,调节药物的释放度,提高药物的生物利用率;②增加药物的稳定性;③使挥发性液体、固体、油状液体粉末化,便于制成其他剂型;④掩盖药物的不良臭味;⑤减小局部刺激性,降低不良反应;⑥用于药物的分离、提纯和分析。

并非所有的药物均能制成包合物，具有以下性质的有机化合物，通常可与环糊精形成包合物：药物分子量在100～400之间；药物在水溶液中溶解度小于10 g·L^{-1}；药物结构中的原子数大于5个，且药物的稠环小于5个；药物的熔点低于250℃等。但是符合上述条件的药物，如果几何形状不合适，环糊精的用量不合适时也不能制成包合物。无机药物绝大多数不宜被环糊精包合。β-环糊精包合物的制备方法有：饱和水溶液法、溶液搅拌法、研磨法、冷冻干燥法、混合溶剂法、共沉淀法等。本实验采用饱和水溶液法制备薄荷油包合物，采用混合溶剂法制备丹皮酚包合物。

三、实验仪器与试剂

1. 仪 器

恒温水浴锅	滤器	干燥器
超声仪	显微镜	荧光灯
层析槽		

2. 试剂

薄荷油	β-环糊精	丹皮酚
35%异丙醇(体积分数)	无水乙醇	乙醚
$FeCl_3$ 溶液	硅胶 G	羧甲基纤维素钠
含15%石油醚的乙酸乙酯(体积分数)	10 g·L^{-1}香荚兰醛硫酸液	蒸馏水

四、实验内容

(一)薄荷油β-环糊精包合物的制备

(1)取经40℃干燥4 h的β-CD 8 g。加入100 mL的蒸馏水，在60 ℃制成饱和水溶液，保温备用。

(2)将挥发油无水乙醇液(油：醇＝1：5)在搅拌下缓慢滴加至β-CD溶液中，溶液渐成乳白混浊，继续搅拌2 h，冷后置冰箱冷藏24 h后抽滤，用无水乙醇洗涤沉淀和滤纸3次，每次10 mL。将沉淀与滤纸同放在40 ℃干燥4 h即得白色粉末状包合物。

(二)薄荷油β-环糊精包合物的验证——薄层色谱分析(TLC)

1. 硅胶G板的制作

将硅胶G和3 g·L^{-1}羧甲基纤维素钠水溶液按1 g：3 mL的比例，调匀，铺板，110 ℃活化1 h，备用。

2. 样品的制备

取薄荷油β-环糊精包合物0.5 g，加95%乙醇(体积分数)2 mL溶解，过滤，滤液为样品a；薄荷油2滴，加95%乙醇(体积分数)2 mL溶解为样品b。

3. TLC条件

取样品a与b点于同一硅胶板上，含15%石油醚的乙酸乙酯(体积分数)为展开剂，展开前将薄层板置展开槽中饱和5 min，斜行展开，以1%香荚兰醛硫酸液(体积分数)为显色剂，喷雾烘干显色。

(三)丹皮酚β-环糊精包合物的制备

1. 制备方法

取一定量的β-环糊精和丹皮酚(13∶1,质量分数)加与β-环糊精等量的35%异丙醇(体积分数)溶液,全溶后放在超声池中30℃超声15 min,取出至冰箱冷藏,过滤,50℃吹风干燥3 h,即得。

2. 含量测定

精密称取包合物20 mg,加35%的异丙醇(体积分数)溶解,定容至10 mL,精密吸取0.4 mL于10 mL量瓶中,加无水乙醇至刻度,于274 nm波长处测定吸收度,以$E_{1\,cm}^{1\%}=908$计算丹皮酚的百分含量,得出丹皮酚的平均收率。

3. 包合率的测定

取包合物少许,用乙醚回馏洗涤2 h,以便将附着的尚未包合牢固的丹皮酚洗下,取出粉末,挥干乙醚,测定丹皮酚的百分含量,得出实际包合率。

(四)丹皮酚β-环糊精包合物的验证

1. 显微观察

将β-环糊精按上述实验方法制成不含药物的空白包合物。取空白包合物及丹皮酚包合物各少许,分别置10×3.3倍显微镜下观察。记录结果。(提示:空白包合物为规则的板状结晶,丹皮酚β-环糊精包合物为不规则的粉末)

2. 丹皮酚β-环糊精包合物的$FeCl_3$试剂反应

首先将丹皮酚、β-环糊精和它们的包合物,以及丹皮酚与β-环糊精的物理混合物分别在荧光灯下观察荧光,然后观察与$FeCl_3$试剂反应,再在荧光灯下观察,记录结果。

五、结果与讨论

1. 包合物收率及包合率的计算

(1)
$$包合物的收率(\%)=\frac{包合物的重量(g)}{(β\text{-}环糊精(g)+药物(g))}\times 100 \qquad (8\text{-}2)$$

(2)
$$包合物的收率(\%)=\frac{包合物的重量(g)}{包合物重(g)}\times 100 \qquad (8\text{-}3)$$

2. 包合物的验证

(1)写出显微镜下丹皮酚β-环糊精包合物的观察结果。

(2)记录丹皮酚包合前后与$FeCl_3$反应在荧光灯下观察的结果,记于表8-5。

(3)绘制薄荷油β-环糊精包合物TLC图,并说明是否形成包合物。

表8-5　丹皮酚β-环糊精包合物与物理混合物性质比较

样品	荧光现象	$FeCl_3$反应	加$FeCl_3$后荧光反应
丹皮酚			
β-环糊精			
包合物			
混合物			

思考题

1. 包合物的方法有哪些，每种方法制备的关键是什么？
2. 验证包合物的方法共有哪些？
3. 包合物有哪些特点？是否所有的药物都可制成包合物？为什么？
4. 环糊精有哪几种类型，本验为什么选 β-环糊精作为包合材料，它有何特点？

8.3 异烟肼的鉴别与测定

一、实验目的

(1)掌握采用薄层色谱对游离肼进行限量检查的方法。

(2)学会使用溴酸钾滴定法测定异烟肼含量。

(3)正确使用红外光谱法鉴别异烟肼。

二、实验原理

除多晶型具不可重复转晶的约品外，原料药几乎均可用红外光谱进行鉴别。中国药典与英国药典中的红外光谱鉴别法是将依法绘制的供试品红外光谱与药品红外光谱集中的对照光谱全谱谱形进行比较。即首先是谱带的有与无，然后是各谱带的相对强弱。若供试品的光谱图与对照光谱图一致，一般可判定两化合物为同一物质。美国药典则是采用供试品与对照品分别在相同条件下绘制红外光谱，然后进行全谱谱形的比较。

异烟肼的分子式为 $C_6H_7N_3O$，结构式为 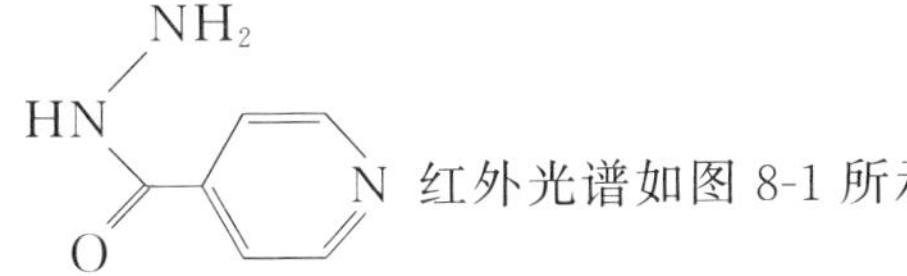

红外光谱如图 8-1 所示，可能有如下官能团及各自的相关吸收：吡啶环：ν_{c-H}3010 cm^{-1}(s)及 3020 cm^{-1}(s)；环的骨架 1600 cm^{-1}(s)、1551 cm^{-1}(s，与酰胺带重叠)、1490 cm^{-1}(s)及 1410 cm^{-1}(s)；ν(面外 c−H)(邻接 2 个 H)845 cm^{-1}(s)。酰胺：ν_{N-H}3120 cm^{-1}(s)；酰胺带 Ivc1654 cm^{-1}(s)；酰胺带 β_{nh}1551 cm^{-1}<s)；酰胺带 ν_{c-N}1335 cm^{-1}(s)。肼基上的伯胺：ν_{N-H}3300 cm^{-1}(m)，另一 ν_{N-H} 被仲酰胺掩盖；β_{nh}1635 cm^{-1}(s)。

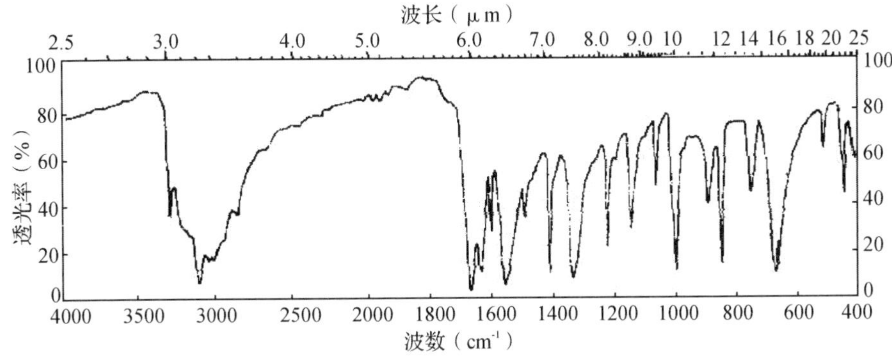

图 8-1 异烟肼的红外光谱

采用薄层色谱法可对游离肼进行限量检查，方法如下：以含 CMC-Na 的硅胶铺制薄层板，以异丙醇－丙酮(3∶2)为展开剂，利用游离肼与对二甲氨基苯甲醛缩合生成鲜黄色腙类化合物(异烟肼此时呈棕橙色)。采用对二甲氨基苯甲醛为显色剂，将供试品溶液与硫酸肼对照溶液分别点于同一薄层板上，展开后显色，在供试品主斑点前方与硫酸肼斑点相应位置上不得显黄色斑点。

利用酰肼基的还原性，在强酸性溶液中，可用溴酸钾直接滴定异烟肼。化学计量点后，稍过量的 BrO_3^- 与反应生成的 Br^- 作用产生 Br_2，使溶液呈浅黄色而指示终点。但灵敏度不高，通常加入甲基橙或甲基红为指示剂，终点前指示剂在酸性溶液中呈红色，化学计量点后，微量的 Br_2 氧化破坏指示剂使红色骤然褪去，从而指示终点。

三、实验仪器与试剂

1. 仪 器

红外分光光度计	硅胶薄层板	移液管(25 mL)
容量瓶(100 mL)	分析天平	滴定管
锥形瓶		

2. 试 剂

溴化钾(光谱纯)	硫酸肼	异丙醇-丙酮展开剂
对二甲氨基苯甲醛试液	甲基橙指示液	溴酸钾滴定液
盐酸		

3. 其他

玛瑙研钵	压片模具	吸水滤纸片
250 mL 烧杯(废液缸)	吸耳球	移液管架
红外灯		

四、实验内容

(一)鉴别

取本品约 1 mg 置于玛瑙研钵中，加入干燥的溴化钾细粉约 200 mg，充分研磨均匀，置于直径为 13 mm 的压片模具中，使之铺布均匀，抽真空约 2 min 后，边抽气边加压至 0.8×10^6 kPa，保持压力 2 min，撤去压力并放气后取出制成的供试片，目视检测，应透明、均匀且无明显的颗粒。将供试片置于仪器的样品光路中，另在参比光路中置一按同法制成的溴化钾空白片作为补偿，录制光谱图。将所得供试品图谱与对照图谱比较。

(二)检查

取本品，加水制成每 1 mL 中含 50 mg 的溶液，作为供试品溶液。另取硫酸肼加水制成每 1 mL 中含 0.20 mg(相当于：游离肼 50 μg)的溶液，作为对照溶液。吸取供试品溶液 10 μL 与对照溶液 2 μL，分别点于同一硅胶薄层板(CMC-Na 溶液制备)上，以异丙醇－丙酮(3∶2)为展开剂，展开后晾干，喷以乙醇制对二甲氨基苯甲醛试液，15 min 后检视。在供试品主斑点前方与硫酸肼斑点相应的位置上，不得显黄色斑点。

(三)含量测定

取本品约0.2 g,精密称定,置100 mL容量瓶中,加水使溶解稀释至刻度,摇匀。精密量取25 mL,加水50 mL、盐酸20 mL与甲基橙指示液1滴,用溴酸钾滴定液(0.01667 mol·L^{-1})缓缓滴定(温度保持在18～25℃)至粉红色消失。每1 mL的溴酸钾滴定液(0.01667 mol·L^{-1})相当于3.429 mg的$C_6H_7N_3O$。药典规定,本品含$C_6H_7N_3O$不得少于99.0%。

注意事项

1. 红外光谱鉴别时应注意:

(1)用溴化钾制成的空白片以空气作参比,录制光谱图,基线应大于75%透光率,除在3440 cm^{-1}及1630 cm^{-1}附近因残留或附着水而呈现一定的吸收峰外,其他区域不应出现大于基线30%透光率的吸收谱带。一般应采用光谱纯溴化钾,过200目筛,并于120℃干燥4 h)。

(2)研磨应既充分又不过度,且应在红外灯下进行。

(3)片厚宜调节至0.5 mm以上。

(4)制成图谱的最强吸收峰透光率应在10%以下。

2. 甲基橙的褪色反应不可逆,因此滴定过程中应充分搅拌、缓缓滴定,以免溶液中溴酸钾局部过浓而破坏指示剂,使终点提前。

思考题

1. 实验所得红外光谱会与对照图谱完全一致吗?造成差异的原因可能有哪些?

2. 薄层色谱法用于杂质检查还有哪几种方法?它们各有什么特点,请计算本实验杂质游离肼的限量。

3. 溴酸钾滴定异烟肼时,滴定速度过快有哪些影响?

8.4　硫酸阿托品注射液的分析

一、实验目的

(1)掌握托烷生物碱类及硫酸盐的鉴别反应。

(2)掌握酸性染料比色法的基本原理及操作要点。

(3)熟悉注射剂的分析方法。

(4)正确使用分光光度计。

二、实验原理

具莨菪酸结构的托烷生物碱类均具有Vltall反应。硫酸阿托品是莨菪醇和消旋莨菪酸的酯,水解后生成莨菪醇和消旋莨菪酸。莨菪酸与发烟硝酸共热,生成黄色的三硝基衍生物,冷后加醇制氢氧化钾,形成醌式结构而显深紫色。

硫酸盐与氯化钡反应,生成硫酸钡白色沉淀,该沉淀不溶于盐酸或硝酸。

硫酸盐不与盐酸生成白色沉淀(与硫代硫酸盐区别)。

硫酸盐与醋酸铅反应,生成硫酸铅白色沉淀;硫酸铅与醋酸铵作用,生成醋酸铅而溶解;硫酸铅与氢氧化钠作用,生成亚铅酸钠而溶解。

在 pH=5.6 的缓冲溶液中,阿托品(B)与氢离子结合成盐(BH^+),酸性染料溴甲酚绿在此 pH 下解离为阴离子(Ln^-),与上述阳离子定量地结合成黄色配位化合物(BH^+Ln^-),并被氯仿定量地提取,于 λ_{max}=420 nm 处测定氯仿提取液的吸收度,与对照品比较,求得硫酸阿托品的含量。

三、实验仪器与试剂

1. 仪 器

滴定管	水浴锅	酒精灯	烧杯
量瓶	移液管		

2. 试剂

硫酸阿托品	发烟硝酸	乙醇	氯化钡试液
盐酸	硝酸	醋酸铅	醋酸铵试液
氢氧化钠	溴甲酚绿溶液	氯仿	

四、实验内容

(一)鉴别

(1)取本品适量(约相当于硫酸阿托品 5 mg),置水浴上蒸干,于残渣上加发烟硝酸 5 滴,置水浴上蒸干,得黄色残渣,放冷,加乙醇 2~3 滴湿润,加固体氢氧化钾一小粒,即显深紫色。

(2)取本品适量,加氯化钡试液,即生成白色沉淀,分离,沉淀在盐酸或硝酸中均不溶解。

(3)取本品适量,加醋酸铅试液,即生成白色沉淀.分离,沉淀在醋酸铵试液或氢氧化钠试液中溶解。

(4)取本品适量,加盐酸,不生成白色沉淀。

(二)含量测定

对照品溶液的制备:精密称取在 120 ℃干燥至恒重的硫酸阿托品对照品 25 mg,置 25 mL 量瓶中,加水溶解并稀释至刻度,摇匀,精密量取 5 mL,置 100 mL 量瓶中,加水稀释至刻度,摇匀,即得。

供试品溶液的制备:精密量取本品适量(约相当于硫酸阿托品 2.5 mg),置 50 mL 量瓶中,加水稀释至刻度,摇匀,即得。

测定:精密量取对照品溶液与供试品溶液各 2 mL,分别置预先精密加入氯仿 10 mL 的分液漏斗中,各加溴甲酚绿溶液(取溴甲酚绿 50 mg 与邻苯二甲酸氢钾 1.021 g,加 0.2 mol·L^{-1}氢氧化钠溶液 6.0 mL 使溶解,再加水稀释至 100 mL,摇匀,必要时过滤)2.0 mL,振摇提取 2 min 后,静置使分层,分取澄清的氯仿液(以水 2 mL 按同法平行操作所得的氯仿液为空白)于 420 nm 的波长处分别测定吸收度,按下式求得样品占标示量的百分含量。

标示量%=Ax/Ar×Cr×n×1.027×(1/标示量)×100

式中:Ax 为供试品溶液的吸收度;Ar 为对照品溶液的吸收度;Cr 为对照品溶液的浓度

($mg \cdot mL^{-1}$);n 为样品的稀释倍数;1.027 为无水硫酸阿托品与含 1 分子结晶水硫酸阿托品的分子量换算因数。

注意事项

1. 酸性染料比色法中所用的试液、指示液、溶剂等均应用吸量管精密量取。

2. 对照品与供试品应平行操作,包括振摇的方法、次数、速度、力度以及放置的时间等均应一致。

3. 采用甘油一淀粉糊做润滑剂。分液漏斗必须干燥无水。分取澄清的氯仿提取液时,应弃去初流液。

4. 所用比色杯应检查是否配对。比色杯装液后严格要求内外清洁透明,若有气泡或颗粒应重装。

5. 接触过氯仿提取液的容器.使用完毕均应先以醇荡洗,然后水洗,再以温热的清洁液处理,洗净备用。

思考题

1. 举例说明哪些托烷生物碱类药物不具有 vltall 反应?

2. 酸性染料比色法测定有机碱类药(包括生物碱)的基本原理是什么?

3. 酸性染料比色法的成败关键是什么?影响实验结果的基本操作有哪些?

4. 含量测定时,为什么先加氯仿后加样品?

8.5 黄芩中黄芩苷的提取和分析

一、实验目的

(1)了解中药质量检查、控制的基本方法、步骤和要求。

(2)学习药用植物和兽药中成药有效成分的提取、鉴别。

(3)进一步掌握蒸馏、萃取、薄层层析,紫外—可见分光光度法等原理及操作。

二、实验原理

黄芩为唇形科植物黄芩的干燥根,具有清热燥湿,泻火解毒,止血,安胎等功效。在中成药生产中,常以黄芩的提取物入药。其主要成分是黄酮类化合物,其中黄芩苷的含量最高,有很好的提取利用价值。黄芩苷具有显著的生物活性,它通过抑制巯基酶,减少抗原抗体反应时化学介质的释放量,从而抑制变态反应,对组织胺引起的被动性全身过敏,被动性皮肤过敏及皮肤反应都有抑制作用,它具有迅速广谱的抗菌作用,对金黄葡萄球菌,溶血性链球菌,绿脓杆菌,以及多种皮肤致病性真菌均有不同程度的抑制作用。传统采用的是络合法生产黄芩提取物。

三、实验仪器与试剂

1. 仪器

电子天平	数控超声波清洗器
玻璃干燥器	电热水浴锅
层析缸	紫外分析仪
紫外—可见分光光度计	抽滤瓶
布氏漏斗	pH 试纸

烧杯(500 mL、1000 mL 各 2 个,250 mL、100 mL、50 mL 各 5 个)

容量瓶(100 mL、50 m、25 mL 各 10 个)	移液管(1、2、5 mL 各 5 支)
细口瓶(500 mL、250 mL、100 mL 各 2 个)	定性滤纸 1 盒(ϕ12 cm)

真空泵、烘箱

2. 试剂

黄芩粉末 100 g	95%分析纯的乙醇
甲醇	浓 HCl
蒸馏水	NaOH(固体)
$FeCl_3$	败毒颗粒
冰醋酸	正丁醇
玻璃层析板	硅胶 G
黄芩苷对照品	磷酸

四、实验内容

1. 试剂的配制

70%乙醇溶液:370 mL 95%乙醇+130 mL 蒸馏水混匀。

1%$FeCl_3$ 乙醇溶液:准确称取 4.5 g $FeCl_3$ 加入 500 mL 乙醇溶液混合溶解完全,搅拌均匀。

40%NaOH 溶液:称取 20 g NaOH 固体,加入 30 mL 水,搅拌至全溶并拌匀。

2. 黄芩苷的提取

(1)称取已干燥黄芩粉末 50 g 2 份,分别以 70%乙醇 100 mL 50°C 超声提取 2 次,每次 1 h,滤过,合并滤液,将滤液减压回收乙醇至尽后,加蒸馏水 100 mL,用浓 HCl 调 pH 值为 3~4,静置 0.5 h,滤过,滤液在 40°C 用浓 HCl 调 pH 至 2.0,保温 30 分钟,静置 12 小时后抽滤.将沉淀分别用水和 95%乙醇洗涤 2 遍.干燥即得黄芩苷粗样品 1。

(2)称取黄芩粉 50 g 加 8 倍沸水煮沸 1~2 小时,过滤,上层液加浓 HCl 调 pH=2.0,水浴加热近沸。80°C 保温静置 30 分钟后倾去上层液,下层液趁热过滤,舍弃滤液。沉淀用热水洗 2~3 次至 pH=5.0,再用 95%乙醇洗至 pH=7.0,抽干,干燥,即得黄芩苷粗样品 2。

(3)称取黄芩苷粗粉 10 g,加 5~8 倍水煮沸 1~2 h,过滤,得滤液,将滤液浓缩至 25 mL,滤液加 2 倍量的甲醇,搅拌放置 12 h,过滤。沉淀再用甲醇 2 倍量洗脱,静置 12 h,过滤,合并滤液用甲醇定容至 250 mL 备用,此为样品 3。

(4)败毒颗粒中黄芩苷的提取　称取败毒颗粒 2.0 g,加入甲醇 50 mL,50℃超声提取 30 分钟,经 0.44 um 滤膜过滤,将滤液用甲醇定容至 100 mL,此为样品 4。

3. 黄芩苷的定性分析(薄层层析法)

(1)薄层板制备。

①选用市售硅胶 G 薄层板(山东青岛),用三氯甲烷、甲醇在展开缸上行展开预洗(或自己铺板,干燥后活化)。

②在 110℃活化 30 min。

(2)点样。

用微升毛细管分别吸取黄芩苷标准品溶液、样品溶液(见下面“待测液的配制”)点样于已活化的硅胶 G 薄层板上(若可能的话用自动器械喷雾法点样),点样基线距底边 8~10 mm,圆点直径一般不大于 2~3 mm,接触点样时注意勿损伤薄板表面,条带装宽度为 4~8 mm,供试品间距不少于 5 mm。

(3)展开。

以正丁醇—冰醋酸—水(7∶1∶2)为展开剂。展开前在展开缸中加入适当的展开剂,密闭,一般保持 15~30 min 溶剂蒸汽平衡后迅速放入载有供试品薄层板,立即封闭展开。当各组分明显分开后,取出薄层板,放平晾干,用铅笔划出溶剂前沿位置。

(4)显色。

在 365 nm 紫外灯下观察(只有一个黄光点),在硅胶板上喷 1%后 $FeCl_3$ 乙醇溶液,只有一点显色深黄色,判断样品为黄芩苷。

各样品的 R_f 值如表 8-6 所示:

表 8-6 各样品 R_f 值

	标准品	样品 1	样品 2	样品 3	样品 4
R_f					

4. 黄芩苷的定量分析(紫外分光光度法)

(1)标准溶液的配制:精确称取黄芩苷对照品 10 mg,用甲醇溶解并定容至 50 mL 容量瓶,摇匀,作为标准储备液。分别吸取标准储备液 0,1.0,2.0,4.0,6.0,8.0 mL 于 50 mL 容量瓶中加甲醇定容至刻度,摇匀。

(2)将上述溶液在紫外—可见分光光度计上,于 279 nm 波长处测定吸光度 A,作 A~C 工作曲线(表 8-7)。

表 8-7 黄芩苷工作曲线与含量测定

编号	标 1	标 2	标 3	标 4	标 5	标 6	样 1	样 2	样 3	样 4
样品浓度/mg/mL										
吸光度/A										

(3)待测液的配制:

①称取上述样品 1 固体 5 mg 溶于甲醇中并用甲醇定溶至 50 mL,摇匀。得待测样品 1 溶液;

②称取上述样品 2 固体 5 mg 依同样方法配成样品 2 溶液;

③取上述样品 3 液直接作为样品 3 溶液;

④取上述样品 4 液直接作为样品 4 溶液。

(4)待测液测定:将样品 1 溶液,样品 2 溶液,样品 3 溶液,样品 4 溶液分别在紫外分光光度计上,于 279 nm 波长处测定吸光度 A。若吸光度超过标准曲线浓度范围,要将样品浓缩或稀释后再测定。

5. 换算

在工作曲线上查出样品溶液中黄芩苷浓度，并换算成样品中黄芩苷含量。

8.6 丹皮酚的提取、分离和鉴别

一、实验目的

(1)掌握用水蒸气蒸馏法提取丹皮酚的方法。

(2)掌握丹皮酚的色谱检识和定性检识。

(3)熟悉杞菊地黄丸中主要成分丹皮酚的鉴别方法。

二、实验原理

牡丹皮为毛茛科植物牡丹 *Paeonia suffruticosa Andr.*的干燥根皮。本品具有清热凉血，活血化瘀的作用，用于湿毒发斑，吐血，夜热早凉，无汗骨蒸，经闭痛经，肿痛疮毒，跌打损伤等症。其主要成分有：丹皮酚(含量 1.9%～1%)、牡丹酚甙(丹皮酚甙)、牡丹酚原甙(丹皮酚原甙)(含量 5%～6%)、牡丹酚新甙、芍药甙。尚含挥发油约 0.15%～0.4%及植物甾醇等。除此外，含丹皮酚的植物还有矮牡丹 *Paeonia suffruticosa Andr.Var Spontanea Rehd* 的根皮，紫斑牡丹 *P.papaberacea Andr.*的根皮，黄丹皮 *P.potanini Kom*，四川牡丹 *P.szechuanica Fang*，徐长卿 *Cynanchum pariculatum Kitag*。丹皮酚主要有镇静、催眠、镇痛、抗血栓形成及降压、抗菌、消炎的作用。

丹皮中主要成分的物理性质有如下几方面：

(1)丹皮酚(paeonol)：$C_9H_{10}O_3$，白色针状结晶，mp 49.5～50.5 ℃，稍溶于水，具有挥发性，能随水蒸气蒸馏，能溶于乙醇、乙醚、丙酮、氯仿、苯等。UVλ_{max}^{EtOH}nm(lgε)：291(4.01)，274(4.17)，316(3.84)。

(2)丹皮酚甙(paeonoside)：$C_{15}H_{20}O_8$，无色柱状结晶(乙醇)，mp 91～82 ℃，$[\alpha]_D^{20}$为－39.33°(c＝6.0，H_2O)，可溶于水、醇、丙酮、乙酸乙酯，微溶于氯仿、苯等。

(3)丹皮酚原甙(paeonolide)：$C_{20}H_{28}O_{28}$，无色柱状结晶(乙醇—乙酸乙酯)，mp 157～158℃，$[\alpha]_D^{20}$为 18.20°(c＝0.36，H_2O)，可溶于水、醇、丙酮、乙酸乙酯，难溶于苯、石油醚等。

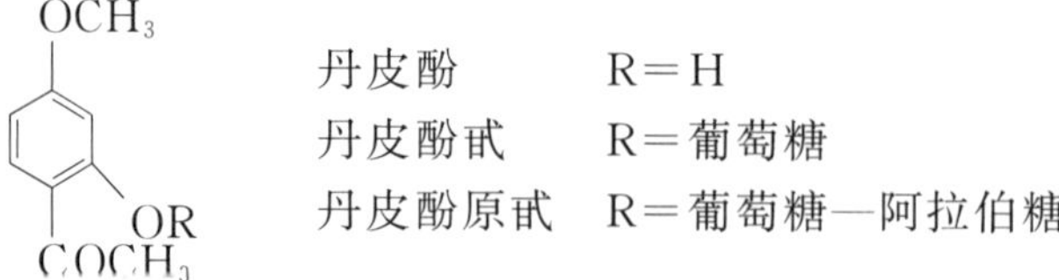

皮酚具有挥发性，可随水蒸气蒸馏，又因在冷水中难溶，故放冷后析出结晶。

杞菊地黄丸中含有 8 味中药，牡丹皮中的丹皮酚为有效成分之一，利用丹皮酚可溶于乙醚的性质，用乙醚提取，并将醚提取液用酚类的显色反应检识，与丹皮药材提取液和丹皮酚标准品对照鉴别。

三、实验仪器与试剂

1. 仪器

圆底烧瓶　　导气管　　水蒸汽发生器
T 型夹　　锥形瓶　　真空泵
布氏漏斗　　球形冷凝管

2. 试 剂

市售丹皮　　杞菊地黄丸　　乙醇
氯化钠　　乙醚　　无水硫酸钠
三氯化铁　　浓硝酸　　环己烷—乙酸乙酯(3∶1)　　盐酸
硅藻土

3. 其他

硅胶 G-CMC-Na 板

四、实验内容

(一)丹皮酚的提取分离

取市售丹皮 150 g,粉碎,加入 700 mL 蒸馏水、10 mL 乙醇和 40 g 氯化钠,浸润后,进行水蒸气蒸馏,收集蒸馏液约 300 mL,将蒸馏液放冷,静置过夜,有白色针状结晶析出,滤取结晶,干燥,称重。如结晶不纯,可加入 95%乙醇至全部溶解(约为粗晶的 15 倍),抽滤,滤液中加入 4 倍量的蒸馏水,使溶液呈乳白色,静置后则有大量白色针状结晶析出,若在提取过程中得不到白色结晶,只有油珠状物质沉出,可在蒸馏液中加入少量晶种,摩擦瓶壁后,即有较大量的丹皮酚结晶析出。也可用乙醚萃取蒸馏液几次,合并萃取液后,加无水硫酸钠脱水,回收乙醚至少量,放置析晶,抽滤,结晶用少量水洗 2～3 次,置于干燥器中干燥后称重。

(二)丹皮酚的鉴定

1. 显色反应

(1)三氯化铁反应:取丹皮酚结晶少许,滴加 5%三氯化铁醇溶液,观察现象。

(2)与浓硝酸反应:取丹皮酚结晶少许,滴加浓硝酸数滴,观察现象。

2. 薄层色谱鉴别

薄层板:硅胶 G-CMC-Na 板。

点　样:丹皮酚供试品和对照品的乙醇溶液。

展开剂:环己烷—乙酸乙酯(3∶1)。

展开方式:上行展开,展距 10 cm。

显　色:喷以盐酸酸化的 5%三氯化铁醇溶液,热风吹至斑点显色清晰。

观察记录:记录图谱及斑点颜色。

(三)制剂的薄层色谱鉴别——杞菊地黄丸中丹皮酚的鉴别

本品为蜜丸或水蜜丸,具有滋肾养肝的功效,由枸杞子、菊花、熟地黄、山茱萸(制)、牡丹皮、山药、茯苓、泽泻八味中药组成。

1. 预处理

(1)供试液的制备:取本品大蜜丸 9 g(水蜜丸 6 g),切碎,加硅藻土 4 g 研匀(水蜜丸研碎).加乙醚 40 mL,水浴加热回流 1 h,过滤,滤液挥去乙醚,残渣加乙醇 1 mL 使之溶解,即为供试液。

(2)对照液的制备:自制丹皮酚及丹皮酚对照品加乙醇,各制成 1 mL 含 1 mg 丹皮酚的溶液。

2. 薄层色谱鉴别

薄层板:硅胶 G-CMC-Na 板。

点　样:供试液、自制丹皮酚及丹皮酚对照品的乙醇液各点样 10 μL。

展开剂:环己烷—乙酸乙酯(3∶1)。

展开方式:上行展开,展距 10 cm。

显色:喷以盐酸酸化的 5%三氯化铁醇溶液,热风吹至斑点显色清晰。

观察记录:记录图谱及斑点颜色。

注意事项

1. 丹皮因产地、采收季节的不同,丹皮酚含量差异较大,春秋季节采收含量高以四川产的含量较高,实验时可以根据含量加减提取的药材量。

2. 丹皮酚易溶于热水而难溶于冷水,若采用一般装置,由于初馏液中的丹皮酚浓度过大,遇冷易析出结晶,固着于冷凝管内壁,加入乙醇可把固着于冷凝管内壁的丹皮酚溶解而流入接收瓶中。

3. 加入氯化钠可明显提高蒸馏速度,缩短提取时间。

思考题

1. 丹皮酚还可用什么方法提取分离?

2. 水蒸气蒸馏法适用于提取什么样的成分?操作中应注意哪些问题?

3. 如何利用原药材鉴定成药中的某一成分?

8.7　芸香甙的提取分离和鉴定

一、实验目的

(1)通过芸香甙的提取与精制,掌握碱溶酸沉法提取黄酮类化合物的原理和操作。

(2)掌握用黄酮甙水解制取黄酮甙元的方法。

(3)了解黄酮类化合物的一般性质。

(4)学习乙酰化物的制备方法。

(5)了解紫外光谱在黄酮类化合物结构测定中的应用。

二、实验原理

槐米系豆科属植物槐树 *Sophora japonica.L.*的花蕾,历来作为止血药,治疗痔疮、子宫出血、吐血、鼻出血,并有清肝泻火,治疗肝热目赤,头痛眩晕的功能。其主要化学成分为芸香甙(芦丁),含量多达 12%~20%,芸香甙广泛存在于植物中,现已发现含有芸香甙的植物高达 70 种以上,尤以槐米和荞麦中含量最高。药理实验证明芸香甙有调节毛细血管渗透作用,临床上用作毛细血管性止血药,常作为高血压症的辅助用药。

下列为槐米中主要成分的物理性质。

(1)芸香甙(芦丁,rutin):$C_{12}H_{30}O_{16}\cdot 3H_2O$,淡黄色针状结晶,mp 174℃~178 ℃,无水物为 188℃~190℃。溶解度:冷水中 1∶8000,热水中 1∶200,冷乙醇中 1∶300 热乙醇中 1∶

30，冷吡啶中 1∶12，微溶于丙酮、乙酸乙酯，不溶于苯、氯仿、石油醚等溶剂。易溶于碱液，呈黄色，酸化后易析出，可溶于硫酸和盐酸，呈棕黄色，加水又析出。

(2)槲皮素(quercetin)：$C_{15}H_{10}O_7 \cdot 2H_2O$，黄色结晶，mp 313℃—314℃，无水物为 316℃。溶解度：冷乙醇中 1∶290，沸乙醇中 1∶23，可溶于甲醇、乙酸乙酯、吡啶、丙酮等溶剂，不溶于水、乙醚、苯、氯仿、石油醚。

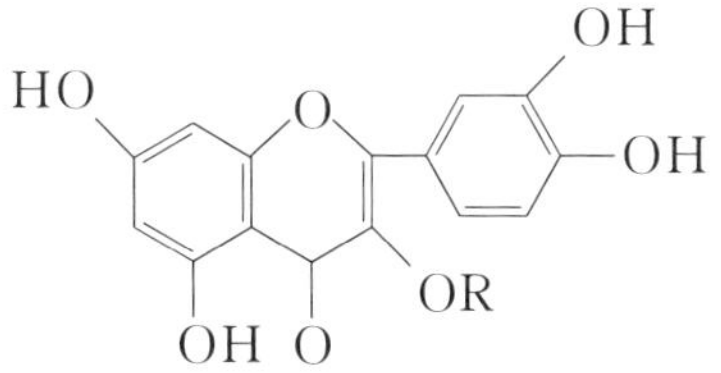

芸香苷　　R=-葡萄糖-鼠李糖

($C_{27}H_{30}O_{16} \cdot 3H_2O$=664.6)

槲皮素　　R=H

($C_{15}H_{10}O_7 \cdot 2H_2O$=338.3)

芸香苷分子中具有酚羟基，显弱酸性，在碱水中成盐增大溶解能力，用碱水为溶剂煮沸提取，提取液加酸酸化后又成为游离的芸香苷而析出。并利用芸香苷对冷水和热水的溶解度相差悬殊的特性进行精制。

黄酮苷可通过酸水解得到苷元和糖，并可通过薄层色谱法和纸色谱法进行检识。

利用黄酮类化合物对紫外光有特定吸收的特征进行结构测定；也可制备乙酰化物进行结构鉴定。

三、实验仪器与试剂

1. 仪器

真空泵	布氏漏斗	天平
冰箱	250 mL 圆底烧瓶	50 mL 圆底烧瓶
球形冷凝管	紫外可见分光光度计	SYC-15C 超级恒温槽
移液管(25 mL)	大试管	

2. 试剂

槐花米粗粉	0.4%硼砂水溶液	石灰乳
盐酸	乙醇	活性炭
2%硫酸	无水吡啶	95%乙醇
二氯氧锆	醇溶液	饱和氢氧化钡
10%α-萘酚溶液	硫酸	金属镁粉
1%醋酸镁甲醇溶液	1%三氯化铝乙醇溶液	2%柠檬酸甲醇溶液
正丁醇—醋酸—水(4∶1∶5)溶液	葡萄糖、鼠李糖对照品溶液	氨性硝酸银试液
金属钠	无水粉末醋酸钠	无水硼砂

3. 其他

纱布	pH 试纸	新华层析滤纸(2 号)
吸水滤纸片	水浴锅	电吹风
聚酰胺薄膜 250 mL 烧杯(废液缸)	吸耳球	移液管架

四、实验内容

(一)芸香苷的提取

1. 水提取法

称取槐花米粗粉 10 g(压碎)。加沸水 150 mL,加热煮沸 30 min,四层纱布趁热过滤,残渣同法再操作一次,合并两次滤液,放置冰箱中析晶,待全部析出后,减压抽滤,用蒸馏水洗涤芸香甙结晶,抽干,得粗制芸香甙,置空气中干燥后,称重。

2. 碱溶酸沉法

称取槐花米粗粉 20 g(压碎),加 0.4%硼砂水溶液 200 mL,搅拌下加石灰乳调至 pH 为 8~9,加热煮沸 30 min,随时补充失去的水分并保持 pH 为 8~9,倾出上清液.用四层纱布过滤,残渣同样操作再提取一次,合并两次滤液,放冷,用盐酸调至 pH 3~4,放置冰箱中析晶,待全部结晶析出后,减压抽滤,用蒸馏水洗涤芸香甙结晶,抽干,室温下晾干,得粗制芸香甙,称重。

(二)芸香甙的精制

取粗制芸香甙 2 g,加蒸馏水 400 mL,煮沸至芸香甙全部溶解,趁热立即抽滤,冷却后即可析出结晶,抽滤,得芸香甙精制品。若结晶色泽呈灰绿色或暗黄色,表示杂质未除尽。遇此,可用甲醇或乙醇(参考溶解度加足溶剂)回流加热溶解,并加入 0.5%活性炭继续回流 0.5 h,抽滤除去炭渣,滤液放冷。待全部结晶析出后,抽滤结晶,置空气中干燥,得精制芸香甙,颜色呈浅黄色,称重。

(三)芸香甙的水解

取精制芸香甙 1 g,研细后置于 250 mL 圆底烧瓶中,加入 2%硫酸 80 mL,加热回流 30 min,瓶中浑浊液逐渐变为澄清的棕黄色液体,最后生成鲜黄色沉淀。放冷沉淀,抽滤,保存滤液(应为澄清无色液体),作为糖的检查,沉淀物为芸香甙甙元(槲皮素),用蒸馏水洗至中性,抽干水分,晾于,称量。得粗制槲皮素,再用乙醇重结晶得精制槲皮素。

取芸香甙水解后的滤液 20 mL,加饱和氢氧化钡溶液中和至中性(搅拌下进行),滤去白色的硫酸钡沉淀,滤液浓缩至 2~3 mL,或蒸干后加 2~3 mL 乙醇溶解,作为糖的供试液。

(四)槲皮素乙酰化物的制备

取槲皮素 200 mg,置于 50 mL 圆底烧瓶内,加入 4 mL 无水吡啶,于水浴上加热回流,使其完全溶解,再加 5 mL 醋酐,摇匀,水浴上加热回流 30 min,放冷,将反应液在搅拌下倾入 150 mL 冰水中,一直搅拌至油滴消失,固体沉淀析出,抽滤析出的白色沉淀,用水洗至中性,干燥,再用 95%乙醇重结晶,得细针状结晶,测定其熔点,并与文献记载的五乙酰基槲皮素的熔点(193~195℃)对比。

(五)鉴定

1. 显色反应

取芸香甙及槲皮素精品约 10 mg,各用 5 mL 乙醇溶解,制成样品溶液,按下列方法进行试验,比较甙元和甙的反应情况。

(1)Molish 反应:取样品溶液 1 mL,加 10%α—萘酚溶液 1 mL,振摇后斜置试管,沿管壁滴加 0.5 mL 硫酸,静置,观察并记录液面交界处颜色变化。

(2)盐酸—镁粉反应:芸香甙与槲皮素溶液分别置于两试管中,加入金属镁粉少许,盐酸 2 滴~3 滴,观察并记录颜色变化。

(3)醋酸镁纸片反应:取两张滤纸条,分别滴两滴芸香甙、槲皮素的乙醇溶液,然后各加 1%醋酸镁甲醇溶液两滴,于紫外光灯下观察荧光变化,记录现象。

(4)三氯化铝纸片反应：在两张滤纸条上分别滴加芸香甙、槲皮素醇溶液后，各加1%三氯化铝乙醇溶液两滴，于紫外光灯下观察荧光变化，记录现象。

(5)锆—柠檬酸反应：取样品溶液2 mL，加入2%二氯氧锆甲醇溶液3～4滴，观察颜色，然后加入2%柠檬酸甲醇溶液3～4滴，观察并记录颜色变化。

2. 色谱鉴定

(1)芸香甙和槲皮素的纸色谱。

层析材料：新华层析滤纸NO.2。

点　样：提取的槲皮素及芸香甙的乙醇溶液和对照品的乙醇溶液。

展开剂：正丁醇—醋酸—水(4∶1∶5)下层溶液。

展开方式：预饱和后，上行展开。

显　色：喷洒三氯化铝试剂前后，置日光及紫外光灯(365 nm)下检视色斑的变化。

观察记录：记录图谱及斑点颜色。

(2)芸香甙与槲皮素的聚酰胺色谱。

层析材料：聚酰胺薄膜。

点　样：提取的芸香甙与槲皮素的乙醇溶液和对照品的乙醇溶液。

展开剂：水饱和的正丁醇—醋酸(10∶0.2)。

展开方式：上行展开。

显　色：喷洒三氯化铝试剂前后，置日光及紫外灯光(365 nm)下检视色斑的变化。

观察记录：记录图谱及斑点颜色。

(3)糖的色谱鉴定。

层析材料：新华层析滤纸NO.2。

点　样：糖的供试液及葡萄糖、鼠李糖对照品溶液。

展开剂：正丁醇—醋酸—水(4∶1∶5)上层溶液。

展开方式：上行展开。

显　色：氨性硝酸银试液，喷洒后先用电吹风冷吹至干，再吹热风至出现斑点为止。

观察记录：记录图谱及斑点颜色。

3. 芸香甙的紫外光谱测定

(1)试液配制。

①无水甲醇：用分析纯甲醇重蒸馏即得。

②甲醇钠溶液：取0.25 g金属钠切碎，小心加入10 mL无水甲醇(此液置玻璃瓶中，用橡皮塞密封)。

③三氯化铝溶液：取1 g三氯化铝(呈黄绿色)，小心加入无水甲醇20 mL，放置24 h，全溶即得。

④醋酸钠：试剂级无水粉末醋酸钠。

⑤硼酸饱和溶液：将试剂级无水硼酸加入适量无水甲醇制成饱和溶液。(上述各试液可贮存6个月)。

(2)测定方法。

精密称取芸香甙10 mg，用无水甲醇溶解并稀释至100 mL，从中吸取5 mL，置于50 mL容量瓶中，用无水甲醇稀释至刻度(10 $\mu g \cdot mL^{-1}$)，制成样品液。

①样品液(甲醇溶液)光谱：取样品液置于石英杯中，在200～400 nm内扫描。重复操作一次，观察紫外光谱。

②甲醇钠光谱：取样品液置于石英杯中，加入甲醇钠溶液 3 滴，立即测定。放置 5 min 后再测定一次。

③三氯化铝光谱：在盛有样品液的石英杯滴入 6 滴三氯化铝溶液，放置 1 min 后测定，然后加入 3 滴盐酸溶液（$HCl : H_2O = 1 : 1$），再进行测定。

④醋酸钠光谱：取样品液约 3 mL，加入过量的无水醋酸钠固体，摇匀（杯底约剩有 2 mm 厚的醋酸钠），加入醋酸钠后 2 min 进行测定，5～10 min 后再测定一次。

⑤醋酸钠/硼酸光谱。

方法 1：在盛有醋酸钠的样品液的石英杯中，加入足够量的无水硼砂粉末使成饱和的溶液进行测定（本法适用于在加入醋酸钠 5 min 后无分解现象的样品）。

方法 2：于样品液（约 3 mL）中加入 5 滴硼酸溶液，然后迅速加入无水醋酸钠粉末饱和，摇匀，放置片刻，待没有气泡，立即进行测定。

注意事项

1. 提取过程中，加入硼砂的目的是为了保护芸香甙分子中邻苯二酚羟基，以减少其氧化，并使其不与钙离子结合（钙盐络合物不溶于水），使芸香甙不受损失，提高产率。

2. 加入石灰乳即可以达到碱性溶解提取的目的，还可以除去槐花米中的多糖类、黏液质等，但碱性不宜过高（pH 不超过 10），因为在强碱性条件下煮沸，时间稍长就可促使芸香甙水解破坏，降低产率。

3. 酸化时 pH 不可过低，否则会使芸香甙形成铧盐而降低产率。

4. 芸香甙、槲皮素和糖的纸色谱，可用圆形滤纸，采用径向展开，一次完成展开后，将滤纸剪开，甙、甙元用三氯化铝试液显色，糖用氨性硝酸银试液显色。

思考题

1. 黄酮类化合物还有哪些提取方法？芸香甙的提取还可用什么方法？
2. 酸水解常用什么酸？为什么用硫酸比用盐酸水解后处理更方便？
3. 本实验中各种色谱的原理是什么，解释化合物结构与 Rf 值的关系。
4. 试讨论甙类成分的鉴定程序，分析示教所做的紫外光谱。

8.8 烟酸铬的合成及其表征

一、实验目的

(1)初步探索烟酸铬的合成条件。

(2)分析合成产物的一些基本理化性能和分子结构。

(3)了解产品纯度测定的方法。

(4)掌握有关试药的配制、巩固和提高基础化学实验的基本操作技能。

(5)初步了解实验方案设计的基本常识。

二、实验仪器与试剂

1. 仪器

酸式移液管　　托盘天平　　玻棒

普通漏斗　　红外光谱仪　　烘箱

滤纸　　烧瓶　　漏斗架　　铁架台

2. 药品

烟酸　　无水碳酸钠　　氯化铬

浓 H_2SO_4　　磷酸　　碳酸亚铁铵(A.R)

硝酸银(A.R)　　过硫酸铵(A.R)　　邻苯氨基苯甲酸

H_2O_2　　KOH(固体)　　硝酸铅

NaOH(固体)　　五水硫酸铜　　冰醋酸

重铬酸钾　　异戊醇

三、实验原理

Cr^{3+} 的 3d 有 6 个空轨道,可容纳 6 个配位电子形成 6 配体配合物。而一个烟酸分子含有吡啶氮和羧基氧两个配位基团,不同的合成条件,烟酸铬的分子结构是不一样的,一个三价铬离子可络合一个烟酸、二个烟酸或三个烟酸,即使是络合三个烟酸,也有单配位和双配位的,即有不同的螯合环结构,那么其稳定性和性能是大不相同的。在适合条件下,一个 Cr^{3+} 离子可与 3 个烟酸分子同时形成 6 配位的螯合物,分子式:$(C_6H_4O_2N)_3Cr$,结构式:

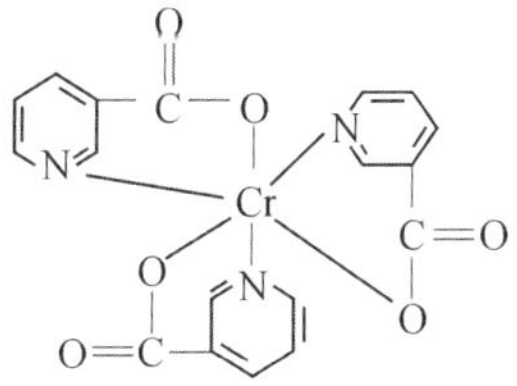

经证明该螯合物不管是从铬离子的价态、配合物结构的稳定性考虑,还是从生物学活性等方面考虑,都是最佳的。

四、实验内容

1. 烟酸铬($Cr(Nic)_3$)的合成

将 75 g 烟酸分散于水中,缓慢搅拌下加入 35 g 碳酸钠(注意勿让泡沫溢出),全溶并使液体澄清;将 50 g $CrCl_3 \cdot 6H_2O$ 溶于 150 mL 水中,室温搅拌下,加入上述烟酸盐溶液中,加毕,继续搅拌 10～20 min,静置陈化 2～3 h,过滤,得到灰紫色沉淀,用 95% 乙醇洗涤 3 次,105℃干燥后,称重。

2. 烟酸铬理化性能测定

(1)烟酸盐的鉴别。

①取本品 0.5 g,加硫—磷混合酸 50 mL,加热溶解,螯合物解离为游离三价铬和烟酸,溶液转为透明绿色溶液。

②取 a 溶液 2 mL,加水 10 mL,加硝酸银溶液(2.5%)0.5 mL,过硫酸铵溶液(12%)1～2 mL,沸水浴加热 10 min,Cr^{3+} 离子转为 $Cr_2O_7^{2-}$ 离子,溶液呈亮橙黄色。取此橙黄色溶液约 0.5 mL 于试管中,加入异戊醇 8～10 滴,然后缓慢滴入 3%H_2O_2,同时摇荡试管,溶液立即出现蓝色,随之消失,并在异戊醇层出现蓝紫色,确证有铬盐存在。

③取 a)剩余溶液,缓慢加入 20%氢氧化钾溶液,并不断搅拌,直至溶液出现大量白色沉淀为止(pH 值约为 2),静置冷却。倾弃上清液,沉淀用少量水洗涤一遍,倾去洗涤液,加入适量

水使沉淀溶解，滴加 0.1 mol·L^{-1} 氢氧化钠溶液至遇石蕊试纸呈中性反应，再加 12.5% 硫酸铜溶液 3～5 mL，即缓缓析出淡蓝色沉淀，示有烟酸铬存在。

(2)游离六价铬盐测定。

在 HAc 或中性介质中，六价铬转化为 $CrO_4{}^{2-}$，$CrO_4{}^{2-}$ 与 Pb^{2+} 离子反应，生成黄色的 $PbCrO_4$ 沉淀而鉴定之，反应式如下：

中性或 HAc 条件下

$$Pb^{2+} + CrO_4{}^{2-} = PbCrO_4 \downarrow (\text{黄色})$$

将烟酸铬样品 1 g 置于 50 mL 蒸馏水中，在磁力搅拌器上搅拌 5 min，静置 5 min，过滤取滤液 1～2 mL，加入 3～5 滴 HAc 溶液酸化，滴入 3～5 滴 $Pb(NO_3)_2$ 溶液，不得出现黄色混浊或沉淀。

3. 样品红外光谱测定

取烟酸，烟酸铬对照品，烟酸铬样品适量，用 KBr 流，在红外光谱仪上测定各样品的红外吸收光谱。解析谱图结构，初步判断烟酸铬的配位结构。

4. 烟酸铬含量测定

烟酸铬在硫—磷混合酸中溶解，螯合物逐渐离解成三价铬离子(Cr^{3+})和烟酸，Cr^{3+} 在 Ag^+ 催化剂存在下，被过硫酸铵氧化成六价铬离子($Cr_2O_7{}^{2-}$)，六价铬离子在酸性介质中能定量氧化亚铁离子(Fe^{2+})为铁离子(Fe^{3+})。所以，可用硫酸亚铁铵标准溶液进行滴定，以邻苯氨基苯甲酸为指示剂，溶液由红紫色转为绿色即为终点。

主要反应式为：$(C_6H_4O_2N)_3Cr \xrightarrow[\triangle]{H^+} 3C_6H_5ON + Cr^{3+}$

$$Cr^{3+} + H_2O + H^+ \xrightarrow[Ag^+]{[O]} Cr_2O_7{}^{2-}$$

$$Cr_2O_7{}^{2-} + Fe^{2+} + H^+ \longrightarrow 2Cr^{3+} + Fe^{3+} + H_2O$$

测定方法：

取样品 0.3 克(称准至 0.0001 g)于 500 mL 烧杯中，加硫—磷混合酸 60 mL，加热溶解并转为透明绿色溶液。然后加水稀释至 250 mL，加硝酸银溶液 5 mL，过硫酸铵溶液 20 mL，加热煮沸 15 min，此时溶液应呈清亮橙黄色。若溶液不透明，再加入 5 mL 过硫酸铵溶液，加热煮沸至透明，再煮沸 15 min，除去剩余的过硫酸铵。取下流水冷却，加入邻苯氨基苯甲酸(邻二苯胺羧酸)指示剂 2 滴，用硫酸亚铁铵标准溶液滴定至溶液由红紫色转为绿色即为终点。

结果的表示和计算

烟酸铬的含量 X_3(以质量百分数表示)按下式计算：

$$X_3(\%) = \frac{C \cdot V \times 418.3/3}{1000\,m} \times 100 = \frac{13.94C \cdot V}{m} \tag{8-4}$$

式中：C——硫酸亚铁铵标准溶液的浓度，mol·L^{-1}；

V——滴定试样消耗硫酸亚铁铵的体积，mL；

m——试样质量，g；

13.94——每毫升 0.1000 mol·L^{-1} 硫酸亚铁铵溶液所相当的烟酸铬之克数。

平行测定二结果之差不大于 0.5%，以其算术平均值报告结果。

五、结果与讨论

(1)根据烟酸铬样品的理化性质测定判断 Cr^{3+} 是否已配位。

(2)根据烟酸，烟酸铬对照品，烟酸铬样品的红外吸收光谱，分析合成的烟酸铬样品的配位情况及可能的分子结构。

(3)含量测定结果判断样品的纯度。

注意事项

1. 烟酸铬合成时碳酸钠应严格按剂量加入,否则碱性过大不能过量太多,Cr^{3+} 将转为沉淀使配位不完全。

2. 测定样品红外光谱时样品要充分干燥。

3. 在含量测定时,用硫酸亚铁铵标准溶液滴定前,一定要将过硫酸铵除尽,否则结果将偏高。

【相关背景知识】

在畜禽养殖业中,由于现有普及型科学技术的局限性,片面提升强制性速成生产工艺和针对性速效技术措施,致使畜禽机体代谢长期紊乱,特别是血糖血脂急剧提高,应激因素大量增多,免疫力、产出率、成活率和胴体品质等指标严重下降,致病率、致死率、病毒感染率和有害生物体健康的各种残留大幅上升。经过科学家半个多世纪的研究发现,有机铬添加剂——吡啶甲酸铬、烟酸铬中的三价铬,即是生物体内必需的营养元素,也是生物体内葡萄糖耐量因子(GTF)的有效活性成分。吡啶甲酸铬的发现和使用,成功地解决了集约化养殖的许多社会问题。目前,吡啶甲酸铬已成为养殖业和添加剂行业不可多得的新宠。

1. 铬的生物学形式

铬源有无机铬和有机铬两种形式,其中无机铬主要有三氯化铬 $CrCl_3$、硫酸铬 $Cr_2(SO_4)_3$、硝酸铬 $Cr(NO_3)_3$ 等;有机铬主要有酵母名和铬螯合物(如吡啶羧酸铬、烟酸铬、氨基酸螯合铬等)。大量研究表明,有机铬较无机铬易吸收,Cr^{3+} 较 C_r^{6+} 易吸收。

2. 铬的代谢

铬的吸收除与价态及化学结合形式有关外,同时也受添加水平的影响。Anderson 等(1985)研究表明,当肉仔鸡铬摄入量低 40 $\mu g \cdot d^{-1}$ 时,铬的吸收率与摄入量呈负相关。当摄入为 10 $\mu \cdot d^{-1}$ 时,铬的吸收率约为 2%,而在 40 $\mu g \cdot d^{-1}$ 时,铬的吸收率仅为 0.4%或 0.5%。另外,铬的吸收也与组织中铬含量相关。Anderson 等(1989)在 33 日龄肉鸡基础日粮中分别添加 25 μg、100 μg 和 200 μg $CrCl_3.6H_2O$ 形式的铬,结果表明,肉鸡肝脏和肾脏中的铬含量随铬添加量呈线性递增,而在胸部及腿部等大部分可食性组织中铬的增加率却很低。铬的吸收同时受其他多种因素的影响。其中氨基酸、抗坏血酸、高糖、草酸盐以及阿司匹林对铬的吸收有促进作用,而植酸和抗酸药能降低血液和其他组织中铬的水平。体内铬大部分由尿中排泄,少量以胆汁进入肠道随粪排出。饲料中高糖、泌乳、疾病、急剧运动等应激都会加剧尿中铬的排泄量增加。

3. 铬的作用机理

研究表明,三价铬(Cr^{3+})为葡萄糖耐受因子(GTF)的主要活性万分,具有调控食欲、维持正常血糖水平和蛋白质摄入的作用。此外,铬还有抗心脏疾病和糖尿病等作用。GTF 可增强胰岛素的生理功能。在动物体内,胰岛素起着调节动物能量、蛋白沉积及脂类代谢的作用。当细胞的胰岛素敏感性下降,利用葡萄糖和氨基酸的能力受到影响,导致脂肪细胞增加,蛋白质沉积减少(Anderson,1998)铬除通过胰岛素影响蛋白质代谢外,还可通过影响 DNA、RNA 合成促进氨基酸吸收和蛋白质合成。有研究表明,铬与染色质结合可使复制位点增加,导致 RNA 合成和蛋白质净生成量增加。铬这种具有能影响体内三大营养物质代谢反应的作用,决定了其具有以下生理功能:(1)作为葡萄糖耐受因子的组成万分;(2)作为某些酶的活化剂;(3)作为核酸类(DNA、RNA)活化剂。

4. 试剂配制

异戊醇(A、R)

硫—磷混合酸:160 mL 浓硫酸加入 700 mL 水中,冷却后,再加入浓磷酸 80 mL,混匀。

硝酸银:2.5%(m/v)溶液。2.5 克 $AgNO_3$ 溶于水中,稀释到 1 升,保存在暗色瓶中。

过硫酸铵:12%(m/m)溶液。12 克$(NH_4)_2S_2O_5$ 溶于 88 克水中。

过氧化氢:3%(v/v)溶液。10 mL 30%H_2O_2 稀释到 100 mL,保存在暗处。

氢氧化钾:20%(m/m)溶液。20 克 KOH 溶于 80 克水中,冷却。

氢氧化钠:0.1 mol·L^{-1}溶液。在耐热器皿中按质量比 1∶1 混合 NaOH 和水,静置后倾析出来,把溶液稀释到 0.1 mol·L^{-1}

硫酸铜:12.5%(m/m)溶液。12.5 克 $CuSO_4$ 溶于 77.5 克水中。

醋酸:5%(GB/T603)溶液。

硝酸铅:1 mol/L 溶液。327.2 $Pb(NO_3)_2$ 溶于水中稀释到 1 L。

硝酸银溶液:2.5%(m/v)溶液。2.5 克 $AgNO_3$ 溶于水中,稀释到 1 升,保存在暗色瓶中。

过硫酸铵溶液:12%(m/m)溶液。12 克$(NH4)_2S_2O_5$ 溶于 88 克水中。

邻苯氨基苯甲酸指示剂:0.2 g 邻苯氨基苯甲酸直接溶于 100 mL0.2%的碳酸钠水溶液中。

硫酸亚铁铵标准溶液:0.1000 mol·L^{-1}(GB/T601)。

<<< 8.9 维生素 C 注射液有效期的预测 >>>

一、实验目的

(1)掌握应用恒温加速试验法测定维生素 C 注射液有效期的方法。

(2)了解应用化学动力学方法预测注射剂稳定性的原理。

二、实验原理

维生素 C 又称为抗坏血酸,其分子结构中,在羰基的毗邻具有极不稳定的烯二醇基,很易氧化生成双酮化合物(黄色),虽仍然有效,但迅速进一步氧化,断裂,生成一系列有色无效物质,氧化反应如下:

```
      O               O
      ‖               ‖
      C ──┐           C ──┐                COOH
      |   |           |   |                 |
  HO─ C   |       O═ C   |             O═ C
      ‖   O   →       |   O   →            |           →    COOH
  HO─ C   |       O═ C   |             O═ C                 |
      |   |           |   |                 |              H─C─OH          COOH
   H─ C ──┘        H─ C ──┘              H─C─OH              |         +    |
      |               |                     |             HO─C─H          COOH
  HO─ C ─H        HO─ C ─H              HO─C─H               |
      |               |                     |              CH2OH
     CH2OH           CH2OH                CH2OH
```

实验证实，维生素 C 的降解反应为一级反应。影响维生素 C 注射液稳定性的因素，主要有空气中的氧、金属离子、pH、温度及光线等。由于该制剂在室温变化比较慢，因此研究其制剂稳定性通常采用加速试验法。

三、实验仪器与试剂

1. 仪器

恒温水浴	碘量瓶	移液管
滴定管等		

2. 材料

维生素 C 注射液（2 mL∶0.25 g）	0.1 mol·L^{-1}碘液	丙酮
稀醋酸	淀粉指示液等	

四、实验内容

1. 加速试验

（1）试验温度及取样时间：试验温度选择 70 ℃、80 ℃、90 ℃、100 ℃四个温度，间隔时间分别为：24 h（70 ℃）、12 h（80 ℃）、6 h（90℃）、3 h（100 ℃）。

（2）试验方法[1]：将同一批号的维生素 C 注射液（2 mL∶0.25 g）用纱布包好分别置不同温度的恒温水浴中。待注射液温度升至水浴温度时，立即取样（作为零时间样品）并开始计时。然后，按规定间隔时间取样，每次取 5 支安瓿，用冰浴冷却后立即测定，或冷却后置冰箱保存待测。

2. 含量测定[2,3,4]

将每次取样的 1 支安瓿内的维生素 C 注射液混合均匀，精密取 1 mL，置 100 mL 碘量瓶中，加蒸馏水 15 mL，丙酮 2 mL，摇匀，放置 5 min，加稀醋酸 4 mL 与淀粉指示液 1 mL，用 0.1 mol·L^{-1}碘液滴定至溶液显蓝色并持续 30 s 不褪（每 1 mL 0.1 mol·L^{-1}的碘液相当于 8.806 mg 的维生素 C）。将每次测定消耗碘液的毫升数记录于表 8-8 中。

五、结果与讨论

1. 原始记录与计算

将各个试验温度下，按规定时间所取样品分别测定维生素 C 的含量 a（即消耗碘液毫升数），记录于表 8-8 中，将零时间样品所消耗碘液的毫升数（即初始浓度）作为 100％相对浓度，各时间所取样品消耗碘的毫升数与其相比，得到各自的相对浓度 Cr（％），Cr 值计算如下：

$$Cr(\%)=a/a_0\times 100 \tag{8-5}$$

式中，a_0 为零时间样品所测得的维生素 C 含量（消耗碘液毫升数）。

2. 反应速度常数的求解

（1）将各试验温度的 lgCr，对 t 作图。

（2）根据一级反应公式（8-6），以 lgCr，对 t 进行线性回归得直线方程，由直线的斜率求出各实验温度下的反应速度常数 k 记入表 8-9。

表 8-8　稳定性试验数据

温度(℃)	取样时间(h)	a(mL)	Cr%	lgCr
70	0			
	24			
	48			
	72			
	96			
80	0			
	12			
	24			
	36			
	48			
90	0			
	6			
	12			
	18			
	24			
100	0			
	3			
	6			
	9			
	12			

表 8-9　各试验温度下的反应速度常数

T(绝对温度)	$1/T\times10^3$	$k(\text{min}^{-1})$	$\lg k$
343			
353			
363			
373			

3. 室温下有效期的预测

(1)将所求得各试验温度下的 k 值与其绝对温度记录于表 8-9 中。并以 $\lg k$ 为纵坐标；$(1/T\times10^3)$为横坐标作图。

(2)根据 Arrhenius 公式(8-9)，以 $\lg k$ 对$(1/T\times10^3)$求回归直线方程，并由斜率求 出反应活化能 E 值，由截距求出频率因子 A。

(3)将室温(25 ℃)的绝对温度的倒数值代入上述所求 Arrhenius 公式的回归方程中，求出室温下的反应速度常数 k_{25}。再按公式(8-10)与(8-11)计算出维生素 C 注射液在室温(25 ℃)时的降解半衰期与有效期(使用期)。

注释：

[1] 实验中所用维生素 C 注射液应使用同一批号。为了使有效期预测结果的准确性提高，试验温度至少应取 4 个，取样间隔时间要依试验温度高低来考虑，由于维生素 C 注射液在低温时降解比较慢，故取样间隔时间较长；温度高时，间隔时间较短，取样点以 4～5 个为宜。

[2] 测定维生素 C 含量所用的碘液，如果前后一致(即同一瓶碘液)，则碘液的浓度不必精确标定；否则碘液的浓度必须精确标定。如碘液浓度一致，维生素 C 注射液含量亦可不必计算，只比较各次消耗的碘液毫升数即可。

[3] 在维生素C的含量测定过程中，加丙酮的目的是消除维生素C注射液中其他强还原性成分对维生素C含量的影响。因为维生素C易氧化，为了避免氧化反应的发生，加亚硫酸氢钠作为抗氧剂，而亚硫酸氢钠的还原性比烯二醇基更强，必定首先与碘发生反应而消耗碘液，从而影响维生素C的含量测定。而丙酮能与亚硫酸氢钠起反应，从而可避免这一作用的发生。

[4] 在含量测定时，维生素C分子中的烯二醇基具还原性，被碘定量地氧化成二酮基，而且在碱性条件下更有利于反应的进行。但由于维生素C还原性极强，特别是碱性条件下，在空气中极易被氧化，故在测定维生素C含量时可加入一定量的醋酸，使保持一定的酸性，从而减少维生素C受碘以外其他氧化剂的影响。

思考题

1. 药物制剂稳定性研究的范围有哪些？
2. 经典恒温加速试验法的理论依据是什么？如何设计实验？应注意的问题有哪些？
3. 药物制剂的实际有效期应如何确定？

【相关背景知识】

在药物制剂的各类降解反应中，虽然有些药物的降解反应机制十分复杂，但多数药物及其制剂的降解反应可按零级反应或一级反应处理。

一级反应药物浓度与时间的关系符合下列公式：

$$\lg C = -kt\ /2.303 + \lg C_0 \tag{8-6}$$

式中，c 为药物在 t 时间的浓度；C_0 为药物的初始浓度；k 为降解反应的速度常数。

由上式可知，以 $\lg C$ 对 t 作图呈直线关系，其斜率为 $-k/2.303$，由斜率即可求得降解反应的速度常数(k)。

$$k = -2.303 \times b \tag{8-7}$$

式中，b 为直线方程的斜率。

式(8-6)仅反映了某个温度下浓度与时间的关系，从而得到该特定温度下的反应速度常数。对于不同温度下的反应速度常数(k)与绝对温度(T)之间的关系可用 Arrhenius 指数定律公式表示：

$$k = A \cdot e^{-E/RT} \tag{8-8}$$

或

$$\lg k = -\frac{E}{2.303RT} + \lg A \tag{8-9}$$

式中，E 为反应的活化能；R 为气体常数[$1.987\ \text{cal} \cdot (\text{mol} \cdot \text{K})^{-1}$ 或 $8.314\ \text{J} \cdot (\text{mol} \cdot \text{K})^{-1}$]；$T$ 为开尔文温度(绝对温度)；A 为频率因子。

由式(8-9)可知，以 $\lg k$ 对 $1/T$ 作图呈一直线关系，其斜率为 $-E/2.303R$，截距为 $\lg A$，由斜率可求出反应的活化能 E，由截距可求出频率因子 A，再代回式(8-9)，可求出室温或任何温度下的降解速度常数 k，将室温下的降解速度常数 k_{25}，代入下式即可求出该药物室温(25 ℃)时的半衰期和有效期。

$$t_{1/}2 = 0.693/k_{25} \tag{8-10}$$

$$t_{0.9} = 0.1054/k_{25} \tag{8-11}$$

式中，$t_{1/2}$ 为该药物的半衰期；$t_{0.9}$ 为该药物的有效期；k_{25} 为室温 25 ℃时的降解反应速度常数。

本实验主要考察温度对药物降解反应的影响，另外湿度与光照等对药物的降解亦有影响。因此，稳定性研究是药物制剂研究开发与提高产品质量的一个重要的手段。在研究药物制剂稳定性以确定其有效期(或贮存期)时，常采用留样观察法和加速试验法。由于留样观察法费时过长，不利于及时发现和纠正实验中出现的问题.因此，在药物制剂的研究中，根据化学动力学的原理，广泛采用了加速试验法。加速试验法又包括经典恒温法和线性变温法，线性变温法较经典恒温法虽能节省时间，工作量小，但需要程序升温仪。目前新药的开发及其制剂有效期的预测多采用经典恒温法，即在较高温度下将样品分别放入各种不同温度的恒温水浴中，定时取样测定其浓度（含量），根据式(8-6)和(8-7)求出各温度下的降解反应速度常数，再依据 Arrhenius 指数定律，预测药物及其制剂在室温条件下的有效期。

8.10 水质检测及其评价

一、实验目的

（1）了解国家有关水质标准和检测方法。

（2）学习水体中部分水质指标（如溶解氧(DO)、耗氧量(COD)、硫化物含量、苯的同系物等）的测定。

（3）学习和巩固配置实验试剂的方法等一些常规操作和气相色谱仪的基本原理及实验操作。

二、实验仪器与试剂

1. 实验仪器

气相色谱仪	电炉	电子天平
碘量瓶	锥形瓶	容量瓶
移液管	比色管	酸式滴定管
高纯氮气		

2. 试剂

$MnSO_4 \cdot H_2O$	KI	NaOH
浓 H_2SO_4(98%)	K_2CrO_7	KOH
N,N-对氨基二乙基苯胺(TSS)	$NH_4Fe(SO_4)_2$	Na_2SO_4（无水）
$Zn(Ac)_2$	Na_2S	$H_2C_2O_4$
$KMnO_4$	$Na_2S_2O_3$	淀粉
新制蒸馏水	水样	

三、实验内容

（一）溶解氧的测定（碘量法）

1. 方法原理

采用碘量法（即 Winkler 法）测定水体中的溶解氧。往水样中加入 $MnSO_4$ 溶液和 KI-NaOH 溶液，水样中的溶解氧即被定量地转化为三价锰化合物的褐色沉淀：

$$Mn^{2+} + 2OH^- = Mn(OH)_2 \downarrow （白色）$$

$$2Mn(OH)_2+\frac{1}{2}O_2+H_2O = 2Mn(OH)_3\downarrow(\text{褐色})$$

加入酸把三价锰化合物定量地转化为 I_2。

$$2Mn(OH)_3+2I^-+6H^+ = 2Mn^{2+}+I_2+6H_2O$$

以淀粉做指示剂，用 $Na_2S_2O_3$ 标准溶液滴定上述反应生成的 I_2，并由此计算水中溶解氧的浓度。

2. 试剂和标准溶液配制

(1)K_2CrO_7 标准溶液 [$C\ \frac{1}{6}K_2CrO_7=0.0100mol\cdot L^{-1}$]。

(2)$Na_2S_2O_3$ 标准溶液($0.01\ mol\cdot L^{-1}$)。

(3)淀粉溶液(0.5%)。

(4)$MnSO_4$ 溶液。

(5)KI-NaOH：溶液。

(6)H_2SO_4 溶液(1∶1)。

(7)KI 溶液(10%)。

3. 实验步骤

(1)$Na_2S_2O_3$ 标准溶液的标定(参见“5.12 漂白粉有效氯的测定”)。

(2)水样分析：取固定并酸化后的水样 100 mL，用 $0.01000\ mol\cdot L^{-1}\ Na_2S_2O_3$ 溶液滴定至终点。记录消耗 $Na_2S_2O_3$ 溶液体积(V)，计算水中溶解氧含量($mg\cdot L^{-1}$)。

4. 结果计算

$$DO(mg\cdot L^{-1})=\frac{8.00\times1000(CV)_{Na_2S_2O_3}}{V_{\text{水样}}}$$

5. 注意事项

(1)采样须及时并避免阳光的强烈照射；水样固定后，如不能立即进行酸化滴定，必须把水样瓶放入桶中密封放置，但一般不得超过 24 h。

(2)水样瓶可采用磨口棕色试剂瓶(150 mL 左右)，其容积需预先准确测定，瓶盖下端应斜割去一部分，以免采样加盖时引入空气泡。

(3)在加入 $MnSO_4$ 溶液和 KI-NaOH 溶液固定水样溶解氧时，有要求把移液管末端插至水面以下的，但这样容易造成上述溶液被玷污。由于这两种溶液的浓度很大，进入水样后可迅速沉底，所以在此并不作这样的要求。

(4)同一水样的平行测定结果，其偏差不得超过 $0.08\ mg\cdot L^{-1}$(或 $0.06\ mL\cdot L^{-1}$)。

(二)化学耗氧量测定(酸性高锰酸钾法，COD_{Mn})

1. 方法原理

在酸性条件下，加如一定的 $KMnO_4$ 溶液氧化水样中的还原性物质(主要是有机物)，过量的 $KMnO_4$ 采用标准 $H_2C_2O_4$ 溶液还原，反应如下：

$$5\text{“C”}+4MnO_4^-+12H^+ \longrightarrow 5CO_2+4Mn^{2+}+6H_2O$$

$$5C_2O_4^{2-}+2MnO_4^-+16H^+ \longrightarrow 10CO_2+2Mn^{2+}+8H_2O$$

2. 试剂和标准溶液配制

(1)草酸溶液[$0.01000\ mol\cdot L^{-1}(\frac{1}{2}H_2C_2O_4)$]。

(2)高锰酸钾溶液[0.01 mol・L^{-1}($\frac{1}{5}KMnO_4$)]。

(3)硫酸溶液(1∶3)。

3. 实验步骤

(1)于 250 mL 锥形瓶内加入 100 mL 水样($V_{水样}$),加入 5 mL 1∶3H_2SO_4,并准确加入 0.01 mol・L^{-1} $KMnO_4$ 溶液 25 mL,加热至沸腾,准确煮沸 10 min,取下锥形瓶后,立即准确加入 10 mL 0.01000 mol・L^{-1} $H_2C_2O_4$ 溶液,并用 $KMnO_4$ 溶液滴定至微红色,记录 $KMnO_4$ 溶液用量(V)。

(2)$KMnO_4$ 溶液浓度校正系数 K:于滴定水样之烧瓶中趁势准确加入 10 mL $H_2C_2O_4$ 溶液,再用 $KMnO_4$ 溶液滴定至微红色,所用的 $KMnO_4$ 体积为 m,则

$$K=\frac{10.00}{m}$$

4. 结果计算

$$COD_{Mn}(mgO\cdot L^{-1})=\frac{[(25.00+V)K-10.00]\times 0.0100\times 8.00}{V_{水样}}\times 1000$$

5. 注意事项

(1)应严格控制操作条件的一致,水样加入 $KMnO_4$ 溶液后应立即迅速煮沸,并准确煮沸 10 min。

(2)煮沸 10 min 后应残留 40%~60%的 $KMnO_4$,倘若煮沸过程中,水样红色消失或变黄,即说明有机物或还原性物质过多,须多加 $KMnO_4$ 溶液或将水样稀释后重做,当有机物含量很高时可用 0.1 mol・L^{-1} $KMnO_4$ 溶液和 $H_2C_2O_4$ 溶液测定。

(3)若用纯水稀释水样,必须测定稀释用纯水的耗氧量,并在计算式中减去此部分。

(三)硫化物含量测定(N,N-对氨基二乙基苯胺比色法)

1. 方法原理

硫化物与 N,N-对氨基二乙基苯胺在有高铁存在的条件下,生成蓝色化合物——亚甲基蓝。根据蓝色的深浅进行比色定量,方法灵敏度为 0.02 mg・L^{-1}。

2. 试剂和标准溶液配制

(1)N,N-对氨基二乙基苯胺硫酸盐(TSS)溶液(2%)。

(2)硫酸高铁铵溶液。

(3)醋酸锌溶液 10%。

(4)硫化钠标准贮备液(临用前用碘量法标定)。

(5)硫化钠标准使用液(1 mL=10 μg 的 S)。

3. 测定步骤

(1)硫化物工作曲线的绘制。

分别移取硫化钠标准使用液 0、1.0、2.0、3.0、4.0 mL 于 50 mL 比色管中,用蒸馏水稀释至 50 mL,摇匀。于标准系列和水样中分别各加入 2% TSS 溶液 0.5 mL 摇匀,静置 1~2 min,再分别加入硫酸高铁铵溶液 0.5 mL 摇匀,10 min 后于 670 nm 波长单色光下测定各溶液的吸光度。

将数据填入下表并绘制工作曲线。

标准使用液(mL)	0	1.0	2.0	3.0	4.0
浓度[mmol(S)·L^{-1}]	0	6.25	12.50	18.75	25.00
吸光度 A					

(2)水样分析。

清洁水样可直接量取 50 mL 于比色管中(若水样污染严重,可取水样 50 mL。采用碘量法中的蒸馏分离方法处理,并将吸收液稀释至 50 mL)。于水样中加入 2% TSS 溶液 0.5 mL 摇匀,静置 1~2 min,再分别加入硫酸高铁铵溶液 0.5 mL 摇匀,10 min 后于 670 nm 波长单色光下测定各溶液的吸光度。

4. 结果计算

5. 注意事项

(1)高浓度的硫化物可阻止亚甲基蓝的形成,此时应先稀释而后加入显色剂。

(2)硫化钠标准使用液中含 ZnS 沉淀,在移取前需摇均匀,并尽快移取,否则将引起较大误差。

(四)邻苯二甲酸二甲酯的同系物测定(气相色谱法)

1. 实验原理

当多组分的样品进入色谱柱,由于吸附剂对各组分有不同的吸附能力,经过一段时间以后,各组分在色谱柱中的运行速度就不同。吸附能力弱的组分容易被解吸附下来,最后离开色谱柱,因而组分彼此分离,结果体现在出峰时间的不同。性质相似的组分,出峰时间是相近的。同时由于各组分的含量不同,其出峰的峰高或峰面积也是不同的。实验可采用标准加入法,以出峰的时间进行定性,以峰面积的大小进行定量。

2. 试剂和标准溶液配制(略)

3. 实验步骤

参见第七章仪器分析部分。

(1)邻苯二甲酸二甲酯同系物各对照品保留时间测定。

(2)邻苯二甲酸二甲酯同系物物各对照品峰面积测定。

(3)邻苯二甲酸二甲酯同系物物各对照品标准曲线绘制。

(4)水样中邻苯二甲酸二甲酯各同系物峰面积测定。

4. 结果计算

(1)邻苯二甲酸二甲酯的同系物保留时间约为:________min。

(2)采集的水样中邻苯二甲酸二甲酯的同系物含量为________%。

四、结果与分析

将实验结果填入表 8-10 中。

表 8-10 实验结果与评价

项 目	数值 1	数值 2	数值(平均)	水质类型
水体溶解氧(DO)/g·L^{-1}				
化学耗氧量(COD_{Mn})/mg·L^{-1}				
水体硫化物含量/mg·L^{-1}				
邻苯二甲酸二甲酯的同系物含量/%				

【相关背景知识】

(1)水样的采集方法按国家规定的相关标准方法(《中国环境保护标准汇编—水质分析方法》,中国标准出版社,2001)进行。

(2)水质各指标测定方法、结果计算和处理参见国家相关标准(《中国环境保护标准汇编—水质分析方法》,中国标准出版社,2001)。

(3)各种水体水质标准参见表 8-11、表 8-12、表 8-13 和表 8-14。

表 8-11 景观娱乐用水水质标准:(单位:$mg \cdot L^{-1}$)(GB 12941—1991)

项目	标准值		
	A 类	B 类	C 类
水体溶解氧:DO	≥5	≥4	≥3
化学耗氧量:COD	≤6	≤6	≤10
水体硫化物含量	≤0.05	≤0.2	≤0.5

说明:景观娱乐用水水质标准按照水体的不同功能,分为三大类:

A 类:主要适用于天然浴场或其他与人体直接接触的景观、娱乐水体。

B 类:主要适用于国家重点风景游览区及那些与人体非直接接触的景观娱乐水体。

C 类:主要适用于一般景观用水水体。

表 8-12 渔业水质标准(单位:$mg \cdot L^{-1}$)(GB 11607—1989)

项目	标准值
水体溶解氧:DO	≥5
化学耗氧量:COD	≤5
水体硫化物含量	≤0.2

表 8-13 农田灌溉水质标准(单位:$mg \cdot L^{-1}$)(GB5084—1992)

项目	标准值
水体溶解氧:DO	≥3
化学耗氧量:COD	≤200(水作)
水体硫化物含量	≤1.0

表 8-14 生活杂用水水质标准(单位:$mg \cdot L^{-1}$)

(如:厕所便器冲洗,城市绿化等)(CJ/T 48—1999)

项目	标准值
水体溶解氧:DO	≥5
化学耗氧量:COD	≤50
水体硫化物含量	≤0.2

8.11　除草剂二甲戊乐灵的合成

一、实验目的

(1)掌握烷基苯胺的硝化反应的原理与操作。

(2)了解通过合成工艺的设计减少反应废物排放的方法。

(3)通过本实验掌握蒸馏、萃取等操作。

二、实验原理

二甲戊乐灵，英文名称 *pendimethalin*，属于硝基苯胺类除草剂，化学名称 N-(1-乙基丙基)-2,6-二硝基-3,4－二甲基苯胺，主要用于棉花、玉米、大豆、花生、水稻等作物田除草，二甲戊乐灵低毒，对人畜、多数作物、环境安全性高，土壤对其吸附性强，不易淋溶，在土壤中移动性小，环境友好。

合成二甲戊乐灵的主要反应是硝化反应，在芳香环上引入硝基的方式很多，可以采用的硝化试剂有浓硝酸、稀硝酸、硝酸—硫酸、硝酸—乙酸等，本实验采用浓硝酸为硝化试剂，对 N-(1-乙基丙基)-3,4-二甲基苯胺进行硝化，制备 N-(1-乙基丙基)-2,6-二硝基-3,4-二甲基苯胺。

本实验采用分步硝化的实验方案，第一步采用 35%的硝酸与反应物形成铵盐，将水层分出，避免生成的水对下一步硝化试剂的稀释作用，所排出水中的硝酸浓度低于 1%；第二步用 70%左右的硝酸进行硝化，硝化完成后，剩余的废酸浓度约为 35%，可用于第一步的成盐反应，从而实现废酸的重复利用，减少对环境的危害，并降低成本。

该反应如图 8-2 所示。

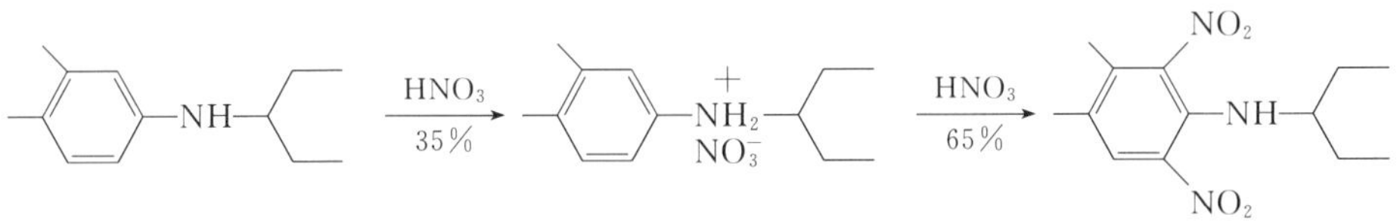

图 8-2　二甲戊乐灵的合成流程

三、实验仪器与试剂

1. 仪器

三颈瓶
球形冷凝管
滴液漏斗
温度计
分液漏斗
直形冷凝管
蒸馏头
真空接液管

2. 试剂

N-(1-乙基丙基)-3,4-二甲基苯胺
1,1,2-三氯乙烷
浓硝酸
浓盐酸
氨基磺酸
95%乙醇

四、实验内容

将 10 g(0.052 mol)N-(1-乙基丙基)-3,4-二甲基苯胺溶于 20 mL 1,1,2-三氯乙烷中,于 40 ℃下滴加 7.8 mL(9.5 g,0.053 mol)35%硝酸,于 60 ℃水浴下搅拌 10 min。静止分层,分去上层水相,下层有机相用于下步反应(注意保温,温度低于 40 ℃易析出晶体)。

向装有回流冷凝管、温度计、滴液漏斗的三颈瓶中加入 7.2 mL(10 g,0.103 mol)硝酸和 10 mL 1,1,2-三氯乙烷,于 55～60 ℃下,缓慢滴加上步的有机层,30 min 左右滴完,继续反应 2 h。

待体系冷却,分出稀 HNO_3 层(可用于第一步成盐),再用 5 mL 水洗二氯乙烷层,将二氯乙烷层分入 150 mL 烧瓶中,加入氨基磺酸 2 g,浓盐酸 2 mL,回流反应 2 h。

冷却至室温,用水洗三次,每次 20 mL,有机层用水泵减压蒸出 1,1,2-三氯乙烷至不再滴出为止(−0.1 MPa,120 ℃)。残余物用 95%乙醇重结晶,得 N-1-(乙基丙基)-2,6-二硝基-3,4-二甲基苯胺橙色晶体 12 g,产率 82%。

N-1-(乙基丙基)-2,6-二硝基-3,4-二甲基苯胺熔点为 57 ℃～58 ℃。

做产物的 MS 和 ^{1}H-NMR 谱,指出各主要谱峰的归属。

注意事项

1. 室温时 N-(1-乙基丙基)-3,4-二甲基苯胺的硝酸盐容易析出晶体,因此应注意保温,最好分批加入滴液漏斗,如果在漏斗中析出,可用电吹风加热漏斗。
2. 也可将硝酸滴入盐溶液中,但反应不好控制,反应物容易积累,出现剧烈反应的现象。
3. 加入氨基磺酸回流的目的是使生成的 N-(1-乙基丙基)-2,6-二硝基-3,4-二甲基苯胺的 N 亚硝基副产物进一步转化为 N-(1-乙基丙基)-2,6-二硝基-3,4-二甲基苯胺,提高产率。

思考题

1. 常用的硝化方法有哪些?
2. 本实验为何采用先成盐再硝化的合成方案?
3. 本实验能否用混酸硝化?
4. 查文献说明氨基磺酸脱除单上亚硝基的原理。
5. 查文献说明如何对产品进行含量分析?

8.12　普洱茶多酚的提取及抗氧化作用的研究

一、实验目的

(1)掌握从茶叶或茶叶下脚料中提取茶多酚的方法。

(2)掌握用分光光度法测定茶多酚总量的方法。

(3)掌握用分光光度法测定茶多酚对羟自由基和 2,2-二苯代苦味酰基 DPPH·自由基的清除作用研究。

(4)通过对普洱茶多酚的提取及对其自由基的清除作用研究，了解多酚类天然产物的提取和抗氧化作用的研究方法，提高对天然产物研究的综合能力和创新思维。

二、实验原理

普洱茶是以云南西双版纳、思茅等地大叶种晒青毛茶为原料，经固态发酵加工而成的散茶和紧压茶。茶多酚(*Tea Polyphonls*，简称 TP)是从天然植物茶叶中分离提纯的多酚类化合物的总称，其抗氧化的活性高于一般非酚类或单酚羟基类抗氧化剂。茶多酚的主要成分是儿茶素，占茶多酚含量的 80%左右。茶多酚中几种主要儿茶素所占的比例为：L-表没食子儿茶素没食子酸酯(L-EGCG)50%～60%，L-表儿茶素没食子酸酯(L-ECG)15%～20%，L-表没食子儿茶素(L-EGC)10%～15%，L-表儿茶素(L-EC)4%～6%。其结构式如图 8-3 所示。

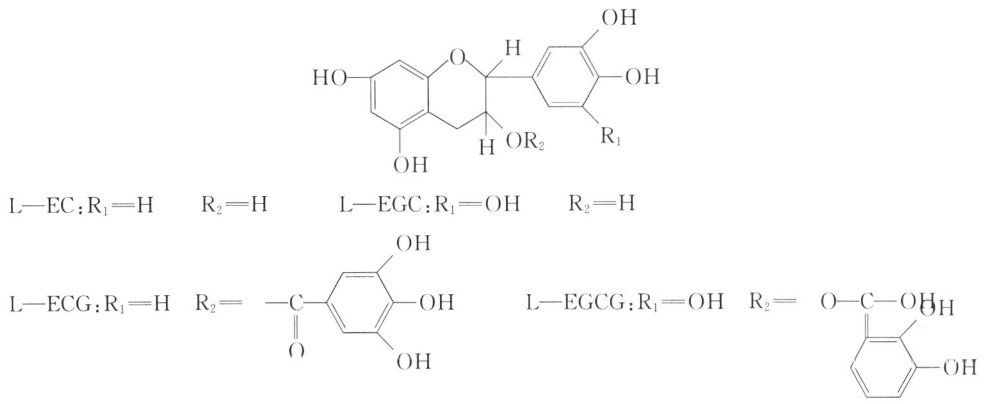

L—EC：R_1═H　R_2═H　　L—EGC：R_1═OH　R_2═H

L—ECG：R_1═H　R_2═（没食子酰基）　　L—EGCG：R_1═OH　R_2═（没食子酰基）

图 8-3　茶多酚的结构式

茶多酚不仅是构成茶叶色、香、味的主体化合物，而且是一种理想的天然食品抗氧化剂，已被列为食品添加剂(GB12493-1990)。此外，它还具有清除自由基、抗衰老、抗辐射、减肥、降血脂、降血糖、防癌、防治心血管病、抑菌抑酶、沉淀金属等多方面的功能。茶多酚在食品加工、医药保健、日用化工等领域具有广阔的应用前景。近十年来，国内外特别是我国和日本对探索新的茶多酚提取分离工艺日益关注。

本实验主要研究从云南普洱茶叶中提取天然抗氧化剂——茶多酚的方法，工艺包括沸水提取、沉淀、酸化萃取、脱溶剂及真空干燥，其特点在于提取液中加入能使茶多酚沉淀的可溶性无机盐，分离沉淀后，在沉淀中加入强酸或中强酸至沉淀完全溶解，制得酸化液，再用乙酸乙酯萃取，经脱溶剂、干燥制得茶叶天然抗氧剂——茶多酚，并对茶多酚进行定量分析并测定提取物对羟自由基和 2,2-二苯代苦味酰基 DPPH・自由基的清除作用研究。

三、实验仪器与试剂

1. 仪器

UV-2600 型紫外可见分光光度计　423S 型电子天平　冻干机
旋转蒸发器　离心机　真空干燥箱
循环水泵　pH 计　布氏漏斗
抽滤瓶　分液漏斗

2. 试剂

普洱茶(云南市售)　2,2-二苯代苦味酰基 DPPH・

福林—酚试剂	绿茶(云南市售)
邻二氮菲	磷酸氢二钠
磷酸二氢钠	碳酸钠
硫酸亚铁	30%过氧化氢
硫酸锌	碳酸钠
硫酸	乙酸乙酯(以上均为国产AR级)

四、实验内容

1. 普洱茶多酚的提取

称取普洱茶叶末或茶叶若干克，加入沸水，搅拌数分钟，用滤布过滤，再用沸水浸提一次。合并提取液，加入一定量的硫酸锌，用 0.1 mol·L^{-1} Na_2CO_3 调 pH，使茶多酚沉淀完全。放置数分钟，离心分离。在沉淀中加入 4 mol·L^{-1}硫酸至 pH=2 左右，离心分离少量未溶解沉淀。溶液用同体积的乙酸乙酯萃取，合并萃取液，减压浓缩。将浓缩液转移至蒸发皿，于 40 ℃下真空干燥，得到茶多酚的粗晶体。称量茶多酚的质量，计算茶多酚的提取率。

2. 茶多酚总量的测定

(1)样品试液的制备:准确称取茶多酚的粗晶体，用少量重蒸水溶解，定容。

(2)测定:吸取样品试液 1 mL 于 25 mL 容量瓶中，加入蒸馏水 4 mL 和酒石酸铁 5 mL，摇匀，再加入 pH 为 5 的磷酸盐缓冲液，稀释至刻度，以蒸馏水代替样品试液，加入同样的试剂配置参比溶液。选择 540 nm 波长和 1 cm 的比色皿测定吸光度。如吸光度大于 0.8，则需减少试液的体积再测定一次。

(3)茶多酚的含量按下式计算:

$$\text{茶多酚含量}=\frac{A\times 7.826\times V}{1000\times V_1\times m}\times 100\% \tag{8-12}$$

式中，A 为样品试液的吸光度;m 为茶多酚样品的质量，g;V 为样品试液的总体积;V_1 为测定时吸取的样品试液量。

3. 羟自由基(·OH)的清除作用

本实验采用亚铁离子催化过氧化氢产生羟自由基(Fonton 反应)的方法。取 0.75 m mol·L^{-1}邻二氮菲溶液 1 mL，磷酸盐缓冲溶液 2 mL 和蒸馏水 1 mL，充分混匀后，加 0.75 m mol·L^{-1}硫酸亚铁溶液 1 mL，摇匀，加 0.01%过氧化氢 1 mL，于 37 ℃保持 60 min，于 536 nm 处测其吸光度，其值为 A_P。用 1 mL 30%乙醇代替 1 mL 过氧化氢，测得吸光度为 A_B。用 1 mL 试样代替 1 mL 蒸馏水，测得吸光度为 A_s。羟自由基清除率(d)按下式计算:

$$d=\frac{A_s-A_p}{A_B-A_p}\times 100\% \tag{8-13}$$

4. DPPH·自由基的清除作用

准确称取2,2 二苯代苦味酰基(DPPH·)标准品 10 mg，加无水乙醇定容至 250 mL，得浓度为 0.04 mg·mL^{-1}溶液。取此溶液 3 mL，加入不同浓度的样品溶液 1 mL，摇匀，室温放置 30 min，于 517 nm 处测吸光度 A_i。同时量测 1 mL 溶剂与 3 mL DPPH·混合后的吸光度 A_c，1 mL 样品液加 3 mL 乙醇混合后的吸光度 A_j。清除率 E 按下式计算:

$$E=\frac{1-(A_i-A_j)}{A_c}\times 100\% \tag{8-14}$$

五、结果与分析

1. 数据处理

(1)普洱茶多酚的提取：

$$茶多酚的提取率=\frac{茶多酚的精晶体的克数}{普洱茶的克数}\times 100\%$$

(2)茶多酚总量的测定：

$$茶多酚的含量=\frac{A\times 7.826\times V}{1000\times V_i\times m}\times 100\%$$

(3)羟基自由基(·OH)的清除作用：

$$d=\frac{A_s-A_p}{A_B-A_p}\times 100\%$$

(4)DPPH·自由基的清除作用：

$$E=\frac{1-(A_i-A_j)}{A_c}\times 100\%$$

2. 分析讨论

(1)若将绿茶用步骤1-4的相同方法提取并配成适当的浓度，测定他们清除羟自由基(·OH)能力及DPPH·自由基的能力。

(2)绘制普洱茶和绿茶的羟自由基清除率对多酚含量的关系曲线，并和茶多酚比较。

(3)绘制普洱茶和绿茶的DPPH·自由基清除率对多酚含量的关系曲线，并和茶多酚比较。

注意事项

1. 如采用茶叶末作原料，水提取液要用滤布过滤。
2. 乙酸乙酯萃取时不要摇晃过度，以免出现乳化层。
3. 磷酸盐缓冲溶液在常温下易于发霉，应当冷藏。
4. 配置缓冲溶液时，pH要用pH计准确测量。

思考题

1. 怎样能进一步提高茶多酚的提取率？
2. 茶多酚为什么具有清除氧自由基的作用？
3. 对·OH自由基的清除能力用 IC_{50} 表示，IC_{50} 的值越低则说明茶多酚对羟自由基(·OH)能力及DPPH·自由基的清除能力就越强。羟自由基活性与分子结构中酚羟基数目有关，试分析普洱茶提取物清除羟自由基的活性与分子结构的关系。
4. 试举例说明文献报道的提取茶多酚的其他方法。

<<< 8.13 葡萄糖酸钙口服液中钙、锌等成分含量分析 >>>

一、实验目的

(1)建立"量"的概念;了解常用的钙、锌常量化学分析方法(容量法、沉淀重量法),比较不同方法的特点、应用范围与局限性;比较相同方法但不同指示剂对测定结果准确度的影响。

(2)学习 EDTA 标准溶液的配制和金属锌样品的化学预处理方法;加深络合反应体系中溶液酸度对反应完全度的影响以及指示剂选择的重要性的理解。

(3)学习 $KMnO_4$ 标准溶液的配制方法、晶形沉淀的制备及洗涤方法,以及高锰酸钾法测定钙的基本操作;加深理解氧化还原反应体系中溶液介质、酸度等因素对反应完全度的影响。

(4)学习晶形沉淀的制备方法及重量分析的基本操作;建立恒重的概念;了解微波技术在样品干燥方面的应用。

二、实验原理

葡萄糖酸钙口服液用于治疗因缺钙、锌引起的疾病,包括骨质疏松、手足抽搐症、骨发育不全和佝偻等;还用于妊娠妇女、哺乳期妇女和绝经期妇女钙的补充;对于小儿生长发育迟缓、食欲缺乏、厌食症、复发性口腔溃疡以及痤疮等均有疗效。其主要成分为葡萄糖酸钙、葡萄糖酸锌和盐酸赖氨酸。

葡萄糖酸钙口服液中含钙量可用 EDTA 络合滴定法、高锰酸钾滴定法和重量法测定,含锌量可用络合滴定法测定,还可尝试能否测定盐酸赖氨酸的含量。

本实验中葡萄糖酸钙口服液为实际样品,在基础实验部分没有涉及,能否利用学过的方法来测定其中指定元素的含量,对学生来讲是"新鲜的"。他们首先要查询相关文献资料,根据所获得的样品背景信息,动脑筋去想、去寻找适宜的方法、去设计可行的方案、去比较不同方法和方案之间的异同与优劣。也就是说利用实际样品分析给他们搭建一个"舞台",开出节目单,大致描述角色的特征,让他们自己去体会、去发挥、去"表演",看他们的表现是否有新意。在这个过程中,学生会遇到未曾想到的问题、遇到未曾遇到的困难,要想解决,就要去思考、去实践。经过反复琢磨、多次实践而制订的方案不论最终是否能满足要求、是否前人或别人做过,对学生自己而言,就是创新,因为他们以前没有想过、没有做过。这就是潜在的创新意识的培养与挖掘。

三、实验仪器与试剂

1. 仪器

容量分析所用仪器及玻璃器皿	百分之一、万分之一电子天平(或机械分析天平)
2 个玻璃砂坩埚(G4 或 P16)	1 个玻璃砂漏斗(G4 或 P16)
淀帚	坩埚钳
水浴锅	天然气灯

电动循环水真空泵(配抽滤瓶)　　微波炉

2. 试剂

EDTA　　金属锌片(纯度≥99.9%)

$CaCO_3$(优级纯)　　六次甲基四胺($(CH_2)_6N_4$)

HCl 溶液(1∶1)　　0.2%二甲酚橙溶液

铬黑 T(EBT)指示剂　　钙指示剂

紫尿酸胺指示剂　　2 mol·L^{-1} NaOH 或 KOH 溶液

氨性缓冲溶液(pH=10)　　$KMnO_4$

$Na_2C_2O_4$(工作基准或优级纯)　　4%$(NH_4)_2C_2O_4$ 溶液

H_2SO_4 溶液(1∶5)　　0.1 mol·L^{-1} $AgNO_3$ 溶液

0.1%甲基橙溶液　　氨水(1∶1)

2mol·L^{-1}HCl 溶液　　0.50 mol·L^{-1} H_2SO_4 溶液

pH 试纸

以上试剂除说明外,均为分析纯。

四、实验内容

(1)根据文献资料和药品说明书中所给的含量,计算各种方法所需的取样量和滴定剂浓度。

(2)配制所需标准溶液。

(3)葡萄糖酸钙口服液样品分析。

五、结果与分析

(1)比较不同钙含量测定方法的分析结果,给出解释。

(2)比较相同方法、不同指示剂的分析结果,给出解释。

(3)认真观察实验中出现的异常现象,并尝试通过实验数据和结果给出解释。

注意事项

1. 请佩戴护目镜、身着实验服。
2. 用明火加热水浴锅时,请注意安全。
3. 使用微波炉前,请认真阅读操作说明书;微波炉开启后,请与其保持安全距离。

思考题

1. 为什么需要分别在酸性和碱性介质中标定 EDTA 的浓度?如果本实验只用锌标准溶液进行标定,试比较两种 pH 条件下标定的结果是否一致,若一致说明什么?若不一致,其原因又是什么?如果在碱性介质分别用锌和钙标准溶液标定,均用铬黑 T 作指示剂,标定的 EDTA 浓度是否有差别?如果锌标用铬黑 T,钙标用钙指示剂,标定的 EDTA 浓度是否有差别?

2. 分步络合滴定的条件是什么?口服液中的钙和锌能否进行分步络合滴定,为什么?

3. 能否用容量分析方法测定口服液中盐酸赖氨酸的含量?

4. 如何定量得到被分析物的沉淀型?制备 $BaSO_4$ 和 CaC_2O_4 沉淀时,加入沉淀剂的方法有何不同，其反应机理有何不同？请说明制备 CaC_2O_4 沉淀时控制体系酸度的必要性。

5. 微波炉用于加热或干燥样品的原理是什么？有什么特点？

8.14 由“废”聚乳酸餐盒制备乳酸钙

一、实验目的

1. 趣味性与启发性

本实验利用废弃商品化聚乳酸可降解餐盒为原料，通过所已学知识和掌握的技能将其变为具有利用价值的乳酸钙。以专业角度关注环境、关注身边的事，不仅有利于激发学生对所学专业的兴趣，也有利于启发学生创新意识的萌生。以自身努力可以完成有价值的实验，有利于增强对专业学习的自信心。

2. 综合性与目的性

聚乳酸是一个典型的羧基与羟基缩合形成的高分子，其结构具有典型性和学生的可接受性。实验涉及酯的水解反应、红外光谱分析、热重分析、络合滴定法等相关知识和技能，同时，涉及热回流反应装置、基于混合溶剂法的沉淀分离等仪器使用等。因此，从制备到产物分析包含诸多相关知识和实验操作，具有较强的综合性。尽管该实验从原理到实验操作相对简单，但实验中蕴含的有目的性的控制操作对培养学生注重实验过程非常有价值。

3. 其他

巩固酯的水解、络合滴定原理及操作；了解红外光普分析、热重分析方法。

二、实验原理

聚乳酸由于它的可降解性以及良好的性能被得到广泛应用。如应用于食品包装工程，制作色拉盘、食品杂货袋、冷饮杯等。因为聚乳酸产品耐热、耐油，在温热条件下具有一定的弹性，所以作为一种安全的食物包装材料使用。聚乳酸纤维将成为传统的来源于石化资源的合成纤维的替代品。它在家用纺织品中有着广泛的应用，如用来制造衬衫、牛仔、夹克、枕垫、床垫、地毯等。由于这种纤维在制备过程中使用的化石燃料比传统的人造纤维要少 68%以上，所以该纤维产品是一种环境友好型产品。使用双面橡胶印刷技术制造的聚乳酸信用卡，将逐步取代目前普遍采用聚氯乙烯制造的信用卡。

本实验基于聚乳酸可以通过水解形成乳酸，再经氢氧化钙中和可以获得具有药用价值的乳酸钙。基本原理如下：

$$\left[\mathrm{H{-}O{-}\underset{\displaystyle CH_3}{\underset{|}{CH}}{-}\overset{\displaystyle O}{\overset{\|}{C}}{-}}\right]_n\mathrm{OH} \xrightarrow[50\%\ \mathrm{EtOH}]{2n\ \mathrm{mol\ NaOH}} \left(\mathrm{Na^+{-}O{-}\underset{\displaystyle CH_3}{\underset{|}{CH}}{-}\overset{\displaystyle O}{\overset{\|}{C}}{-}O^+\quad Na^+}\right) \xrightarrow[50\%\mathrm{EtOH}]{2n\ \mathrm{mol\ HCl}} \mathrm{HO{-}\underset{\displaystyle CH_3}{\underset{|}{CH}}{-}\overset{\displaystyle O}{\overset{\|}{C}}{-}OH}$$

$$CaO + H_2O = Ca(OH)_2$$

$$Ca(OH)_2 + 2CH_3CH(OH)COOH = Ca[CH_3CH(OH)COO]_2 + 2H_2O$$

就实验原理而言，似乎实验非常简单。但事实上，实验中蕴含着许多不经意就容易犯错的操作。希望从本实验中悟出基于明确指导思想下的实验操作是非常重要的，克服以往“照方抓药”进行实验的不良习惯。

实验中将涉及以下问题：

(1)如何将餐盒快速制成小碎片，以便反应快速进行。

(2)如何借助混合产物在溶剂中的溶解度差异分离目标产物。

(3)如何依据反应溶液组成有效脱除产物中的氯化钠。

(4)如何选择形成乳酸钙的钙源。

(5)如何确定钙源的加入方式以有利于产物乳酸钙的分离。

(6)如何用简单方式测定醇水混合液中的 pH。

(7)如何操作使产物纯度更高。

(8)如何测定组成。

(9)如何确定产物的纯度。

三、实验仪器与试剂

1. 餐盒预处理

请提出将用过的餐盒进行预处理的方法及所需工具、仪器与试剂。包括清洗、制成碎片的方法。

2. 餐盒碎片的水解

(1)仪器：提出回流装置所需的仪器，并搭建装置。

(2)试剂：聚乳酸盒碎片；pH 试纸；5∶1 盐酸(V/V)；定性滤纸。

3. 由水解液制备乳酸钙

(1)仪器：提出由水解液经中和制备乳酸钙仪器。

(2)试剂：氧化钙。

4. 乳酸钙含量测定

查阅乳酸钙含量测定国家标准，以此文献为依据提出仪器与试剂。

5. 乳酸钙鉴定

(1)仪器：提出鉴定产物官能团的仪器；提出鉴定产物主要成分的仪器。

(2)试剂：市售乳酸钙(做对比用)。

四、实验内容

1. 餐盒预处理

你能提出更有效且快速粉碎餐盒的方法吗？你能提出清洗碎片的方法吗？

2. 餐盒碎片的水解

提出回流装置所需的仪器，并搭建装置，将 5.6 g NaOH、80 mL 无水乙醇加入已装有 5.0 g 聚乳酸碎片的 250 mL 磨口锥形瓶中，加热搅拌回流，观察反应，记录碎片溶解时间。将反应器在冰水浴冷却 3 min(为什么?)，向溶液中加入盐酸(原则上讲，选用浓盐酸好还是稀盐酸好?)。旋摇均匀，在冰水浴中继续冷却，抽滤(什么产物，为什么?)。过滤，并收集滤液。在搅拌下浓缩至 20 mL 左右，然后将烧杯置于冰水浴中冷却，向其中加入 20 mL 无水乙醇，继续冷却(目的是什么?)，抽滤。将滤液转移至烧杯。

实验操作中有许多基本操作。上述过程仅仅是程序性描述，实际操作应特别注意怎样操作更好？为什么？

3. 由水解液制备乳酸钙

实验基本原理是：氢氧化钙与乳酸反应生成乳酸钙，利用乳酸钙和副产物在所选溶剂中溶解度的显著差异，将乳酸钙沉淀出来。

将称取的 1.6 g 氧化钙粉末加入到上述滤液中，然后再加入 3 mL 水(为什么?)。在恒温磁力搅拌器上搅拌，加热反应并浓缩至溶液体积为 40 mL 时，测试其 pH(测试 pH 时，应先将试纸用去离子水润湿，为什么?)，调节至 6～7 之间。继续加热浓缩至约 20 mL，在冰水浴中搅拌冷却。在搅拌条件下，加入 20 mL 无水乙醇(为什么?)。然后，再加入 40 mL 丙酮(观察现象，并解释为什么？滴加丙酮时如何加入更合理?)，抽滤。用丙酮洗涤产物，收集沉淀物，置于烘箱中于 125 ℃烘干 1 h。

注意：实验是否成功与操作关系极大！如操作不慎将使分离特别困难，或产物很少，或纯度较低。

4. 乳酸钙含量测定

基本原理：以碳酸钙为基准物，以钙试剂羧酸钠为指示剂，在碱性条件下进行络合滴定，以测定钙含量。请按照查阅的乳酸钙含量测定国家标准方法进行测定。

5. 乳酸钙鉴定

以市售乳酸钙为对照，用有机物官能团分析方法以及热分解行为比对，鉴定所得产物。

五、结果与分析

(1)本实验中多次利用混合溶剂调节溶液中物质的溶解性达到分离目的。从原则而言，在操作中应特别注意什么？为什么？

(2)结晶、过滤、沉淀物洗涤是非常普通的操作，是否注意到这一简单操作中有许多技巧。这些技巧对于提高洗涤效果具有非常积极的意义。对此你是否有自己的见解？

注意事项

1. 在水解时，小心烫伤！实验过程中请戴上橡胶手套。
2. 有关挥发乙醇的浓缩实验一定注意通风和防火。
3. 实验中应回收有机溶剂，不能随意排放。

思考题

1. 在制备乳酸钙时，为什么测试 pH 应先将试纸用去离子水润湿？
2. 在制备乳酸钙实验操作中，提高产品纯度的关键操作有哪几点？
3. 在用 EDTA 滴定法测定产品中乳酸钙的百分含量时，为什么要向盛有样品的锥形瓶先加入约 10 mL 的 EDTA 溶液，然后再加入 5 mL 浓度为 100 g/L 的氢氧化钠溶液？

<<< 8.15 由纤维素类生物质制燃料乙醇的研究 >>>

一、实验目的

(1)了解可再生能源现状和新能源发展战略,了解农业废弃物的综合利用现状,了解燃料乙醇的应用现状。

(2)掌握木质纤维素类非粮食作物制取燃料乙醇的方法和工艺。

(3)探索木质纤维素酶水解工艺条件,探索葡萄糖发酵工艺条件,探索水解和发酵同时进行的工艺条件。

(4)掌握乙醇和水分离的技术和工艺条件,掌握制备无水乙醇的方法。

(5)探索半纤维素、木质素等废弃物的综合利用途径。

(6)在实验的基础上,建立近似和严格的数学模型或模拟模型,能对工艺过程进行模拟计算。

二、实验原理

合理开发生物质能在能源安全战略、经济和生态环境保护方面都具有重要意义。用非粮食类生物质制造的燃料乙醇是一类绿色可再生能源,是对农业废弃物的高效利用。

木质纤维素生产燃料乙醇工艺流程一般为:

生物质→前处理→水解→发酵→净化→废弃物处理。

前处理目的是除去木质素,溶解半纤维素,或破坏纤维素的结晶结构,首先进行原料清洗,之后机械粉碎、或液相热水处理、水蒸气爆裂,或用化学法处理。

水解工艺主要有浓酸水解、稀酸水解和酶水解。酶水解是用纤维素酶将纤维素分解为葡萄糖,将半纤维素分解为木糖。酶水解工艺有两大类:一类是水解和发酵工艺(SHF),即水解和发酵在不同的反应器内进行;第二类是同时糖化和发酵工艺(SSF),即水解和发酵在同一反应器内进行。

发酵是用微生物如酵母菌在无氧的条件下通过发酵分解葡萄糖和木糖,生成乙醇和CO_2,从理论上讲,100 g 葡萄糖发酵可得 51.1 g 酒精和 48.9 g CO_2。发酵一般在 28~30 ℃,pH 4.8~5,一定溶氧浓度下进行。

净化工艺主要是废渣过滤、废液中未充分降解的纤维素、半纤维素,水解和发酵过程中产生的小分子的酸、酚、醛、酮的分离和乙醇的提纯,一般经过滤后精馏制取 95%乙醇或无水乙醇。

废液中溶解的半纤维素可以制成木糖醇、糠醛等;废渣中的木质素可以制成酚醛树脂、活性炭、橡胶补强剂、油田化学品、缓释肥料、植物生长剂等。

三、实验仪器与试剂

1. 仪器

三口烧瓶	烧杯	锥形瓶	容量瓶
恒温槽	搅拌器	过滤器	精馏塔
分光光度计	pH 计	气相色谱	高速离心机
粉碎机			

2. 试剂

氢氧化钠	葡萄糖	碳酸氢铵	苯酚亚硫酸钠
3,5-二硝基水杨酸	酒石酸	钾	盐酸
铁屑	纤维素酶	酵母	

实验原料:玉米秸秆粉末

四、实验内容

1. 水解

在 250 mL 三口烧瓶中加入 15 g 经处理的玉米秸秆原料(粒径约 200 nm),加入一定的缓冲液邻苯二甲酸氢钾,调水解液 pH 为 4.8,加入少许微量元素(Fe 0.01 $mg \cdot mL^{-1}$),10 mL 左右的酶液,设定恒温 48 ℃,开动磁力搅拌,连续反应 48 h 左右后取出。水解液抽滤后加入一定的活性炭进行脱毒脱酶处理,采用离心机进行分离得到葡萄糖溶液,迅速测定其还原糖含量。反应的残渣收集起来晾干,称重并用作后续部分的压块再利用。

用 DNS 法(3,5-二硝基水杨酸法)测定发酵液中的还原糖含量。

DNS 试剂制备:将 3,5-二硝基水杨酸 6.3 g 溶于 262 mL 的 2 $mol \cdot L^{-1}$的 NaOH 中,加到 500 mL 含有 182 g 的酒石酸钾的热水溶液中,再加 5 g 苯酚和 5 g 的亚硫酸钠,充分搅拌溶解,冷却后加水定容到 1000 mL,贮藏于棕色瓶中,避光保存,备用。

葡萄糖标准曲线绘制:取葡萄糖标准液(1 $mg \cdot mL^{-1}$)1~7 mL 分别放入试管中,均用蒸馏水稀释至 10 mL,加入 10 mL DNS 试剂,在沸水浴中加热 5 min,自来水冷却,再加入蒸馏水 80 mL,混匀,在波长 520 nm 下,以 1 cm 比色皿测密度(空白管溶液调零),以葡萄糖含量(mg)为横坐标,相应各管光密度值,绘制标准曲线。

样品中还原糖含量测定:按一定时间间隔取约 5 mL 水解样品,取上清液稀释一定倍数,再用 NH_4HCO_3 中和至 pH 为 6~7,中和,过滤取滤液 10 mL,加入 10 mL DNS 试剂,振荡混匀,沸水浴中加热 5 min,取出以自来水冷却,再加入蒸馏水 80 mL,混匀,在波长 520 nm 用 1 cm 比色杯测定样品液光密度值。查标准曲线即可计算出还原水解样品糖量,分析其中总还原糖含量,根据残渣的质量,算出水解效率。

2. 发酵

将葡萄糖溶液加入 250 mL 三口烧瓶中,通入氮气或 CO_2 气体置换溶解于其中的氧气,置于恒温槽中,按比例加入酵母(如安琪白酒酵母),在 30 ℃下无氧发酵,磁力搅拌,发酵 48 h。三口烧瓶接冷凝管,冷凝管上塞磨口塞,不要太紧,让发酵产生的 CO_2 气体溢出,但将挥发的乙醇气体冷凝下来。

5%乙醇标准溶液:吸取 5 mL 无水乙醇于 100 mL 容量瓶中,用蒸馏水定容。

重铬酸钾溶液:称取 16.804 g 重铬酸钾溶于水中,用蒸馏水定容至 500 mL。

制作乙醇标准曲线:吸取 0,0.2 mL,0.4 mL,0.6 mL,0.8 mL,1.0 mL,1.2 mL 5%

乙醇溶液于 50 mL 容量瓶中,加 10 mL 硫酸(1∶1),10 mL 重铬酸钾溶液,以蒸馏水定容,混匀,30 min 后,在 594 nm 下比色。

操作步骤：取 50 mL(20 ℃)酒样加 50 mL 水进行蒸馏，至馏液为 50 mL，然后定容至 100 mL，取 1 mL 蒸馏液于 50 mL 容量瓶，加入 10 mL 硫酸(1∶1)，10 mL 重铬酸钾溶液，以蒸馏水定容，混匀，30 min 后，以空白作参比，在 594 nm 下测吸光度，根据回归方程得出蒸馏液中的酒精浓度。

3. 精馏

将发酵完的溶液加入精馏塔釜中，控制精馏塔温度，分温度段收集塔顶不同馏出物。塔釜废水回收再用。

4. 废弃物回收

废液中回收半纤维素，进一步处理制备木糖醇等；废渣中回收木质素，干燥，称重，进一步制备其他化学品。

五、结果与讨论

1. 数据处理

记录葡萄糖浓度—吸光度数据，求得葡萄糖标液吸光度工作曲线；计算水解率、葡萄糖转化率。

记录乙醇浓度—吸光度数据，求得乙醇标液工作曲线；计算乙醇产率、葡萄糖进行乙醇发酵的比例。

2. 分析讨论

水解是影响乙醇发酵率的最为关键的步骤，也是生产中最大的技术障碍，实验中玉米秸秆粉末的水解率较低，分析原因可能有：

(1)酶液中的活性成分在水解后期比较少，水解不充分，工业上可采用并流式或逆流式反应器，进行连续加料，可以保证水解液中原料和活性成分一直处于稳定较高的状态。

(2)条件的控制不严格，水解中由于产生其他产物，使溶液 pH 改变，降低了酶的活性，同时某些副产物抑制了酶的催化，从而降低水解效率。

(3)水解中产生了大量木糖等，属于非还原性糖，测定结果不包含这部分木糖。葡萄糖的收率较低的原因主要有：

①实验中的条件控制不够。酵母菌进行发酵应在厌氧条件下，但同时产生的副产物会改变溶液的 pH，实验中没有控制好溶液的溶氧和 pH，可能导致酵母菌的生存条件不佳。

②发酵提取液中的乙醇含量较低。在精馏的过程中，有一部分产品留在了残液中，没有完全提取。

③没有能控制杂菌和其他有害成分。酵母菌的发酵活动中，由于杂菌的存在，会消耗一定葡萄糖，并且产生乙酸、丙三醇、酚类化合物等抑制酵母菌的生存。

注意事项

1. 在水解过程中，要控制温度 45 ℃左右，不可升温过高，否则酶会因高温失活，温度太低酶水解的效率也降低，在水解过程中，可以隔一段时间补充一些新鲜的酶液。

2. 在水解过程中，控制水解液的 pH，纤维素酶在酸性条件下活性较高，酸性过高也会影响酶的活性，同时酸性条件有利于抑制杂菌的生存，防止生成的糖分被杂菌分解，正常可调 pH 至 4.5。

3. 葡萄糖标准曲线的绘制及样品还原糖含量测定的操作中，最好保证沸水浴的时间一样，因为沸水浴时间影响了溶液颜色和透光度。

4. 控制溶液的 pH，酵母菌有较为宽广的生存范围，其在 pH=4.8 时生命活动最为旺盛，出于控制杂菌的目的，常把溶液 pH 调至 4.4 左右。

5. 控制溶解氧，保证酵母菌中后期于无氧条件下进行发酵，因为酵母菌只有厌氧发酵才会生成乙醇。

6. 使用比色法时应注意以下问题：测定时应将样品酒精度稀释至 6%以下，测定结果才比较准确。比色法测定酒精度应在 594 nm 波长下比色，波长稍有改变都会引起吸光度的较大改变。

思考题

1. 目前提出的木质纤维素类非粮食作物制取燃料乙醇的新方法和新工艺有哪些？各有何优缺点？

2. 木质纤维素酶水解和葡萄糖发酵最佳工艺条件如何确定？比较两种酶水解工艺优缺点。

3. 乙醇和水分离有哪些方法？各有何优缺点？如何用精馏方法简便快捷地制备无水乙醇？

4. 半纤维素、木质素等废弃物的综合利用途径有哪些？目前利用现状如何？如何提高利用率？

5. 如何建立近似和严格的数学模型或模拟模型？如何用 ASPEN 等软件对工艺过程进行模拟计算？

8.16 乳酸亚铁制备与产品 Fe 含量测定

一、实验目的

(1)强化学生无机制备实验操作的技能：沉淀转化、蒸发、干燥及回流操作试剂纯化、简易反应体系保护等。

(2)进一步熟悉无机精细化学品开发的一般工艺方法以及产品鉴定要素，同时学习掌握国家标准的灵活应用。

二、实验原理

乳酸亚铁（*Ferrous lactate*）[5905-52-2]，相对分子量为 288.04，其晶体示性式为 $[CH_3CH(OH)COO]_2Fe \cdot 3H_2O$，为浅绿色或微黄色结晶（晶体粉末），具有特殊气味和微甜铁味，易潮解。暴露在空气中颜色变深，在光照下易氧化，铁离子与其他食品添加剂反应易着色。易溶于柠檬酸，形成绿色溶液。溶解度为 2.5 g/100 mL（煮沸的冷水）或 8.3 g/100 mL（沸水），水溶液带绿色，呈弱酸性，几乎不溶于乙醇。

乳酸亚铁是一种优良的铁质食品营养添加剂。易吸收，对胃肠无刺激性，无副作用，而又不影响食品的外观色泽及风味，效果优于硫酸亚铁。在日本、美国等国家，乳酸亚铁广泛用于糖果、巧克力、饼干、面包、点心、通心粉等食品。美国食品和药物管理局(FDA,1985)将本品列为一般公认的安全物质。作为补铁营养强化剂,乳酸亚铁最大的特点在于人体极易吸收(乳酸盐的通性),并且几乎没异味,对食品的感官性能和风味无影响。用作药物时,对防治和治疗缺铁性贫血有显著效果。乳酸亚铁是食品和饲料添加剂,也是治疗贫血的药物。成人每日需要量16 mg,婴儿为6 mg。作为铁强化剂,美国规定面粉中的用量为3 mg/100 g,面包中的用量为2 mg/100 g,奶粉中为6 mg/100 g。

乳酸亚铁的一般生产工艺有铁粉法和硫酸亚铁法两种。铁粉法用乳酸与还原铁粉反应而得。硫酸亚铁法则用乳酸钙(直接由发酵乳酸过程中碳酸钙中和得到)与硫酸亚铁或氯化亚铁反应而得。本实验采用第二种方法,以乳酸为基础原料,制备中间体乳酸钙,中间体与精制硫酸亚铁作用得到目的产物。

钛白副产物硫酸亚铁中杂质较多,主要是TiO^{2+}、Fe^{3+}、Al^{3+}、Pb^{2+}、As^{3+}等,必须先提纯才能保证乳酸亚铁的质量。提纯硫酸亚铁的化学反应方程式如下:

$$Fe^{3+}+3H_2O \rightleftharpoons Fe(OH)_3\downarrow+3H^+$$

$$TiO^{2+}+3H_2O \rightleftharpoons Ti(OH)_4\downarrow+2H^+$$

$$Pb^{2+}+FeS\downarrow = Fe^{2+}+PbS\downarrow$$

$$Al^{3+}+3H_2O \rightleftharpoons Al(OH)_3\downarrow+3H^+$$

$$2Fe^{3+}+Fe = 3Fe^{2+}$$

$$2As^{3+}+3S^{2-} = As_2S_3\downarrow$$

用还原铁粉和新沉淀的FeS作为酸度调节剂与沉淀剂,使杂质除去。精制液直接用于产品的制备。

目的产物中,总Fe含量的测定采用碘量法,Fe(Ⅱ)含量测定采用高锰酸钾容量法。

国家标准GB 6781-2007规定的乳酸亚铁技术指标为:含量(以干基计)≥96%;Fe^{2+}≤0.6%;干燥失重≤20%;钙盐(以Ca^{2+}计)≤1.2%;Pb≤1 mg/kg;As≤3 mg/kg。

三、实验仪器与试剂

1. 仪器

电磁搅拌器	旋转蒸发仪
水力真空泵	离心机
电子台秤(精确至0.01 g)	分析天平
磨口三角烧瓶	球形冷凝管(建议使用COD_{Cr}测定成套组合)

自组装冷冻干燥装置(包括低温浴、圆底烧瓶、冷阱等)

常规玻璃仪器和普通实验材料。

2. 试剂

钛白副产物硫酸亚铁(s)	乳酸溶液
固体氧化钙	还原铁粉
$Na_2S\cdot 9H_2O$晶体	浓硫酸
工业乙醇	丙酮
浓盐酸	固体$KMnO_4$
固体KI	固体硫代硫酸钠
浓硝酸	$K_2Cr_2O_7$固体(基准)

草酸钠固体(基准)　　1%淀粉液指示剂
二苯胺磺酸钠指示液　　10% NH_4SCN 溶液
磷酸等

四、实验内容

本项目要求同学以限定量的乳酸为基础(限定量为 0.30 mol),研读必要的文献,查阅必需的数据之后,进行实验方案的设计,包括各物料的取用、反应所使用的玻璃仪器的规格等。实验方案必须经指导教师同意后,方可展开实验。

1. 硫酸亚铁溶液的精制

(1)新生态硫化亚铁制备。

试剂和工业硫化碱通常程度不同的含有部分多硫离子,使用时应设法除去。具体可用预先活化的还原铁粉,与硫化碱溶液共同回流,过量还原铁粉可留于体系中。

取粗硫酸亚铁配成一定浓度的溶液,与精制硫化碱溶液作用(相对加入量、加料方式如何?)获得硫化亚铁淤浆,设法尽可能最大限度的去除淤浆中的无机离子,同时注意保持淤浆的还原性状,贮存待用。

(2)硫酸亚铁溶液除杂。

粗硫酸亚铁溶液与上述硫化亚铁淤浆共同回流,反应时间的确定则以 Fe(Ⅲ)被除净(如何检验?)为限。冷却后完成固液分离。精制液密封贮存,备用。

2. 乳酸钙溶液的配制

(1)石灰乳浆液。

石灰乳浆液可由块状分析纯氧化钙与一定量的水作用获得,注意操作方法和加水量。

(2)乳酸钙溶液。

在加热下,使石灰乳浆液缓缓加入稀乳酸溶液中,得到乳酸钙溶液。

3. 乳酸亚铁的制备

量取计算量的精制硫酸亚铁溶液,在剧烈搅拌下与热的乳酸钙溶液作用(注意隔氧保护)!反应完毕后,趁热实施固液分离(用何种方式?)。清液转移人旋转蒸发器,蒸发

除去水。至浆状时停止蒸发,冷却,移入自组装的简易冷冻干燥装置,干燥,称量,计算产率。

4. 产品中铁含量分析

(1)标准溶液的配制与标定。

按照国家标准 GB 6781-2007 规定的方法,自行配制并标定硫代硫酸钠(0.1 mol・L^{-1})溶液、高锰酸钾($c_{\frac{1}{5}KMnO_4}$=0.1 mol・L^{-1})溶液。

(2)铁含量的分析。

按照国家标准 GB 6781-2007 规定的方法,完成样品中总铁和亚铁含量的分析,并报告结果。

注意事项

1. 精制硫酸亚铁溶液时产生的含硫化物、重金属废(液)渣,需进行无害化处理。处理操作需在通风橱中进行。

2. 石灰乳浆料制备过程中,会产生巨大的热效应,注意防止烫伤。

3. 总铁测定时的样品处理也应该在通风橱中完成。

4. 硫酸亚铁中总铁、亚铁含量测定及硫化硫酸钠等标准溶液配制，标定可参阅相关国家标准或文献。

思考题

1. 在除去工业硫化碱中的多硫离子时，使用了预先活化的还原铁粉。如何使还原铁粉预活化？依据的原理如何？

2. 自行查表，由必要的数据出发，通过计算说明使用新制备的硫化亚铁淤浆，除去粗硫酸亚铁溶液中杂质金属离子的可行性。

3. 还原铁粉在本实验中所起的作用都有哪些(必要时，可通过计算说明)？

4. 成品为何要用冷冻干燥的方法进行后处理？一般真空干燥可行否？

5. 高锰酸钾容量法通常不需另加指示剂于体系，但本实验在测定样品中的Fe(Ⅱ)时，则加有指示剂二苯胺磺酸钠，为什么？

8.17　白酒总酸度和总酯含量的容量法测定

一、实验目的

(1)加强有机化学的回流操作、分析化学的终点控制操作。

(2)学习掌握容量分析精密控制终点的技术要领，领会结果处理与表达的规范方式。

(3)了解一般常量分析方法在化合物样品分析中的应用与步骤，领会空白实验对于实际样品测定的重要性。

二、实验原理

白酒是中国传统的蒸馏酒，也是世界七大蒸馏酒之一。白酒是含有很多微量香味成分的复杂体系，产地、原料、发酵期、贮存时间、产酒季节等不同，造成其香型不同，其成分的复杂程度也不同，风味也就不同。白酒的香味成分种类繁多，一般通称为风味物质。白酒的风味物质中，除了极少量的无机化合物(固形物)之外，绝大部分是有机化合物，均具有挥发性，并且都具有呈香味的特定基团。中国白酒中已经检测到的微量风味物质达300种以上，包括醇类、酸类、酯类、氨基酸类、羟基化合物、缩醛、含氮化合物、含硫化合物、呋喃类化合物、酚类化合物、醚类化合物等。在白酒中，酒精与水的数量约占总量的97%～98%，微量成分的含量为2%～3%。在微量成分中，酸类赋予白酒丰满和酸刺激感，酯类使白酒具有水果的香气。特别是浓香型大曲酒，其主要香气成分就是以乙酸乙酯为主体香的一种复合香气。白酒中所含的酸与酯具有相对应的关系，乙酸乙酯、乳酸乙酯等是中国白酒的主体酯类。也就是乙酸、乳酸含量多，相应的乙酸乙酯和乳酸乙酯含量高，这是中国白酒的显著特征。因此，测定白酒中总酸、总酯的含量，有助于控制白酒的质量，确定其香型，鉴别酒的真假，保障饮用者的健康。

按照国标，白酒中总酸、总酯的含量分析均基于酸碱容量分析法。每项指标的获得，又分指示剂法和电位法。测定总酸时，得到的是带有羧基并参与中和反应的酸类物质的总和；总酯测定也类似。用NaOH标准溶液中和酒样中总酸后，加入过量的NaOH标准溶液与酒样中酯起皂化反应，剩余的碱用一定量的 H_2SO_4 标准溶液回滴，据此确定白酒中的总酯含量。也就是说，容量法不能够对白酒样品中的某一存在形式的酸和酯进行分别准确分析。因此，研究人员又开发了许多新的仪器分析方法，如气相色谱法测定酒中有机酸等。随着毛细管色谱技术的发展并应用到白酒分析中，剖解酒体中酸的组成及量比已成为常规测定。但酸碱容量法因设备简单、操作简便、快速，在企业的日常生产及产品标准中仍沿用。

本实验旨在使同学通过查阅酿酒行业的工具书和有关文献，确定实际样品中待测定物种的特性、含量等要素，而后拟定样品取样量、滴定终点、标准试液加入量等操作方案，独立进行数据处理。需要注意的是，结果表达的方式应遵从一般规则。

三、实验仪器与试剂

1. 仪器

电磁搅拌器　　电位滴定仪

分析天平　　常规玻璃仪器

普通实验材料。

2. 试剂

NaOH 溶液（0.1 mol·L^{-1}，待标定）

H_2SO_4 溶液（$c_{\frac{1}{2}H_2SO_4}$=0.5 mol·L^{-1}，待标定）

溴甲酚绿—甲基红指示液

酚酞指示剂（10 g/L）

邻苯二甲酸氢钾（基准）

无水碳酸钠（基准）

无酸无酯的乙醇溶液（40%，V/V）：量取一定体积的 95% 乙醇，加入圆底烧瓶中，加入稍过量的 NaOH 溶液（3.5 mol·L^{-1}），回流皂化 1 h。之后改为蒸馏装置，蒸出乙醇。将蒸过的乙醇配成 40%（V/V）溶液即可，贮存待用。

四、实验内容

要求同学在预习时完成以下的工作：阅读电位滴定仪的使用说明书；确定总酸测定时的取样量及终点 pH 值，总酯测定时取样量及皂化用碱体积、终点 pH 值。

1. 标准溶液的标定

按照文献规定的方法标定所需标准溶液。

2. 样品中总酸的测定

根据自己确定的取样量和终点 pH 值，完成滴定。同时需注意：在体系 pH=8.0 时，一定要减慢滴定速度，必要时要进行空白实验（怎么做?）。

3. 样品中总酯的测定

组装回流皂化装置。移取确定量的样品于回流烧瓶中，加准确量的 NaOH 标准溶液，几粒中性玻璃珠，沸水浴回流 30 min，冷却。定量转移入滴定杯中，置于电磁搅拌器上，完成电位滴定。同时做空白实验。

五、结果与讨论

（1）总酸质量浓度结果应以乙酸计。

（2）总酯含量计算时应扣除总酸，质量浓度结果以乙酸乙酯计。

（3）误差分析请参阅相关文献。

注意事项

1. 现今市场上的白酒，一部分为调和酒，此时，取样量需要进行修正。最适宜的样品应该是原浆酒。

2. 注意复合电极的性能指标均为水溶液体系的表现。因此，在用于乙醇—水混合体系时，一定要做空白校正。

3. 皂化回流时，冷凝管的长度不小于 450 mm，冷凝水的温度应在 15 ℃之下。

思考题

1. 写出确定总酸测定终点的 pH 的主要依据。
2. 若样品中氨基酸含量较高，对于总的测定结果有什么影响？
3. 若样品中的长碳链酸和酯过高（譬如样品中混有杂醇油），对测定结果有何影响？
4. 比较电位滴定法与指示剂法的优劣。
5. 复合电极使用时的注意事项有哪些？

<<<　8.18　手工肥皂的实验设计 

一、实验目的

学生在制作手工皂的过程中添加各种天然的精油、花草、药草、豆类、奶类等，制作出个性化十足的手工肥皂，激发起学生实验动手的热情，培养学生的创新意识和提高实践能力。

二、实验原理

人类使用肥皂有 3000 多年的历史，制皂工艺发展已经相当成熟。肥皂的制作方法有很多，但是市售肥皂的制作工艺要考虑经济效益，较少使用天然的植物油。进入 21 世纪以来，随着现代科技给人们生活带来愈来愈多的“副作用”，生活中，许多手工、天然的产品逐渐应运而生。人们更加渴望回归自然，以不添加太多人工材料为诉求，用大自然的原始素材作为原料。正是在这种情况下，手工肥皂的制作方法越来越多地受到国内外“DIY”爱好者的关注。

肥皂的主要成分是硬脂酸钠（可简写成 RCOONa），通常是油脂和碱经过皂化反应而生成的，其中含 C_{12}～C_{18} 的脂肪酸含量最高。从结构上看，脂肪酸钠的分子中含有非极性的憎水部分（烃基）和极性的亲水部分（羟基）。在洗涤时，烃基靠范德华力与油脂连接，而羟基靠氢键与水结合，这样油滴就被肥皂分子包围起来，分散并悬浮于水中形成乳浊液，再经过摩擦振动被清洗掉。

手工肥皂与合成洗涤剂相比更加环保。硬脂酸钠一旦被稀释，或是遇到酸性物质中和，就有将被包围的污垢全部放掉的特性，在洗后的皮肤上和排出的污水中，都无法再发挥界面活性作用，其流入湖泊和海洋只需要 24 小时就会被细菌分解，对水环境和水生动物的影响小。

三、实验仪器与试剂

1. 仪器

旋转蒸发　　　　仪索氏提取器　　　　搅拌加热装置等

2. 试剂

氢氧化钠　　　　橄榄油　　　　椰子油

其他油脂或精油

四、实验内容

1. 手工肥皂原料配比的计算

制作手工肥皂的原材料十分简单，主要为油脂、碱、蒸馏水和添加物，其中关键是确定油脂的配比和碱的用量。制作手工肥皂首先要根据自身的需求，确定油脂的配比。

在确定油脂的种类和具体的配比之后，根据皂体的总质量计算出各种油脂的具体质量，然后按照油脂的皂化值计算出所需要的碱的质量。在制作手工肥皂的过程中，为了使手工肥皂对皮肤更加温和，通常会适当减少一些碱的量或者增加一些油量，让手工肥皂里残留一些油脂，这个方法称为超脂。超脂有两种方法，"减碱"和"加油"。减碱是在计算配方时，先扣除5%～10%的碱量，使皂化后仍有少许油脂未与碱作用而留下，以达到使成品不干涩的效果。一般来说，减碱越多成品的 pH 越低，也越滋润。加油是以正常比例制作，直到皂液呈浓稠状后再加入 5%的油脂，由于比例不高且先前的皂化已经完成，加入稍过量油脂的步骤并不能对皂化过程产生其他影响，而后来添加的油脂，因为没有多余的碱可以作用，所以油脂本身的特质和功效也比较容易被保留在肥皂里，达到滋润肌肤的理想功效。

最后确定蒸馏水的用量。由于影响此反应的主要是油脂与碱，所以水的用量不是很严格，一般是碱用量的 3～4 倍。

2. 皂化操作

为使反应物质均匀混合，并且更好地控制实验温度，实验室中可以选用旋转蒸发仪代替电动搅拌装置。采用冷制法制作手工肥皂过程的温度不能太高，应控制反应温度为 50 ℃。将按配比设定的油脂准确称量后倒入旋转烧瓶，同时将计算得到并配制好的碱液也倒入烧瓶。打开旋转蒸发仪，以一定速度旋转，控制水浴温度为 50 ℃。反应 1h 左右，初步皂化完毕(初步皂化完毕的判断标准是：锅里已经没有透明的液体及油状物质，全部不透明化，趋于凝固，成膏状，此时约 80%左右的碱和约 80%左右的油脂发生了化学反应)，就可以把烧瓶里的膏状皂液取出来了。

此时烧瓶里的膏状皂液是半成品。如果想设计独特的手工肥皂，增加色彩和香味，需要及时添加色素、香料、营养元素等特殊物质。例如：制作不同色彩的手工肥皂，可以分别添加红葡萄酒(红色)、菠菜汁(绿色)、巧克力(咖啡色)、牛奶(乳白)、胡萝卜色素(黄色)、花瓣(杂色)等；制作不同香味的手工肥皂，可以添加植物精油(花精油)或者其他香味的物质(香水)。由于这类具有特殊香味的物质遇到强碱或受热易分解，因此这些物质最好混入少量油脂再加入到皂液半成品中，待这些物质与皂液混合均匀后尽快停止反应。

3. 固化成型

皂化反应完成后，要将皂液倒入木盒、硅胶模等模具内，放置 20 天到 1 个月的时间。这期间剩余的碱性物质和油脂继续反应，或与空气中二氧化碳反应生成碳酸钠，碱性逐渐降低。手工肥皂的 pH 降低到 8 左右时才能正常使用，因为手工肥皂的碱性过强时，容易伤害皮肤。

思考题

1. 如何使用旋转蒸发仪进行连续蒸馏?
2. 设计实验,从橘皮中提取精油。
3. 设计实验,合成人工香料β-乙酰基萘。
4. 设计实验,测定肥皂中的水含量。
5. 除了文中提到的物质,还有哪些方法可以增添肥皂的色彩?

8.19 载药乳状液制备与乳液稳定性

一、实验目的

(1)通过正交设计筛选适合载药的F68/PC混合乳化剂配方,熟悉实验配方筛选的常用方法。

(2)以筛选的F68/PC混合乳化剂配方制备载药乳状液,了解载药乳状液制备过程。

(3)以离心—电导方法评价乳状液的稳定性,了解评价乳状液最重要性质的一种实验方法。

(4)通过上述实验研究认识和初步掌握载药乳状液的研制过程,锻炼作为药物制剂研究人员的基本技能。

二、实验原理

乳状液是一种或几种液体以微粒(液滴或液晶)形式分散在另一不相混溶的液体中构成的具有相当稳定性的多相分散体系,由于它们外观呈现乳状,常称为乳状液。当外相是水,内相为油的乳状液叫做水包油乳状液,以O/W表示"水包油";而把外相是油,内相是水的乳状液称为油包水乳状液,以W/O表示"油包水"。

形成乳状液后两液相的界面增大,体系不稳定,容易重新分成两相,此时需要加入乳化剂以稳定分散的液滴。乳化剂大多是由亲水基和亲油基构成的具有两亲结构的表面活性剂,这种两亲结构使得乳化剂可以自发吸附在油/水界面上,从而起到稳定液膜的效果。另一方面,液滴尺寸也是影响乳状液稳定性的重要因素,尺寸越大越容易出现因重力而产生的沉降,因而制备尽可能小的液滴是提高乳状液稳定性的途径之一。

载药乳状液将药物制备成粒径约为几百纳米的分散体系,是一种具有广泛应用前景的新剂型。作为载药用的乳状液,所用材料必须是无毒的,用于静脉注射的乳状液还必须没有溶血性。Pluronic三嵌段共聚物无毒、无刺激、无免疫性(nonimmunogenic)、可溶于体液。亲水的PEO嵌段被证实能阻止血小板的聚集。相比较那些常用的非离子型药用乳化剂(如Tween系列、Span系列)、Pluronic共聚物具有某些独特的优点,是一种新型的药用两亲分子,但目前研究还较少。卵磷脂也是一种天然乳化剂,没有毒副作用,生物降解率高,本身还是一种天然保健品,可对神经系统、心血管系统、免疫系统和贮存与输送脂类器官等产生调节和保护作用。但是单独使用卵磷脂稳定的药用乳状液其液滴较大,容易发生细胞吞噬现象且易被单核细胞细菌分解从而使液滴破裂,而且液滴的界面吸附膜不够稳定,易发生聚结,在包裹药物后稳定性下降,甚至导致相分离。

选择两种乳化剂的合理混合,可以利用不同分子体积和界面吸附性能的协同效应,使之发挥出更理想的界面稳定效果，是制备优良乳状液选择乳化剂的常用方法。

以上简要介绍乳状液（含药用乳状液）以及乳化剂基本知识，更详尽的知识参见文献。

三、实验仪器与试剂

1. 仪器

高剪切乳化机（IKA T18，最大剪切速率 24000 rpm）

TGL-16C 型台式离心机（上海安亭科学仪器厂，最高转速 18000 rpm）

KQ3200DB 型数控超声清洗器（昆山市超声仪器有限公司）

DDS-307 电导率仪（上海雷磁仪器厂）

HS-4 型精密恒温浴槽（成都仪器厂）

恒温磁力搅拌器（中大仪器厂），电子天平（上海分析仪器厂）

自制单滴法实验装置如图 8-4，内置 3 mL 注射器（针头直径：0.7 mm），外套恒温夹套。

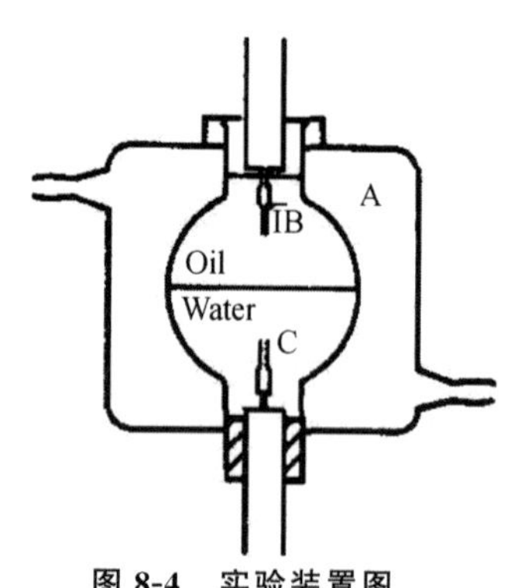

图 8-4　实验装置图

（A. water；B，C. injector）

用注射器 C 注射一个液滴进入油水界面，液滴在界面经历了排液和破裂两个过程，这两个过程的快慢由界面吸附膜的稳定性决定，因而测定液滴在界面的稳定时间可以推测界面吸附膜的稳定性。由于油滴的大小会影响破裂时间，所以应尽量控制每个油滴的大小相同。连续测定 30 个油滴的破裂时间。所有实验恒温在 25 ℃进行。

2. 试剂

Pluronic F68，分子式为(EO)76-(PO)29-(EO)76(PO：EO＝20：80)，相对分子量 8350。大豆卵磷脂(PC)，分子结构式如下：

$$
\begin{array}{l}
\qquad\qquad\qquad\qquad\qquad\qquad\quad O \\
\qquad\qquad\qquad\qquad\qquad\qquad\quad \| \\
\qquad\qquad\qquad\quad\; CH_2O—C—R_1 \\
\quad\;\; O \qquad\qquad\quad / \\
\quad\;\; \| \qquad\qquad / \\
R_2—C—O—CH \\
\qquad\qquad\qquad\quad \backslash \qquad\qquad O^- \\
\qquad\qquad\qquad\quad\; \backslash \qquad\quad\;\; | \\
\qquad\qquad\qquad\quad\; CH_2O—P—OCH_2H_2\overset{+}{N}(CH_3)_3 \\
\qquad\qquad\qquad\qquad\qquad\quad\;\; | \\
\qquad\qquad\qquad\qquad\qquad\quad\; OH
\end{array}
$$

式中，R_1 和 R_2 为 $C_{14}\sim C_{18}$ 的饱和或不饱和脂肪碳链。肉豆蔻酸异丙脂(IPM)，甘露醇，实验用水为 Milipore 超纯水(电阻值 18.2 MΩ)。

四、实验内容

1. 混合乳化剂配方的正交设计

以 PC 在 IPM 中的浓度和 Pluronic F68 水溶液的浓度为因素，设计 2 因素 3 水平的正交实验。选用 $L_9(3^3)$ 正交表可得 9 组处方实验。以单滴法考察并筛选最佳混合乳化剂配方。

2. 单滴法实验

在无乳化剂情况下，由于扩散作用，乳状液液滴很容易发生聚结。加入的乳化剂会自发吸附在液/液界面，形成一层界面吸附膜。此时乳状液液滴若发生聚结要克服界面吸附膜的阻力，界面吸附膜越稳定，乳液的聚结就越慢，乳液越稳定。不同的乳化剂配方，所形成的界面吸附膜的稳定性不同，单滴法通过测定液/液界面吸附膜的稳定性来推测乳液聚结的快慢，从而预测乳状液稳定性。

单滴法研究装置详见实验部分。在本实验中，下层是 28 mL 含 Pluronic 嵌段共聚物的水溶液，上层是 3 mL 油(IPM，考察混合乳化剂时，油中含有 PC)。用注射器 C 注射一个油滴进入油水界面，测定油滴从进入界面到破裂所经历的时间(定义为破裂时间 t_b)。连续测定 30 个液滴的 t_b，统计得到相应各 t 时刻未破裂的油滴个数 N，作 $\ln(\ln N_0/N)$ 对 $\ln(t-t_0)$ 直线，由直线截距可分别得 K，以及破裂一半液滴($1/2N_0$)对应的时间为稳定半衰期 $\tau_{1/2}$。

3. O/W 栽药乳状液的制备

除了上述筛选的乳化剂配比外，在实际载药乳状液制备中通常还需要添加助乳化剂以进一步提高其稳定性，本实验采用甘露醇(具有无臭、无毒、味甜，无吸湿性、干燥快、化学稳定性好且爽口、造粒性好等特点)作为助乳化剂。根据单滴法的结果，选择界面吸附膜稳定性良好的乳化剂配比，配合以甘露醇，采用 3 因素 3 水平的正交设计制备如下供稳定性考察的乳状液。

4. 离心场中乳状液稳定时间的测定

以离心—电导联用法测定乳状液的稳定性。取 3 mL 乳状液于离心管中，离心使之分层(注意：这里离心速率(6000 rpm)的选择要合适，以保证良好的分层)。离心分层后用注射器抽取不同离心时间后的下层富水相液体 1.5 mL 于试管，恒温 25。C 用 DDS-307 电导率仪(铂黑电极)测其电导值。

五、结果与讨论

1. 单滴法数据处理

根据 Jeffreys 和 Hawksley 方法，N 随 t 的变化规律符合下式：

$$\ln(\mathrm{N}/\mathrm{N}_0)=-\mathrm{K}(t-t_0)^{\mathrm{n}} \tag{8-15}$$

或

$$\ln(\ln \mathrm{N}_0/\mathrm{N})=\ln\mathrm{K}+n\ln(t-t_0) \tag{8-16}$$

式中，N_0 是总液滴数目；t_0 相应于所考察液滴中最短的破裂时间。作 $\ln(\ln N_0/N)$ 对 $\ln(t-t_0)$ 直线，由直线斜率和截距可分别得 n 和 K。n 是影响聚结的常数，与体系的组成有关，常见的 n 值约为 1.5。K 是聚结常数，K 越小，说明乳液聚结速率越小。破裂一半液滴($1/2\ N_0$)对应的时间为稳定半衰期 $\tau_{1/2}$。由于乳化剂吸附在液/液界面形成了界面吸附膜，此时乳液液滴发生聚结要克服界面吸附膜的阻力，由此可见 K 越小或 $\tau_{1/2}$ 越大，界面吸附膜越稳定。

2. 电导率法测定乳状液稳定性的数据处理

在浓度很稀且粒径分布均一的微粒分散体系中，粒子间相互作用可忽略。倘若将微粒视为球形粒子，利用重力和扩散力之间的平衡，由 Stokes 方程可计算重力场下粒子的

沉降/分层速率 v_g，即

$$v_g=\frac{2}{9}\frac{(\rho_2-\rho_1)}{\eta_c}gr^2 \tag{8-17}$$

式中，η_c 是连续相的黏度；r 是液滴的半径；g 为重力加速度；$(\rho_2-\rho_1)$ 为油/水两相密度差。Rybczynski 和 Hadarmard 针对乳状液体系中液滴易变形的特点，提出修正以计算液滴沉降/分层的速率：

$$v_g=\frac{2(\rho_2-\rho_1)gr^2}{3\eta_c}\frac{\eta_c+\eta_0}{3\eta_c+2\eta_0} \tag{8-18}$$

式中，η_0 为内相(分散相)的黏度。当乳状液中分散相浓度较大时，进一步得到

$$v_g=\frac{2(\rho_2-\rho_1)gr^2}{3\eta_c}\frac{\eta_c+\eta_0}{3\eta_c+2\eta_0}\left(1-\frac{\varphi}{\varphi^p}\right)^{k\Phi_p} \tag{8-28}$$

式中，φ 为分散相的体积分数；φ_p 是最大的分散相体积分数，即乳状液的黏度达到无穷大时，分散相的体积分数。将式(8-19)用于离心场中，得

$$v_c=\frac{2(\rho_2-\rho_1)\omega^2Rr^2}{3\eta_c}\frac{\eta_c+\eta_0}{3\eta_c+2\eta_0}\left(1-\frac{\varphi}{\varphi^p}\right)^{k\Phi_p} \tag{8-20}$$

式中，R 是离心半径；ω 是离心角速度。结合式(8-19)(8-20)，有

$$\frac{v_c}{v_g}=\frac{\omega^2R}{g} \tag{8-21}$$

根据乳状液在离心场中和重力场中的沉降/分层速率比值，假设乳状液在离心场中稳定时间为 t_c，那么乳状液在重力场中的稳定时间 t_g 为

$$t_g=t_c\frac{\omega^2R}{g} \tag{8-22}$$

3. 分析讨论

(1)结合配方筛选讨论影响乳状液性质的因素以及最佳配方的合理性。

(2)讨论乳状液制备方法及注意事项。

(3)结合稳定性实验讨论评价方法的合理性。

(4)总结实验全过程及结果，认识优良乳状液筛选的通常方法。

注意事项

1. 正交设计及原理参考相关书籍。
2. 电导率测定仪器原理及操作方法参考相关书籍。
3. 关于乳状液以及乳化剂的基本知识参考相关书籍。

思考题

1. 为什么乳状液常被用作药物载体？它适合载荷哪类的药物？
2. 为什么混合乳化剂对液膜的稳定效果要优于单一乳化剂？
3. 为什么说乳状液的稳定性是其重要特性之一？稳定的乳状液需要具备哪些条件？体会离心一电导联用评价乳状液稳定性的方法。
4. 为什么在采用了单滴法后，还要采用离心一电导联用法进一步评价乳状液的稳定性？
5. 体会本实验乳状液的制备方法，总结更好地制备乳状液需要注意的细节。

8.20 沙漠地带军用特种护肤剂的研制

一、实验目的

(1)通过制备一种多功能、对人体和环境无害的沙漠地带军用特种护肤剂,提高学生的思维能力和创新意识。

(2)该特种护肤剂利用POSS进行了改性,既可防紫外光的辐射—防致癌,又可大大增强驱蚊蝇功能的稳定性—提高暴晒和狂风沙下的使用寿命。通过此创新实验的过程,使学生得到研究方法的具体训练。

(3)通过此创新实验的全过程,使学生在实验设计、技能、测试结果分析等方面的综合能力与创新能力得到训练与提高。

二、实验原理

1. 课题背景

近年来有数据显示,每年蚊子都会向全世界超过7亿人传播疾病,因此多年来人们一直在研究如何防止蚊虫叮咬。

在恶劣沙漠环境下,沙漠飞蝇(吸静脉血、传染利什曼病、尤指黑热病)和三类蚊子(疟蚊传染疟疾、伊蚊传染登革热或称黄热病、伊蚊传染西尼罗河病毒)对服役士兵的行动和健康造成恶劣的后果,甚至死亡,所以必须有效地防止和消灭。在2007年秋季的美国化学会上,由Triton Systems Inc.公司的交流课题和内容可知,美国至少在2007年末,还没有研制用于恶劣沙漠环境的多功能护肤剂。伊拉克战争的军事需求和经济效益的市场争获,致使美国Triton Systems Inc. 公司对特种护肤剂极感兴趣。目前,国内销售的护肤剂,无论是进口的还是国产的,品种繁多,防晒功能分得也较细,但适于恶劣沙漠环境、对人体和环境无害的多功能军用护肤剂还未曾见宣传和销售。从以上两点看,本文研究的军用特种驱蚊护肤剂具有可观的军事应用前景和市场经济效益。

近两年来卫星观测大气臭氧层厚度的报告显示,大气臭氧层的厚度比任何时候都薄,穿过大气层的紫外线也随之增加。专家们指出,如果臭氧层中臭氧减少10%,穿过大气层的阳光紫外线会增加15%～20%。世卫组织已确定由紫外线辐射引起的不良健康结果,包括灼伤、皮质性白内障以及皮肤恶性黑素瘤、皮肤鳞状细胞癌、皮肤基底细胞癌等。暴露于紫外线辐射下,所导致的疾病中最常见的是皮肤癌和白内障。皮肤癌50%～70%可归因于紫外线辐射暴露。而沙漠地带的紫外线照射尤其强烈,对常年在沙漠地带服役的士兵的健康将造成非常大的危害。

根据以上的因素,市场上迫切需要研制一种多功能、对人体和环境无害的军用特种护肤剂。从防紫外和驱蚊这两个特色功能上来说,该护肤剂的研制实验对现有市场上普通的化妆品来说也是一种创新。

2. 机理

(1)天然香料的驱蚊机理:空间驱避剂是一些具挥发性的驱避性化合物,在一定的空间内形成气味屏障,使骚扰、吸血性医学昆虫产生忌避反应,达到防护的目的。即天然的驱蚊剂是通过香气驱蚊,其气味芳香无毒并且对人体无害。

(2)拟除虫菊酯的杀虫机理:拟除虫菊酯作为神经毒剂,其毒理机制被认为是直接与神经膜上钠离子通道相互作用而产生毒效,其主要依据是它对神经细胞兴奋性传递能力的影响。因神经细胞对兴奋或冲动的传递主要是由于细胞内部和周围细胞外液中 Na^+、K^+ 的不均匀分布,以及神经细胞对这些离子通透的选择性变化的结果。拟除虫菊酯的作用就是同神经膜蛋白或脂质分子相互作用,导致膜上离子通透性发生变化,干扰了正常的离子流的运动,从而呈现毒理反应。拟除虫菊酯类药剂的作用机理是,当拟除虫菊酯与神经膜上的钠离子通道结合后,个别的钠离子通道被拟除虫菊酯变构,在去极化期间使钠离子通道开启延长,导致钠电流和钠尾电流明显延长。有的拟除虫菊酯类甚至能使钠通道长期不关闭,如带 CN^- 的溴氰菊酯等。氯氰菊酯、溴氰菊酯和速灭杀丁等带有 CN^- 的菊酯类药剂处理的昆虫不出现兴奋症状,而出现运动失调以后的中毒症状,即很快产生痉挛,立即进入麻痹状态,最后瘫软死亡。即可以认为是溴氰菊酯分子结构中的 CN^- 基团与神经膜蛋白或脂质分子之间相互作用,最终达到杀虫的目的。

三、实验仪器与试剂

1. 仪器

电热恒温干燥箱	电子恒温水浴锅
电子天平	磁力搅拌器
注射器	差示热量扫描仪
TU1901 双光束紫外—可见分光光度计	烧杯
美国 Nicolet 公司 AVATAR 320 型红外光谱仪	Agilent 1100 液—质联用仪

2. 试剂

γ-(甲基丙烯酰氧)丙基三甲氧基硅烷(MPMS,≥95wt%)

γ-(2,3-环氧丙氧)丙基三甲氧基硅烷(GPMS,≥95wt%)

乙烯基三甲氧基硅烷(VMS,≥95wt%)	香茅醛(95%)
香叶醇(95%)	丁香酚(99%)
柠檬醛(94%)	α-紫罗兰酮(85%)
无水乙醇甲酸	过硫酸钾
氢氧化钠	十二烷基硫酸钠等均为分析纯

四、实验内容

1. POSS 改性拟除虫菊酯类杀虫剂溴氰菊酯样品的制备

制备过程:首先在三口烧瓶中加入 1.50 g VMP-POSS 溶胶,并加入适量四氢呋喃溶剂使其充分溶解,溶解后加入 10 mL 溴氰菊酯单体,搅拌,加入引发剂 BPO 1.03 g,选择 80 ℃下恒温水浴,反应进行 12 h 后即得 POSS-溴氰菊酯粗产品。制备流程见图 8-5。

2. 五种 POSS 改性天然香料样品的制备

分别选择香茅醛、香叶醇、柠檬醛、丁香酚、α-紫罗兰酮五种天然香料作为单体,与 POSS 进行共聚,完成军用特种驱蚊护肤剂 POSS 改性天然香料的制备。以香茅醛作为单体为例,合

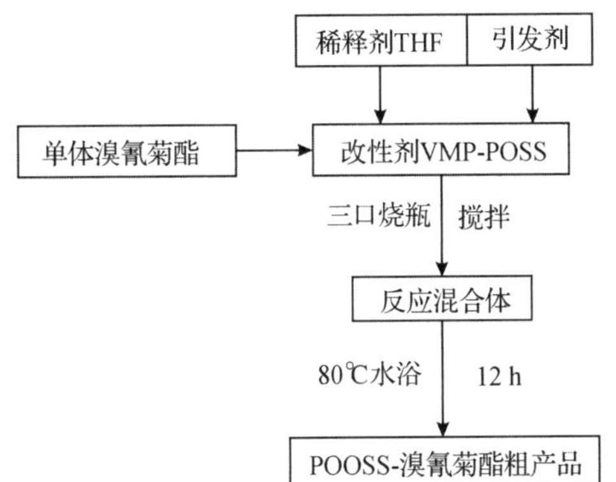

图 8-5　POSS—溴氰菊蘸粗产品制备流程图

成路线如图 8-6 所示。

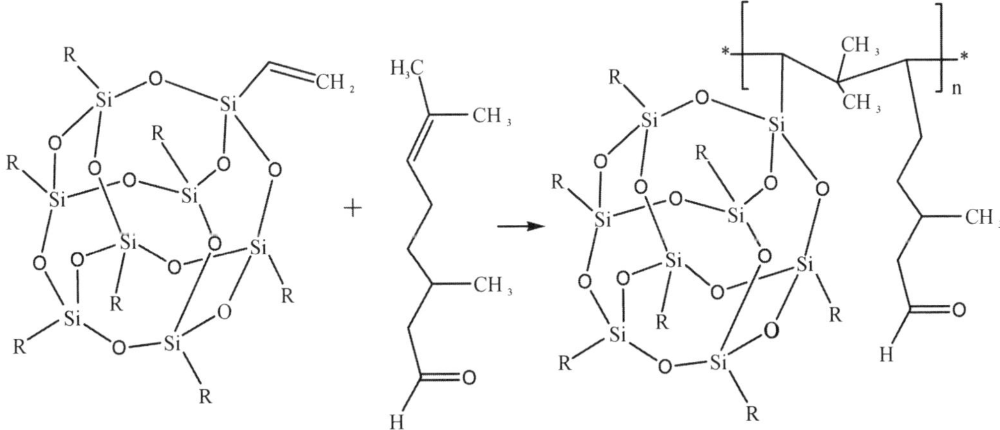

图 8-6　POSS—番茅醛制备反应路线

POSS-天然香料的制备选用乳液聚合的方法，反应的制备流程如图 8-7 所示。选用香茅醛、香叶醇、柠檬醛、丁香酚、紫罗兰酮五种天然香料为单体，与 POSS 进行共聚制备 POSS 改性天然香料。具体制备流程为：在 250 mL 的三口烧瓶中加入 140 mL 蒸馏水，4.00 g 的乳化剂十二烷基硫酸钠，充分溶解后，加入 0.08 g 引发剂过硫酸钾，加入 5% NaOH 水溶液使之充分溶解。完全溶解后以 POSS 与单体 1∶8 比例加入 VMS-POSS 单体，在适当的搅拌速度下

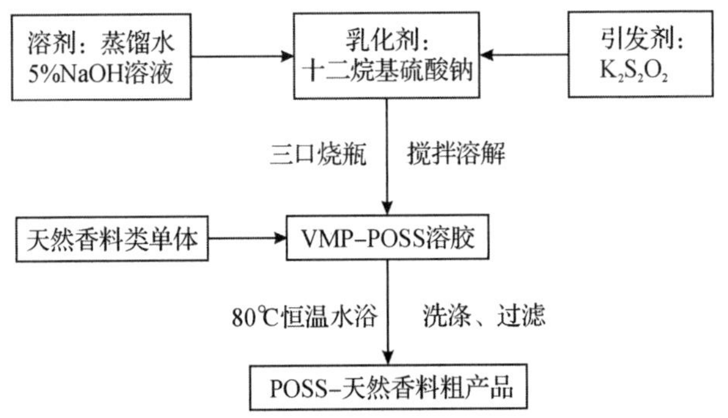

图 8-7　POSS-天然香料粗产品的制备流程图

加入天然单体 5 mL，80 ℃下恒温水浴。反应 4 h。反应完毕后冷却至 40 ℃左右，用盐酸破

乳。然后进行过滤，过滤过程中用甲醇洗涤2次，再将粗产品用四氢呋喃溶解，甲醇沉淀，重复操作2次，将得到的样品放入烘箱内烘干，即得到白色粉末状的POSS改性天然香料的粗产品。

五、结果与讨论

1. 数据处理

（1）计算固含量：固含量＝干燥后样品称重/干燥前样品称重×100%。

（2）对聚合物进行表征：相对分子量测定、可见光紫外透光分析、差热分析（DSC）、红外光谱分析。

2. 分析讨论

（1）讨论各因素对制备产物性能的影响，确定其最佳合成工艺条件（反应时间、反应温度、蒸馏水加入量、乳化剂加入量：引发剂加入量）。

（2）从红外光谱、质谱等测试结果，讨论POSS改性驱蚊剂的热稳定性；从热重及紫外透光测试结果，讨论其防紫外线辐射的能力。

（3）讨论掺杂对制备产品性能的影响。

注意事项

1. 易燃、易爆物品（如氢气、氮气、氧气等）必须与火源、电源保持一定距离，不得随意堆放。使用和储存易燃、易爆物品的实验室，严禁烟火。

2. 滴加单体的速度要均匀，防止加料太快发生爆聚冲料等事故。过硫酸钾水溶液数量要少，注意均匀、按比例地与单体同时加完。

3. 搅拌速度要适当，升温不能过快。

4. 仪器要干燥。

5. 实验室产生的废液废物不得随意丢弃，随意排入地面、地下管道以及任何水源，防止污染环境。实验废液废物要采取适当措施做“无害化”处理，确实无法处理的各实验室不得私自排放、处理，实验室应采用专用容器分类盛装、存放，防止渗漏、丢失造成二次污染。

思考题

1. 为什么大部分的单体和过硫酸钾用逐步滴加的方式加入？

2. 乳化剂在乳液聚合中的作用是什么？

3. 过硫酸钾在反应中起什么作用？其用量过多或过少对反应有何影响？

4. 单体预聚合的目的是什么？

5. 根据乳液聚合条件的不同，所得的乳液有时泛淡蓝色，有时泛淡绿色，有时甚至泛珍珠色光，通过这些现象，可对乳液的质量作出什么结论？

6. 反应过程中为什么有自动升温现象？为什么要控制反应温度？

8.21　裂叶荳荚菜(或槐米)中提取芦丁

一、实验目的

(1)建立从天然产物中提取化学成分的研究思路。

(2)掌握通过文献综述和已有知识设计研究方案的方法。

(3)根据所设计方案进行提取、分离纯化黄酮化合物——芦丁。

(4)利用紫外光谱、红外光谱、核磁共振谱等手段表征化合物结构。

本实验属于天然产物化学、有机化学、无机化学、波谱学等多学科交叉综合实验,与生活贴近,实用性强,能增加同学们的化学实验兴趣,提高创新性实验的能力。实验操作简便、切实可行,以水为溶剂提取与重结晶,整个实验绿色环保,没有废物产生。

二、实验原理

芦丁能降低毛细血管的通透性和脆性,维持其正常抵抗力。用于高血压的辅助治疗,防止脑溢血、视网膜出血、急性出血性肾炎等。治疗慢性气管炎有效率 84.8%～98%。芦丁的衍生物三羟乙酰芸香苷,即微脑路通,临床用于治疗烧伤、关节炎即各种血管疾病,有效率 87.8%,治疗水肿和出血有效率 88%。

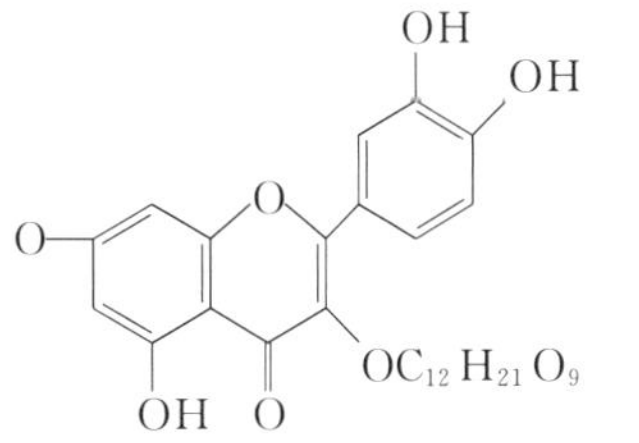

图 8-8　芦丁的化学结构

芦丁,浅黄色针状结晶(水中),熔点 176 ℃～178 ℃,旋光$[\alpha]_D^{23}=13.87$ °(乙醇),旋光$[\alpha]_D^{23}=-39.43$ °(吡啶),1g 溶于 7mL 甲醇、8000 mL 冷水、200 mL 沸水。所以很适合用水重结晶。其结构式如图 8-8 所示。芦丁存在于裂叶荳荚菜、槐米、芸香叶、大枣、番茄、橙皮、杏、荞麦花中,属于黄酮化合物,黄酮类化合物具有一定的酸性,并且其酸性大小与黄酮母核上取代基的种类、取代基的数目及其相对位置有关。芦丁的分子中含有很多羟基,酸性较大,水溶性较强。所以设计用碱性溶液提取、用无机酸酸化游离,然后萃取、用水或乙醇重结晶即可得到纯净的芦丁。

三、实验仪器与试剂

1. 仪器

圆底烧瓶	球形冷凝器
烧杯	电加热套
循环水泵	抽滤瓶
干燥箱	核磁共振仪
红外分光光度计	紫外分光光度计

2. 试剂

裂叶荳荚菜或槐米(学生自己采集)	生石灰水(要求学生自制)
盐酸	

四、实验内容

干燥裂叶苣荬菜(*Sonchus arvensis* L.)40 g 加约 6 倍量水,煮沸,在搅拌下缓缓加入石灰乳至 pH 8～9,在此 pH 条件下微沸回流 20～30 min,趁热抽滤,残渣同上再加 4 倍水,石灰乳调至 pH 8～9 再微沸回流 20 min,趁热抽滤。合并滤液,在 60～70 ℃下用浓盐酸调至 pH 为 5,搅匀,静置 24 h,抽滤。沉淀物水洗至中性,60 ℃干燥得芦丁粗品,于水中重结晶,70～80 ℃干燥得芦丁纯品。测定紫外光谱、红外光谱、核磁共振图谱,并进行各种图谱的解析。

五、结果与讨论

1. 数据处理

(1)紫外光谱及特征分析:

在三氯化铝的甲醇溶液中与在加盐酸的三氯化铝的甲醇溶液中测定,其紫外吸收不相同,带Ⅰ紫移 30～40 nm,证明 B 环有邻二酚羟基。

$\xrightarrow{AlCl_3}$ $\xrightarrow[\text{紫移 30～40 nm}]{HCl/H_2O}$

(2)红外光谱测试及解析:

①让学生学会自己准备样品,自己利用 IR408 仪器测定红外光谱。

②让学生学会解析红外光谱图。

芦丁其有丰富的红外吸收,在红外光谱上可观察羰基吸收峰、羟基吸收峰、芳环的骨架振动吸收、芳环的取代吸收以及糖环的红外吸收等。

(3)核磁共振氢谱及特征分析:

①让学生掌握核磁共振谱送样要求,提供样品信息及样品核磁共振氢谱的吸收区域。

②解析核磁共振氢谱。

③解析滴加重水后的氢谱。

2. 分析讨论

(1)提前准备:

①教师把握采集季节,组织学生采集裂叶苣荬菜或槐米。

②学生自己准备饱和石灰乳(可在施工工地找)。

(2)实验报告:

①总结归纳本实验的方法、过程及结果。

②总结本实验中得到的对植物有效成分研究启发。

③体验绿色化学的实践。

④给出综合解析图谱的方法与体会。

⑤选择一种你所熟悉的植物,自查文献并设计某种化学成分的提取、分离、结构鉴定方法。

注意事项

实验安全：小心安装回流装置与操作，带温度合并滤液小心烫伤。

思考题

1. 你熟悉哪些天然产物？它们含有哪些化学成分？
2. 你能自行设计一种天然产物化学成分的提取方案吗？
3. 为什么芦丁在三氯化铝的甲醇中的紫外吸收红移，在三氯化铝的甲醇中加盐酸蓝移？
4. 测定芦丁的核磁共振氢谱时，是否需要滴加重水测定？为什么？
5. 还可以利用哪些波谱能证明你分离得到的化合物结构？

8.22 稀土有机荧光配合物的设计、合成与表征

一、实验目的

(1)了解稀土有机荧光配合物的设计思路与制备方法。

(2)熟悉元素分析、红外光谱分析、紫外光谱分析和热分析在稀土有机配合物表征中的作用及相关仪器的操作方法。

(3)掌握稀土有机配合物中稀土离子含量测定方法——EDTA 法。

(4)了解荧光光谱仪工作原理及测试方法。

二、实验原理

稀土有机配合物是一类具有独特性能的发光材料，因其荧光单色性好、发光强度高而应用广泛，主要用作光致发光和电致发光材料，如制备可控性的转光农膜、荧光防伪油墨、荧光涂料、荧光塑料和电致发光器件等。

稀土有机配合物由中心稀土离子及有机配体组成，常用的有机配体有β-二酮类、羧酸类、大环化合物等。稀土离子 Sm(Ⅲ)、Eu(Ⅲ)、Tb(Ⅲ)、Dy(Ⅲ)和 Pr(Ⅲ)发射线状光谱，属于 4f 层电子跃迁发射，但都较微弱。但当它们与含芳环的有机羧酸配位体形成二元或三元配合物后，在外界提供能量的前提下，受激发的配位可将能量转移给金属离子，金属离子由基态变为激发态，然后激发态的金属离子返回基态过程中释放的能量以荧光的形式体现出来。这种稀土敏化发光的效应称为 Antenna 效应，是光吸收—能量传递—发射过程，即配体先发生 $\pi \leftarrow \pi$ 吸收，经过由 S_0 单重态到 S_1 单重态的电子跃迁，再经过系间驰豫到三重态 T_1，接着由最低激发三重态 T_1 向稀土离子振动能级进行能量转移，稀土离子的基态电子受激发跃迁到激发态，当电子由激发态能级回到基态能级时，发出稀土离子的特征荧光。Antenna 效应如图 8-9 所示。

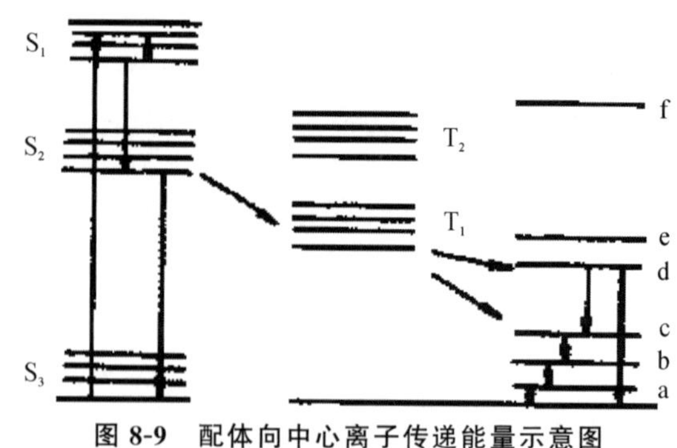

图 8-9 配体向中心离子传递能量示意图

三、实验仪器与试剂

1. 仪器

烧杯	磁力搅拌器	布氏漏斗
抽滤瓶	锥形瓶	移液管
容量瓶及滴定管等		
红外光谱仪	紫外分光光度计	荧光检测仪
元素分析仪	综合热分析仪	紫外三用仪
恒温磁力搅拌器	分析天平	循环水多用真空泵
真空干燥箱等		

2. 试剂

中心离子：配制 RE^{3+}(Sm^{3+}、Eu^{3+}、Tb^{3+}、Dy^{3+} 及 Pr^{3+})溶液。

第一配体：β—二酮类，羧酸类，大环化合物等。

第二配体：丁二酸，油酸，己二酸等。

其他：乙醇钠，二甲亚砜，EDTA，六亚甲基四胺，无水乙醇，混酸(浓硝酸、高氯酸)，二甲酚橙指示剂。

四、实验内容

1. 稀土有机荧光配合物的设计

要求学生通过查阅文献选择化学试剂，老师只提供指导：

(1)中心离子的选择。

(2)第一配体的选择。

(3)第二配体的选择。

2. 稀土有机荧光配合物的制备

要求学生通过查阅资料确定实验方案：

(1)中心离子与第一配体和第二配体投料比的确定。

(2)实验设备的选择与安装。

(3)实验内容和反应条件的确定与优化。

(4)反应过程中的实验现象的监控与讨论。

(5)反应产品的处理与初步分析。

3. 稀土有机荧光配合物的表征

要求学生灵活运用所学的化学分析与仪器分析知识：

(1)合成产品中稀土含量的测定与元素分析。

(2)合成产品的紫外光谱分析与数据处理。

(3)合成产品的红外光谱分析与数据处理。

(4)合成产品的热分析与数据处理。

(5)合成产品的荧光光谱分析与数据处理。

五、结果与讨论

1. 数据处理

(1)利用熟悉的作图软件，根据紫外光谱、荧光光谱、红外光谱及热分析测试数据作图并运用所学理论知识对实验结果进行讨论。

(2)稀土离子 RE^{3+} 的含量的计算：

$$m=c(\mathrm{EDTA})\times V(\mathrm{EDTA})\times M\times 5$$

式中 $M\times 5$ 表示稀土元素的相对分子量×EDTA 的配位数。

稀土离子 RE^{3+} 在配合物中的质量含量为：

$$W=[m/m']\times 100\%$$

式中，m′是所取稀土配合物的质量。

(3)撰写实验报告。

2. 分析讨论

(1)第二配体的引入、pH 变化对稀土有机配合物发光性能的影响。

(2)分析比较配体在配位前后紫外与红外特征吸收峰的变化规律及原因。

(3)通过荧光检测结果讨论稀土有机配合物的发光性能与中心离子种类及配体结构的关系。

(4)讨论 TG、DSC 在稀土有机配合物的结构与热稳定性分析中的应用和基本原理。

注意事项

1. 稀土有机配合物合成中 pH 的调节。
2. 紫外及荧光光谱测定中溶剂的选择。
3. 稀土有机配合物硝化分解的操作安全。
4. 滴定过程中的操作规范及指示剂加入量。
5. 红外光谱仪、紫外分光光度计、荧光检测仪、元素分析仪与综合热分析仪的操作规范。
6. 实验条件可参考相关文献。

思考题

1. 实验中 RE^{3+} 的特征光是什么颜色，产生其特征光的主要因素是什么？
2. 协同作用的含义是什么？在本实验中如何体现？
3. 影响本实验的主要因素有哪些？如何控制相关因素？
4. 稀土有机配合物的紫外特征吸收峰与其发光性能的关系如何？
5. 实验中不同仪器分析结果之间的相互关系？EDTA 法在化学分析中有哪些应用？
6. 稀土发光材料的应用领域及发展前景如何？

<<< 8.23 废弃药渣中残留泰乐菌素降解菌的筛选 >>>

一、实验目的

(1)提高学生利用所学知识解决实际生产问题的能力，加强学生在废物治理方面的实际技能训练。

(2)使学生认识到环境保护与资源循环利用的重要性，加强学生对环境保护方面认识。

(3)提高学生综合利用化学与生物学方面知识能力，提高学生思维和综合创新能力。

二、实验原理

泰乐菌素是大环内酯类畜禽专用抗生素，目前已被广泛用于养殖生产中。泰乐菌素药渣是泰乐菌素生产过程中发酵醪液进行固液分离时形成的菌饼部分，其主要成分是微生物菌丝体、未代谢利用完的有机物、无机盐、未提取完的抗生素等，其中粗蛋白含量达30%以上。传统上，抗生素生产企业均将药渣经简单晒晾或机械干燥后，用作蛋白饲料或饲料添加剂。但是动物若长期食入残有抗生素的药渣后，会产生耐药菌、畜产品药物残留等种种不良后果。未处理的抗生素药渣若以肥料形式施肥，就意味着残留抗生素直接排入土壤，那必定会对土壤微生态平衡造成一定的破坏。因此，若不从根源上消除药渣中残留的抗生素，药渣不论以何种方式再利用，都有可能将其残留的抗生素带入土壤、水域等环境中，在雨水、风等携带或促进下，进而污染地下水、地表水和人们的生活用水。近年来，在人们生活用水中检测到抗生素的报道越来越多。虽然土壤对部分抗生素有一定的自然降解能力，但局部环境中抗生素的排入量超过土壤的自然降解能力时，势必造成环境中抗生素的蓄积，耐药菌泛滥，进而影响人类健康和生态环境。因此，抗生素药渣要作为再生饲料或肥料资源，用前必须消除其内所残留的抗生素。本实验筛选可降解药渣残留泰乐菌素的菌株，旨在训练学生对废物的处理能力和综合创新能力。

三、实验仪器与试剂

1. 仪器

电子天平	压力蒸气灭菌器	振荡培养箱
生化培养箱	移液器	培养皿
生物显微镜	高速冷冻离心机	无菌洁净工作台
紫外可见分光光度计		

2. 试剂

泰乐菌素标准品	泰乐菌素药渣	泰乐菌素渣场土壤
琼脂	磷酸二氢钠(分析纯)	磷酸一氢钠(分析纯)
氯化钠(分析纯)	酵母浸膏	氢氧化钠(分析纯)
盐酸	蛋白胨	葡萄糖

四、实验内容

1. 降解菌的筛选

(1)动物土壤泰乐菌素降解菌的提取。

取 10 g 泰乐菌素渣场土样，加入 90 mL pH 7.0 的磷酸盐缓冲溶液，并加入一定量的玻璃珠，在摇床上充分打散土样后，取土壤浸出液备用。

(2)土壤泰乐菌素降解菌的筛选。

土壤悬液中加入泰乐菌素药渣及微生物生长所需的其他营养物质，进行培养。筛选分为四个周期(筛选周期由学生设计)，以 5% 的接种量(通过测定菌液光密度值，用磷酸盐缓冲溶液将菌液浓度调至 5.0×10^6 CFU・mL^{-1}，下同)接入筛选菌液，120 r・min^{-1}，30 ℃培养 72 h，通过逐步提高药渣的比例并减少其他营养物质的含量，筛选出能够在含有高浓度泰乐菌素环境中生长的菌株。此外在筛选的同时，取部分培养基，检测培养基中泰乐菌素的残留量。

(3)泰乐菌素降解菌的驯化。

选取降解效果较好的复合菌，进行驯化培养。驯化分为两个阶段：第一阶段培养基中除药渣外仍添加一定量的其他营养物质，驯化三个周期，随周期数增加其他营养物质含量逐渐减少；第二阶段只用药渣配制培养基，驯化三个周期。①复合菌第一阶段驯化，培养基组成为泰乐菌素药渣 20 g、蛋白胨 0.5 g、蒸馏水 80 mL、pH5.0～5.5。以 5% 的接种量(菌液浓度 5.0×10^6 CFU・mL^{-1})接入已活化的复合菌，120 r・min^{-1}，30 ℃培养 72 h，每步操作重复 2 次。②复合菌第二阶段驯化，培养基组成为泰乐菌素药渣 30 g、蒸馏水 70 mL、pH5.0～5.5。以 5% 的接种量(菌液浓度 5.0×10^6 CFU・mL^{-1})接入已活化的复合菌，120 r・min^{-1}，30 ℃培养 72 h，每步操作重复 3 次。

2. 复合降解菌对药渣中残留泰乐菌素的降解效果

(1)发酵时间对降解菌降解药渣中残留泰乐菌素效果的影响。

将驯化后的复合菌进行活化培养，然后以 10% 接种量(菌液浓度 5.0×10^6 CFU・mL^{-1})接种于药渣培养基中(泰乐菌素药渣 300 g，水 700 mL)，30 ℃发酵培养 Oh、36 h、48 h、60 h、72 h、96 h、120 h 后，分别检测培养基中泰乐菌素的残留量。

(2)接种量对药渣中残留泰乐菌素的降解效果。

将驯化后的复合菌进行活化培养，分别以 0%、1%、2.5%、5%、10% 接种量(菌液浓度 5.0×10^6 CFU・mL^{-1})接种子药渣培养基中，30 ℃发酵培养 120 h 后，测定培养基中泰乐菌素的残留量。

3. 复合菌的分离纯化

将驯化培养的复合菌用磷酸盐缓冲液梯度稀释 10^{-1}、10^{-2}、10^{-3}、…、10^{-8} 浓度，取 0.1 mL 菌液均匀涂布于泰乐菌素药渣固体培养基上(泰乐菌素药渣 30 g，琼脂 1.2 g，蒸馏水 70 mL)，在 30 ℃培养箱中培养 48～96 h，长出的菌落再次进行富集、稀释、涂布、划线分离纯化 1～2 次，根据菌落生长快慢、大小、形状、颜色等进行分离，并保藏单个菌株。

4. 单一菌株对药渣中残留泰乐菌素的降解效果

将分离纯化得到的 4 株单一菌株进行富集培养，然后分别以 10% 的接种量(菌液浓度 5.0×10^6 CFU・mL^{-1})接入药渣培养基中，30 ℃发酵培养 5d、8d，并测定发酵前后药渣中泰乐菌素的残留量，选择出降解效果比较好的菌株。

5. 样品中残留泰乐菌素含量的测定

样品中残留泰乐菌素含量的测定采用微生物药敏法，具体检测方法由学生自己查询相关资料。

五、结果与讨论

1. 数据处理

每个实验需做三个重复，实验结果以“三次重复数据的平均值±标准差”形式表示。

2. 分析讨论

(1)降解菌形态和降解效果。

(2)不同处理时间、不同接种量下，降解菌降解泰乐菌素的效果。

(3)单一菌株与复合菌株对泰乐菌素的降解效果比较。

注意事项

1. 进入无菌室后，用75%酒精擦拭双手，再用0.2%新洁尔灭水溶液浸泡过的丝光毛巾擦拭超净工作台面。

2. 实验结束后，废弃物需经湿热灭菌处理后，再集中处理。

思考题

1. 为何要从长期堆放泰乐菌素药渣土壤中筛选降解泰乐菌素的菌株，其他地方的土壤可否？

2. 在菌株筛选过程中，为何要逐步提高药渣的比例并减少其他营养物质的含量？

3. 为何复合菌株对泰乐菌素的降解效果要优于单一菌株的降解效果？

4. 在进入无菌室后，为何要用75%酒精擦拭双手，然后再用0.2%新洁尔灭水溶液浸泡过的丝光毛巾擦拭超净工作台面？

5. 实验结束后，废弃物需经湿热灭菌处理后再集中处理，为什么？

附　录

附录一　元素相对原子质量表(1997年)

[以 Ar(^{12}C)=12 为标准]

原子序数	元素名称	英文名称	元素符号	相对原子质量
1	氢	Hydrogen	H	1.00794(7)
2	氦	Helium	He	4.002602(2)
3	锂	Lithium	Li	6.941(2)
4	铍	Beryllium	Be	9.012182(3)
5	硼	Boron	B	10.811(5)
6	碳	Carbon	C	12.011(1)
7	氮	Nitrogen	N	14.00674(7)
8	氧	Oxygen	O	15.9994(3)
9	氟	Flourine	F	18.9984032(9)
10	氖	Neon	Ne	20.1797(6)
11	钠	Sodium	Na	22.989768(6)
12	镁	Magnesium	Mg	24.3050(6)
13	铝	Aluminum	Al	26.981539(5)
14	硅	Silicon	Si	28.0855(3)
15	磷	Phosphorous	P	30.973762(4)
16	硫	Sulfur	S	32.066(6)
17	氯	Chlorine	Cl	35.4527(9)
18	氩	Argon	Ar	39.948(1)
19	钾	Potassium	K	39.0983(1)
20	钙	Calcium	Ca	40.078(4)
21	钪	Scandium	Sc	44.955910(9)
22	钛	Titanium	Ti	47.867(1)
23	钒	Vandium	V	50.9415(1)
24	铬	Chromium	Cr	51.9961(6)
25	锰	Manganese	Mn	54.93805(1)
26	铁	Iron	Fe	55.845(2)
27	钴	Cobalt	Co	58.93320(1)
28	镍	Nickel	Ni	58.6934(2)
29	铜	Copper	Cu	63.546(3)
30	锌	Zinc	Zn	65.39(2)
31	镓	Gallium	Ga	69.723(1)

续表

原子序数	元素名称	英文名称	元素符号	相对原子质量
32	锗	Germanium	Ge	72.61(2)
33	砷	Arsenic	As	74.92159(2)
34	硒	Selenium	Se	78.96(3)
35	溴	Bromine	Br	79.904(1)
36	氪	Krypton	Kr	83.80(1)
37	铷	Rubidium	Rb	85.4678(3)
38	锶	Strontium	Sr	87.62(1)
39	钇	Yttrium	Y	88.90585(2)
40	锆	Zirconium	Zr	91.224(2)
41	铌	Niobium	Nb	92.90638(2)
42	钼	Molybdenum	Mo	95.94(1)
43	锝*	Technetium	Tc	(98)
44	钌	Ruthenium	Ru	101.07(2)
45	铑	Rhodium	Rh	102.90550(3)
46	钯	Palladium	Pd	106.42(1)
47	银	Silver	Ag	107.8682(2)
48	镉	Cadmium	Cd	112.411(8)
49	铟	Indium	In	114.818(3)
50	锡	Tin	Sn	118.710(7)
51	锑	Antimony	Sb	121.760(1)
52	碲	Tellurium	Te	127.60(3)
53	碘	Iodine	I	126.90447(3)
54	氙	Xenon	Xe	131.29(2)
55	铯	Cesium	Cs	132.90543(5)
56	钡	Barium	Ba	137.327(7)
57	镧	Lanthanum	La	138.9055(2)
58	铈	Cerium	Ce	140.115(4)
59	镨	Praseodymium	Pr	140.90765(3)
60	钕	Neodymium	Nd	144.24(3)
61	钷	Promethium	Pm	(145)
62	钐	Samarium	Sm	150.36(3)
63	铕	Europium	Eu	151.965(9)
64	钆	Gadolinium	Gd	157.25(3)
65	铽	Terbium	Tb	158.92534(3)
66	镝	Dysprosium	Dy	162.50(3)
67	钬	Holmium	Ho	164.93032(3)
68	铒	Erbium	Er	167.26(3)
69	铥	Thulium	Tm	168.93421(3)
70	镱	Ytterbium	Yb	173.04(3)
71	镥	Lutetium	Lu	174.967(1)
72	铪	Hafnium	Hf	178.49(2)
73	钽	Tantalum	Ta	180.9479(1)
74	钨	Tungsten	W	183.84(1)

续表

原子序数	元素名称	英文名称	元素符号	相对原子质量
75	铼	Rhenium	Re	186.207(1)
76	锇	Osmium	Os	190.23(3)
77	铱	Iridium	Ir	192.217(3)
78	铂	Platinum	Pt	195.08(3)
79	金	Gold	Au	196.96654(3)
80	汞	Mercury	Hg	200.59(2)
81	铊	Thallium	Tl	204.3833(2)
82	铅	Lead	Pb	207.2(1)
83	铋	Bismuth	Bi	208.98037(3)
84	钋*	Polonium	Po	(209)
85	砹*	Astatine	At	(210)
86	氡*	Radon	Rn	(222)
87	钫*	Francium	Fr	(223)
88	镭*	Radium	Ra	(226)
89	锕*	Actinium	Ac	(227)
90	钍*	Thorium	Th	232.0381(1)
91	镤*	Proactinium	Pa	231.03588(2)
92	铀*	Uranium	U	238.0289(1)
93	镎*	Neptunium	Np	(237)
94	钚*	Plutonium	Pu	(244)
95	镅*	Americium	Am	(243)
96	锔*	Curium	Cm	(247)
97	锫*	Berkelium	Bk	(247)
98	锎*	Californium	Cf	(251)
99	锿*	Einsteinium	Es	(252)
100	镄*	Fremium	Fm	(257)
101	钔*	Mendelevium	Md	(258)
102	锘*	Nobelium	No	(259)
103	铹*	Lawrencium	Lr	(260)
104	鈩	Rutherfordium	Rf	(261)
105		Dubnium	Db	(262)
106		Seaborgium	Sg	(263)
107		Bohrium	Bh	(264)
108		Hassium	Hs	(265)
109		Meitnerium	Mt	(268)
110		Darmstadtium	Ds	
111		Unununium	Uuu	
112		Ununbium	Uub	
113		Ununtrium	Uut	
114		Ununquadium	Uuq	
115		Ununpentium	Uup	
116		Ununhexium	Uuh	
117		Ununseptium	Uus	
118		Ununoctium	Uuo	

加 * 号元素，括号中的数值是该元素已知半衰期最长的同位素的质量数。表中数据摘自 Pure and Applied Chemistry Vol.66，No.12，1994.

附录二 一些化合物的摩尔质量

化合物	$M/g\cdot mol^{-1}$	化合物	$M/g\cdot mol^{-1}$
AgBr	187.78	C_6H_5COOH	122.12
AgCl	143.32	C_6H_5COONa	144.10
AgCN	133.84	$C_6H_4COOHCOOK$	204.23
Ag_2CrO_4	331.73	(苯二甲酸氢钾)	
AgI	234.77	CH_3COONa	82.03
$AgNO_3$	169.87	C_6H_5OH	94.11
AgSCN	165.95	$(C_9H_7N)_3H_3(PO_4\cdot 12MoO_3)$	2 212.74
Al_2O_3	101.96	(磷钼酸喹啉)	
$Al_2(SO4)_3$	342.15	$COOHCH_2COOH$	104.06
As_2O_3	197.84	$COOHCH_2COONa$	126.04
As_2O_5	229.84	CCl_4	153.81
		CO_2	44.01
$BaCO_3$	197.34	Cr_2O_3	151.99
BaC_2O_4	225.35	$Cu(C_2H_3O_2)_2\cdot 3Cu(AsO_3)_2$	1 013.80
$BaCl_2$	208.24	CuO	79.54
$BaCl_2\cdot 2H_2O$	244.27	Cu_2O	143.09
$BaCrO_4$	253.32	CuSCN	121.63
BaO	153.33	$CuSO_4$	159.61
$Ba(OH)_2$	171.35	$CuSO_4\cdot 5H_2O$	249.69
$BaSO_4$	233.39		
		$FeCl_3$	162.21
$CaCO_3$	100.09	$FeCl_3\cdot 6H_2O$	270.30
CaC_2O_4	128.10	FeO	71.85
$CaCl_2$	110.99	Fe_2O_3	159.69
$CaCl_2\cdot H_2O$	129.00	Fe_3O_4	231.54
CaF_2	78.08	$FeSO_4\cdot H_2O$	169.93
$Ca(NO_3)_2$	164.09	$FeSO_4\cdot 7H_2O$	278.02
CaO	56.08	$Fe_2(SO_4)_3$	399.89
$Ca(OH)_2$	74.09	$FeSO_4\cdot (NH_4)_2SO_4\cdot 6H_2O$	392.14
$CaSO_4$	136.14		
$Ca_3(PO_4)_2$	310.18	H_3BO_3	61.83
$Ce(SO_4)_2$	332.24	HBr	80.91
$Ce(SO_4)_3\cdot 2(NH_4)_2SO_4\cdot 2H_2O$	632.54	$H_2C_4H_4O_6$(酒石酸)	150.09
CH_3COOH	60.05	HCN	27.03
CH_3OH	32.04	H_2CO_3	62.03
CH_3COCH_3	58.08	$H_2C_2O_4$	90.04
$H_2C_2O_4\cdot 2H_2O$	126.07	$MgCO_3$	84.32
HCOOH	46.03	$MgCl_2$	95.21
HCl	36.46	$MgNH_4PO_4$	137.33
$HClO_4$	100.46	MgO	40.31
HF	20.01	$Mg_2P_2O_7$	222.60
HI	127.91	MnO	70.94
HNO_2	47.01	MnO_2	86.94

续表

化合物	M/g・mol^{-1}	化合物	M/g・mol^{-1}
HNO_3	63.01		
H_2O	18.02	$Na_2B_4O_7$	201.22
H_2O_2	34.02	$Na_2B_4O_7 \cdot 10H_2O$	381.37
H_3PO_4	98.00	$NaBiO_3$	279.97
H_2S	34.08	$NaBr$	102.90
H_2SO_3	82.08	$NaCN$	49.01
H_2SO_4	98.08	$NaCO_3$	105.99
$HgCl_2$	271.50	NaC_2O_4	134.00
Hg_2Cl_2	472.09	$NaCl$	58.44
		NaF	41.99
$KAl(SO_4)_2 \cdot 12\ H_2O$	474.39	$NaHCO_3$	84.01
$KB(C_6H_5)_4$	358.33	NaH_2PO_4	119.98
KBr	119.01	Na_2HPO_4	141.96
$KBrO_3$	167.01	$Na_2H_2Y \cdot 2H_2O$	372.26
KCN	65.12	(EDTA 二钠盐)	
K_2CO_3	138.21	NaI	149.89
KCl	74.56	$NaNO_2$	69.00
$KClO_3$	122.55	Na_2O	61.98
$KClO_4$	138.55	$NaOH$	40.01
K_2CrO_4	194.20	Na_3PO_4	163.94
$K_2Cr_2O_7$	294.19	Na_2S	78.05
$KHC_2O_4 \cdot H_2C_2O_4 \cdot 2\ H_2O$	254.19	$Na_2S \cdot 9H_2O$	240.18
$KHC_2O_4 \cdot H_2O$	146.14	Na_2SO_3	126.04
KI	166.01	Na_2SO_4	142.04
KIO_3	214.00	$Na_2SO_4 \cdot 10H_2O$	322.20
$KIO_3 \cdot HIO_3$	389.92	$Na_2S_2O_3$	158.11
$KMnO_4$	158.04	$Na_2S_2O_3 \cdot 5H_2O$	248.19
KNO_2	85.10	Na_2SiF_6	188.06
K_2O	92.20	NH_3	17.03
KOH	56.11	NH_4Cl	53.49
$KSCN$	97.18	$(NH_4)_2C_2O_4 \cdot H_2O$	142.11
K_2SO_4	174.26	$NH_3 \cdot H_2O$	35.05
$NH_4Fe(SO_4)_2 \cdot 12H_2O$	482.20	Sb_2O_3	291.50
$(NH_4)_2HPO_4$	132.05	Sb_2S_3	339.70
$(NH4)_3PO_4 \cdot 12MoO_3$	1876.53	SiF_4	104.08
NH_4SCN	76.12	SiO_2	60.08
$(NH_4)_2SO_4$	132.14	$SnCO_3$	178.82
$NiC_6H_{14}O_4N_4$	288.91	$SnCl_2$	189.60
(丁二酮肟镍)		SnO_2	150.71
P_2O_5	141.95	TiO_2	79.88
$PbCrO_4$	323.18		
PbO	223.19	WO_3	231.85
PbO_2	239.19		
PbO_4	685.57	$ZnCl_2$	136.30
$PbSO_4$	303.26	ZnO	81.39
		$Zn_2P_2O_7$	304.72
SO_2	64.06	$ZnSO_4$	161.45
SO_3	80.06		

摘自南京大学编《无机及分析化学》(第三版),附录二十。

附录三　几种常用酸、碱的浓度

试剂名称	密度/$g \cdot cm^{-3}$	质量分数/%	物质的量浓度/$mol \cdot L^{-1}$	试剂名称	密度/$g \cdot cm^{-3}$	质量分数/%	物质的量浓度/$mol \cdot L^{-1}$
浓 H_2SO_4	1.84	98%	18	HBr	1.38	40	7
稀 H_2SO_4		9	2	HI	1.70	57	7.5
浓 HCI	1.19	38	12	冰 HAc	1.05	99	17.5
稀 HCI		7	2	稀 HAc	1.04	30	5
浓 HNO_3	1.41	68	16	稀 HAc		12	2
稀 HNO_3	1.2	32	6	浓 NaOH	1.44	～41	～14.4
稀 HNO3		12	2	稀 NaOH		8	2
浓 H_3PO_4	1.7	85	14.7	浓 $NH_3 \cdot H_2O$	0.91	～28	14.8
稀 H_3PO_4	1.05	9	1	稀 $NH_3 \cdot H_2O$		3.5	2
浓 $HCIO_4$	1.67	70	11.6	$Ca(OH)_2$水溶液		0.15	
稀 $HCIO_4$	1.12	19	2	$Ba(OH)_2$水溶液		2	～0.1
浓 HF	1.13	40	23				

附录四　常用试剂的配制

试　剂	浓　度	配　制　方　法
$BiCl_3$	0.1 $mol \cdot L^{-1}$	溶解 31.6 g $BiCl_3$ 于 300 mL 6 $mol \cdot L^{-1}$ HCl 中，加水稀释至 1 L
$SbCl_3$	0.1 $mol \cdot L^{-1}$	溶解 22.8 g $SbCl_3$ 于 330 mL 6 $mol \cdot L^{-1}$ HCl 中，加水稀释至 1 L
$SnCl_2$	0.1 $mol \cdot L^{-1}$	溶解 22.6 g $SnCl_2 \cdot 2H_2O$ 于 330 mL 6 $mol \cdot L^{-1}$ HCl 中，加水稀释至 1 L。加入数粒纯 Sn，以防氧化
$Hg(NO_3)_2$	0.1 $mol \cdot L^{-1}$	溶解 33.4 g $Hg(NO_3)_2 \cdot 1/2\ H_2O$ 于 1 L 0.6 $mol \cdot L^{-1}$ HNO_3 中
$Hg_2(NO_3)_2$	0.1 $mol \cdot L^{-1}$	溶解 56.1 g $Hg_2(NO_3)_2 \cdot 2H_2O$ 于 1 L 0.6 $mol \cdot L^{-1}$ HNO_3 中，并加入少许金属 Hg
$(NH_4)_2CO_3$	1 $mol \cdot L^{-1}$	溶解 95 g 研细的$(NH_4)_2CO_3$ 于 1 L 2 $mol \cdot L^{-1}$ 的 $NH_3 \cdot H_2O$ 中
$(NH_4)_2SO_4$	饱和	溶解 50 g$(NH_4)_2SO_4$ 于 100 mL 热水中，冷却后过滤
$FeSO_4$	0.5 $mol \cdot L^{-1}$	溶解 69.5 g $FeSO_4 \cdot 7H_2O$ 于适量水中，加入 5 mL 18 $mol \cdot L^{-1}$ H_2SO_4，再用水稀释至 1 L，置入小铁钉数枚
$FeCl_3$	0.5 $mol \cdot L^{-1}$	称取 135.2 g $FeCl_3 \cdot 6H_2O$ 溶于 100 mL 6 $mol \cdot L^{-1}$ HCl 中，加水稀释至 1 L
$CrCl_3$	0.1 $mol \cdot L^{-1}$	称取 26.7 g $CrCl_3 \cdot 6H_2O$ 溶于 30 mL 6 $mol \cdot L^{-1}$ HCl 中，加水稀释至 1 L
KI	10%	溶解 100 g KI 于 1 L 水中，贮于棕色瓶中

续表

试 剂	浓 度	配 制 方 法
KNO_3	1%	溶解 10 g KNO_3 于 1 L 水中
醋酸铀酰锌		(1)10 g $UO_2(Ac)_2 \cdot 2H_2O$ 和 6 mL 6 mol·L^{-1} HAc 溶于 50 mL 水中 (2)30 g $Zn(Ac)_2 \cdot 2H_2O$ 和 3 mL 6 mol·L^{-1} HCl 溶于 50 mL 水中 (3)将(1)(2)两种溶液混合,24h 后取清液使用
$Na[CO(NO_2)]_6$		溶解 230 g $NaNO_2$ 于 500 mL 水中,加入 165 mL 6 mol·L^{-1} HAc 和 30 g $Co(NO_3)_2 \cdot 6H_2O$,放置 24h,取其清液,稀释至 1 L,并保存在棕色瓶中。此溶液应呈橙色,若变成红色,表示已分解,应重新配制
Na_2S	2 mol·L^{-1}	溶解 240 g $Na_2S \cdot 9H_2O$ 和 40 g NaOH 于水中,稀释至 1 L
$(NH_4)_6Mo_7O_{24} \cdot 4H_2O$	0.1 mol·L^{-1}	溶解 124 g$(NH_4)_6Mo_7O_{24} \cdot 4H_2O$ 于 1LH_2O 中,将所得溶液倒入 1 L 6 mol·L^{-1} HNO_3 中,放置 24h,取其澄清液
$(NH_4)_2S$	3 mol·L^{-1}	取一定量 $NH_3 \cdot H_2O$,将其均分为两份,往其中一份通 H_2S 至饱和,而后与另一份 $NH_3 \cdot H_2O$ 混合
$K_3[Fe(CN)_6]$		取 $K_3[Fe(CN)_6]$约 0.7～1 g 溶解于水,稀释至 100 mL(使用前临时配制)
铬黑 T		将铬黑 T 和烘干的 NaCl 按 1∶100 比例研细,均匀混合,贮于棕色瓶中
二苯胺		将 1 g 二苯胺在搅拌下溶于 100 mL 密度 1.84 g·cm^{-3} H_2SO_4 或 100 mL 密度 1.70 g·cm^{-3} H_3PO_4 中(该溶液可保存较长时间)
Mg 试剂		溶解 0.01 g Mg 试剂于 1 L 1 mol·L^{-1} NaOH 溶液中
Ca 指试剂		0.2 g Ca 指示剂溶于 100 mL 水中
Al 试剂		1 g Al 试剂溶于 1 L 水中
Mg－NH_4^+ 试剂		将 100 g $MgCl_2 \cdot 6H_2O$ 和 100 g NH_4Cl 溶于水中,加 50 mL 浓 $NH_3 \cdot H_2O$,用水稀释至 1 L
萘氏试剂		溶解 115 g HgI_2 和 80 g KI 于水中,稀释至 500 mL,加入 500 mL 6 mol·L^{-1} NaOH 溶液,静置后,取其清液,保存在棕色瓶中
格里斯试剂		(1)在加热下溶解 0.5 g 对氨基苯磺酸于 50 mL 30% HAc 中,贮于暗外保存 (2)将 0.4 g α-萘胺与 100 mL 水混合煮沸,在从蓝色渣滓中倾出的无色溶液中加入 6 mL 80% HAc,使用前将(1)、(2)两液等体积混合
打萨宗 (二苯缩氨硫脲)		溶解 0.1 g 打萨宗于 1 L CCl_4 或 $CHCl_3$ 中
对氨基苯磺酸	0.34 mol·L^{-1}	0.5 g 对氨基苯磺酸溶于 150 mL 2 mol·L^{-1} HAc 溶液中
α-萘胺	0.12 mol·L^{-1}	0.3 g α－萘胺加 20 mL 水,加热煮沸,在所得溶液中加入 150 mL 2 mol·L^{-1} HAc
丁二酮肟		1 g 丁二酮肟溶于 100 mL 95% C_2H_5OH 中
盐桥	3%	用饱和 KCl 水配制 3%琼脂胶加热至溶

续表

试 剂	浓 度	配 制 方 法
Cl_2水		在水中通入 Cl_2直至饱和，该溶液使用时临时配制
Br_2水		在水中滴入液 Br_2至饱和
I_2液	0.005 mol·L^{-1}	溶解 1.3 g I_2和 5 g KI 于尽可能少量的水中，加水稀释至 1 L
品红溶液		0.1% 水溶液
淀粉溶液	1%	将 1 g 淀粉和少量冷水调成糊状，倒入 100 mL 沸水中，煮沸后冷却即可
斐林溶液		I 液：将 34.64 g $CuSO_4 \cdot H_2O$ 溶于水中，稀释至 500 mL II 液：将 173 g 酒石酸钾钠·$4H_2O$ 和 50 g NaOH 溶于水中，稀释至 500 mL 用时将 I 和 II 等体积相混合
2,4-二硝基苯肼		将 0.25 g 2,4-二硝基苯肼溶于 HCl 溶液(42 mL 浓 HCl 加 50 mL 水)，加热溶解，稀释至 250 mL
米隆试剂		将 2 g(0.15 mL)Hg 溶于 3 mL 浓 HNO_3(密度 1.4)，稀释至 10 mL
苯肼试剂		(1)溶 4 mL 苯肼于 4 mL 冰 HAc，加水 36 mL，再加入 0.5 g 活性炭过滤(如无色可不脱色)，装入有色瓶中，防止皮肤触及，因很毒，如触及应先用 5% HAc 冲洗后再用肥皂洗。 (2)溶 5 g 盐酸苯肼于 100 mL 水中，必要时可微热助溶，如果溶液呈深蓝色，加活性炭共热过滤，然后加入 9 g NaAc 晶体(或相应量的无水 NaAc)，拌搅使溶，贮存于有色瓶中。此试剂中，苯肼盐酸与 NaAc 经复分解反应生成苯肼醋酸盐，后者是弱酸与弱碱形成的盐，在水溶液中易经水解作用，与苯肼建立平衡。如果苯肼试剂久置变质，可改将 2 份盐酸苯肼与 3 份 NaAc 晶体混合研匀后，临用时取适量混合物，溶于水便可供用
CuCl－NH_3液		(1)5 g CuCl 溶于 100 mL 浓 $NH_3 \cdot H_2O$，用水稀释至 250mL。过滤，除去不溶性杂质。温热滤液，慢慢加入羟胺盐酸盐，直至蓝色消失为止。 (2)1 g CuCl 置于一大试管，加 1～2mL 浓 NH3·H_2O 和 10 mL 水，用力摇动后静置。倾出溶液并加入一根铜丝，贮存备用
C_6H_5OH 溶液		50 g C_6H_5OH 溶于 500 mL 5% NaOH 溶液中
β-萘酚溶液		50 g β-萘酚溶于 500 mL 5% NaOH 溶液中
蛋白质溶液		25 mL 蛋清，加 100～150mL 蒸馏水，拌搅，混匀后，用 3～4 层纱布过滤
α-萘酚乙醇溶液		10 g α-萘酚溶于 100 mL 95% C_2H_5OH 中，再用 95% C_2H_5OH 稀释至 500 mL，贮存于棕色瓶中。一般是用前新配
茚三酮乙醇溶液	0.1%	0.4 g 茚三酮溶于 500 mL 95% C_2H_5OH 中，用时新配

摘自刘约权 李贵深主编. 实验化学. 高等教育出版社.附录五

附录五 沉淀滴定吸附指示剂

指示剂	被测离子	滴定剂	滴定条件	溶液配制方法
荧光黄	Cl^-	Ag^+	pH 7～10(一般 7～8)	0.2% C_2H_5OH 溶液
二氯荧炎黄	Cl^-	Ag^+	pH 4～10(一般 5～8)	0.1%水溶液
曙红	Br^-,I^-,SCN^-	Ag^+	pH 2～10(一般 3～8)	0.5%水溶液
溴甲酚绿	SCN^-	Ag^+	pH 4～5	0.1%水溶液
甲基紫	Ag^+	Cl^-	酸性溶液	0.1%水溶液
罗丹明	Ag^+	Br^-	酸性溶液	0.1%水溶液
钍试剂	SO_4^{2-}	Ba^{2+}	pH 1.5～3.5	0.5%水溶液
溴酚蓝	$Hg_2{}^{2+}$	Cl^-、Br^-	酸性溶液	0.1%水溶液

附录六 常用洗涤剂

名　　称	配制方法	备　　注
合成洗涤剂 *	将合成洗涤剂粉用热水成浓溶液	用于一般的洗涤。
皂角水	将皂夹捣碎,用熬成溶液	同上
H_2CrO_4 洗液	取 20 g H_2CrO_7(LR)于 500 mL 烧杯中,加 40 mL 水,加热溶解,冷后,缓缓加入 320 mL 粗浓 H_2SO_4 即成(注意边加过搅),贮于磨口瓶中	用于洗涤油污有机物,使用时防止被水稀释。用后倒回原瓶,可反复使用,直至溶液变为绿色 * *。
$KMnO_4$ 碱性洗液	取 4 g $KMnO_4$(LR),溶于少量水中,缓缓加入 100 mL 10% NaOH 溶液	用于洗涤油污及有机物,洗后玻璃壁上附着的 MnO_2 沉淀,可用粗亚铁或 Na_2SO_3 溶液洗去。
碱性酒精溶液	30%～40% NaOH 酒精溶液	用于洗涤油污
酒精一浓 HNO_3 洗液		用于沾有有机物或油污的结构较复杂的仪器,洗涤时先加少量酒精于脏仪器中,再加入少量 HNO_3,即产生大量棕色 NO_2,将有机物氧化而破坏。

* 即可用肥皂水。

* * 已还原为绿色的铬酸洗液,可加入固体 $KMnO_4$ 使其再生,这样,实际消耗的是可减少 Cr 对环境的污染。

附录七　不同温度下部分液体的密度(g·cm^{-3})

温度/℃	水	乙醇	苯	环己烷	乙酸乙酯	丁醇
5	0.9999	0.8020	—		0.9186	0.8204
6	0.9999	0.8012	—	0.796		
7	0.9999	0.8003	—			
8	0.9999	0.7995	—			
9	0.9998	0.7987	—			
10	0.9997	0.7978	0.887		0.9127	
11	0.9996	0.7970	—			
12	0.9995	0.7962	—	0.7850		
13	0.9994	0.7953	—			
14	0.9992	0.7945	—			0.8135
15	0.9991	0.7936	0.883			
16	0.9989	0.7928	0.882			
17	0.9988	0.7919	0.882			
18	0.9986	0.7911	0.881	0.7836		
19	0.9984	0.7902	0.881			
20	0.9982	0.7894	0.879		0.9008	
21	0.9980	0.7886	0.879			0.8072
22	0.9978	0.7877	0.878			
23	0.9975	0.7869	0.877	0.7736		
24	0.9973	0.7860	0.876			
25	0.9970	0.7852	0.875			
26	0.9968	0.7843	—			
27	0.9965	0.7835	—			
28	0.9962	0.7826	—			
29	0.9959	0.7818	—			
30	0.9956	0.7809	0.869	0.7678	0.8888	0.8007

附录八 实验室安全与防护知识

(一)安全用电常识

1. 关于触电

人体通过 50 Hz 的交流电 1 mA 就有感觉，10 mA 以上使肌肉强烈收缩，25 mA 以上则呼吸困难，甚至停止呼吸，100 mA 以上则使心脏的心室产生纤维性颤动，以致无法救活，直流电在同样通过电流情况下，对人体也有相似的危害。

防止触电需注意：

(1)操作电器时，手必须干燥，因为手潮湿时，电阻显著减小，容易引起触电，不得直接接触绝缘不好的通电设备。

(2)一切电源裸露部分都应有绝缘装置(电开关应有绝缘匣、电线接头裹以胶布、胶管)，所有电器设备的金属外壳应接上地线。

(3)已损坏的接头或绝缘不良的电线应及时更换。

(4)修理或安装电器设备时，必须先切断电源。

(5)不能用试电笔去试高压电。

(6)如果遇到有人触电，应首先切断电源，然后进行抢救。因此，应该清楚了解电源的总闸在什么地方。

2. 负荷及短路

物理化学实验室内一般允许最大电流为 30 A，超过时就会使保险丝熔断。一般实验台上电流的最大允许电流为 15 A，使用功率很大的仪器，应该事先计算电流量，应严格按照规定接保险丝，否则长期使用超过规定负荷的电流时，容易引起火灾或其他严重事故。

接保险丝时，应先拉开电闸，不能在带电时进行操作，为防止短路，避免导线间的摩擦，尽可能不使电线、电器受到水淋或浸在导电的液体中，比如，实验室中常用的加热器如电热刀或电灯泡的接口不能浸在水中。

若室内有大量的氢气、煤气等易燃易爆气体时，应防止产生电火花。否则会引起火灾或爆炸，电火花经常在电器接触点(如插销)接触不良，继电器工作时以及开关电闸时发生，因此应注意室内通风，电线接头要接触良好，包扎牢固以消除电火花，在继电器上可以联一个电容器以减弱电火花等，万一着火则应首先拉开电闸，切断电路，再用一般方法灭火，如无法拉开电闸，则用砂土或 CO_2 灭火。决不能用水或泡沫灭火器来灭电火，因为它们导电。

3. 使用电器仪表

(1)注意仪器设备所要求的电源是交流电，还是直流电，三相电还是单相电，电压的大小(380 V、220 V、110 V、6 V 等)，功率是否合适以及正负接头等。

(2)注意仪表的量程，待测数量必须与仪器的量程相适应，若待测量大小不清楚时，必须先从仪器的最大量程开始，例如某一毫安培计的量程为 7.5～3～1.5 mA。应先接在 7.5 mA 安接头上，若灵敏度不够，可逐次降到 3 mA 或 1.5 mA。

(3)线路安装完毕应检查无误，正式实验前不论对安装是否有充分把握(包括仪器量程是否合适)。总是先使线路接通一瞬间，根据仪表指针摆动速度及方向加以判断，当确定无误后，才能正式进行实验。

(4)不进行测量时,应断开线路或关闭电源,做到省电又延长仪器寿命。

(二)使用化学药品的安全防护

1. 防毒

大多数化学药品都具有不同程度的毒性,毒物可以通过呼吸道、消化道和皮肤进入人体内,因此,防毒的关键是要尽量地杜绝和减少毒物进入人体的途径。

(1)实验前应了解所用药品的毒性、性能和防护措施。

(2)操作有毒气体(如 H_2S、Cl_2、Br_2、NO_2、浓盐酸,氢氟酸等)应在通风橱中进行。

(3)苯、四氯化碳、乙醚、硝基苯等的蒸气分引起中毒,虽然它们都有特殊气味,但经常久吸会使人嗅觉减弱,必须高度警惕。

(4)用移液管移取有毒、有腐蚀性液体时(如苯、洗液等)严禁用嘴吸。

(5)有些药品(如苯、有机溶剂、汞)能穿过皮肤进入体内,应避免与皮肤直接接触。

(6)高汞盐[$HgCl_2$、$Hg(NO_3)_2$]等,可溶性钡盐($BaCO_3$,$BaCl_2$),重金属盐(镉盐、铅盐)以及氰化物、三氧化二砷等剧毒物,应妥善保管。

(7)不得在实验室内喝水、抽烟、吃东西,饮食用具不得带到实验室内,以防毒物沾染,离开实验室时要洗净双手。

2. 防爆

可燃性的气体和空气的混合物,当两者的比例处于爆炸极限时,只要有一个适当的热源(如电火花)诱发,将引起爆炸。

某些气体的爆炸极限见下表。

因此应尽量防止可燃气体散失到室内空气中,同时保持室内通风良好。不使它们形成爆炸的混合气,在操作大量可燃性气体时,应严禁使用明火。严禁用防止器撞击产生火花等。

另外,有些化学药品如迭氮铅、乙炔铜、高氯酸盐、过氧化物等受到震动或受热容易引起爆炸。特别应防止强氧化剂与强还原剂存放在一起,久藏的乙醚使用前需设法除去其中可能产生的过氧化物。在操作可能发生的过氧化物,在操作可能发生爆炸的实验时,应有防爆措施。

与空气相混合的某些气体的爆炸极限表

(20 ℃,一个大气压下)

气体	爆炸高限(体积%)	爆炸低限(体积%)	气体	爆炸高限(体积%)	爆炸低限(体积%)
氢	74.2	4.0	醋酸	—	4.1
乙烯	28.6	2.8	乙酸乙酯	11.4	2.2
乙炔	80.0	2.5	一氧化碳	74.2	12.5
苯	6.8	1.4	水煤气	72	7.0
乙醇	19.0	3.3	煤气	32	5.3
乙醚	36.5	1.9	氨	27.0	15.0
丙酮	12.5	2.6			

3. 防火

物质燃烧需具备三个条件:可燃物质,氧气或氧化剂以及一定的温度。

许多有机溶剂,象乙醚、丙酮、乙醇、苯、二硫化碳等很容易引起燃烧。使用这类有机溶剂时室内不应有明火(以及电火花、静电放电等)。这类药品实验室不可存放过多,用后要及时回收处理,切不要倒入下水道,以免积聚引起火灾等,还有些物质能自燃,如黄磷在空气中就能因氧化发生自行升温燃烧起来,一些金属如铁、锌、铝等的粉末由于其表面很大,能激烈地进行氧化,自行燃烧。金属钠、钾、电石以及金属的氢化物,烷基化合物等也应注意存放和使用。

万一着火应冷静判断情况采取措施,可以采取隔绝氧的供应,降低燃烧物质的温度。将可燃物质与火焰隔离的办法。常用来灭火的有水,砂以及 CO_2 灭火器、泡沫灭火器,干粉灭火器等,可根据着火的原因,场所情况选用。

水是最常用的灭火物质,可以降低燃烧物质的温度,并具形成"水蒸气幕"。能在相当长时间内阻止空气接近燃烧物质,但是,应注意起火地点的具体情况:(1)有金属钠、钾、镁、铝粉、电石、过氧化钠等应采用干砂等灭火。(2)对易燃液体(比重比水轻),如汽油、苯、丙酮等的着火采用泡沫灭火剂更有效,因为泡沫比易燃液体轻,覆盖上面隔绝空气。(3)在有灼烧的金属或熔融物的地方着火应采用干砂或固体粉末灭火剂(一般是在碳酸氢钠中加入相当于碳酸氢钠重量的 45%～90%的细砂,硅藻土或滑石粉,也有其他配方)来灭火。(4)电器设备或带电系统着火,用二氧化碳灭火器或四氯化碳灭火器较合适。上述四种情况,均不能用水,因为有的可以生成氢气等使火势加大甚至引起爆炸,有的会发生触电等。

同时也不能用四氯化碳灭碱土金属的着火。另外,四氯化碳有毒,在室内救火时最好不用,灭火时不能慌乱,应防止在灭火过程中再打碎可燃物的容器,平时应知道各种灭火器材的使用和存放地点。

4. 防灼伤

强酸、强碱、强氧化剂,溴、磷、钠、苯酚、冰醋酸等都会腐蚀皮肤,万一受伤要及时治疗。

5. 防水

有时因故停水而水门没有关闭,当来水后实验室没有人,又遇排水不畅,则会发生事故,淋湿甚至到浸泡仪器设备,有些试剂如金属钠、钾、金属氢化物,电石等遇水还会发生燃烧,爆炸等,因此离开实验室前应检查水、电、煤气开关是否关好。

(三)汞的安全使用

在常温下汞逸出蒸气,吸入体内会使人受到严重毒害,一般汞中毒可分急性与慢性两种,急性中毒多由高汞盐入口而得(如吞入 $HgCl_2$),通常在 0.1 g 至 0.3 g 则可致死,由汞蒸气而引起的慢性中毒,其症状为食欲不振、恶心、大便秘结、贫血、骨骼和关节疼痛,神经系统衰弱,引起以上症状的原因,可能是由于汞离子与蛋白质起作用,生成不溶物,因而妨害生理机能。

汞蒸气的最大安全浓度为每立米 0.1 mg,而 20 ℃时,汞的饱和蒸气压为 0.0012 mmHg,比安全浓度大一百多倍,若在一个不通气的房间内,而又有汞直接露于空气时,就有可能使空气中汞蒸气超过安全浓度,所以必须严格遵守下列安全用汞的操作规定。

(1)汞不能直接露于空气之中,在装有汞的容器中应在汞口上加水或其他液体覆盖。

(2)一切倒汞操作,不论量多少一律在浅磁盘上进行(盘中装水)。在倾去汞上的水时,应先在磁盘上把水倒入烧杯,而后再把水由烧杯倒入水槽。

(3)装汞的仪器下面一律放置浅磁盘,使得在操作过程中偶然洒出的汞滴不致散落桌上或地面。

(4)实验操作前应检查仪器安放处或仪器,橡皮管或塑料管的连接处是否一律用铜线缚牢，以免在实验时脱落使汞流出。

(5)倾倒汞时一定要缓慢，不要用超过 250 mL 的大烧杯盛汞，以免倾倒时溅出。

(6)储存汞的容器必须是结实的厚壁玻璃皿或瓷器，以免由于汞本身的重量而使容器破裂，如用烧杯盛汞不得超过 30 mL。

(7)若万一有汞掉在地上，桌上或水槽等地方，应尽可能地用吸汞管将汞珠收集起来，再用能成汞齐的金属片(如 Zn，Cu)在汞溅落处多次扫过，最后用磺磺粉覆盖在有汞溅落的地方，并摩擦之，使汞变为 HgS，亦可用 $KMnO_4$ 溶液使汞氧化。

(8)擦过汞剂的滤纸或布块必须放在有水之瓷缸内。

(9)装有汞的仪器应避免受热，汞应放在远离热源之处，严禁将有汞的器具放入烘箱。

(10)用汞的实验室应有良好通风设备，并最好与其他实验室分开，经常通风排气。

(11)手上有伤口，切勿触及汞。

附录九 实验化学基本操作和常见仪器汉英对照表

A

阿巴提烘箱	Abati drying oven
阿贝折射仪	Abbe refractometer
安全措施	Accident prevention
安装图	Installation diagram

B

饱和溶液	Saturated solution
饱和蒸汽	Saturated steam
焙烧、煅烧	furnacing
比色杯	cuvette
表面皿	Watch glass
表面张力测定仪	surface tension apparatus
波长范围	Wavelength region
玻璃棒	Glass rod
玻璃纸	Zellglas /cellophane
铂丝	Platinum wire
布氏漏斗	Buchner funnel

C

长颈烧瓶	boiling flask
沉淀	precipitate
称量瓶	Weighing bottle
重结晶	Recrystal
瓷点滴板	porcelain spot plate
瓷坩埚	porcelain crucible
挫刀	File
萃取	extract.

D

滴定	Titrate;Titration
滴定管	Buret;burette
滴定管架	Buret support
滴定剂	titrant
滴管	dropper
滴瓶	Dropper bottle
滴液漏斗	Dropping funnel
电导率仪	Conductivitimeter
点滴板	Spot plate
电烘干箱	Electric oven
电热套	Electric jacket
碘值瓶	Iodine number flask

E

二次污染物	Secondary pollution

F

砝码	weights
分光光度计	Spectrophotometer
分离	separate
分馏	Fractionate
分馏(烧)瓶	fractionating flask
分析纯	Analytical reagent
分析天平	Weighing balance
分液漏斗	Separatory / tap funnel
沸点	Boiling point
沸石	Zeolite or zeolum
废液	Exhausted solution

G

坩埚	crucible pot
干燥	desiccate
干燥剂	desiccant
干燥器	Desiccator
高效液相色谱仪	High performace liquid chromatograph
管式炉	Pipe furnace
广口瓶	Wide mouth bottle
硅胶高燥剂	Silica-gel desiccant
过滤	filter

H

核磁共振波谱仪	Nuclear magneticresonance spectrometer
烘干	dry
红外分光光度计	Infrared Spectrophotometer
烘箱	Dry oven
化学纯	Chemical pure
回流	reflux
回流冷凝器	Reflux condenser
火焰光度计	Flame photometer
活性炭	Absorbent charcoal
活塞槽	Piston groove

碘量法	iodimetry
电炉	Electric furnace
电热棒	Electric iron
碱式滴定管	Basic buret
酒精灯	Alcohol burner
酒精喷灯	Alcohol blast burner
K	
刻度线	Graduation mark
克莱森烧瓶	Claisen flask
L	
冷凝管	Condenser pipe
量筒	Graduated cylinder
离心分离	whizzing
离心机	Centrifugal machinewhizzer
离心试管	centrifuge tube
离心套管	Centrifuge trunnion
灵敏度	sensibility
漏斗架	Funnel stand
滤纸	filter-paper
滤液漏斗	filtering funnel
M	
马弗炉	Muffle furnace
毛细作用	Wick action
灭火剂	Fire extinguishant
灭火器	Fire extinguisher
密度计	density gauge
N	
泥三角	Triangular Clay
扭力天平	Torsion balance
P	
排气扇	Exhausted fan
平底烧瓶	Bunsen flask
Q	
气体钢瓶	Gas bomb
气相色谱仪	Gas chromatograph
球形冷凝管	Ball condenser
去离子水	Deionized water
去污粉	Scouring powder
去污剂	decontaminant
R	
热滤漏斗	Hot funnel
熔点	melting point
容量	Holding capacity
活塞	piston
J	
减差称量法	Weighing by difference
烧杯	beaker
烧瓶	Flask
升华	sublime
生化试剂	Biochemical reagent
试管	test tube
试管夹	Test-tube clamp
试管架	Test-tube rack
试管刷	Test-tube brush
石棉绳	asbestos rope
石棉网	asbestos gauge
石蕊试纸	litmus paper
实验台	Test block
实验试剂	Laboratory reagent
实验室器皿	Labware
实验数据	Experimental data
试样	Testing sample
水槽	Wateing trough
水平面	Water level
水浴锅	Water-bath boiler
水蒸气蒸馏	Wet distillation
酸度计	Acidometer
酸式滴定管	Acid buret
T	
调零	zeroing
铁夹	Iron clamp
铁架台	Iron stand
铁圈	Iron ring
通风橱	draught cupboard
W	
弯头	
弯月面	Menisus
温度计	Thermometer
尾管	Tail pipe
危险标志	Danger sign
危险化学品	Hazardous chemicals
微型	Miniature;minitype
污水管道	Sanitary sewer
X	
洗涤	abstersion
洗涤剂	abstergent

容量瓶	volumetric flask
S	
三角挫	Triangular file
三颈烧瓶	three-necked flask
吸量管	Graduated pipette
吸滤瓶	suction bottle
洗瓶	Wash bottle
洗气瓶	Gas washing bottle
吸水滤纸	absorbent filter-paper
旋转蒸发仪	Rotatory evaporator
Y	
研钵	Motar box
易燃物	Fire goods
移液管	suction / transfer pipet
荧光分光光度计	Fluorescence Spectrophotometer
优级纯	Guaranteed reagent
圆底烧瓶	round-bottom(ed) flask
原子吸收分光光度计	Atomic absorptionSpectrophotometer
蓄电池	accumulator
吸管	sucker
吸光度	absorbance
细口瓶	narrow-mouth bottle
Z	
着火点	Fire point
折射仪	Refractometer
真空泵	Vacuum pump
真空气流干燥器	Penu-vac dryer
蒸发皿	Evaporating dish
蒸馏	distill
支管烧瓶	side-tube flask
质谱仪	Mass specteometer
纸色谱	Paper chromatograph
指示剂	indicator
柱色谱	Colum chromatograph
准确度	accuracy
锥形瓶	conical beaker

参考文献

[1]徐功骅、蔡作乾.大学化学实验(第二版)[M].北京:清华大学出版社,1997.

[2]袁玉书.无机化学实验[M].北京:清华大学出版社,1996.

[3]吕苏琴、张春荣,等.基础化学实验 I[M].北京:科学出版社,2000.

[4]刘约权、李贵深.实验化学[M].北京:高等教育出版社,2006.

[5]中山大学等校.无机化学实验[M].北京:人民教育出版社,1978.

[6]钱可萍等.无机及分析化学实验[M].北京:高等教育出版社,1989.

[7]北京轻工业学院、天津轻工业学院.基础化学实验[M].北京:中国标准出版社,1999.

[8]陈学泽.无机及分析化学实验[M].北京:中国林业出版社,2000.

[9]张勇.现代化学基础实验[M].北京:科学出版社,2000.

[10]谷亨杰等.有机化学实验[M].北京:高等教育出版社,1985.

[11]奚关根等.有机化学实验[M].北京:华东理工大学出版社,1995.

[12]山东农业大学等校.有机化学实验[M].济南:山东大学出版社,2006.

[13]陈长水、刘汉兰、关光日.微型有机化学实验[M].北京:化学工业出版社,1998.

[14]高职高专化学教材编写组.有机化学实验(第二版)[M].北京:高等教育出版社,2002.

[15]夏忠英等.有机化学实验[M].北京:中国中医药出版社,1996.

[16]武汉大学化学系.仪器分析[M].北京:高等教育出版社,2002.

[17]赵藻藩、周性尧等.仪器分析[M].北京:高等教育出版社,1990.

[18]孙汉文.原子光谱分析[M].北京:高等教育出版社,2002.

[19]复旦大学等.物理化学实验(第二版)[M].北京:高等教育出版社,2004.

[20]陈允魁.红外吸收光谱法及其应用[M].上海:上海交通大学出版社,1993.

[21]南京大学《无机及分析化学》编写组.无机及分析化学(第三版)[M].北京:高等教育出版社,2010.

[22]赵士铎.定量分析简明教程[M].北京:中国农业大学出版社,2001.

[23]武汉大学.分析化学(第四版)[M].北京:高等教育出版社,2002.

[24]傅献彩等.物理化学(第四版)[M].北京:高等教育出版社,2002.

[25]英汉一汉英化学化工词典(第二版)[M].北京:化学工业出版社,2001.

[26]英汉化学化工词汇(第四版)[M].北京:科学出版社,2000.

[27]化学化工学科组.化学化工创新性实验[M].北京:南京大学出版社,2010.

[28]徐翠莲.基础化学实验[M].北京:中国农业大学出版社,2009.

[29]李清禄、何海斌.实验化学[M].北京:中国林业大学出版社,2006.